工业和信息化部"十四五"规划教材

航天科学与工程教材丛书

现代导弹总体设计原理

龚春林　谷良贤　编著

科学出版社

北　京

内 容 简 介

本书从理论和实践相结合的角度出发，详细介绍现代导弹总体设计的基本知识、总体设计方法及总体性能计算方法，主要包括导弹总体设计的主要内容和方法、导弹系统的研制阶段、导弹战术技术要求、导弹的规模估计和主要总体参数设计、导弹分系统方案选择及构形设计、导弹总体性能分析、导弹先进总体设计技术。

本书可作为高等院校飞行器相关专业本科生的教材，也可作为从事导弹型号研制的科研人员、管理人员及导弹使用部门工程技术人员的参考用书。

图书在版编目（CIP）数据

现代导弹总体设计原理 / 龚春林，谷良贤编著. —北京：科学出版社，2023.7

(航天科学与工程教材丛书)

工业和信息化部"十四五"规划教材

ISBN 978-7-03-074232-2

Ⅰ. ①现… Ⅱ. ①龚… ②谷… Ⅲ. ①导弹–总体设计–教材 Ⅳ. ①TJ760.2

中国版本图书馆 CIP 数据核字（2022）第 236910 号

责任编辑：宋无汗 郑小羽 / 责任校对：崔向琳
责任印制：赵 博 / 封面设计：陈 敬

科学出版社 出版

北京东黄城根北街 16 号
邮政编码：100717
http://www.sciencep.com

三河市骏杰印刷有限公司印刷

科学出版社发行 各地新华书店经销

*

2023 年 7 月第 一 版 开本：787×1092 1/16
2024 年 7 月第三次印刷 印张：27 3/4
字数：658 000

定价：**120.00 元**

（如有印装质量问题，我社负责调换）

前　言

近年来，随着工业基础技术的提升和国防需求的变化，导弹在射程、速度、精度、威力、攻防对抗及技术原理等方面均发生了较大变化。同时，先进产品设计理论和信息化技术的发展，促使导弹总体设计模式和手段也在发生转变。为了适应发展需求，本书从系统工程原理出发，力求构建规范的设计框架，将先进导弹设计要素纳入其中，形成系统化、科学化总体设计技术体系。

本书在内容上注重理论和实践相结合的原则，首先介绍导弹的基本概念和导弹技术的发展历程，其次由系统工程引出导弹总体设计一般过程，进一步构建导弹总体设计主要步骤，从战术技术要求分析及发射方案选择、导弹规模估计和主要总体参数设计、分系统方案选择和论证、总体构形设计、总体性能分析等方面介绍从需求分析到形成总体方案的主要过程和方法，最后介绍现代导弹总体设计中采用的多学科优化等先进设计技术。

全书共7章，主要内容如下：

(1) 导弹的基本概念及相关技术的发展历程，导弹总体设计的基本过程和方法(第1章)；

(2) 导弹战术技术要求的内容和分析过程，以及发射方案选择(第2章)；

(3) 导弹规模估计和主要总体参数的确定，包括解析方法和数值方法(第3章)；

(4) 导弹主要分系统的备选方案及选择方法，以及分系统设计要求(第4章)；

(5) 不同总体构形的设计方法，包括外形设计和部位安排（第5章）；

(6) 导弹总体性能分析所采用的相关方法和计算模型(第6章)；

(7) 导弹总体设计中先进的设计技术(第7章)。

在编写本书过程中，力求阐述准确，内容系统全面，文字简炼，深入浅出。

本书由龚春林、谷良贤编写，时圣波、苟建军、粟华分别对第3~5章内容进行了校核。在编写本书过程中，参考了大量的国内外相关书籍和有关文献，在此对原作者深表谢意。

由于编者水平有限，书中难免存在疏漏和不尽完善之处，恳请广大读者和专家批评指正。

目　录

第 1 章

绪　论

　　导弹总体设计是一项综合性很强的技术工作。它是应用空气动力学、飞行力学、结构力学、控制理论、电子技术、计算技术、喷气推进技术、热物理学、空间环境、优化理论，以及其他应用学科和基础学科处理和解决飞行器总体问题的一门多学科交叉的综合学科。

　　总体一词来源于系统工程学的一个概念，指的是系统作为一个整体的全局。导弹总体设计就是以导弹系统为对象，进行分析论证、研究设计、技术协调与综合集成工作，是导弹本身各分系统的技术综合。

　　导弹系统作为一个非常复杂的现代高技术工程系统，其使用性能不仅与本身各分系统的技术状态有关，也与指挥控制、发射系统、信息传输等整个导弹系统性能有关，而且还要受到实际作战条件及操作使用时人和环境的影响，这些复杂因素在系统设计时都必须加以考虑，这就需要从总体上进行综合研究。导弹总体设计就是在大系统的约束条件下，将导弹的各个分系统视为一个有机结合的整体，使整体性能最优、费用最低、研制周期最短。对每个分系统的技术要求首先从实现整个系统技术协调的观点来考虑。总体设计与各分系统之间的矛盾、分系统与全系统之间的矛盾，都要根据总体性能和总体协调两方面的需要来选择解决方案，然后让分系统研制单位或总体设计部门去实施。总体设计体现的科学方法就是系统工程。

　　总体设计是一个从已知条件出发创造新产品的过程，是将研制总要求或研制依据转化为总体方案和各分系统研制要求的过程。总体设计在导弹系统所有设计中占有极为重要的地位并起决定性作用，是导弹系统的顶层设计，是创造性的设计，是定方向、定大局、定导弹系统功能和性能的设计。高质量的总体设计不但可使导弹的整体性能最优、成本最低、研制周期最短，而且能在一定程度上降低对分系统的技术要求。反之，即使各系统、各设备、各组件和零部件设计水平很高，低劣的总体设计也会导致导弹整体性能低，或者使用维护性能差，或者成本高昂，甚至导致系统研制工作失败。

　　因此，导弹总体设计的好坏将直接关系到系统最终功能、性能、研制成本及周期能否满足用户要求，并且是否是最优。

1.1　导弹概念及相关技术发展历程

1.1.1　导弹的概念

导弹是由火箭发展而来的。火箭是依靠火箭发动机产生的反作用力推进的一种飞行器。在飞行过程中,发动机不断地向外喷出高速燃气流,随着推进剂的消耗,火箭的质量不断地减小。因此,火箭的运动是一个变质量物体的运动。

火箭/导弹直线运动如图 1-1 所示,火箭/导弹的飞行速度为 v,发动机燃气流以相对火箭的速度 u_e 向后喷出,单位时间喷出的燃气质量用 $\dot{m}_F$ 表示,则火箭/导弹每瞬时的质量随时间的变化关系可表示为

$$m = m_0 - \int_0^t \dot{m}_F \mathrm{d}t \tag{1-1}$$

式中, m_0 为火箭/导弹起飞时刻的质量; m 为火箭/导弹在瞬时 t 时刻的质量。

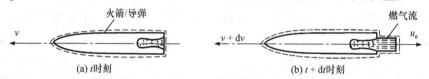

(a) t时刻　　　　　　　　　　(b) $t + \mathrm{d}t$时刻

图 1-1　火箭/导弹直线运动示意图

由于火箭/导弹的质量是逐渐减小的,因此其质量变化率 $\dfrac{\mathrm{d}m}{\mathrm{d}t}$ 是负值, $\dot{m}_F = -\dfrac{\mathrm{d}m}{\mathrm{d}t}$ 。

根据动量守恒定律,火箭/导弹系统在 $\mathrm{d}t$ 时段内的动量变化等于外力的冲量。由此可以推导出火箭/导弹飞行原理的基本方程式:

$$m \frac{\mathrm{d}v}{\mathrm{d}t} = -\frac{\mathrm{d}m}{\mathrm{d}t} u_e + \sum F_i \tag{1-2}$$

式中, $\dfrac{\mathrm{d}m}{\mathrm{d}t} u_e$ 为发动机燃气流速度的动量变化率,即火箭推力; $\sum F_i$ 为作用在火箭/导弹上其他外力的合力。

作用在火箭/导弹上的力如图 1-2 所示,有推力 P、地球引力 G、总空气动力 R 和控制力等。根据牛顿万有引力定律,地球引力 G 与距离平方成反比,与火箭/导弹质量成正比;总空气动力 R 可分解为阻力 X、升力 Y 和侧力 Z 三个分量。由于火箭/导弹的控制方式不同,控制力的形式各不相同,图 1-2 中未标出控制力。

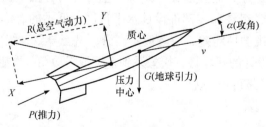

图 1-2　作用在火箭/导弹上的力

根据用途不同，火箭可以装载各种不同的有效载荷。当它装有战斗部系统时，就称其为火箭武器；当它装载某些科学仪器、卫星等航天器时，就称其为运载火箭；当它用来探测大气层有关数据时，就称其为探空火箭。火箭武器可以分为两类，一类是无控火箭，其飞行轨迹不可导引、控制；另一类是可控火箭，其飞行轨迹由制导系统导引和控制。

导弹是一种飞行武器，既可以装置火箭发动机，也可以装置空气喷气发动机(如涡轮喷气发动机、冲压喷气发动机等)。导弹的突出特点是必须装有制导系统，通过制导系统对导弹进行飞行控制，导向目标。制导系统可以全部安置在导弹上，也可以一部分安置在导弹上，另一部分则安置在制导站(地面、舰船或飞机上)，从制导站对导弹进行控制。

1.1.2　导弹的发展简史

1.1.2.1　世界导弹发展简史

第二次世界大战以来，导弹经过 80 多年的发展，各方面均发生了巨大变化。在当今的军事武器库中，导弹已成为种类繁多、用途广泛的精导武器。尽管各类导弹的发展规模和更新换代的时间顺序各不相同，但是从导弹武器对科学技术和工业水平的依存关系、战争需要对导弹发展的刺激和支配作用来看，各类导弹的发展大致可以划分为四个阶段：早期发展阶段、大规模发展阶段、改进提高阶段、全面更新阶段[1]。

1. 早期发展阶段

20 世纪 40 年代初，第二次世界大战期间，德国为了侵略战争的需要，积极开展火箭技术研究，并附设规模较大的生产基地，在基地制造出一系列的火箭，如飞航式导弹 V-1 和弹道式导弹 V-2，还试制了"莱茵女儿"和"瀑布"等防空导弹。

从 1946 年至 20 世纪 50 年代初的朝鲜战争期间，导弹处于战后早期发展阶段。各国从德国 V-1、V-2 在第二次世界大战后期的参战情况，看到了导弹在未来战争中的作用。美国、苏联、瑞士、瑞典等国在战后不久，便恢复了自己在第二次世界大战期间已经进行的导弹研究活动。英、法两国分别于 1948 年和 1949 年重新开始了导弹的研究工作。这一阶段，美、苏两国对导弹基础理论和关键技术展开了全面研究，并开始了新的导弹研制和试验工作，积累自己的导弹设计和生产经验。到 1953 年为止，除了在朝鲜战争后期，美国曾使用过用退役飞机改装的电视遥控导弹和无线电控制炸弹外，其他国家的导弹大都还没有装备部队。导弹早期发展阶段的历史作用是为导弹进入大规模发展阶段储备力量，奠定基础，创造必要的技术条件。

2. 大规模发展阶段

20 世纪 50 年代初开始，导弹进入了大规模发展时期。在这段时间里，导弹武器的类别、型号、数量、研制国家、生产规模、投入的资金和人力等均有很大的发展和变化。美、苏、英、法、瑞士和瑞典等国在第二次世界大战后至 50 年代初提出的导弹型号大都在这个时期相继研制成功；人们今天所熟知的一些导弹类别，如陆射和潜射洲际弹道导弹、远程战略巡航导弹、地对空和舰对空导弹、空对空导弹、空对地导弹(包括反雷达导弹)、反舰导弹、反坦克导弹、反潜导弹乃至反导弹导弹，均在这个时期开展了全面研究，并相继出现。研制导弹的国家日渐增多，除了上述国家，联邦德国 1955 年着手有线制导"眼镜蛇"反坦克导弹的研制工作，日本则早在 1954 年就着手研制导弹，澳大利亚 1951 年与英国合作开始了"马尔卡拉"反坦克导弹的研究工作，加拿大 1951 年着手空对空导弹的发展，挪威从 1960 年开始在联邦德国和美国的帮助下着手反舰和反潜导弹的研制。

由于各国经济实力、科技水平和作战思想各不相同，其导弹武器的研制类别、发展重点均有很大差别。这一时期美国没有发展专用反舰导弹，反坦克导弹也只研究了一种。1955 年美国决定重点发展洲际弹道导弹，战略巡航导弹则从 1958 年开始被射程较远、有效载荷较大、精度较高、可靠性较好的弹道导弹所取代；1961 年"北极星"导弹水下发射试验成功，使美国在潜射弹道导弹研制上走在前面。苏联对各种陆基导弹都进行了研究，而且在 1957 年 8 月 26 日首先宣布洲际导弹发射试验成功。该阶段苏联比较重视反舰导弹的研究，发展了多种岸对舰、舰对舰和空对舰导弹，因而成为这个时期拥有反舰导弹型号和装备数量最多的国家。英国首先发展了地对空和空对空导弹，继而发展中程弹道导弹和空对地导弹。法国则将重点放在反坦克导弹及防空导弹上，生产的 SS·10 和 SS·11 反坦克导弹销路很广，成为西方主要的一个导弹出口国。

在大规模发展阶段，战略导弹的有无问题已经解决，各种战术导弹均已开始装备部队，导弹型号、数量已达到相当规模，导弹贸易市场开始逐步形成。

3. 改进提高阶段

大约从 1962 年开始，导弹进入了改进性能、提高质量的发展时期，其原因是 20 世纪 50 年代研制的各类导弹受当时科技水平的限制，普遍精度较低、结构笨重、体积较大、可靠性差、造价较贵，必须做较大的改进才能满足战争需要；60 年代的越南战争和第三次中东战争对导弹性能提出了若干新的要求；目标性能有了新的变化，按原先的目标特性设计的导弹已难以对付；新的作战任务要求有新的导弹才能达到预期的作战目的；科学技术的进步，工业水平的提高，已允许对导弹性能做进一步改进和提高。

导弹性能改进的重点：提高制导系统的精度和抗干扰能力，改进发动机的性能和安全性，减小导弹的外形尺寸和结构质量，提高分系统的可靠性和零部件加工质量，延长导弹使用寿命和存放期，降低制造成本。

反舰导弹在 20 世纪 60 年代初还没有提到西方国家的议事日程上来。1967 年埃及在第三次中东战争中，用苏制"冥河"导弹一举击沉以色列"埃拉特"号驱逐舰，震动了西方各国，促使法国和美国加快了反舰导弹的研制进程。飞机和导弹超低空突防能力的提高，使研制低空防空导弹提上了日程；轰炸机速度和电子对抗能力的提高，战斗机机动性和火力的增强，全天候作战能力的改进，入侵方式的变化，推动面对空和空对空导弹频繁地进行改型和性能更新；坦克性能和装甲防护能力的改进，促使反坦克导弹不断改进其破甲威力和制导精度。

因此，在改进提高阶段，导弹的发展变化可以概括为两个方面：一是一些国家根据战争需要加强或补全了自己过去缺少的导弹类别；二是各类导弹均进行了多次改型，性能上大都有明显提高。然而由于这些改进大都是在没有打破原有导弹基本结构的前提下进行的，其性能提高的幅度是有限的。

4. 全面更新阶段

20 世纪 70 年代以来，导弹进入了全面更新阶段。自行研制或生产导弹的国家越来越多，对导弹，特别是战术导弹的需求量越来越大。战术导弹出现大范围更新换代的新局面，各类导弹都出现了足以代表本类导弹发展方向的新型号。导弹武器的设计思想和研究方法有了新的发展，新的科学技术特别是新的制导技术在导弹武器上的及时应用，加速了导弹武器更新换代的速度。这一阶段，导弹武器更新换代的共同特点是考虑了如何在复杂的光电对抗和火力对抗条件下保持高的机动性、生存能力和杀伤能力问题。因此，这一阶段较集中地反映了导弹武器的一般发展方向。

1990 年爆发的海湾战争，标志着过去传统的"机械"化战争时代已经结束，进入了高技术条件下的局部战争新时期。在这种以信息战为先导，以作战管理指挥控制通信情报系统为中枢，以多种载体上各类导弹武器协同作战的战争中，导弹武器将向信息获取空间化、指挥控制网络化、操作运行数字化、攻击部位精确化、打击目标多样化、效果评估实时化的更高阶段发展。先进的光学、红外和雷达侦察技术，智能化、网络化和微电子信息处理技术，各种新型精确制导技术，各种新型永久和非永久破坏、致命性杀伤和非致命杀伤常规战斗部等高新技术，将成为导弹技术研究与开发的重点。

1.1.2.2 中国导弹发展简史

1956 年，在国家科学技术发展远景规划中，喷气技术被列为重点发展项目，同年 10 月，我国建立了导弹研究院，即国防部第五研究院，航空类高等院校也相继成立了火箭、导弹专业。同时，在航空工业内开展导弹的试制，建立了生产线，并于 1958 年开始了地对地、地对空、空对空及反舰导弹的试制并相继获得成功。

1960 年 11 月，我国制造的第一枚空对空导弹（"霹雳 1 号"）发射试验成功，1964 年 4 月定型投产；我国制造的第一枚近程地对地导弹发射成功。

1963 年 10 月，我国制造的第一枚地对空导弹（"红旗 1 号"）试制成功，1964 年 11 月定型投入批产。

1964 年 6 月，我国自行设计、制造的第一枚中程地对地导弹发射成功。

1966 年 11 月，我国制造的第一枚海防舰对舰导弹（"上游 1 号"）定型试验成功，同年 12 月正式定型投产。

1970 年 1 月，我国自行设计、制造的中远程战略地对地导弹发射成功。

60 多年来，我国导弹技术的发展已跨入了世界先进行列。我国的地对地战略、战术导弹，已从液体发展到固体，从陆上发射发展到水下潜艇发射，从固定阵地发射发展到机动隐蔽发射，拥有了有效的核威慑力量和防御反击力量；防空导弹已形成中高空、中低空、低空、超低空系列，拥有了不同发射方式、攻击不同空域的防空装备体系；海防导弹形成了岸对舰、舰对舰、空对舰、潜对舰等反舰导弹系列，具备了抗登陆、封锁重要海域和近海作战的能力。各类导弹已形成完整配套的武器系统，为国家领土、领空和领海筑起了坚固的钢铁屏障。

1.1.3 导弹相关技术发展历程

1.1.3.1 导弹动力技术的发展历程

火箭有着悠久的发展历史，中国古代火药的发明与使用，为火箭的发明创造了条件。北宋后期，民间流行的可升空的"流星"(后称"起火")，就利用了火药燃气的反作用力。南宋时期，不迟于 12 世纪中叶出现了军用火箭。明代初年，军用火箭已经相当完善并被用于战场，被称为"军中利器"。13 世纪，中国古代火箭技术传到欧洲之后，经改进火箭曾被列为军队的装备。17 世纪到 19 世纪初叶，俄国、印度和英国为了满足军事上的需要，都大力发展了火箭武器。早期的火箭射程近、落点散布大，之后被火炮代替。

火箭技术的重大进展是在 20 世纪取得的。俄国齐奥尔科夫斯基于 1903 年发表了论文 *Exploration of Outer Space by Means of Rocket Devices*，阐明了火箭飞行理论、液体火箭发动机原理和火箭最大理想飞行速度公式(著名的齐奥尔科夫斯基公式)。美国火箭技术的先驱戈达德，1915 年开始在火箭中使用无烟火药，并采用了拉瓦尔喷管，1919 年发表论文 *A Method of Reaching Extreme Altitudes*，论述了制造和使用火箭发动机的主要问题。1926 年戈达德第一次成功地发射了一枚液体火箭。由于双基推进剂的能量和制造工艺受到一定限制，火箭推进技术的发展曾一度以发展液体推进技术为主，但是固体火箭推进技术的研究仍在进行。1956 年，美国研制成功"北极星"固体导弹，标志着现代固体推进技术趋于成熟。美国先后发展了"海神""三叉戟""民兵"和 MX 等中远程固体导弹，以及作为大型航天运载工具的固体火箭发动机，成为现代固体推进技术力量最雄厚、产业规模最大的国家。

我国 20 世纪 50 年代开始现代火箭推进技术的研究。1958 年开始研制双基和复合推进剂，1965 年完成直径 286mm 固体火箭发动机的研制，为我国固体火箭技术的发展奠定了基础。1970 年 4 月 24 日，我国用"长征 1 号"运载火箭将"东方红 1 号"人造卫星送入太空，"长征 1 号"运载火箭的第三级是固体火箭发动机。1982 年 10 月 12 日我国潜艇水下发射火箭试验成功，标志着我国在固体导弹技术方面取得了突破性的进展。1983 年 2 月 4 日，大型固体火箭发动机地面试车成功，标志着我国固体火箭技术已进入一个新的发展阶段。20 世纪 80 年代开始，航天领域战略导弹固体化及火箭发动机广泛应用，固体火箭技术得到了全面的发展和进一步完善。进入 21 世纪以来，随着设计分析、推进剂、材料和制造工艺水平的提高，我国固体动力技术跨上新的台阶，高能、高压强、碳纤维壳体，高装填技术，可变流量固冲发动机，固体姿轨控发动机，单室双推力及双脉冲发动机等一大批先进技术得到突破。

为满足未来战术导弹对固体火箭发动机性能水平和使用适应性需求，固体火箭发动机还应该具有高性能、强适应特点，通过采用先进的设计分析技术、推进剂及复合材料技术，在提升发动机性能的同时，满足高低温环境、大过载、低易损等特殊要求，固体火箭发动机能量水平和质量比分别达到 $2650\mathrm{N} \cdot \mathrm{s} \cdot \mathrm{kg}^{-1}$、0.9。与此同时，在组合与新型动力方面，应以固体火箭发动机技术为基础，继续深化发展研究固体组合动力技术，推动固体组合动力向长航时、大型化、高超声速、宽域和跨介质等方向发展，发展具备

Ma 为 2~10、千秒级长航时及空水跨介质工作的高性能固体组合动力，支撑未来先进超声速、高超声速及智能化武器装备的发展。

巡航导弹等远程导弹动力装置多采用涡喷/涡扇发动机。与火箭发动机相比，涡喷/涡扇发动机的比冲较高，被广泛用于各种远程飞航导弹上。早期美国的"天狮星1"和"斗牛士"导弹、俄罗斯的"狗窝"和"鳟鱼"导弹都是采用了这种发动机。当时采用这种发动机风险较低，研制周期短，往往可以直接使用飞机发动机或者仅仅是略加改动，但由此也带来了制造成本高，尺寸、质量大，结构复杂，维护使用复杂等一系列缺点，因此在 20 世纪 50~60 年代固体火箭发动机的发展使其一度归于沉寂。到了 20 世纪 70 年代，一方面各种攻防武器日益发展，要求战术导弹的射程高达几百公里，远程巡航导弹的射程高达几千公里，而涡喷/涡扇发动机能够满足这种需求；另一方面随着科学技术的发展，一批尺寸小、质量轻、油耗小、成本低、维护使用方便的新型弹用涡喷/涡扇发动机研制成功，极大地推动了飞航弹的发展，如美国的 F1072WR2100/400 涡扇发动机、法国的 ArbizonB 涡喷发动机等。20 世纪 90 年代中期，弹用涡喷/涡扇发动机发展达到了全盛时期，典型应用有美国"捕鲸叉"空射导弹采用的 J4022CA2400 涡喷发动机，美国战术"战斧"导弹采用的 F415 涡扇发动机，英国"海鹰"反舰导弹采用的 TRI260 涡喷发动机，还有法、意合作的"奥托马特"反舰导弹采用的 ArbizonB 涡喷发动机等。目前，弹用涡喷/涡扇发动机主要应用于远程隐身巡航导弹和中远程战术空对地导弹，研究人员正在通过多种途径加快研制新型低成本小型涡喷发动机，改进风扇、压气机，提高效率；提高转速与涡轮前工作温度，增加推力；采用效率更高的部件，减小损失，降低耗油率；采用陶瓷等先进工艺材料作为部件材料，减小发动机质量，提高推重比。尽管目前的涡喷/涡扇发动机在推重比、外形尺寸、成本及耗油率等方面均有极大的改善，但是其工作方式决定了其很难在 $Ma3$ 以上的超声速环境下工作。

冲压发动机是超声速和高超声速巡航的主要动力。1913 年，法国工程师劳伦首次提出了冲压发动机的概念，此后的 20 年间，部件技术的基础研究逐渐展开，并取得突破性进展。1935 年，法国工程师莱杜克完成首次冲压发动机地面点火试验，证明了冲压发动机作为推进装置的可行性。20 世纪 40 年代后期，经过美国"大黄蜂"、法国"莱杜克-010"等项目研究，冲压发动机通过了飞行试验验证。20 世纪 50 年代，冲压发动机开始工程应用，典型代表有美国的"波马克-B"地对空导弹、"黄铜骑士"舰对空导弹，英国"警犬"地对空导弹、"海标枪"舰对空导弹，苏联"萨姆-4"地对空导弹等弹用冲压发动机。此阶段的冲压发动机主要采用了中心锥扩压器、钝体火焰稳定器、气膜冷却等技术，飞行速度达到马赫数 2~3。20 世纪 70 年代，对布局紧凑性的要求促成了整体式冲压发动机技术的发展和应用，冲压发动机与火箭助推器共用燃烧室空间，提高了导弹的容积利用率；旁侧或腹部进气道技术、突扩组织燃烧技术、被动热防护技术、整体式发动机转级技术也由此出现。20 世纪 80 年代以来，超声速远程飞航导弹更为各国所重视，多个国家和地区相继加入冲压发动机的研制行列。随着一体化高性能超声速进气道技术、内流场控制技术、蒸发式火焰稳定器技术、可调尾喷管技术、小型化涡轮燃油增压技术等设计技术的掌握和应用，冲压发动机的性能得到大幅提升，更多以冲压发动机为动力的型号产品相继问世。

20 世纪 80 年代，以高超声速导弹、空天飞机等为应用背景，超燃冲压发动机成为研究热点，世界各强国竞相开展了研究工作。2004 年，美国 X-43A 氢燃料超燃冲压发动机高超声速验证机成功实现马赫数 6.8 和 9.7 的自主飞行试验，创造了吸气式发动机飞行速度新纪录；2013 年，美国 X-51 高超声速飞行器完成了第 4 次碳氢燃料的超燃冲压发动机飞行试验，试飞器被成功加速到马赫数 5 并持续飞行 300s 以上，创下了人类吸气式动力高超声速持续飞行时间的新纪录，证明了采用碳氢燃料超燃冲压发动机实现高超声速飞行的工程可行性。

1.1.3.2 导弹制导控制技术的发展历程

制导导弹的思想产生于第一次世界大战。1926 年 3 月 16 日，戈达德博士成功发射了第一枚液体火箭，他首次为火箭研制了陀螺控制装置，首次把燃气舵用于火箭初始段的飞行稳定，首次为多级火箭的思想申请了专利。从本质上来说，现代导弹制导技术源于第二次世界大战期间德国科学家对 V-1 和 V-2 导弹的研制。V-1 是机翼位于中部的小型无人驾驶单翼飞机，它没有副翼，采用常规机身和尾翼结构。它由一台脉冲喷气发动机驱动，沿预定飞行路线的制导由自动驾驶仪来完成。1942 年春天，原型的 V-1 已在佩内明德进行了研制和试飞。V-2 是采用液体火箭推进的远程导弹，V-2 弹翼的外缘有活动的翼片，用于在大气中进行导弹的制导与控制。火箭尾喷管中也有燃气舵，用于在稀薄大气中对导弹进行制导与控制。V-2 包括两个主要部件，一个是由陀螺组件构成的用于控制导弹姿态的方向参考系统和时钟驱动俯仰程序器；另一个是积分加速度计，用于测定推力轴方向的加速度，计算出速度，并在达到预定速度后关闭发动机。由此可见，V-2 导弹系统是应用陀螺和加速度计进行惯性制导的最原始的例子。

20 世纪 50 年代，弹道导弹主要采用无线电-惯性复合制导以提高命中精度。地对空导弹着重发展中、高空和中、远程(作战距离 50～100km)的无线电指令制导系统。在这一时期，人们逐步解决了指令制导、波束制导和寻的制导中的基本技术问题，上述制导武器的共同特点是制导方式单一、抗干扰能力弱、攻击效果差、操作不便。例如，20 世纪 50 年代苏联研制的"萨姆-1""萨姆-2"导弹和美国研制的"奈基""波马克"地对空导弹均采用无线电指令制导体制。空对空导弹的制导方式有红外被动式、雷达驾束式和雷达半主动式，攻击方式为尾追攻击，而且攻击角度小，受背景和气象条件的影响较严重，抗干扰能力差。代表产品有美国 AIM-9B"响尾蛇""麻雀 1"，苏联的 K-13 等。反坦克导弹主要采用目视瞄准与跟踪、三点法导引、手动操纵、导线传输指令，导弹飞行速度低，对射手操作水平要求高，如法国的 SS-10、联邦德国的"柯布拉"、苏联的 AT-1 和 AT-3 等。20 世纪 60 年代，随着惯性仪表精度的提高、误差分离与补偿技术的发展和应用，惯性制导系统因精度显著提高而得到广泛的应用。低空飞机、高低空无人驾驶飞机和巡航导弹的发展促进了地对空导弹制导和控制技术(如快速反应和雷达低空性能)的发展。在这一时期，光学跟踪和光电制导技术也有所发展。

20 世纪 50 年代末到 70 年代初，是第二代精确制导武器研制发展的时期，这个时期出现的精确制导武器的制导精度和抗干扰能力都明显提高，制导方式更加多样化，有激光制导、红外制导、微波制导、光电复合制导等。苏联的 SA-6 中低空防空导弹采用全程雷达半主动寻的制导，SA-7 便携式防空导弹采用红外被动寻的制导，并采用导弹自旋、脉冲调宽的控制方法。美国用于中低空防空的"霍克"导弹，采用了无线电半主动制导。英国的"长剑"低空、近程地对空导弹采用无线电指令制导。空对空导弹采用制冷型硫化铅探测器，提高了探测灵敏度；采用晶体管电路进行信号处理，使得导弹重量减小，可靠性和使用寿命大为提高；引信则采用红外近炸引信。代表型号有美国的 AIM-9D "响尾蛇"、法国的"马特拉 R-530"、俄罗斯的 R-60T 等。典型的雷达制导空对空导弹有美国的"麻雀 3B"、英国的"天空闪光"，它们采用旋转弹翼式布局、连续波半主动雷达制导。虽然这类导弹的攻击包线有所扩大，但是仍然只能在后半球或者迎头拦截小机动目标，涉及的基本技术已经奠定了发展中程拦射空对空导弹的基础。反坦克导弹普遍采用了光学瞄准与跟踪，三点法导引、红外半主动有线指令制导，由于导线传输指令限制了导弹的飞行速度，且导弹飞行过程中射手必须始终瞄准目标，不利于射手的转移和生存，代表型号有美国的"龙"、法国和联邦德国联合研制的"米兰"、瑞典的"比尔"等。这一时期，美国研制生产了采用电视制导的"小牛"空对地导弹。

20 世纪 70 年代末，出现了第三代精确制导武器。这一代的精确制导武器具有多功能、多用途、抗干扰性强、速度快、制导方式多样化的特点。防空导弹更多地采用复合制导体制、多功能相控阵雷达制导、多目标通道技术和垂直发射技术，提高了对付多目标和抗饱和攻击能力，兼有反飞机和反战术导弹的功能，代表型号有美国的"爱国者""标准-2"、苏联的 C-300 等。空对空导弹典型产品有美国的 AIM-9L "响尾蛇"、以色列的"怪蛇 3"等，采用锑化铟制冷探测器，能够探测目标尾气流的红外辐射，同时采用激光或无线电等主动近炸引信，能够实现全向攻击。苏联的 R-73 空对空导弹 1973 年研制，1985 年定型，采用初期惯性导航，无线电中途修正加末端红外制导，红外导引头用灵敏度更高的中长波探测元件，可辨识目标热辐射分布，能在命中前约 1ms 计算出目标的中间部位为命中点，增加杀伤率；配备可程式化新型计算机，抗干扰能力更强，对战机的探测距离为 15~20km。反坦克导弹多数为直升机载和车载发射的重型反坦克导弹，制导方式有红外成像制导、激光半主动指令制导、主/被动复合毫米波制导等，具有射程远、威力大、命中精度高等优点，代表型号有美国的直升机载重型远程"海尔法"导弹，采用激光半主动制导；苏联的 AT-6 直升机载空对地反坦克导弹，采用光学瞄准、跟踪，无线电指令和红外半主动复合制导。同时该时期发展了用于单兵或兵组携带的轻型反坦克导弹，多采用红外成像制导，抗干扰能力强，命中精度高，具有"发射后不管"的能力。

进入 21 世纪初叶，新一代空对空导弹开始陆续投入使用，典型的红外空对空导弹产品有美国的 AIM-9X、欧洲的 ASRAAM 和 IRIS-T、以色列的"怪蛇 4/5"等。这类导弹由于采用了红外成像探测、发射后截获和推力矢量控制等技术，具有良好的跟踪性能、较高的抗干扰性能、很高的机动性和灵巧的发射方式，攻击区域有很大扩展，具有对付第四代歼击机的格斗能力。典型的雷达型空对空导弹有美国的 AIM-120 导弹、欧洲的先进中距 AMRAAM 导弹、以色列的 DERBY 导弹、俄罗斯的 R-77 导弹和法国的 MICA 导弹。这类导弹采用了指令/惯性制导和雷达主动末制导的复合制导方式，嵌入式弹载计算机中装订了复杂的软件系统，具有发射后不管能力，能够超视距全向攻击目标，并且具有多种抗干扰措施和灵活的发射方式，还具有对付多种飞机的拦截能力，是此后一段时期的空战"杀手锏"。新一代中程防空导弹的典型型号有美国 PAC-3 武器系统中的 ERINT 导弹、俄罗斯 S-400 中的 9M96E/E2 导弹、法国和意大利合作开发的未来面对空导弹族系(FSAF)中的 Aster-15/30 导弹。这些导弹均采用了直接力/气动力复合控制(包括姿控式、轨控式)、高精度主动雷达导引头(包括 Ka 波段、Ku 波段)。

随着信息化时代的到来，在先进探测、协同作战、人工智能、新体制探测等技术的快速发展与支撑下，精确制导技术不断取得进展和突破，光电与射频领域不断研发基于新型材料的传感器，多模复合探测体制成熟度进一步提升，射频综合技术和分布式协同作战大力发展，量子雷达、微波光子雷达等新体制制导技术多元化蓬勃发展。精确制导技术在应用领域上，覆盖了地、空、天等多维空间；在体制上，发展了红外、可见光、激光等光学精确制导技术，微波、毫米波等射频精确制导技术，以及射频/光学复合、多波段光学复合、多波段射频复合等多种复合制导技术；在频段上，覆盖了 X、Ku、Ka 等多个频段；在体系上，建立了覆盖空、天、地、海等多维空间的一体化精确制导信息应用支撑体系，开展了星弹协同及弹间协同等新作战模式的研究。在导引控制方面，推力矢量控制技术、推力矢量与气动力联合控制技术等高效控制技术得到应用，开展了多源组合导航技术、多源信息融合，以及高维、多约束、强耦合先进控制技术研究。

1.1.3.3 导弹引战技术的发展历程

导弹战斗部技术的发展可以追溯至第二次世界大战期间的 V-2 导弹，该导弹战斗部属于爆破杀伤型战斗部，装填系数为 0.75，壳体为 5mm 厚钢板卷焊的锥形体，爆炸后产生爆炸冲击波及杀伤破片。V-2 和 V-1 战斗部装药都使用梯恩梯(TNT)和硝酸铵的混合物。第二次世界大战后，美国和苏联在 V-2 基础上研制成功的地对地导弹仍采用爆破杀伤型战斗部。20 世纪 50 年代后，大型战斗部和航弹的出现，对注装方法提出了新的要求，因此大型战斗部装药采用了块注法。50 年代末装备的苏制"冥河"反舰导弹采用了半球形罩聚能爆破战斗部，触发引信，战斗部可装核装药也可装常规装药，可以烧穿很厚的防护装甲。美国海军 1967 年装备使用的电视制导滑翔炸弹 AGM-62A"白星眼"，采用楔形聚能爆破战斗部，壳体由 6.5mm 厚钢板冲压后卷焊制成，壳体上有 8 个长条状槽，楔形聚能槽在飞行中翻转形成切割刀，对金属桥梁和钢筋混凝土构件产生切割效应，并显著增强其破坏威力。为了对付驱逐舰、护卫舰及各种快艇，20 世纪 70 年代，欧美各国相继发展了突防能力强的小型掠海飞行反舰导弹，所使用战斗部为半穿甲爆破战斗部，典型代表有法国的"飞鱼"和美国的"鱼叉"反舰导弹。它们都采用了触发延时和近炸双重引信，利用延时触发型引信可使战斗部穿入舰艇内部后爆炸，以获得最大破坏效果；近炸引信可使导弹从舰面上飞过时，以冲击波和破片重创舰上的设备和人员。

用于攻击机场跑道、地面加固目标、地下设施等目标的弹药一般采用侵彻战斗部。动能侵彻战斗部是应用广泛、技术成熟度高的侵彻战斗部类型，美军现役各型号钻地弹均采用此类战斗部，代表型号有 BLU-109、BLU-113、BLU-116 等。串联侵彻战斗部首先用前级聚能装药爆炸产生的高速射流在土壤、岩石、混凝土等介质表面制造一个较大直径的孔洞，然后用直径稍小的第二级随进战斗部沿已开出的孔洞进入目标内部后起爆,造成毁伤效果。英、法等国的钻地弹战斗部多以串联侵彻战斗部为主,如英国的"风暴前兆"导弹。

　　反舰导弹战斗部技术主要发展方向:研究将弹头与战斗部组成一个有机整体的弹头与战斗部一体化技术,共同完成对目标的毁伤任务;发展复合作用和多用途战斗部,该战斗部带有多模引信,可使一种战斗部具有多种作用模式,能够对付多种目标,如高爆破片模式打击舰载雷达,半穿甲内爆模式毁伤舰船关键舱室,还可入水攻击船底或潜艇,美国最新研制成功的远程反舰导弹就装备了具有半穿甲内爆/高爆破片两种作用模式的战斗部;发展低易损装药战斗部,现在一些国家研制的低易损性炸药(或称钝感炸药)爆速高、易损性低、热安定性好,具有不易烤燃、不易殉爆的特点,是一类以改善安全性能、提高武器生存能力为主要目标的新一代混合炸药。此外,不断提升侵彻深度将是动能侵彻战斗部未来发展的主要方向,并不断尝试将新材料、新结构、新工艺应用于战斗部研发当中。

　　地对空、空对空和空对地导弹战斗部多为杀伤型,通常采用预制或半预制破片的壳体,引爆后靠壳体破碎形成较规则破片的动能杀伤或摧毁空中和地面目标。苏联 20 世纪 50 年代中期研制成功的第一个雷达型空对空导弹"碱 AA-1"采用半预制破片杀伤型战斗部,战斗部壳体外表面铣制 36 道纵向沟槽,内表面车制 24 道环形沟槽,主装炸药为梯恩梯和黑索金的混合物,装药被引爆后,壳体膨胀按预制沟槽破碎形成杀伤破片,向四周飞散形成杀伤区,摧毁空中目标。第一代地对空导弹 SA-2 则将战斗部壳体内表面刻成菱形沟槽,战斗部被引爆后形成约 3600 片规则的破片,战斗部引爆是靠装在中心传爆管两端的四支电雷管来实现的。美国 1956 年装备部队的空对空导弹 AIM-9B "响尾蛇"采用聚能衬套式破片战斗部,与壳体刻槽式结构不同的是,AIM-9B 战斗部在圆柱形壳体内壁衬有带楔形凹槽的塑料衬套,纵向每行有 42 个槽,每圈周围有 31 个槽,在整个圆周面积上共有 1302 个凹槽,使注装炸药的圆周表面形成 1302 个楔形孔,利用装药爆炸产生的聚能效应将圆柱形壳体切割成 1000 多个均匀且有效的杀伤破片,摧毁空中目标,引信由触发引信和红外近炸引信组成。美国海军 1964 年开始装备使用的"百舌鸟"反辐射导弹则采用预制破片式杀伤战斗部,沿战斗部壳体内壁黏结 2 万多个立方体钢块,战斗部装药为热固性高强度塑料黏结混合炸药,利用战斗部装药爆炸后产生的高速破片摧毁雷达或地面有生力量。

　　20 世纪 60 年代,美国发明了连续杆式杀伤战斗部,战斗部壳体由双层方钢条组成,末端交错焊接,装药呈纺锤形,战斗部爆炸时将方钢条扩张成圆环,而不是使壳体炸裂形成许多破片。60 年代中期在越南战场上使用的 AIM-9C 导弹战斗部采用新型装药和连续杆式破片结构,破片重量增加近一倍,炸药装药量却减少近一半,这便使战斗部在总重不变的情况下,提高了对目标的杀伤效果和毁伤概率。"麻雀 3A"和"麻雀 3B"空对空导弹仍采用连续杆式杀伤战斗部,仅炸药装药不同,只是在壳体内壁与装药之间安放了镁铝合金曲面衬筒,目的是改变主装药的爆轰波形,使爆轰后形成的应力波(或爆轰波)同时到达壳体,从而使壳体均匀膨胀。法国 1963 年服役的"马特拉 R-530"空对空导弹配备两种常规战斗部,即连续杆式和半预制破片式,半预制破片式战斗部壳体为腰鼓形,由 52 个扁平圆环重叠组焊成双层壳体,相接的圆环之间用三个焊点连接,焊点按一定角度排列，内放方齿形硅橡胶套，以保证壳体破碎的均匀性。

离散杆式战斗部是在半预制破片式战斗部基础上发展起来的，是用大长径比的预制杆件作为主要杀伤元素，这些杆件相互独立、彼此离散，离散杆式战斗部继承了连续杆式战斗部杆条质量大、对目标切割能力强的优点，同时兼顾了半预制破片式战斗部速度快、威力半径大的优点。例如，苏联的 P-73、美国的 AIM-9L 空对空导弹就采用这类战斗部。

多聚能装药战斗部是利用装药的聚能效应，使战斗部中的金属药形罩形成高速的聚能射流去摧毁目标。通常有两种类型：一种是组合式多聚能装药战斗部，以小聚能战斗部为基本构件，按照一定的方式组合而成；另一种是整体式多聚能装药战斗部，在整体战斗部外壳上镶嵌若干个交错排列的聚能罩。"罗兰特"导弹战斗部就是采用此类结构，战斗部呈截锥形，其上分布有 50 个半球形药形罩，共分 5 圈，每圈 10 个，圈与圈之间互相交错，药形罩从小端至大端逐圈增大。

为了解决破片式杀伤战斗部破片能量利用率低的问题，20 世纪 60 年代以来，国外一直在探讨研究定向引爆系统，并发展了定向杀伤战斗部。定向杀伤战斗部可以采用转动、变形和对装药径向分布进行控制的起爆技术，实现对战斗部破片飞散方向的控制，在质量不变的情况下，定向杀伤战斗部的杀伤威力比普通战斗部提高一倍以上，如美国 AIM-120 空对空导弹，俄罗斯的 KS-172 远程空对空导弹、中距空对空导弹 AA-12 的改进型和 C-300B 防空导弹，均采用了定向杀伤战斗部。

防空及空对空导弹战斗部的发展趋势：对传统战斗部进行改进，如加大战斗部单枚破片的质量，提高杀伤效率，且破片与弹头碰撞的角度尽可能大，以接近 90° 为宜，俄罗斯新一代防空武器的战斗部就有向此方向发展的趋势；大力发展定向杀伤战斗部，大幅度增强对目标的杀伤能力，目前已研制出的偏心起爆型定向战斗部、可变结构型定向战斗部等，在先进防空/空对空导弹中得到了广泛应用；研制复合式战斗部，美国的 Richard 等设计了一种可装载于防空导弹的串联战斗部，其前级的爆破/破片式战斗部在目标附近爆炸，利用冲击波和破片杀伤对目标造成第一次毁伤，后级的定向离散杆式战斗部预先从弹体分离，于目标轨道上爆炸对目标造成二次切割破坏，可将目标完全毁伤于空中；使战斗部功能智能化，导弹在发射后可以由智能化制导系统自动搜索与寻换，同时通过配制智能化的引信，使战斗部可以在最佳时刻引爆，从而使毁伤效率达到最大。

第二次世界大战期间出现了反坦克炮破甲弹和反坦克火箭弹，20 世纪 60 年代初期较发达国家装备了自己的反坦克导弹，其中苏联的"赛格"、法国的 SS-11、联邦德国的"柯布拉"和我国的"红箭-73"均采用聚能破甲战斗部。20 世纪 70 年代初投入使用的"米兰"和"霍特"反坦克导弹，两弹战斗部结构近似，采用锥孔装药，60°药形罩，"米兰"战斗部的破甲威力一般为 6 倍口径，"霍特"战斗部的静破甲深度大于800mm。20 世纪 80 年代初，坦克前甲逐步采用复合装甲和反应式装甲，前者抗破甲能力达 800mm 以上，后者可使导弹的破甲威力损失 30%以上。因此，各国反坦克导弹战斗部通过改用高能炸药和选择新的装药结构等措施，大大提高了破甲威力。美国 1981 年列装的"陶"反坦克导弹主要是对战斗部进行了改进，炸药由 OCTOL 改为 LX-14，药形罩由单锥 60°改为双锥 42°/30°，并在战斗部前端增设一根可伸缩的两节探杆，将破甲深度从 600mm 提高到 800mm。针对苏联 T-80 坦克上披挂的反应装甲，1987 年列装的"陶2A"配用了改进的串联式聚能破甲战斗部，第一级小型前置战斗部位于探杆头部，第二级与"陶2"战斗部完全相同，"陶2A"导弹的侵彻深度提高到 1.04km。法国和德国联合研制并于 20 世纪 90 年代列装的"霍特2"导弹战斗部包括聚能破甲装药和预制破片厚金属壳，破甲深度为 1250mm，并有后效作用，爆炸后杀伤兵员的功能是借助于装在空心炸药周围的钢球起杀伤效果，燃烧效应是通过空心装药前边缘周围的化学混合药实现的。美国直升机载"海尔法"导弹战斗部采用双锥串联聚能破甲战斗部和触发引信，破甲深度可达 1400mm。

进入 20 世纪 80 年代中后期，苏联的 T-64/72/80 三个系列现代化主战坦克已经武装到了"牙齿"，T-80U 坦克车体正面主装甲水平厚度在 680mm 左右，对破甲弹的等效防护能力相当于厚度为 1100mm 左右。1985 年苏联钢铁科学研究院成功研制了第二代"接触5"爆炸反应装甲，安装"接触5"爆炸反应装甲后，仅仅 T-72B 坦克对聚能弹药的防护能力就提高 90%～100%。为此，1987 年 9 月休斯飞机公司与美国陆军签订合同，将"陶"反坦克导弹进一步改进为"陶2B"，其主要特点是采用自锻破片式战斗部和改用掠飞弹道对坦克防护最薄弱的顶装甲实施攻击。"陶2B"于 1992 年装备部队，改进了发射制导软件，采用双级并列式自锻破片式战斗部，以提高攻击坦克薄弱部位的概率，战斗部配备的引信是激光多普勒与磁相结合双模敏感器，激光多普勒探测目标外形，磁敏感器辅助识别钢质物体。当导弹以掠飞弹道飞越坦克上空时，近炸引信自动选定一个最佳时间启控战斗部，实现对坦克顶装甲的有效攻击。在这一阶段，反坦克导弹串联战斗部主要发展了破-破式、穿-破式、弹出式等几种结构，可以有效毁伤均质装甲、间隔装甲和披挂一代、二代爆炸反应装甲的坦克目标。

21 世纪初，随着爆炸反应装甲机理和结构的不断创新、新材料的应用，其作用场范围和作用时间显著提高，防护能力显著增强，提升串联战斗部反爆炸反应装甲能力成为了研究热点。2006 年，由雷神导弹与防务公司和洛克希德·马丁公司共同研制的"标枪"Block Ⅰ改进型导弹投产，该型导弹通过设计先进的聚能装药战斗部，采用双级串联式装药结构，增加装药直径至 36mm，大大提高了杀伤能力。与此同时，美国航空与导弹研究、研制与工程中心开展了多功能战斗部研制项目，增加了多目标打击能力。

反坦克导弹战斗部发展趋势：通过改进聚能装药、优化聚能装药战斗部、优化药形罩、可靠隔爆等措施，提高战斗部侵彻能力；发展多用途、多功能战斗部，战斗部除了能穿透装甲目标和坚固工事外，还应兼有杀伤、燃烧、爆破等功能；研制更为先进的多模战斗部，采用目标探测、识别技术和独特的结构设计，结合目标类型(坦克、轻型装甲车辆、直升机、人员掩体等)和攻击信息(炸高、攻击角度、飞行速度等)，通过选择算法确定最有效的战斗部输出信号，使战斗部以最佳模式起爆，提高毁伤效果；突破主动防护技术，俄罗斯 T-90、美国 M1A2、印度 T-90S、以色列"梅卡瓦"等主战坦克都开始安装主动防护系统，会对进攻导弹产生强烈的干扰和破坏，俄罗斯短号导弹采用双弹攻击技术，利用主动防护系统反应间隔时间实现突防，弹载主动干扰技术、子母弹技术、末段变速/变轨技术、高功率微波技术等都可能用于突破主动防护系统。

除了上述战斗部外，还有利用其他原理研制的特种战斗部。例如，大锥角药形罩在爆炸作用下，翻转形成自锻弹丸，利用其动能穿透钢甲，统称自锻破片战斗部；用运载工具把燃料运送到目标上空，用爆炸法抛撒燃料，在目标上空形成燃料-空气气溶胶云雾，适时引爆产生超压来摧毁目标，称为燃料空气炸药(fuel air explosive，FAE)战斗部。新型高效毁伤面杀伤武器主要采用子母战斗部、云爆弹和温压战斗部技术。子母战斗部注重研究弹药的撒布技术。研制的云爆弹采用新型云爆剂，将二次引爆改为一次引爆，所产生的温度和压力更高，其炸点附近的冲击波以 $2200\,\mathrm{m\cdot s^{-1}}$ 的速度传播，爆炸中心的压力可达 3MPa，同时产生 2500℃以上的高温火球，高温、高压持续时间更长，爆炸时产生的闪光强度更高。温压弹是燃料空气弹，适用于山地作战，对付洞内或掩体内的目标，如 BLU-28B 型炸弹，质量902kg，装有激光制导系统，内部装药为 254kg 的混合型温压药剂，可侵彻混凝土 3.4m 深，爆炸后产生巨大的高压冲击波，可使杀伤区域内的人员窒息死亡。软杀伤/新概念战斗部的发展值得关注和重视，近年来美国研制了携带导电复合(碳)纤维、燃料空气炸药、温压炸药等装填物的硬毁伤战斗部，并研发电磁脉冲、高功率微波、强光致盲、复合干扰与诱饵等新概念战斗部，有些战斗部已应用于实战。

最早的引信是火药时间引信，即在作战时先由人工将火药捻子点燃，然后人工投掷或用"母炮"发出落向敌阵地。由于落地后敌军来得及躲避，甚至把弹丸再反抛出去，因此对引信提出了触发功能的需求。其后出现了利用火镰取火原理的拉发引信和碰发引信，这是触发引信的雏形。1832 年英国利用雷汞制造出火帽，这为触发引信的出现奠定了技术基础。1846 年机械触发引信在法国问世，引信及其技术进入以机械工业为主要标志的工业化技术时代。20 世纪 40 年代美国成功研制无线电近炸引信，此时引信探测体制多为连续波多普勒、简单的连续波调频和脉冲无线电体制，引信研究主要是解决弹目交会问题和引信抗导弹自身干扰问题。20 世纪 50 年代末期到 70 年代末期，导弹引信不同工作体制的研究受到重视，抗干扰研究提到日程上来，试验设备和仿真手段进一步完善。1980 年以来，国外新概念引信不断涌现，如电子保险与解保装置引信、联合可编程引信(JPF)、硬目标灵巧引信(HTSF)、多事件硬目标引信(MEHTF)等。电子保险与解保装置引信采用爆炸金属片起爆技术，取消了过去的切断火药机构。爆炸金属片起爆装置相当于过去引信中的电雷管，利用 1000V 以上高电压起动，不用一次炸药即直接启动二次炸药，比原来采用电雷管的引信更钝感。由于定向杀伤战斗部较难利用传统引信，可有效采用爆炸金属片起爆技术，其实现方法之一是在战斗部上设多个起爆点，针对目标选择起爆点，使最有效的破片飞向目标。JPF 可按照是在地面以上爆炸还是对地面穿透进行调整，如果选择穿透，则可在几毫秒至 24h 内设定爆炸延迟量，有 20 个固定的延迟可供选择，而且可在飞行中设定。HTSF 采用一个加速度计来鉴别不同的目标介质，使其探测与计数空腔和硬层。MEHTF 将提供比 HTSF 更好的性能，同时可降低成本、复杂性和尺寸。美国于 1995～1999 年开展了引制一体化(GIF)研究计划，GIF 是为毫米波主动导引头系统开发的一种技术，GIF 技术将目标特征测量、目标散射模型和毁伤模型进行复合，引起导弹引信从传统的侧向探测概念到前向探测概念的转变，从而使战斗部自适应目标起爆，提高了目标毁伤效果和攻击高速目标的引战配合能力。

由于微电子技术、微机电技术和毫米波、激光、红外光电技术等高新技术在引信中的大量应用，作为武器弹药关键子系统的引信近年来的发展更为活跃，现代引信技术呈现出下列发展趋势和主要特点。①武器系统与引信一体化设计和信息交联化。导弹制导系统可为引信提供更多的目标位置信息，将引信作为武器系统信息链的一部分统一协调设计，有利于提高引战配合性能。②采用新的物理场、新的探测体制与先进的信号处理技术。新的近炸引信广泛采用了频率捷变、随机噪声调制、软件可编程等抗干扰技术，在体制上采用性能更好的频率调制体制，在工作频段上向全波谱拓展，并采用新的物理场(如静电场)和多模复合探测技术，以及信息融合、自适应等先进信号处理技术，弥补单一物理场探测的不足，提高引信对目标探测与识别的能力，并进一步提高引信抗干扰能力。③引信功能多样化和扩展化。为适应未来战场复杂情况的需要和简化后勤保障的需要，美国的先进硬目标灵巧引信 FMU-157/B 具有计时、计层次和计行程起爆控制功能；引信 FMU-159/B 具有计时、计层次和计埋深起爆控制功能，可以根据不同的目标选择最佳作用方式和参数。引信功能的扩展是引信技术进一步发展的必然趋势，国外在新型导弹设计中，利用引信的安全控制功能进行导弹续航发动机点火的安全控制，进一步增加了武器系统的安全性。利用引信的探测与控制功能，发展低成本精确打击弹药是国外正在大力发展的新技术。弹道修正引信可使远程弹药的消耗量减少十几倍。在远程导弹子母弹的子弹药上采用末段弹道修正技术，可以使命中跑道的子弹数量从原来的 10%提高到 70%，极大地提高了武器系统的作战效能。④引信系统通用化、系列化和组合化。美国在发展精确打击弹药引信的过程中，设计了从 FMU-135/B 到 FMU-159/B 的系列化硬目标侵彻引信，在外形和重量保持不变的条件下，性能越来越先进。

1.1.3.4 导弹结构设计技术的发展历程

早期的飞行器为了实现飞行的目的，用木材和纤维布作为结构材料，结构形式采用桁架结构和绳索张拉结构。随着飞行速度、载重、航程和机动性能的提高，要求飞行器结构能承受更大的载荷，有足够的强度与刚度等，人们开始寻求使用金属材料作为飞行器结构材料。1915 年，胡戈·容克斯制造出了世界上第一架采用厚翼型和悬臂梁式结构的全金属单翼机，这种结构在保证强度和刚度的同时，大大减小了机翼的飞行阻力，但厚重的机翼和桁架结构极大地限制了飞行器的内部空间，无法满足载人和运货的需求。人们开展了飞行器轻结构的研究，其中一个最重要的思想是让蒙皮也参与受力，由此产生了硬壳式结构、半硬壳式结构和相应的应力蒙皮技术。

1912 年，法国工程师贝什罗设计出硬壳式机身结构，这种机身结构在当时条件下难以制造。1924 年，德国设计师阿多夫·罗尔巴赫设计出了半硬壳式机身结构，由隔框和桁条组成骨架结构，在骨架上再蒙上光滑的薄蒙皮。这种结构中桁条和蒙皮共同承受拉压和弯曲应力，同时蒙皮还承受扭转剪应力。该结构中蒙皮和骨架共同承受各种应力作用，因此被称为应力蒙皮。阿多夫·罗尔巴赫设计的机翼采用全金属盒式梁结构，大大增强了机翼的强度，同时结构质量大为减轻。

20 世纪 20~30 年代，铝合金材料的问世给飞行器结构设计带来了一场革命性的飞跃。硬壳式结构、半硬壳式结构成为飞行器的主流结构，并一直沿用至今。

20 世纪 50 年代，人类进入喷气时代，为了减轻结构质量，飞机大量采用铝合金材料，飞机结构件主要使用机械加工与钣金成形工艺。随着飞机性能的不断提高，结构件选材不断改进，各种高强、超高强铝合金和低合金结构钢用于飞机结构件，铝合金质量占机体结构质量的 75%以上，钢材为 20%左右，其他类型高性能合金及复合材料的使用还极少。

20 世纪 70 年代，机体结构用材以高强高韧铝合金、钛合金为主，复合材料用量开始占到一定比例，钢材用量逐步减少。20 世纪 90 年代后期，飞机结构材料虽然仍以金属材料为主，但传统的钢材和铝合金材料用量比例已经很小，总和不到 20%，钛合金和复合材料用量均大大超过这一比例。时至今日，军用固定翼飞机上复合材料质量占全机结构质量的比例已达到 50%，大型民用客机使用复合材料已达到全机结构质量的 25%，全复合材料结构的小型飞行器已经出现。目前，复合材料已成为飞行器结构中的主流材料，正在发展的各种功能复合材料(如树脂基复合材料、金属基复合材料、陶瓷基复合材料)、智能材料等，大大推动了飞行器多功能结构技术的发展。未来的飞行器结构将伴随材料技术的发展发生根本性变革。

飞航式导弹是由小型飞机演变来的，翼面继承了机翼的形式，一般采用蒙皮骨架式，由蒙皮、桁条、翼肋、翼梁纵墙及连接件组成，其结构复杂，工艺性不太好。导弹小型化及作战能力的提高，要求翼面发生新的变化，即要求减小展弦比、相对厚度及翼面积等，因此发展了整体结构翼面，包括辐射梁式整体结构翼面和网格式整体铸造壁板翼面。防空导弹和空对空导弹的翼面面积较小，翼形比较薄，其结构形式有蒙皮骨架式薄壁结构、机械加工或铸造的整体结构、复合材料与夹层结构。就工作特性而言，翼面有完全固定式翼面、折叠式翼面、伸缩式翼面等。翼面所用材料除常用的铝合金、镁合金以外，还应用纤维增强树脂复合材料、金属基复合材料等。弹身的主要结构形式可分为薄壁结构和整体结构两大类，薄壁结构又可分为硬壳式和半硬壳式两类。弹身结构所用材料的演变过程与飞机结构材料演变过程基本一致。

随着导弹向小型化、多用化、轻量化发展，导弹结构技术主要围绕轻量化技术、小型化技术、热防护技术和海洋环境适应性技术等方面发展。飞行器结构材料的未来发展仍有很多期待。新金属材料既可以单独使用，也可以和其他金属生成合金应用于结构中。复合材料结构和多层结构材料可以让设计师在结构优化设计时有更多的选择，设计师可根据零件或组件的应力路径，采用多层的玻璃布、硼或石墨丝、环氧树脂和类似材料，以单向和多向纤维的方式组合成结构件，以达到理想的结构要求。

1.2　导弹的组成、分类及武器系统

导弹是现代战争中高技术武器的重要组成部分，是国防现代化的标志，随着战争需要的变化和科学技术的进步而不断发展。从 20 世纪 40 年代到现在，各国发展的导弹种类繁多。按气动外形和飞行弹道特征，可把导弹分成有翼导弹和弹道导弹两大类。本节对有翼导弹及其武器系统进行简要介绍[2]。

1.2.1　导弹的组成

有翼导弹通常由推进系统、引战系统、制导控制系统、导弹弹体、能源系统等组成。

1. 推进系统

推进系统为导弹飞行提供动力，使导弹获得需要的飞行速度和射程。近程战术导弹的推进系统大多采用固体火箭发动机，固体火箭发动机分为单推力发动机和双推力发动机。远程亚声速导弹多采用涡轮喷气发动机或涡轮风扇喷气发动机。为了使导弹实现高速度、远射程的要求，采用综合火箭发动机和冲压发动机两种发动机特点的组合式发动机。这种发动机具有比冲高、工作时间长、结构一体化等优点，在超声速远程导弹设计中得到了广泛应用。

2. 引战系统

引战系统由引信、安全系统和战斗部三部分组成。引战系统的功能是在导弹飞行至目标附近时，探测目标并按照预定要求引爆战斗部、毁伤目标。

战术导弹一般装有近炸引信、触发引信和自炸引信三种引信，分别在导弹脱靶量满足要求、导弹直接命中目标、脱靶三种情况下产生战斗部引炸信号。近炸引信可分为光学引信(红外引信、激光引信等)、无线电引信(连续波多普勒引信、脉冲多普勒引信、频率调制引信、脉冲调制引信等)和复合引信(毫米波与红外复合引信等)三大类。

安全系统用于导弹在地面勤务操作中、挂飞状态下及导弹发射后飞离载机一定安全距离内，确保导弹战斗部不会被引炸，而在导弹飞离载机一定时间和距离后，确保导弹能够可靠地解除保险，根据引信的引炸信号引炸战斗部。

战斗部是战术导弹的有效载荷，导弹对目标的毁伤是由战斗部来完成的，其威力大小直接决定了对目标的毁伤效果。

3. 制导控制系统

制导控制系统由导引系统、飞行控制系统组成。导引系统是用于探测目标的分系统。导引系统接收并处理来自目标、火控系统和其他来源的目标信息，跟踪目标并产生制导指令所需的导引信号，送给飞行控制系统。按使用的信息种类，导引系统分为红外导引系统、雷达导引系统、惯性导引系统和复合导引系统等。

飞行控制系统用来稳定弹体姿态和控制导弹质心按控制指令运动。飞行控制系统通过对弹体的俯仰运动、偏航运动和横滚运动的控制，使导弹在整个飞行过程中具有稳定的飞行姿态和快速响应制导指令的能力，控制导弹按照预定的导引规律飞向目标。对于轴对称的战术导弹，一般采用侧滑转弯控制。通常有三个控制通道：俯仰和偏航是两个相同的控制通道，另一个是横滚控制通道。根据导弹工作原理不同，横滚控制有横滚角度控制和横滚角速度控制两种形式。对于面对称的导弹，通常采用倾斜转弯控制方式。

4. 导弹弹体

导弹弹体将组成导弹的各个部分有机地连接成一个整体，并使导弹形成一个良好的气动力外形。导弹弹体包括弹身、弹翼和舵面等。导弹各个舱段组成一体形成弹身，弹身、弹翼是产生升力的主要结构部件，舵面的功能是按照制导控制系统的指令操纵导弹飞行。导弹弹体通常具有良好的气动外形以实现阻力小、机动性高的要求，具有合理的部位安排以满足使用维护性要求，具有足够的强度和刚度以满足各种飞行状态下的承力要求。

5. 能源系统

能源系统提供导弹系统工作时所需的各种能源，主要有电源、气源和液压源等。

电源有化学热电池、涡轮发电机等类型，主要用于给发射机、接收机、计算机、电动舵机、陀螺和加速度计、电路板、引战系统等供电。

气源有高压洁净氮气或其他介质的高压洁净气源和燃气，主要用于气动舵机、导引头气动角跟踪系统驱动和红外探测器制冷等。

液压源主要用于液压舵机、导引头角跟踪系统驱动等。

1.2.2 导弹的分类

导弹的分类方法很多，每一种分类方法都应概括地反映出它们的主要特征。通常按照发射点和目标位置的不同，导弹可分为面对面、面对空、空对面和空对空四大类。发射点和目标的位置可以在地面、地下、水面(舰船上)、水下(潜艇上)和空中，约定地面(包括地下)和水面(包括水下)统称为面。此外，导弹还可按照作战使命、飞行弹道特征和攻击的目标进行分类。导弹常用分类方法如图1-3所示。

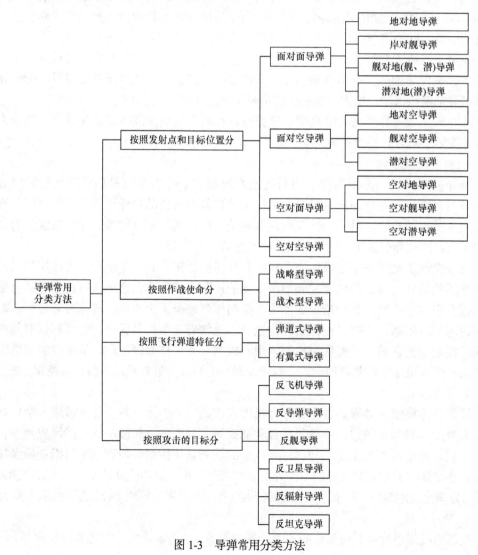

图1-3 导弹常用分类方法

按照以上分类，接下来简要描述几类典型导弹的特点。

1. 面对面导弹

弹道导弹和巡航导弹是面对面导弹中的两种主要导弹。弹道导弹是一种沿预先设定的弹道飞行，将弹头投向预定目标的导弹。弹道导弹只有尾翼或者无翼，除了有动力飞行并进行制导的主动段弹道外，还有无控的被动飞行段椭圆弹道和再入飞行段可控或无控弹道。早期弹道导弹的被动段全部沿着只受地球引力和空气动力作用的近似椭圆弹道飞行，近代弹道导弹为了有效地攻击目标和提高突防能力，在飞行过程中实现轨道平面的改变，或者在弹头再入段实现无动力或动力机动飞行。

按照作战任务，弹道导弹分为战略弹道导弹和战术弹道导弹。战略弹道导弹是一种威慑力量，用于毁伤敌方重要战略目标。战术弹道导弹一般指近程地对地弹道导弹，用于毁伤敌方战役战术纵深内的目标。按射程远近分为近程(1000km 以内)、中程(1000～5000km)、远程(5000～8000km)和洲际(大于 8000km)弹道导弹。按弹头装药分为核导弹和常规导弹。按主发动机推进剂分为液体弹道导弹和固体弹道导弹，固体弹道导弹将会逐渐取代液体弹道导弹。按级数分为单级弹道导弹和多级弹道导弹。

大部分航迹处于"巡航"状态的导弹称为巡航导弹。巡航导弹的外形与飞机很相像，一般以空气喷气发动机作为动力，其航迹大部分是水平飞行段。巡航导弹用于攻击敌方纵深地域有价值的目标。巡航导弹由于采用空气喷气发动机作为动力，具备体积小、质量轻的特点，可以从地面、空中、水面舰艇、潜艇等多种平台上发射。

按照作战任务，巡航导弹可分为战略巡航导弹和战术巡航导弹；按照速度大小，可分为亚声速、超声速、高超声速巡航导弹；按照发射平台，又可分为陆基巡航导弹、空射巡航导弹和舰(潜)射巡航导弹等。

2. 面对空导弹

面对空导弹是由陆地上、海面上发射攻击空中目标的导弹，属于防空武器，因此也称为防空导弹。防空导弹是以拦截空中目标为主要任务的导弹武器，所攻击的空中目标有飞机、巡航导弹和弹道导弹等。

按照武器系统作战空域不同，防空导弹可分为中远程防空导弹、中近程防空导弹、近程末端防御与便携式防空导弹、反弹道导弹、反空间轨道目标导弹等。按照作战使命，防空导弹可分为区域防空导弹、点防御防空导弹。

近程末端防御与便携式防空导弹最大拦截斜距约为 10km，包括海上末端防御自卫系统，陆军野战防空营级以下车载防空导弹、轻型弹炮结合型系统，以及单兵便携式防空导弹。

反弹道导弹是一种专门用于拦截弹道导弹弹头的导弹。因为弹头目标的尺寸小、速度大，还可以多弹头分导，所以要求反弹道导弹反应快、速度大、机动性好、制导精度高，利用核战斗部爆炸而摧毁目标。拦截高度为 35km 以上的战区弹道导弹防御系统，是当前发展的对战术弹道导弹(tactical ballistic missile, TBM)有效面防御武器系列，同时也可兼顾高空与大气层高层威胁目标的远程拦截任务。

反空间轨道目标导弹是主动防御的动能拦截武器系列，在未来的空间战与信息战中，可打击敌方的空间信息平台和作战平台，协助夺取制天权与制信息权。该系列包括反高轨道卫星、反低轨道卫星武器系统。因此，按反空间轨道目标的作战使命，它应列入空天武器系列。

区域防空导弹武器的作战使命是为陆上、海上具有重要战略、战术价值的区域目标提供防空保护，其保护目标通常具有较大的散布面积(如城市、战略集结地域和水面舰艇编队等)，国土防空作战和大型水面舰艇编队的防空作战通常具有此种特征。此类防空任务通常由远高层区域反导武器、中远程防空导弹武器为主进行。

点防御防空导弹武器的作战使命是为陆上、海上具有重要战术价值的小范围、点目标提供防空保护，其保护目标通常集中在较小的区域内(如机场、小规模部队集结地、单艘水面舰艇等)。此类防空任务通常由中近程防空导弹武器、末端防空导弹武器为主进行。点防御防空导弹武器还在区域防空作战任务中承担作战使命，与区域防空武器构成完整的防空体系。

3. 空对面导弹

空对面导弹是由飞机(轰炸机、歼击机和强击机)或直升机上发射攻击地面、海上、水下固定目标或活动目标的导弹，类型较多，有机载弹道式导弹、巡航导弹、反辐射导弹、空对地反坦克导弹和一般空对地导弹等。

机载空中发射的弹道式导弹和巡航导弹射程很远，装有核战斗部，属于战略空对面导弹。战术空对地导弹执行战场压制、遮断和攻击纵深高价值目标的任务。

反辐射导弹采用被动雷达寻的制导系统，专门用来攻击地面和舰载各种雷达、配备雷达的导弹和高炮阵地等。其导引头装有目标位置和频率记忆电路，以便使导弹在目标雷达关机后仍能按记忆的目标位置继续飞行，当目标雷达开机时将其重新捕获。

4. 空对空导弹

空对空导弹指从飞机上发射攻击空中目标的导弹。根据作战使用可以分为近距(300m~20km)格斗型空对空导弹、中距(20~100km)拦截型空对空导弹和远距(>100km)空对空导弹。

根据导引方式可以分为红外型空对空导弹、雷达型空对空导弹、多模制导空对空导弹。红外型空对空导弹具有制导精度高、系统简单、质量轻、尺寸小、发射后不管等优点，主要缺点是不具备全天候使用能力、迎头发射距离近；雷达型空对空导弹具有发射距离远、全天候工作能力强等优点；多模制导空对空导弹采用多模导引系统，目前常用的多模制导方式有红外成像/主动雷达多模制导、主/被动雷达多模制导及多波段红外成像制导等，多模制导可以充分发挥各频段或各制导体制的优势，互相弥补对方的不足，对于提高导弹的探测能力和抗干扰能力具有重要意义，可以极大地提高导弹的作战效能。

5. 反舰导弹

反舰导弹是用于海上作战、攻击敌方各种舰艇的导弹。根据发射点的不同，反舰导弹分为舰对舰、岸对舰、空对舰(潜)、潜对舰、舰对潜、潜对潜等六类。反舰导弹的射程从几十千米到几百千米不等。其主发动机多采用空气喷气发动机，也有用火箭发动机的，并都要用固体火箭发动机作助推器。射程较大的亚声速反舰导弹，几乎都用耗油率低的小型涡轮风扇发动机或涡轮喷气发动机。超声速反舰导弹多用火箭冲压组合发动机。

6. 反坦克导弹

反坦克导弹是专门用于攻击地面装甲目标(坦克、装甲车辆等)的导弹。它的尺寸小、质量轻，可单兵携带、车装、机载；射程近到几十米，远到十几千米，甚至更远；命中率高、威力大，是一种攻击坦克的有效武器。新一代反坦克导弹威力大、射程较远、命中精度高，为发射后不管的导弹。反坦克导弹多采用自主制导系统，制导方式有红外成像制导、激光半主动制导、主/被动复合毫米波制导等。

1.2.3 导弹武器系统

单独的导弹不能完成作战任务，必须有其他系统(设备)与其配合，并通过一定的连接方式构成一个完整的整体，才能完成赋予这个导弹武器作战使命，称这个整体为导弹武器系统。由此可见，导弹武器系统是由导弹和其他配套的技术装备和设施组成的、能够独立执行作战任务的系统。

导弹武器系统的组成随导弹的种类而异，但基本结构大致相同。

飞航导弹武器系统由导弹系统、火控系统和技术保障设备三大部分组成，如图1-4所示[3]。

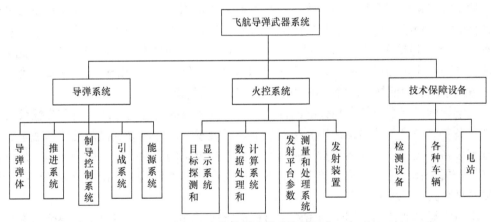

图 1-4 飞航导弹武器系统的组成

导弹系统是飞航导弹武器系统的核心，直接体现了飞航导弹武器系统的性能和威力，是攻击各种目标的武器。它由推进系统等五部分组成。导弹在制导控制系统和推进系统的作用下在空中飞行，最后导向所攻击的目标；引战系统中的引信引爆战斗部，用以摧毁目标；弹上能源系统在导弹从起飞直至击毁目标的全过程中给弹上设备供电，并把各设备有机地连接起来，使它们按程序协同工作。

火控系统是飞航导弹武器系统的重要组成部分，是发挥导弹作用的关键环节。随着导弹性能的提高、功能的增加和使用范围的扩展，导弹火控系统的功能越来越多，性能越来越先进。火控系统完成对目标信息的获取和显示、数据处理和计算、发射平台参数测量和处理、计算装订射击诸元、射前检查、战术决策和实施导弹发射任务。该系统主要由目标搜索跟踪和显示系统、数据处理和计算系统、发射平台参数测量和处理系统、射前检查设备、发射装置、发射控制系统等构成。

目标搜索跟踪和显示系统用于搜索跟踪目标，测定和显示目标距离、目标方位、目标速度、目标航向等参数。发射平台参数测量和处理系统用于对导弹载体运动参数，如载体速度、载体航向、载体姿态(滚动角、俯仰角)的测量。这个系统一般包括载体惯导平台或陀螺稳定平台、高度表、多普勒雷达等设备。上述所测目标及载体运动参数全部输送给数据处理和计算系统——射击指挥仪，解算射击诸元。计算结果由射击指挥仪向导弹定时机构装订自控飞行时间或自控飞行距离，向导引头装订自导距离(对自控加自导的制导体制而言)，向自动驾驶仪装订射击扇面角。射击指挥仪还向导弹的发射装置传送射击方位角，控制发射架转向所要求的方位。对于机载固定式发射架(或称挂架)，射击指挥仪不控制发射装置的方位，只控制导弹的脱钩。对于空对地导弹而言，射击指挥仪须向弹上惯导系统输入载体所测得的各种角度和速度信息，使导弹初始对准目标。

地面技术保障设备用于完成导弹的检测、测试、维护、起吊、运输、储存、供电和技术准备，以保障导弹处于完好的技术状态和战斗待发状态。地面检测设备包括导弹和发射装置的地面测试设备。按照导弹和发射装置维护等级的不同，测试设备一般又分为外场测试设备、内场测试设备和工厂级测试设备等。这些不同等级的测试设备用于不同场合对导弹和发射装置进行功能和主要性能指标检查，确定其是否可用，以及在出现故障时确定故障部位。保障设备是为导弹和发射装置检测、对接、运输及使用提供各种保障条件的相关设备。保障设备包括提供能源类设备(电源车、气源车、液压源车、燃料加注车)、吊车、运输车、装填车、技术阵地、仓库拖车、清洗车、通信指挥车和其他配套工具。地面技术保障设备配置取决于导弹的用途、使用条件和构造特点。导弹的类型和发射方式不同，地面技术保障设备的配置就有较大的差异。

防空导弹武器系统按参与作战的性质，可将其所属装备分为作战装备和支援装备。作战装备是防空导弹武器系统中直接参加从目标搜索、跟踪制导到拦截摧毁作战全过程的配套装备。支援装备配属作战装备以完成对作战装备的战术支援、后勤保障、训练任务等。配属于作战分队的为直接支援装备，配置在维修基地的为间接支援装备。某野战型防空导弹武器系统组成框图如图1-5所示[4]。

空对空导弹武器系统用于搜索跟踪目标的雷达系统、光电跟踪设备和导弹发控系统均安装在同一载机上，而且往往和其他武器系统共用。空对空导弹武器系统组成如图1-6所示，包括空对空导弹、导弹火控系统、导弹发控系统、地面测试设备及综合保障设备等。

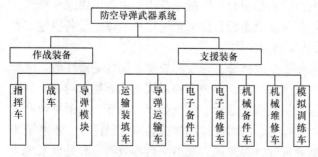

图1-5　某野战型防空导弹武器系统组成框图

图1-6　空对空导弹武器系统组成

1.3　导弹系统工程

导弹、运载火箭是一个系统。导弹系统由推进、引战、制导控制、弹体、能源等分系统组成，火箭运载系统由有效载荷、箭体结构、推进、控制、飞行测量和安全等分系统组成。在分系统下还可分为子系统，如制导控制系统下有导引和控制子系统。在火箭运载系统上一层还有航天任务工程大系统。

根据几十年的实践，对导弹和火箭运载这样的飞行器系统进行总体设计(系统设计)时，需要对系统的特性有所了解，要用系统科学的思维方法来思考问题，并用系统工程方法来指导设计，以达到飞行器系统总体设计最优化，使飞行器研制在实现预期目标的前提下，降低研制成本、缩短研制周期。因此，承担飞行器总体设计的技术人员和管理人员，要结合飞行器总体设计的要求，掌握一些系统工程的概念和方法。

1.3.1　系统工程的基本概念

1.3.1.1　系统的定义

系统是由若干个相互联系、相互依赖、相互制约、相互作用的组成部分(元素)结合而成的、具有特定整体性质或功能的集合体。系统元素或组成部分包括人员、硬件、软件、设施、政策和文档等为产生系统级结果所需的事物。这些结果包括系统级品质、属性、特征、功能、行为和性能。系统作为整体所产生的价值来自于各组成部分的相互联系和相互作用关系，但又远远超过各组成部分的独立贡献。同时，系统本身又是它所从属的一个更大系统的组成部分。例如，某种战略导弹系统是由弹头、弹体、推进、控制、初始对准、安全、遥测、外弹道测量和安全控制等许多分系统组成的一个复杂系统；多种战略导弹系统、战略预警系统、指挥系统、控制系统、通信系统、情报系统又组成更高一级的陆基战略导弹系统；再由陆基战略导弹系统、潜艇发射的战略导弹系统、战略轰炸机系统、空间战略防御系统组成国家战略防御系统。尽管如此，庞大复杂的国家战略防御系统也不过是国防大系统的一个组成部分而已。

1.3.1.2　系统工程基本概念

系统工程是随着社会的进步、科学技术的进步和现代化大工业的发展而逐渐形成的。它是一门以实际应用为目的的学科，是把各个领域的各种学科、技术加以综合应用的科学技术体系。

应用系统的思想并应用定性、定量的系统方法，包括应用计算机、人工智能等技术，处理大型复杂系统问题，无论是系统的设计或建立，还是系统的经营管理，都可以统一地看成是一类工程实践，统称为系统工程。

由于系统工程是一门新兴的交叉学科，其研究领域在不断地扩大，国内对系统工程的内涵有多方面的理解。下面列举国内外的一些权威人士、著作或协会等对系统工程所作的解释，从中可以广泛地了解系统工程的定义和作用。

钱学森院士认为，系统工程是组织管理系统的规划、设计、制造、试验和使用的科学方法，是一种对所有系统都有普遍意义的科学方法。

美国学者切斯纳指出，虽然每一个系统都是由许多不同的特殊功能部分组成的，这些功能部分之间又存在着相互关系，但是每一个系统都是完整的整体，都要求有一个或若干个目标。系统工程按照各个目标进行权衡，全面求得最优解的方法，并使各组成部分能够最大程度地互相适应。

《NASA 系统工程手册》定义系统工程是用于系统设计、实现、技术管理、运行使用和退役的专业学科方法论。系统工程是一门综合的、整体的学科，通过相互比较来评价和权衡结构设计师、电子工程师、机械工程师、电力工程师、人因工程师，以及其他学科人员的贡献，形成一致的不被单一学科观点左右的系统整体。

国际系统工程协会(INCOSE)定义系统工程是实现成功系统的一种跨学科方法。系统工程注重定义用户需求，集成所有学科和专业，构造一个从概念、生产到运行的结构化过程，目的是提供一个满足用户需求的优质产品。

日本工业标准规定，系统工程是为了更好地达到系统目标，而对系统的构成要素、组织结构、信息流动和控制机制等进行分析与设计的技术。

1.3.1.3　系统工程的方法与步骤

在从事系统工程的实践中，从正反两方面的经验教训中逐渐总结出一套科学的普遍适用的工作方法和工作步骤。其中，比较典型的符合导弹武器系统研制特点的首推美国学者霍尔的方法及霍尔三维结构。我国导弹武器系统的科研生产部门也总结提出了同样的方法与步骤，因此这里介绍的内容不局限于原有的霍尔方法。

霍尔三维结构如图 1-7 所示，用三维概括地表示出系统工程的步骤、阶段及涉及的许多知识。第一维是时间维，指的是一项系统工程的工作阶段划分；第二维是逻辑维，指的是思维过程的步骤；第三维是知识维，是指本项系统工程涉及的专业知识。

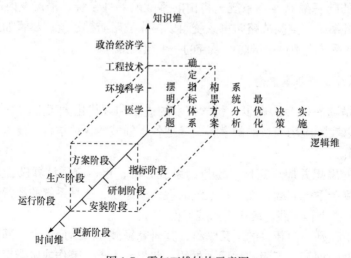

图 1-7　霍尔三维结构示意图

1. 时间维——工作阶段

一项系统工程从开始到结束要经历下面 7 个时间阶段：①指标阶段，即指标论证阶段；②方案阶段，这一阶段从总体上对系统工程的整体方案进行论证，并从中选出影响方案成败的关键项目进行预先研究，当这些关键项目的主要性能指标已经实现，且全系统其余的全部项目经理论分析论证、数学模拟计算，以及凭借过去的实践经验也已证实，方案的验证工作即告结束；③研制阶段，根据总体方案和分系统研制任务书，对一切需要研制的实物全面展开研究、设计、试制、试验，做出可供生产的合格实物及制造说明书，并制订生产计划；④生产阶段，生产出整个系统的产品；⑤安装阶段，本阶段的任务是对系统进行安装、保管和维护，并提出使用说明书；⑥运行阶段，本阶段的任务是使系统按预定的指标体系要求投入运行和使用；⑦更新阶段，本阶段的任务是用新系统取代旧系统，或改进原系统使之更有效地运用。

2. 逻辑维——思维过程

系统工程的每一个阶段从开始到结束要完成的逻辑步骤共有下列 7 个：①摆明问题，该阶段应当尽量全面地收集和准备好所要研究解决问题(任务)的历史、现状及发展趋势的资料和数据；②确定指标体系，该阶段需要论证提出应达到的目标，而且要规定衡量是否达到上述目标的标准(指标体系)；③构思方案(系统综合)，设想出各种可能的实施方案，包括采用什么方针政策、开展哪些工作、进行哪些控制、构成什么样的系统，以及同后面各个阶段的衔接等，每个方案都要有各自的层次结构，且有与此相应的指标参数；④系统分析，建立从各种概况抽象出来的数学或物理模型并进行计算，分析方案中各组成部分的相互性能关系、各组成部分乃至全体对实现总指标体系的影响和贡献，并分析有关各种外部环境对系统总体和分系统的影响；⑤最优化，用多目标优化方法选出最优的方案；⑥决策，由本系统工程的领导者根据更全面的要求、组织管理部门的状况、基层状况等一系列实际状况和因素，作出科学决策，选定一个或极少数几个方案来加以贯彻，或者在无可选择时考虑本系统工程的下马与返工并重新研究论证；⑦实施，将选定的最优方案付诸实施。

3. 知识维——专业知识

系统工程除有某些共性的知识外，还随不同工程使用不同的专业知识。霍尔当时把这些专业知识分成工程、医药、建筑、商业、法律、管理、社会科学和艺术等。按钱学森对系统工程的分类，对应于各类系统工程的专业知识分别有工程系统工程——工程技术，科研系统工程——科学，企业系统工程——生产力经济学，信息系统工程——信息学、情报学，军事系统工程——军事科学，经济系统工程——政治经济学，环境系统工程——环境科学等。

1.3.2 导弹系统工程的一般过程

导弹系统工程是关于组织管理导弹武器系统的规划、研究、设计、制造、试验和使用的科学方法和技术的总称，是最优设计、最佳运用和最佳管理大型飞行器系统的工程技术。

1.3.2.1　导弹系统工程的一般方法

导弹系统工程方法是从需求出发，综合多种专业技术，通过分析—综合—试验的反复迭代过程，开发出一个满足使用要求、整体性能最优的系统。

导弹系统工程的一般方法与系统工程的一般方法基本相同，一般由论证、综合、分析、评价、决策、实施等六大环节组成，具体说明如下。

(1) 阐明和确定任务。确认新系统的必要性，明确研制新系统的目的，指明新系统研制在资源、时间、环境、投资诸方面的约束，提出对所需研制新系统的一般设想。这就是通常所说的概念阶段，在这个阶段要明确回答以下问题：①系统是用来干什么的？为什么需要这样的系统？②系统将在什么样的环境条件下工作？③研制新系统的约束条件，包括资源、费用和研制时间等方面的限制。④新系统研制的技术保障条件，包括技术条件、设备条件、技术人才等。

(2) 确定新系统的使用和技术要求及目标集；初步确定新系统为了满足这些要求和目标所必须具备的能力；确定一组可以反映所研制系统要求和能力的参数和评价准则。这就是论证阶段需要完成的工作。

(3) 根据对所研制系统的要求和目标，进行功能分析，开发各种可能的备选方案，确定各种方案的组成要素及系统结构。

(4) 定量地评估备选方案的性能指标、全寿命费用、效能和研制进度，并与系统的要求和目标相比较。

(5) 建立系统的评价准则，对各种备选方案进行权衡和对比研究，进行系统评价。

(6) 通过系统评价，由决策者根据其经验、判断和个人偏好，选择(决策)最可行的或最满意的系统方案进行研制。

(7) 组织实施所选定系统方案的研制工作。

1.3.2.2　导弹系统工程的管理过程

系统工程是组织和管理各类工程系统的规划、研究、设计、制造、试验、生产、使用和保障的科学方法，也是解决工程活动全过程的工程技术。

导弹和运载火箭等大型复杂系统的研究、设计研制、生产、试验和部署使用，通常要花费很长时间耗费大量的投资，而且研制风险很大。因此，决定是否研制这种大型复杂系统的最高决策者，必须得到某种适当的保证，证明和确保新系统的研制是必要的、稳妥可靠且能够成功的，各种风险在承受能力的限度之内等。提供这种保证的基础就是进行系统(或项目)的可行性论证。此外，还必须建立一套科学的管理方法、管理机构和决策程序，如武器装备采办审查委员会、型号办公室、系统工程部、阶段评审和里程碑决策、矩阵组织、计划协调技术、风险评审技术等。通过这些途径，为新系统的研制提供一种合理的保证，使所研制的新系统有较小的风险(包括技术上、经费上和计划进度上的风险)，保证新系统的研制和运行能按预期的方案实施。在这个过程中，需要建立一个数据库(包括许多过去的经验数据)和一个模型库；还要建立系统研制过程中成千上万个事件和活动之间严格的时序关系和交接关系或隶属关系，并适时地进行调整和控制；要对研制过程中系统的性能参数、费用和研制进度进行实时监测、预测和评估,以便对研制计划、系统的性能、费用、进度和综合技术保障进行总体协调和控制,这个过程通常称为系统工程的管理过程,它与系统工程的技术过程并行进行,对技术过程有监督、保证和控制调节的功能。对于一个具体系统的研制,系统工程的管理过程大致有以下三方面的内容。

(1) 根据任务需求分析、系统的功能分析,以及使用环境条件的分析,明确提出对所研制系统的战术技术要求或任务要求;

(2) 监督设计过程,进行阶段评审,如方案设计评审、详细设计评审、关键设计评审、试验计划大纲评审、设计鉴定评审等,保证设计工作严格遵循系统研制要求;

(3) 通过各种技术途径和手段,验证所设计的系统是否符合研制要求,如可靠性预测和试验,全寿命费用预测、跟踪和评估,系统的技术性能测定(含各种工程试验、环境试验的验证),系统总体性能验证(飞行试验、野战试验、演习或实弹射击等)。

1.3.2.3 飞行器系统工程的发展

飞行器系统工程的发展首推美国喷气推进实验室的贡献,美国加州大学的喷气推进实验室(现属美国国家航空航天局),20 世纪 40 年代起便开始为美国军方研制火箭发动机,后来又为陆军研制"下士""中士"导弹,现在是美国无人驾驶宇宙飞行器的总体设计部。它在任务规划、初步设计、研制计划的组织管理、飞行器试验和鉴定、人才组织等方面积累了许多经验,它的工作对于飞行器系统工程的发展起到了很大的推动作用,其主要的创新点如下。

(1) 飞行器系统必须有一个统筹全局、策划、协调的总体设计部门。喷气推进实验室通过总结"下士"导弹的教训,认识到把现有几种设备拼凑起来的系统,往往是一种效率低、难以操作使用的系统,购买和维修这样的系统都很费钱,效益很差。因此,他们认为,要研制一个大型复杂系统,必须有一个总体设计和总体协调部门来进行设计、协调和控制,以便完整地、有效地贯彻系统的总体目标和要求,通过分系统研制部门的大力协同,达到系统的目标。

(2) 为保证获得一个完美的、优化的系统,必须赋予负责系统总体设计的部门以明确的职责和充分的权威,并充分保证总体设计部门与各分系统的工程技术部门和管理部门之间有畅通的信息渠道,以便保证总体目标和约束条件在各分系统研制中得到贯彻,保证各分系统之间及各分系统与总体之间在进度、费用、性能指标方面的协调。

(3) 在专业人员的组织结构方面,喷气推进实验室创造了一种矩阵结构形式。总体设计部可以按照其工作任务,分系统或学科分别设立若干个专业性研究室,各方面的专家和技术人员按其专长分别隶属于这些研究室;一个总体设计部在同一个时期内可能交叉或同时进行若干项型号任务,因此总体设计部又必须分别成立若干个型号室,而型号室的各项业务工作分别分配到各专业研究室,在研究室内形成对应于各型号室的任务小组,指定或自愿由各研究室的技术人员和专家参加。这种矩阵结构的优点是能够充分发挥技术人员和专家的特长和工作效率,既稳定专业技术队伍,又有利于同行业专家的切磋和技术提高。矩阵组织结构见表 1-1。

表1-1　矩阵组织结构

技术室	空气动力分析室	弹道分析室	载荷分析室	动力研究室	控制研究室	系统分析室	总体室
型号A	A_1	A_2	A_3	A_4	A_5	A_6	A_6
型号B	B_1	B_2	B_3	B_4	B_5	B_6	B_6
型号C	C_1	C_2	C_3	C_4	C_5	C_6	C_6
⋮	⋮	⋮	⋮	⋮	⋮	⋮	⋮

喷气推进实验室除上述创新之外，对于总体设计工作也有许多宝贵经验，实验室原主任皮克林将其总结如下。

(1) 任务目标必须很明确。

(2) 任务的约束条件也必须十分清楚。约束条件包括费用、进度及大量管理、法律和政策因素，这些约束条件都会限制系统可行解的范围和数量。

(3) 任务的组织必须是严密的、协调一致的。从最基本的系统功能分配、任务分配、财务分配，到每一个零件的生产、试验台上每一个技术人员的工作职责和权限都必须明确地规定清楚。因此，必须对整个研制工作进行分解，这也正是后来系统工程方法中"工作解结构"(WBS)的雏形。

阿波罗计划是飞行器系统工程的重要里程碑。阿波罗计划历时 11 年(1961～1972年)，涉及 42 万技术人员、2 万多家公司和工厂、120 所大学、300 多万个零部件、300多亿美元。阿波罗计划实施过程中，运用系统工程的科学方法，克服和解决了由大规模系统复杂性和不确定性带来的一系列困难和障碍，在研制过程中增强了预见性，避免了盲目性，创造了一系列系统分析和系统管理的新方法，如技术预测关联树法(Pattern)、计划管理的随机网络方法——图解协调技术(GERT)和计划风险评价方法——风险评审技术(VERT)等。

阿波罗计划在下列五个方面为飞行器系统工程树立了典范：①开发和选择多个登月方案，通过反复论证和计算，最终选择了技术上可行、风险较小的登月方案；②制订一个详尽而明确的研制规划，在选定了登月方案之后，进一步完成对系统的功能分析和工作分解结构，使登月计划逐步具体化，通过制订一系列具体的技术目标和技术活动来保证系统总目标的实现；③阿波罗计划把对空间环境和月球表面环境的研究视为直接影响登月计划成败的重要课题，专门制订了四个大型空间环境探测的辅助计划来考察月球和空间环境状况，计划还对系统在环境中的工作特性组织了实验室的模拟试验和真实的飞行试验；④对费用和进度两个总体性能指标进行控制，并采用一系列先进的系统分析方法，对整个系统的运载能力、防热能力、通信和指挥能力、交会能力、月球软着陆能力等进行了事先的验证和控制；⑤解决好系统内部的接口问题。总之，阿波罗计划的顺利实现，标志着飞行器系统工程已日趋成熟。可以说，阿波罗计划是飞行器系统工程发展的一个重要里程碑。

20 世纪 50 年代末至 60 年代初，我国开始研制尖端武器，当时的问题就是怎样在最短的时间里，以最少的人力、物力和投资，有效地利用科学技术的最新成就，完成大型、复杂的国防科研任务。研制一种复杂的国防工程系统面临的基本问题是：怎样把比较笼统的初始研制要求，逐步地变成由成千上万个研制任务参加者来完成的一项项具体工作，然后怎样把这些具体工作综合成一个技术上合理、经济上合算、研制周期短、能够协调工作的实际系统，而且这个系统应该与它所从属的更大系统兼容。显然，这样复杂的总体组织和总体协调任务不可能靠一两个总设计师来完成，必须有一个组织、一个集体来对这种大规模的社会劳动进行协调指挥。我国在国防尖端技术的科研和工程研制过程中，创造性地建立了总体设计部这样的技术指挥和工程协调机构，其与国外同期建立的系统工程部的职能非常相似。

总体设计部由熟悉系统各方面专业知识的技术专家和人员组成，并由知识面宽、横向协调能力强的专家负责领导。总体设计部的任务是设计系统的总体，又叫系统的顶层设计，包括系统的总体方案和技术途径，各分系统的技术接口、技术协调等。总体设计部首先必须把要研制系统作为它所从属的更大系统的组成部分，要研制系统的全部战术技术要求，都要从实现这个更大系统的技术协调和战术协调的角度予以全面考虑；与此同时，总体设计部对于研制过程中系统与分系统之间、分系统与分系统之间的矛盾，应从总体协调、整体优化的要求出发，慎重选择解决方案，然后由各分系统的研制单位具体实施。

总体设计部在我国国防科技工业领域的实践充分证明，它体现了一种组织管理大型系统的科学方法，即系统工程方法。在总体设计部的工作中充分贯彻和体现了大型系统的整体性原则、层次性原则、目的性原则、协调性原则和动态适应性原则等，是结合我国实际的一种创造。

1.4 导弹研制阶段及总体设计内容

1.4.1 导弹研制阶段

导弹的研制阶段是由导弹系统的整体性、层次性、程序性等特性决定的。导弹的研制过程除与一般工程项目相同之外，还要考虑导弹的特殊性。导弹的主要研制阶段应包括规划、预先研究、设计、制造、测试、试验、定型(发射)等各个阶段。

1. 型号立项前的工作

研制单位在型号立项前的主要工作是进行型号预先研究，配合使用部门、主管部门制订导弹研制的中长期计划，取得研制许可。

(1) 规划阶段。一般由研制部门在国家有关部门组织下，根据用户需求或国家需要，与使用部门相互配合，对导弹新型号及其各种新技术开展发展战略研究，并制订 10~20 年的发展规划。

(2) 预先研究阶段。该阶段为型号研制而进行先期研究和开发工作，目的是为型号研制提供理论基础、技术基础和技术依据，并培养和造就一支适应型号研制需要的高水平科技队伍。

2. 型号立项后的研制阶段

(1) 论证阶段。论证阶段的主要任务是根据使用部门的要求(用户要求、战术技术指标),进行技术、研制经费、研制周期可行性研究,找出技术途径,完成总体方案构思及设想,提出支撑性预研课题,进行必要的验证试验。此阶段以总体设计为主,各分系统配合。

(2) 方案阶段。方案阶段主要进行系统方案设计、关键技术攻关、原理性样机研制与试验。

(3) 初样阶段。初样是指可以进行地面试验的工程样机。本阶段的主要任务是进行分系统的设计、试制和试验,总体在有关部门配合下完成初样系统级总装、测试和试验。初样设计、生产及试验为分系统试样设计提供依据。

(4) 试样阶段。试样是指可以进行飞行试验的正式样机。本阶段的主要任务是进行分系统设计、仪器设备试制、系统级正样设计、系统鉴定性试验,通过试样的飞行试验,全面鉴定飞行器的性能指标和设计、生产质量。

(5) 定型阶段。导弹研制性试验成功证明其总体方案可行,各分系统工作协调和性能可靠稳定,型号即可进行设计定型和生产定型。

上面大致给出了导弹一般研制阶段的划分,但是各个承担导弹研制的部门对研制阶段的划分、各个阶段的名称及各个阶段包含的内容不尽相同。下面分别介绍各研制阶段导弹总体设计的内容及工作。

1.4.2　各研制阶段导弹总体设计内容

导弹总体设计的基本依据是使用部门提出的战术技术指标要求。总体设计工作的重点就是协调解决战术技术要求与技术可实现性之间及各分系统之间可能出现的矛盾,使各个分系统能够协调一致工作,达到最佳的总体性能。总体设计主要包括以下内容。

(1) 进行导弹总体方案的论证,包括技术、进度、经济可行性分析。

(2) 总体方案设计,包括合理选择导弹总体参数,进行导弹总体性能、气动外形、总体布局设计和确定分系统的主要性能。

(3) 导弹武器系统方案设计,提出对火控系统、发射系统的技术要求。

(4) 进行导弹系统工作流程、信息流程及弹内、弹外接口的设计。

(5) 进行导弹系统技术指标分配,拟定各个分系统的研制任务书并不断协调解决各分系统之间可能出现的矛盾。

(6) 同时开展导弹可靠性、维修性、电磁兼容性和环境适应性等专业工程方面相关的设计工作。

(7) 制订导弹研制过程各个阶段的总体试验计划和试验大纲,并组织实施相关试验;制订各分系统试验要求并检查落实试验完成情况。

(8) 导弹系统总体性能及作战效能预测评估。

在导弹研制的各个阶段,总体设计的主要任务如下。

1. 指标论证阶段

论证阶段的主要目标是确认作战使用要求,形成系统功能基线(系统要求)。该阶段的主要工作是根据使用部门提出的战术技术指标要求,进行战术技术指标论证和技术可行性分析。

(1) 战术技术指标论证。根据未来战争需求，参考国内外发展的同类型导弹的相关技术指标，配合使用部门进行导弹运用研究，对导弹的作战性能进行初步分析，重点研究技术指标的合理性及指标之间的匹配性并提出分析意见。

(2) 技术可行性分析。设想总体方案和可能采取的技术途径并计算总体参数，通过计算分析提出导弹分系统及主要配套产品的初步要求，综合总体论证结果和分系统论证结果，提出可能达到的指标、主要技术途径和支撑性预研课题。此外，还要对研制经费进行分析。

2. 方案设计阶段

方案设计阶段的主要目标是确认系统功能基线，形成系统分配基线(分系统要求)。在方案设计阶段主要进行导弹总体方案设计，具体内容包括方案选择和确定、参数计算和指标分配、提出各分系统初样设计要求、进行局部方案原理性试验。

(1) 方案选择和确定。首先选择和确定导弹的气动外形，总体参数，包括导弹的级数、推力参数、速度特性、质量参数等，对导弹总体性能进行初步研究，确定制导体制、引战体制、分离方案、发射方式等，通过计算和分析后提出分系统要求。方案论证和方案设计时，一般应进行多方案比较，对各个可能的方案进行技术、费用、进度、风险的综合权衡，最终确定主要方案。

(2) 参数计算和指标分配。根据使用方提出的战术技术指标要求，初步确定总体方案及总体设计参数，通过设计及分析计算，确定和分配各分系统初样设计所需要的技术参数和技术指标，这些设计分析与计算包括总体主要性能参数设计计算、气动设计与计算、弹道设计与计算、导弹固有特性计算、载荷计算、稳定性分析和计算、制导方案设计和精度指标分配、引信战斗部系统杀伤效率计算、单发导弹杀伤概率计算、可靠性预测和指标分配等。

(3) 提出各分系统初样设计要求。各分系统初样设计要求包括推进系统、引战系统、导引控制系统、飞行控制系统、能源系统、遥测系统、弹体、地面支持设备等要求，即研制任务书。通过研制任务书来统一和协调各分系统的初样设计，保证达到导弹总体性能指标。

(4) 进行局部方案原理性试验。对某些新技术、新材料、新方案等影响全局的关键项目进行原理性试验和半实物仿真试验。

3. 初样阶段

初样阶段的主要目标是确认系统分配基线，形成部组件要求。在初样阶段主要基于初样产品试验进行又一轮总体设计，为分系统初样研制提供依据。初样阶段是总体和分系统通过试验改进设计的过程。

(1) 初样样机研制。根据研制任务书要求，研制全弹的初样样机，考核各分系统工作协调性、全弹强度刚度、结构尺寸、公差协调性及工艺协调性。

(2) 初样总体试验。进行内场相关的总体试验，主要包括模型风洞试验、导弹结构静力试验和模态试验、全弹振动特性试验、电气系统匹配试验、程控弹发射试验、制导系留弹系留试验等，考核总体设计的有效性和技术指标是否达到了设计要求。

(3) 提出各分系统试样设计的要求。根据初样样机总体试验结果，经过协调、分析和计算后提出分系统试样阶段研制任务书。

4. 试样阶段

试样阶段的主要目标是确认部组件要求，形成产品基线。试样阶段主要基于试样产品试验进行改进设计，为分系统试样研制提供依据。主要研制内容包括试样样机研制、试样总体试验、试样对接与协调试验、各种大型地面试验、可靠性鉴定和验收试验、全弹试车、飞行试验等。

(1) 试样样机研制。根据研制任务书要求，研制全弹的试样样机，进一步考核各分系统工作协调性、全弹结构尺寸、公差协调性及工艺协调性。

(2) 试样对接与协调试验：主要包括在总装厂进行导弹模拟测试及机械、电气协调试验；在试车台和靶场对导弹、火控系统、地面设备和试验设备实行按试车和发射要求的操作，目的是检查试验对象的状态、性能、参数和线路是否正确；检验导弹与地面设备、导弹与火控系统及导弹各分系统之间的协调性。

(3) 地面试车：在试车台上进行点火试验，借以考验导弹各分系统在发动机比较真实工作条件下的适应性、协调性和可靠性，并测量振动、冲击等环境参数。

(4) 飞行试验：在实际飞行条件下进行各种试验。飞行试验包括研制性飞行试验和鉴定性飞行试验，通过研制性飞行试验验证导弹总体设计方案和各分系统设计方案是否正确，导弹各系统对实际飞行环境是否适应，系统间是否协调。鉴定性飞行试验的目的是鉴定导弹的各项技术指标，最后确定导弹定型状态。飞行试验的弹道可以是常规弹道，也可以是按照试验目的和首、末区情况选用的特殊形式弹道。导弹飞行试验以遥测和外测为测量和观察手段，根据发射前的测试数据和飞行中所获取的各种参数评定试验。飞行试验结果分析分为性能评定和故障分析两类。

5. 定型阶段

定型阶段的主要目标是确认产品基线，固化技术状态，形成小批量生产能力。在定型阶段主要研制工作包括定型鉴定试验、技术指标评定和编制设计定型文件等。

(1) 定型鉴定试验。制订导弹定型鉴定试验计划并进行试验，定型鉴定试验包括性能试验、环境试验、可靠性试验、飞行试验等。

(2) 技术指标评定。根据定型鉴定试验结果对导弹最终达到的战术技术指标进行评估，给出是否设计定型的建议。

(3) 编制设计定型文件。根据定型委员会的相关规定和要求，准备导弹设计定型需要的所有技术文件。

综上所述，导弹总体设计就是利用导弹技术知识和系统工程的理论与方法，把各分系统和各单元严密组织协调起来，使之成为一个有机整体，经过综合协调、折中权衡、反复迭代和试验，最终完成导弹研制的一个创造性过程。

1.4.3　导弹总体设计方法

导弹总体设计方法的早期发展是和飞机总体设计方法密切相关的。在 20 世纪 40 年代第一代导弹开始设计时，飞机总体设计经过模拟法、统计法已经发展到分析法阶段。当时惯量计算、气动计算、操纵性和稳定性计算及飞行性能计算等方法已经发展成熟。

早期的导弹设计方法正是以这些方法为基础，逐步形成一套独立的设计理论。因此，导弹总体设计的传统方法属于分析法。在 20 世纪 60～70 年代，由于系统工程理论的发展，导弹总体设计方法进入了系统工程法的设计阶段。所谓系统工程法就是用系统工程的理论和方法进行导弹总体设计。

采用系统工程法进行导弹总体设计的内容：命题、技术预测、建立数学模型、建立优化模型、选择优化方法并进行优化、优化结果分析和决策。

1. 命题

命题就是确定导弹总体设计应解决的主要问题，如战斗部威力与制导精度、飞行弹道与导引规律、推进系统及其参数、机动力和控制力产生方案、导弹空气动力外形和几何参数、导弹级数、导弹稳定控制系统、弹上制导控制系统、弹上能源方案、导弹可靠性等。

2. 技术预测

新研制的导弹从可行性论证到投入使用往往需要 5～10 年，甚至更长时间。建立在可行性论证阶段技术水平的导弹方案经过 10 年的研制和生产到投入使用时就可能成为技术相当落后的导弹。为避免这种情况发生，在可行性论证阶段就应考虑采用一定数量的远景技术。在工程研制阶段，对于某些远景技术也可以采取"预埋法"。一旦这些技术成熟，即可应用，既能提高导弹的性能，又不引起总体方案的大幅度变化，为此必须对技术发展进行科学预测。例如，对推进系统的比冲、结构材料比强度、能源的比能量和比功率等进行预测，预测周期一般为 10 年[4]。

3. 建立数学模型

采用模块化思想建立反映导弹性能和各种参数之间关系的数学模型。内容主要包括：

(1) 气动模型，反映导弹升阻力、力矩系数等气动性能和导弹几何参数及导弹运动参数之间的联系；

(2) 质量模型，反映导弹质量与导弹几何参数、推进参数、飞行参数及弹上设备参数等之间的关系；

(3) 推进模型，反映推力、总冲、比冲等性能参数和推进系统参数及飞行参数等之间的联系；

(4) 弹道模型，反映弹道性能与导弹气动参数、推进系统参数、导弹几何参数及质量参数之间的联系；

(5) 经济模型，反映导弹经济性能和导弹技术参数之间的联系；对于复杂的导弹武器系统来说，还应当研究全寿命费用，即应追求研制、生产和使用维护全寿命的最低消耗。

4. 建立优化模型

优化模型包括设计变量、目标函数、约束条件。目标函数用来评价导弹方案的优劣和完善程度。可以用最小起飞质量或最大射程作为导弹总体设计的目标函数，也可以用效费比作为导弹总体设计的目标函数。

目标函数可以选一个，也可以选多个。导弹总体设计实际上是一个多目标问题。系统设计师在保证既定战术技术指标的同时，往往希望得到导弹最小起飞质量 $m_{0\min}$、最低成本 $C_{\min}$、满意速度特性 v 和过载特性 n_y 等，因此导弹总体设计实质上是一个多目标折中优化问题。

5. 选择优化方法并进行优化

飞行器参数优化方法可分为经典方法和数学规划方法两大类。当目标函数具有明显数学表达式时，可使用微分法、拉格朗日因子法和变分法等经典方法，一般称之为间接法。如果目标函数表达式过于复杂，甚至没有明显的表达式，则用直接法求解，即用数学规划方法求解。

6. 优化结果分析和决策

在优化设计中，首先要对目标函数的多峰性做出判断。如果发现所得的极值为局部最优值，则应继续调优寻找全局最优值。其次要进行参数分析，研究参数的灵敏度，这对研究实际问题很有意义。必须指出：在命题、建立数学模型、技术预测和建立优化模型过程中综合了各应用学科的科学规律和设计师系统丰富的实践经验，同时伴有主观认识因素。因此，必须对优化结果进行客观、全面和辩证的分析，这样才能做出正确的决策。

思 考 题

1. 试述导弹、导弹系统和导弹武器系统的定义及基本组成。它们之间具有何种关系？
2. 试述导弹与火箭的区别与联系。
3. 系统工程工作的霍尔三维结构的要点是什么？
4. 试述导弹的大致研制过程，导弹总体设计各阶段的主要工作内容是什么？
5. 导弹总体设计的主要依据是什么？

第 2 章

战术技术要求分析及发射方案选择

导弹武器的战术技术要求是指为完成既定的作战任务必须保证满足的各项战术性能、技术性能和使用维护性能等要求的总和。战术技术要求通常由军方或订货方根据国家军事装备发展规划和军事需求提出，或由研制部门根据军事需求制订，报军方或订货方批准后转由军方或订货方下达研制任务书。

战术技术要求是使用方在分析总结了战争态势、军事需求和目标情况，预测了未来战术和技术的发展方向，并考虑了本国的实际国情后，对新研制的型号提出的涉及性能、使用、维护、经济等方面要求的总和。战术技术要求由"研制总要求"规定，是设计制造导弹最基本、最原始的依据，也是导弹系统研制终结时验收考核的依据。因而，研制部门必须十分重视战术技术要求的每一个量化指标。在武器系统研制之前，对战术技术指标进行充分的可行性论证，彻底理解战术技术的每一项指标要求，从技术途径、技术水平、关键技术难度、国家资源、研制周期要求等方面进行综合分析，论证达到战术技术指标的技术现实性、可行性，在支撑性课题及关键技术取得原理性突破的基础上，提出型号方案设想和可供选择的技术途径建议，并以"战术技术指标可行性论证报告"的形式报军方或订货方审定。

战术技术指标可行性论证是导弹系统研制的重要阶段，既关系研制工作的成败、研制周期的长短、经费的多少，在导弹研制市场激烈竞争时期，也关系能不能争取到研制任务。因而，可行性论证要十分注意战技指标可行性、先进性、经济性和合理性，论证中要求总体方案正确、完整，阐明攻克关键技术的把握性和技术途径。可行性论证阶段的主要工作内容如下：

(1) 提出满足型号发展规划和使用部门要求的优化方案与可能采取的技术途径，提出技术关键和应解决的重大技术项目；

(2) 论证战术技术指标可行性；

(3) 采用的新技术、新材料、新工艺和解决途径；

(4) 为完成型号研制任务需要增加的新设备、新设施及提请国家解决的重大问题；

(5) 提出经费概算、研制周期和研制程序网络图，选定工程研制前必须突破的支撑性课题及关键性技术研究。

导弹系统战术技术指标具有强烈的时代性，必须适应科学技术的发展和战争态势的变化，否则将被淘汰。因而，战术技术指标可行性论证必须立足先进技术、不失时机，但不可追求过高指标,否则会使研制周期过长,从而落后于时代。

2.1　战术技术要求

战术技术要求是对要研制的新型导弹提出的各项具体要求,全面反映了导弹武器系统的实战使用性能。由于它涉及的面很广,而且各类导弹武器系统的战术技术要求不尽一致,性能也不尽相同,不能一一细述,只能从导弹总体设计的角度,研讨其最基本的问题。对每一类型导弹,其项目可增可减,但主要包括下列几个方面。

2.1.1　战术要求

1. 目标特征

通常,设计的一种导弹要能对付几种目标,战术要求中规定了一种或数种目标类型及典型目标。例如,当目标是飞机时,就要说明:飞机名称、类型;飞行性能(飞行速度范围、高度范围、机动能力等);防护设备、装甲厚度与布置;外形及其几何尺寸;要害部位(驾驶员、发动机、油箱等)的分布与尺寸;雷达反射特性、红外辐射特性;防御武器及其性能;各种干扰措施等。典型目标用于确定典型弹道、进行截获概率、杀伤概率的计算。

2. 发射条件

发射条件通常包括对导弹发射地点、环境(白昼、黑夜、风速、海拔等)、阵地设置与布置、火力密度等方面的要求,以及导弹发射时产生的噪声、光亮、温度、烟尘、压力场、分离物等方面的要求。

对于防空导弹,应说明发射点的环境条件、作战单位发射点的布置、发射点数、发射方式、发射速度等。对于空射导弹,应说明载机的性能、悬挂和发射导弹的方式、瞄准方式和发射条件(方位角、距离等)。对于水上或水下发射的导弹,应说明运载舰艇和潜艇的主要数据、发射方式及环境条件等。

3. 导弹性能

导弹的性能主要包括飞行距离、飞行速度、机动能力、制导精度、目标毁伤要求、生存能力、隐身能力、可靠性等。

4. 杀伤概率

杀伤概率(毁伤概率)是导弹武器系统最重要的、最能代表性能优劣的战术指标,一般规定对典型目标的单发杀伤概率。单发杀伤概率除了取决于制导精度,弹、目的遭遇参数,引信和战斗部的配合效率,战斗部的威力等,还与目标要害部位分布情况及目标的易损性有关。

5. 制导体制

制导体制包括单一制导模式、复合制导模式、发射后不管模式、被动模式等,不同的制导模式都有具体的技术指标,是确定相应制导系统方案的依据。

6. 主要作战能力

主要作战能力包括发射后不管能力,对单个目标、群体目标和编队目标的攻击能力，抗干扰能力，末端博弈能力，以及作战准备时间、二次发射可能性等。

2.1.2　技术要求

1. 尺寸和质量

尺寸主要指最大外廓尺寸，对机载发射导弹和筒装导弹规定弹径、弹长、翼展、舵展等，并给出起飞质量限制。

2. 对分系统的要求

对分系统的要求包括对导弹各分系统和主要部件的功能、类型、组成、尺寸、质量、特性的要求及一些需要特别强调事宜。例如，制导控制系统的类型、质量和尺寸；动力装置与推进剂类型、质量与尺寸；战斗部类型与质量、引战配合等。

但是对分系统和部件的要求提得过多过细，会束缚研制单位的创造性和影响新技术的采用。因此，在满足战术技术要求的前提下，这方面的要求宜尽可能少提，或以建议的方式提出，供研制单位参考。

3. 环境条件

环境条件包括储存温度、工作温度、储存相对湿度、温度循环、加速度、冲击、振动、淋雨、霉菌、盐雾、砂尘、低温、低气压条件等。

4. 可靠性

可靠性包括储存可靠性、挂飞可靠性、自主飞行可靠性。导弹系统的可靠性除了主要决定于设计，还和生产工艺、工程管理等因素有关。在提可靠性要求时，注意不能脱离国家的工业基础和元器件、原材料的实际水平。

5. 安全性

安全性是为保证在储存、运输、检测、使用等正常情况下，以及在碰撞、跌落、错误操作、外界干扰等非正常情况下武器和人员的安全而提出的要求。安全性要求可分解成火工品的三防要求、引战系统的多重保险要求、安全落高要求等内容。

6. 电磁兼容性

一般根据 GJB 151A—97《军用设备和分系统电磁发射和敏感度要求》和载机或装载对象的电磁环境裁剪制订。

7. 根据部队装备情况和生产实际条件提出的要求

(1) 对已有型号的继承性要求；

(2) 标准化要求；

(3) 选用元器件、原材料的限制及要求；

(4) 定型后生产规模和生产批量的要求。

2.1.3　使用维护要求

1. 维修性

规定导弹系统装备部队后的维修事宜，包括维修级别、预防性维修周期、维修时间等，并对采用的设备、平均修复时间及设备的开敞性、可达性等内容提出要求。

2. 互换性

互换性包括导弹舱段、组件等的互换性。除了对分系统和主要部件提出互换性要求，还可根据需要对故障率高、易损坏的零组件提出易更换和互换性要求。

3. 寿命

寿命包括在库房条件下装箱存放的储存寿命；挂飞、行军或执勤情况下的使用寿命；供电、供气状态下的工作寿命等。

4. 测试性

测试性规定自检覆盖率、检测覆盖率、正检率、误检率等。

5. 喷涂和标志

根据防护、识别、操作等方面的需要，对产品和包装的颜色、图案及标志内容、字体、部位等提出要求。

6. 产品储运

产品配套、包装、运输(含运输方式、里程)、存放(含存放条件、方式)等要求。

7. 训练设备

训练设备包含设备组成、功能、模拟内容、训练项目、记录数据、评分方式、使用寿命、平均无故障工作时间等内容。

对于以上所述各项，已有许多规范，这些规范都有通用性、完整性、适应性、相关性和强制性。例如，提出了导弹武器系统的总规范、导弹设计和结构的总规范、导弹武器系统包装规范和通用设计要求、地面和机载导弹发射装置通用规范、空中发射导弹的最低安全要求、军用装备的气候极值、运输和储存标志等。对于战斗部与保险执行机构、推进系统与导弹发动机、导弹电路、导弹材料、导弹的包装与存放区等各方面都做了明确的规定。

除了前面已经提到的有关战术技术和使用维护方面的要求，不同武器系统类型还有一些附加要求，如型号的研制周期、产品的成本与价格、导弹系统的通用性和扩展性等方面的要求。这些指标在可行性论证阶段，是可以与军方或订货方商榷的。

2.2　目标分类及特性分析

导弹战术技术要求与其所攻击的目标密切相关，故在拟定战术技术要求前，必须对目标的特性做全面深入的调查分析研究。只有掌握了目标的飞行速度、高度范围和机动能力，才能较恰当地确定导弹的飞行性能；了解了目标的外形尺寸、结构特征、部位安排和装甲情况，才能有针对性地确定导引规律的修正方法，选择引信和战斗部参数；分析了目标的红外辐射特性，才能选择红外导引头的工作波段并提出灵敏阈要求；掌握了目标已经采用和可能采用的光电干扰手段，才能研究对策，寻求相应的抗干扰措施。因此，研究目标特性是战术技术可行性论证、武器系统设计和研制的重要前提，也是武器系统验收考核的重要依据之一。

2.2.1　目标分类

目标是需要毁伤或夺取的对象，它包括敌方任何直接或间接用于军事行动的部队、军事技术装备和设施、工厂、城市等。从不同角度出发，对目标有不同分类方法。

按军事性质，目标可分为非军事目标和军事目标，后者又可分为战略目标和战术目标；按所在的位置，目标可分为空中目标、地(水)面目标和地(水)下目标；按防御能力，目标可分为硬目标和软目标；按编成，目标可分为单个目标和集群目标；按运动情况，目标可分为运动目标和固定目标；按面积大小，目标可分为点目标、线目标和面目标[外形尺寸较大，且长宽比较接近(通常不超过三比一)的目标]；按辐射特性，目标可分为热辐射目标、光辐射目标与电磁波辐射目标。

2.2.2　典型目标特性分析

典型目标是在同类目标中，根据目标的散射特性、辐射特性、运动特性、几何尺寸、结构强度、动力装置类型、制导系统、抗爆能力、火力配备、生存能力等特性，并考虑技术发展，综合而成的具有代表性的目标。根据武器的性质，通常只模拟目标的数个主要特性。例如，飞机类典型目标的主要特征有外形尺寸、飞行高度、最大速度、机动能力、要害部位的分布和尺寸、辐射或反射特性、防护设备、干扰与抗干扰能力、火力配备等。摧毁飞机可以击毙飞行员、引燃油箱、破坏翼面和操纵部分等，因此采用"要害面积"的概念，如一般飞机的要害面积取其投影面积的 20%～30%，大约有几平方米(具体飞机要害面积的确定，需要对各个方向和结构进行分析计算与实测)。但是，战术导弹的要害面积比飞机小得多，一般战术弹道导弹的要害面积只有 $0.4\sim0.6\text{m}^2$，空对地导弹的要害面积只有 $0.1\sim0.2\text{m}^2$，反辐射导弹的要害面积只有 $0.02\sim0.1\text{m}^2$。

1. 空中目标

防空导弹所攻击的目标包括各种作战飞机、武装直升机、战术导弹和无人驾驶飞行器等。作战飞机这类目标一般具有速度高、机动能力强、几何尺寸小和突防能力强等特点；机上装备机炮、导弹、制导炸弹等各种精确制导武器，可实施对多个目标的攻击；内装或外挂各类(包括侦察和干扰在内)电子战系统，具有较强的无线电和红外干扰能力。武装直升机具有的特点：不需要特殊的机场，可根据任务的需要临时起降，发起突然袭击；具有超低空灵活飞行攻击的能力，不易被敌方探测系统发现；具有在空中悬停的性能，其悬停高度可低至数米，因而可以隐蔽在地物及其雷达回波中，必要时可以跃升发动攻击，对敌方探测设施的暴露时间可缩短到 10～20s；可以携带机炮、炸弹、导弹等多种攻击武器，并装有机载电子和红外干扰装置。战术导弹和无人驾驶飞行器同飞机类目标相比，其特点是速度较快、体积较小，相应的雷达散射截面及红外辐射强度比轰炸机低 2～3 个数量级，因而不易被各类探测器发现、截获和跟踪；由于其体积小，结构强度比较高，不易被击中和摧毁；它的出现往往具有突然性，发射以后留空时间又比较短，同时出现的数量有可能较多，价格比飞机低得多，这就使它成为防空导弹难以对付的一类目标。

2. 水面目标

水面目标为反舰导弹攻击的目标，海面为各种作战舰艇和运输船只，水下为潜艇。水面舰艇一般可分为快艇、驱逐舰、护卫舰、巡洋舰、航空母舰等。根据作战任务的需要和火力配备的要求，可以用各种舰船组成编队。这种目标的特点如下。

(1) 攻击火力集中而强大。舰上装备有各种类型的舰载导弹、火炮、鱼雷、作战飞机和电子对抗武器，进行全方位的进攻和自卫。特别是以航空母舰为核心的特混舰队，在短时间内能集中极强的火力摧毁某一方向上的任何坚强防御，历史上海上舰队的登陆作战基本是成功的。

(2) 战斗状态持续能力强而且续航能力高。舰艇进入战斗状态后可以持续十天半月甚至更长时间，舰艇在广阔的海域上机动作战，在海上续航可达数月或几千海里，特别是核动力舰艇的续航能力可达数年或几万海里。

(3) 生存能力强而且防御力量大。在非原子武器攻击的情况下舰船抗攻击能力很强，如果用 0.5t TNT 当量的战斗部，对于航母需要命中 6～8 发才能击沉，4～6 发才能击毁，3～4 发才能重伤，1～2 发只是轻伤；对于驱逐舰以下的小型舰船，也需要命中 2～3 发才能击沉。同时，舰船的防御能力很强，一般舰上不但有防空导弹、防空火炮、舰载飞机等积极防御手段，还有电子对抗、隐身措施、舰艇的机动回避等消极防御手段。对于无对抗条件下单发命中概率为 90% 的空对舰导弹，在对抗条件下单发命中概率只能达到 10%～20%，这还不考虑空对舰导弹武器系统自身的可靠性。

(4) 目标无线电波散射及光学辐射特征强。有较强的雷达波散射特征，有强的红外线辐射能，这对于用雷达或红外搜索、捕捉目标是极好的条件。虽然存在海杂波干扰，但像驱逐舰这样的大中型目标，其散射电波和光学辐射能量很强，要害部位尺寸大，目标容易分辨，因而可选用雷达、红外、电视导引头等。

3. 地面目标

弹道导弹和空对地导弹攻击的目标是地面各种目标。地面目标的一部分是专为军事对抗而构筑的，如永备工事、战略指挥部、飞机掩蔽部、野战工事、火炮掩体等，这些目标在设计和修建时就考虑了防爆能力和对抗措施。另一部分是民用建筑和设施，由于在战时所处的地理位置与作用，成为重要的军事目标。例如，桥梁、公路、交通枢纽、民用机场、港口等，这些目标在设计和修建时，一般没有考虑防爆能力和对抗措施。这些典型地面固定目标的基本特性：有确定的位置和坐标；一般为集中的地面目标；为军事目的修建的建筑和设施都有较好的防护，大多由钢筋混凝土或钢板制成，并有覆盖层，防爆能力强；纵深的战略目标都有防空部队和地面部队防护；一般采用消极防护，如隐蔽、伪装等措施。

目标特性分析是确定目标探测、导弹制导、战斗部类型与质量、引信种类及引战配合、毁伤效能等参数的依据。通过对目标特性进行分析，可以制订如下要求。

(1) 依据对目标的毁伤要求，确定战斗部的类型、质量、引战配合要求。通过作战效能分析，确定摧毁一个目标所需导弹数量，提出一个战斗火力单元的组成，即武器系统配套要求。

(2) 根据目标特性，确定导弹制导体制和攻击目标的方式，确定对目标的命中精度。

(3) 依据目标攻防特性，确定导弹的有效射程、载体安全撤离措施，提出导弹突防性能，如导弹飞行速度、飞行高度、隐身特性、机动能力等突防要求，以及抗干扰措施等。

由上述分析可以看出，不同的目标有着不同的特征，根据不同的目标特征，可制订不同的有效攻击和毁伤措施，因此目标特征是制订导弹战术技术要求的依据之一。需要特别关注和重点研究的目标特性是飞行性能、雷达散射特性和光学辐射特性。由于导弹武器系统的研制周期较长，所以制订战术技术要求时必须考虑被攻击目标的发展趋向。

另外，导弹各分系统设计都与目标的种类和特性有关，因此都必须对此有所了解和研究。只是各分系统所要研讨的侧重点不一样。对于战斗部系统设计部门，侧重于目标的大小、形状、构造形式、要害部位的尺寸和面积，目标的抗毁伤能力等；对于制导系统设计部门，侧重于目标反射电磁波和辐射红外线的能力、目标的电子干扰系统，以及目标的速度、机动能力和目标离导弹的距离等；对于弹体设计部门，除了以上各点外，还应注意目标飞行性能、防御能力、导引系统及发射点离目标的距离等。

2.3　导弹性能

一种导弹不可能同时兼备各种性能或多种用途，只能在配置成套的导弹体系中占据一定的地位和作用。导弹的性能包括累积性能和终点性能：累积性能主要指射程、制导精度和遭遇条件等，它与动力系统、制导回路、发射方式、目标和导弹飞行性能等有关；终点性能主要指导弹破坏给定目标的威力特性，它与战斗部、引信和目标易损性等有关[2]。

2.3.1　飞行性能

飞行性能即导弹质心的运动特性，如主动段飞行时间、速度特性、加速度特性、飞行高度、射程、弹道过载特性等。但导弹的飞行性能主要指其射程、速度、高度和过载。飞行性能数据是评价导弹性能的主要依据之一。

1. 射程

射程是保证一定命中概率的条件下，导弹发射点至命中点或落点之间的距离。远程导弹以导弹发射点至命中点的地面路程计算。

射程有最大射程和最小射程之分。最大射程取决于导弹的起飞质量、发动机性能、燃料性能、结构特性、气动特性和弹道特性等。最小射程取决于飞行中开始受控时间、初始散布、过载特性和安全性等。有些导弹的最大和最小射程，还取决于目标探测或制导系统的能力。

地对空导弹的射程，取决于自动导引头的限制、制导系统的作用距离及准确度的限制、第二次攻击的可能性，以及击毁目标应远离发射阵地、雷达站等限制。

空对空导弹的射程，受导引头工作距离的限制、弹上能源工作时间的限制、导引头视角的限制、最大和最小相对接近速度的限制、引信解除保险的限制及导弹最大法向过载的限制等。

空对地导弹的射程，主要受制导系统和载机安全的限制。

对于飞航导弹，涡喷、涡扇发动机技术，整体式冲压发动机技术及卫星定位系统(GPS)在导弹上应用技术的突破，大大增加了飞航导弹的射程。

地对地导弹的射程是发射点到目标点的距离。其他如反坦克导弹，其射程受目标能见度及制导系统的限制。

必须依据作战目的，从系统的观点制订射程要求，选取一个适当的射程范围。各种型号导弹都有自己的射程范围，最终可组成一个导弹系列来完成对给定目标的打击任务。例如，弹道导弹应能攻击射程为几百公里到上万公里的目标，显然要求用一种型号的导弹完成上述任务是不合理的。因此，必须设计出一个导弹系列，该系列应包含若干型号，每种型号分别担负不同射程范围内的任务。例如，弹道导弹射程的分布范围如下：战术弹道导弹 10～300km；战役弹道导弹 300～1000km；战略近程导弹 1000～2000km；战略中程导弹 2000～5000km；战略远程导弹 5000～8000km；战略洲际导弹大于 8000km。

对每一种型号的导弹，都应规定一个最大射程和一个最小射程。对导弹系列来讲，其中两种衔接的导弹型号，要求射程大的一种型号的最小射程不大于射程小的那种型号的最大射程，即要求射程互相衔接。

2. 速度

速度特性即导弹的速度随时间的变化曲线及速度特征量(最大速度、平均速度、加速度和速度比等)。

速度特性是导弹总体设计依据之一，按导弹类型不同可由战术技术要求规定，也可由射程、目标特性、导引方法、突防能力等确定。确定速度特性后，导弹的飞行速度范围、飞行时间、射程、高度等参数均可确定，由此导出推进剂质量后，就能进行导弹的外形设计、质量估算，确定导弹起飞质量和发动机推力特性等主要设计参数。

确定速度时，应考虑下列因素。

(1) 从导弹突防能力来看，导弹速度越大，敌方反击时间就越少，自己被敌方击中的可能性也就越小，显然导弹速度越大越好。但导弹速度增大是有限制的，随着速度增加，阻力将呈平方增加，于是发动机质量和导弹质量均增大。飞行速度越大，一方面使得敌方防御反击的困难加大，能提高导弹攻击的成功率；另一方面即使导弹战斗部较小也能达到较理想的穿甲效果。

(2) 从制导系统要求来看，若采用自动导引头，则导弹速度越大，跟踪目标的视角越小，导引头就越易保证跟踪目标。

(3) 从减少拦截时间及进行第二次攻击来看，导弹速度大有利。

(4) 从机动性来看，导弹可用过载近似与其飞行速度的平方成正比。

(5) 从导弹接近目标时引信的要求来看，导弹速度应有一定大小。接近目标时导弹与目标的相对速度应大于 $200\,\mathrm{m\cdot s^{-1}}$。

(6) 导弹射程和起飞质量都与飞行速度有关。正确处理飞行速度、导弹射程、起飞质量和导弹外廓尺寸之间的关系，在较小的起飞质量和外廓尺寸条件下获得最大射程，是设计师们所追求的目标。

(7) 气动加热对导弹飞行速度提出了限制。这个限制有时很严格。

气动加热现象的产生是飞行器在气流中运动时，紧靠物体表面的气流质点由于摩擦而受到阻滞的结果。在低速时气动加热现象不明显，但由于超声速时气流能量很高，气动加热变得非常严重，随着马赫数增加，气动热流成幂次方地增加。现代超声速导弹的飞行速度高达 $Ma5$，飞行距离可达数百公里，弹道导弹的再入速度更高。这时，气动加热现象十分严重，必须予以重视。

3. 高度

高度是指飞行中的导弹与当地水平面之间的距离。按所取的水平面位置可分为绝对高度，即以海平面为起点的高度；相对高度，即以某一假定平面为起点的高度；真实高度，即以当地的地平面(与地球表面相对的平面)为起点计算的高度。利用气压原理的高度表可测出绝对高度或相对高度，采用无线电波反射原理的高度表可测出真实高度。

导弹的飞行高度随导弹类型而异。近程导弹常以发射点的水平面或过发射点的平面作为起点平面测量飞行高度，远程导弹大多以距当地水平面的高度作为飞行高度(真实高度)。防空导弹的飞行高度，一般是指最大作战高度，即在此高度内导弹具有一定毁伤概率。

根据防空导弹的作战空域分类：现在一般将空域划分为高空、中空、低空和超低空。

北大西洋公约组织按以下规定划分：150m 以下为超低空；150~600m 为低空；600~7500m 为中空；7500~15000m 为高空；15000m 以上为超高空。

我国防空导弹有效作战高度范围一般划分如下：150m 以下为超低空；150~3000m 为低空；3000~12000m 为中空；12000m 以上为高空。

现代战争是全方位、多层次和大纵深的立体战，战场的分布高度从太空、中高空、低空、地面(或海面)直至水下，战争的方式是对抗低空和超低空突防、反辐射导弹、隐身飞机和强电子干扰等。低空和超低空飞行是现代飞行器实施突防的重要手段。

低空突防是利用地球的曲率和地形造成的遮挡与地对空防空设施的盲区作掩护，利用防空武器所需要的调度时间等有利条件，使低空飞行器快速隐蔽地深入敌区进行突然袭击。

为了有效地实现低空突防，巡航导弹、空对地导弹等通常采用高亚声速超低空弹道，利用敌方雷达不易发现的条件攻击目标。但下视雷达技术和响应快速、高自动化的末端拦截武器的使用，对这种突防高度的弹道便构成了威胁，于是人们又采用了超声速超低空弹道。这样，即使下视雷达在末端发现了来袭目标，因为响应时间不够，也来不及拦截。当然，超声速高空弹道也是突防的手段之一。因此，确定高度时，应考虑下列因素：

(1) 从突防能力来看，导弹飞行高度越低，越不易被敌方雷达发现；

(2) 从提高生存能力，不易被敌方击毁考虑，或低空飞行，或在中、高空飞行；

(3) 从射程考虑，飞行高度越高，阻力越小，射程越大；

(4) 一般应从整个武器系统的配套分工来确定某型导弹的飞行高度。

4. 过载

过载与导弹的机动性有关，导弹攻击活动目标，特别是空中机动目标时，必须具备良好的机动性能，机动性能是评价导弹飞行性能的重要指标之一。

法向过载越大，导弹产生的法向加速度就越大，在相同速度下，导弹改变飞行方向的能力就越大，即导弹越能做较弯曲的弹道飞行。因此，导弹的法向过载越大，机动性能就越好。例如，现代先进的空对空导弹，其法向过载可达 40g 以上。当然，导弹的过载受到导弹结构、仪器设备等承载能力的限制。

2.3.2　制导精度

制导精度是表征导弹制导系统性能的一个综合指标，反映系统制导导弹到目标周围时脱靶量的大小。由于诸多因素的影响，制导误差在整个作战空域内是一个随机变量。在实际使用过程中，制导精度是指弹着点散布中心对目标瞄准点的偏移程度，其散布度则是指导弹的实际落点相对于散布中心的离散程度，也指弹着点的密集程度。

导弹制导精度可以用单发导弹在无故障飞行条件下命中目标的概率来表示。制导精度的衡量指标还可以表示为在一定的射击条件下，导弹的弹着点偏离目标中心的散布状态的统计特征量——概率偏差或圆概率偏差。

概率偏差可分为纵向概率偏差和横向概率偏差，用符号 PE 表示。

圆概率偏差一般用符号 CEP 表示。它是指以落点的散布中心为圆心，该圆范围内所包含的弹着点占全部落点的 50%，则该圆的半径就是圆概率偏差。

圆概率偏差约等于概率偏差的 1.75 倍，概率偏差约为圆概率偏差的 57%。

2.3.3　威力

威力是表示导弹对目标破坏、毁伤能力的一个重要指标。导弹的威力表现为导弹命中目标并在战斗部可靠爆炸之后，毁伤目标的程度和概率；或者说导弹在目标区爆炸之后，使目标失去战斗力的程度和概率。对于反坦克及反舰导弹，为了使目标被毁伤并失去战斗力，一般要求导弹的战斗部必须首先穿透目标装甲，这样才能起到毁伤作用，所以常常用穿甲厚度作为衡量其威力的指标；反飞机导弹主要依靠战斗部爆炸后形成的破片杀伤目标，破片要能杀伤目标，必须具有足够的动能，由于破片飞散过程中有速度损失，显然离爆炸中心的距离越远，杀伤动能越小。当战斗部爆炸所形成的破片飞离爆炸中心一定距离后，其动能若小于杀伤飞机必需的动能(高速飞机为 1500～2500N·m)，破片便不能杀伤目标。通常将破片能杀伤目标的最大作用距离称为有效杀伤半径。显然，战斗部的威力取决于有效杀伤半径，所以反飞机导弹常以战斗部爆炸后形成破片的有效杀伤半径作为其威力的重要指标。

常规弹道式导弹战斗部的威力，以其装药的质量表征对目标的破坏程度。装药质量大则其战斗部威力就大。它对目标的毁伤主要依靠弹头破片、冲击波、侵彻爆破、聚能穿甲、燃烧及其复合效应。当弹道式导弹采用核战斗部时，其威力取决于核爆炸时所释放出的总能量相当于多少吨 TNT 炸药爆炸时的能量。因此，它是以 TNT 当量(简称当量)作为核战斗部的威力指标。但是核战斗部的当量，只能表示核战斗部与其相应的普通炸药的总能量相等，而不表示它们的杀伤破坏效应是相等的，因为核战斗部对目标的破坏效应，除了冲击波作用外，还有热辐射、放射性沾染、贯穿辐射、电磁脉冲等。

核战斗部威力的大小主要取决于装药的种类、质量、浓缩度及利用率。此外，威力与导弹的制导精度有关。

2.3.4　突防能力和生存能力

突防能力与生存能力紧密相关。不考虑生存能力的突防能力对导弹是毫无意义的；然而生存能力又往往体现在突防过程中，只有突防成功之后，才谈得上生存问题。

突防能力是指在突防过程中，导弹在飞越敌方防御设施群体之后仍能保持其初级功能(不坠毁)的能力。突防能力的量度指标是突防概率。

生存能力是指导弹在遭受敌方火力攻击之后，能保存自己不被摧毁并且仍具有作战效能的能力。生存能力的量度指标是生存概率。

导弹武器系统的突防能力和生存能力与其隐蔽性、机动性、光电对抗能力、火力对抗能力、易损性和多弹头技术等有关。

1. 隐蔽性

隐蔽性即不可探测性，它表示己方的武器装备被敌方探测系统发现的难易程度。隐蔽性的量度指标是不可探测概率(即未被发现的概率)。

为了提高武器装备的隐蔽性，目前主要采用隐身技术、高空超声速突防、超低空亚声速突防及各种伪装措施等。

超声速突防留给敌方的反应时间短，因为反应时间不够，敌方来不及拦截；实施超低空弹道，可有效地利用敌方的雷达盲区，达到突防的目的。

隐身技术是指为了减小飞行器的各种可探测特征而采取的减小飞行器辐射或反射能量的一系列技术措施。因此，隐身技术的目的是将飞行器尽可能地"隐蔽"起来，使敌方尽量少获得飞行器运动的有关信息。信息越少，敌方也就越难于对飞行器的运动做出精确的判断，也就越有利于飞行器完成预期任务。

隐身技术主要包括以下 4 个方面内容：①改进飞行器的外形设计；②控制飞行器的飞行姿态；③采用吸收无线电波的复合材料和涂料；④从结构、燃料、材料等方面采取措施，降低红外辐射。

美国在 20 世纪 60 年代初期开始应用隐身技术，当时主要用于侦察机上，如 U-2 和 SR-71。1977 年以后，美国才将此项技术应用于轰炸机、战斗机，后来导弹上也逐步采用了此项技术。2000 年，美国的军用飞机(轰炸机、战斗机、侦察机等)和导弹(尤其是巡航导弹)普遍采用隐身技术，各种飞行器的雷达反射截面(RCS)显著减小。例如，超声速战斗机的 RCS 不大于 $0.5m^2$；制空战斗机的 RCS $\approx 1m^2$；轰炸机的 RCS 不大于 $1m^2$；巡航导弹的 RCS 为 $0.1 \sim 0.5m^2$；战术无人驾驶飞机的 RCS 仅仅相当于一只鸟的截面。

飞行器采用隐身技术，在敌方同一雷达探测距离上，可以使被发现的概率大大降低；在同一被发现的概率下，可以使敌方雷达探测距离大大减小。

2. 机动性

导弹无论是按预定规律飞行，还是受到攻击时进行规避运动，都要求进行机动飞行(甚至是猛烈的机动飞行)。因此，机动性一直是飞行器的一个重要的性能指标，也是影响飞行器突防能力和生存能力的一个重要因素。

导弹在进入敌方防空体系空域后的规避运动(如突然改变航迹或弹道、突然加速、蛇形运动等)会增大敌方武器的跟踪难度，进而增大了敌方武器的制导误差或射击误差。

对弹道导弹来说，增加机动性可以采用末段变轨和全程变轨方式，前者主要是在再入段进行机动变轨，先是导弹沿一般弹道飞行再入，造成假象，然后按程序进行机动改变弹道袭击预定目标。弹道导弹预警系统对洲际导弹能提供 15～30min 的预警时间，但导弹从机动点飞达目标只有 20～30s，致使反导系统对机动变轨的弹头难以实施拦截。据报道，导弹的最大机动能力可达 900km。全程变轨方案是弹头与末级分离以后，控制它上升到更高的高度上，随后慢降滑翔很长距离，最后向目标俯冲攻击。由于弹头可以降至距地面很近的低空并做超低空飞行，可以避开搜索雷达跟踪，因此可以提高导弹的突防能力和生存能力。

3. 光电对抗能力

光电对抗是指敌对双方为降低、阻碍或破坏对方光电设备的有效性和保护己方光电设备的有效性而采取的一系列措施。

光电对抗通过干扰使敌方光电设备丧失有效性。它同火力对抗一样，能够使对方的武器系统丧失完成预期作战任务的能力。因此，光电对抗的这种作用称为软杀伤，而火力对抗的破坏作用称为硬杀伤。

目前使用的干扰技术分为两大类：无源消极干扰和有源积极干扰。

无源消极干扰是利用人工反射体反射无线电波来产生干扰信号的。反射体有金属箔条、金属角反射体和玻璃纤维。由投放器将这种反射体抛撒在对方雷达搜索的空域，造成强烈的干扰信号，扰乱敌人雷达网，使雷达无法跟踪目标。由于此方法简单易行，各国均广泛采用。试验证明用总量 122kg 的金属丝，可以造成宽 320km、长 720km 的干扰管道区，使雷达工作瘫痪。有源积极干扰是指用电子干扰装置，主动发动强大的噪声信号去淹没导弹的目标信号。

武器系统的光电对抗能力，直接影响到其突防能力、生存能力和最终杀伤目标的能力。

4. 火力对抗能力

火力对抗是指敌对双方直接用己方火力压制或破坏对方火力。火力对抗是通过双方相互射击而实现的。武器系统的突防能力和生存能力是以火力对抗为前提和背景的。

5. 易损性

易损性是指双方武器被对方火力命中后，武器本身被毁伤的程度，也就是武器本身丧失预期功能的程度。易损性的量度指标是抗毁伤的概率。

武器系统的易损性既依赖于其要害部位的尺寸、位置、结构强度和防护设施强度，也依赖于对方战斗部的威力和引战配合特性的优劣。

减小易损性可采取装甲保护、建立防护工事、设置冗余设备、采用分布式的指挥控制通信系统、发射阵地加固、阵地分散配置和伪装等措施。对弹道导弹来说，加固发射阵地是提高生存能力最直接的有效措施。

6. 多弹头技术

多弹头技术是弹道导弹采用的主要突防手段。多弹头技术可以使敌方反导系统能力处于饱和状态，很难全部拦截进攻的弹头目标。采用分导式多弹头还可以同时攻击不同的战略目标，使反导系统很难判断和分别实施拦截攻击。

多弹头可分成两类：一类是面目标多弹头，其特征是全部子弹头共同攻击一个面目标，这种多弹头的弹头无制导，子弹头也无制导，因此也不机动；另一类是多目标多弹头(分导式多弹头)，其特征是各个子弹头均有自己的攻击目标。多目标多弹头有两类：一类是母弹头有制导，子弹头无制导不机动；另一类是母弹头及子弹头均有制导，也可以机动，这是正在发展的方案。

弹道导弹还可以采用假弹头技术。利用多弹头技术，将携带的多个弹头真假混杂，甚至故意增强假弹头反射回波，利用吸波材料涂层减弱真弹头的反射回波，以假乱真，诱导反弹道导弹攻击假目标，达到突防目的。

以上各项突防技术实际都在采用，并且在不断发展完善。海湾战争中美国利用有源积极干扰技术使伊拉克无线通信失效，取得了巨大的成效。

2.3.5　可靠性

可靠性是相对故障而言的，可靠性是指按设计要求正确完成任务的概率。可靠性是衡量导弹系统作战性能的一个综合性指标。它主要取决于导弹系统设计、生产时所采取技术措施的可靠程度及可维修性，同时还取决于操作人员在导弹系统储存、运输、转载、技术准备、发射准备、发射实施等过程中检查测试的仔细程度，操作人员的心理素质、技术水平和操作技能的熟练程度等。

导弹是由许多分系统组成的，而各个分系统又由成千上万个零部件组成。因此导弹的可靠性直接取决于分系统的可靠性，或者说取决于零部件的可靠性。

设导弹有 5000 个各种各样的电气和机械部分，并由 4000 个连接件连接起来，故可能产生故障的来源共有 9000 个，若各个零部件以串联方式组成整个导弹系统，则每一个故障都可能使导弹完全失去作用或不能完成战斗任务。如果每个零部件的可靠性为 R ，则

$$R_m = R^{9000}$$

欲使导弹的可靠性概率为 0.62，即 $R_m = 62\%$ ，必须使：

$$R = 99.9947\%$$

欲使 $R_m = 62\%$ ，且零部件数减为 900 个，则

$$R = 99.947\%$$

由此可知，对导弹各零部件可靠性的要求是非常高的。为了保证导弹有很高的可靠性，又不过多增加对零部件可靠性要求的难度，通常要采用可靠性设计方法来解决。

2.3.6　使用性能

导弹的使用性能是指保证导弹作战使用时操作简便、准备时间短、安全可靠等。其大致内容包括运输维护性能和操作使用性能等。

1. 运输维护性能

主要是要求导弹系统及零部件应具有优良的运输维护性能。

运输性能与导弹的尺寸、质量、结构强度及导弹元器件对运输振动冲击的敏感性等有直接关系。因此，设计时要充分考虑运输条件对导弹各部分的限制，以保证良好的运输特性得到满足。当然，导弹使用时也要充分考虑运输环境对导弹的影响。

维护性能是指导弹在储存期间，为保证处于良好的正常工作状态而必须进行的经常性维护、检查及排除故障缺陷等性能。在导弹设计时，必须充分重视导弹各部分的可维修性且尽可能使维护简单易行，最大限度减少故障可能性，最关键的是具备良好的可达性、互换性，检测迅速简便及保证维修安全等，以保证导弹良好的操作使用性能。

2. 操作使用性能

对一种导弹要求其操作使用性能好，主要应当使导弹的发射准备时间短。发射准备时间长短主要取决于发动机类型(固体火箭发动机比液体火箭发动机优越)、战斗准备时间及系统反应时间、发射方式，以及对发射气象条件的要求是否简单，即导弹应能在任何气象条件下正常工作等。

2.3.7 经济性能

经济性能关系导弹本身能否发展和实际应用，因此应讲究经济效益。经济性要求包括生产经济性要求和使用经济性要求。

生产经济性要求包括设计结构简单、可靠和工艺性好，导弹各部件的标准化程度高，材料的国产化程度和规格化程度高，以及符合组合化、系列化要求等。使用经济性要求包括成本低、设备简化和人员减少等。

使导弹结构简单可靠、工艺性良好，可以降低导弹生产制造成本，缩短研制周期，促进产品应用转化。使导弹结构标准化，可以减少导弹研制周期，提高零部件工作可靠性和降低生产成本。材料国化和规格化是战时能够生产，立于不败之地的基本条件之一。

导弹设计研制中，在保证达到战术技术性能要求的前提下，最充分地利用成熟的技术，适当地采用新技术是非常重要的，是保证产品性能的重要措施，避免盲目追求产品性能先进而大量采用尚不成熟的新技术是研制成功的关键。导弹设计则应更加强调利用已有的技术和产品，最充分地使用组合化、系列化技术是保证设计成功的重要方法。

2.4 发射方案选择

2.4.1 发射条件分析

发射条件对研究战术技术指标和制订导弹武器系统技术方案极为重要。通过发射条件分析，确定导弹发射技术和火控配置要求。导弹的发射平台多种多样，包括空中(飞机上)发射、陆上发射、水面舰艇发射、水下潜艇发射和地下井发射等。

陆上发射条件最为宽松。地面发射时，导弹的起飞质量较大，气动效果及控制面效率都较低，必须由助推器将导弹加速到一定的飞行速度和高度，然后由主发动机使导弹继续加速飞行。陆基发射应考虑的是，采用助推器加速时，分离速度应满足足够的气动力及舵面效率的要求；助推器产生的噪声、振动、浓烟及其他氧化物、高温和气浪对发射场的严重影响；导弹瞬时和持续地大幅度加速、冲击、振动对弹体结构、弹上设备的损伤作用等。

陆基发射方式有倾斜发射和垂直发射两种，应根据飞行弹道特点、主发动机及助推器的类型，以及弹体、制导系统要求等因素，决定采用的发射方式。

空中发射有严格的约束条件，首先，发射装置和导弹不应大幅度降低飞机的性能、航程和飞行品质，导弹及发射装置、火控系统的质量、体积及在机上的位置有严格限制；其次，飞机与导弹之间的气动干扰影响导弹离轨后的姿态，导弹的控制要能适应飞机流场效应的影响；再次，发射导弹时作用在导弹上的干扰力矩会影响其发射初期的飞行轨迹，要使导弹不撞击飞机，所产生的燃气气流、火焰、噪声、气浪不危及飞机的安全；最后，要考虑飞机发射导弹与发射其他武器的通用性。

舰艇发射方式要考虑舰面尺寸和上层建筑的限制；海水有腐蚀性，发射装置及导弹本身应有抗腐蚀措施；应考虑舰艇摇摆簸动对导弹发射的影响及不使导弹火焰损坏舰面设备。

实践证明，敌方往往释放各种干扰来干扰导弹载体，使其发现不了被攻击的目标或引向假目标，火控系统应采用多种有效的抗干扰措施。

2.4.2　发射方式分类

导弹的发射方式从不同的角度有不同的分类方法。

按发射地点不同，可分为地面发射和空中发射。

按发射角的不同，可分为倾斜发射和垂直发射。倾斜发射时，若发射架高低角与方位角按一定规律跟随目标运动，则称为变角倾斜发射；若高低角固定，则称为定角倾斜发射。垂直发射又分发射平台方位随动与发射平台方位固定两种方式。

按发射平台在导弹发射时所处的状态不同，可分为固定平台发射与活动平台发射。若发射平台停放在地面上发射，则为固定平台发射；由于陆上行进中发射和舰上发射中，发射平台与地面或海面有相对运动，则为活动平台发射。

按发射导轨与发射架的关系不同，可分为架式发射和筒式发射。若导弹直接装填在发射架导轨上，发射时导弹相对于发射架导轨运动，则为架式发射；若导弹装在发射筒内，筒弹作为一个整体装填在发射架上，发射时导弹相对于发射筒内的导轨运动，则为筒式发射。

按发射动力源的不同，可分为自推力发射和外动力发射。前者发射动力由导弹的发动机产生，即导弹起飞时依靠其自身的发动机或助推器的推力而离开发射装置。这种发射方式在实际中应用最早且最广，可用来发射各种类型的导弹。自推力倾斜发射时，为了获得较大的起飞加速度，常常采用助推器或单室双推力火箭发动机。一般起飞加速度值在 $10g \sim 40g$，其滑离速度一般可达 $20 \sim 70\mathrm{m \cdot s^{-1}}$；自推力垂直发射导弹的初始加速度较小，因为推力与导弹重力之比一般为 1.5～3.5。有时也需要助推器，但起飞后常自动脱落，以减轻飞行质量。

外动力发射则借助于外力实现导弹的发射。例如，弹射发射方式是指导弹在起飞时由发射装置给导弹一个推力，使它加速运动直至离开发射装置。导弹被弹出发射管以后，在主发动机的作用下继续加速飞行。弹射也称为冷发射，即不点燃导弹发动机的发射。弹射力对导弹的作用时间很短，但推力很大，可使导弹获得很大的加速度，有的可达几千个"g"。这对减轻导弹质量和尺寸，提高发射精度来说是很重要的技术措施。弹射发射方式，在发射装置上要配置弹射力发生器，显然其发射装置比自推力发射更复杂。但这种发射方式应用越来越广，由战术导弹直到战略导弹都可应用。

发射方式选择是发射方案设计中最为重要的问题，应根据武器系统的战术技术要求、作战部署和运用原则进行选择。对于给定的武器系统战术技术要求和导弹总体方案，发射方式的选择也不是唯一的。不同的发射方式从不同角度来看各有利弊。选择发射方式时除了考虑其优缺点外，有时还要考虑对该种发射方式的掌握程度和继承性，应在综合分析武器系统要求并权衡各项因素后进行确定。

2.4.3 倾斜发射和垂直发射

2.4.3.1 倾斜发射

倾斜发射就是导弹在发射架的导轨上跟踪目标，初始瞄准，沿着导轨向前发射导弹，并使导弹进入一定的弹道上。

倾斜发射是防空导弹系统广泛采用的发射方式。由于空中来袭目标可能来自不同的方位和高度，采用倾斜发射可在导弹发射前将发射架调转到所需要的方向，并对目标进行跟踪。虽然这样做需要花费时间，从而降低了快速反应能力，但导弹发射后能迅速进入所要求的弹道，对提高近界拦截能力有利。另外，倾斜发射的导弹初制导比较容易，甚至可以不用初制导，仅依靠发射装置赋予的初始方向射入预定空间，从而进入雷达波束而受控或使导引头截获目标。

1. 倾斜发射的一般过程和分类

倾斜发射防空导弹的一般过程：①根据空中目标的方位和高度，确定防空导弹的初始射向和初始姿态；②将发射架调转到打击空中目标需要的方向；③根据空中目标的最大飞行速度，确定发射装置的跟踪速度和加速度；④发动机点火，防空导弹飞离发射装置。

倾斜发射通常分为变角倾斜发射、定角倾斜发射、导轨式倾斜发射和支承式倾斜发射。

变角倾斜发射又称跟踪倾斜发射，它能根据空中目标的运动特性按照一定的跟踪规律改变发射架的高低角。变角倾斜发射使用的发射装置不仅要有方位随动系统，而且还要有高低随动系统。虽然发射装置的结构比较复杂，但防空导弹的结构相对要简单一些，而且防空导弹的攻击区域较大。

定角倾斜发射是发射时发射装置的方位角与高低角均固定不变或方位角可变、高低角固定不变的倾斜发射方式。由于对不同的目标飞行高度和拦截点斜距，导弹发射后的初始段弹道可能需要较大的机动转弯，以便进入所要求的弹道。定角倾斜发射比较适合于远程防空导弹。

导轨式倾斜发射采用定向器支承防空导弹，发射时，导弹先沿定向器上的导轨滑行一段距离。当离开定向器时，导弹已经有了一定的离轨速度，离轨速度越大，导弹的飞行越稳定。导轨式倾斜发射装置通常用于发射各种有翼导弹。

支承式倾斜发射是导轨式倾斜发射的特例，当导轨的长度为零时，导轨式倾斜发射就变成了支承式倾斜发射，又称零长式倾斜发射。

2. 倾斜发射的优缺点

倾斜发射的主要优点：① 防空导弹离开发射装置后，无须过多的机动飞行即可进入攻击目标区，导弹承受的过载较小，提高了近界拦截能力；② 导弹的初制导比较容易，甚至可以不用初制导，仅靠发射装置赋予的初始射向就可进入预定空域，使导引头截获目标；③ 采用驾束制导的防空导弹能迅速、准确地进入制导波束，便于起控和目标跟踪；④ 在攻击低空和超低空目标时，发射装置可直接对准目标。

倾斜发射的主要缺点：①为了给发射装置的方位回转、装弹设备操作和燃气流排导留出足够的空间，发射装置与其他作战设备之间的距离通常都不小于 70m，防空导弹武器系统的占地面积较大，隐蔽性较差；②为瞄准、跟踪不同方位和高度的空中来袭目标，需要花费时间将发射装置调转到需要的方向，降低了导弹武器系统的快速反应能力；③与垂直发射方式相比，倾斜发射需要随动系统，增加了发射装置的复杂性；④导弹的离轨速度较小，其初始弹道的稳定性较差，易受扰动因素的影响；⑤受地形、雷达天线及建筑物的影响，发射装置的方位角和高低角往往受到一定的限制；⑥为了进行方位回转，发射装置通常采用挂车运输，导弹武器系统的机动性能较差。正是由于这些问题，垂直发射方式在防空导弹(特别是舰对空导弹)上越来越受到重视。

2.4.3.2　垂直发射

垂直发射是按照目标的信息，首先将导弹垂直向上发射，然后按照预定方案进行转弯，进入一定的弹道上。

垂直发射是很有发展前途的一种发射方式。弹道导弹较多地采用了垂直发射方式。苏联是世界上最早发展防空导弹垂直发射技术的国家，已有多种型号装备部队。英国、美国、以色列等国家已有垂直发射的"海狼"导弹、"海麻雀"导弹、"巴拉克"导弹问世。德国、法国也在积极研制垂直发射的 MFS-2000 导弹和 SA-90、SAN-90 导弹。

防空导弹垂直发射技术的发展是由未来作战环境的需求和其本身特点所决定的。在未来战争中，来袭目标可从全方位进入，实行多波次的饱和攻击，目标飞行速度和机动能力有显著提高，留给防空导弹的反应时间减少，目标的飞行高度由几米至数十千米，可供拦截的距离由数千米至上百千米。敌方的侦察、干扰技术更加完善。上述作战环境对防空导弹武器系统提出了反应时间短、发射速率高、全方位作战、载弹数量多、隐蔽性好、可靠性高等新的要求，垂直发射技术就是在这些要求下应运而生的。

垂直发射可分为自推力垂直发射和外动力垂直发射。采用自推力垂直发射的防空导弹垂直竖立在发射台上或位于呈垂直状态的发射筒里，导弹发动机点火并达到额定推力时，防空导弹离开发射台或发射筒，垂直上升一定高度后，自动转向目标。采用外动力垂直发射的防空导弹位于呈垂直状态的发射筒里，通过压缩空气、燃气或燃气加蒸气将其弹出发射筒,导弹发动机在空中点火。

1. 垂直发射的优点

垂直发射的优点:①反应时间短,发射速率高。导弹垂直竖立在发射平台上,不需要装填,随时处于待发状态。发射架与弹箱形成一体,射前不需要高低方向跟踪,甚至也可以不做方位跟踪(方位对准在导弹起飞后完成),这样使导弹的发射装置大为简化,提高了可靠性,系统反应时间大为缩短,提高了发射速率。例如,倾斜发射的"海麻雀"导弹反应时间为14s,而垂直发射的"海麻雀"导弹反应时间仅为4s。"宙斯盾"系统采用倾斜发射时,其发射速率为每 10s 一枚,采用垂直发射后,其发射速率为每秒一枚。②具有全方位作战能力。垂直发射不存在因受舰艇雷达天线等上层建筑障碍造成的死区,可实现全方位作战。③载弹量大,隐蔽性好。垂直发射减小了系统体积,减少了单发导弹在发射平台上占用的空间,增加了载弹量。此外,弹库不在甲板上,避免了意外损伤和战时弹片的伤害,增强了隐蔽性,提高了生存能力。例如,"海狼"导弹采用垂直发射技术后,在原来六联装倾斜发射装置所占的空间里,装备了 32 枚垂直发射的"海狼"导弹。④结构简单,质量轻,工作可靠。垂直发射系统不需要复杂的方位和高低随动系统、升降机构、液压系统,减少了大量的活动部件,使系统结构简单,可维修性好,使用可靠性高。⑤成本低,寿命期费用少。垂直发射装置结构简单、紧凑,单位面积储弹量大,所需辅助设备少,因此比携带相同数量的倾斜发射装置的成本要低得多。例如,美国用来发射标准舰对空导弹和"战斧"巡航导弹的通用垂直发射装置 MK41,其造价仅为 MK26 倾斜发射装置的 30%。由于垂直发射装置活动部件少,系统工作可靠,弹在箱中可长时间存放,不用维护,减少了维护人员数量和维护费用,从而减少了全寿命周期费用,也提高了武器系统的可用性。MK41 垂直发射装置的操作人员和维护人员均比 MK26 倾斜发射装置的相应人员减少一半。⑥垂直发射装置能实现多弹种共用发射,以对付多个来袭目标,扩大了作战范围。

2. 垂直发射的缺点

垂直发射方式的缺点:①自推力垂直发射带来了燃气流的排导和烧蚀问题。②垂直发射的再装填工序增加了防空导弹武器系统的射前准备时间。③技术难度大,导弹的平均速度减小,杀伤区近界有一定损失。垂直发射时,导弹升空后首先要有一段垂直上升段,以避开发射平台的上层建筑并形成一定的安全距离,然后进行快速转弯。对没有方位随动的发射装置,导弹还需在空中快速进行方位对准。快速转弯和方位对准一般在 2~3s 完成,以避免转弯时导弹惯性过大并保证杀伤区近界要求。导弹在转弯过程中以大攻角飞行,使导弹阻力增加,发动机的一部分推力用于弹道转弯,导弹的飞行弹道不像倾斜发射那样平缓,造成导弹平均飞行速度有所减小,杀伤区近界有所增加。导弹转弯段的结束是以弹道倾角、攻角、俯仰角速度、高度等要求为约束条件的,当上述飞行参数满足约束条件时,导弹即按规定的导引规律飞行,此时导弹的控制及运动与倾斜发射就没有差别了。

特定导弹计算结果表明,对拦截空域中的高远点,垂直发射导弹的平均速度比倾斜发射小$37\mathrm{m\cdot s^{-1}}$;对低近点,垂直发射的飞行时间比倾斜发射多 1s 左右。两种发射方式导弹平均速度及飞行时间计算结果见表 2-1。

表 2-1　两种发射方式导弹平均速度及飞行时间计算结果

发射方式	垂直发射				倾斜发射			
拦截点	高远	高近	低远	低近	高远	高近	低远	低近
平均速度/(m·s^{-1})	894	760	802	394	931	767	827	473
飞行时间/s	38.6	24.6	37.9	8.5	37.6	25.0	36.9	7.7

　　垂直发射方案设计需要研究的问题是方位对准方案设计、俯仰转弯方案设计、转弯动力方案设计等。垂直发射的关键技术是推力矢量控制技术、捷联惯导技术、亚声速大攻角气动耦合技术、自推力发射排焰技术等。

2.4.4　热发射和冷发射

2.4.4.1　热发射

　　热发射是靠导弹或火箭自身的动力装置(主发动机或助推发动机)直接启动产生推力使导弹完成发射，也称自推力发射，它是目前弹道导弹广泛采用的一种发射方式，也是应用最早、技术比较成熟的发射方式。

　　根据发射点的位置，自推力发射可分为地下井自推力发射、舰艇自推力发射和地面自推力发射[5]。

　　(1) 地下井自推力发射。在地下井内直接点燃弹道导弹的火箭发动机，在推力作用下，导弹冲出井口。虽然导弹在地下井内要消耗一部分推进剂，有效射程也相应地减少了，井壁受到高温高速燃气流的烧蚀和冲刷，弹体也同样受到某种程度的烧蚀，但这种发射方式比较简单。

　　为了解决燃气流对井壁的烧蚀问题，通常除在井壁安装耐火的覆盖敷料，还在地下井内设置各种排焰道，除 W 形、U 形和 L 形排焰道，有时还采用盲式排焰道。

　　W 形排焰道是对称布置的双管垂直排焰道，建在井筒的四周，燃气通过井筒与衬筒之间的环形通道排入大气，采用这种排焰道的地下井直径较大，故土建工程量也很大。

　　U 形排焰道的位置取决于地下井的布局与地形条件，它是单管垂直偏心排焰道，衬筒偏向一边，靠近井筒的内壁，排焰道底部与井底相通，采用这种排焰道的地下井直径比 W 形小。

　　L 形排焰道是单管侧向排焰道，其倾角为 20°～30°，排焰道的长度约为导弹总长的 3 倍，排焰性能好，土建工程量较小，排焰道的位置取决于导弹的长度、地下井的布局和地形条件。

　　盲式排焰道位于导弹与井壁之间，火箭发动机点火时，燃气流直接从井壁四周排出。为了降低燃气流的温度，通常在井底设置蓄焰池(图 2-1)或抑焰池，这种排焰道

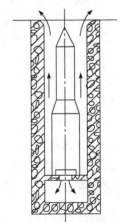

图 2-1　带蓄焰池的盲式排焰道

排出的燃气流总会对井壁和导弹产生一定的影响。

(2) 舰艇自推力发射。舰艇发射导弹时首先启动火箭发动机,使导弹依靠自身的推力飞离发射筒,导弹尾部的助推器点火后产生高温高速燃气流,经燃气排导系统的压力通风室使燃气流膨胀减速。其次,燃气流经垂直排气道排入大气中。最后,导弹按预设程序控制燃气舵转动,改变燃气喷流方向,从而实现导弹转弯。舰艇热发射系统的优点是发射速度快、载弹量大、标准化、通用化、可靠性高,能够节省发射系统的体积和重量,降低维护成本。

舰艇热发射系统最关键的设备是导弹的储运发射箱(筒)。储运发射箱既是导弹储存、运输的保护容器,也是导弹的发射导轨,同时还是燃气排导系统的一部分。导弹储运发射箱平时要密封,有前后盖,发射瞬间盖打开,比较常见的形式是前盖采用穿透易碎盖,后盖采用吹破盖,发射时导弹尾部的高速燃气流可吹破后盖,导弹发射产生的加速度可击碎前盖。

舰艇垂直热发射系统的特点是导弹在发射筒内直接点火助推,不需要借助外力起飞,但是这种发射方式因为要产生大量高温、高速、高压的燃气流,必须配备燃气排放装置,而且燃气流对发射箱、排放装置的腐蚀很严重。这就对热发射系统装置的设计提出了更苛刻的要求,也无形中缩短了系统的使用寿命,系统的维护、保养也相对较困难,费用较高。

采用垂直热发射装置的有美国的 MK41、MK48,英国的"海狼",法国的"席尔瓦",以色列的"巴拉克-1"等。研究表明,一个发射 MK41 导弹的 8 单元联装模块,其所占据的空间若用于容纳倾斜式冷发射管,便只能携带 6 个发射单元,载弹量损失25%。也就是说,如果以冷发射系统取代现役战舰的 MK41 热发射系统,则"伯克"级导弹驱逐舰的载弹量将从 96 个发射单元下降到 72 个发射单元,火力大幅度降低。但当出现卡弹或其他状况时,垂直热发射系统本身并无动力将有问题的导弹射出,这也是热发射系统的弊端之一。

(3) 地面自推力发射。利用地面上的发射台发射弹道导弹是早已采用的地面自推力发射方式。这种发射方式的排焰问题容易解决;只要有合适的发射场坪,配置一定的燃气流排导设备就可以实施发射。

除了弹道导弹,非隐身战斗机采用武器挂架发射导弹,可分为导轨式和弹射式。导轨式就是热发射,其结构简单、工作可靠,现今依然是空对空导弹最主要的发射方式之一。对于导轨式发射,导弹在发动机点火之后顺着发射装置导轨滑槽向前运动,之后飞离发射装置和载机。

与冷发射相比,热发射的主要优点:①由于没有外动力源和隔离装置等,发射可靠性高;②弹体结构无须为发射方式增加强度;③由于没有装弹、退弹程序,发射工艺流程比较简单。热发射的主要缺点:①为了顺畅地排导燃气流,对发射阵地的要求较高;②配套设备较多;③发射环境比较恶劣。

2.4.4.2　冷发射

将借助导弹外部动力装置产生发射动力的方式称为外动力发射,也称弹力发射(简称弹射)，又称冷发射。导弹在外动力作用下加速，当飞离发射装置数十米时，导弹主发动机点火，然后导弹按预定程序飞行。

早在第二次世界大战末期，德国的 V-1 导弹就采用了外动力发射技术。V-1 导弹的动力装置是脉动式空气喷气发动机，由于在静止状态下它不能自行启动，故采用了活塞式弹射装置为弹射提供发射动力。活塞式弹射装置内的过氧化氢分解后产生的蒸气压力使导弹以 $100\text{m} \cdot \text{s}^{-1}$ 的速度离开发射装置。

第二次世界大战以后，外动力发射技术曾一度被搁置不用。直至 20 世纪 50 年代末期，为了从水下发射弹道导弹和改善地下井的发射环境，外动力发射技术才重新受到重视，并得到了日益广泛的应用。

当两种导弹的起飞质量相同时，外动力发射的导弹在离开发射装置时已有一定的初始速度，故其射程比自推力发射的导弹略有增加。

对于外动力地面发射，火箭发动机喷出的燃气流对发射阵地的设备及设施基本没有烧蚀和冲刷作用，因而减少了配套设备，改善了发射环境，简化了发射阵地。在森林或发射点周围有易燃物的地区，外动力发射一般不会引起危及人员和设备安全的火灾。

对于外动力地下井发射，没有排焰设备和设施，故简化了地下井结构，缩小了地下井直径，改善了地下井发射环境，提高了地下井发射频率，延长了地下井的使用寿命。

对于外动力舰艇发射，由于不存在燃气排导问题，发射装置结构相对简单，其发射筒、燃气排放装置的维护、保养相对容易，使用寿命较长，费用也相对低廉。发射系统体积较小，可在有限空间内最大限度地装载导弹。

潜艇采用外动力发射导弹的优点尤为突出。外动力发射没有自推力发射带来的水下排焰问题，提高了潜艇水下发射导弹的可靠性和安全性；火箭发动机在导弹出水以后点火，故不存在发动机水下工作不稳定或熄火现象，也没有自推力发射带来的水中能量消耗问题，有利于减少导弹的起飞质量。

若采用外动力半地下发射，则会显著地简化半地下发射阵地的建设，有利于按照发射阵地的地形地貌等采取适用的伪装措施。

外动力发射是现今空对空导弹的主流发射方式之一，为了确保载机的安全，外动力发射(弹射式)是先将导弹向下弹射分离一定的距离，然后火箭发动机按程序点火。因此，能够有效避免导弹发射时发动机尾焰对载机发动机的影响，保证载机发射导弹时的飞行安全。

外动力发射导弹需配置隔离装置，它既能将具有一定温度及压力的工质与导弹分开，又能在导弹发射后准确可靠地与导弹分离。与自推力发射相比，外动力发射的可靠性明显降低了。在发射工艺流程中外动力发射存在装弹和退弹程序，因而在一定程度上增加了射前准备时间。对于采用外动力发射的导弹弹体结构，除考虑地面停放、运输、起吊和飞行中所承受的各种静、动载荷外，还需考虑弹射载荷，对其进行适应性加强设计。

导弹采用外动力发射的基本条件：①在弹射过程中，导弹所受的热、力载荷应在其允许的范围内；②导弹离开发射装置时的初始速度应保证其稳定飞行，并具有最小的初始速度偏差；③导弹的主发动机在空中能可靠地点火；④发射装置质量轻，使用寿命长；⑤导弹有足够的测试有效期和待机时间，可随时处于战备状态；⑥导弹及其发射装置便于操作和维护；⑦研制成本不能过高。

2.4.4.3　冷发射的动力源

目前，按照外动力形成的方式，外动力发射使用的动力装置主要有压缩空气式、燃气式、燃气-蒸气式、炮射式、自弹式、液压式、电磁式、投放式和复合式等类型。

(1) 压缩空气式动力装置。压缩空气式动力装置通常由高压气瓶、过滤器、压力表、供气管路和阀门等组成。平时用空气压缩机将压缩空气充入高压气瓶。发射导弹时，打开高压气瓶的出口阀门和供气管路中的相关阀门，压缩空气由高压气瓶经过滤器、供气管路和阀门进入发射筒的压力腔，压缩空气推动导弹，并将之加速弹出发射筒。这种动力装置的工作原理简单，技术成熟，使用安全，维护比较简便。但其配套设备较多，占用空间较大，一般用于地面固定场坪、地下发射井、潜艇和舰船等。20 世纪 60～70 年代，美国的"北极星 A1"和"北极星 A2"潜对地导弹和苏联地下井发射的 SS-17 地对地导弹都采用这种动力装置。

(2) 燃气式动力装置。燃气式动力装置又称燃气发生器，实际上，它是一个小的固体火箭发动机。发射导弹时，电发火管点燃点火药盒，点火药盒引燃固体推进剂，燃气发生器产生的高温高压燃气经绝热管路进入发射筒的压力腔，燃气推动导弹，并将之加速弹出发射筒。

采用固体推进剂的燃气式动力装置结构简单，体积小，使用方便，能使导弹产生较大的加速度，通常用于加速时间短、反应速度快的导弹武器系统。燃气的温度高、压力大，故燃气式动力装置的工作环境恶劣，对隔离装置也有较高的要求。20 世纪 70 年代初，美国研制的第一代用于低空拦截的"斯普林特"导弹就采用了燃气式动力装置。

(3) 燃气-蒸气式动力装置。燃气-蒸气式动力装置由燃气发生器和燃气冷却器组成。燃气冷却器是盛装冷却剂的容器，冷却剂是液体或固体，工程上大多用水作为冷却剂。

发射导弹时，点火器通电点燃固体药柱，燃气发生器产生的高温高压燃气通过喷管喷向燃气冷却器，于是形成了燃气-蒸气混合物，它作用到发射筒底部的隔热装置上，推动发射筒内的导弹并使之离开发射筒。冷却剂的蒸发吸热效应大幅度地降低了燃气-蒸气混合物的温度(数百摄氏度)，这样既改善了发射筒的工作环境，同时也降低了对隔热装置的要求。

燃气-蒸气式动力装置广泛用于弹道导弹的外动力发射。20 世纪 60 年代初，美国研制的"北极星 A3"弹道导弹核潜艇有 16 个导弹发射筒，每个发射筒都有 1 个燃气-蒸气式动力装置。发射时，既可以同时启动 16 个燃气-蒸气式动力装置，将 16 枚导弹同时弹射出去；也可以根据作战意图按程序分别启动每个燃气-蒸气式动力装置，将导弹逐一弹射出去。

(4) 炮射式动力装置。炮射式动力装置是燃气式动力装置的一种，但其燃气发生器直接安装在工作腔的底部，工作原理与火炮发射炮弹类似。

炮射式动力装置大多用于战术弹道导弹的外动力发射，它能使导弹在短时间内获得相当大的加速度，对快速捕获目标与命中目标十分有利，但导弹上仪器、设备经受极大的冲击过载，只适用于设备简单的小型反坦克导弹。20 世纪 50 年代末美国研制的"橡树棍"反坦克导弹，20 世纪 70 年代法国研制的"阿克拉"反坦克导弹，都采用了车载炮射式动力装置。

(5) 自弹式动力装置。自弹式动力装置是燃气式动力装置的另一种形式，通常用于战术弹道导弹的外动力发射。该动力装置的燃气发生器固定在导弹尾部的隔离装置上，随导弹一起运动。自弹式动力装置产生的发射动力包括两部分，一部分是燃气后喷时作用在导弹尾部的推力，另一部分是燃气喷到发射筒内产生压力，然后作用在导弹尾部的喷射力。与其他动力装置相比，自弹式动力装置的能量利用率是最高的。

(6) 液压式动力装置。液压式动力装置以液压油作为工作介质，利用发射筒密封容积的变化传递运动，利用外界载荷引起的液压油内压传递动力，该动力推动导弹并将之弹出发射筒。液压式动力装置主要用于标准鱼雷管。

液压式动力装置的主要特点：①体积小，质量轻；②可无级变速，调速范围大；③传动平稳；④能自动防止过载；⑤容易实现操作自动化。20 世纪 60 年代中期美国研制的"萨布洛克"潜射弹道导弹，20 世纪 80 年代中期法国研制的"飞鱼"潜射飞航导弹，都采用了液压式动力装置。

(7) 电磁式动力装置。通常将不使用直接作用的工质，靠电磁力推动导弹并使之飞离发射筒的装置称为电磁式动力装置，它既可用于发射炮弹、导弹、飞机和航天器，又可将月球或其他星球上的物质送入行星际轨道或抛向地球。

电磁式动力装置通常由电源、加速器和载体组成。采用电磁式动力装置弹射导弹时，加速器和电枢的瞬时电流通常可达兆安级，故应对其进行合理的热设计、降额设计、冗余设计、容差设计和可维修性设计。

电磁式动力装置的主要优点：①不使用直接作用的工质，故电磁弹射不会产生烟火、噪声和污染物；②性能稳定，效率高；③可控性及重复性好。

近年来，虽然有关电磁式动力装置的研究有了一些进展，但电磁弹射技术的某些关键问题仍处于试验和研究阶段，如弹上制导系统、姿态控制系统元器件的弹射过载和消除强电磁干扰等问题均有待进一步研究和解决。可以肯定地说，利用电磁力弹射导弹是一种有发展前途和实用工程价值的发射方式。

(8) 投放式动力装置。通常将借助地球引力和吊挂锁紧装置使导弹离开飞机的装置称为投放式动力装置，它用于机载固体战略或战术弹道导弹的发射。当飞机飞抵预定作战空域的发射点时，打开导弹的吊挂锁紧装置，导弹在重力作用下水平下降，待降至一定高度后，发动机点火，导弹按预定弹道飞向目标。

投放式动力装置的结构比较简单，使用比较方便。空对地导弹的结构尺寸和质量都比较大，导弹投放过程会对载机的飞行状态产生较大的影响，故在空对地导弹武器系统总体设计时，应合理布置导弹的位置，选择使用可靠性高和可维修性好的吊挂锁紧机构。

(9) 复合式动力装置。将采用两种或两种以上组合动力发射导弹的装置称为复合式动力装置。组合动力既可以是外动力组合，也可以是外动力与自推力的组合。

典型的采用外动力与自推力组合的复合式动力装置是 20 世纪 80 年代初美国研制的"捕鲸叉"中远程亚声速潜射导弹。导弹装在鱼雷发射管内的无动力储弹筒中。约 20MPa 的高压氮气推动鱼雷发射管内的投射活塞，将储弹筒加速弹出艇外。在浮力作用下，储弹筒由水平向前运动变为向上运动，沿 45°航线向上爬升至水面，储弹筒出水后约 1s，出水压力传感器使储弹筒的前筒盖爆炸螺栓起爆，同时导弹的助推器点火，导弹沿轨道滑离储弹筒，然后储弹筒自动沉入水底。导弹离筒后，折叠弹翼和尾翼展开，当导弹爬升接近弹道最高点时，助推器脱落，涡轮喷气发动机启动，弹上制导系统开始工作，使导弹按预定弹道飞向目标。

20 世纪 80 年代中期，法国研制的"飞鱼"近程亚声速潜射导弹则采用外动力与外动力组合的发射方式。导弹装在鱼雷发射管内的储弹筒中。发射时，先将水放入鱼雷发射管，接着打开鱼雷发射管的外端盖，然后启动鱼雷发射管内的气压投射系统，它通过活塞将水和储弹筒加速推出鱼雷发射管。储弹筒离开鱼雷发射管后依靠惯性向前运动，当运动到距潜艇 10～12m 时，储弹筒的发动机点火，储弹筒以 45°的倾斜航线向水面爬升，出水后约 1.5s，燃气发生器启动，燃气推动活塞将导弹加速推出储弹筒，储弹筒随后落入水中并沉入水底。导弹的主发动机点火，并按预定弹道飞向目标。

2.4.5　筒式发射

2.4.5.1　筒式发射的特点

对于筒式发射，导弹与发射筒组合状态是基本使用状态。导弹一般以筒弹组合状态出厂，在服役期间，运输、存放、值勤、发射等均在筒弹组合状态下进行。导弹的预防性维护也在筒弹组合状态下进行，只有在必须对导弹故障做进一步诊断及更换弹上设备时，才将导弹出筒、分解。

采用密封充气发射筒对延长导弹使用寿命有重大作用，特别是对于舰上发射的导弹，如导弹直接暴露在湿热且含盐量很高的大气中，导弹会生锈、发霉、失效。尽管在导弹设计中可以采取选用耐腐蚀的材料和元器件、表面处理或涂覆、净化厂房环境等措施，但都不能从根本上解决问题，且增加了设计制造的复杂性，增加了成本。采用筒装导弹可隔离湿热含盐大气，又利于防风沙、雨雪，对延长导弹使用寿命是有利的。

导弹在作战使用中会遇到恶劣的电磁环境，一方面作战系统中各种雷达和电子战设备会在导弹周围形成较强的电磁干扰，另一方面敌方的干扰机也会在导弹周围形成较强的电磁干扰。实测结果表明，在舰对空导弹发射装置附近的电场强度可达数百伏每米。采用屏蔽性好的发射筒可大大减少电磁干扰对筒内导弹的作用，有利于弹上电子设备的电磁兼容设计和火工品的安全设计。

导弹的弹翼或控制面在发射筒内可避免碰撞和划伤，导引头、引信、应答机天线、引信的玻璃窗口等在发射筒内可受到良好保护，避免划伤、污染。发射筒内的适配器可减缓导弹在运输中的振动，保护发射导轨和滑块的工作表面。基于上述特点，越来越多的导弹采用筒式发射。

2.4.5.2　筒弹组合总体设计问题

由于发射筒既是导弹运输、存放的容器，又是导弹发射的定向装置，因此应将发射筒与导弹的总体设计进行综合考虑。

发射筒筒体截面形状一般为方形或圆形。方形发射筒空间利用率好，同样的导弹，采用方形发射筒比采用圆形发射筒大约节省 30%的空间，可以在载车或载舰上装更多的导弹。

发射筒内充以干燥空气或氦气，充气压力值应保证在高温下的密封性要求和筒体的强度要求，充气气体的含水量与露点应与导弹使用环境相适应，一般在低温下不应出现露水。如果保证不了这一要求，应在筒体结构设计上采取措施。发射筒的密封性能主要取决于连接部分的密封性。密封性要求一般以规定周期筒内气体的允漏量来表示。筒内气体超压值一般不大于 50kPa，以减少发射筒的结构质量。密封性设计良好的发射筒，可以做到几个月不需补充充气，给维护使用带来了方便。

导弹靠两三个滑块与发射筒导轨相配合，导弹与发射导轨的关系如图 2-2 所示。当载车或载舰运动时，滑块与导轨产生相对运动，特别是当载车或载舰有横向运动时(如载舰横摇)，由于导弹重力对发射导轨产生扭矩，容易破坏导轨的工作面。为了解决这一问题，往往在发射筒两侧安装适配器，使导弹牢牢被夹持在筒内，避免与发射筒的相对运动，导弹发射时，适配器被导弹带出，并应在导弹起控前与导弹分离，以免对导弹的运动造成影响。

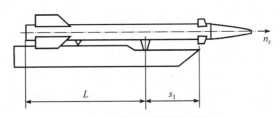

图 2-2　导弹与发射导轨的关系

滑块离轨有两种方式：同时离轨和不同时离轨。两个滑块(或三个滑块的中、后滑块)同时与发射筒导轨脱开，则称同时离轨，否则称不同时离轨。滑块同时离轨后，导弹尾部尚未飞离发射筒，在重力和其他干扰作用下，导弹产生下沉及绕质心运动，设计上应避免由此产生导弹与发射筒的碰撞。前、后滑块同时离轨时导弹的重力下沉量可按式(2-1)计算：

$$\Delta h = \frac{\left(\sqrt{s_1 + L} - \sqrt{s_1}\right)^2}{n_x} \tag{2-1}$$

式中，Δh 为导弹重力下沉量；s_1 为滑块在导轨上的滑行距离；L 为前滑块到导弹尾部的距离；n_x 为导弹在筒内运动的轴向过载。

导弹的电气测试与发射实施均是在筒-弹组合状态下进行的。导弹上的火工部件也是通过发射筒电路与发控设备连接的。因此，发射筒电路应保证导弹测试与发射功能的实现，且有可靠的火工安全设计。在舰上发射的防空导弹往往处于恶劣的电磁环境下，电场强度可达上百伏每米，发射筒设计应考虑到这一因素，以保护筒内导弹不受损害。

导弹发射时如何飞离密闭的发射筒也是筒-弹组合总体设计中应考虑的问题。有两种可供选择的方案：一种方案是用火工品(如爆炸螺栓、爆炸索等)连接筒体与前盖。导弹发射时，引爆火工品使前盖抛开，再点燃发动机使导弹飞离发射筒。这种方案需在发射控制程序中安排火工品引爆时间，而且需在前盖接近落地时才能使导弹飞离发射筒，这就需要一定的作战反应时间，而且火工品引爆电路应工作可靠，否则导弹就不能正常发射。另一种方案是采用易碎盖，导弹发射时冲破易碎盖飞离发射筒。这种方案避免了抛开式前盖的缺点，但对易碎盖提出了新的要求：使用维护中易碎盖应起到密封作用，且不易破碎；导弹发射后撞击易碎盖时，易碎盖应迅速破碎，且不应有残留破片留在发射筒上，以免对导弹造成损伤。

2.4.6　活动平台发射

活动平台发射包括空中发射和水面发射。空中发射是指从歼击机、轰炸机或直升机发射导弹的发射方式。歼击机通常是空对空导弹、反舰导弹发射装置的运载体，发射装置安装在机身或机翼的下面。直升机通常是小型反舰导弹、反坦克导弹发射装置的运载体。轰炸机通常是空对地或空对舰导弹发射装置的运载体，发射装置安装在机翼、机身的下面或机身的内部。

为了使载机正常飞行，并使发射装置安全、可靠地发射导弹，空中发射主要有如下约束条件：①应严格限制导弹、发射装置和火控系统的结构尺寸、质量和位置，导弹、发射装置和火控系统不能大幅度降低载机的诸如飞行速度、飞行高度、巡航能力、隐身能力、飞行稳定性、过失速机动能力和垂直机动能力等飞行品质；②应减少发射时导弹与载机之间气动干扰对导弹离轨姿态和初始弹道的影响；③发射时，导弹不能撞击载机，燃气流、噪声和气浪等不能危及载机的安全；④应综合考虑载机发射导弹与发射其他武器的通用性。

水面发射是指从水面舰船发射导弹的发射方式。水面发射的主要特点：①导弹武器系统具有良好的机动性能和快速反应能力；②有利于实现水面储运箱发射和水面垂直发射；③有利于实现多联装布局，有效地提高了导弹武器系统的火力强度；④在战斗过程中，一般不进行补给，具有较强的连续作战能力。

为了实现反舰导弹的水面发射，对水面舰船的基本要求：①水面舰船应具有保持正浮状态的能力；②在海上和限制的水道中，水面舰船应具有战术技术指标规定的航速；③水面舰船能够适应作战水域的气候和海情；④在横倾±15°、纵倾±10°、横摆±45°和纵摆±15°的情况下，水面舰船与发射装置的连接部位应具有足够的强度和刚度；⑤水面舰船动力装置引发的振动和海浪引起的颠振应与发射装置的动态特性相匹配；⑥应有射角限制装置；⑦燃气流不能损坏舰面设备；⑧发射装置应远离舰船上的高振动区；⑨发射装置应远离舰船上的大功率发射天线区，并位于避雷装置的保护区内；⑩在总体布局和研制费用允许的条件下，应适当提高发射装置所在部位的加固水平。

思　考　题

1. 试述战术技术要求的定义及其主要内容。

2. 研制任何一种武器系统，为什么应首先从研究、分析目标特性开始？为设计空对空、地对空导弹，应着重了解空中目标哪些主要特征？

3. 导弹的性能主要用哪些参数来表征？为什么？

4. 在确定导弹的飞行弹道时需要考虑哪些因素？

5. 试述垂直发射与倾斜发射的优缺点。

6. 试述热发射和冷发射的基本条件。

7. 空基和海基发射有哪些特殊问题需仔细分析并加以解决？并阐述其理由。

第 3 章

导弹规模估计和主要总体参数设计

3.1　导弹主要总体参数及设计情况确定

3.1.1　导弹主要总体参数及其设计程序

3.1.1.1　导弹主要总体参数

导弹总体参数是指与导弹飞行性能关系密切的参数，其中最主要的一般可归纳为导弹的质量 m、发动机推力 P 和导弹的参考面积 S。参考面积一般取弹翼面积或弹身最大横截面积。下面简单分析一下这几个主要参数与导弹飞行性能的关系。导弹的飞行性能主要是指导弹的射程 L、飞行高度 H、飞行速度 v 和导弹的机动性，机动性通常用可用过载表示。导弹主要总体参数与其飞行性能的关系可以通过导弹的纵向运动方程得到。

设 X 为导弹的阻力，θ 为弹道倾角，则导弹纵向运动方程为

$$m\frac{\mathrm{d}v}{\mathrm{d}t} = P\cos\alpha - X - mg\sin\theta$$

通常导弹的攻角 α 不大，$\cos\alpha \approx 1$，则有

$$\frac{\mathrm{d}v}{\mathrm{d}t} = \frac{P}{m} - \frac{X}{m} - g\sin\theta$$

则

$$v_k = \int_0^{v_k} \mathrm{d}v = \int_0^{t_k}\left(\frac{P}{m} - \frac{\rho v^2 SC_x}{2m} - g\sin\theta\right)\mathrm{d}t$$

式中，v_k 和 t_k 分别为发动机工作结束时的飞行速度和飞行时间；ρ 为空气密度；C_x 为导弹的阻力系数；g 为重力加速度；S 为参考面积，对有翼导弹，S 取弹翼面积 S_w，对弹道导弹，S 取弹身最大横截面积。可以看出，导弹飞行速度的变化在很大程度上取决于导弹发动机推力、阻力与质量之比值。又因为导弹的射程 $L = \int_0^t v\mathrm{d}t$，所以上述比值也间接地在很大程度上决定了导弹的射程。

另外，可用过载是有翼导弹机动性的重要指标，由可用过载表达式：

$$n_{ya} = \frac{\frac{1}{2}\rho v^2 C_y S + P\frac{\alpha}{57.3}}{mg}$$

式中，C_y 为导弹的升力系数。可以看出可用过载与导弹主要总体参数 m、P、S 之间的关系，当导弹质量 m 和发动机推力 P 不变时，参考面积 S 与可用过载 n_{ya}、导弹飞行高度 H 及飞行速度 v 有关。

综上所述，导弹的质量 m、发动机推力 P 及弹翼面积 S_w 这些参数与导弹飞行性能的关系极为密切，并在很大程度上决定了导弹的飞行性能。因此，当战术技术要求确定之后，总体设计的任务之一就是首先确定上述主要总体参数。

3.1.1.2 主要总体参数设计程序

导弹总体参数确定与布局设计是导弹设计过程中首先遇到的问题，它的任务就是根据导弹系统的战术技术指标，合理地确定导弹的主要总体参数。有了估算的总体参数，就可以利用仿真程序验证参数的正确性或进一步调整。

主要总体参数除与战术技术要求有关外，还与气动参数等有关，同时这些参数彼此之间相互影响，密切相关，因此导弹总体参数选择与布局设计是一个反复迭代、逐次逼近的过程。特别是对于采用吸气式发动机的新型高速飞行器来说，由于其外形部件及设备安装、各部件的相互位置对导弹气动性能、总体性能和动力性能的影响非常敏感，必须一开始就采用一体化设计的方法进行总体参数的选择和布局设计。一体化设计参数包括各外形部件及弹上设备的主要性能和几何参数。外形部件、弹上设备位置、几何参数及性能参数变化，将引起总体参数的一系列变化。显然，导弹总体参数和布局设计的好坏，将直接影响导弹的稳定性和机动性，也将影响对目标拦截的制导精度和摧毁概率。因此，导弹总体参数选择与布局设计是非常复杂的，是一种反复迭代和逐步接近的过程，需要综合平衡各方面的要求，以满足战术技术指标的要求。

导弹主要总体参数与布局设计的程序框图见图 3-1[4]。

3.1.2 设计情况确定

由于防空导弹及空对空导弹是在一定的作战空域或攻击区内杀伤目标的，总体参数设计的计算状态可能有若干种，因此要根据战术技术指标要求，对导弹作战过程进行全面分析，从中找出最严重的作战条件，选择最困难的"计算"状态，即确定导弹的典型弹道，最后综合得出导弹起飞质量、发动机推力和弹翼面积等主要总体参数的设计情况。对典型弹道进行计算分析，可以避免全部作战空域导弹总体参数设计的烦琐过程。

3.1.2.1 导弹的典型弹道

典型弹道是指代表"最严重"设计情况的弹道，按此设计可以满足在导弹杀伤区(或攻击区)内所有弹道的要求。通常，设计情况有以下两种。

(1) 对导弹能量需求最大的弹道。

(2) 对导弹可用过载与需用过载的供需矛盾最大的弹道。

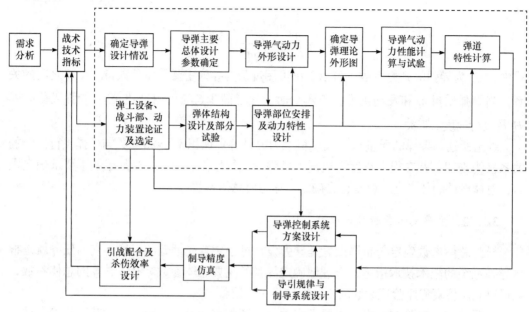

图 3-1   导弹主要总体参数与布局设计的程序框图

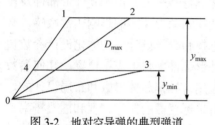

图 3-2   地对空导弹的典型弹道

1. 地对空导弹的典型弹道

地对空导弹的典型弹道如图 3-2 所示。一般来讲，其典型弹道有三条，分别如下：

高近弹道(01)——最大高度 y_{max}，最小斜射程；

高远弹道(02)——最大高度，最大斜射程 D_{max}；

低远弹道(03)——最小高度 y_{min}，最大斜射程。

从耗油量的严重情况来讲，显然高远弹道与低远弹道是燃料质量的设计情况。通常，依高远弹道进行设计计算，按低远弹道进行校核计算。

下面分析弹翼面积的设计情况。弹翼的主要功用是产生足够的法向力 Y，使导弹在攻击目标过程中的可用过载 n_{ya} 大于需用过载 n_{yn}。由图 3-2 可看出，在目标高度和速度一定的条件下，导弹与目标的遭遇斜距越小，弹道越弯曲，弹道的需用过载越大，即

$$n_{yn1} > n_{yn2}, \quad n_{yn4} > n_{yn3}$$

从可用过载来看，由于高空与低空的空气密度 ρ 相差很大，"1"点的导弹速度小于"3"点的导弹速度，"1"点的导弹质量又大于"2"点的导弹质量，由可用过载近似表达式：

$$n_{ya} \approx \frac{Y}{mg} = \frac{\frac{1}{2}\rho v^2 C_{y\max} S}{mg}$$

可以看出，"1"点的可用过载比其余两条典型弹道的可用过载要小。这样综合来看，"1"点的需用过载大而可用过载小，故高近弹道(01)是考虑导弹机动性，即弹翼面积 S_w

的主要设计情况。

以上分析有一定局限性，对于不同导引方法，可能出现不同的情况。例如，采用三点法导引，将在最大高度上的"1"点和"2"点之间出现一条以$(n_{yn}/n_{ya})_{max}$值为设计情况的弹道，这时就应以此弹道为基准考虑弹翼面积的设计情况。然而，这并不排除高近弹道仍应作为弹翼面积的设计情况之一。

2. 空对空导弹的典型弹道

1) 考虑燃料消耗量的严重情况

燃料消耗严重时，导弹应取最低作战高度(一般可取高度为 3km)、最大射击距离D_{max}、尾追攻击、目标以最大速度v_{Tmax}直线飞行的状态作为考虑燃料消耗的设计情况。空对空导弹尾部攻击弹道如图 3-3 所示，图中t_{max}为导弹从发射至命中目标的最大飞行时间，M_0、T_0分别为发射时导弹与目标的位置，v_M为导弹速度。

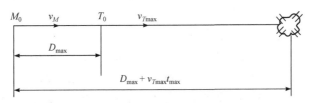

图 3-3　空对空导弹尾部攻击弹道

2) 弹翼面积的设计情况

(1) 当导弹只具有在目标尾部攻击能力时，应选取最大作战高度y_{max}、最小射击距离D_{min}、最大攻击角q_{max}和目标以最大内机动飞行作为考虑弹翼面积的主要设计情况。空对空导弹尾部攻击机动目标的弹道如图 3-4 所示，图中r_{Tmin}为目标最小转弯半径。

(2) 当导弹具有迎面攻击和离轴发射能力时，应该选取最大作战高度y_{max}、最小射击距离D_{min}、最大离轴角β_{max}、导弹与目标迎击时的情况作为考虑弹翼面积的主要设计情况，空对空导弹迎面攻击弹道如图 3-5 所示。

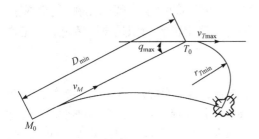

图 3-4　空对空导弹尾部攻击机动目标的弹道

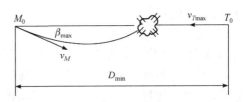

图 3-5　空对空导弹迎面攻击弹道

以上讨论了地对空导弹和空对空导弹的典型弹道，至于弹道导弹和巡航导弹，在一般情况下，对应于射程最大的弹道是其最严重的情况。

3.1.2.2　导弹起飞质量m_0和发动机推力$P(t)$的设计情况

当导弹空载质量一定时，m_0与$P(t)$主要由下述条件确定。

1) 对全程主动段攻击目标的导弹

(1) 作战距离 R。对主动段攻击目标的导弹来说，作战距离越远，其发动机推进剂消耗量也越大，起飞质量也越大，因此杀伤区最大距离(即杀伤区远界)是 m_0 和 $P(t)$ 的设计情况[6]。

(2) 作战高度 H。由于作战高度越低，空气密度越大，导弹所受的空气阻力越大，为达到相同的速度值，所消耗的推进剂自然越多。从这个意义上讲，在相同距离下，最低作战高度是 m_0 与 $P(t)$ 的设计情况。实际上，由于地球曲率和雷达多路径效应的影响，不同作战高度处的最大斜距不完全相同，特别对中远程防空导弹，中高空作战远界要比低空、超低空作战远界要大，因此作战高度的影响要综合作战距离全面考虑。

(3) 目标机动过载 n_y。目标机动过载越大，导弹要付出的机动力越大，相应导弹攻角大、空气阻力大，在最大距离处达到要求速度，其消耗推进剂量也大，因此目标最大机动也是 m_0 与 $P(t)$ 的一种设计情况。

2) 对非全程主动段攻击目标的导弹

目前，为充分利用火箭发动机能量，减轻导弹质量，大部分防空导弹采用非全程主动段攻击目标的设计方案，即在一部分作战空域内(如作战空域中的中近界)采用主动段攻击目标，在大部分作战空域内(中远界)利用导弹飞行动能被动段攻击目标。

对于这类导弹，m_0 与 $P(t)$ 的设计情况原则上与上述设计条件一致，但在具体的条件上有所差别。例如，在考虑推进剂质量与发动机工作时间时，既要满足不大于最大轴向过载的要求，又要在杀伤区远界满足飞行时间和导弹最大可用过载的要求。

由上述可知，导弹起飞质量和发动机推力的设计情况主要取决于导弹最大作战距离、最大作战距离处的最低作战高度和目标最大机动过载。显然，制导体制与导引方法等也对导弹起飞质量和发动机推力起作用。

3.1.2.3　弹翼面积设计情况

对于大部分战术导弹，不论是何种控制方案，如正常式控制、鸭式控制、全动翼控制等，导弹所需机动力主要是靠弹翼提供的。因此，确定弹翼面积是设计情况研究工作的一个主要内容。

1) 最小可用过载设计情况

(1) 对于全程主动段攻击目标的中远程防空导弹，通常作战高度越高，空气密度越小；飞行速度越高，升力系数越小，其综合结果往往是能提供机动的升力较小。在同样高度下，高近界弹道又较高中界、高远界弹道更弯曲，所需弹道需用过载大，此时质量又大，故高近界是确定弹翼面积的一种设计情况。

(2) 对于非全程主动段攻击目标的低空近程防空导弹，由于被动段攻击目标时，作战距离增加而速度下降，同样在作战高界，其远界的可用过载要比近界低，尽管高近界弹道需用过载要大些，但综合结果仍可能在高远界是确定弹翼面积的一种设计情况。

2) 最大需用过载设计情况

如下几种情况，可能作为确定弹翼面积的设计情况。

(1) 同样高度下，作战距离越近，飞行弹道越弯曲，所需的需用过载也就越大。

(2) 同样作战斜距下，航路捷径越大，弹道也越弯曲，其需用过载也越大。

(3) 当目标做最大机动时，飞行弹道也越弯曲，需用过载也越大。

根据上述分析，要分别找出最大需用过载设计情况与最小可用过载设计情况，综合后找出所需弹翼面积的设计情况。

对于大部分战术导弹的气动外形设计，主要机动过载是由弹翼提供的，采用上述设计情况来确定弹翼面积是合适的。近代发展起来的大攻角飞行的气动布局，如条状翼布局或无弹翼布局，弹翼提供的机动过载越来越小，甚至发展到零。在此情况下，就要综合考虑弹身与舵面提供的机动过载。

3.1.2.4　舵面设计情况

在线性化设计范畴内，舵面面积确定通常和弹翼面积一样，取决于可用过载设计情况。也就是在弹翼面积确定后，根据最大使用攻角和静稳定度来确定舵面面积和舵偏角。

在空气动力特性出现较大非线性的情况下，往往出现确定弹翼面积设计情况与确定舵面面积设计情况不一致，需要通过分析计算，找出舵面的设计情况。例如，某全程主动段攻击的防空导弹纵向力矩系数随攻角出现明显的非线性，而且×形布局与十字形布局有所不同。在高远界条件下，某防空导弹×形与十字形布局的力矩系数变化曲线如图 3-6 所示。从图中看出，在较大攻角范围，两者差别尤其明显，×形布局较十字形布局出现更大的非线性。在同一攻角下十字形静稳定度大，则舵面需要付出的控制力矩大，因此舵面设计情况就要选在高远界十字形飞行状态(斜平面飞行)。如果在高远界速度最大，则这种非线性差别将会变得更严重，有时甚至按十字形设计将会比×形设计的舵面面积大一倍。

如果控制面采用燃气舵，尽管提供控制力的形式不一样，但对燃气舵的设计要求与空气舵是一样的。

3.1.2.5　副翼设计情况

1) 常规布局的副翼设计情况

通常在导弹气动外形设计时，不单独研究副翼设计情况，在大攻角使用情况下，非线性空气动力对副翼面积确定起决定作用。根据空气动力理论，在线性空气动力范围内，轴对称布局的导弹(如×形配置)在任意滚动角 γ 的情况下，其滚动力矩为零，因此不需要副翼付出控制力矩来克服空气动力不对称产生的滚动力矩。实际上，空气动力性能不是线性的，特别是随着飞行攻角的增加，导弹头部气流分离形成的旋涡对后部翼面处产生不对称的下洗流，这种不对称洗流产生非线性滚动力矩。在不同滚动角条件下，图 3-7 给出了×形布局的滚动力矩系数曲线，在 $\gamma = 22.5°$ 附近将出现较大的滚动力矩。

在杀伤区高远界，所需攻角大，飞行速度也大，非线性滚动力矩自然大，而此时由于空气密度小，副翼法向力系数小，控制力矩小。为平衡非线性滚动力矩与其他不对称带来的滚动力矩，需要付出很大的控制力矩，这可能成为确定副翼面积(或偏角)的设计情况。

在某中远程防空导弹研制中，由于副翼采用较大的展弦比，在同样的面积下，滚动控制力矩增加了近40%，解决了高空滚动控制力矩不足的问题。

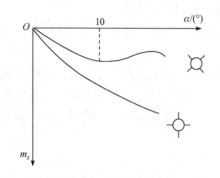

图 3-6　某防空导弹×形与十字形布局的力矩系数　　　图 3-7　×形布局的滚动力矩系数曲线
　　　　　变化曲线

2) 非常规布局的副翼设计情况

随着超声速、高超声速飞行器的飞速发展，非常规布局在导弹设计中得到了应用，即倾斜转弯(bank-to-turn，BTT)布局技术。它的特点就是采用与飞机类似的"一"字形配置翼面，攻击目标时，控制导弹快速滚转到需用过载方向。这种先进的控制方式与布局将给导弹性能提升带来明显的好处。BTT 布局的导弹，其副翼的功能已不再局限于滚动稳定的需要，而要作为控制手段，快速产生控制力矩来满足滚动角速度的要求。因此，对这类非常规布局的导弹来说，要根据全空域内飞行控制的特点，来寻求确定副翼面积及偏角的设计情况。

3.1.2.6　铰链力矩设计情况

在控制面设计中，铰链力矩设计也是一个重要问题，它不但直接影响舵机功率大小，而且如果设计不当，在飞行过程中控制面将会出现较大的反操纵。反操纵对某些以气压舵机组成的舵系统将是灾难性的，有时甚至会引起系统发散，造成导弹空中解体的严重事故。因此，在控制面设计时，要考虑到控制面弦向压心中心变化尽可能小。

对各种战术导弹来说，铰链力矩的设计情况是不完全一致的，通过对全空域飞行控制弹道的分析，综合得出铰链力矩最大设计点作为设计情况，再加上控制系统对舵面偏转速率要求，来确定舵机功率。

3.2　导弹的质量方程

质量方程是表征导弹起飞质量、有效载荷、结构特性、主要设计参数和燃料相对质量因数之间关系的数学表达式。

在设计之初，估算导弹的质量比较困难，在没有原型弹作参考的情况下，要确定各种设备及结构质量的困难就更大。因此，就需要找出一种妥善的方法，利用已有的经验来解决这个问题。

导弹起飞质量是由其各部分质量组成的。每一部分质量都与导弹的战术技术性能及某些主要参数有密切的联系。因此，将各部分质量用导弹性能参数和主要参数来表示，并且将各部分质量综合在一起，组成导弹的质量方程，以求得它们与导弹起飞质量的关系。

导弹采用的发动机有液体火箭发动机、固体火箭发动机和空气喷气发动机等，动力装置的类型决定了其结构质量和燃料的质量，下面分别以多级固体弹道导弹、两级液体有翼导弹和吸气式冲压发动机导弹为例，建立质量方程。

3.2.1 多级固体弹道导弹质量方程

固体弹道导弹通常由五个系统组成，即弹头、固体火箭发动机、控制系统、安全自毁系统和弹体结构系统。其中，弹头是导弹的有效载荷，安置在导弹头部。控制系统、安全自毁系统和遥测系统等主要仪器设备安置在仪器舱内，仪器舱一般位于弹头和末级发动机之间；级间过渡段(简称级间段，一般含有上面级尾段)和第 1 级尾段也用于安装部分仪器设备和伺服机构部件等。

设导弹的级数为 n，则多级导弹的总质量可以表示成各部分质量之和，有

$$m_0 = m_{01} = m_P + \sum_{i=1}^{n} (m_{Si} + m_{Fi}) \tag{3-1}$$

式中，m_0 为导弹的总质量(起飞质量)；m_{01} 为第 1 级导弹的总质量，$m_0 = m_{01}$；m_P 为有效载荷的质量；m_{Si} 为第 i 级导弹的结构质量(含伺服机构等)；m_{Fi} 为第 i 级固体火箭推进剂质量；n 为级数。

第 i 级(子火箭)导弹的总质量可由式(3-2)确定：

$$m_{0i} = m_{0,i+1} + m_{Si} + m_{Fi} \tag{3-2}$$

式中，$m_{0,i+1}$ 为第 $(i+1)$ 级导弹的总质量，对于最后一级即为有效载荷 m_P。

第 i 级导弹结构质量 m_{Si} 是由 i 子级固体火箭发动机的结构质量 m_{eni}、导弹尾段和过渡段的质量组成。m_{Si} 的表达式为

$$m_{Si} = m_{eni} + m_{wki} + m_{wji} + m_{gki} + m_{gji} \tag{3-3}$$

式中，m_{eni} 为第 i 级发动机结构质量；m_{wki} 为第 i 级尾段舱内控制系统、安全自毁系统、伺服机构等仪器设备和电缆的质量；m_{wji} 为第 i 级尾段结构质量，包括壳体、管路、仪器安装支架、防热结构和总装直属件等的质量；m_{gki} 为第 i 级过渡段舱内控制系统、安全自毁系统等仪器设备和电缆的质量；m_{gji} 为第 i 级过渡段结构质量，包括壳体、管路、仪器安装支架和总装直属件等的质量。

式(3-3)可以改写为

$$m_{Si} = m_{eni} + m_{wi} + m_{gi} \tag{3-4}$$

式中，m_{wi} 为第 i 级尾段质量，$m_{wi} = m_{wki} + m_{wji}$；$m_{gi}$ 为第 i 级过渡段质量，$m_{gi} = m_{gki} + m_{gji}$。

第 i 级导弹的总质量 m_{0i} 可写成式(3-5)：

$$m_{0i} = m_{0,i+1} + m_{eni} + m_{wi} + m_{gi} + m_{Fi} \tag{3-5}$$

下面对式(3-5)中的各项分别加以讨论。

1. 固体火箭发动机的结构质量

第 i 级固体火箭发动机的结构质量 m_{eni} 可以表示为下面的形式:

$$m_{eni} = m_{ci} + m_{pi} + m_{di} + m_{zi} \tag{3-6}$$

式中,m_{ci} 为发动机燃烧室质量,包括壳体、内绝热层和包覆层等的质量;m_{pi} 为喷管质量;m_{di} 为点火装置质量;m_{zi} 为总装直属件质量。

2. 第 i 级固体火箭推进剂质量

第 i 级固体火箭推进剂质量 m_{Fi} 等于有效推进剂质量和推进剂剩余残药量之和,有

$$m_{Fi} = m_{Fwi} + \Delta m_{Fi} \tag{3-7}$$

式中,m_{Fwi} 为根据战术技术性能确定的有效推进剂质量;Δm_{Fi} 为推进剂剩余残药量。

在计算导弹的最大射程时,各级发动机一般都按推进剂耗尽考虑。发动机耗尽关机时,一般处于内弹道下降段,此时推进剂装药已全部燃烧,滞留在发动机燃烧室内的"残药"实际上是推进剂燃烧后形成的燃气。这个量一般比较小,占推进剂总装药量的0.2%左右,近似计算时可以忽略,在导弹初步设计时,这个量必须考虑。推进剂装药药型对残药量大小有影响,如星形内孔装药,残药量可达到0.2%左右。

3. 导弹尾段和过渡段的质量

在近似分析时,可以认为第 i 级导弹尾段和过渡段的弹体结构、控制系统和安全自毁系统等的质量之和与起飞质量成正比,有

$$m_{wi} + m_{gi} = N_i m_{0i} \tag{3-8}$$

式中,N_i 为第 i 子级结构系数。

对固体火箭发动机,其质量为[7]

$$m_{eni} + m_{Fi} = \frac{1}{\mu_{Fi}} m_{Fi} \tag{3-9}$$

式中,μ_{Fi} 为第 i 级发动机质量比,$\mu_{Fi} = \dfrac{m_{Fi}}{m_{fi}}$,$m_{fi}$ 为固体火箭发动机的总质量,$m_{fi} = m_{eni} + m_{Fi}$。

将式(3-8)和式(3-9)代入式(3-5)得

$$m_{0i} = m_{0,i+1} + \frac{1}{\mu_{Fi}} m_{Fi} + N_i m_{0i} \tag{3-10}$$

$$m_{0i} = m_{0,i+1} + \frac{\mu_{ki}}{\mu_{Fi}} m_{0i} + N_i m_{0i} \tag{3-11}$$

则有

$$m_{0i} = \frac{m_{0,i+1}}{1 - N_i - \dfrac{\mu_{ki}}{\mu_{Fi}}} \tag{3-12}$$

式中,μ_{ki} 为第 i 级有效推进剂质量与第 i 级起飞质量之比,称为有效推进剂质量比(简称

为推进剂质量比)，$\mu_{ki} = \dfrac{m_{Fi}}{m_{0i}}$。

利用式(3-12)可以写出导弹起飞质量的关系式，对于二级导弹有

$$m_0 = m_{01} = \frac{m_P}{\left(1 - N_1 - \dfrac{\mu_{k1}}{\mu_{F1}}\right)\left(1 - N_2 - \dfrac{\mu_{k2}}{\mu_{F2}}\right)} \tag{3-13}$$

对于三级导弹则有

$$m_0 = m_{01} = \frac{m_P}{\left(1 - N_1 - \dfrac{\mu_{k1}}{\mu_{F1}}\right)\left(1 - N_2 - \dfrac{\mu_{k2}}{\mu_{F2}}\right)\left(1 - N_3 - \dfrac{\mu_{k3}}{\mu_{F3}}\right)} \tag{3-14}$$

由式(3-13)和式(3-14)可以看出，当有效载荷的质量给定时，导弹的起飞质量将由系数 N_i、μ_{ki} 和 μ_{Fi} 确定。N_i 可根据现有导弹的统计数据选取；μ_{Fi} 在发动机方案选择时初步确定；子导弹推进剂质量比 μ_{ki} 是射程(或速度)的函数，也与 μ_{Fi} 有关，由弹道分析和级间比选择时确定。

3.2.2 两级液体有翼导弹质量方程

通常，两级液体有翼导弹由助推级和主级组成。第 1 级为助推级，采用固体火箭发动机，导弹质量由燃料质量和发动机结构质量组成；第 2 级为主级，包括推进系统、引战系统、制导控制系统、弹体和能源五个系统。下面以采用液体火箭发动机的两级有翼导弹为例，建立质量方程，其起飞质量 m_0 可表示为下列形式：

$$m_0 = m_1 + m_2 \tag{3-15}$$

式中，m_1 为导弹第 1 级的质量；m_2 为导弹第 2 级的质量。

下面分别建立导弹各级的质量方程。

3.2.2.1 液体导弹第 1 级质量方程

第 1 级通常采用固体火箭发动机，其质量 m_1 一般可以表达为

$$m_1 = m_{F1} + m_{en1} \tag{3-16}$$

式中，m_{F1} 为助推器推进剂质量；m_{en1} 为助推器结构质量。

助推器结构质量一般为助推器总质量的 20%~30%，选取 25%，则助推器质量与燃料质量的关系表示为

$$m_1 = \frac{m_{F1}}{1 - 0.25} = 1.33 m_{F1} \tag{3-17}$$

3.2.2.2 液体导弹第 2 级质量方程

第 2 级采用液体火箭发动机时，其质量 m_2 通常是由导弹的有效载荷质量 m_P、弹体结构质量 m_S 和发动机结构质量 m_{en} 及燃料质量 m_F 等部分组成的，m_2 的表达式为

$$m_2 = m_P + m_S + m_{en} + m_F$$

式中，有效载荷质量 m_P 是由战斗部的质量 m_A 和制导控制系统的质量 m_{cs} 组成的。m_P 的表达式为

$$m_P = m_A + m_{cs}$$

导弹结构质量 m_S 是由弹身质量 m_B、弹翼质量 m_W、舵面质量 m_R 和操纵机构质量 m_{cs1} 等组成的，m_S 的表达式为

$$m_S = m_B + m_W + m_R + m_{cs1}$$

发动机结构质量 m_{en} 是由推力室质量 m_{es} 和燃料输送系统质量 m_{ts} 等组成的，m_{en} 的表达式为

$$m_{en} = m_{es} + m_{ts}$$

则有

$$m_2 = m_P + m_B + m_W + m_R + m_{cs1} + m_{es} + m_{ts} + m_F \tag{3-18}$$

将式(3-18)等号的左右两边各除以 m_2，则得相对质量的表达式为

$$1 = \frac{m_P}{m_2} + \bar{m}_B + \bar{m}_W + \bar{m}_R + \bar{m}_{cs1} + \bar{m}_{es} + \bar{m}_{ts} + \bar{m}_F = \frac{m_P}{m_2} + \sum_i \bar{m}_i \tag{3-19}$$

式中，$\bar{m}_i$ 表示导弹各部分质量与第 2 级总质量 m_2 的比值，i 为 $B, W, \cdots, es, \cdots$。

上述各项相对质量与导弹战术飞行性能、所采用各部分设备的类型及特性、某些主要参数有关。定义如下：

$$\bar{m}_F = \frac{m_F}{m_2} = k_F \mu_k$$

式中，μ_k 为导弹战术飞行性能决定的燃料相对质量因数，即推进剂质量比，是一个很重要的参数，后面专门讨论；k_F 为考虑计算燃料相对质量因数 μ_k 的过程中进行的假设及计算误差等因素后必需的燃料储备因数，一般由经验决定。

$$\bar{m}_{es} = \frac{m_{es}}{m_2} = \frac{m_{es}}{P} \frac{Pg}{m_2 g} = r_{es} \bar{P} g = K_{es}$$

式中，K_{es} 为推力室的相对质量因数；r_{es} 为产生单位推力所需推力室的质量，与发动机的类型、性能、材料及工作条件等有关，在一定条件下，该值较稳定；$\bar{P} = \dfrac{P}{m_2 g}$ 为推重比，与导弹战术飞行性能有关，是一个主要参数，此参数反映导弹加速度的大小，后面将讨论如何确定。

$$\bar{m}_{ts} = \frac{m_{ts}}{m_2} = \frac{m_{ts}}{P} \frac{Pg}{m_2 g} = r_{ts} \bar{P} g = K_{ts}$$

式中，K_{ts} 为燃料输送系统的相对质量因数；r_{ts} 为产生单位推力所需的燃料输送系统质量，与输送系统类型、流量和燃料比冲等有关。

$$\overline{m}_B = \frac{m_B}{m_2} = K_B$$

式中，K_B 为弹身的相对质量因数，与导弹的过载、弹身结构形式等有关。

$$\overline{m}_W = \frac{m_W}{m_2} = \frac{m_W g}{S} \frac{S}{m_2 g} = \frac{q_W}{p_0} = K_W$$

式中，K_W 为弹翼的相对质量因数；q_W 为单位翼面面积上的结构自重，与弹翼的结构形式、材料及要求承受的最大载荷有关；$p_0 = \dfrac{m_2 g}{S}$ 为单位翼面面积上的载荷，一般称为翼载(或翼负荷)，反映了导弹的机动性和一定程度的气动性能，也是后面专门讨论的一个主要参数。

$$\overline{m}_R = \frac{m_R}{m_2} = \frac{m_R g}{S_R} \frac{S}{m_2 g} \frac{S_R}{S} = \frac{q_R}{p_0} \overline{S}_R = K_R$$

式中，K_R 为舵面的相对质量因数；q_R 为单位舵面面积上的结构自重；$\overline{S}_R$ 为舵面的相对面积，与导弹外形及操纵性和稳定性有关。

$$\overline{m}_{cs1} = \frac{m_{cs1}}{m_2} = K_{cs1}$$

式中，K_{cs1} 为操纵机构的相对质量因数。

将以上各项代入式(3-19)，整理即得

$$m_2 = \frac{m_P}{1 - (k_F \mu_k + K_{es} + K_{ts} + K_B + K_W + K_R + K_{cs1})} \tag{3-20}$$

或

$$m_2 = \frac{m_P}{1 - (k_F \mu_k + K_g + K_S)} = \frac{m_P}{1 - K_2} \tag{3-21}$$

式中，$K_g = K_{es} + K_{ts}$；$K_S = K_B + K_W + K_R + K_{cs1}$；$K_2 = k_F \mu_k + K_g + K_S$。

对于地对空导弹和空对空导弹来说，一般其弹体结构部分的相对质量因数 K_S 为 0.16～0.20；飞航导弹 K_S 为 0.17～0.30(对于航程大的飞航导弹，K_S 值靠近下限)；反坦克导弹 K_S 为 0.15～0.25。

式(3-20)为导弹第 2 级的质量方程式。可以看出，导弹第 2 级总质量取决于燃料相对质量因数 μ_k、有效载荷质量 m_P 及导弹其他设备统计质量特性。

由上述建立液体导弹质量方程的过程可以看出，采用相对质量因数 $K_i = m_i / m_0$ 为解决问题带来很多方便。相对质量因数不仅反映某些部件的性能，而且在一定技术条件下 K_i 值比较稳定，且有规律，便于统计经验数据，容易找到 K_i 与主要参数之间的关系。下面给出液体导弹各部分相对质量因数。

3.2.2.3　液体导弹各部分相对质量因数

1. 液体火箭发动机壳体的相对质量因数

液体火箭发动机壳体由头部、喷管及筒壳三部分组成，这三部分的质量均与燃料秒

流量 $\dot{m}_F$ 成正比，有

$$m_{es} = A\dot{m}_F$$

式中，系数 A 取决于材料、工艺、强度和设计水平等方面因素，可由统计数据给出，通常取 A 为 2s 左右。将 m_{es} 表达式变成相对量形式，有

$$K_{es} = A\frac{\dot{m}_F}{m_2}$$

又因为

$$\dot{m}_F = P / I_s$$

所以

$$K_{es} = A\frac{\bar{P}g}{I_s}$$

或

$$K_{es} = A\frac{\mu_k}{t_{k2}}$$

式中，I_s 为发动机比冲；t_{k2} 为发动机工作时间。

2. 燃料输送系统的相对质量因数

液体火箭发动机的燃料输送系统通常分为泵压式和挤压式两类，下面分别讨论。

1) 泵压式燃料输送系统

泵压式燃料输送系统一般包括燃料储箱、涡轮泵、增压储箱用的气瓶、辅助燃料、导管及附件等部分。这些部分的相对质量因数可以按下述经验统计公式确定。

燃料储箱的相对质量因数：

$$K_{Ta} = 0.072\mu_k + 0.6\sqrt{\frac{\mu_k}{m_2}}$$

涡轮泵的相对质量因数：

$$K_{TP} = 1.3\left(\frac{\bar{P}g}{I_s}\right) + 5.5\sqrt{\frac{\bar{P}g}{I_s m_2}}$$

气瓶(包括冷气)的相对质量因数：

$$K_{Tb} = 0.062\mu_k$$

导管及附件的相对质量因数：

$$K_{0T} = 0.6\sqrt{\frac{\mu_k}{m_2}}$$

辅助燃料的相对质量因数：

$$K_{SP} = 0.035\mu_k$$

综合上述，即得燃料输送系统的相对质量因数为

$$K_{\text{ts}} = 0.169\mu_k + 1.3\left(\frac{\overline{P}g}{I_s}\right) + 5.5\sqrt{\frac{\overline{P}g}{I_s m_2}} + 1.2\sqrt{\frac{\mu_k}{m_2}}$$

2) 挤压式燃料输送系统

挤压式燃料输送系统一般包括燃料储箱、空气蓄压器(气瓶)、导管及附件和压缩冷气等部分。如果采用固体燃料作为蓄压器，则不含气瓶和冷气，代之以火药及火药储箱。

对带有空气蓄压器的挤压式燃料输送系统，其相对质量因数可按下面统计公式确定。

燃料储箱的相对质量因数：

$$K_{\text{Ta}} = 0.144\mu_k + 1.2\sqrt{\frac{\mu_k}{m_2}}$$

压缩冷气的相对质量因数：

$$K_{\text{gs}} = 0.042\mu_k$$

气瓶的相对质量因数：

$$K_{\text{Tb}} = 0.124\mu_k + 1.2\sqrt{\frac{\mu_k}{m_2}}$$

导管及附件的相对质量因数：

$$K_{\text{0T}} = 0.8\sqrt{\frac{\mu_k}{m_2}} - 0.1\frac{\overline{P}g}{I_s}$$

将上述各部分相加，则得挤压式燃料输送系统的相对质量因数为

$$K_{\text{ts}} = 0.31\mu_k + 3.2\sqrt{\frac{\mu_k}{m_2}} - 0.1\left(\frac{\overline{P}g}{I_s}\right)$$

由此得出，在挤压式燃料输送系统中，气瓶和燃料储箱的质量比泵压式系统大得多，这是因为采用了高压储箱(通常压力大于 $30 \times 10^5\,\text{Pa}$)。

3. 弹翼和舵面的相对质量因数

弹翼和舵面的相对质量因数分别为

$$K_{\text{W}} = \frac{q_{\text{W}}}{p_0}; \quad K_{\text{R}} = \frac{q_{\text{R}}}{p_0}\overline{S}_{\text{R}}$$

式中，q_{W} 为单位弹翼面积的结构自重；q_{R} 为单位舵面面积的结构自重；$\overline{S}_{\text{R}}$ 为舵面的相对面积(舵面面积与参考面积之比)。

据统计，弹翼和舵面的单位面积质量分别如下。

地对空和空对空导弹：

$$q_{\text{W}} = \frac{m_{\text{W}}g}{S_{\text{W}}} = 90\sim150\,\text{N}\cdot\text{m}^{-2}$$

$$q_{\text{R}} = \frac{m_{\text{R}}g}{S_{\text{R}}} = 100\sim130\,\text{N}\cdot\text{m}^{-2}$$

飞航导弹：

单块式弹翼 $q_W = 90\sim100\mathrm{N}\cdot\mathrm{m}^{-2}$

单梁式弹翼 $q_W = 150\sim180\mathrm{N}\cdot\mathrm{m}^{-2}$

反坦克导弹：

弧形翼 $q_W = 100\sim140\mathrm{N}\cdot\mathrm{m}^{-2}$

平板翼 $q_W = 80\sim130\mathrm{N}\cdot\mathrm{m}^{-2}$

以上数据是地对空或空对空导弹一对弹翼的统计结果，反坦克导弹是四片翼的统计值。这里的翼面积是包括弹身部分在内的弹翼面积。在一般情况下，舵面与弹翼参考面积之比 $\bar{S}_R = 0.05\sim0.15$ 。

由于舵面相对质量因数所占比重很小，其值可在下列范围内选取：

$$K_R = 0.004\sim0.040$$

4. 助推器上安定面的相对质量因数

当导弹采用串联式助推器时，其助推器上安定面的相对质量因数可用下列经验数据近似计算：

$$K_{W1} = \frac{m_{W1}}{m_1'} \approx 0.08$$

式中，m_{W1} 为安定面的质量；m_1' 为不包括安定面的助推器总质量。

5. 弹体的相对质量因数

采用液体火箭发动机的导弹，一般采用受力式储箱，此时燃料储箱为弹身一部分。因此，弹体的相对质量因数由两部分组成：

$$K_B = K_B' + K_{Ta}$$

式中，$K_B' = \dfrac{m_B'}{m_2}$ 为除去燃料储箱以外的弹体相对质量因数；$K_{Ta} = \dfrac{m_{Ta}}{m_2}$ 为燃料储箱的相对质量因数，其值可根据不同燃料输送系统的类型决定。

K_B' 的估算式如下：

$$K_B' = K_{Bg}(0.18 + 5\times10^{-5} n_B \lambda_B^{5/3})$$

其中

$$K_{Bg} = \frac{m_{Bg}}{m_2}$$

式中，λ_B 为弹身的长细比(不含油箱)；n_B 为弹身的最大使用过载；m_{Bg} 为弹身内部载荷的质量，包括战斗部质量、弹上制导装置质量和动力装置质量(不计燃料和燃料箱的质量)等。

在第一次近似估算除去燃料储箱以外弹体的相对质量因数 K_B' 时，可参考下列统计数据：

地对空导弹	$K'_B = 0.10 \sim 0.12$
空对空导弹	$K'_B = 0.015 \sim 0.100$
飞航导弹	$K'_B = 0.09 \sim 0.15$
反坦克导弹	$K'_B = 0.12 \sim 0.16$

6. 操纵机构的相对质量因数

操纵机构的质量在弹体结构质量中所占的比重很小，其相对质量因数可用下列统计数据进行粗略估算。

地对空导弹	$K_{cs1} = 0.02 \sim 0.03$
空对空导弹	$K_{cs1} = 0.005 \sim 0.020$
飞航导弹	$K_{cs1} = 0.01 + 0.7 \times 10^{-4} t$

式中，t 为操纵机构的工作时间(s)。

以上统计得到了导弹第 2 级各部分的相对质量因数，在确定了有效载荷质量并计算得到燃料相对质量因数之后，将这些相对质量因数代入质量方程式(3-20)、式(3-21)中，便可求出导弹第 2 级的质量 m_2。

3.2.2.4　液体导弹全弹起飞质量方程

将式(3-15)等号两边均除以起飞质量 m_0 可得

$$1 = \frac{m_1}{m_0} + \frac{m_2}{m_0} \tag{3-22}$$

令

$$K_1 = \frac{m_1}{m_0} = 1.33\frac{m_{F1}}{m_0}$$

式中，K_1 为助推器有效推进剂质量比。

将 K_1 代入式(3-22)则有

$$1 = K_1 + \frac{m_2}{m_0}$$

因此

$$m_0 = \frac{m_2}{1 - K_1} \tag{3-23}$$

将第 2 级质量方程式(3-21)代入式(3-23)，得

$$m_0 = \frac{m_P}{(1 - K_1)(1 - K_2)} \tag{3-24}$$

式(3-24)为全弹起飞质量方程。从起飞质量表达式可以看出导弹各部分设计质量与起飞质量的重要关系。

由质量方程式(3-17)、式(3-20)和式(3-24)可以看出，在确定了各相对质量因数之后，

即可求出助推器质量 m_1、导弹第 2 级质量 m_2 和导弹的起飞质量 m_0。

3.2.3　吸气式冲压发动机导弹质量方程

固体火箭-冲压组合发动机由下列部件和分系统组成：进气道、燃气发生器、助推补燃室、助推/冲压组合喷管、点火系统和转级控制装置。下面以固体火箭-冲压组合发动机为例，简要介绍导弹质量的估算方法和部分关系式。

1. 质量基本关系式

导弹起飞质量 m_0 的简化关系式为

$$m_0 = m_{en} + m_{Fpb} + m_{Fpg} + m_{ef} + \Delta m_{ef} \tag{3-25}$$

式中，m_{en} 为发动机结构质量；m_{Fpb} 为助推器装药质量；m_{Fpg} 为主装药(燃气发生器装药)质量；m_{ef} 为除发动机外的导弹结构与设备质量；Δm_{ef} 为 m_{ef} 中的可变动部分(用于导弹-发动机优化设计)。

发动机结构质量与部件、分系统质量之间有下列关系：

$$m_{en} = m_b + m_{rq} + m_{in} + m_{ad} \tag{3-26}$$

式中，m_b 为助推补燃室质量(包含组合喷管质量)；m_{rq} 为燃气发生器质量；m_{in} 为进气道质量；m_{ad} 为未计入 m_b、m_{rq} 的点火和转级控制装置及发动机附件质量。

2. 助推器装药质量计算

由导弹助推段速度增量 Δv_{k1} 的估算公式，可以导出助推器装药质量 m_{Fpb} 的估算公式为[8]

$$m_{Fpb} = m_0 \left[1 - 1/\exp\left(\frac{\Delta v_{k1} + g t_{ab} \sin\theta}{a_x I_{sb}} \right) \right] \tag{3-27}$$

式中，I_{sb} 为助推器交付比冲；Δv_{k1} 为助推段速度增量；t_{ab} 为助推器工作时间；a_x 为空气阻力影响修正系数(a_x 为 0.93～0.95)；θ 为导弹发射倾角；m_0 为导弹起飞质量。

计算中，取 $a_x = 0.93$，$I_{sb} = 2300 \text{N} \cdot \text{s} \cdot \text{kg}^{-1}$，$t_{ab} = 4\text{s}$，空中发射初始速度 $v_0 = 200 \text{m} \cdot \text{s}^{-1}$，地面发射初始速度 $v_0 = 0$，$\theta = 30°$。计算得到 m_{Fpb} 占 m_0 的 15%～30%。

3. 主装药质量计算

主装药(燃气发生器装药)质量 m_{Fpg} 可由式(3-28)计算：

$$m_{Fpg} = \int_{t_0}^{t_a} \dot{m}_F \mathrm{d}t + m_r \tag{3-28}$$

式中，t_0 和 t_a 分别为燃气发生器开始工作时间和结束工作时间；m_r 为残药量；$\dot{m}_F$ 为燃气质量流量。

在论证设计初期很难确定 $\dot{m}_F$ 和 t_a 的准确值，因而常采用平均参数估算法。设 $\bar{m}_{Fpg}$ 为主装药质量估计值，有

$$\bar{m}_{Fpg} = \frac{\bar{P}_2 (R_{max} - R_b)}{\bar{I}_{s2} \bar{v}_2} + m_r \tag{3-29}$$

式中，$\bar{P}_2$ 为主发动机平均推力；$\bar{I}_{s2}$ 为主发动机平均比冲；$R_{\max}$ 为导弹最大射程；R_b 为导弹助推段射程；$\bar{v}_2$ 为续航段导弹平均飞行速度。

4. 利用质量比和体积比经验值的快速估算法

由于在总体方案论证初期，尚未进行详细的总体和部件设计计算，无法提供发动机质量和尺寸的确定值。下面介绍一种利用已有样机经验值，迅速估算新发动机质量和尺寸的方法。

首先定义两个相对参数：固体火箭-冲压组合发动机质量比 μ 和装药体积利用率 η_{vi}，并将其作为评估参数。质量比 μ 定义为

$$\mu = \frac{m_{Fpb} + m_{Fpg}}{m_{en}} \tag{3-30}$$

固体火箭-冲压组合发动机质量比 μ 的经验参考值为 $0.64 \sim 0.70$，可以根据结构方案特点选取 μ 值。推进剂密度、体积装填系数及材料比强度的提高，有利于 μ 的提高。选取 μ 值后，便可求得发动机质量预估值。

装药体积利用率 η_{vi} 定义为

$$\eta_{vi} = \frac{m_{Fpb} / \rho_{pb} + m_{Fpg} / \rho_{pg}}{\bar{A}_{en} L_{en}} \tag{3-31}$$

式中，ρ_{pb} 为助推器装药的密度；ρ_{pg} 为主装药(燃气发生器装药)的密度；L_{en} 为发动机本体(不计旁侧进气道)长度；$\bar{A}_{en}$ 为发动机本体平均截面积。

η_{vi} 的经验参考值为 $0.57 \sim 0.66$。采用嵌入式助推喷管、提高各级装药设计体积装填系数及合理安排附件可以使 η_{vi} 提高。选取 η_{vi}，并算出 m_{Fpb} 和 m_{Fpg} 后，可迅速得到 L_{en} 的预估值。

由上述各型导弹质量方程的建立可知，导弹的质量由有效载荷质量、燃料质量、导弹各部分结构及设备的质量三部分组成。实践表明，在导弹的各项相对质量因数中，燃料相对质量因数所占比重最大，而且它与很多参数及导弹的飞行性能有密切关系，因此后文讨论它的计算方法。

3.3　导弹燃料质量方程

3.3.1　导弹燃料质量的一般表达式

导弹携带的大量燃料燃烧后产生推力，从而使导弹按预定的规律运动，满足规定的战术技术要求。因此，计算燃料质量时，可以从研究导弹的运动开始。为便于分析问题，首先假设导弹做变质量的质点运动，并研究其在纵向平面内的运动。导弹在铅垂面内运动的受力如图 3-8 所示，导弹沿飞行方向的纵向运动方程式为

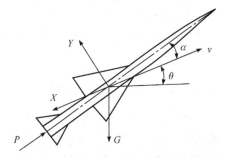

图 3-8　导弹在铅垂面内运动的受力示意图

$$m\frac{\mathrm{d}v}{\mathrm{d}t} = P\cos\alpha - X - mg\sin\theta \tag{3-32}$$

一般导弹在飞行中，攻角较小，故可近似地认为 $\cos\alpha \approx 1$，则有

$$P = m\frac{\mathrm{d}v}{\mathrm{d}t} + X + mg\sin\theta$$

积分求解上述微分方程式可得

$$\int_{t_{0i}}^{t_{ki}} P\mathrm{d}t = \int_{v_{0i}}^{v_{ki}} m\mathrm{d}v + \int_{t_{0i}}^{t_{ki}} X\mathrm{d}t + \int_{t_{0i}}^{t_{ki}} mg\sin\theta\mathrm{d}t \tag{3-33}$$

式中，t_{0i} 和 v_{0i} 分别为第 i 子级发动机工作开始时的时间和速度；t_{ki} 和 v_{ki} 分别为第 i 子级发动机工作结束时的时间和速度。

火箭发动机推力的表达式为

$$P = \dot{m}_F I_s$$

式中，I_s 为发动机的比冲；$\dot{m}_F$ 为发动机的燃料质量流量(或燃料秒消耗量)。

对火箭发动机来说，如在全弹道上比冲取其平均值，即 I_s 为常数，则有

$$\int_{t_{0i}}^{t_{ki}} P\mathrm{d}t = \int_{t_{0i}}^{t_{ki}} \dot{m}_F I_s \mathrm{d}t = m_F I_s$$

于是，式(3-33)可以改写为

$$m_F = \frac{1}{I_s}\left(\int_{v_{0i}}^{v_{ki}} m\mathrm{d}v + \int_{t_{0i}}^{t_{ki}} X\mathrm{d}t + \int_{t_{0i}}^{t_{ki}} mg\sin\theta\mathrm{d}t \right) \tag{3-34}$$

下面分析式(3-34)括号中各项的物理意义。

式(3-34)括号中第一项表示用于增加导弹速度所消耗的燃料质量；第二项表示导弹在飞行过程中克服阻力所消耗的燃料质量；第三项表示导弹用于克服重力在速度分量方向所消耗的燃料质量。由此可见，由于导弹在飞行过程中有空气阻力和重力的作用，用来产生推力所消耗的燃料质量 m_F，分别消耗于增加导弹的有效动量、克服所受空气阻力的冲量和克服重力分量的冲量等三部分。因此，为了求得导弹在飞行过程中消耗的全部燃料质量，就必须求解上述三部分，它们可以由导弹的运动微分方程式求解获得。由此求出的燃料质量 m_F 未包括非工作储备量(起飞前消耗量和工作完剩余量)，计算总质量时必须把这部分储备量加上去。

在工程上通常采用数值积分法和解析法来求解燃料相对质量因数 μ_k。利用数值积分法求解导弹运动微分方程，可以得到足够精确的结果，同时便于利用最优化方法选择主要参数。

3.3.2 导弹燃料质量简化分析

在导弹可行性论证阶段，用解析法可以得到导弹飞行过程中用于克服空气阻力和克服重力的燃料消耗量，用到著名的 Breguet 航程公式和 Tsiolkovsky 速度增量公式。下面分别给出这两个公式的推导过程。

1. Breguet 航程公式

由导弹在垂直平面内的运动方程，可得

$$m\frac{\mathrm{d}v}{\mathrm{d}t}=P\cos\alpha-X-mg\sin\theta \tag{3-35}$$

$$mv\frac{\mathrm{d}\theta}{\mathrm{d}t}=P\sin\alpha+Y-mg\cos\theta \tag{3-36}$$

导弹巡航飞行时，速度 $v=\mathrm{const}$，弹道倾角 $\theta=0$，α 很小。式(3-35)可简化为 $P=X$，即推力和阻力平衡；式(3-36)可简化为 $Y=mg$，即升力和重力平衡，则有

$$\frac{Y}{X}=\frac{mg}{P} \tag{3-37}$$

导弹巡航段的航程为

$$R=x=\int_{t_0}^{t_k}v\cos\theta\mathrm{d}t=v\int_{t_0}^{t_k}\mathrm{d}t$$

又有

$$\dot{m}_{\mathrm{F}}=-\frac{\mathrm{d}m}{\mathrm{d}t}$$

则

$$\mathrm{d}t=-\frac{\mathrm{d}m}{\dot{m}_{\mathrm{F}}}$$

而

$$I_{\mathrm{s}}=\frac{P}{\dot{m}_{\mathrm{F}}}$$

则

$$\mathrm{d}t=-\frac{I_{\mathrm{s}}}{P}\mathrm{d}m$$

将式(3-37)代入 $\mathrm{d}t$ 的表达式，有

$$\mathrm{d}t=-\frac{I_{\mathrm{s}}}{X}\frac{Y}{mg}\mathrm{d}m=-\frac{I_{\mathrm{s}}}{g}\frac{Y}{X}\frac{1}{m}\mathrm{d}m$$

则巡航段航程 R 为

$$R=v\int_{t_0}^{t_k}\mathrm{d}t=v\int_{m_0}^{m_k}-\frac{I_{\mathrm{s}}}{g}\frac{Y}{X}\frac{1}{m}\mathrm{d}m=-v\frac{I_{\mathrm{s}}}{g}\frac{Y}{X}\ln\frac{m_k}{m_0}=v\frac{I_{\mathrm{s}}}{g}\frac{Y}{X}\ln\frac{m_0}{m_0-m_{\mathrm{F}}}$$

式中，$m_k=m_0-m_{\mathrm{F}}$。当用 L 和 D 分别表示升力 Y 和阻力 X 时，Breguet 航程公式为

$$R=v\frac{I_{\mathrm{s}}}{g}\frac{L}{D}\ln\frac{m_0}{m_0-m_{\mathrm{F}}} \tag{3-38}$$

2. Tsiolkovsky 速度增量公式

在导弹助推爬升段，对式(3-35)等号两侧积分得导弹的速度为

$$v_k = \int_{t_0}^{t_k}\left(\frac{P}{m} - \frac{X}{m} - g\sin\theta\right)dt = \int_{t_0}^{t_k}\frac{P}{m}dt - \int_{t_0}^{t_k}\left(\frac{X}{m} + g\sin\theta\right)dt$$

$$= \int_{t_0}^{t_k}\frac{I_s \cdot \dot{m}_F}{m}dt - \int_{t_0}^{t_k}\left(\frac{X}{m} + g\sin\theta\right)dt = -\int_{m_0}^{m_k}\frac{I_s}{m}dm - \int_{t_0}^{t_k}\left(\frac{X}{m} + g\sin\theta\right)dt$$

$$= -I_s\int_{m_0}^{m_k}\frac{1}{m}dm - \int_{t_0}^{t_k}\left(\frac{X}{m} + g\sin\theta\right)dt = -I_s\ln\frac{m_k}{m_0} - \int_{t_0}^{t_k}\left(\frac{X}{m} + g\sin\theta\right)dt$$

由此得到助推爬升段导弹速度的增量为

$$v_k = I_s\ln\frac{m_0}{m_0 - m_F} - \int_{t_0}^{t_k}\left(\frac{X}{m} + g\sin\theta\right)dt \tag{3-39}$$

当不考虑克服空气阻力和克服重力的燃料消耗时，可得到助推爬升段导弹的速度增量公式为

$$v_k = I_s\ln\frac{m_0}{m_0 - m_F}$$

3.4　导弹相对量运动微分方程

在"导弹飞行力学"课程中介绍了导弹运动微分方程及其求解方法，但在未完成导弹设计之前是难以确切地知道各项技术参数的，因此用运动微分方程进行导弹总体设计仍有困难。这就要寻求一些能表征导弹运动特征的相对参量来取代方程中的绝对参量，将只适合于特定导弹运动的微分方程转化为一系列相对参量表示的运动微分方程，从而结合具体需要找出符合特殊设计要求的参数。下面介绍用数值积分法求解燃料相对质量因数 μ_k。

3.4.1　相对量运动微分方程的基本形式

导弹在攻击目标的过程中，在空间按一定的导引规律做曲线运动，然而在导弹初步设计阶段并无必要做这样复杂的考虑，通常只研究导弹在垂直平面(或水平面)内的质心运动。由导弹飞行动力学可知，导弹在垂直平面内的运动方程如下[2]：

$$\begin{cases} m\dfrac{dv}{dt} = P\cos\alpha - \dfrac{1}{2}\rho v^2 C_x S - mg\sin\theta \\[2mm] mv\dfrac{d\theta}{dt} = P\sin\alpha + \dfrac{1}{2}\rho v^2 C_y S - mg\cos\theta \\[2mm] \dfrac{dx}{dt} = v\cos\theta \\[2mm] \dfrac{dy}{dt} = v\sin\theta \\[2mm] R = \sqrt{x^2 + y^2} \\[2mm] \theta = \theta(t) \\[2mm] m = m_2 - \int_{t_0}^{t}\dot{m}_F dt = m_2 - m_F' \end{cases} \tag{3-40}$$

式中，C_x、C_y 分别为导弹的阻力系数、升力系数；S 为导弹的参考面积，有翼导弹一般取导弹的弹翼面积；R 为导弹的斜射程；ρ 为空气密度；$m_F' = \int_{t_0}^t \dot{m}_F dt$ 为至某一瞬时 t 导弹所消耗的燃料质量。

显然，如果导弹第 2 级质量 m_2、发动机推力 P、弹翼面积 S_w 和空气动力系数皆已知，可用积分的办法解方程式(3-40)得到导弹某一时刻的燃料质量 m_F'，但是在导弹设计之初，这是难以实现的。因此，既要积分式(3-40)，又要不涉及上述某些未知参数，这就需要引进一些相对量参数。令

$$\mu = \frac{\int_{t_0}^t \dot{m}_F dt}{m_2} \tag{3-41}$$

由式(3-41)可知，参数 μ 表示导弹在某一瞬时 t 所消耗的燃料相对质量因数。

根据比冲 I_s 的定义：

$$I_s = \frac{P}{\dot{m}_F}$$

由式(3-41)可得

$$d\mu = \frac{\dot{m}_F dt}{m_2} = \frac{P}{I_s m_2} dt = \frac{\bar{P} g}{I_s} dt$$

因此

$$dt = \frac{I_s}{\bar{P} g} d\mu$$

又因为

$$m = m_2 - \int_{t_0}^t \dot{m}_F dt$$

所以

$$m = m_2 - m_2 \mu = m_2 (1 - \mu)$$

式中，$\bar{P} = \dfrac{P}{m_2 g}$ 为推重比，它与导弹战术飞行性能有关。

定义 $p_0 = \dfrac{m_2 g}{S}$ 为翼载，表示单位翼面面积上的载荷(又称翼载荷)，与导弹的机动性密切相关。

考虑到导弹一般在弹道主动段上的攻角较小，因此近似取 $\cos\alpha \approx 1$，$\sin\alpha \approx \alpha$。

将以上各相对量参数 $\bar{P}$、p_0、μ 等代入式(3-40)中，可得到如下相对量运动微分方程组：

$$
\begin{cases}
\dfrac{\mathrm{d}v}{\mathrm{d}\mu} = \dfrac{I_\mathrm{s}}{1-\mu} - \dfrac{\rho v^2 C_x I_\mathrm{s}}{2\overline{P}p_0(1-\mu)} - \dfrac{I_\mathrm{s}}{\overline{P}}\sin\theta \\[3mm]
v\dfrac{\mathrm{d}\theta}{\mathrm{d}\mu} = \dfrac{I_\mathrm{s}}{1-\mu}\cdot\alpha + \dfrac{\rho v^2 C_y I_\mathrm{s}}{2\overline{P}p_0(1-\mu)} - \dfrac{I_\mathrm{s}}{\overline{P}}\cos\theta \\[3mm]
\dfrac{\mathrm{d}y}{\mathrm{d}\mu} = \dfrac{I_\mathrm{s}}{\overline{P}g}v\sin\theta \\[3mm]
\dfrac{\mathrm{d}x}{\mathrm{d}\mu} = \dfrac{I_\mathrm{s}}{\overline{P}g}v\cos\theta \\[3mm]
R = \sqrt{x^2 + y^2} \\[3mm]
Ma = \dfrac{v}{c} \\[3mm]
\theta = \theta(\mu)
\end{cases}
\tag{3-42}
$$

式(3-42)中，c 为声速。推重比 $\overline{P}$、翼载 p_0 等相对量参数是可以通过分析的方法选定的，空气动力系数在导弹设计之初，在导弹外形未确定之前，通常采用类似导弹的数据，然后加以修正。弹道倾角 $\theta = \theta(\mu)$ 对于不同的导引规律，有不同的关系式，下面将介绍几种常用导引方法的 $\theta(\mu)$ 表达式。

3.4.2　直线飞行时相对量运动微分方程

当导弹在垂直平面内做直线飞行时，其弹道倾角 $\theta = \theta(\mu) = \mathrm{const}$，有 $\dfrac{\mathrm{d}\theta}{\mathrm{d}\mu} = 0$，于是相对量运动微分方程组(3-42)可以简化为如下形式：

$$
\begin{cases}
\dfrac{\mathrm{d}v}{\mathrm{d}\mu} = \dfrac{I_\mathrm{s}}{1-\mu} - \dfrac{\rho v^2 C_x I_\mathrm{s}}{2\overline{P}p_0(1-\mu)} - \dfrac{I_\mathrm{s}}{\overline{P}}\sin\theta \\[3mm]
\alpha + \dfrac{\rho v^2 C_y}{2\overline{P}p_0} = \dfrac{(1-\mu)}{\overline{P}}\cos\theta \\[3mm]
\dfrac{\mathrm{d}y}{\mathrm{d}\mu} = \dfrac{I_\mathrm{s}}{\overline{P}g}v\sin\theta \\[3mm]
\dfrac{\mathrm{d}x}{\mathrm{d}\mu} = \dfrac{I_\mathrm{s}}{\overline{P}g}v\cos\theta \\[3mm]
\theta = \theta_0 = \mathrm{const} \\[3mm]
R = \sqrt{x^2 + y^2} \\[3mm]
Ma = \dfrac{v}{c}
\end{cases}
\tag{3-43}
$$

实际上，对于按一定导引规律飞行的导弹，由于种种原因不可能是直线弹道。在导弹初步设计阶段，导弹的实际弹道与直线弹道差别较小时，可以给定相当于直线飞行的某个平均弹道倾角 $\theta_{\mathrm{av}} = \mathrm{const}$，利用式(3-43)近似计算。这里值得指出的是，该平均弹道倾

角 θ_{av} 只适用于近似地确定重力分量 $mg\sin\theta \approx mg\sin\theta_{av}$ 和速度分量 $\dfrac{\mathrm{d}y}{\mathrm{d}t} \approx v\sin\theta_{av}$、

$\dfrac{\mathrm{d}x}{\mathrm{d}t} \approx v\cos\theta_{av}$，攻角 α 不能由式(3-43)的第二个方程和关系式 $C_{yTR} = C_{yTR}^{\alpha}\cdot\alpha$ 求出的 α 表达式(3-44)来确定：

$$\alpha = \left(1-\mu\right)\cos\theta_{av}\left/\left(\bar{P}+\frac{\rho v^2 C_{yTR}^{\alpha}}{2p_0}\right)\right. \tag{3-44}$$

式中，C_{yTR}、C_{yTR}^{α} 分别为导弹平衡状态下的升力系数及其导数。

用式(3-44)求出的攻角值，要比 θ 值为变数时由式(3-42)导出的 $\alpha = f\left(v\dfrac{\mathrm{d}\theta}{\mathrm{d}\mu}\right)$ 值小得多，这样便给计算带来较大误差。因此，攻角 α 的选取原则是，在积累计算经验的基础上，考虑到攻角 α 随高度的增加而增加，以及随机干扰作用引起的攻角振荡等因素，近似地给出某个攻角值或攻角随时间的变化规律 $\alpha = \alpha(t)$。

3.4.3 三点法导引时相对量运动微分方程

三点法导引时，应满足导弹在整个飞行过程中，目标、导弹和制导站三点在一条直线上。

设在 t 瞬间，目标在 T 点，它以速度 v_T 飞行，飞行高度为 y_T，目标对制导站 O 的航向角为 q，目标至制导站的距离为 D_T。此时，导弹位于 M 点，以速度 v 在垂直平面内运动，导弹与目标之间的距离为 D_{MT}，目标对导弹的航向角为 q_M。三点法导引弹道如图 3-9 所示，有如下关系式：

$$\frac{\mathrm{d}q}{\mathrm{d}t} = \frac{v_T\sin q}{D_T}$$

$$\frac{\mathrm{d}q_M}{\mathrm{d}t} = \frac{v_T\sin q_M - v\sin\eta_M}{D_{MT}}$$

式中，η_M 为导弹的前置角。

对三点法导引，目标、导弹和制导站应在一条直线上，故应满足下述关系：

$$q = q_M$$

$$\frac{\mathrm{d}q}{\mathrm{d}t} = \frac{\mathrm{d}q_M}{\mathrm{d}t}$$

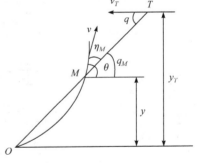

图 3-9 三点法导引弹道

有

$$\sin\eta_M = \left(1 - \frac{D_{MT}}{D_T}\right)\frac{v_T}{v}\sin q \tag{3-45}$$

又因为

$$y_T = D_T \sin q$$

$$y_T - y = D_{MT} \sin q$$

$$\theta - q = \eta_M$$

于是式(3-45)可改写为

$$\sin(\theta - q) = \frac{yv_T}{y_T v} \sin q \tag{3-46}$$

进一步找出三点法导引时时间 t 和航向角 q 的关系。

因为

$$\frac{\mathrm{d}q}{\mathrm{d}t} = \frac{v_T \sin q}{D_T}$$

$$y_T = D_T \sin q$$

所以

$$\frac{\mathrm{d}q}{\mathrm{d}t} = \frac{v_T \sin^2 q}{y_T} \tag{3-47}$$

对式(3-47)进行积分，可得

$$t = \frac{y_T}{v_T}(\cot q_0 - \cot q) \tag{3-48}$$

式(3-46)和式(3-48)即为三点法导引时 $\theta(t)$ 应满足的关系式。

于是，采用三点法导引时，相对量运动微分方程可表示如下：

$$\begin{cases} \dfrac{\mathrm{d}v}{\mathrm{d}\mu} = \dfrac{I_s}{1-\mu} - \dfrac{\rho v^2 C_x I_s}{2\bar{P}p_0(1-\mu)} - \dfrac{I_s}{\bar{P}}\sin\theta \\[3mm] v\dfrac{\mathrm{d}\theta}{\mathrm{d}\mu} = \dfrac{I_s}{1-\mu}\cdot\alpha + \dfrac{\rho v^2 C_y I_s}{2\bar{P}p_0(1-\mu)} - \dfrac{I_s}{\bar{P}}\cos\theta \\[3mm] \dfrac{\mathrm{d}y}{\mathrm{d}\mu} = \dfrac{I_s}{\bar{P}g}v\sin\theta \\[3mm] \dfrac{\mathrm{d}x}{\mathrm{d}\mu} = \dfrac{I_s}{\bar{P}g}v\cos\theta \\[3mm] \sin(\theta - q) = \dfrac{v_T y}{y_T v}\sin q \\[3mm] \mu = \dfrac{\bar{P}gy_T}{I_s v_T}(\cot q_0 - \cot q) \\[3mm] R = \sqrt{x^2 + y^2} \\[3mm] Ma = \dfrac{v}{c} \end{cases} \tag{3-49}$$

显然，通过式(3-49)的第二个方程及如下关系式：

$$C_{y\mathrm{TR}} = C_{y\mathrm{TR}}^{\alpha} \cdot \alpha$$

可得

$$\alpha = \frac{\left(v\dfrac{\mathrm{d}\theta}{\mathrm{d}\mu} + \dfrac{I_s \cos\theta}{\overline{P}} \right)}{\dfrac{\rho v^2 C_{y\mathrm{TR}}^{\alpha} I_s}{2\overline{P}p_0(1-\mu)} + \dfrac{I_s}{1-\mu}} \tag{3-50}$$

由式(3-50)可以看出，在知道弹道倾角 θ 的变化率 $\dfrac{\mathrm{d}\theta}{\mathrm{d}\mu}$ 后，可计算弹道上任意点的攻角 α，因此需要进一步建立满足三点法导引 $\dfrac{\mathrm{d}\theta}{\mathrm{d}\mu}$ 的表达式。

把式(3-49)中第五个方程展开，同时和第六个方程进行综合整理可得

$$\cos\theta - \left(\cot q_0 - \frac{\mu I_s v_T}{\overline{P} g y_T} \right)\sin\theta + \frac{v_T y}{v y_T} = 0 \tag{3-51}$$

式中，θ、v、y 均为可微的隐函数，因此对式(3-51)进行微分，则有

$$\frac{v_T I_s}{\overline{P} g y_T}\sin\theta - \left[\sin\theta + \left(\cot q_0 - \frac{\mu I_s v_T}{\overline{P} g y_T} \right)\cos\theta \right]\frac{\mathrm{d}\theta}{\mathrm{d}\mu} + \frac{v_T}{v y_T}\frac{\mathrm{d}y}{\mathrm{d}\mu} - \frac{v_T y}{v^2 y_T}\frac{\mathrm{d}v}{\mathrm{d}\mu} = 0$$

进一步整理后可得

$$\frac{\mathrm{d}\theta}{\mathrm{d}\mu} = \frac{\dfrac{v_T}{y_T}\left[\dfrac{I_s}{\overline{P}g} + \dfrac{1}{v^2\sin\theta}\left(v\dfrac{\mathrm{d}y}{\mathrm{d}\mu} - y\dfrac{\mathrm{d}v}{\mathrm{d}\mu} \right) \right]}{1 + \left(\cot q_0 - \dfrac{\mu I_s v_T}{\overline{P} g y_T} \right)\cot\theta} \tag{3-52}$$

于是，当攻角 $\alpha \neq \mathrm{const}$ 时，三点法导引的相对量运动微分方程组为

$$\begin{cases} \dfrac{\mathrm{d}v}{\mathrm{d}\mu} = \dfrac{I_s}{1-\mu} - \dfrac{\rho v^2 C_x I_s}{2\overline{P}p_0(1-\mu)} - \dfrac{I_s}{\overline{P}}\sin\theta \\[3mm] \dfrac{\mathrm{d}\theta}{\mathrm{d}\mu} = \dfrac{\dfrac{v_T}{y_T}\left[\dfrac{I_s}{\overline{P}g} + \dfrac{1}{v^2\sin\theta}\left(v\dfrac{\mathrm{d}y}{\mathrm{d}\mu} - y\dfrac{\mathrm{d}v}{\mathrm{d}\mu} \right) \right]}{1 + \left(\cot q_0 - \dfrac{\mu I_s v_T}{\overline{P} g y_T} \right)\cot\theta} \\[5mm] \dfrac{\mathrm{d}y}{\mathrm{d}\mu} = \dfrac{I_s}{\overline{P}g} v\sin\theta \\[3mm] \dfrac{\mathrm{d}x}{\mathrm{d}\mu} = \dfrac{I_s}{\overline{P}g} v\cos\theta \end{cases}$$

$$\begin{cases} \alpha = \dfrac{\left(v\dfrac{\mathrm{d}\theta}{\mathrm{d}\mu} + \dfrac{I_s\cos\theta}{\overline{P}}\right)}{\dfrac{\rho v^2 C^\alpha_{y\mathrm{TR}} I_s}{2\overline{P}p_0(1-\mu)} + \dfrac{I_s}{1-\mu}} \\ \mu = \dfrac{\overline{P}gy_T}{I_s v_T}(\cot q_0 - \cot q) \\ R = \sqrt{x^2 + y^2} \\ Ma = \dfrac{v}{c} \end{cases} \tag{3-53}$$

3.4.4 比例导引时相对量运动微分方程

比例导引是指导弹在飞行过程中，导弹速度向量 v 的旋转角速度与目标线(MT)的旋转角速度之间成正比的关系，比例导引弹道如图 3-10 所示。此时，$\theta(t)$ 应满足下列关系：

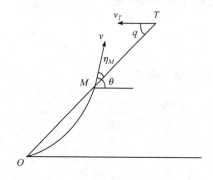

图 3-10　比例导引弹道示意图

$$\begin{cases} \dfrac{\mathrm{d}\theta}{\mathrm{d}t} = K\dfrac{\mathrm{d}q}{\mathrm{d}t} \\ \dfrac{\mathrm{d}q}{\mathrm{d}t} = \dfrac{v_T\sin q - v\sin\eta_M}{D_{MT}} \\ \dfrac{\mathrm{d}D_{MT}}{\mathrm{d}t} = -(v_T\cos q + v\cos\eta_M) \\ \theta = q + \eta_M \end{cases} \tag{3-54}$$

式中，K 为比例导引规律的比例系数；D_{MT} 为导弹与目标之间的距离。

采用比例导引时，同理，方程组(3-42)可变换成如下形式：

$$\begin{cases} \dfrac{\mathrm{d}v}{\mathrm{d}\mu} = \dfrac{I_s}{1-\mu} - \dfrac{\rho V^2 C_x I_s}{2\overline{P}p_0(1-\mu)} - \dfrac{I_s}{\overline{P}}\sin\theta \\ \dfrac{\mathrm{d}\theta}{\mathrm{d}\mu} = K\dfrac{\mathrm{d}q}{\mathrm{d}\mu} \\ \dfrac{\mathrm{d}y}{\mathrm{d}\mu} = \dfrac{I_s}{\overline{P}g}v\sin\theta \\ \dfrac{\mathrm{d}x}{\mathrm{d}\mu} = \dfrac{I_s}{\overline{P}g}v\cos\theta \\ \alpha = \dfrac{\left(v\dfrac{\mathrm{d}\theta}{\mathrm{d}\mu} + \dfrac{I_s\cos\theta}{\overline{P}}\right)}{\dfrac{\rho V^2 C^\alpha_{y\mathrm{TR}} I_s}{2\overline{P}p_0(1-\mu)} + \dfrac{I_s}{1-\mu}} \end{cases}$$

$$\begin{cases} \dfrac{\mathrm{d}D_{MT}}{\mathrm{d}\mu} = -\dfrac{I_s}{\overline{P}g}(v_T \cos q + v \cos \eta_M) \\[3mm] \dfrac{\mathrm{d}q}{\mathrm{d}\mu} = \dfrac{I_s}{\overline{P}g}\dfrac{v_T \sin q - v \sin \eta_M}{D_{MT}} \\[3mm] R = \sqrt{x^2 + y^2} \\[2mm] \theta = q + \eta_M \\[2mm] Ma = \dfrac{v}{c} \end{cases} \tag{3-55}$$

3.4.5　求解相对量运动微分方程的步骤

根据数值积分的一般方法(通常利用龙格-库塔法)，可以解上述的各微分方程组，一般步骤归纳如下。

1. 按下述办法选择下列参数

(1) 空气动力系数(C_y^α、C_x)可按原准弹作参考进行初步计算，待得到导弹的外形参数并进行气动计算后，再进行校核计算。

(2) 大气参数(大气密度 ρ、温度 T、声速 c 等)，可根据标准大气表输入或以函数形式表示($\rho = f(H), T = f(H)$)。

(3) 按 3.5.2 小节和 3.5.3 小节的方法选定导弹的推重比 $\overline{P}$、翼载 p_0 等主要参数。

2. 计算确定助推器分离点的坐标参数及弹道参数

对于采用助推器的导弹来说，助推器脱落时的速度 v_{k1}、时间 t_{k1} 和弹道参数，可以按照 3.5.4 小节中讲述的助推器主要参数的选择方法确定。

3. 根据导弹相对量运动微分方程求解参数 μ_k 值

求得导弹燃料相对质量因数后，根据质量方程即可求得导弹的总质量，从而根据 μ_k 的定义可直接确定导弹燃料的质量 m_F。

3.5　导弹的主要设计参数

3.5.1　导弹典型的速度变化规律

选择导弹推重比 $\overline{P}$ 的重要条件之一是保证实现预先要求的速度随时间变化规律 $v(t)$。导弹的速度变化规律 $v(t)$，严格地说，应由推力规律 $P(t)$ 确定。因此，$v(t)$ 与 $P(t)$ 二者是相互制约、相互联系的。

为了保证导弹的战术技术要求，导弹必须满足飞行高度 H、斜射程 R 和平均速度 v_{av} 的要求。在此基础上又可求出导弹的最大飞行时间 $t_{\max}$，即

$$t_{\max} \approx \frac{R}{v_{av}}$$

因此，应当确定满足要求的速度随时间的变化规律 $v(t)$ 图，有

$$\int_0^t v(t)\mathrm{d}t = v_{av}t_{max} = R$$

即要求 $v(t)$ 图包含的面积与导弹的斜射程相等。

显然，符合上述条件的 $v(t)$ 规律是很多的，每一条 $v(t)$ 曲线都对应一定的推力 $P(t)$ 变化规律。由于实际上发动机系统无法保证此条件，$v(t)$ 规律是不能任意选择的。不同用途导弹的 $v(t)$ 图如图 3-11 所示。

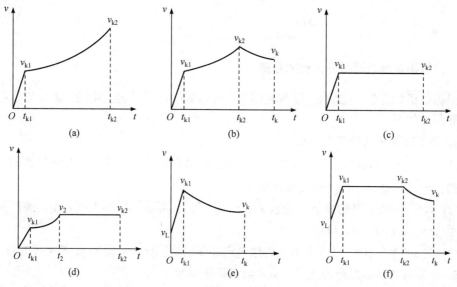

图 3-11 不同用途导弹的 $v(t)$ 图

图 3-11 中，t_{k1} 为第一级发动机工作时间；$t_{k1} \sim t_{k2}$ 为第二级发动机工作时间；v_{k1}、v_{k2} 分别为第一级、第二级发动机工作结束时导弹的飞行速度。

图 3-11(a)和(b)主要用于地对空导弹，其中图 3-11(a)用于主级发动机全程工作的地对空导弹；图 3-11(b)主要用于双推力发动机工作，可采用被动段攻击目标的地对空导弹。

图 3-11(c)和(d)主要用于低空飞行的飞航导弹，其中图 3-11(c)为采用一级推力续航发动机的 $v(t)$ 图，图 3-11(d)为采用双推力续航发动机的 $v(t)$ 图。$t_{k1} \sim t_2$ 和 $t_2 \sim t_{k2}$ 分别为双推力续航发动机的第一级和第二级的工作时间；v_2 和 v_{k2} 分别为 t_2 和 t_{k2} 对应的导弹速度。

图 3-11(e)和(f)主要用于空对空导弹，其中图 3-11(e)为采用一级推力发动机的 $v(t)$ 图；图 3-11(f)为采用双推力发动机的 $v(t)$ 图。通常，空对空导弹采用被动段攻击目标，图中 v_L 为导弹发射时的瞬时速度，即发射导弹时载机的速度；v_k 为导弹被动段的飞行末速。

3.5.2 地对空导弹推重比的选择

为了讨论问题简便，只讨论当 $v(t)$ 规律线性变化时，求满足速度变化规律的推力变化规律 $P(t)$。$v(t)$ 规律不呈线性变化时，均可按分段方法，在简化成线性变化的条件予以解决。

在此，以导弹第二级为例，研究 $v(t)$ 变化规律及其对应的推力变化规律。设已给出的 $v(t)$ 按线性变化，求推重比 $\bar{P}$ 的变化规律。

研究推重比变化规律的问题，仍是研究导弹的运动学问题。把导弹视为一个变质量的质点，其纵向运动的微分方程为

$$m\frac{\mathrm{d}v}{\mathrm{d}t} = P - X - mg\sin\theta$$

即

$$\frac{1}{g}\frac{\mathrm{d}v}{\mathrm{d}t} = \frac{P}{m_2 g(1-\mu)} - \frac{\rho v^2 C_x S}{2m_2 g(1-\mu)} - \sin\theta$$

引入以下关系式：

$$\mu = \frac{\int_0^t \dot{m}_F \mathrm{d}t}{m_2} = \frac{\dot{m}_F t}{m_2} = \frac{Pt \cdot g}{I_s m_2 \cdot g} = \frac{\bar{P} \cdot t \cdot g}{I_s}$$

则

$$\frac{1}{g}\frac{\mathrm{d}v}{\mathrm{d}t} = \frac{\bar{P}}{1 - \dfrac{\bar{P}tg}{I_s}} - \frac{\rho v^2 C_x}{2p_0\left(1 - \dfrac{\bar{P}tg}{I_s}\right)} - \sin\theta$$

化简整理可得

$$\bar{P} = \frac{\dfrac{1}{g}\dfrac{\mathrm{d}v}{\mathrm{d}t} + \dfrac{\rho v^2 C_x}{2p_0} + \sin\theta}{\dfrac{t}{I_s}\dfrac{\mathrm{d}v}{\mathrm{d}t} + 1 + \dfrac{tg}{I_s}\sin\theta} \tag{3-56}$$

由式(3-56)可以得到以下结果

(1) 因为 $v(t)$ 变化规律是线性的，所以

$$\frac{\mathrm{d}v}{\mathrm{d}t} = \frac{v_{k2} - v_{02}}{t_{k2} - t_{02}} = \mathrm{const}$$

式中，t_{02} 和 v_{02} 分别为第二级发动机工作开始时的时间和速度；t_{k2} 和 v_{k2} 分别为第二级发动机工作结束时的时间和速度。

假设弹道为直线弹道，则 $\sin\theta = \mathrm{const}$；阻力系数 C_x 仍然根据相似导弹或统计数据给出；空气密度可以查标准大气表或以函数形式表示。

(2) 由于阻力系数和速压是时间 t 的函数，因此与线性 $v(t)$ 规律相应的推重比 $\bar{P}(t)$ 也是随时间 t 变化的。根据式(3-56)求得 $\bar{P}$ 随时间的变化规律如图 3-12 所示。

图 3-12 (a) 表示导弹的平均弹道倾角很小时(低弹道)的推重比 $\bar{P}(t)$ 规律。由于当 θ_{av} 值很小时，导弹在飞行过程中，高度的变化不大，即空气密度变化不大，而导弹的速度是增加的，因此所要求的推重比随时间的增加而增大。

图 3-12(b) 表示平均弹道倾角 θ_{av} 较大(高弹道)时的 $\overline{P}(t)$ 规律。此时，随着导弹速度的增加，飞行高度变化较大，空气密度急剧下降，导致阻力项 $\frac{1}{2}\rho v^2 C_x S$ 降低，因此所要求的推重比 $\overline{P}(t)$ 随时间的增加而减小。

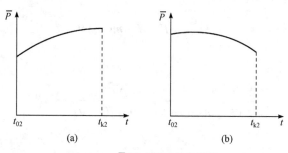

图 3-12　$\overline{P}$ 随时间的变化规律

(3) 在导弹飞行过程中，若发动机推力能够任意调节，则可选取上述的 $\overline{P}(t)$ 变化规律，但这会给发动机设计带来很大的困难。对于战术导弹，通常使推力保持一常值，即将 $\overline{P}(t)$ 变化规律在 $t_{02} \sim t_{k2}$ 取平均值 $\overline{P}_{av}$，其方法如下：

令

$$\overline{P}_{av} = \frac{\int_{t_{02}}^{t_{k2}} \overline{P} \mathrm{d}t}{t_{k2} - t_{02}} \tag{3-57}$$

式中，$\int_{t_{02}}^{t_{k2}} \overline{P} \mathrm{d}t$ 为根据式(3-56)求出的 $\overline{P}(t)$ 图的面积。符合上述条件，就可保证发动机提供相等的总冲量值。

(4) 根据式(3-56)和式(3-57)确定平均推重比 $\overline{P}_{av}$，由导弹运动微分方程可以求出相应的速度变化规律 $v(t)$ 图，显然，此时的 $v(t)$ 图不再是线性的。$\overline{P}(t)$ 和相应的 $v(t)$ 规律曲线如图 3-13 所示，图中曲线①为等推力情况，曲线②为变推力情况。

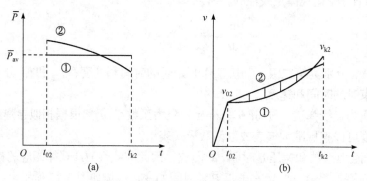

图 3-13　$\overline{P}(t)$ 和相应的 $v(t)$ 规律曲线

值得注意的是，在高弹道情况下求出的 $v(t)$ 图与按线性变化的 $v(t)$ 图相比，出现了前者的航程比后者要小的现象，如图 3-13(b)所示，即不能满足导弹射程的要求。对于这一现象，可做如下解释。

由于导弹的燃料主要用来增加速度、克服导弹在飞行过程中的阻力和重力分量，因此在飞行高度和弹道倾角相同的情况下，可以认为空气密度和重力损失是相同的，不同的主要是推力在各瞬间具有不同的数值，从而各点加速度及速度值不同。由图 3-13 (a) 看出，当采用等推力时，前半段 $\overline{P}_{av} < \overline{P}$，对应的加速度和速度均比变推力时的小。此时，阻力消耗的燃料少些，但损失了一部分射程(图 3-13 (b) 中凹的阴影部分)。在后半段，$\overline{P}_{av} > \overline{P}$，因此其对应的速度比变推力时的大，阻力与速度平方成正比，此时克服阻力消耗的燃料要比前半段克服阻力消耗的燃料多得多。这样，就使得在图 3-13 (b) 中凹的阴影面积大于凸的阴影面积，因此，采用常值推力后不能满足射程和平均速度的要求。在一般情况下，通常根据经验数据将求得的平均推重比 $\overline{P}_{av}$ 适当地增大一些，如当 $H \geqslant 20\text{km}$ 时，$\overline{P} \approx 1.05\overline{P}_{av}$。

例 3-1　假设某地对空导弹的速度和阻力系数如表 3-1 所示，其弹道近似为一直线弹道，$\theta_{av} = 45°$，$p_0 = 5700\text{N} \cdot \text{m}^{-2}$，动力装置的比冲 $I_s = 2250\text{N} \cdot \text{s} \cdot \text{kg}^{-1}$，助推器工作时间 $t_{k1} = 3\text{s}$。试求满足该 $v(t)$ 图的推重比 $\overline{P}$。

表 3-1　某地对空导弹的速度和阻力系数

t/s	3	10	20	30	40	53
$v/(\text{m} \cdot \text{s}^{-1})$	520	608	734	860	987	1149
C_x	0.0426	0.0397	0.0354	0.0326	0.0309	0.0303

解　(1) 由 $v(t)$ 图求出 $\dfrac{\text{d}v}{\text{d}t} = \dfrac{1149 - 520}{53 - 3} = 12.58(\text{m} \cdot \text{s}^{-2})$。

(2) 求 $y(t)$ 和 $\rho(t)$：$y = y_{k1} + \dfrac{v^2 - v_{k1}^2}{2\dfrac{\text{d}v}{\text{d}t}}\sin\theta$

式中，$y_{k1} = \dfrac{1}{2}v_{k1}t_{k1}\sin\theta_{av} = 552(\text{m})$。

(3) 求出 $\overline{P}(t)$，将以上各值代入式(3-56)得

$$\overline{P} = \frac{\dfrac{1}{g}\dfrac{\text{d}v}{\text{d}t} + \dfrac{\rho V^2 C_x}{2p_0} + \sin\theta_{av}}{\dfrac{\Delta t}{I_s}\dfrac{\text{d}v}{\text{d}t} + 1 + \dfrac{\Delta t g}{I_s}\sin\theta_{av}}$$

式中，$\Delta t = t - t_{k1}$。计算得到某地对空导弹的 $\overline{P}(t)$ 规律如表 3-2 所示。

表 3-2　某地对空导弹的 $\overline{P}(t)$ 规律

t/s	3	10	20	30	40	53
$\overline{P}$	3.166	2.943	2.494	2.019	1.682	1.432

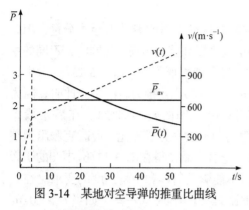

图 3-14　某地对空导弹的推重比曲线

(4) 绘制 $\overline{P}(t)$ 曲线，按总冲量相等的条件用作图法求出平均推重比 $\overline{P}_{av} = 2.198$，得到某地对空导弹的推重比曲线如图 3-14 所示。

以上讨论了推力变化规律确定的方法，基本满足了导弹飞行特性的要求，但计算方法是近似的。同时可以看出，确定 $\overline{P}(t)$ 与选择 $v(t)$ 规律是紧密联系的，二者要相互反复进行修正，最后才能得到适当的结果。

3.5.3　导弹翼载的选择

由前文可知，导弹的翼载 $p_0 = \dfrac{m_2 g}{S}$，增大 p_0，意味着其他条件不变时，可使弹翼面积减小，则导弹飞行中的阻力也减小，即达到同样战术飞行性能所需的 μ_k 减小。因此，当选择 p_0 值时，在满足其他条件下，应尽可能取得大些。p_0 值常受到以下条件限制。

1. 导弹机动性的限制

导弹的机动性通常由导弹可以提供的法向过载来表示，由可用过载定义：

$$n_{ya} = \frac{Y + P\sin\alpha}{mg}$$

因为 $m = m_2(1 - \mu)$，同时令 $\sin\alpha \approx \alpha$，有

$$n_{ya} = \frac{C_{yTR}^{\alpha}\alpha_{max}\rho v^2 S}{2m_2(1 - \mu)g} + \frac{P\alpha_{max}}{57.3 m_2(1 - \mu)g}$$

所以

$$n_{ya} = \frac{C_{yTR}^{\alpha}\alpha_{max}\rho v^2}{2p_0(1 - \mu)} + \frac{\overline{P}\alpha_{max}}{57.3(1 - \mu)}$$

为使导弹在攻击目标的过程中正常飞行，必须保证导弹的可用过载大于等于需用过载，即导弹必须满足下述条件：

$$n_{ya} = \frac{C_{yTR}^{\alpha}\alpha_{max}\rho v^2}{2p_0(1 - \mu)} + \frac{\overline{P}\alpha_{max}}{57.3(1 - \mu)} \geqslant n_{yn}$$

所以

$$p_0 \leqslant \frac{57.3 C_{yTR}^{\alpha}\alpha_{max}\rho v^2}{2[57.3(1 - \mu)n_{yn} - \overline{P}\alpha_{max}]} \tag{3-58}$$

式中，导弹最大攻角受导弹外形的空气动力特性限制，当缺乏数据时，可取 α_{max} 为 12°～15°。若设计中要求 α_{max} 大于 15°，为减小计算误差，则不能再令 $\sin\alpha \approx \alpha$，直接用 $\sin\alpha$ 代入上述关系得出翼载的关系式即可。对于式(3-58)中导弹在某一瞬时 t 所消耗的燃

料相对质量 μ 值，应按不同类型导弹的主要设计情况的典型弹道确定，参数 ρ、v、$C_{y\text{TR}}^{\alpha}$ 等同样如此。

2. 弹翼结构承载特性和工艺水平的限制

由翼载定义可知，p_0 表示单位面积弹翼上负担的导弹重力。p_0 值越大，在一定弹翼面积下，导弹重力越大，因此导弹在做机动飞行的过程中，弹翼承受的载荷就越大，这就要求导弹有足够的结构强度和刚度。高速导弹一般要求采用气动性能好的薄翼，这样就给提高结构强度、刚度及在工艺上造成较大的困难。因此，实际在目前技术条件下，对允许使用的翼载值有所限制。统计资料表明：

地对空导弹，　$p_0 \leqslant 5000 \sim 6000\text{N} \cdot \text{m}^{-2}$；

空对空导弹，　$p_0 \leqslant 2500 \sim 6500\text{N} \cdot \text{m}^{-2}$；

反坦克导弹，　$p_0 \leqslant 2500 \sim 3000\text{N} \cdot \text{m}^{-2}$。

3.5.4　助推器主要参数的选择

大部分导弹采用大推力的助推器，主要是为了使导弹获得一定的初速 v_{k1}（助推级末速），以提高导弹的平均速度，缩短攻击目标的时间；同时，在导弹达到初速 v_{k1} 时，抛掉助推器以减轻导弹的质量。另外，利用助推器可以保证导弹在发射离轨时，获得所需的速度及推力，使导弹不致坠落。

助推器的主要参数是助推级末速 v_{k1}、工作时间 t_{k1} 和燃料相对质量因数 μ_{k1}（或 $\overline{P}_{01}$）。实际上，在 v_{k1}、t_{k1} 确定之后，μ_{k1} 也就相应确定了，因此主要独立设计变量为 v_{k1} 和 t_{k1}。

3.5.4.1　助推级末速 v_{k1} 的选择与确定

1. v_{k1} 对导弹起飞质量的影响

前文已指出，导弹的起飞质量 m_0 一般由助推级和主级两部分质量组成，即有

$$m_0 = m_1 + m_2$$

当导弹其他战术载荷等已确定时，m_2 主要取决于 μ_{k2}，而 μ_{k2} 又与 v_{k1} 有关。同理，助推级质量亦是如此，即有

$$m_1 = f(v_{k1}\cdots)$$
$$m_2 = f(v_{k1}\cdots)$$
$$m_0 = f(v_{k1}\cdots)$$

当 v_{k1} 值增大时，μ_{k2} 值下降，则 m_2 值减小；μ_{k1} 值增加，则 m_1 增加。给以不同的 v_{k1} 值，可求出对应的 m_1、m_2、m_0 曲线，导弹起飞质量与速度 v_{k1} 的关系如图 3-15 所示。

从理论上来讲，当 v_{k1} 值改变时，m_1 和 m_2 的变化趋势正好相反，故导弹的起飞质量 m_0 会因 v_{k1} 的不同而发生变化。这中间有一个极值 $m_{0\min}$，其对

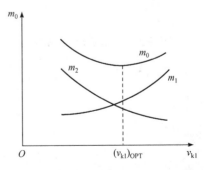

图 3-15　导弹起飞质量与速度 v_{k1} 的关系

应的最优值为 $(v_{k1})_{OPT}$。计算表明，$(v_{k1})_{OPT}$ 为 $(0.7 \sim 0.8) v_{av}$。

$(v_{k1})_{OPT}$ 的大小主要取决于第一级与第二级发动机比冲的大小，若 $I_{s1} < I_{s2}$，则 $(v_{k1})_{OPT}$ 值偏小些；若 $I_{s1} > I_{s2}$，则 $(v_{k1})_{OPT}$ 偏大些。具体大小应通过计算确定。

2. 对助推级最小末速 $(v_{k1})_{min}$ 的限制

(1) 保证导弹启控时，舵面正常工作。气动面控制的导弹最终是依靠舵面偏转来完成操纵飞行的。为了保证导弹在攻击目标的过程中舵面正常工作，总是希望舵面的空气动力特性变化平缓。因此，导弹应尽可能避开气动特性不稳定的跨声速段操纵飞行，或是以亚声速飞行，或是以超声速飞行。

防空导弹通常是以超声速开始操纵的。由空气动力学可知，当导弹飞行马赫数 $Ma \geqslant 1.4$ 时，才能满足上述要求，即在此情况下，必须保证 $(v_{k1})_{min}$ 为

$$(v_{k1})_{min} \geqslant Ma \cdot c = 1.4c \tag{3-59}$$

因为低空时声速 $c \approx 340 \text{m} \cdot \text{s}^{-1}$，所以 $(v_{k1})_{min} \geqslant 476 \text{m} \cdot \text{s}^{-1}$。

(2) 亚声速飞航导弹的要求。对于飞行马赫数 $Ma < 1$ 的飞航导弹，在助推器脱落后，为了使导弹正常地沿弹道飞行，不致坠落，必须保证导弹的推力分量与升力之和大于重力分量，即有

$$P \sin\alpha + Y \geqslant G \cos\theta$$

通常，攻角 α 较小，令 $P \sin\alpha = 0$ (这对求 v_{k1} 值来讲是偏于安全的)，则有

$$\frac{C_y \rho v^2 S}{2} \geqslant G \cos\theta$$

因此

$$v \geqslant \sqrt{\frac{2G \cos\theta}{C_y \rho S}}$$

通常，飞航导弹助推器的重量 $G_1 \ll G_2$ (导弹第 2 级重量)，可近似认为 $G \approx G_2$，则有

$$\frac{G}{S} \approx \frac{G_2}{S} = p_0$$

因此

$$(v_{k1})_{min} \geqslant \sqrt{\frac{2 p_0 \cos\theta}{C_y \rho}} \tag{3-60}$$

3.5.4.2　助推器燃料相对质量因数 μ_{k1} 计算

由式(3-34)得

$$m_{F1} = \frac{1}{I_s} \left(\int_0^{v_{k1}} m \mathrm{d}v + \int_0^{t_{k1}} X \mathrm{d}t + \int_0^{t_{k1}} mg \sin\theta \mathrm{d}t \right) \tag{3-61}$$

令

$$m_{Fv1} = \frac{1}{I_s} \int_0^{v_{k1}} m \mathrm{d}v$$

$$m_{FX1} = \frac{1}{I_s} \int_0^{t_{k1}} X \mathrm{d}t$$

$$m_{Fg1} = \frac{1}{I_s} \int_0^{t_{k1}} mg \sin\theta \mathrm{d}t$$

式中，m_{Fv1}、m_{FX1}、m_{Fg1} 分别为用于增加导弹的速度、克服阻力、平衡重力切向分量的燃料消耗量，有

$$m_{F1} = m_{Fv1} + m_{FX1} + m_{Fg1} \tag{3-62}$$

同样，式(3-62)等号两边均除以导弹的起飞质量 m_0，则可变成相对质量因数的形式：

$$\mu_{k1} = \mu_{kv1} + \mu_{kX1} + \mu_{kg1}$$

为了求得燃料相对质量因数 μ_{k1}，则必须分别求解上述各部分的积分值。

对积分式(3-61)做如下假设：

(1) 当助推器燃料质量流量不变时，认为推力值基本不变。

(2) 导弹在助推段做等加速直线运动，其速度 $v(t)$ 曲线接近于直线，即有

$$v = \left(\frac{v_{k1}}{t_{k1}}\right)t, \quad v_{av} = \frac{v_{k1}}{2}$$

(3) 因为助推段速度变化很大(地对空导弹尤其如此)，所以阻力系数变化很复杂。同时，助推段的阻力远远小于推力，故允许用经验数据粗略估算阻力系数 C_x 值。可取 C_x 为此阶段的平均值 C_{xav}，或取 $\sigma_1 = \dfrac{C_{xav}S}{G_0}$，其中 σ_1 为折算阻力系数，可由统计经验数据得到。

(4) 由于助推段导弹的飞行高度变化不大，因此空气密度可取该段的平均值，一般取发射点高度的空气密度。

根据上述假设条件，计算式(3-62)中的各分量。

1. 用于增加导弹速度的燃料消耗量

由 $m_{Fv1} = \dfrac{1}{I_s} \int_0^{v_{k1}} m \mathrm{d}v$ 可知，当燃料秒消耗量 $\dot{m}_F = \text{const}$ 时，$m = m_0\left(1 - \dfrac{\dot{m}_{F1}t}{m_0}\right)$。则有

$$m_{Fv1} = \frac{1}{I_s} \int_0^{v_{k1}} m_0\left(1 - \frac{\dot{m}_{F1}t}{m_0}\right)\mathrm{d}v = \frac{1}{I_s}\left(m_0 v_{k1} - \dot{m}_{F1}\int_0^{v_{k1}} t\mathrm{d}v\right) \tag{3-63}$$

利用分部积分法得

$$\int_0^{v_{k1}} t\mathrm{d}v = v_{k1}t_{k1} - R_{r1} = t_{k1}(v_{k1} - v_{av}) \tag{3-64}$$

式中，R_{r1} 为助推段的斜射程。

由假设条件可得

$$v_{av} = \frac{v_{k1}}{2} \tag{3-65}$$

将式(3-64)和式(3-65)代入式(3-63)得

$$m_{Fv1} = \frac{1}{I_s}\left(m_0 v_{k1} - \dot{m}_{F1} t_{k1} \frac{1}{2} v_{k1}\right) = \frac{1}{I_s}\left(m_0 - \frac{m_{F1}}{2}\right) v_{k1} \tag{3-66}$$

式(3-66)等号两边均除以导弹起飞质量 m_0，化成相对量的形式为

$$\mu_{kv1} = \frac{1}{I_s}\left(1 - \frac{1}{2}\mu_{k1}\right) v_{k1} \tag{3-67}$$

2. 用于平衡导弹重力切向分量的燃料消耗量

$$m_{Fg1} = \frac{1}{I_s}\int_0^{t_{k1}} mg\sin\theta \mathrm{d}t = \frac{1}{I_s}\int_0^{t_{k1}} m_0\left(1 - \frac{\dot{m}_{F1}t}{m_0}\right) g\sin\theta_{av} \mathrm{d}t = \frac{m_0 g\sin\theta_{av} t_{k1}}{I_s}\left(1 - \frac{\dot{m}_{F1}t_{k1}}{2m_0}\right)$$

化为相对量的形式得

$$\mu_{kg1} = \frac{\sin\theta_{av} g t_{k1}}{I_s}\left(1 - \frac{\mu_{k1}}{2}\right) \tag{3-68}$$

3. 用于克服阻力的燃料消耗量

$$m_{FX1} = \frac{1}{I_s}\int_0^{t_{k1}} X\mathrm{d}t = \frac{1}{I_s}\int_0^{t_{k1}} \frac{\rho v^2 C_x S}{2}\mathrm{d}t = \frac{1}{I_s}\int_0^{t_{k1}} \frac{\rho_0 C_x S}{2G_0} G_0\left(\frac{v_{k1}}{t_{k1}}t\right)^2 \mathrm{d}t = \frac{1}{2I_s}\rho_0\sigma_1 G_0\left(\frac{v_{k1}}{t_{k1}}\right)^2 \frac{t_{k1}^3}{3}$$

则有

$$\mu_{kX1} = \frac{1}{6I_s}\sigma_1\rho_0 g v_{k1}^2 t_{k1} \tag{3-69}$$

将式(3-67)、式(3-68)、式(3-69)三式相加并整理，则得助推器燃料相对质量因数 μ_{k1} 的表达式为

$$\mu_{k1} = \frac{v_{k1} + \dfrac{1}{6}\sigma_1\rho_0 g v_{k1}^2 t_{k1} + g t_{k1}\sin\theta_{av}}{I_s + \dfrac{v_{k1}}{2} + \dfrac{g t_{k1}}{2}\sin\theta_{av}} \tag{3-70}$$

求得助推器燃料相对质量因数 μ_{k1} 和导弹的起飞质量 m_0 之后，就可得出助推器的推力 P_1：

$$P_1 = \frac{I_s\mu_{k1}m_0}{t_{k1}} \quad 或 \quad \bar{P}_1 = \frac{P_1}{m_0 g} = \frac{I_s\mu_{k1}}{t_{k1}g}$$

3.5.4.3　助推器工作时间 t_{k1} 的选择与确定

导弹在助推段飞行过程中，由于空气动力特性变化大、速度小、舵面效能低等因素，一般不进行控制。另外，考虑到固体助推器燃烧室受热等因素，希望尽量缩短这段过程，使助推器工作时间 t_{k1} 尽量少些，这主要受到导弹设备最大允许过载的限制。

以下讨论在给定助推段末速 v_{k1} 和最大轴向过载 $n_{x\max}$ 条件下，确定助推器最小工作时间 $(t_{k1})_{\min}$。

根据导弹纵向运动方程：

$$\frac{G}{g}\frac{\mathrm{d}v}{\mathrm{d}t} = P_1 - X - G\sin\theta$$

$$\int_0^{v_{k1}} \mathrm{d}v = \int_0^{t_{k1}} g\left(\frac{P_1 - X}{G} - \sin\theta\right)\mathrm{d}t$$

$$v_{k1} = g\int_0^{t_{k1}} n_x \mathrm{d}t - g t_{k1}\sin\theta$$

令 $\int_0^{t_{k1}} n_x \mathrm{d}t = t_{k1} n_{xav}$ ，式中 n_{xav} 为平均轴向过载。

$$v_{k1} = g t_{k1}(n_{xav} - \sin\theta)$$

有

$$t_{k1} \geqslant \frac{v_{k1}}{g(n_{xav} - \sin\theta)} \tag{3-71}$$

下面讨论平均轴向过载与最大轴向过载 $n_{x\max}$ 之间的关系。

考虑到当过载偏大时 t_{k1} 值偏于安全，因此忽略阻力项，轴向过载近似为

$$n_x \approx \frac{P_1}{G}$$

则有

$$n_{xav} = \frac{P_1}{G_{av}} = \frac{P_1}{G_0 - 0.5G_{F1}} = \frac{P_1}{G_0(1 - 0.5\mu_{k1})}$$

因此

$$n_{xav} = \frac{\overline{P_1}}{1 - 0.5\mu_{k1}} \tag{3-72}$$

同理得

$$n_{x\max} = \frac{\overline{P_1}}{1 - \mu_{k1}} \tag{3-73}$$

$$\frac{n_{xav}}{n_{x\max}} = \frac{1 - \mu_{k1}}{1 - 0.5\mu_{k1}} \tag{3-74}$$

又因为燃料相对质量因数 μ_{k1} 为

$$\mu_{k1} = \frac{\overline{P_1} t_{k1} g}{I_s} \tag{3-75}$$

将式(3-72)代入式(3-75)得

$$\mu_{k1} = \frac{n_{xav}(1 - 0.5\mu_{k1}) t_{k1} g}{I_s}$$

经整理，则有

$$\mu_{k1} = \frac{\dfrac{n_{xav}t_{k1}g}{I_s}}{1 + \dfrac{0.5n_{xav}t_{k1}g}{I_s}}$$

令

$$K_1 = \frac{n_{xav}t_{k1}g}{I_s}$$

则

$$\mu_{k1} = \frac{K_1}{1 + 0.5K_1} \tag{3-76}$$

式(3-76)建立了 μ_{k1} 与 n_{xav} 的关系。将式(3-76)代入式(3-74)，经整理后得

$$\frac{n_{xav}}{n_{x\max}} = 1 - 0.5K_1$$

则

$$n_{xav} = n_{x\max}\left(1 - \frac{n_{xav}t_{k1}g}{2I_s}\right) \tag{3-77}$$

将 t_{k1} 的表达式(3-71)代入式(3-77)，同时考虑 $n_{xav} \gg \sin\theta$，近似认为 $(n_{xav} - \sin\theta) \approx n_{xav}$，得

$$n_{xav} = n_{x\max}\left(1 - \frac{v_{k1}}{2I_s}\right) \tag{3-78}$$

式(3-78)即为平均轴向过载与最大轴向过载之间的关系。

将式(3-78)代入式(3-71)，得

$$t_{k1} \geqslant \frac{v_{k1}}{g\left[n_{x\max}\left(1 - \dfrac{v_{k1}}{2I_s}\right) - \sin\theta\right]} \tag{3-79}$$

应用式(3-79)进行计算，尚需考虑固体火箭发动机在点火的短时间内会产生压力急升现象，此时推力比预定的最大推力要大些。发动机点火时的压力急升现象如图 3-16 所示。因此，允许的最大轴向过载应适当地小些，以避免短时间内出现超负荷。通常取：

$$n'_{x\max} = 0.9n_{x\max}$$

故

$$t_{k1} \geqslant \frac{v_{k1}}{g\left[0.9n_{x\max}\left(1 - \dfrac{v_{k1}}{2I_s}\right) - \sin\theta\right]} \tag{3-80}$$

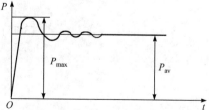

图 3-16 发动机点火时的压力急升现象

3.6 导弹燃料相对质量因数计算实例

3.6.1 某型防空导弹主级燃料相对质量因数计算

根据已知条件，采用数值积分法求解相对量运动微分方程组，计算防空导弹主级的燃料相对质量因数，已知条件如下。

(1) 分离条件：助推段工作结束时，导弹主级的速度 $v_0 = 500\,\mathrm{m \cdot s^{-1}}$，工作时间 $t_0 = 3\mathrm{s}$，初始坐标 $x_0 = 674\mathrm{m}$、$y_0 = 329\mathrm{m}$，初始攻角 $\alpha_0 = 1.5°$，初始弹道倾角 $\theta_0 = 26°$。

(2) 空气动力参数，包括阻力系数 C_x 和升力系数对攻角的偏导数 C_y^α。

(3) 发动机参数：比冲 $I_s = 2156\,\mathrm{N \cdot s \cdot kg^{-1}}$，重力加速度 $g = 9.801\,\mathrm{m \cdot s^{-2}}$，推重比 $\overline{P} = 2.2$，翼载 $p_0 = 5880\mathrm{N \cdot m^{-2}}$。

(4) 导引规律：三点法。目标匀速直线等高迎头飞行，$v_\mathrm{T} = 420\,\mathrm{m \cdot s^{-1}}$，$y_\mathrm{T} = 14200\mathrm{m}$，$D_{\mathrm{T0}} = 32000\mathrm{m}$(弹目斜距)。

(5) 大气模型。

3.6.2 求解主级燃料相对质量因数的步骤

1. 基本参数选取

(1) 空气动力参数确定。初始设计时，空气动力系数 C_y^α、C_x 可参考原准弹的参数进行初步计算，待得到导弹的外形参数并进行详细气动计算后，再进行校核计算。下面给出某型防空导弹 $C_x(Ma,\alpha)$、$C_y^\alpha(Ma,\alpha)$ 的插值表，分别见表 3-3、表 3-4。

表 3-3　某型防空导弹阻力系数 $C_x(Ma,\alpha)$ 插值表

Ma	$\alpha/(°)$				
	2	4	6	8	10
1.5	0.0430	0.0511	0.0651	0.0847	0.1120
2.1	0.0360	0.0436	0.0558	0.0736	0.0973
2.7	0.0308	0.0372	0.0481	0.0641	0.0849
3.3	0.0265	0.0323	0.0419	0.0560	0.0746
4.0	0.0222	0.0272	0.0356	0.0478	0.0644

表 3-4　某型防空导弹升力系数斜率 $C_y^\alpha(Ma,\alpha)$ 插值表

Ma	$\alpha/(°)$					
	1	2	4	6	8	10
1.5	0.0302	0.0304	0.0306	0.0309	0.0311	0.0313
2.0	0.0279	0.0280	0.0284	0.0286	0.0288	0.0290

Ma	$\alpha/(°)$					
	1	2	4	6	8	10
2.5	0.0261	0.0264	0.0267	0.0269	0.0272	0.0274
3.0	0.0247	0.0248	0.0251	0.0254	0.0257	0.0259
3.5	0.0226	0.0227	0.0231	0.0233	0.0236	0.0238
4.0	0.0209	0.0210	0.0213	0.0216	0.0219	0.0221

(2) 大气参数确定。大气密度 ρ、大气压力 p、声速 c 等可根据标准大气表输入或按下列公式计算[9]。

① 海平面：温度 $\qquad T_0 = 288.15(\text{K})$

$\qquad\qquad$ 密度 $\qquad \rho_0 = 1.2495(\text{kg} \cdot \text{m}^{-3})$

② 高度：

当 H 为 0~11km 时，则有

$$T = 288.15 - 0.0065H(\text{K})$$

$$\rho = \rho_0 \left(\frac{T}{T_0} \right)^{4.25588} (\text{kg} \cdot \text{m}^{-3})$$

当 H 为 11~20km 时，则有

$$T = 216.65(\text{K})$$

$$\rho = 0.36392 / \exp\left(\frac{H - 11000}{6341.62} \right)(\text{kg} \cdot \text{m}^{-3})$$

当 H 为 20~32km 时，则有

$$T = 216.65 + 0.01(H - 20000)(\text{K})$$

$$\rho = 0.088035 \times \left(\frac{216.65}{T} \right)^{35.1632} (\text{kg} \cdot \text{m}^{-3})$$

当 H 为 32~47km 时，则有

$$T = 228.65 + 0.0028(H - 32000)(\text{K})$$

$$\rho = 0.013225 \times \left(\frac{228.65}{T} \right)^{13.2011} (\text{kg} \cdot \text{m}^{-3})$$

当 H 为 47~51km 时，则有

$$T = 270.65(\text{K})$$

$$\rho = 0.00142754 / \exp\left(\frac{H - 47000}{7922.27} \right)(\text{kg} \cdot \text{m}^{-3})$$

当 H 为 51~71km 时，则有

$$T = 270.65 - 0.0028(H - 51000)(\mathrm{K})$$

$$\rho = 0.0008616 \times \left(\frac{T}{270.65}\right)^{11.2011} (\mathrm{kg \cdot m^{-3}})$$

当 H 为 71~86km 时，则有

$$T = 214.65 - 0.002(H - 71000)(\mathrm{K})$$

$$\rho = 0.000064211 \times \left(\frac{T}{214.65}\right)^{16.0818} (\mathrm{kg \cdot m^{-3}})$$

当 H 为 86km 以上，ρ 无公式计算，但可查表获得。

根据理想气体公式 $p = \rho R T$ (其中 R 表示气体常数，T 表示绝对温度)可以求出大气压力 p。

(3) 导弹翼载和推重比确定。推重比 $\overline{P}$、翼载 p_0 等参数的求解可以参考 3.5 节的确定方法。本算例中已经给出推重比 $\overline{P} = 2.2$，翼载 $p_0 = 5880\mathrm{N \cdot m^{-2}}$。

(4) 发动机主要性能参数确定。根据推进剂类型及性能和导弹飞行环境条件确定发动机比冲 I_s，设计状态的发动机比冲 I_s^r 可根据理论计算导出的近似关系式计算如下。

液体火箭发动机：

$$I_s^r = 0.95 I_{SF} + 21 + 0.76 p_c - 0.003 p_c^2 - 70 p_e + 25 p_e^2 \tag{3-81}$$

固体火箭发动机：

$$I_s^r = I_{SF} + 19.4 + 0.76 p_c - 0.003 p_c^2 - 70 p_e + 25 p_e^2 \tag{3-82}$$

式中，I_{SF} 为推进剂的标准比冲，表征推进剂的能量特性；p_c、p_e 分别为燃烧室压力和喷管出口截面压力，是设计参数，由选择确定。

真空比冲 I_{sv} 可由式(3-83)求得：

$$I_{sv} = I_s^r + \frac{RT}{g_0^2 I_s^r} \left(\frac{p_e}{p_c}\right)^{\frac{k-1}{k}} \tag{3-83}$$

式中，R 为气体常数；T 为燃烧温度；k 为绝热指数。

任意高度上的比冲可用式(3-84)计算：

$$I_s = I_s^r + \frac{RT}{g_0^2 I_s^r} \left(\frac{p_e}{p_c}\right)^{\frac{k-1}{k}} \left(1 - \frac{p_{ah}}{p_e}\right) \tag{3-84}$$

式中，p_{ah} 为距地面高度为 h 处的大气压力。

在计算地面比冲 I_{s0} 时，将地面大气压力 p_{a0} 代入式(3-84)即可获得，或由式(3-85)计算：

$$I_{s0} = I_{sv} + \frac{RT}{g_0^2 I_s^r} \left(\frac{p_e}{p_c}\right)^{\frac{k-1}{k}} \cdot \frac{p_{a0}}{p_e} \tag{3-85}$$

式(3-81)~式(3-85)中，比冲的单位为 s，压力的单位为 bar(1bar = 100kPa)。

在求解有翼导弹相对量运动方程时，由于有翼导弹飞行高度变化不像弹道导弹那么大，所以发动机比冲在全弹道上取平均值即可达到足够精度。

2. 助推器分离点导弹主级坐标参数确定

对于采用助推器的有翼导弹，助推级工作结束时的速度 v_{k1}、时间 t_{k1} 和弹道参数，可以参考 3.5 节中助推器主要参数的选择方法确定。本算例中已经给出导弹主级的速度 $v_0 = 500\mathrm{m \cdot s^{-1}}$，工作时间 $t_0 = 3\mathrm{s}$。

3. 飞行程序的确定

有翼导弹可以采用三点法、比例导引法等导引律，也可以采用直线弹道，3.4 节中已给出不同导引律的相对量运动微分方程，可以根据相应的运动方程，确定出导弹的攻角、侧滑角、弹道倾角、俯仰角等弹道参数的变化规律。

4. 根据导弹相对量运动微分方程求参数 μ_k

有翼导弹在发动机全程工作的条件下，一般将导弹的最大射程 R_{max} 作为积分的终止条件。例如，在求解地对空导弹推进剂相对质量因数 μ_k 时，根据初步选定的 p_0、$\overline{P}$ 等参数值，以导弹的最大斜射程、最大飞行高度、平均速度和过载要求为约束条件，首先对高远弹道进行计算，求得满足上述约束条件时所对应的 μ 值，记作 μ_k。然后根据高近弹道上可用过载与需用过载的计算及比较，检验翼载 p_0 选择是否恰当。若上述约束条件均得到满足，则高远弹道计算所得到的 μ_k 值，即为所要求的 μ_k 值。在计算过程中，若平均速度、过载要求等约束条件不满足，则需调整主要参数 $\overline{P}$ 及 p_0 值，重新计算，直到得到满意结果为止。同理，对低远弹道进行同样计算。显然，对高远弹道和低远弹道计算结果，应取大的 μ_k 值为设计值，注意此时尚未考虑推进剂储备因数 k_F。

求得 μ_k 之后，根据 3.2.2.3 小节中给出的各部分结构相对质量因数经验公式，代入式(3-20)中即可求得导弹的总质量。

采用上述求解步骤，根据 3.6.1 小节中给出的已知条件，对式(3-49)综合运用积分、插值等计算方法，用 C、C++或者 Matlab 编程计算，可以获得导弹燃料相对质量因数。本算例的求解结果：$\mu_k = 0.3292$，$v_k = 817.55\mathrm{m \cdot s^{-1}}$，$\theta = 62°$，$\alpha = 5.5°$，供参考。

思 考 题

1. 有翼导弹的主要设计参数是哪些参数？为什么？
2. 地对空导弹和空对空导弹主要参数的设计情况有哪些？为什么？
3. 试建立两级液体有翼导弹第一级、第二级和全弹的质量方程。什么是有翼导弹的有效载荷？将弹上制导设备的质量视为有效载荷的理由是什么？
4. 用数值积分法求解推进剂质量 m_F 或相对质量因数 μ_k 时，实质是求解什么？运动方程组为什么要简化成相对量的形式？求解时需要作何假设？设导弹在铅垂面内做直线飞行，但导弹的实际弹道不是直线，而是曲线，按直线弹道求解攻角等，这些处理合理吗？你认为应如何处理或修正[10]？
5. 试述翼载 p_0、推重力 $\overline{P}$ 和推进剂的相对消耗量 μ 的定义。其中哪些是无量纲量？哪些是有量纲量？其单位是什么？它们主要影响哪些参数？

6. 确定导弹的速度 $v(t)$ 变化规律时，需考虑哪些因素？

7. 导弹的推力 $P(t)$ 变化规律与速度 $v(t)$ 变化规律之间有何种关系？为什么 $H \geqslant 20\text{km}$ 时，$\bar{P} \approx 1.05\bar{P}_{\text{av}}$？

8. 试述选择翼载 p_0 时需考虑的主要因素。翼载与过载之间有何关系？对巡航导弹，确定其翼载时有何特殊考虑？早期的空对空导弹、地对空导弹，翼载 p_0 为 $300\sim 500\text{kg}\cdot\text{m}^{-2}$，其相应的可用过载约为 $10g$，而现代空对空导弹、地对空导弹的可用过载可达 $35g\sim50g$，甚至 $70g$，但翼载并未相应降低，反而增大了，这是为什么？其设计情况有哪些特征点？为什么？

9. 在确定助推器的末速 v_{k1} 和工作时间 t_{k1} 时，有哪些考虑？若将两级地对空导弹的助推段运动视为等加速运动，允许的最大纵向过载 $n_{x\max}$ 为 25，助推段结束时导弹的速度 v_{k1} 为 $500\text{m}\cdot\text{s}^{-1}$，弹道倾角 $\theta = 40°$，试问助推器的工作时间应不小于多少？

10. 试求两级地对空导弹助推器推进剂的相对质量因数 μ_{k1}。计算条件：发射高度 $H = 0$，助推器工作结束时导弹的速度 $v_{k1} = 500\text{m}\cdot\text{s}^{-1}$，发动机的工作时间为 2s，平均弹道倾角 $\theta_{\text{av}} = 40°$，发动机比冲 $I_s = 2400\text{N}\cdot\text{s}\cdot\text{kg}^{-1}$，$\sigma_1 = 0.38\times10^{-4}\text{m}^2\cdot\text{kg}^{-1}$。若忽略阻力影响，则 μ_{k1} 是多少？

11. 试求空对空导弹的 μ_k。计算条件：发射高度 $H = 5\text{km}$，发动机工作结束时导弹的速度 $v_{k1} = 800\text{m}\cdot\text{s}^{-1}$，发射导弹时载机的速度 $v_L = 300\text{m}\cdot\text{s}^{-1}$，发动机的工作时间为 2s，发动机比冲 $I_s = 2400\text{N}\cdot\text{s}\cdot\text{kg}^{-1}$，$\sigma_1 = 1.7\times10^{-4}\text{m}^2\cdot\text{kg}^{-1}$。

12. 试求巡航导弹等速平飞巡航段推进剂的相对质量因数 μ_k。计算条件：导弹的巡航高度 $H = 15\text{m}$，巡航速度 $v = 300\text{m}\cdot\text{s}^{-1}$，等速平飞段的飞行距离 $R=100\text{km}$，翼载 $p_0 = 500\text{kg}\cdot\text{m}^{-2}$，阻力系数 $C_x = 0.022$，发动机比冲 $I_s = 2100\text{N}\cdot\text{s}\cdot\text{kg}^{-1}$。

第 4 章

导弹分系统方案选择与论证

　　导弹总体设计就是根据战术技术要求和技术发展实际状况，对导弹及组成导弹的各个分系统进行综合、协调、研究、设计和试验的过程。这个过程往往要经过多次反复，才能得到一个综合性能最佳的导弹总体技术方案。

　　根据战术技术指标，选择及确定导弹的主要技术方案是总体设计的重要工作，主要分系统方案包括推进系统方案、引战系统方案、制导控制系统方案、总体结构方案、弹上能源方案等。确定分系统技术方案就要对分系统的类型、主要性能参数进行分析，提出对分系统的设计要求。本章对导弹各分系统的组成、工作原理、特点等内容进行简单介绍，并从总体的角度出发，阐述选择分系统方案的方法，提出对各分系统的设计要求。

4.1　推进系统方案选择和要求

　　推进系统是导弹武器的一个重要分系统，它的主要作用是为导弹提供飞行动力，以保证导弹获得所需的速度和射程。导弹推进系统产生推力的主要部件是发动机，目前导弹上所用的发动机都是喷气发动机。喷气发动机首先将推进剂的化学能转化为燃气的热能，其次转化为燃气的动能，最后转化为对导弹的反作用力——推力，因此它既是动力装置，又是推进装置。喷气发动机除了作为动力装置和推进装置这两个基本作用，也参与了导弹的控制。一方面，推进系统由于是导弹上唯一具有显著变质量性质的系统，又是产生推力的装置，它必然影响导弹的控制；另一方面，发动机产生的推力不仅可以推动导弹前进，也可用于操纵导弹的侧向移动和滚动。因此，推进系统对导弹来说，既是要控制的对象，又是可用于控制的参量。这就是推进系统对导弹控制的两重性。当然，导弹上有专门起控制作用的控制系统，但它主要依靠外力控制，而发动机推力控制则是一种内力控制。例如，根据弹道要求调整推力的大小，甚至使推力终止和根据姿态要求进行推力向量控制等。推进系统作为导弹的一个分系统，除了起到推进和控制的作用，对导弹战术技术性能的影响也很大。它在导弹上的配置将影响导弹的总体布局、气动性能、弹道性能及使用性能等。

4.1.1　推进系统的组成及分类

　　推进系统包括发动机及保证发动机正常工作所需的部件和组件。例如，液体火箭发动机主要由发动机、发动机架、推进剂(或燃料)和推进剂输送系统组成。其中,发动机是核心部分,推进剂与发动机紧密相关。

由于发动机是推进系统的核心,导弹推进系统实际是按发动机来分类的。导弹上使用的发动机都是喷气发动机。目前喷气发动机都是利用化学能,其他以核能、电磁能、太阳能或激光能为能源的喷气发动机尚未在导弹上使用。喷气发动机一般可分为火箭发动机、空气喷气发动机和组合发动机。

火箭发动机所用的推进剂(燃料和氧化剂)全部自身携带,它是在空气不参与的情况下,靠发动机燃烧室中形成的喷气流的反作用产生推力,因此火箭发动机可以在高空和大气层外使用。空气喷气发动机是利用空气中的氧气,与所携带的燃料燃烧产生高温燃气。为此,需要在空气进入发动机燃烧室之前,将空气进行压缩并与燃料混合,在燃烧时将化学能转化成发动机喷出气体的动能。按照推进剂是液态还是固态,可将火箭发动机分为液体推进剂火箭发动机(简称液体火箭发动机)、固体推进剂火箭发动机(简称固体火箭发动机),以及混合推进剂火箭发动机(简称混合火箭发动机),如固-液(固体燃料和液体氧化剂)混合火箭发动机或液-固(液体燃料和固体氧化剂)混合火箭发动机。

空气喷气发动机按工作循环可分为涡轮喷气发动机和冲压喷气发动机。冲压喷气发动机又可分为液体燃料冲压发动机(liquid fuel ramjet,LFRJ)、固体燃料冲压发动机(solid fuel ramjet,SFRJ)和固体火箭冲压组合发动机。涡轮喷气发动机目前主要用于飞航导弹和空对地导弹上。

由两种或两种以上不同类型的发动机组合而成的新型发动机,称为组合发动机。将火箭发动机与冲压喷气发动机组合,就形成了火箭冲压发动机。通常把固体火箭助推器和冲压喷气发动机组合成为一个整体,称为整体式火箭冲压发动机。根据采用的推进剂状态不同和工作方案不同,整体式火箭冲压发动机可分为三种类型:固体火箭-冲压组合发动机、整体式液体燃料冲压发动机和固体燃料冲压发动机。导弹上所用喷气发动机的大致分类见图4-1。

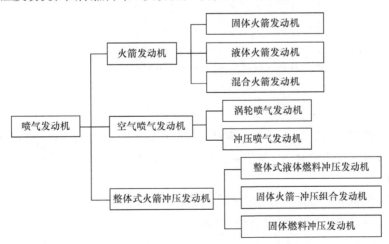

图 4-1　导弹上所用喷气发动机的大致分类

随着现代科学技术的发展,已进一步将不同工作循环的发动机组合在一起作为飞行器的动力装置,如火箭基组合循环发动机和涡轮基组合循环发动机等。具体采用何种形式的发动机，应根据任务性质和飞行器战术技术要求进行选择。

4.1.2 火箭发动机

火箭发动机分为固体火箭发动机、液体火箭发动机和混合火箭发动机。液体火箭发动机所用的推进剂包括液态燃料和氧化剂，分别存放在各自的储箱中，工作时由输送系统进入燃烧室。由于液体火箭发动机战备勤务准备时间长，储存困难，因此战术导弹已很少使用。固体火箭发动机由燃烧剂和氧化剂预先混合制成一定形状的药柱，结构简单，易于保存和使用。混合火箭发动机采用的为混合型推进剂。

4.1.2.1 火箭发动机的主要性能参数

表示发动机性能的一些指标称为性能参数。火箭发动机的性能参数主要有推力、总冲、比冲等。

1. 总冲 I

发动机推力对工作时间的积分定义为发动机的总冲，单位：$N \cdot s$。典型的推力-时间曲线示意图见图4-2。总冲的表达式为

$$I = \int_0^{t_a} P \mathrm{d}t \tag{4-1}$$

式中，t_a 为发动机的工作时间，定义为以发动机点火后推力上升到额定推力的 10%(或5%)的那一点为起点，到发动机推力下降到额定推力的 10%(或 5%)的那一点为终点，从起点至终点的时间间隔。

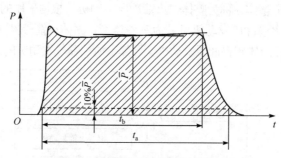

图4-2 典型的推力-时间曲线示意图

总冲是导弹根据飞行任务需要对发动机提出的重要性能参数。总冲的大小决定了导弹航程长短或有效载荷的大小，是反映发动机工作能力大小的重要指标。

2. 推力 P

作用于发动机内外表面上作用力的合力称为发动机的推力，单位：N。它是发动机的主要性能参数之一。火箭发动机推力的表达式为

$$P = \dot{m}_F u_e + A_e(p_e - p_a) \tag{4-2}$$

式中，$\dot{m}_F$ 为推进剂质量流量($kg \cdot s^{-1}$)；u_e 为喷管出口截面处燃气流的速度($m \cdot s^{-1}$)；A_e 为喷管出口截面积(m^2)；p 为压力，下标e和a分别表示喷管出口处工质的静压和环境

大气压力(Pa 或 $\mathrm{N\cdot m^{-2}}$)。

若尾喷管出口处燃气完全膨胀($p_e = p_a$)，则式(4-2)可简化为

$$P = \dot{m}_F u_e \tag{4-3}$$

一般而言，在总体方案设计阶段进行飞行性能分析时，用平均推力作为总体技术指标。在发动机设计研制过程中，总体还要提出最大推力和最小推力的要求，根据导弹和弹上各设备承受纵向过载的能力推导出最大推力要求，根据导弹速度特性要求推导出最小推力要求。

3. 比冲 I_s

火箭发动机比冲是指消耗单位推进剂质量所产生的冲量，也称推进剂比冲，单位：$\mathrm{N\cdot s\cdot kg^{-1}}$。比冲是反映发动机效率的重要指标，表示推进剂能量的可利用性和发动机结构的完善性。火箭发动机在整个工作阶段的平均比冲可用式(4-4)计算：

$$I_s = \frac{I}{m_F} \tag{4-4}$$

式中，m_F 为推进剂质量。

将每秒消耗 1kg 推进剂所产生的推力，即推力与推进剂质量流量之比，称为发动机的比推力 I_{sp}，有

$$I_{sp} = \frac{P}{\dot{m}_F}$$

火箭发动机的比冲与比推力，在物理意义上有所区别，但在数值上相同，它们可以取瞬时值，也可以取发动机工作过程中某一时间间隔内的平均值。在固体火箭发动机试验中，精确测量推进剂质量流量较困难，通常利用试验中记录的推力-时间曲线计算出总冲值，再除以推进剂质量求得平均比冲，因此用比冲表示固体火箭发动机的性能参数；液体火箭发动机易于从试验中测得推进剂的每秒质量流量，故用比推力表示性能参数。

比冲是发动机的主要飞行性能参数，它对导弹的飞行弹道设计有重要意义，因为它影响航程和速度增量。对于给定总冲的发动机，比冲越大所需推进剂的质量就越小，因此发动机的尺寸和质量就可以减小。或者说，对于给定推进剂质量的发动机，比冲越大则导弹的射程或运载的载荷就越大。

比冲的国际单位为 $\mathrm{N\cdot s\cdot kg^{-1}}$，它近似地代表火箭发动机喷管出口处气流速度。比冲的工程单位为 s。

早期固体火箭发动机的比冲为 $1900\sim2100\,\mathrm{N\cdot s\cdot kg^{-1}}$，燃速范围有限，而且装药的初温对燃速、工作时间和推力等有明显影响，而且初温在使用环境条件下变化较大，在喷管设计时要考虑推力调节。

当代固体火箭发动机，双基药比冲可达到 $2100\sim2300\,\mathrm{N\cdot s\cdot kg^{-1}}$，复合药比冲可达到 $2300\sim2500\,\mathrm{N\cdot s\cdot kg^{-1}}$。目前，固体推进剂的比冲为 $2500\sim3000\,\mathrm{N\cdot s\cdot kg^{-1}}$，广泛地应用于近程、中程和远程导弹，并向着高能量、推力可调节、多功能方向发展，进而结合弹体进行导弹系统一体化兼容性设计。

液体火箭发动机的液体推进剂(常规推进剂)可提供的比推力为 $2500 \sim 5000 \, \text{N} \cdot \text{s} \cdot \text{kg}^{-1}$。图 4-3 表示几种典型发动机的比冲随 Ma 变化曲线。

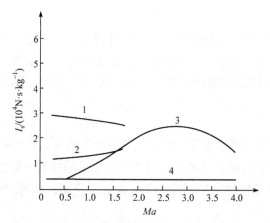

图 4-3　典型发动机的比冲随 Ma 变化曲线
1-涡喷发动机；2-带加力的涡喷发动机；3-冲压发动机；4-火箭发动机

目前，火箭发动机的比冲(比推力)值见表 4-1。

表 4-1　火箭发动机的比冲(比推力)值

发动机类型	应用的推进剂	比冲(比推力)/ $(\text{N} \cdot \text{s} \cdot \text{kg}^{-1})$
液体火箭发动机	液氧和煤油	2940
	液氧和液氢	3832
	偏二甲肼和四氧化二氮	2803
固体火箭发动机	双基药	2200～2300
	改性双基药	2400～2500
	复合药(加铝粉)	2600～2650

4.1.2.2　固体火箭发动机

固体火箭发动机是以固体推进剂为燃料的火箭发动机。这种发动机推进剂被做成一定形状的药柱装填在燃烧室中，药柱直接在燃烧室中点燃并燃烧，产生高温高压的燃烧产物由喷管以高速喷出产生反作用推力。由于不存在推进剂加注和输送的问题，也不需要专门的推进剂加注设备和输送系统，因此固体火箭发动机的突出优点在于其结构简单，维护使用方便，操作安全，工作可靠，成本相对较低。固体火箭发动机的缺点在于发动机的比冲较低，发动机性能受外界环境温度的影响较大，工作时间受发动机热防护和装药尺寸及燃速的限制不可能很长，最长工作时间也不超过几分钟，发动机的可调性，如推力大小的调节、方向的改变和多次点火等方面都比较差。但是固体火箭发动机大推力、短工作时间和启动快的特点正是助推器所需要的。

固体火箭发动机组成见图 4-4，主要包括固体推进剂药柱、燃烧室、喷管和点火装置等部分，有些固体火箭发动机还带有推力矢量控制装置等。

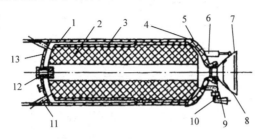

图 4-4　固体火箭发动机组成

1-燃烧室壳体；2-固体推进剂药柱；3-包覆层；4-药柱支撑组件；5-喷管底部；6-传动机构；
7-喷管组件；8-堵盖；9-喉部镶块；10-摆动喷管；11-推力终止装置；12-点火装置；13-顶盖

1. 固体推进剂

固体推进剂一般可分为双基型和复合型两大类，通常由主要组分加上适量的增塑剂、调节剂、键合剂、安定剂、工艺助剂、添加剂组成。

双基推进剂(DB)是一种以硝化纤维和硝化甘油为主要组分的溶塑性均质推进剂，多用于早期的战术导弹。双基推进剂具有工艺成熟、燃烧稳定、燃烧温度低、排气无烟且腐蚀性小、抗压强度高、对环境湿度不敏感、储存寿命长、价格低廉等特点，但是由于存在能量低、密度小、高低温力学性能较差、临界压力和压力指数均较高、只适用于自由装填式装药的结构形式等缺点，在近代战术导弹上使用得越来越少。

改性双基推进剂(CMDB)是以双基推进剂为基础，添加一定比例的铝粉、氧化剂及某些改性剂制成的。它改进了双基推进剂能量偏低和密度较小的不足，但低温延伸率差的问题依然存在，且压强指数、燃烧温度及危险等级都偏高，价格也较昂贵。

复合推进剂是一种以高分子液态预聚物、高氯酸铵和铝粉为主要组分的具有橡胶弹性体特性的非均质推进剂。按所用预聚物的不同，复合推进剂又分为聚硫(PS)、聚氯乙烯(PVC)、丁腈羧(PBAN)、聚醚聚氨酯(PE)、丁羧(CTPB)、丁羟(HTPB)等六类，前三类由于综合性能差，现已很少采用。

以聚醚为黏合剂的聚氨酯推进剂曾是 20 世纪 60~70 年代防空导弹使用的主要推进剂，其优点是可获得较高的能量和密度，燃速在较宽范围内可调，压强指数较低；缺点是对环境湿度和原料水分特别敏感，生产中黏度大，加稀释剂后虽可改善流动性，但稀释剂在生产和储存期间的挥发将导致燃速等性能变化。

丁羧推进剂的优点是对环境湿度和原料水分不敏感，力学性能易控制；缺点是低温力学性能差，储存期间不够稳定，能量与密度均略低于丁羟推进剂。

丁羟推进剂是现有复合推进剂中综合性能最好的，具有黏度低、链结构较规整、流动性和力学性能好、能量高、密度大、燃速可调范围大、储存性能好等优点；不足之处是压强指数偏高，生产时对环境湿度和原料水分仍有一定的敏感性。固体推进剂的主要性能参数见表 4-2。

表 4-2　固体推进剂的主要性能参数

性能参数		理论比冲	密度	燃速	压强指数	温度敏感系数	火焰温度
符号		I_s	ρ	v	η	α	T
单位		$N \cdot s \cdot kg^{-1}$	$g \cdot cm^{-3}$	$mm \cdot s^{-1}$	—	%K	K
推进剂种类	双基推进剂	1960～2340	1.53～1.69	5～32	0～0.52	0.1～0.26	<2500
	改性双基推进剂	2500～2690	1.66～1.88	7～30	0.4～0.6	—	3500～3800
	聚硫	2320～2450	1.72～1.75	4.9～15	0.17～0.4	约0.2	约3000
	聚氯乙烯	2150～2630	1.65～1.78	6～14	0.3～0.46	0.15～0.2	2000～3400
	丁腈羧	约2520	约1.75	约14	0.25～0.3	0.22～0.25	—
	聚醚	2540～2650	1.74～1.81	4～25	0～0.22	0.2～0.28	3200～3600
	丁羧	2550～2600	1.72～1.78	8～14	0.2～0.4	0.15～0.22	3300～3500
	丁羟	2550～2610	1.7～1.86	4～70	0.2～0.4	0.1～0.22	3360～3480

对推进剂性能的主要要求是比冲高，密度大，良好的燃烧性能和力学性能，物理、化学安定性好，尤其是对热和机械作用的感度小，可长期储存和安全运输，生产工艺性能好，适合于大批量生产等。

为使导弹作战时具有良好的发射隐蔽性和攻击突然性，希望消除动力装置工作时产生的白色烟迹和明亮火焰，这就需要寻求无烟无焰(或微烟少焰)推进剂。其途径之一是提高原有无烟推进剂的能量，如在双基推进剂中增加奥克托金、黑索金等高能成分；途径之二是去掉原来有烟推进剂中的发烟成分，如减少复合推进剂中铝粉、高氯酸铵的含量。

2. 装药

装药是指由推进剂加工成的具有一定形状和构造的单根或多根药柱组合。通过装药的药型、包覆、金属丝和添加物控制其燃烧规律，以获得预期的发动机内弹道特性。

装药在燃烧室内可以是贴壁浇铸，也可以是自由装填。贴壁浇铸的装药与燃烧室粘连成一体，不可分解，此类装填方式装填系数高；自由装填的装药预先制作好，然后自由装填在燃烧室内，但需要有固定装置将装药可靠地固定。

固体火箭发动机的内弹道性能：总冲量、推力大小及其变化规律和后效冲量是直接由装药燃烧面积的大小及其变化规律决定的，而装药的燃烧面积又直接和药型有关。因此，装药的药型直接影响着发动机推力大小及其变化规律。同时发动机的装填密度、药柱强度也与药型有密切关系。因此，必须合理地选择药型。

按燃烧面积的变化规律，装药药型可以分为恒面药柱、减面药柱和增面药柱。按燃烧表面所处的位置，装药药型可以分为端面燃烧药柱、侧面燃烧药柱和端侧面同时燃烧药柱。按燃烧方向的维数，装药药型可以分为一维药柱、二维药柱和三维药柱。

常用端面燃烧药柱为恒面燃烧一维药柱；两端包覆的侧面燃烧药柱，或长径比很大可以忽略端部燃烧面的端侧面同时燃烧药柱皆属于二维药柱，二维药柱有管形、星形、车轮形和树枝形药柱；长径比较小、端部燃烧面不可忽略的端侧面同时燃烧药柱则属于三维药柱，孔锥形、翼柱形和球形药柱是三维药柱的典型代表。

端燃药柱：这种药柱的侧表面及其一端是以包覆层阻燃的，燃烧只在另一端进行。燃烧方向垂直于端面。端燃药柱的主要优点：能恒面燃烧、工作时间长、装填密度大、不会出现初始压力峰、形状简单、制造容易、强度高等。其缺点：燃面面积小，因此推力较小；在燃烧过程中发动机质心移动量大；高温燃气和燃烧室壁接触，绝热层必须加厚，从而降低了装填密度；发动机推力、压力曲线上升缓慢，需要采取措施弥补；点火困难等。这种药柱适用于小推力、长时间工作的续航发动机。

侧燃药柱：侧燃药柱端面进行包覆阻燃或部分包覆，药型较多。这种药柱的优点：可以改变内孔的几何形状和参数，以得到各种不同的燃面变化规律；高温燃气不直接与燃烧室壁接触，使室壁免于受热；工作时间可以很长；推进剂可以直接浇铸在燃烧室内，因此解决了大尺寸药柱的成型和药柱支承问题，同时药柱对壳体的刚度有增强作用。这种药柱的缺点：药型复杂，使药模制造困难；有应力集中现象，使药柱的强度低、易出现裂纹；燃烧结束后留有残余推进剂，使发动机推力、压力曲线有拖尾现象。

端侧面同时燃烧药柱：一般为内侧面和端面同时燃烧。内侧面某部位上制成圆锥形槽、开平槽或翼肋形槽，可利用开槽长度和开槽数来控制燃烧面的变化规律。这种药柱比侧燃药柱装填系数高，燃烧面可调范围宽，无剩药，药柱强度高，应力集中减少，适用于长径比较大、工作时间较长、推力中等的大中型发动机。

装药设计的主要依据是发动机推力、总冲量、推进剂燃速、比冲、发动机工作时间、燃烧室压力或推力-时间曲线。据此，计算出装药量和燃烧面面积随时间的变化规律，从而确定药型。另外，药型还应满足燃烧产物对燃烧室壳体的热作用最小，装填密度最大，后效冲量最小等要求。固体火箭发动机的药型如图 4-5 所示。为了保证药柱的燃烧满足内弹道要求，需要对装药的表面加以控制，需在药柱的非燃烧表面采用包覆层加以限制，此包覆层大多采用掺有耐火材料的橡胶、塑料类材料制作。

3. 燃烧室

燃烧室是装药储放和燃烧的场所，是一个高压容器，经常将其设计成既是推进剂的储箱，又是弹体结构的一个舱段。

燃烧室包括筒体、封头及其连接和密封结构。燃烧室筒体一般为圆筒形，两端焊有前后裙部或接头，以便与导弹其他舱段和喷管相连。前裙可以采用整体结构形式，也可以是可拆卸式，后端与喷管相接。有的燃烧室为了安装弹翼或吊挂导弹，还设计有附加接头。典型的燃烧室筒体如图 4-6 所示。由于发动机工作时燃烧室要承受高温高压，因此燃烧室应该有足够的强度和适当的隔热措施。

燃烧室壳体的材料可分为金属材料和复合材料两大类。金属材料主要是超高强度钢、钛合金及铝合金；常用的复合材料有高硅氧玻璃纤维塑料、石墨纤维塑料等。燃烧室壳体材料的选择应力求满足强度高、焊接成型工艺好、断裂韧性高、来源广泛等要求。

壳体的热防护是在壳体内表面粘贴一层绝热材料。这种绝热材料要求烧蚀率低，导热系数和密度小，工艺性好，老化性能满足发动机储存要求。

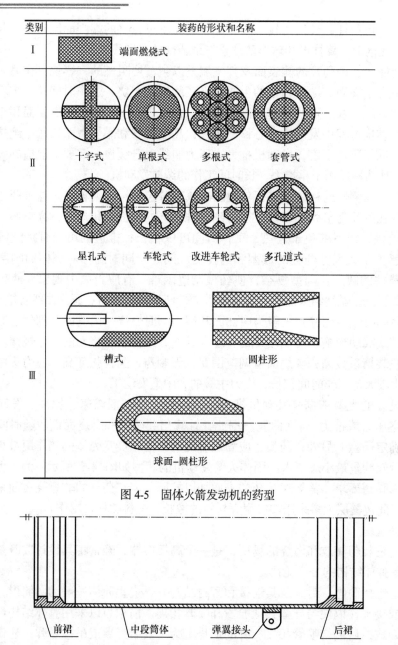

类别	装药的形状和名称
I	端面燃烧式
II	十字式　　单根式　　多根式　　套管式 星孔式　　车轮式　　改进车轮式　　多孔道式
III	槽式　　　　圆柱形 球面-圆柱形

图 4-5　固体火箭发动机的药型

前裙　　中段筒体　　弹翼接头　　后裙

图 4-6　典型的燃烧室筒体

4. 喷管

喷管的作用在于将燃烧室内燃烧产生的燃气热量通过膨胀和加速，使之转化为动能增量，从而提供导弹飞行所需的推力。喷管在设计时，要求在外形尺寸和质量受限制的条件下，使燃气获得最佳的膨胀，从而获得最大的推力。这样，必须尽量减少喷管中能量的各种损失，以提高发动机的效率。

由于发射发动机工作时间很短，喷管用机加工的钢制件或耐热的塑压件均可。主发动机的工作时间较长，高温燃气在喷管内高速流动时，形成很大的热流量且对喷管构成严重的冲刷。因此，喷管的烧蚀问题十分突出，喷管的喉衬需要寻求隔热性能好的耐高温、耐烧蚀材料，如石墨、陶瓷、碳碳复合材料等。喷管的收敛段和扩散段一般采用耐烧蚀的碳纤维模压材料。

按型面分类，喷管可分为锥形喷管和特型喷管两大类。在工程实际应用中，特型喷管以特征线喷管、抛物线喷管及双圆弧喷管较为普遍，大型发动机采用特型喷管的较多。锥形喷管型面简单，工艺性好，但效率较低，一般用于小型发动机中。典型的锥形喷管内型面如图4-7所示。

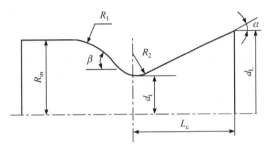

图 4-7　典型的锥形喷管内型面

R_{in}-入口半径；R_1-进口曲率半径；α, β-收敛角；R_2-喉部型面曲率半径；d_t-喷管喉径；L_c-喷管长度；d_L-出口半径

5. 点火装置

点火装置的功能是使燃烧室内形成预期的温度和压强环境，准确、可靠地点燃发动机主装药，使主装药按预定的方式和速度燃烧，保证发动机起动段内弹道满足设计要求。

点火装置由起爆器、点火器和一些辅助部件组成。起爆器是点火装置的核心部件，在电能和其他非电能量的激发下起爆器起爆，继而点燃点火器，点火器所产生的炽热火焰点燃发动机主装药。起爆器可分为电起爆器和非电起爆器。按起爆器和点火药是否安装在一起，点火器可分为整体式和分装式。点火装置的附件包括起爆器固定座、点火器安装架和使点火装置安全工作的安全保险机构等。

大型固体火箭发动机由于点火药量大，燃速高，点火瞬时容易产生爆燃，产生过高的点火压力峰，主装药也不易被均匀点燃，多采用点火发动机来点火。点火发动机工作稳定可靠，发火持续时间长，能量大，目前即使在较小的固体火箭发动机上也受到重视。点火发动机可装在主发动机头部，实施"前端点火"；也可装在主发动机燃烧室后部或喷管上部，实行"后端点火"。

4.1.2.3　液体火箭发动机

液体火箭发动机是使用液体推进剂的火箭发动机，它利用推进剂在燃烧室内雾化、混合、燃烧产生高温高压的燃气，燃气经过喷管进行膨胀、加速后以超声速喷出产生推力。液体火箭发动机的优点是发动机本身的质量较小，适用于大推力、长时间工作；发动机比冲高，可多次启动、关机及调节推力；发动机工作时间较长；推进剂本身的造价较低等。其缺点是推进剂输送、储存系统复杂，不便于长期储存，不便于维护使用等。

液体火箭发动机主要由推力室、推进剂及装载推进剂组元的储箱、推进剂供应系统、阀门、调节器及发动机总装元件等组成。推力室是将液体推进剂的化学能转化为喷气动能并产生推力的组件，它由推进剂喷注器、燃烧室和喷管组成。推进剂供应系统的功用是将液体推进剂按要求从储箱送到推力室，通常有挤压式和泵压式两种类型。阀门和调节器是对发动机的工作程序和工作参数进行控制和调节的组件，在推进剂和气体的输送管路中装备的各种阀门，按预定程序开启或关闭，实施对发动机的启动、关机等工作过程的程序控制。总装元件是将发动机各主要组件组装成整台发动机所需的各种部件的总称，如导管、支架、常平座、摇摆软管、机架、换热器和蓄压器等。导管用来输送流体和连接组件。涡轮泵支架将涡轮泵固定在推力室或机架上。常平座是使发动机能围绕其转轴摆动的承力机构，通过发动机的单向或双向摇摆，进行推力矢量控制。摇摆软管是一种柔性补偿导管组件，使发动机能实现摇摆并保证推进剂正常输送。机架用于安装发动机和传递推力。换热器用于推进剂储箱的增压。蓄压器用来抑制飞行器的纵向耦合振动。推进剂储箱及高压气瓶和减压器等，通常属于导弹的一部分，但在辅助推进系统中则归属于发动机系统。

1. 液体推进剂

液体火箭发动机通常使用的化学推进剂由燃烧剂和氧化剂组成。液体推进剂可以分为双组元推进剂和单组元推进剂两大类。如果燃烧剂与氧化剂的原子结合成一个分子，则称为单组元推进剂。单组元推进剂的供应系统比较简单，但是推进剂的性能较低，一般用于发动机的副能源(如燃气发生器)和辅助推进(如姿态控制发动机)方面。如果燃烧剂和氧化剂在进入燃烧室之前，一直是分别储存，互不接触，则称为双组元推进剂。双组元推进剂的性能较高，工作安全。燃烧剂和氧化剂互相接触后，能瞬时自动点火的双组元推进剂称为自燃推进剂，如偏二甲肼和四氧化二氮。有些双组元推进剂组合相遇后不会自燃，这种组合的推进剂称为非自燃推进剂，如酒精和液氧，非自燃推进剂需要由点火装置引燃。

(1) 对液体推进剂的要求。对液体推进剂的基本要求是性能高、使用方便、价格便宜。发动机对液体推进剂的具体要求是比冲和密度比冲高；推进剂组元之一冷却性能好，即比热容大、导热好、临界温度高等；燃烧效率高，燃烧稳定性好；点火容易；价格便宜，来源丰富；饱和蒸气压低；冰点低，汽化点高，发动机的工作环境温度范围宽；与结构材料的相容性好；黏度小；热稳定性和冲击稳定性高，着火和爆炸危险性小，使用安全；推进剂及其蒸气和其燃烧产物无毒或毒性小；低余氧系数不积碳，高余氧系数燃气对材料的腐蚀作用小等。

(2) 常用的液体氧化剂。

① 硝酸。化学式是 HNO_3，化学纯硝酸是无色的。15℃时纯硝酸的密度为 $1.526 \times 10^3 \, kg \cdot m^{-3}$，在大气压力下沸点为 86℃，冰点为–42℃。其蒸气有毒，对许多金属有腐蚀性，含水硝酸腐蚀性更大。加了四氧化二氮的硝酸呈深红色、易蒸发，又称红烟硝酸。四氧化二氮的含量占 40%的硝酸溶液称为 AK-40，其密度为 $1.63 \times 10^3 \, kg \cdot m^{-3}$，冰点为

–70℃。②液氧。淡蓝色透明的液体，无毒、无味，在大气压下冰点为–218.8℃，沸点为 –183℃，沸点下密度为 $1.14 \times 10^3\,\mathrm{kg \cdot m^{-3}}$。③四氧化二氮。红褐色液体，其化学式为 N_2O_4，20℃时密度为 $1.44 \times 10^3\,\mathrm{kg \cdot m^{-3}}$，在大气压下的沸点为 21℃，冰点为–11.2℃，四氧化二氮极易蒸发。

(3) 常用的液体燃烧剂。

①酒精。无色透明、无毒、无腐蚀性的液体，是 75%浓度的乙醇，其化学式是 C_2H_5OH，在大气压下冰点为–114.1℃，沸点为 78.3℃。②煤油。一种碳氢化合物，化学式比较复杂，煤油中碳占 83%～89%，氢占 11%～14%，此外还含有少量的氧、硫、氮等元素。20℃时煤油的密度为$(0.80～0.82) \times 10^3\,\mathrm{kg \cdot m^{-3}}$，在大气压下冰点为–52.3～–42.9℃，沸点为 172～263℃。③肼类。常用的肼类燃烧剂有无水肼 N_2H_4、偏二甲肼 $(CH_3)_2NNH_2$、混肼-50(50%偏二甲肼-50%无水肼)、一甲基肼(CH_3NHNH_2)。偏二甲肼是一种无色的有吸湿性并带有鱼腥味的液体，在大气压下冰点为–57.2℃，沸点为 61.3℃，20℃时密度为 $0.79 \times 10^3\,\mathrm{kg \cdot m^{-3}}$，有毒，能自燃。④液氢。一种低温推进剂，在大气压下冰点为–259.4℃，沸点为–253℃，沸点下密度为 $70\,\mathrm{kg \cdot m^{-3}}$，与液氧组成推进剂时其比冲可达 $4500\,\mathrm{N \cdot s \cdot kg^{-1}}$。液氢与液氧组成的推进剂无毒、无污染。氢气与空气或氢气与氧气混合有很宽的燃烧极限范围和爆炸极限范围。

2. 推力室

液体火箭发动机推力室示意图如图 4-8 所示。液体推进剂以规定的流量和混合比通过喷注器喷入燃烧室，经过雾化、蒸发、混合和燃烧等过程，形成 3000～4000℃高温和几十兆帕的高压燃气，燃气在喷管内膨胀、加速后高速喷出产生推力。此外，当使用非自燃推进剂时，在推力室头部还设置点火装置，在发动机启动时用来点燃推进剂。在有些发动机的推力室内，还装有隔板或声腔等燃烧稳定装置，用来提高燃烧稳定性。

(1) 喷注器。喷注器由顶盖和喷注盘组成，喷注盘上有氧化剂和燃烧剂喷嘴及相应的流道和集液腔。喷注器的功用是在给定的压降和流量下将推进剂均匀地喷入燃烧室，保证设计的混合比分布和质量分布，并迅速完成雾化、混合过程。喷嘴有直流式和离心式两种，直流式喷嘴在喷注盘上一般按同心圆分布，氧化剂和燃烧剂的环形槽交替排列。离心式喷嘴在喷注盘上的分布则有同心圆式、棋盘式和蜂巢式三种。

(2) 燃烧室。推进剂从喷注器喷入燃烧室，在室内进行雾化、混合和燃烧，产生高温高压燃气。燃烧效率对发动机性能影响很大，对燃烧室设计的要求如下：合理选择形状与尺寸，在最小容积下得到最高的燃烧效率；合理组织内外冷却，防止内壁烧蚀；减小燃气的总压损失；结构简单、质量轻、工作可靠等。

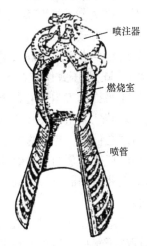

图 4-8　液体火箭发动机推力室示意图

燃烧室形状主要有圆柱体和截锥体两种，燃烧室长度是指喷注面到喉部的距离，燃烧室容积是喉部前的容腔大小。燃烧室的收敛段又是喷管的组成部分。

(3) 喷管。现在广泛采用拉瓦尔喷管，它由亚声速收敛段和超声速扩张段组成。收敛段一般由进口圆弧、上游圆弧和直线段三部分组成；扩张段有锥形和钟形两种，其型面由喉部下游圆弧段和按某一造型方法给出的轮廓线组成。

3. 推进剂供应系统

推进剂供应系统是将储箱中的推进剂按照要求的流量和压力输送到推力室中的系统。推进剂供应系统一般可分为挤压式供应系统和泵压式供应系统两大类。挤压式供应系统是将高压气瓶的惰性气体(氮气、氦气等)或其他气源经减压器引入推进剂储箱，将储箱内的推进剂挤压到推力室。泵压式供应系统是用涡轮泵将储箱内的推进剂抽送到推力室，通常由涡轮泵、燃气发生器和火药启动器等组成。氧化剂泵和燃料泵由涡轮驱动，或者通过齿轮传动。为了防止泵在工作中发生气蚀，必须对推进剂储箱增压以提高泵的入口压力，还可在泵前设置诱导轮或增压泵来提高泵的抗气蚀性能。涡轮的工质由燃气发生器或其他气源提供。在发动机启动时，用火药启动器生成的燃气来驱动涡轮，也可用其他方式启动，如用增压气体、液体推进剂启动箱或储箱压头启动等。

(1) 挤压式供应系统。挤压式供应系统示意图如图 4-9 所示。高压气体的压力作用在推进剂的液面上，使推进剂经过管路、活门、喷注器进入燃烧室混合并燃烧。这种供应系统的工作过程：高压气瓶 1 是挤压推进剂的气源，其内的气体压力高达 25～35MPa。高压气体在高压爆破活门 2 和低压爆破活门 4 打开之后，经过减压器 3 将压力降至所需要的数值(2.5～5.5MPa)。此时，气体又分别冲破燃烧剂和氧化剂储箱上的隔膜 5 进入储箱，挤压燃烧剂和氧化剂的液面，使燃烧剂和氧化剂通过各自管道冲破下隔膜 5，并经过流量控制板 8，最后从喷注器进入燃烧室 9 进行燃烧，从而产生高温、高压燃气，燃气经喷管膨胀以高速喷出产生反作用推力。

采用挤压形式输送推进剂，需要高压气体和气罐，推进剂储箱也要承受一定的高压。对于推力较小，工作时间较短的发动机，由于挤压式供应系统简单，质量不会很大；对于推力较大而工作时间又长的发动机，挤压式供应系统中高压气体、气罐及推进剂储箱质量会增加。所以采用这种系统的火箭发动机不宜做得过大。

(2) 涡轮泵压式供应系统。涡轮泵压式供应系统示意图如图 4-10 所示。这种供应系统用涡轮泵提高来自储箱的推进剂的压强，使推进剂按需要的流量和压力进入燃烧室中混合并燃烧。涡轮通过齿轮箱带动氧化剂泵和燃烧剂泵，氧化剂和燃烧剂经过泵增压后，通过主管路、各自的主活门进入燃烧室。涡轮靠燃气发生器 10 的燃气驱动，燃气发生器可以直接从泵的出口处抽出一定比例的推进剂(氧化剂和燃烧剂)。涡轮的启动要依靠专门的火药启动器 12，待涡轮带动泵运转后，燃气发生器即开始工作，整个系统进入正常运转。

为了避免在泵的进口处出现气蚀现象，推进剂储箱仍然需要小的增压。常温推进剂可以用高压气瓶增压；沸点低的氧化剂(如液氧)可经过蒸发器气化产生蒸气来增压。

采用泵压式供应系统，从推进剂储箱一直到泵入口的设备都不需要承受高压，虽然增加了涡轮、离心泵及其他辅助设备，但并不会使整个系统的质量比挤压式供应系统大。现代火箭发动机，特别是燃烧室压力高、推力大、工作时间长的，都采用泵压式供应系统。但是，这种系统的结构比较复杂。

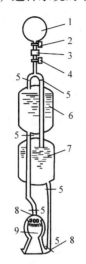

图 4-9　挤压式供应系统示意图

1-高压气瓶；2-高压爆破活门；3-减压器；4-低压爆破活门；5-隔膜；6-燃烧剂储箱；7-氧化剂储箱；8-流量控制板；9-燃烧室

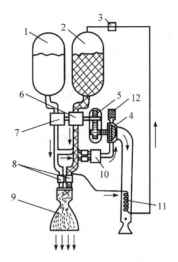

图 4-10　涡轮泵压式供应系统示意图

1-燃烧剂储箱；2-氧化剂储箱；3-增压活门；4-涡轮；5-齿轮箱；6-氧化剂泵；7-燃烧剂泵；8-主活门；9-推力室；10-燃气发生器；11-蒸发器；12-火药启动器

推进剂供应系统是选用挤压式系统还是泵压式系统，主要取决于飞行器的要求，如推力、比冲、工作时间、工作方式、结构尺寸、结构质量等。挤压式供应系统和泵压式供应系统的优缺点见表 4-3。

表 4-3　挤压式供应系统和泵压式供应系统的优缺点

优缺点	挤压式供应系统	泵压式供应系统
优点	(1) 结构简单； (2) 总冲量不大时，具有较小的结构质量和结构尺寸； (3) 容易实现多次启动； (4) 供应压力比较稳定	(1) 储箱压力低，储箱及储箱增压系统质量轻、尺寸小； (2) 发动机质量几乎与工作时间长短无关； (3) 燃烧室压力高，因而比冲高； (4) 涡轮排气可用来控制飞行器姿态
缺点	(1) 总冲量较大时，储箱及储箱增压系统结构质量大、尺寸大； (2) 燃烧室压力低，因而比冲低	(1) 结构复杂； (2) 不容易实现多次启动

4.1.2.4　固-液混合火箭发动机

由于液体和固体火箭发动机优缺点的互补性，人们设想把它们结合起来，组成混合火箭发动机。混合火箭发动机是用固体和液体两种不同聚集态推进剂的发动机，它的应用可提高发动机的比冲($3600 \, N \cdot s \cdot kg^{-1}$)，并能实现推力调节。一般由放置和燃烧固体燃料或氧化剂药柱的燃烧室、喷管、储存液体氧化剂或燃料的储箱、液体推进剂组分供应系统等组成。得到应用的固-液混合火箭发动机的推进剂，固体为聚乙烯，液体为过氧化氢。

固-液混合火箭发动机有给出高比冲的可能性，其数值可接近于较好的液体火箭发动机的比冲值。该型发动机既比液体火箭发动机简单可靠，又可能实现发动机推力调节、多次启动和关机，还可以利用液体推进剂组元对燃烧室进行冷却。

1. 固-液混合推进剂

固-液混合推进剂多采用固体燃烧剂和液体氧化剂，因为液体氧化剂的密度比液体燃烧剂大，用这种组合方案可以提高推进剂的平均密度比冲；固体氧化剂都是粉末，要制成一定形状并具有一定机械强度的药柱比较困难；固体燃烧剂一般选用贫氧固体推进剂，这样有利于工艺成型和点火燃烧。表 4-4 给出几种常用固-液混合推进剂及其性能。

表 4-4 几种常用固-液混合推进剂及其性能

液体氧化剂	固体燃烧剂	氧化剂与燃烧剂的质量比	燃烧温度/K	比冲 /($N \cdot s \cdot kg^{-1}$)
$H_2O_2(98\%)$	$(C_2H_4)_n$	6.55	2957	2630
$H_2O_2(98\%)$	橡胶 + 18%Al	5.64	3058	2660
$H_2O_2(98\%)$	AlH_3	1.02	3764	2940
$H_2O_2(98\%)$	$LiAlH_4$	1.08	3068	2830
N_2O_4	$C_2H_6N_4$ + 10%橡胶	1.5	3580	2810
$N_2O_4(30\%)$ + $HNO_3(70\%)$	$C_2H_6N_4(80\%)$ + 橡胶(20%)	2.13	3320	2660
N_2O_4	BeH_2	1.67	3620	3120
C_1F_3	LiH_2	5.82	4190	2870

2. 固-液混合火箭发动机的工作原理

固-液混合火箭发动机的基本组成如图 4-11 所示，包括下面几个组成部分：燃烧室 1(其内包括固体药柱 2、喷注器 3)、液体推进剂储箱 5、高压气瓶 8、减压器 6、活门 4 和 7，此外还有点火装置。

发动机启动时，首先打开活门 7，高压气瓶内的气体经减压器 6 降到所需的压力，然后进入液体推进剂储箱 5。活门 4 打开后，液体推进剂在气体的挤压作用下流入燃烧室头部喷注器 3。由于喷注器的作用，液体推进剂形成射流和液滴，喷入固体药柱 2 的内孔通道，药柱点燃后，内孔表面生成的可燃气体与通道内液体组元射流互相混合并燃烧。

固体组元药柱装填在燃烧室内，要求有一定的气化表面积，以便受热后气化和液体组元混合、燃烧，这和固体火箭推进剂装药的燃烧不同。固体火箭推进剂同时包含燃烧剂和氧化剂，因此燃烧在固态就开始进行，燃烧反应在贴近药柱表面的气层内就完成了。在固-液混合火箭发

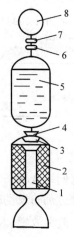

图 4-11 固-液混合火箭发动机的基本组成
1-燃烧室；2-固体药柱；3-喷注器；4,7-活门；
5-液体推进剂储箱；6-减压器；8-高压气瓶

动机内，固体组元只含有燃烧剂(或氧化剂)，因此没有固相反应。燃烧过程首先由燃烧区放出的热量使药柱内通道表面加温，随后开始气化，气化产物在药柱通道内与液体组元的蒸气互相混合才开始燃烧反应。因此，对固体组元药柱并不是燃烧而是气化。由于固体组元气化的速度一般都很低($1\sim5\,\mathrm{mm\cdot s^{-1}}$)，所以为满足一定流率的要求，气化面积要大；药柱肉厚不一定很大，因此药型设计上不同于一般固体火箭发动机，要求大燃面、薄肉厚。为了使气化表面上的气体组元与液体组元蒸气混合均匀、燃烧完全，需要在燃烧室内装扰流器。带分段药柱的固-液混合火箭发动机燃烧室如图 4-12 所示，其药柱中间设置了紊流环。

另外，固体组元的气化速度与沿其气化表面的燃气流量有关，即与液体组元的流量有关。要改变液体组元的流量，调节发动机推力的同时应当改变固体组元的消耗量。如果液体组元仅从头部供入，两种组元之比(固-液混合比)无法控制，会使混合比偏离最佳值。图 4-13 给出液体组元由燃烧室头部和药柱后空腔两区供入的方案，此方案易于控制流过固体组元表面的燃气流量，并能保持最佳要求的固-液混合比。

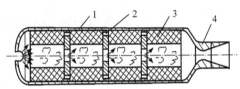 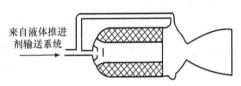

图 4-12 带分段药柱的固-液混合火箭发动机燃烧室   图 4-13 液体组元由燃烧室头部和药柱后空腔
1-壳体；2-紊流环；3-药柱；4-喷管喉衬   两区供入的方案

4.1.3 冲压喷气发动机

冲压喷气发动机是吸气式发动机中结构最简单的一种发动机。在冲压喷气发动机中，发动机通道中空气的压缩不是靠机械能，完全靠迎面来流在进气道中减速滞止来实现增压。进气速度为 3 倍声速时，理论上可使空气压力提高 37 倍，效率很高，因此它必须在具有一定飞行速度后才能接力工作。冲压喷气发动机通过进气道内的一系列激波将来流空气减速增压，再使其进入燃烧室与燃料混合燃烧，产生的高温高压燃气经尾喷管膨胀加速后排出，从而产生推力。冲压喷气发动机利用大气中的氧气作为氧化剂，在高速远航程飞行中具有独特的优越性。冲压喷气发动机的优点是结构简单，质量轻，成本低，推重比高；在超声速飞行时，经济性好，耗油率低；由于不受转动部件耐热性的限制，燃烧室中可以加入更多的热量。冲压喷气发动机的缺点是不能自行启动，要使用固体助推器加速到一定速度才能开始工作；单位迎面推力较小；对飞行状态的变化比较敏感，如飞行速度、飞行高度、飞行迎角等参数的变化都会直接影响发动机的工作，因此其工作范围窄。近年来，冲压喷气发动机和固体助推火箭整体化技术的发展，把两种发动机有效地结合为一体，弥补了冲压喷气发动机无法起飞助推的缺点，使得发动机的能量特性好，性能高。

按飞行马赫数分类，冲压喷气发动机分为亚声速燃烧冲压喷气发动机(简称亚燃冲压发动机)和超声速燃烧冲压喷气发动机(简称超燃冲压发动机)。根据亚燃冲压和超燃冲压总效率，大致在飞行马赫数<6 时，亚燃冲压发动机的性能优于超燃冲压发动机，而当马赫数>6 时，超燃冲压发动机性能居于领先地位。

4.1.3.1 冲压喷气发动机的主要性能参数

1. 推力 P

冲压喷气发动机推力的单位为 N，推力的公式为

$$P = (\dot{m}_a + \dot{m}_F)u_e - \dot{m}_a v + A_e(p_e - p_a) \tag{4-5}$$

式中，$\dot{m}_a$、$\dot{m}_F$ 分别为空气、燃料的质量流量；v 为导弹的飞行速度。

若尾喷管出口处燃气完全膨胀($p_e = p_a$)，则式(4-5)可简化为

$$P = (\dot{m}_a + \dot{m}_F)u_e - \dot{m}_a v \tag{4-6}$$

式中，$(\dot{m}_a + \dot{m}_F)u_e$ 一项起着决定性作用，即排气速度越高，推力越大。在一般情况下，燃气温度越高，发动机推力越大。

2. 燃料比冲 I_s

燃料比冲定义为每秒消耗一千克燃料发动机所产生的推力，也是单位质量燃料所产生的冲量，单位为 $N \cdot s \cdot kg^{-1}$，比冲的公式为

$$I_s = \frac{P}{\dot{m}_F} \tag{4-7}$$

燃料比冲标志着冲压喷气发动机工作过程的完善程度和所用燃料热值的高低，是发动机的重要指标。使用煤油燃料冲压喷气发动机的燃料比冲为 $10000 \sim 12000 \, N \cdot s \cdot kg^{-1}$。

3. 推力系数 C_F

推力系数是发动机的推力与进气动压和迎风面积乘积之比，可表示为[11]

$$C_F = \frac{P}{q_\infty A_4} \tag{4-8}$$

式中，q_∞ 为发动机进气动压($N \cdot m^{-2}$)；A_4 为发动机迎风面积(一般为燃烧室截面积)。

推力系数标志着发动机的推力性能，它是发动机与飞行器总体协调设计的重要参数，用于确定飞行器与发动机的直径比例。

4. 单位迎面推力 P_{sf}

单位迎面推力是发动机推力与发动机最大迎风面积之比，单位为 $N \cdot m^{-2}$，对冲压喷气发动机可用式(4-9)表示为

$$P_{sf} = \frac{P}{A_{max}} \tag{4-9}$$

单位迎面推力反映了发动机的阻力特性。这个参数对吸气式发动机甚为重要，尤其在超声速飞行时，发动机阻力占整个导弹阻力相当大的比例。发动机的最大迎风面积基本反映了发动机阻力特性，要减小这个阻力，发动机必须具有较大的单位迎面推力。

在确定飞行器动力装置时，单位迎面推力是一项重要指标。单位迎面推力大，表明

发动机本身阻力小，内部燃烧温度高，在飞行器上所占的迎风面积也小。图 4-14 所示为发动机单位迎面推力随 Ma 变化曲线。由图可见，当 Ma 大于 2 时，冲压喷气发动机的单位迎面推力低于火箭发动机，高于涡轮喷气发动机。

5. 推重比

发动机的推力与发动机在当地所受重力之比称为发动机的推重比。它反映了动力装置的质量特性，对导弹的飞行性能和承载有效载荷的能力都有直接影响。因此，在对发动机的评价中，推重比是一个重要指标。图 4-15 示出发动机推重比随 Ma 变化曲线，冲压喷气发动机以 $Ma = 2 \sim 3$ 飞行时推重比可达 20 左右。在超声速飞行范围内，冲压喷气发动机的推重比低于火箭发动机，高于其他发动机。由于冲压喷气发动机不携带氧化剂，因此在超声速飞行范围内，使用冲压喷气发动机可以提高有效载荷。

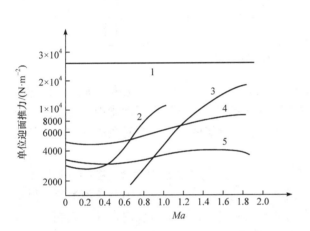

图 4-14　发动机单位迎面推力随 Ma 变化曲线
1-火箭发动机；2-脉冲发动机；3-冲压喷气发动机；
4-带加力的涡轮喷气发动机；5-涡轮喷气发动机

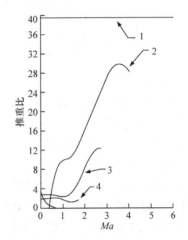

图 4-15　发动机推重比随 Ma 变化曲线
1-火箭发动机；2-冲压喷气发动机；
3-带加力的涡轮喷气发动机；4-涡轮喷气发动机

6. 航程参数

航程由续航时间和飞行速度决定，可表示为

$$R = vt = \frac{vI_s}{g} L \ln \frac{1}{1-v} \tag{4-10}$$

式中，R 为航程；v 为飞行速度；t 为续航时间；I_s 为比冲；L 为升阻比；v 为飞行器燃料质量与起飞质量之比；g 为重力加速度；vI_s/g 为航程参数，该值又可写为 $\dfrac{vI_s}{g} = \dfrac{vP}{\dot{m}_F g}$。

由式(4-10)可见，航程参数是单位重力燃油流量所提供的功率。该值越高，表示经济性越好。

4.1.3.2　冲压喷气发动机的组成和工作原理

冲压喷气发动机是一种利用迎面气流进入发动机后减速，使空气提高静压的空气喷气发动机。其工作原理基本上与涡轮喷气发动机相同，包括以下三个基本工作过程。

(1) 压缩过程：空气压缩，提高空气压力；

(2) 燃烧过程：燃料燃烧，提高燃气温度；

(3) 膨胀过程：高温高压燃气进行膨胀，获得很大的速度后由喷管喷出。

在结构上，冲压喷气发动机与涡轮喷气发动机有很大不同，冲压喷气发动机中没有运动部件，只通过进气道结构变化来实现空气压缩。冲压喷气发动机由进气道、燃烧室、尾喷管、燃料供给及调节装置、点火装置等组成，没有压气机和涡轮等旋转部件，因此可以在更高的循环温度下运行。冲压喷气发动机示意图如图4-16所示。

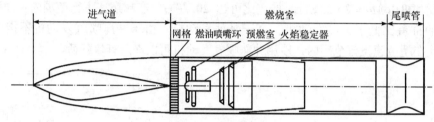

图 4-16　冲压喷气发动机示意图

(1) 进气道。发动机的迎面来流首先进入进气道，进气道功用是将高速来流减速增压，把来流的速度能转变为压力能，完成压缩过程。进气道的主要性能指标有总压恢复系数、流量系数和外阻系数。为了满足燃烧室进口流场的要求，有时在进气道出口放置气动网格或格栅。

(2) 燃烧室。滞止到一定速度的气流进入燃烧室，与燃料迅速掺合，在接近等压条件下进行燃烧，提高气体的温度和焓值，完成燃烧过程。通常燃烧室内装有预燃室、燃油喷嘴环和火焰稳定器。火焰稳定器的作用是形成回流区，保证可燃混合气在燃烧室中稳定地完全燃烧。为了防止烧蚀和振荡燃烧，还设置了壁面冷却装置和防振屏。

(3) 尾喷管。燃烧后的高温高压燃气，经收敛或收敛-扩张喷管加速后排出，完成膨胀过程。由于排气动量大于来流动量，因而产生反作用力，即发动机推力。

(4) 燃料供给及调节装置。按一定规律控制燃油喷嘴的喷油，给燃烧室提供适量燃油，以保证正常燃烧。

(5) 点火装置。用于发动机的点火启动。点火装置包括点火器及防止误点火的安全装置。

4.1.3.3　火箭-冲压组合发动机

由于冲压发动机在一定速度下才能工作，因此冲压发动机必须与助推发动机组合在一起使用。在最简单的组合动力装置中，作为主发动机的冲压发动机和作为助推器的固体火箭发动机，在结构上或工作过程方面都是相互独立的。近年来组合动力技术有了很大的发展，这两种发动机从布局、结构和工作循环上有机地结合在一起，形成一体化，因此被称为火箭-冲压组合发动机或整体式火箭冲压发动机。在整体式火箭冲压发动机 (integral rocket ramjet, IRR) 中，固体火箭发动机和冲压发动机共用一个燃烧室，同时具有火箭发动机和冲压发动机的特性，它结构简单、工作可靠、尺寸小、质量轻、推力大、比冲高，可完成导弹起飞、加速和续航飞行，是导弹动力装置中很有优势的一种发动机。

1. 固体火箭-冲压组合发动机

固体火箭-冲压组合发动机又叫管道火箭，其组成示意图如图 4-17 所示。它由两大部分组成，第一部分是固体火箭助推器，它有自己的专用喷管，助推器药柱储存在共用燃烧室中。当助推器药柱燃烧完毕时，腾出了燃烧室的空间，助推器专用尾喷管脱落，将冲压发动机的尾喷管露出，进气道出口的堵盖被前面冲进的空气冲开，这时就变成了如图 4-17(b)所示的第二部分，即火箭-冲压组合发动机。火箭-冲压组合发动机包含进气道、燃气发生器、引射掺混补燃室、尾喷管等几个部分。

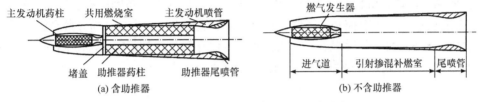

图 4-17　固体火箭-冲压组合发动机组成示意图

(1) 进气道。进气道的作用是引入空气，实现冲压压缩，同时给燃烧室提供合适的进口气流。

(2) 燃气发生器。燃气发生器实质上是一个固体火箭发动机，内装贫氧固体推进剂，推进剂在燃烧室中进行初次燃烧。因为推进剂是贫氧的，所以初次燃烧是不完全的，还含有很多可燃物质。初次燃烧的产物从燃气发生器的喷口排出，进入冲压发动机燃烧室。这股具有很高温度和动能的射流与经过进气道来的空气进行引射掺混，并进行补充燃烧。

(3) 引射掺混补燃室。引射掺混补燃室的作用是对进气道来的空气实现引射增压，并使从燃气发生器喷管喷出的初次燃烧后的燃气与空气掺混进行补充燃烧。一般把引射补燃过程划分为两个过程，即引射掺混过程和二次燃烧过程。在有的发动机方案中，引射增压室和补燃室是分开的。

(4) 尾喷管。尾喷管是实现燃气膨胀过程的部件。

2. 整体式液体燃料冲压发动机

整体式液体燃料冲压发动机示意图如图 4-18 所示，它与固体火箭-冲压组合发动机的不同之处在于冲压发动机使用的是液体燃料，燃烧室内燃油供给系统、火焰稳定器和壁面冷却装置必不可少。

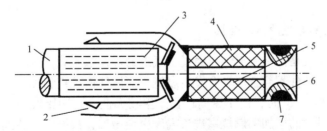

图 4-18　整体式液体燃料冲压发动机示意图

1-弹体；2-空气进气道；3-冲压发动机的液体燃料；4-燃烧室；5-助推器药柱；6-助推器喷管；7-尾喷管

3. 固体燃料冲压发动机

固体燃料冲压发动机(solid fuel ramjet, SFRJ)是一种自带燃料,利用空气中的氧气进行燃烧的新型吸气式发动机。与通常的液体燃料冲压发动机工作原理相同,固体燃料冲压发动机只是将其中喷注的液体燃料更换为在燃烧室中充填富燃料固体药柱,使在空气流中点燃的固体燃烧药柱分解、气化、燃烧,释放出富燃气与粒子,进而与进气道流出的空气混合燃烧,在燃烧时气体的焓增加,燃烧产物由喷管高速排出,产生推力。

固体燃料冲压发动机示意图如图 4-19 所示,主要由进气系统、主燃烧室、后燃烧室和喷管组成。与传统的火箭发动机和冲压发动机相比,SFRJ 无需推进剂供应与控制系统,因而结构简单;SFRJ 利用空气作氧化剂,因而比冲高,是固体火箭发动机的 3~4 倍;SFRJ 的燃烧为扩散控制的燃烧,燃料燃烧的能量沿燃烧室的轴向分散释放,因而燃烧很稳定;SFRJ 自身只带燃料,因而发动机的储存和使用都很安全。SFRJ 的这些优点使得它将成为未来超声速战术导弹、增程火箭弹的首选发动机。

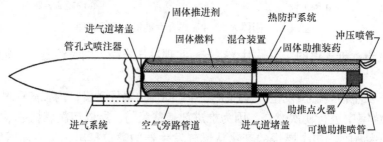

图 4-19　固体燃料冲压发动机示意图

4. 火箭-冲压组合发动机的特点

(1) 与火箭发动机相比,组合发动机可得到高得多的比冲,固体火箭-冲压组合发动机的比冲为 $6000\sim12000\,\text{N}\cdot\text{s}\cdot\text{kg}^{-1}$。

(2) 与冲压发动机相比,火箭-冲压组合发动机显著提高了迎面推力,可达 $200\,\text{kN}\cdot\text{m}^{-2}$ 以上,而冲压发动机仅 $110\,\text{kN}\cdot\text{m}^{-2}$。组合发动机拓宽了工作范围,可适应超声速机动飞行。

(3) 由于固体助推器与冲压发动机采用一体结构,导弹的结构紧凑、体积小、质量轻。对于固体火箭-冲压组合发动机来说,燃气发生器始终提供了不熄灭的强大点火源,因而不需要预燃室和点火器,这样不仅使得发动机结构简单,工作可靠,而且战时不必加注燃油,给勤务处理带来方便,提高了作战机动性。

4.1.3.4　亚燃和超燃冲压发动机

亚燃冲压发动机是指来流空气在通过进气道的多道激波后,减速到亚声速,随后喷注的燃料在亚声速条件下与空气混合发生燃烧,而后气体被重新加速,通过喷管膨胀喷出。飞行马赫数高于 5 时,由于压缩过程产生较大损失,冲压发动机的效率很低。此外,随着飞行马赫数的增加,燃烧室进口温度也会增加,最终它将达到燃烧室壁材料耐受温度和冷却技术的极限。例如,在环境温度为–15.6℃,飞行马赫数为 6.7 时,滞止总温将达到 4000℃。因此，在飞行速度大于马赫数 6 时，必须使用超声速燃烧，以实现有效推进。超声速燃烧的冲压喷气发动机被称为超燃冲压发动机。超燃冲压发动机的来流空气只是部分减速，以超声速进入燃烧室，在超声速流动条件下组织燃烧。这样可使发动机在较低的静温和静压下进行燃烧，对结构材料的耐热性能也不会要求太高。冲压发动机的整个流道都是超声速流，并在超声速流中加热，这种动力装置就称为超声速燃烧冲压发动机。

　　亚燃与超燃冲压发动机的区别如图 4-20 所示[12]。亚燃冲压发动机燃烧室内的亚声速状态需要喷管处有一个物理喉道以确保理想的进气工况，而超燃冲压发动机燃烧室在燃烧放热时需要面积扩张。以氢为燃料，并假定与发动机空气流按化学恰当比配制，当飞行高度为 40km、马赫数为 12 时，表 4-5 给出了亚燃与超燃冲压发动机几个关键参数的比较。

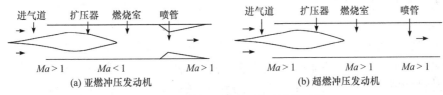

图 4-20　亚燃与超燃冲压发动机的区别

表 4-5　亚燃与超燃冲压发动机几个关键参数的比较

燃烧室进口	超燃冲压发动机	亚燃冲压发动机	燃烧室出口	超燃冲压发动机	亚燃冲压发动机
燃烧室进口面积与捕获面积比	0.023	0.023	燃烧室出口面积与捕获面积比	0.061	0.024
总压恢复系数	0.5	0.013	喷管喉道面积与捕获面积比	0.061	0.015
压力/atm	2.7	75	压力/atm	2.7	75
温度/K	1250	4500	温度/K	2650	4200
马赫数	4.9	0.33	马赫数	3.3	0.38

注：1atm = 1.01325×10^5Pa。

　　从表 4-5 可以看出，两者的差异是显著的。总压恢复系数是进气道/扩压器系统中损失的度量，对于超燃冲压发动机来说，进气道的压缩量极大减少，正激波损失消除，相应地总压恢复增加了。与亚燃冲压发动机相比，超燃冲压发动机的总压恢复系数要高出 30 多倍。初步近似认为总压恢复系数每损失 1%，发动机推力就减小 1%，显然基于超声速燃烧的热力循环具有更好的性能。亚燃的燃烧室进口温度非常高，在此温度下出现严重离解现象，且无法在燃烧室内发生再化合反应。在这种情况下，燃料/空气化学反应引起的热释放只能在远离喷管的下游且因膨胀使得温度下降的区域进行。为了在喷管内达到化学平衡，以便于复合热能转化为动能，要求有一个足够长的喷管，因此喷管过于笨重。亚燃冲压发动机可以通过改变喷管喉道面积与捕获面积之比来进一步提高推力，这个面积比限制了流过发动机的空气流量。超燃冲压发动机用热力喉道代替机械喉道，并通过调节放热量减缓流动。另外，由于超燃冲压发动机中压缩性能的降低，燃烧室进口处静温和静压降低，非常低的静压力减少了发动机流道上的结构负荷，因此其结构较轻。最

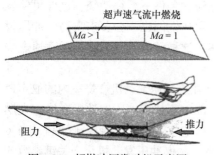

图 4-21 超燃冲压发动机示意图

后，温度降低能使燃烧室中发生的化学反应进行得更完全，并且能够减少喷管中发生有限速率化学反应引起的损失，整体上提高了系统效率。超燃冲压发动机示意图见图 4-21。

4.1.3.5 双模态超燃冲压发动机

双模态超燃冲压发动机的燃烧室可以同时进行亚声速和超声速燃烧，其布局与超燃冲压发动机类似，包含进气道、喉部和扩张喷管。燃料从喉部注入，也有一些从喷管注入。亚燃模态推力产生机理和超燃模态不同，因此双模态超燃冲压发动机是一种组合循环发动机，其工作过程如图 4-22 所示。在亚燃冲压模态时，隔离段的等截面扩张器用来使燃烧室前产生亚声速条件，压力恢复发生在隔离段，超声速来流减速，接下来的亚声速燃烧加速空气，使其产生热壅塞。热壅塞可以提供高压。在超燃冲压模态时，燃烧室中气流在超声速条件下燃烧。超声速燃烧可以成功地获得压力提升(瑞利流)，从而产生推力。

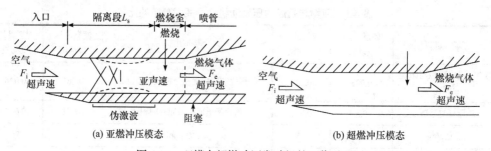

(a) 亚燃冲压模态　　　　　　　　　(b) 超燃冲压模态

图 4-22 双模态超燃冲压发动机的工作过程

如图 4-22 所示，当燃烧发生在喉部时，对于两种模态，喉部的冲量函数都是守恒的，此时没有推力产生。当喷管出口的静压高于来流空气时，将会在喷管中产生推力。在超燃模态，当燃烧室接近一个马赫数时会获得更高的推力。在亚燃模态的喉部，马赫数也通常为 1。因此，在双模态超燃冲压发动机中，超燃模态可以获得和亚燃模态同样好的推力性能。然而，在亚燃模态时，燃烧室中亚声速空气的最大压力是燃烧产物壅塞压力的 1.5 倍，这和超燃模态中燃烧室马赫数为 1 时的最大升压相对应。

4.1.3.6 冲压发动机的特性

飞行高度、速度、攻角等参数对冲压发动机的工作性能及应用产生直接的影响。本小节以液冲发动机为例，介绍冲压发动机推力系数和比冲等性能参数随发动机工作状态(加热比、余气系数、燃烧室出口温度)的变化规律。

1. 速度特性

发动机的速度特性是研究飞行高度和加热规律一定，如等余气系数 α、等加热比

θ、等燃烧室出口总温 T_{t4} 时，发动机推力系数 C_F 和比冲 I_s 随飞行马赫数 Ma 的变化规律。液冲发动机推力系数和比冲随 Ma 的变化规律分别如图 4-23 和图 4-24 所示[11]。

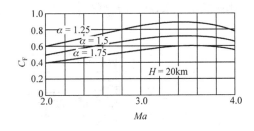
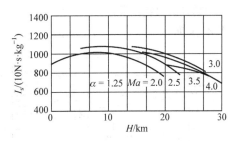

图 4-23　液冲发动机推力系数随 Ma 的变化规律　　图 4-24　液冲发动机比冲随 Ma 的变化规律

由图 4-23 得，飞行高度和余气系数一定时，当飞行马赫数大于设计马赫数时，来流总温增加，加热比降低，发动机进气道由临界进入超临界工况，飞行马赫数愈大，进气道的超临界程度愈严重，进气道的总压恢复下降得愈大，因此发动机的推力系数随马赫数增大而降低。相反，当飞行马赫数小于设计值时，来流总温降低，加热比增加，发动机进气道由临界进入亚临界工况，进气道产生溢流现象，流量系数减小，附加阻力增加，因此发动机的推力系数随马赫数降低亦降低。可见，设计点是发动机推力系数最高点，低于或高于设计马赫数时，推力系数皆低于设计值，离设计马赫数愈大，推力系数降低得愈大。比冲随马赫数的变化规律与推力系数随马赫数变化规律相同，但设计点的比冲不一定是最高值，因为在设计点发动机的燃烧效率并非最高值，如图 4-24 所示。

2. 高度特性

发动机的高度特性是研究飞行马赫数和加热规律一定(等余气系数 α、等加热比 θ 或 T_{t4})时，发动机推力系数 C_F 和比冲 I_s 随飞行高度 H 的变化规律。液冲发动机推力系数和比冲随飞行高度的变化规律分别如图 4-25 和图 4-26 所示。

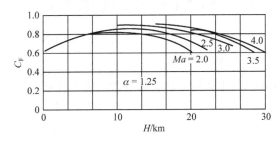
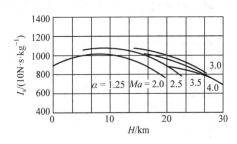

图 4-25　液冲发动机推力系数随飞行高度的变化规律　　图 4-26　液冲发动机比冲随飞行高度的变化规律

由图 4-25 和图 4-26 得，飞行马赫数和余气系数一定时，在同温层(飞行高度为 11～20km)，随高度的增加，由于大气压力下降，燃烧室压力也下降，燃烧效率则降低，因此加热比和总压恢复随高度的增加而降低，使发动机处于超临界工作状态，这样推力系数和比冲随高度的增加而减小。当飞行高度在同温层以下并逐渐减小时，大气温度增加，加热比减小，从而推力系数和比冲随高度的降低而减小。推力系数的最大值出现在 11km 处，而比冲最大值比 C_F 最大值提前出现。

3. 调节特性

发动机调节特性是研究飞行马赫数和高度不变时，推力系数 C_F 和比冲 I_s 随余气系数 α(或加热比)的变化规律。液冲发动机推力系数和比冲随余气系数的变化规律分别如图 4-27 和图 4-28 所示。

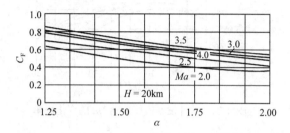

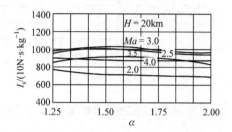

图 4-27 液冲发动机推力系数随余气系数的变化规律   图 4-28 液冲发动机比冲随余气系数的变化规律

由图 4-27 得，当飞行马赫数和高度一定时，推力系数随余气系数的增大而下降，这是由于其他参数不变，余气系数增大意味着燃料供应量减小，进气道超临界程度增加，推力系数相应减小。由图 4-28 得，由于燃烧效率 η 随余气系数变化，比冲变化；同时，由于贫油、富油燃烧效率都要下降，所以比冲随余气系数的增加，开始有增加的趋势，到某一余气系数之后才开始下降，但其总的变化量不大，变化比较平缓。

4.1.4 涡轮喷气发动机

涡轮喷气发动机在 20 世纪 40 年代首先应用于歼击机，以后很快被广泛应用于军用和民用飞机。随着导弹射程的不断增加、涡轮喷气发动机小型化及成本的降低，在 20 世纪 70 年代后飞航导弹越来越多地采用涡轮喷气发动机作为巡航动力装置。与火箭发动机、冲压发动机相比，涡轮喷气发动机的比冲较高，常用于射程为数百千米的亚声速战术导弹；涡轮风扇喷气发动机的比冲更高，常用于射程达数千千米的远程巡航导弹。

4.1.4.1 涡轮喷气发动机的主要性能参数

1. 推力 P

涡轮喷气发动机的推力是流过发动机内外的气流在发动机各零部件表面上作用力的合力，见式(4-5)，单位为 N。

2. 单位燃油消耗率 η

产生 1N(或 10N)推力每小时所消耗的燃料量叫单位燃油消耗率，简称耗油率，单位为 $kg \cdot (daN \cdot h)^{-1}$ 或 $kg \cdot (N \cdot s)^{-1}$，表达式为

$$\eta = \frac{\dot{m}_F}{P} \tag{4-11}$$

由式(4-11)可见，单位燃油消耗率与燃料比冲互为倒数，它表示为产生 1N 推力单位时间内需消耗燃料的质量，它是发动机工作过程经济性的一个标志。它与燃料或推进剂所含能量的高低、发动机类型和工作状态有关。同时，它的大小还取决于发动机工作过

程组织的完善程度。

3. 推重比

涡轮喷气发动机的推重比一般为 4～8，弹用涡轮喷气发动机目前已达到 8 以上。提高推重比的主要措施：高的部件性能与效率、高涡轮进口温度、结构简单、简化发动机各系统、选用比强度高的材料，以及先进的加工工艺技术等[8]。

对于弹用而言，高推重比有重要意义，它意味着有远的航程或大的有效载荷。因此，在对发动机的评价中，推重比是一个重要指标。弹用涡轮喷气发动机压气机压比与涡轮进口温度均不能太高，这就限制了推重比的进一步提高。

4. 转速

小型涡轮喷气发动机常有高的转速，如每分钟高达 3 万转、4 万转及 6 万转以上。这样高的转速，一方面是为了得到一定的级增压比，因为级增压比和叶片的切向速度密切相关；另一方面，必须有先进的技术来保障高转速的实现，如高强度材料、高速轴承和有效的润滑、高水平的转子动平衡技术，以及与高速转动相适应的附件和转动系统。

5. 起动加速性

起动加速性是发动机主要使用性能之一，在弹用发动机中有着特殊意义。从发动机点火信号发出到发动机的额定转速(或 90%额定转速)所需的总时间，是衡量起动加速性的指标。

4.1.4.2　涡轮喷气发动机的组成及工作原理

涡轮喷气发动机简称涡喷发动机，它是以空气作为工质的热机，由进气机匣、压气机、燃烧室、涡轮、尾喷管和供油调节装置组成。压气机转子和涡轮转子由一根轴连接起来成为一个大的转动部件，这是与冲压发动机的最大区别。

典型的轴流式涡喷发动机示意图如图 4-29 所示，其由进气道、轴流式压气机、燃烧室、涡轮、尾喷管和燃油调节系统组成。

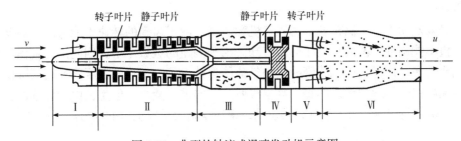

图 4-29　典型的轴流式涡喷发动机示意图
Ⅰ-进气道；Ⅱ-轴流式压气机；Ⅲ-燃烧室；Ⅳ-涡轮；Ⅴ-加力燃烧室；Ⅵ-尾喷管

在亚声速或高亚声速飞行时，压气机是使气流压力增高的主要部件。从进气道流出的空气进入轴流式压气机，在此处将空气进行压缩增压。压气机轴上装有转子叶片，它由涡轮带动高速旋转，由此迫使进气道来的空气不断被压缩而增高压力，同时空气流速下降，温度升高。增压后的空气进入燃烧室，在燃烧室中和喷入并雾化的燃油混合、燃烧，成为具有很大能量的高温高压燃气。

从燃烧室流出的高温高压燃气，流入与压气机装在同一根轴上的涡轮。燃气在涡轮中膨胀，部分热熔在涡轮中转换为机械能推动涡轮高速旋转，涡轮带动压气机旋转继续为空气增压。从涡轮中流出的高温高压燃气，在尾喷管中继续膨胀，以高速沿发动机轴向从喷口喷出，这一速度比气流进入压气机的速度要大得多，使发动机获得了反作用推力。

涡轮前的燃气受到涡轮材料允许温度的限制，因此为了提高发动机的推力，在涡轮后面可增设加力燃烧室，即第V部分，在加力燃烧室中再次喷入燃油，与经过涡轮后燃气中的剩余氧气再次燃烧，这样就再次提高了燃气的能量。有加力燃烧状态比无加力燃烧状态的推力可提高25%～70%。

涡轮风扇喷气发动机(简称涡扇发动机)除了增加风扇，其余部分与涡轮喷气发动机相似，也包括进气道、压气机(有低压和高压压气机)、燃烧室、涡轮(级数较多)和尾喷管。不同之处在于，涡轮风扇喷气发动机有双涵道——外涵道和内涵道。图 4-30 为涡轮风扇喷气发动机示意图。

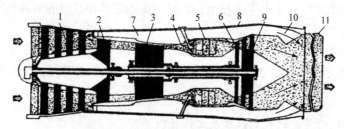

图 4-30　涡轮风扇喷气发动机示意图

1,2-风扇叶片；3-压气机；4-燃油喷嘴；5-燃烧室；6-高压涡轮；7-外涵道；8-发动机匣；9-低压涡轮；
10-外涵气流；11-尾喷管

这种发动机的工作过程及其原理如下：空气进入进气道，经过风扇压缩，然后按一定比例将气流分成两股，一股空气由风扇向后推动，经外涵道向后流去，与燃气汇合，由尾喷管喷出；另一股空气经内涵道，流过普通涡喷发动机所经过的路径，生成燃气，由喷管喷出。

在涡扇发动机中，涡轮要带动压气机和风扇，由于风扇的转速不能太高，因此风扇与压气机不能同轴，由两组涡轮分轴带动。由于涡轮的级数多了，因此消耗在涡轮上的能量也比较多。这样，由尾喷管喷出的气流能量减少了，气流的温度和速度就降低了。这种情况虽然会引起内涵道的每千克空气所产生的推力减小，但是，由于风扇的作用，进入发动机的空气流量大大增加，其总的结果还是增大了发动机的推力。

4.1.4.3　涡轮喷气发动机的特性

涡轮喷气发动机的推力、燃油消耗量 $\dot{m}_F$ 及其速度特性、高度特性取决于压气机的增压比 H_{k0}^* 和涡轮前燃气温度 T_3^*，而这两个参数受到发动机结构质量和材料的限制，因此涡轮喷气发动机只适宜于低空亚声速范围和高空不太大的超声速范围。在初步方案设计时，涡轮喷气发动机的速度、高度特性按如下方法估算。

1. 速度特性

速度特性是指飞行高度一定时，在给定的发动机调节规律下，推力和耗油率等随飞行速度的变化规律。

推力的速度特性系数 ξ 表示为[3]

$$\xi = P_v / P_{v=0} \tag{4-12}$$

式中，P_v 为发动机在某一高度某一速度时的推力，$P_v = f(Ma)$；$P_{v=0}$ 为发动机在某一高度上速度为零时的推力。

推力的高度特性系数 k_H 表示为

$$k_H = P_H / P_0 \tag{4-13}$$

式中，P_H 为某一高度上发动机的推力；P_0 为海平面发动机的推力。

方案设计时取：

当 $H \le 11\text{km}$ 时，$k_H = f(\Delta) = \Delta^m, m = 0.8 \sim 0.85$；

当 $H > 11\text{km}$ 时，$k_H = f(\Delta) = a\Delta, a = 1.2 \sim 1.25$。

式中，Δ 为空气相对密度，$\Delta = \rho_H / \rho_0$，ρ_H 为高度 H 处的空气密度，ρ_0 为海平面的空气密度。

因此，若已知涡轮喷气发动机海平面的静推力 P_0，即可求出不同高度不同速度的推力关系 P_{Hv}：

当 $H \le 11\text{km}$ 时，$P_{Hv} = \xi k_H P_0 = \xi \Delta^m P_0$；

当 $H > 11\text{km}$ 时，$P_{Hv} = \xi k_H P_0 = a\xi \Delta P_0$。

当设计增压比为 6，飞行高度为 6km 时，某涡喷发动机的速度特性如图 4-31 所示[8]。图中给出了涡轮前燃气温度为 1600K、1400K、1200K 三种不同数值时的速度特性。从图中可以看出，随着飞行马赫数增大，发动机的性能参数有如下变化：①单位推力 P_s 不断减小，当马赫数增大到某一数值时，单位推力为零；②空气流量 $\dot{m}_a$ 不断增大，在亚声速阶段增加较慢，在超声速阶段增加较快，但马赫数再大时，空气流量增大减慢；③推力 P 起初略微下降或增加缓慢，随后随马赫数的增加而迅速增加，达到某一最大值后，推力随马赫数的增大而减小，最后下降为零；④燃油消耗量 $\dot{m}_F$ 随马赫数增加而不断增加，至某一马赫数后，燃油消耗量急剧增加。

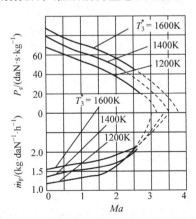
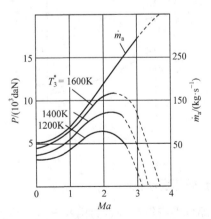

图 4-31　某涡喷发动机的速度特性

2. 高度特性

高度特性是指飞行速度一定时，在给定的发动机调节规律下，推力和耗油率随飞行高度的变化规律。

耗油率的速度特性系数 χ 表示为

$$\chi = \dot{m}_{Hv} / \dot{m}_{Hv=0} \tag{4-14}$$

式中，$\dot{m}_{Hv}$ 为发动机工作在某一高度某一速度的耗油率；$\dot{m}_{Hv=0}$ 为发动机在某一高度上速度为零时的耗油率。χ 由典型近似曲线估计，当 $Ma < 1.5$ 时，$\chi = 1 + 0.38Ma - 0.05Ma^2$。

耗油率的高度特性系数 k_H' 的近似表达式为

当 $H \leqslant 11\text{km}$ 时，$k_H' = 1 - a', a' = 0.008 \sim 0.01$；

当 $H > 11\text{km}$ 时，$k_H' = 0.89 \sim 0.91$。

涡喷发动机的特性曲线如图 4-32 所示。当设计增压比为 6，飞行马赫数为 0.9 时，涡喷发动机的高度特性如图 4-32(a)所示。由图可见，当飞行高度小于 11km 时，随着飞行高度的增加，单位推力 P_s 增大，耗油率下降，推力 P 下降。当飞行高度大于 11km 时，单位推力和耗油率均不变化，而推力随高度的增高继续下降。

3. 转速特性

涡喷发动机的转速特性(也称节流特性)是指在一定的飞行条件下，发动机推力和耗油率随转速而变化的规律。

对于几何不可调的发动机，只能通过改变供油量来改变发动机的工作状态，供油量不同，发动机的工作状态也不同。图 4-32(b)示出一台设计增压比为 6、涡轮前燃气温度为 1400K 的单轴发动机的地面静态转速特性。图中，$\bar{n}$ 是实际转速与最大转速的比值。由图可见，当发动机转速从设计转速下降时，发动机耗油率急剧下降，在 $\bar{n} = 0.85$ 左右达最小值后，随转速的下降而增大。图中虚线部分表示压气机的喘振裕度小于最小允许值，发动机的工作不稳定。

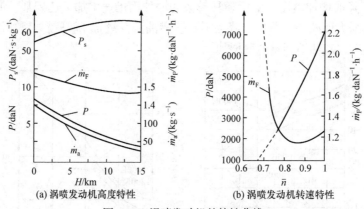

(a) 涡喷发动机高度特性　　　　(b) 涡喷发动机转速特性

图 4-32　涡喷发动机的特性曲线

4.1.5　组合循环发动机

将发动机进行组合的思想由来已久，人们已经对很多种组合循环发动机进行了全面研究。组合循环发动机是将火箭发动机和喷气发动机进行组合，或者将两种或多种喷气式发动机进行组合。下面介绍火箭基组合循环发动机、涡轮冲压发动机、涡轮火箭发动机等[12]。

4.1.5.1 火箭基组合循环发动机

火箭基组合循环发动机(rocket-based combined cycle，RBCC)是火箭发动机和冲压发动机的组合。RBCC 有 4 种不同的工作模态：①引射模态，在亚声速和跨声速飞行段；②冲压模态，在超声速飞行段；③超燃冲压模态，在高超声速飞行段；④火箭模态，在低环境压力或真空中。RBCC 原理示意图见图 4-33。

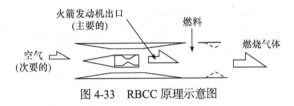

图 4-33　RBCC 原理示意图

RBCC 不同工作模态如图 4-34 所示。在引射模态中，火箭发动机作为引射源将空气引入进气道，被引入的空气与火箭的一次羽流或附加燃料进行掺混，在补燃室中燃烧。在冲压模态中，火箭停止工作，由进气道捕获的空气提供氧化剂。引射模态转级到冲压模态，将由空气提供氧化剂。在火箭模态中，进气道将被关闭，发动机的工作方式相当于一个大扩张比火箭。当用氢气作燃料时，不同工作模态对应的合适飞行马赫数：引射模态为 0～3，冲压模态为 3～6，超燃冲压模态为 6～9，而火箭模态对应于更高马赫数。

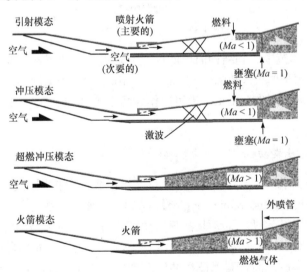

图 4-34　RBCC 不同工作模态

引射模态也称为吸气火箭模态，或者吸气增强火箭模态。在引射模态，对于燃料喷注和燃烧条件有多种组合。在一些发动机中，燃料来源于火箭羽流的富燃，还有一些独立喷注燃料。在一些发动机中，燃烧条件通过扩压段内火箭羽流和捕获空气混合物的压力恢复来产生推力。接下来的亚声速燃烧加速混合物，并通过喉部热壅塞提高压力。在一些发动机中，捕获空气被加速至超声速。燃烧室中的超声速燃烧被用来提高压力，产生推力。将捕获空气加速到超声速、将燃料和空气充分混合燃烧是这种类型 RBCC 的主要技术挑战。

对 RBCC 已经开展了大量研究，比较著名的 RBCC 模型是支板火箭发动机，这种类型的发动机在流道中布置一个或多个支板，每个支板又包含几个火箭发动机。支板 RBCC 示意图如图 4-35 所示。

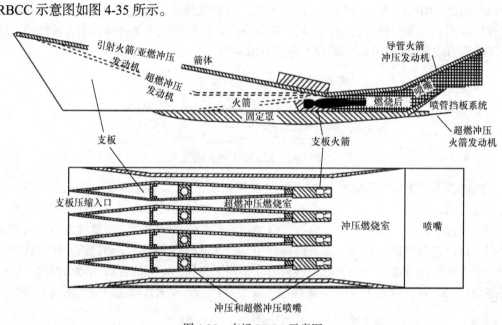

图 4-35　支板 RBCC 示意图

RBCC 具有工作范围广和结构简单的优点，缺点是在亚声速和跨声速飞行时比冲相对较低。RBCC 适用于单级入轨(single stage to orbit, SSTO)飞行器，因为 RBCC 可以在低动压环境和空间环境工作。RBCC 也可以作为两级入轨(two stage to orbit, TSTO)飞行器的第一级动力。

4.1.5.2　涡轮冲压发动机

通过引入冲压工作模态，涡喷发动机的工作包线可以扩展至超声速或高超声速领域。涡轮冲压发动机(turbine ramjet engine, TRE)是一种涡轮基组合循环发动机。在实际的 TRE 中常使用涡扇发动机，而不是涡喷发动机。图 4-36 所示是涡轮冲压发动机原理示意图。在冲压模态时，冲压压缩后的空气绕过涡轮发动机进入冲压燃烧室。这种布局不仅要将两种发动机集成，而且要保证在冲压发动机工作时，为涡轮发动机提供热防护。如果使用氢燃料，则这种发动机在马赫数为 0~3 时使用涡轮发动机，而在马赫数为 3~5 时使用冲压发动机。当从涡喷模态过渡到冲压模态时，冲压压缩量与涡扇压缩量之比将随着飞行速度增加而增加。除了采用这种发动机循环集成，还可以通过其他手段扩展涡喷发动机的工作范围：一种是使用燃气发生器作为涡轮驱动系统，如空气涡轮火箭(air turbo rocket, ATR)发动机；另一种是采用低温推进剂预冷空气，以减轻涡轮发动机的热负荷。采用这种发动机进行高超声速巡航飞行时，机体会产生气动热，因此需要热防护系统。发动机工作速度的选择应在飞行器的热防护安全范围内[12]。

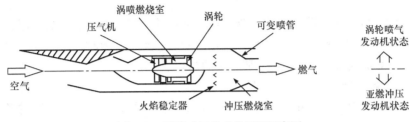

图 4-36　涡轮冲压发动机原理示意图

在涡喷发动机中，压气机和涡轮动力的控制与匹配对于提高 TRE 的性能很重要。探测和控制超声速进气道的激波位置，是 TRE 的关键需求，已在冲压发动机中得到广泛研究。冲压发动机中的一个问题是进气道内会叠加分离区，这种现象同样存在于 TRE 中。在冲压模态中，通过进气道的压力恢复产生推力，但分离区会阻碍推力产生。渐变扩张喷管很难诱发分离，但会增加发动机的重量。对 TRE 扩压器中叠加分离区的问题应采用一种经济而有效的控制方式。

4.1.5.3　涡轮火箭发动机

空气涡轮火箭(ATR)发动机是一种涡轮基组合循环(turbine-based combined cycle，TBCC)发动机，在亚声速飞行时，相当于带有补燃室的涡喷发动机，而超声速飞行时，相当于风扇助力的冲压发动机。在 ATR 发动机中，常用气体发生器或小型火箭发动机产生涡轮驱动工质，这样可以减轻超声速飞行时涡轮的热负荷。图 4-37 所示是 ATR 发动机原理示意图。发动机流道中的燃料来源于富燃的涡轮驱动工质，或单独喷注。ATR 有时称为空气涡轮冲压发动机。还有一些文献中，空气涡轮冲压发动机是指 TRE。

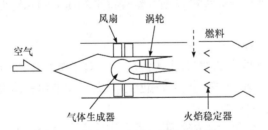

图 4-37　ATR 发动机原理示意图

在 ATR 发动机中，涡轮燃气温度与飞行条件没有关系。因此，ATR 发动机的工作范围不会受限于飞行马赫数，并且可以延伸至马赫数 6，但是其比冲会低于涡喷发动机，因为 ATR 发动机要消耗机上氧化剂产生涡轮驱动工质。

因为 ATR 发动机使用涡轮发动机，所以风扇/压气机和燃气发生器的工作条件必须随着飞行条件改变。出口喉部面积也需要改变，可以考虑使用针栓式喷管系统实现变喉径发动机。也有人提议采用固体火箭发动机作为燃气发生器来驱动涡轮，这样可以减轻重量，但是涡轮发动机的动力控制将是一个大问题。

4.1.6 推进系统方案及总体参数选择

4.1.6.1 发动机总体参数选择

选择的发动机总体参数应使导弹总体获得最佳的性能，使发动机具有尽量高的品质指标。有时两者的要求是一致的，有时又相互矛盾。当不一致时，应首先满足导弹总体设计要求，然后适当考虑发动机的品质指标要求。

1. 固体火箭发动机总体参数选择

固体火箭发动机结构简单，使用方便，质量比大，并且在总质量相同的条件下，最大推力大，导弹的加速性能好。因此，固体火箭发动机被广泛应用于各种类型的导弹上。尽管固体火箭发动机具有很多优点，但发动机在推力大小调节、方向改变和多次点火等方面都比较差。为了改善导弹的速度特性，增加飞行斜距，提高导弹的总体性能，20世纪60~70年代国际上就出现了单室双推力固体火箭发动机。单室双推力固体火箭发动机是发动机在结构上的一个重要发展。

单室双推力固体火箭发动机具有一个点火器、一个燃烧室和一个喷管。燃烧室工作后，能获得两个大小不等的推力。大推力使导弹具有大的加速特性，起助推作用；小推力克服飞行阻力使导弹做巡航飞行，改善速度特性。

单室双推力发动机与单推力发动机比较有以下缺点：单室双推力发动机比冲低于单推力发动机比冲，这是由单室双推力发动机自身条件决定的，发动机的2级推力在低的燃烧室压力下工作，发动机比冲较低；单室双推力发动机的质量比低于单推力发动机的质量比，单室双推力发动机燃烧室壁厚增加，使结构质量增加，从而减小了质量比；单室双推力发动机的重现性较差，固体火箭发动机性能不但决定于环境温度，而且和推进剂的压力指数、燃速温度敏感系数及燃速的偏差大小有关。对于分段装药的单室双推力固体火箭发动机，速燃药和缓燃药同时燃烧，相互影响，使发动机性能的重现性变得更差。据经验，单室双推力固体火箭发动机燃烧室平均压力的相对变化量比单推力固体火箭发动机的约大一倍。

1) 单推力发动机总体参数选择

单推力发动机典型推力曲线如图 4-2 所示。对导弹总体性能影响最大的参数是总冲、平均推力和工作时间。这三个参数相互不独立，在导弹总体设计时，通常选择总冲和平均推力作为被优选的参数。

发动机总冲与导弹的最大作战斜距、最大作战高度紧密相关。斜距越远要求总冲越大，高度增加也要求发动机总冲增加。选择发动机总冲的原则：满足导弹总体设计对作战斜距和作战高度的要求，在方案设计阶段，考虑到一些误差的影响，总冲应留有一定的余量。

发动机平均推力与导弹的加速性能、平均速度、最大作战斜距等因素有关。导弹的加速性能以推重比表示。已知推重比，发动机平均推力的表达式为

$$P_{av} = \bar{P} \cdot m_0 g$$

式中，$\bar{P}$ 为推重比；m_0 为满载状态下导弹的质量。

发动机平均推力增大，导弹的平均速度和最大速度均增大，推重比增大，但在总冲一定的情况下，推力大，工作时间短，不利于最大远界斜距，高推力下远界斜距略有减小。选择发动机平均推力的原则：满足导弹加速性能要求下，使导弹尽可能飞得更远。地对空导弹的推重比通常取 18 左右。

2) 双推力发动机总体参数选择

单室双推力发动机推力曲线如图 4-38 所示。对导弹总体性能影响最大的参数是总冲、推力比 P_1/P_2、Ⅰ级和Ⅱ级总冲分配、工作时间、燃烧室工作压力、喷管膨胀比[13]。

单室双推力发动机总冲选择的原则和单推力发动机相同，应使导弹的最大作战斜距和作战高度满足战术技术指标要求。

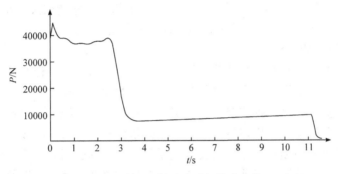

图 4-38 单室双推力发动机推力曲线

(1) 双推力发动机推力比选择。

在发动机装药相同的条件下，推力比与导弹速度、最大远界斜距、发动机总冲、制造的难易程度等因素有关。下面分析推力比的大小对各因素的影响。

由于主动段飞行状态导弹的阻力明显小于被动段的阻力，故推力比 P_1/P_2 越大，发动机工作时间越长，导弹末速度就越大，远界斜距越大。图 4-39 展示了推力比对飞行末速度的影响曲线。对于一定的推进剂，压力低，比冲小。因此，推力比增大，发动机的总冲减小，使发动机的品质指标下降。图 4-40 展示了推力比对总冲的影响曲线。

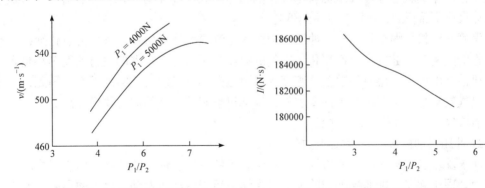

图 4-39 推力比对飞行末速度的影响曲线   图 4-40 推力比对总冲的影响曲线

对于单室双推力发动机，增大推力比是有困难的。Ⅰ级发动机推力受燃烧室质量的限制，增加Ⅰ级推力，必然增加燃烧室结构质量。实际上，增大推力比应是降低Ⅱ级发动机推力，而Ⅱ级推力受到推进剂临界压力的限制，燃烧室最小工作压力应高于临界压力，不然发动机就不能正常工作。可见，Ⅰ级推力不允许太大，Ⅱ级推力也不能太小。

可见，增大单室双推力发动机的推力比，改善了导弹的速度特性，降低了发动机性能。因此，在允许的条件下，尽可能增大发动机的推力比。一般推力比选取4～5。

(2) Ⅰ、Ⅱ级总冲分配。

影响Ⅰ、Ⅱ级总冲分配的因素很多，主要包括导弹的平均速度；导弹的最低巡航速度，即Ⅰ级推力结束时导弹的飞行速度；导弹的末速度与最大远界斜距；发动机的品质指标等。

导弹的最小巡航速度由Ⅰ级总冲来保证，Ⅰ级总冲大，速度就大。通常选取最小巡航速度为 $Ma = 1.3\sim1.5$。导弹的最大远界斜距与Ⅱ级总冲紧密相关，Ⅱ级总冲大，工作时间长，飞行时间长，飞行末速度大，最大远界斜距远。

(3) 喷管膨胀比的选择。

单室双推力发动机只有一个喷管。发动机在不同推力状态工作时，喷管出口截面上的压力是不同的。Ⅰ级燃烧室压力高，其喷管出口截面上的压力大于大气压，燃气动能有损失。膨胀比愈小，动能损失愈大。Ⅱ级燃烧室压力低，喷管出口截面上的压力低于外界大气压。膨胀比愈大，出口压力愈低。Ⅰ级希望膨胀比大，Ⅱ级要求膨胀比小，所以Ⅰ级和Ⅱ级发动机对喷管膨胀比的要求是矛盾的。选择适当喷管膨胀比，使喷管所处的两个状态同时得到兼顾是必要的。应在发动机最大总冲前提下，选取发动机喷管膨胀比。膨胀比受到发动机长度、直径及结构质量的限制。

2. 空气喷气发动机主要参数选择

1) 空气喷气发动机总体参数选择

涡喷发动机、涡扇发动机、冲压发动机等空气喷气发动机只要保证燃料供应，发动机的工作时间可以比飞行时间长几十倍甚至上百倍，所以决定弹上空气喷气发动机工作时间的不是发动机本身，而是弹上油箱的燃油存储量。

空气喷气发动机一个重要的性能指标是单位燃油消耗率，在产生同样推力的情况下发动机耗油率高就意味着要多储备燃油，油箱体积大，导弹的体积也必然增大，这是导弹总体设计不希望的，所以耗油率越低越好。

涡喷发动机、涡扇发动机、冲压发动机等空气喷气发动机以空气作为氧化剂，发动机的性能随进气参数的变化而变化，空气的温度、压力、飞行器的飞行速度等都是影响发动机性能的因素。燃料的热值、密度等参数也是影响发动机性能的因素。因此，对于空气喷气发动机，除提出推力的要求外，发动机承制厂家必须向总体设计部提供发动机的性能参数、计算程序或计算方法。

2) 冲压发动机接力马赫数的选择

冲压发动机结构简单，造价低，在超声速条件下具有最佳的性能，但它不能产生静止推力。用于起飞、加速导弹的助推器工作结束后，由冲压发动机接力的马赫数称为接力马赫数。接力马赫数是导弹总体设计中的一个重要参数，也是冲压发动机的重要设计参数之一，接力马赫数也应当是发动机最大推力系数的设计点。确定接力马赫数时要考虑的因素如下。

(1) 使全弹起飞质量最小。当接力马赫数小时，助推器装药少，每降低 0.1Ma 大约可少装药 30kg。但为了使第二级导弹加速到巡航速度，冲压发动机要有较大的富裕推力，因而第二级导弹的尺寸及质量要大，发动机的耗油量也大；若接力马赫数大或接近巡航马赫数时，助推器的总冲增加，装药随之增加，第一级导弹质量也会增加。因此，可以起飞质量最小为目标函数，优化确定接力马赫数值。

(2) 发动机工作性能最佳。接力马赫数选择要以发动机在巡航段具有最佳工作效能为原则，因为此时发动机工作时间最长，耗油量主要取决于巡航段。

(3) 过载值的限制。在确定接力马赫数时还要考虑助推段过载的限制。一般情况下，助推段工作时间比较短，轴向过载较大。取轴向过载 25g 以下，导弹结构和设备是可以承受的。

(4) 导弹载体的要求。接力马赫数要与载体相协调，当采用机载方案时，应考虑飞机对导弹外形尺寸和质量的要求，以不影响母机的气动、操稳性能为原则。

4.1.6.2　推进系统方案选择

1. 固体火箭发动机

固体火箭发动机结构简单，使用方便，安全可靠，成本低，可长期储存，迅速启动，因此固体火箭发动机在各种类型的战术导弹上得到了广泛应用。虽然固体火箭发动机在战术导弹上使用具有很多优点，但它的比冲低，环境温度对药柱结构和特性影响大，推力难调节，特别在比冲、密度、燃速、机械性能等方面受到限制，一般多在短程导弹上使用。

2. 液体火箭发动机

液体火箭发动机比推力高，可多次启动、关机及调节推力，工作时间比较长，推力大，本身的质量较小。但液体火箭发动机系统复杂，成本较高，燃料毒性大，使用不方便，不便于长期储存，所以在战术导弹上使用受到限制。

3. 冲压发动机

冲压发动机结构简单，制造成本低。在 $Ma = 1.5 \sim 4$ 时，它有高的推力系数、低的燃油消耗率和较高的比冲。冲压发动机的单位面积推力大，飞行速度越大效率越高，其推重比仅次于固体火箭发动机，而高于其他发动机。但冲压发动机的工作条件较苛刻，且速度为零时无推力，给使用造成了一定的困难。

4. 涡轮喷气发动机

涡喷发动机使用航空煤油，耗油率低，比冲高而且无毒，给使用带来方便。但其结构复杂，质量大，推重比小，多用于空对地导弹或巡航导弹上。

5. 涡轮风扇发动机

涡扇发动机的耗油率比涡喷发动机低得多，经济性好，适用于远程飞航导弹。巡航导弹的动力装置都采用涡扇发动机。

6. 火箭-冲压组合发动机

火箭-冲压组合发动机集中了冲压发动机和固体火箭发动机的优点，它结构紧凑，质量小，推力大，比冲高，是超声速远航程导弹的理想动力装置。

4.1.6.3　推进系统的选择方法

在选择发动机时，首先应了解各类发动机性能随工作条件的不同而变化的情况，作出各种性能曲线来进行比较；其次应针对给定的导弹战术技术要求，从使导弹的起飞质量最小、发动机的价格或其他原则出发，对不同的候选发动机进行综合分析比较，从而确定满足具体使用要求的最佳发动机。图 4-41 给出各类发动机的性能曲线。

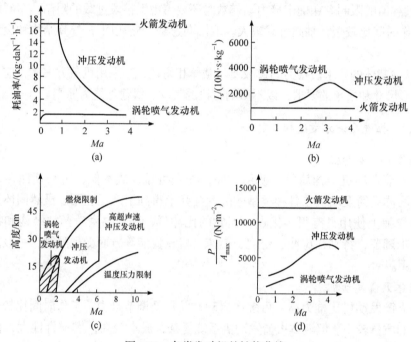

图 4-41　各类发动机的性能曲线

由图 4-41(a)中耗油率 $\dot{m}_F$ 随马赫数变化曲线可以看出，涡喷发动机的耗油率最低，当飞行时间较长时，火箭发动机的 $\dot{m}_F$ 对导弹起飞质量起决定性作用。从 $Ma=1.5$ 开始，冲压发动机较有利。

由图 4-41(b)中比冲随马赫数变化曲线可以看出，涡轮喷气发动机在使用高度和速度范围内，比冲最高，$I_s=28\sim36\text{kN}\cdot\text{s}\cdot\text{kg}^{-1}$；冲压发动机比冲 $I_s=12\sim15\text{kN}\cdot\text{s}\cdot\text{kg}^{-1}$；火箭发动机的比冲最低，$I_s=2000\sim2500\text{N}\cdot\text{s}\cdot\text{kg}^{-1}$。

由图 4-41(c)所示各类发动机的使用范围可见，涡轮喷气发动机在低空使用于亚声速或跨声速，在中空可使用到不大的超声速。加力涡轮喷气发动机在低空可使用到 $Ma=1.5$ 左右。冲压发动机在低空时适用于 $Ma=1.5\sim2.5$。火箭发动机工作不受飞行速度和高度限制，可在导弹飞行速度和高度使用的范围内任意选用。火箭-冲压组合发动机可在介于火箭发动机和冲压发动机的使用条件之间选择。

由图 4-41(d)所示单位迎面推力随马赫数变化曲线可见，火箭发动机的单位迎面推力最大；整体式火箭冲压发动机的比冲和单位迎面推力都介于火箭发动机和冲压发动机之间，在战术导弹上使用，有可能使导弹的尺寸和质量减小。

作为助推器使用的发动机要求单位迎面推力大，能在短时间内使导弹起飞并加速到某一速度，所以一般选用固体火箭发动机。固体火箭发动机虽然比冲较低，仅是冲压发动机比冲的 20%～30%，但其结构简单、启动迅速、勤务处理十分方便，在近程导弹(射程小于 50km)上得到广泛应用。当要求导弹有较远射程(大于 50km)时，一般要考虑使用吸气式喷气发动机，高亚声速远程(大于 1000km)巡航导弹一般选用涡喷、涡扇发动机，而中远射程的超声速导弹应选用冲压发动机。当要求导弹在大气层内以高超声速($Ma > 6$)巡航飞行时，应考虑使用超声速燃烧冲压发动机。

从成本看，冲压发动机由于构造简单，其成本就比涡轮喷气发动机低得多；从工作可靠性看，固体火箭发动机无活动部件，其可靠性比液体火箭发动机高；从使用方便性看，固体火箭发动机比液体火箭发动机使用方便，因前者发射前准备工作少，不需要很多的辅助设备；从推力调节性看，固体火箭发动机比液体火箭发动机困难；从推力矢量控制看，液体火箭发动机比固体火箭发动机操纵容易，因前者便于采用摆动推力室或燃气舵等方式实现。另外，对发动机技术的掌握程度，这一因素有时对发动机的选择起决定性作用。

4.1.7　推进系统设计要求

发动机为导弹提供飞行动力，保证导弹获得所要求的速度、射程。发动机又是弹体的组成部分，应满足气动力和结构总体的要求。

4.1.7.1　固体火箭发动机设计要求

战术导弹上使用的固体火箭发动机有单级固体火箭发动机、双推力固体火箭发动机和脉冲式固体火箭发动机。

1. 单级固体火箭发动机性能要求

单级固体火箭发动机性能要求包括总冲、比冲、推力与时间的关系曲线、质量比和质量比冲、推力偏心。质量比是推进剂质量与发动机总质量的比值，质量比冲是发动机总冲与发动机质量的比值，这两个参数直接影响导弹射程、导弹总质量及与其相关的性能，是评估导弹发动机设计水平的重要参数。推力偏心相当于在制导系统中引进干扰力和力矩，对发射速度低的导弹，将影响制导精度。一般要求发动机的推力偏心不超过0.2°[14]。

2. 双推力固体火箭发动机性能要求

导弹采用单室双推力固体火箭发动机的目的在于降低导弹的峰值速度，以降低气动阻力引起的能量损失。要求第一级推力大，使导弹快速离开发射架并达到要求的速度；第二级推力则维持续航。除与单级固体火箭发动机性能要求相同的项目外，还有：第一级推力、总冲、最大推力、最小推力及起始推力峰值建立时间、两级推力比、两级发动机推力总冲之和、两级分别工作时间。发动机在两种推力状态下工作，使用同一个喷管，至少有一个推力状态是在非最佳工作状态，推力比越大，偏离最佳工作状态就越远，使总体效率下降。

3. 脉冲式固体火箭发动机性能要求

脉冲式固体火箭发动机有双脉冲和多脉冲发动机。它与双推力发动机要求的不同在于根据点火指令实现多次点火。

4.1.7.2　液体火箭发动机设计要求

液体火箭发动机性能要求包括推力、比冲、推进剂质量混合比、混合比偏差、推进剂流量、发动机质量、质量推力比等。推进剂质量混合比是氧化剂流量与燃烧剂流量之比,混合比偏差是实际混合比与额定混合比之差。推进剂流量是发动机产生所需推力时每秒消耗的推进剂质量,推进剂流量 = 推力/比冲 = 氧化剂流量 + 燃烧剂流量。质量推力比是发动机结构质量与推力之比,它的含义是发动机产生 1N 推力需要的结构质量,质量推力比小说明发动机设计水平高,工艺先进,结构材料好。

4.1.7.3　火箭-冲压组合发动机设计要求

火箭-冲压组合发动机在助推器推力的作用下达到规定的飞行条件后转入冲压工作状态,它的工作与导弹飞行高度、速度范围及弹道特性密切相关。火箭-冲压组合发动机应在所要求的飞行高度、马赫数、攻角及侧滑角范围内正常工作,其工作包线设计必须满足导弹总体的工作包线,进气道在亚临界流态下不应发生喘振。发动机抛出物不得对导弹和载机造成损坏。该发动机性能要求包括工作包线,发动机尺寸和质量,转级马赫数,助推器的尺寸、质量、总冲、推力、工作时间,典型飞行状态下的冲压工作状态推力、推力系数、工作时间、比冲。

4.1.7.4　涡轮喷气发动机设计要求

涡轮喷气发动机的性能随着飞行速度和大气条件的变化而变化,其工作与导弹的飞行速度、飞行高度、发动机的转速等密切相关。涡喷发动机的性能要求包括工作包线、启动时间、推力、燃料消耗率、转子转速、空气流量、单位推力、燃气发生器质量和推重比、振动输出量级及发动机尺寸和质心位置。发动机的工作包线是以飞行马赫数和飞行高度为坐标给出的发动机能稳定可靠工作的范围。为适应导弹的快速反应要求,发动机必须具有快速启动能力,启动时间定义为发动机转速从 0 到额定转速的 90%所经历的时间。同时为了正确使用和检测,还应当给出一些极限或限制条件,如环境温度范围、最高进排气温度与冲击温度、最低进气压力、最大实际转速和最大换算转速、燃油进口(泵前)最低压力、滑油压力与温度、最大空气引出量、最大雨水含量与分布、最大动力输出等。

4.2　引战系统方案选择和要求

引战系统是导弹武器的重要分系统,其任务是选择最有利的时机摧毁、破坏目标,杀伤有生力量,而导弹其他分系统都是为保证将战斗部和引信可靠、准确地运送到预定适当位置。因此，作为引战系统主体的战斗部，其质量在很大程度上决定了全弹的质量。首先，在导弹系统设计中，设计师应尽可能将导弹各分系统的体积及质量降到最低，把更大的空间留给战斗部，使战斗部质量尽可能大，以便使被攻击的目标受到尽可能大的毁伤和破坏。其次，战斗部借助其威力，在一定范围内可以弥补导弹制导系统不可避免存在的制导误差，因此战斗部的威力半径必须满足战术技术要求所提出的命中概率 $P(r<R)$ 要求，并且与导弹制导系统的准确度匹配好，才能有效地摧毁目标。最后，在导弹系统布局时，为保证战斗部系统功能的正常发挥，原则上是充分发挥战斗部的最大效率。例如，对付装甲目标的聚能破甲战斗部、半穿甲战斗部，应尽可能靠近导弹头部，以保证战斗部爆炸所形成的金属射流有效破甲，或者使战斗部有效地穿入目标内部爆炸；对付飞机类目标的破片杀伤战斗部，为了增大有效杀伤半径，同时有利于导引头正常工作，战斗部位于导弹中部靠前比较合理，并且战斗部应避开弹翼的位置；对付地面目标的爆破战斗部，其位置的要求不严格。

4.2.1　引战系统的组成及分类

引战系统由引信、战斗部和安全系统组成。战斗部是导弹直接用于摧毁目标的部件，是导弹的有效载荷。战斗部由装填物和壳体组成。装填物是战斗部摧毁目标的能源和工质，其作用是将本身储存的化学能或核能通过化学反应或核反应释放出来，与战斗部其他构件一起形成金属射流、自锻破片或预制破片、冲击波等毁伤因素。例如，常规装药战斗部在引爆后通过化学反应释放出能量，与战斗部其他构件配合形成金属射流、破片、冲击波等杀伤元素。装填物主要是高能炸药或核装药。壳体是战斗部的基体，用以装填爆炸装药或子战斗部，起支撑体和连接体作用，大部分壳体是全弹弹体的组成部分。破片式杀伤战斗部的壳体还具有形成杀伤元素的作用，它在炸药爆炸后破裂形成具有一定质量的高速破片。当战斗部安装在导弹头部时，还应保持良好的气动外形。

引信是适时引爆战斗部的引爆装置，引信包括近炸引信、触发引信和自炸引信等。对于规定的作战目标，当导弹满足制导精度要求时，近炸引信应正常工作，并满足炸点控制精度；当导弹撞击目标时触发引信应正常工作；当导弹未遇靶和遇靶未炸时，自炸引信应正常工作。

安全系统是战斗部的安全装置。它既要保证导弹在运输、储存、检测、挂飞及发射离架后的安全距离内处于安全状态，也要保证导弹发射后飞离我方人员安全距离之外适时解除保险，在引信输出的引爆脉冲作用下及时可靠地起爆战斗部。引信和安全系统的作用虽然不同，但在大多数情况下，在构造上往往将安全系统装在引信上，因此通常就把安全系统看作是引信的一部分。

在现代战争中，由于所要对付目标的多样性，因而战斗部种类也具有多样性，战斗部对目标的破坏机理有物理(机械)破坏效应、化学毁伤效应、光辐射杀伤效应及放射性杀伤效应及其他毁灭效应，如细菌毁灭效应、微生物毁灭效应等。战斗部有时按装填物分类，如装填普通炸药的战斗部称为常规战斗部，装填原子装药的战斗部称为核战斗部。导弹战斗部分类如图 4-42 所示。

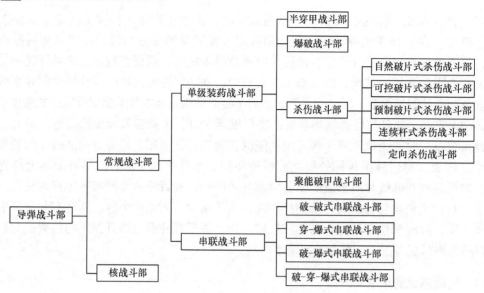

图 4-42　导弹战斗部分类

4.2.2　爆破战斗部

4.2.2.1　爆破战斗部的作用原理

爆破战斗部以爆炸装药在不同介质中爆炸后形成的爆炸冲击波和爆轰产物为主要毁伤因素对目标造成破坏。爆炸冲击波和爆轰产物具有高压、高温和高密度的特性，因此对目标具有一定的破坏能力。

爆破战斗部通常分为外爆式和内爆式两种类型。外爆战斗部在目标周围爆炸，配用近炸引信或触发引信，近炸引信的作用距离由战斗部的威力半径、目标要害部位尺寸和目标易损特性等确定。

外爆战斗部(图 4-43)的壳体较薄，可装填较多炸药，装填系数较大。

内爆战斗部(图 4-44)要求导弹直接命中目标，战斗部钻入目标内部爆炸。战斗部在目标内部爆炸所形成的爆炸冲击波运动到壁面后反射，其波阵面压强增大，目标在经过多次反射的爆炸冲击波作用下，其受损程度将显著增加。内爆战斗部采用触发延期引信。战斗部壳体应具有较高强度，以保证战斗部有效地进入目标内部。

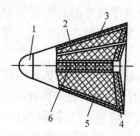

图 4-43　外爆战斗部
1-弹头帽；2-外壳；3-壳体；4-TNT 炸药塞；
5-混合炸药；6-中心传爆管

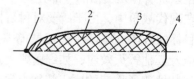

图 4-44　内爆战斗部
1-引信；2-装药；3-壳体；4-装药底盖

4.2.2.2　爆破战斗部的主要性能参数

爆破战斗部的主要性能参数包括冲击波波阵面超压 ΔP 和比冲量 i。

(1) 冲击波波阵面超压：冲击波波阵面上压力超出当地周围未被扰动的介质大气压力的数值，即

$$\Delta P = P - P_a \text{ 或 } \Delta P_m = P_m - P_a \tag{4-15}$$

式中，P_a 为未被扰动大气压力；P_m 为最大压力。

爆破战斗部爆炸之后，冲击波经过某点时压力与时间的关系曲线如图 4-45 所示。

(2) 比冲量：单位面积上所受波阵面的作用力和这一力作用时间的乘积。其表达式为

$$i = \int (P - P_a) \mathrm{d}t \tag{4-16}$$

爆破战斗部对目标的破坏程度与比冲量和超压值有关。目标不同，它所能承受的超压和比冲量的数值也不同。经验认为，当比冲量 $i = 2000 \sim 3000 \mathrm{N \cdot s \cdot m^{-2}}$ 时，可破坏坚固的建筑物。对飞机来说，超压 $\Delta P = 0.05 \sim 0.10 \mathrm{MPa}$ 时就可使其严重破坏，$\Delta P > 0.10 \mathrm{MPa}$ 时可使其完全破坏；对舰艇来说，$\Delta P = 0.03 \sim 0.04 \mathrm{MPa}$ 时可使其中等程度破

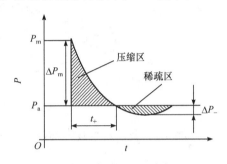

图 4-45　冲击波经过某点时
压力与时间的关系曲线

坏，$\Delta P = 0.07 \sim 0.078 \mathrm{MPa}$ 时可使其遭受严重破坏；对车辆来说，$\Delta P = 0.035 \sim 0.29 \mathrm{MPa}$ 时，轻型装甲车辆将受到不同程度的破坏，$\Delta P > 0.05 \mathrm{MPa}$ 时可破坏各种轻型兵器和引爆地雷。冲击波对人体的杀伤作用可用其超压来表征，当 $\Delta P < 0.02 \times 10^5 \mathrm{Pa}$ 时基本没有杀伤作用，当 $\Delta P = 0.03 \times 10^5 \sim 0.05 \times 10^5 \mathrm{Pa}$ 时，人体会受到中等程度伤害，当 $\Delta P > 0.1 \times 10^5 \mathrm{Pa}$ 时人将致死。

爆炸冲击波波阵面压强与爆炸点当地的密度有关。由于高空空气稀薄，爆破战斗部的毁伤能力随爆炸点高度增加而显著下降，因此这种战斗部主要用于攻击地面目标和水面目标。

4.2.3　聚能破甲战斗部

4.2.3.1　聚能破甲战斗部的作用原理

聚能破甲战斗部是一种利用炸药爆炸时产生的聚能效应和冲击波效应去穿透厚的坦克、舰船的装甲或混凝土的战斗部，配用触发引信。它主要用于攻击地面上的防御工事、坦克、装甲车，以及水面上的舰艇等，其装药量较大。战斗部起爆后，位于前端的锥形(或半球形)药型罩形成一股速度极高的聚能流来毁伤坦克的装甲或军舰的侧舷板，使之构成破孔。爆炸形成的爆炸冲击波随聚能流到达后，扩大破孔尺寸，综合破坏坦克或军舰的舱段。

图 4-46 所示是一个反坦克导弹聚能破甲战斗部结构图，它由保护帽、防滑帽、风

帽、药型罩、炸药、壳体和压电引信等组成。战斗部位于导弹头部,防滑帽的作用是当导弹撞击目标时,防止导弹在目标上滑跳,从而保证引信和战斗部正常工作。风帽的作用是使战斗部碰到目标装甲时,正好使装甲处在聚能流的焦点上,这样可以增加穿透效果。药型罩的作用是提高破甲效能,金属药型罩使形成的聚能流密度大,运动距离长,具有更大的能量集中,因而对装甲的穿透作用也就更强。

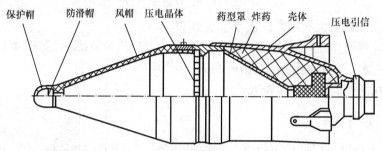

图 4-46 反坦克导弹聚能破甲战斗部结构图

4.2.3.2 聚能破甲战斗部的主要性能参数

1. 破甲威力及其确定

破甲深度(厚度)是影响破甲威力的主要因素。此外,在考察战斗部破甲威力时,在破甲深度一定的前提下,穿孔直径愈大,后效作用及击毁目标的程度和概率也愈大,因此对穿孔直径即后效作用大小也要给予适当考虑。

在衡量破甲战斗部的威力时,常采用在静止试验条件下测得的破甲深度——静破甲深度这一概念。确定聚能破甲战斗部的威力,其实质就是计算确定聚能破甲战斗部的静破甲深度。反坦克导弹用的聚能破甲战斗部的静破甲深度必须远大于坦克主装甲的厚度,才能保证导弹命中目标并在可靠起爆后具有很高的毁伤概率。

确定静破甲深度时需要考虑下列因素:①坦克主装甲(前装甲)的厚度与倾角;②导弹着靶瞬间的姿态与引信瞬发度,以及导弹和甲板表面之间的相对运动等因素对破甲效应的影响;③结构和工艺因素对破甲效应的影响;④战斗部的聚能射流穿透装甲之后,还应具备足够破坏目标的后效作用。

考虑到上述因素,静破甲深度 L_J 应满足如下条件,即

$$L_J \geqslant \frac{b}{\cos(\varphi - \Delta\varphi)} k_1 k_2 k_3 k_4 + \Delta L \tag{4-17}$$

式中, L_J 为静破甲深度; b 为坦克装甲(靶板)厚度; φ 为着角(弹轴与装甲板法线之间的夹角,示意图见图 4-47); $\Delta\varphi$ 为着角变化量,取决于导弹着靶姿态、立靶方位与引信瞬发度、弹头的防滑设施等; k_1 为靶板材料修正系数,静破甲试验靶板为普通碳钢,动破甲为装甲靶

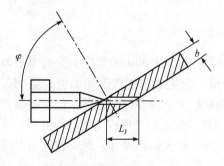

图 4-47 弹轴与装甲板法线之间的夹角示意图

板时，可取 $k_1 = 1.08 \sim 1.14$ ； k_2 为导弹滚转影响的修正系数，可根据试验曲线计算，当导弹着靶时若转速低于 $30\,\text{r} \cdot \text{s}^{-1}$，取 $k_2 = 1$ ； k_3 为引信瞬发度影响的修正系数，对压电引信、电力引信等瞬发度较高的引信，取 $k_3 = 1$ ； k_4 为考虑着靶时弹轴倾斜度影响的修正系数，着角 $\varphi \geqslant 65°$ 时，取 $k_4 = 1$ ； ΔL 为保证后效作用所需的破甲余量，根据试验统计结果，取 $\Delta L = 140 \sim 250\,\text{mm}$ 时，穿透装甲后的射流在距靶板 1m 以内能穿透坦克的油箱，2m 以内能穿透弹药舱，3m 左右能杀伤乘员。

采用压电引信对仰靶射击时， $\Delta\varphi = 2° \sim 5°$，对侧立靶射击时， $\Delta\varphi = 1° \sim 6°$ ；采用机械触发引信，弹头有防滑帽，对侧立靶射击时， $\Delta\varphi = 1.5° \sim 5.5°$。

2. 战斗部直径与质量的估算

战斗部的直径主要取决于两个因素：①保证导弹头部具有良好的气动力外形，从这个观点出发，战斗部的直径最好等于弹径，对亚声速飞行的反坦克导弹，也可以允许其小于或大于弹身直径；②保证战斗部有足够大的威力，对战斗部破甲威力来说，弹径愈大，破甲威力愈强，即静破甲深度愈大。因为战斗部的直径 D_W 基本上决定了炸药柱及药型罩的直径 d，所以在保证破甲射流稳定性及适当的穿孔直径的前提下，聚能破甲战斗部的直径 D_W 一经确定，则其静破甲深度 L_J 也就基本上确定了。因此，可以根据静破甲深度 L_J 来估算战斗部的直径。根据国内外的破甲战斗部统计，目前一般的设计水平，可达到静破甲深度为战斗部直径的 $5 \sim 6$ 倍，即

$$L_J = (5 \sim 6)D_W \tag{4-18}$$

设计最佳的聚能破甲战斗部，其静破甲深度可以达到弹径的 $8 \sim 10$ 倍。

聚能破甲战斗部的质量是一个重要的参数，它是破甲威力的特征量之一。根据试验的理论分析结果，战斗部质量 m_A 与静破甲深度 L_J 近似成线性关系，即

$$m_A = K_1 L_J \tag{4-19}$$

式中， K_1 是与炸药性质有关的系数，由试验统计确定，对中轻型反坦克导弹聚能破甲战斗部取 $K_1 = 3 \sim 5$，重型反坦克导弹聚能破甲战斗部取 $K_1 = 5 \sim 7$。

药型罩的质量 m_y 与静破甲深度 L_J 近似成线性关系，即

$$m_y = K_2 L_J$$

式中， K_2 是与药型罩材料有关的系数，常用紫铜药型罩取 $K_2 = 0.3 \sim 0.33$。

在总体方案分析过程中，可用式(4-19)对战斗部的质量进行粗略估算。

3. 战斗部结构对破甲威力的影响

(1) 战斗部所装炸药的爆速和装药密度愈大，在同样结构和环境条件下，所生成的聚能射流破甲威力愈大。

(2) 在形状相似，其他条件相同的情况下，炸药柱的外径 d 直接与战斗部的静破甲深度成正比，即炸药柱外径愈大，破甲威力愈大。

(3) 药型罩的材料直接决定着聚能射流的密度，而射流密度愈大，则静破甲深度愈大。在金属材料中，以紫铜药型罩破甲性能最好，故使用最普遍。但近些年来，新发展

的贫铀合金(提炼铀235剩下的废渣铀238)制成的药型罩，破甲性能有很大的提高。

(4) 药型罩的形状对破甲威力影响很大。已经得到应用的有圆锥形、双锥形、半球形、喇叭形等，各种形状的药型罩在爆炸条件相匹配的条件下皆能获得好的破甲效果。锥形药型罩形成的射流稳定性好，且工艺也较简单，因而使用最广泛。喇叭形药型罩可以增大破甲深度，但形成射流的稳定性差，且工艺复杂，所以很少采用。

圆锥形药型罩锥顶角 2α 的变化对静破甲深度有显著影响。在炸药爆速为 $8300\,\mathrm{m\cdot s^{-1}}$，药型罩材料为紫铜的条件下，表 4-6 给出了药型罩锥顶角与静破甲深度的实验结果。当锥顶角 2α 增大时，静破甲深度降低。但射流稳定性提高，穿孔直径也增大，后效作用好，通常设计战斗部的锥顶角为40°～60°，当战斗部直径较大时，锥顶角也取得稍大些。

表 4-6　药型罩锥顶角与静破甲深度的实验结果

药型罩锥顶角 (2α)	30°	40°	50°	60°	70°
静破甲深度相对值 (L_J / d)	6.3	5.56	5.3	5.13	4.95

喇叭形药型罩、双锥形药型罩都是变锥角的锥形药型罩，本质上与锥形药型罩相同，但因它们的顶部锥角小，底部锥角大，有利于提高射流头部速度，增大射流的速度梯度，同时使药型罩的母线相对增长，装药量可增多，因而可提高静破甲深度。

(5) 炸高的影响。在静破甲试验中，药型罩锥形底部端面至靶板表面的垂直距离称为静止炸高，如图 4-48 战斗部结构及参数中的 H_J 所示。对于某一具体战斗部，在一定结构和爆炸条件下，都存在一个最有利的静止炸高，该情况下战斗部可以获得最大的静破甲深度。最有利静止炸高取决于战斗部的结构因素，通过合理确定风帽的长度来保证。通常最有利静止炸高是药型罩锥底直径的 1～3 倍，即 $H_J = (1\sim3)d_1$。当药型罩锥顶角 2α 愈大时，最有利静止炸高的相对值 H_J / d_1 也愈大。

(6) 隔板。在战斗部起爆(传爆)药柱与药型罩之间设置隔板，通过延迟或中断药柱轴向爆轰传递和改变爆轰传播路径，来调整起始爆轰波阵面的形状，进而控制爆轰方向和爆轰达到药型罩的时间，同时还可提高爆炸载荷，以达到提高破甲深度的目的。隔板材料要求有良好的隔爆性能，可压缩性大，组织均匀，且各向同性，以保证起始爆轰波阵面的对称性与稳定性；应具有一定的强度和韧性，不易碎裂。试验表明，泡沫塑料、酚醛层压布板、酚醛塑料、蜡等材料制成的隔板，其静破甲深度提高的程度相近。

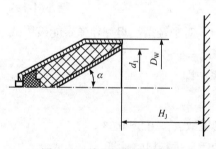

图 4-48　战斗部结构及参数

4.2.4　杀伤战斗部

4.2.4.1　破片式杀伤战斗部的作用原理

破片式杀伤战斗部是现役装备中最常见的主要战斗部形式之一，用于攻击飞机、飞航式导弹等空中目标，也可攻击地面一切有生力量及机场上的各类飞机、汽车、雷达设备、各种轻重武器等。

破片式杀伤战斗部的作用特点：利用战斗部爆炸后产生的大量高速飞散的破片群直接打击目标，从而使目标损伤或破坏。破片对目标的破坏作用可以归纳为如下内容：①击穿破坏作用，破片击穿飞机的座舱、发动机、燃油系统、润滑系统、操纵系统及飞机结构(如蒙皮、梁、框、翼肋等受力构件)等部件，使部件遭受破坏，失去作用而摧毁飞机。②引燃作用，破片击中飞机的油箱使飞机着火而摧毁飞机。③引爆作用，破片击中飞机携带的弹药使弹药爆炸而摧毁飞机。其中，击穿破坏和引燃作用是主要的。在高空以击穿破坏作用为主，引燃作用则由于高空空气稀薄而大大减弱。

破片式杀伤战斗部对目标的杀伤和破坏是靠具有一定动能并且具有一定分布密度的破片直接打击目标来实现的，其中破片的分布密度与形状、大小则与战斗部的结构及材料有关。破片式杀伤战斗部可分为自然、可控和预制破片三种形式。所谓可控破片，是在壳体上刻槽，造成局部强度减弱，以控制爆炸时的破裂部位，形成大小、形状较为规则的破片。所谓预制破片，是预先制成破片，其形状可以是立方体、圆球、短杆等，装在壳体内，爆炸后飞散出去。这类杀伤破片的大小和形状规则，杀伤效果较令人满意。预制破片式杀伤战斗部的壳体很薄，根据所要求的破片数和飞散要求，破片分一层、两层或多层形式用有机胶黏结成块，预先装填在战斗部壳体内。

可控破片又称为半预制破片，典型结构主要有壳体刻槽式杀伤战斗部、装药表面刻槽式杀伤战斗部和圆环叠加点焊式杀伤战斗部三种类型。壳体刻槽式杀伤战斗部应用应力集中的原理，在战斗部壳体内壁或外壁上刻有许多等距离交错的沟槽，将壳体壁分成许多尺寸相等的小块，当炸药爆炸时，由于刻槽处的应力集中，因而壳体沿刻槽处破裂，破片的大小和形状由预刻的沟槽来控制，沟槽的形状为 V 形，组成斜交的菱形网格，沟槽深度一般为壳体壁厚的 1/3。装药表面刻槽式杀伤战斗部是在炸药的表面上预先制成沟槽，爆炸时，在凹槽处形成聚能作用，将壳体切割成形状规则的破片，采用这种结构可以很好地控制破片的形状及尺寸。圆环叠加点焊式杀伤战斗部是将许多圆环叠层堆积起来，用点焊连接成战斗部壳体，爆炸时，圆环被拉断成破片。

图 4-49 为壳体内表面刻槽式杀伤战斗部[15]。战斗部由壳体、前底、后底、炸药和传爆管等组成。战斗部壳体采用厚 7mm，10 号普通碳钢板卷焊接而成，内壁刻槽的槽深为 3mm，V 形槽角度为 168°，为加强应力集中，槽底部尖角为 45°。爆炸后形成的每一菱形破片质量为 12g。内表面沟槽的形状见图 4-49(b)。

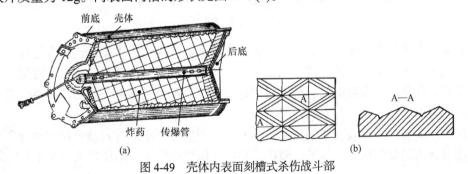

前底　壳体　后底
炸药　传爆管
(a)

A—A
(b)

图 4-49　壳体内表面刻槽式杀伤战斗部

图 4-50 所示是美国"百舌鸟"空对地导弹预制破片式杀伤战斗部，战斗部内装一万多个质量为 0.85g 的立方体钢制破片，破片速度为 1000～2000 m·s⁻¹，能击穿与雷达结构 (天线支座、框架等)等效的 2.175mm 厚的装甲钢板。在战斗部前端设置了一个聚能药型罩，用来销毁位于战斗部舱前面的制导舱。该战斗部破片质量小而数量多，适于对付地面的软目标和半硬目标。"哈姆"导弹战斗部破片数量增加到 25000 块，并用钨合金破片取代钢破片，提高了破片的穿透力。

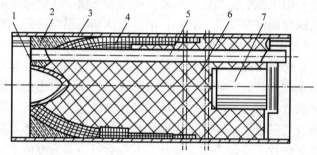

图 4-50　美国"百舌鸟"空对地导弹预制破片式杀伤战斗部
1-药型罩；2-填料；3-壳体；4-预制破片；5-电缆管；6-炸药；7-传爆管

连续杆式杀伤战斗部又称链条式杀伤战斗部，其外壳是由若干钢条在其端部交错焊接并经整形而成的圆柱体。战斗部爆炸后，处于折叠状态的连续杆受炸药爆炸力的作用逐渐展开，形成一个不断扩张的链条式金属杀伤环，该连续杆环以一定的速度与空中目标碰撞时，对目标构件进行切割，使目标杀伤。连续杆式杀伤战斗部的工作原理如图 4-51 所示。连续杆环展开到最大直径后就断裂成单独的杆，像普通破片一样，但由于数量少，速度低，它的杀伤作用大大减弱。这种战斗部与破片式战斗部相比，最大优点是杀伤率高，缺点是对导弹制导精度要求高，生产成本也比较高。

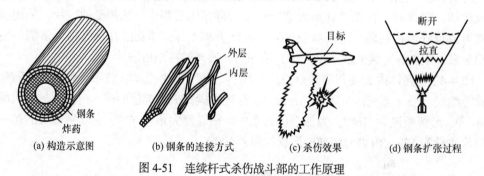

图 4-51　连续杆式杀伤战斗部的工作原理

离散杆式杀伤战斗部是用独立的大长径比的预制杆件作为主要杀伤元素的战斗部，从本质上说，类似于预制破片式杀伤战斗部。离散杆式杀伤战斗部是由大量首尾不相连的杆条安装在装药外面组成的，杆条可以是一层，也可以是两层，可以从一端起爆，也可以从两端起爆。

聚能式杀伤战斗部攻击空中目标时主要是利用金属射流的有效破甲作用和金属质点来点燃目标内的易燃物对目标进行破坏。它与其他聚能战斗部的显著区别在于聚能破甲不是由一个而是由许多个聚能药垛组成的，所有聚能药垛沿圆周方向和轴向均匀分布，在空间构成一个威力网。图 4-52 所示是"罗兰特"导弹战斗部结构示意图。带半球形药型罩的药垛沿轴向有 5 排，每排有 12 个，均匀地交错放置，药型罩直径为 35～40mm，爆炸后每个药型罩能形成 50～60 个金属质点，质点速度达 3～4 km·s^{-1}，呈辐射分布。

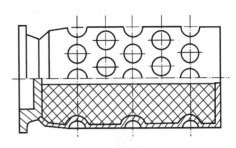

图 4-52　"罗兰特"导弹战斗部结构示意图

4.2.4.2　破片式杀伤战斗部的主要性能参数

为了保证对目标的杀伤破坏作用，破片式杀伤战斗部必须具有足够数量和足够大小的破片，且每块破片必须具有足够的动能。也就是要求破片在目标附近应有一定的散布密集度，并具有足够大的动能飞向目标。

破片式杀伤战斗部的主要性能参数包括：N—有效杀伤破片总数；q_f—单枚破片质量；Ω—破片飞散角；ϕ—破片静态飞散方向角；v_0—破片飞散初速。

1. 破片飞散初速

破片飞散初速是战斗部爆炸时，破片获得能量后达到的最大飞行速度。其计算公式为

$$v_0 = 1.236\sqrt{\frac{Q_e}{1/\beta+1/2}} \tag{4-20}$$

式中，v_0 为破片飞散初速($\mathrm{m\cdot s^{-1}}$)；Q_e 为炸药爆热($\mathrm{J\cdot kg^{-1}}$)；β 为质量比，$\beta = m_e/m_f$，m_e 为装药质量(kg)，m_f 为形成破片的壳体质量(kg)。

若以装填系数表示，则式(4-20)可改写为

$$v_0 = 1.236\sqrt{\frac{Q_e}{1/K_a-1/2}} \tag{4-21}$$

式中，K_a 为装填系数，$K_a = m_e/(m_e+m_f)$。

计算破片飞散初速常用格尼(Gurney) 公式，该公式所依据的假设条件和所应用的推导方法与上述是一致的，对于圆柱形壳体，格尼公式为

$$v_0 = \sqrt{2E}\sqrt{\frac{\beta}{1+\beta/2}} \tag{4-22}$$

式中，$\sqrt{2E}$ 为格尼常数，或称格尼速度($\mathrm{m\cdot s^{-1}}$)，E 可称为格尼能。

2. 破片飞散角及破片密度分布

破片的飞散角是指战斗部爆炸后，在战斗部轴线所在的平面内，90%有效破片所占的角度。在飞散角内，破片密度的分布通常是不均匀的，用符号 $\phi_{0.9}$ 表示，试验表明，在静态飞散区内，破片密度 $\phi_{0.9}$ 近似服从正态分布。

图 4-53 为战斗部破片飞散示意图。图 4-53(a)表示战斗部在静止条件下爆炸时，有 80%～90%的破片沿其侧向飞散，而有 5%～10%的破片向前后方向飞散。破片的静态飞散特性

完全取决于战斗部结构、形状、装药性能及起爆传爆方式。在三维空间中，战斗部的静态飞散区是一个对称于战斗部纵轴的空心锥。

战斗部在动态条件下爆炸时，由于导弹速度与破片速度的叠加关系，侧面破片飞散锥向前倾斜，见图 4-53(b)。破片的动态飞散特性取决于导弹的速度 v、目标的速度 v_T 及破片的静态飞散特性等。

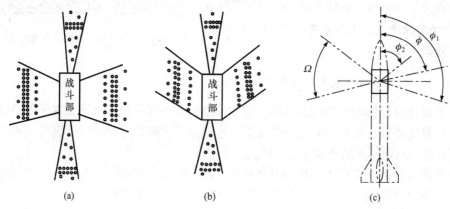

(a)   (b)   (c)

图 4-53　战斗部破片飞散示意图

3. 破片静态飞散方向角

破片静态飞散方向角是破片飞散方向与战斗部轴线正向(弹轴方向)所成的夹角。由于破片飞散具有一定的张角，飞散方向角按张角的中心线计，记为 ϕ。飞散方向角是根据引战配合的要求设计的，可以前倾或后倾，但为了使工程上易于实现，通常设计为与弹轴正向成 90°。图 4-53(c)为破片群静态飞散特性，其中 ϕ_1、ϕ_2 为破片群的飞散范围角。

飞散范围角 ϕ_1、ϕ_2 是飞散方向角的两个边界值。它们是由战斗部金属壳体两端底部破片的飞散方向决定的。两端底部破片的飞散方向主要取决于战斗部的长细比(长度与直径之比)、炸药性能、装填系数、两端金属壳体的厚度和起爆管在战斗部中的位置等。

破片的静态飞散范围角 ϕ_1、ϕ_2 可由式(4-23)确定：

$$\phi_i = \frac{\pi}{2} - \frac{26\sqrt{Q_e}\cos\theta_i}{v_e\sqrt{\dfrac{1}{K_a} - \dfrac{1}{2}}}, \quad i = 1, 2 \tag{4-23}$$

式中，θ_1、θ_2 为爆轰波到达边界时，波的法向与壳体表面的夹角；v_e 为炸药的爆速($\mathrm{m \cdot s^{-1}}$)。

由破片群飞散角 Ω 所形成的区域，称为破片群的静态飞散区。破片飞散角表达式为

$$\Omega = \phi_2 - \phi_1$$

则

$$\Omega = \frac{26\sqrt{Q_e}}{v_e\sqrt{\dfrac{1}{K_a} - \dfrac{1}{2}}}(\cos\theta_1 - \cos\theta_2) \tag{4-24}$$

破片群静态飞散方向角 ϕ 表示破片群的平均飞散方向，即飞散方向角的二等分线与导弹纵轴之间的夹角。显然：

$$\phi = \frac{1}{2}\left(\phi_1 + \phi_2\right)$$

则

$$\phi = \frac{\pi}{2} - \frac{26\sqrt{Q_e}}{2v_e\sqrt{\dfrac{1}{K_a} - \dfrac{1}{2}}}\left(\cos\theta_1 + \cos\theta_2\right) \tag{4-25}$$

4. 单枚破片质量

单枚破片质量是破片式杀伤战斗部一枚破片炸前的设计质量，它是由破片的速度和目标的易损特性决定的。对付一定的目标，可以确定相应的杀伤准则。给定一个初速，就可以确定一枚破片的质量。

5. 有效杀伤破片总数

有效杀伤破片总数指战斗部在威力半径处对目标有杀伤作用的有效破片数的总和。有效杀伤破片总数根据威力半径、破片飞散方向角和设计的破片密度确定，即

$$N = \frac{2\pi}{0.9 \times 57.3} R^2 \phi_{0.9}\gamma = 0.1218 R^2 \phi_{0.9}\gamma \tag{4-26}$$

式中，N 为有效杀伤破片总数(块)；R 为战斗部威力半径(m)；γ 为要求的 $\phi_{0.9}$ 内的平均破片密度(块/m²)。

表 4-7 示出破片式杀伤战斗部的主要性能参数，战斗部所用的炸药大多数是以黑索金或奥克托金为主体的含铝粉的混合炸药。

表 4-7　破片式杀伤战斗部的主要性能参数

战斗部类型	战斗部质量/kg	破片质量/g	破片飞散初速/(km·s⁻¹)	破片飞散角/(°)
地对空导弹战斗部	>100	9～20	3～2.6	10～40
	>11	2～3	1.8～2.5	—
空对空导弹战斗部	>11	2～3	1.8～2.3	10～22
超低空地对空导弹战斗部	1.5～2	2～2.5	1.3～1.8	9～14

6. 破片必需的打击动能

破片必需的打击动能 E 是指破片击穿目标所必需的最小动能。破片杀伤目标所需的动能如表 4-8 所示。

表 4-8　破片杀伤目标所需的动能

目标	人员	飞机	装甲(厚 10mm)	装甲(厚 16mm)
$E/(N \cdot m)$	78.5～98.1	1472～2453	3434	10202

破片击中目标时的打击动能为

$$E = \frac{1}{2} m_{fl} v_{fT}^2 \tag{4-27}$$

式中，m_{fl} 为单枚破片质量；v_{fT} 为破片击中目标时相对于目标的速度，其值为

$$\boldsymbol{v}_{fT} = \boldsymbol{v}_f - \boldsymbol{v}_T$$

其中，

$$v_f = v_0 e^{-K_H R}$$

式中，$\boldsymbol{v}_f$ 为破片击中目标时的存速(矢量)；$\boldsymbol{v}_T$ 为目标的速度矢量；v_0 为破片的飞散初速，其值可按式(4-20)～式(4-22)计算；K_H 为破片的速度衰减系数(m^{-1})；R 为战斗部的威力半径(m)。

$$K_H = \frac{C_x \rho g S_f}{2 G_{fl}}$$

式中，G_{fl} 为破片的重力(N)；S_f 为破片的迎风面积(m^2)；C_x 为阻力系数。

4.2.4.3　定向杀伤战斗部

定向杀伤战斗部是近年发展起来的一类新型结构的战斗部。传统的破片式杀伤战斗部的杀伤元素沿径向基本是静态均匀分布的，这种均匀分布实际上是很不合理的。因为当导弹与目标遭遇时，不管目标位于导弹的哪一个方位，在战斗部爆炸瞬间，目标在战斗部杀伤区域内只占很小一部分，如图4-54示出的空中目标在径向均强性战斗部杀伤区域横截面图。这就是说，战斗部杀伤元素的大部分并未得到利用。因此，人们想到能否增加目标方向的杀伤元素(或能量)，甚至把杀伤元素全部集中到目标方向上，这种把能量在径向相对集中的战斗部就是定向杀伤战斗部。定向杀伤战斗部的应用将大大提高对目标的杀伤能力，或者在保持一定杀伤能力的条件下，减少战斗部的质量。在使用定向杀伤战斗部时，导弹应通过引信或弹上其他设备提供目标脱靶方位的信息并选择最佳起爆位置。下面介绍几种典型的定向杀伤战斗部结构。

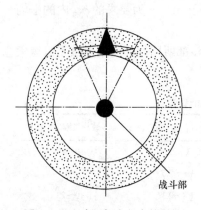

图4-54　空中目标在径向均强性战斗部杀伤区域横截面图

1) 产生破坏的壳体在外，装药在内的结构

这一类结构的壳体与径向均强性战斗部没有大的区别，但其所占的径向位置内部结构有很大的不同。首先把主装药分成互相隔开的四个象限(Ⅰ、Ⅱ、Ⅲ、Ⅳ)，四个起爆装置(1、2、3、4)偏置于相邻两象限装药之间靠近弹壁的地方，弹轴部位安装安全执行机构，定向杀伤战斗部1结构横截面图如图4-55所示。

当导弹与目标遭遇时，弹上的目标方位探测设备测知目标位于导弹径向的某一象限内，于是通过安全执行机构，同时起爆与之相对的那个象限两侧的起爆装置。如果目标位于两个象限之间，则起爆与之相对的那个起爆装置，此时起爆点不在战斗部轴线上而

有径向偏置,称为偏心起爆或不对称起爆。偏心起爆的作用改变了战斗部杀伤能量在径向均匀分布的情况,从而使能量向目标方向相对集中。起爆装置的偏置程度对径向能量的分布有很大影响,越靠近弹壁,目标方向的能量增量越大。

2) 装药位于产生破片的壳体之外的结构

这一类结构与径向均强性战斗部有很大区别,定向杀伤战斗部 2 结构横截面图如图 4-56 所示。图中示出了 6 个扇形部分,各扇形主装药之间用隔离炸药片隔开,隔离炸药片与战斗部等长,其端部有聚能槽,用于切开装药外面的薄金属壳体(此壳体仅作为装药的容器,不是为了产生破片),战斗部的中心部位为预制破片芯。在目标方位确定后,导弹给定信号使离目标最近的隔离炸药片起爆系统引爆隔离炸药片,在战斗部全长度上切开外壳,使之向两侧翻卷,并使该部分的扇形主装药被抛撒开而爆炸,为破片飞向目标方向让开道路。随后,与目标方位相对的主装药起爆系统起爆,使其余的扇形主装药爆炸,推动破片芯中的破片无障碍地飞向目标。

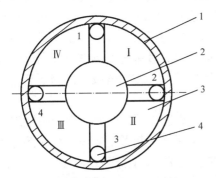

图 4-55　定向杀伤战斗部 1 结构横截面图
1-破片层;2-安全执行机构;3-主装药;4-起爆装置

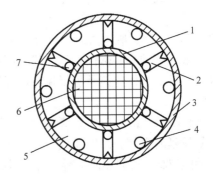

图 4-56　定向杀伤战斗部 2 结构横截面图
1-薄金属内壳;2-隔离炸药片;3-薄金属外壳;4-主装药起爆系统;5-主装药;6-预制破片芯;7-隔离炸药片起爆系统

3) 展开型结构

圆柱形战斗部分成四个互相连接的扇形体,预制破片排列在各扇形体的圆弧面上,各扇形体之间用隔离层分隔,隔离层中紧靠两个铰链处各有一个小型聚能炸药,靠中心处有与战斗部等长的片状装药。两个铰链之间有一压电晶体,扇形体两个平面部分的中心各有一个起爆该扇形体主装药的传爆管,展开式定向杀伤战斗部如图 4-57 所示。在确知目标方位后,远离目标一侧的小聚能装药起爆切开相应的两个铰链,与此同时,此处的片状装药起爆(由于隔离层的保护,小聚能装药和片状装药的起爆都不会引起主装药的爆炸),使四个扇形体以剩下的三对铰链为轴展开,破片即全部朝向目标,在扇形体展开过程中,压电晶体受压,产生大电流、高电压脉冲并输送给传爆管,传爆管引爆主装药,全部破片向目标飞去。

4.2.5　其他战斗部

4.2.5.1　半穿甲战斗部

半穿甲战斗部属于内爆战斗部,靠战斗部壳体的结构强度和引信的延迟作用,进入

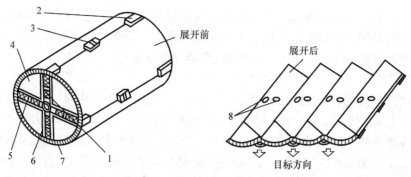

图 4-57　展开式定向杀伤战斗部

1-隔离层；2-铰链；3-压电晶体；4-主装药；5-小聚能装药；6-片状装药；7-破片层；8-传爆管

目标内部爆炸，壳体形成杀伤破片，并伴有强冲击波，这样可以产生最大的破坏效果。

半穿甲战斗部所攻击的目标是水面舰艇，以驱逐舰为典型目标。导弹命中目标的部位是舰艇的侧舷或上层建筑。驱逐舰侧舷钢板的厚度为 12mm 左右，上层建筑结构钢板比侧舷钢板更薄，舰体内的隔墙为厚度不大于 6mm 的普通钢板。半穿甲战斗部进入舰体后，一般在舰的中心部位爆炸，战斗部在爆炸之前必须穿过军舰的侧舷钢板和纵隔墙，因此战斗部的壳体应能承受得住与目标撞击时的冲击载荷，在冲击载荷作用下其爆炸装药不能早炸。

半穿甲战斗部只能穿透薄钢板，对于厚钢板要用聚能破甲战斗部。聚能破甲战斗部采用触发延时引信，以保证战斗部进入目标内部一定深度时起爆主装药。战斗部壳体材料的性能应高于舰艇壳体材料，所选用炸药应是安全性好的高能炸药。

半穿甲战斗部的头部有防跳弹装置，圆柱部壳体有整体式药型罩和配有若干大锥角或球缺的药型罩。前者在战斗部爆炸时形成自然破片，后者在战斗部爆炸时形成自锻破片，也叫射弹。半穿甲战斗部用于攻击非装甲舰艇时十分有效，图 4-58 所示为"飞鱼"系列导弹战斗部。

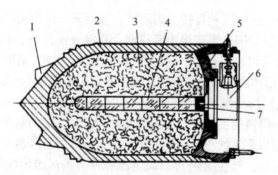

图 4-58　"飞鱼"系列导弹战斗部

1-防跳弹爪；2-壳体；3-炸药；4-传爆药；5-底部；6-引信；7-起爆药

4.2.5.2　串联战斗部

串联战斗部是把两种以上单一功能的战斗部串联起来组成的复合战斗部系统。串联战斗部最初主要用于对付反应装甲，在反机场跑道、反地下工事等硬目标战斗部中都广泛应用了串联结构[15]。

1) 反击反应装甲的串联战斗部

反击反应装甲的串联战斗部如图 4-59 所示。该战斗部为破-破式两级串联战斗部，当战斗部击中爆炸装甲时，第一级装药射流引爆爆炸装甲的炸药，炸药爆轰使爆炸装甲金属沿法线方向向外运动和破碎，经过一定延迟时间，待爆炸装甲破片飞离弹轴线后，第二级装药主射流在没有干扰的情况下顺利击穿装甲。

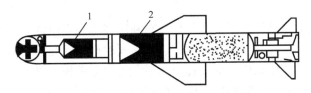

图 4-59　反击反应装甲的串联战斗部
1-第一级装药；2-第二级装药

2) 反击混凝土坚固目标的串联战斗部

反击混凝土坚固目标(机场跑道、混凝土工事等)的串联战斗部通常采用破-爆式战斗部，即前级为空心装药或大锥角自锻破片装药，后级为爆破战斗部。图 4-60 所示为装有单一双级破-爆式串联战斗部的导弹结构，该战斗部可以攻击机场跑道等硬目标。该类战斗部的工作特点是，前置的聚能装药在跑道路面打开一个大于随进战斗部直径的通道，随进战斗部在增速装药的作用下，通过该通道进入路面内部爆炸，使跑道遭到较大的毁伤。

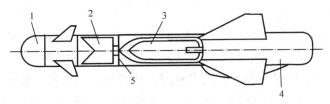

图 4-60　装有单一双级破-爆式串联战斗部的导弹结构
1-寻的头；2-前置聚能装药；3-随进爆破弹；4-涡轮发动机；5-隔板

由于串联战斗部利用了不同类型战斗部的作用特点，通过合理的组合达到对一些典型目标的最佳破坏效果。因此与单一战斗部相比，在达到相同毁伤效果时，往往串联战斗部的质量可大大减轻。特别在低空投放，战斗部着速较低时，对地下深埋目标及机场跑道、机库等硬目标，串联战斗部更有独特的优势，近年来串联战斗部受到各国普遍重视。

4.2.5.3　云爆战斗部

云爆战斗部是指以燃料空气炸药(fuel air explosive，FAE)作为爆炸能源的战斗部，也称 FAE 战斗部，其特点是燃料通过爆炸或其他方式均匀地分散在空气中，并与空气中的氧气混合成气-气、液-气、固-气、液-固-气等两相或多相云雾状混合炸药，在引信的适时作用下进行爆轰，形成"分布爆炸"，从而达到大面积毁坏目标的效果。

云爆战斗部研制进展较快，目前已由一次引爆取代两次引爆，其关键技术是形成一个云雾区和及时可靠引爆。据资料报道，一个质量为 30kg 装药的战斗部，抛撒出的燃料颗粒能形成直径为 15m，高为 1.5~2m 的云雾区，引爆后云雾区压力可达 20 个大气压(2MPa)，急速膨胀的爆轰能形成大面积的冲击波作用区，可用来破坏舰艇设备、地面设备，开辟直升机降落场所，扫雷等。云爆战斗部的缺点是两次引爆结构的可靠度较差、爆炸威力受气象条件的影响较大。

4.2.5.4　温压战斗部

温压战斗部也称为温压武器或温压弹。它利用高温和高压效应产生杀伤效果，引爆后会发生剧烈的燃烧，并向四周大量辐射热能，同时产生无孔不入的高热和冲击波。相对于使用传统高能炸药以杀伤、爆破和金属射流为主要杀伤手段的弹药而言，特别适用于杀伤洞穴、地下工事、建筑物等封闭、半密闭空间内的有生力量。

温压战斗部之所以会产生持续的高压冲击波和高热效应，有以下三个原因：首先，燃料在燃烧之前会在爆炸波作用下大面积扩散，使得燃烧区域比标准高爆炸药要大得多，通常前者以米计算，后者仅为毫米级；其次，尽管这种高压冲击波的峰值压力较低，但持续时间要长得多，而人员等软目标对冲击波的忍受能力随时间增加而迅速减小；最后，温压炸药与标准高爆炸药相比，爆炸火球的温度和持续时间均高出数倍，甚至 1 个数量级。

温压炸药可视为混合炸药，兼具高能炸药和燃料空气炸药等的特点，爆炸时可从周围的空气中吸取大量氧气，从而造成缺氧环境。温压炸药中添加了铝、硼、硅、钛、镁、锆等物质的粉末，这些粉末在高温状态下燃烧并释放大量能量，能够大大增强温压炸药的热效应和压力效应。

温压炸药属于负氧平衡的炸药，其爆炸反应过程明显区别于常规炸药的爆炸反应过程。图 4-61 给出了温压炸药和常规炸药的超压-时间关系曲线。图中 t_0 和 t_a 分别为温压炸药和常规炸药开始反应时间和反应结束时间。从图中可以看到，常规炸药的超压峰值(P_{HE})远远大于温压炸药的超压峰值(P_{TBE})，但是常规炸药的超压衰减速率明显高于温压炸药的超压衰减速率，因而两者的超压持续时间差异显著；温压炸药的压力脉冲具有较长的持续时间，总冲量显著高于常规炸药爆炸的总冲量。

4.2.5.5　导电液溶胶战斗部

导电液溶胶战斗部以具有良好导电性的导电液溶胶作为毁伤元素，通过爆炸抛撒，使导电液溶胶附着于大型枢纽变电站、发电厂设备的支柱绝缘子、套管和瓷套等电力系统外绝缘设备表面，在绝缘子表面快速形成一层导电膜，从而降低绝缘子的表面绝缘能力，导致沿面放电和闪络效应，造成电力系统短路故障，继而引发保护装置跳闸，造成多区域、大面积停电的恶性连锁反应，最终导致电力系统解列、崩溃。

作战时，导电液溶胶战斗部以大型枢纽变电站、发电厂等关键节点为主要攻击对象，对电力系统的毁伤体现在三个层次：首先是绝缘子毁伤，导电液溶胶作用于变电站、发电厂设备的外绝缘——绝缘子，致使绝缘子表面绝缘能力降低，发生沿面放电和闪络效应，造成短路故障；其次是变电站、发电厂毁伤，继电保护作用，隔离故障设备，发电机、变压器、母线等主要元件被切除，配电装置失电；最后是电力系统毁伤，发电厂的输出负荷或流经变电站的负荷突然从系统中切除，系统失稳、崩溃，引发大面积停电事故。

爆炸抛撒是实现导电液溶胶作用于目标的手段，是导电液溶胶战斗部的一项关键技术。爆炸抛撒的目的就是有效地控制导电液溶胶在绝缘子表面的分布，包括导电液溶胶在绝缘子表面的附着面密度、覆盖区域等，使其在满足毁伤的条件下，尽可能扩大毁伤范围，从而获得最佳的毁伤威力场。子母式导电液溶胶战斗部对目标作用过程如图 4-62 所示。图中 OM 为母弹弹道轨迹，φ 为落角，MP 为子弹弹道轨迹，O_g 为子弹弹道的散布中心。作战时，母弹飞行至目标区域上空某一高度(M 点)，战斗部抛撒机构作用，将子弹药以一定速度沿径向抛出。子弹药下落至预定高度后引信起爆战斗部，导电液溶胶抛撒至目标上，目标发生闪络放电，变电站保护装置跳闸，并引起一系列连锁反应。导电液溶胶在目标上的分布状态由开舱高度、落速、落角、子弹气动外形和抛撒速度等综合因素决定。

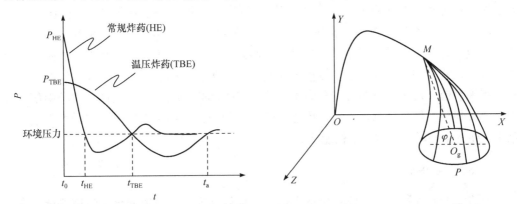

图 4-61　温压炸药和常规炸药的超压-时间关系曲线　　图 4-62　子母式导电液溶胶战斗部对目标作用过程

4.2.6　引信和安全系统

4.2.6.1　引信

任何类型的导弹都是为完成预定的战斗任务而研制的，当导弹飞抵目标区时，由导弹的战斗部和引信来完成预定的摧毁目标的战斗任务。

引信是利用环境信息和目标信息，或按预定条件(如时间、压力、指令等)起爆或引燃战斗部主装药的控制装置或系统。引信接收、变换、保存和传递信息，控制战斗部在相对于目标最佳的位置或时机起爆，以完成摧毁目标的任务。

引信具有安全控制功能，即保险、解除保险、感受目标、起爆控制 4 个基本功能。安全控制系统的作用是保证战斗部在勤务处理、发射直至与目标交会前引信的安全，但到达目标区时又能可靠地解除保险。

引信分类的方式较多，可按作用方式、作用原理、配用的弹种、弹药的用途、安装部位、安全程度及输出特性等进行分类。根据对目标的作用方式，引信可分为触发引信和非触发引信两大类。

1. 触发引信

触发引信又称着发引信或碰炸引信，它是通过与目标直接接触而作用的引信。其信息感受装置能感受目标的反作用力或碰撞时产生的惯性力，有机械触发、电触发和光触发等类型。

触发引信从碰击目标到爆炸序列最后一级传爆药爆炸所经历的时间称为引信的瞬发度，它对战斗部对目标的毁伤效果有极大的影响。作用时间小于 1ms 的为瞬发引信，作用时间为 1～5ms 的为惯性引信，作用时间大于 5ms 的为延期引信。触发引信主要用于爆破、聚能破甲、半穿甲、集束和核能等多种战斗部。

2. 非触发引信

非触发引信又称近炸引信，其信号感受装置是利用目标周围物理场固有的某些特征，或引信周围物理场由于目标出现所发生的变化，来感受目标信息，并把这种信息转换成电信号。信号处理电路对这种电信号进行鉴别、分离、变换、运算及选择，当目标处于战斗部的最佳杀伤区时，输出激励信号，启动发火机构，适时引爆战斗部装药。

近炸引信的类型也较多，按感受目标信息的物理场不同，分为无线电、光、声、磁、静电、水压和气压等引信。按物理场及目标探测器的特点分为米波、微波、可见光、红外、紫外和激光等引信。按信息探测方法分为多普勒、调频、脉冲、脉冲多普勒和比相等引信。按物理场源位置分为主动式、半主动式、被动式和半被动式等引信。此外，还有制导引信、计算机引信、周炸引信、时间引信、指令引信等。非触发引信主要用于杀伤、杀伤爆破、破片、核能等战斗部。

4.2.6.2 安全系统

引信安全系统的主要功能：保证引信的勤务处理安全、发射安全及弹道安全；在正常发射产生的直接和间接环境条件(前者如发射加速度，后者如制导信息)激励下，使引信处于待发状态，直至发火控制系统给出起爆信号，爆炸序列可靠地按预定顺序作用，并起爆战斗部主装药。

引信安全系统按其作用原理，可分为机械式、机电式和全电子式三种类型。

在机械式安全系统中，爆炸序列中的始发火工品为针刺雷管。采用转子、滑块等隔爆件，平时使雷管与导爆药柱、传爆药柱错位，实现隔爆。机械式安全系统的优点是技术十分成熟并有相应的设计规范。

机电式安全系统利用各种类型的传感器采集导弹在发射周期开始后的各种环境信息，将其变成电信号，经信号处理装置"判断"为正常发射后，再通过执行元件(如电做功火工品、电动马达等)去完成解除保险的动作，所需能量由弹上电源提供。机电式安全系统仍然利用爆炸序列错位来实现隔离，利用滑块、转子等作为隔爆件。但与传统的机械式安全系统相比，在机电式安全系统中，不需要环境信息去直接驱动执行元件，只要伴随发射过程产生的信号特征明显地区别于平时可能遇到的各种干扰信号，即使这种信号所包含的能量很小，在机电式安全系统中仍能加以利用。此外，信号处理装置可对采集的信号进行复杂的处理，从而使安全系统的失效率大为降低。

箔击雷管的出现使全电子式安全系统的结构实现成为可能，全电子式安全系统的主要特点：①采用无隔爆爆炸序列；②发射周期开始后，至少要有两个伴随正常发射产生的环境信息，才能使平时断开的电路接通，实现低电压向高电压的转换，即以能量流的断开及接通，代替机械或机电式安全系统中保险件对隔爆件的保险及解除保险；③以能量流接通后建立高电压的过程，代替隔爆爆炸序列由隔爆状态进入待发状态的过程；④在实现能量流隔断的几种技术措施中，至少有一种是采取纯机械的方法。

4.2.7 引战配合与战斗部的威力参数

4.2.7.1 引战配合

引信与战斗部配合(简称引战配合)是所有导弹都必须考虑的问题，尤其对于地对空和空对空导弹，引战配合问题更显得突出。已知战斗部的起爆是由引信控制的。因此，设计人员的主要任务不只是设计一个孤立的引信和战斗部，更关键的问题是协调好引信的启动区和战斗部的动态杀伤区的配合问题，正确地选择引信的引爆位置和时刻，使战斗部的动态杀伤区恰好穿过目标的要害部位。

1. 战斗部的有效起爆区

战斗部动态杀伤区穿过(或覆盖)目标要害部位，是破片杀伤目标的必要条件。战斗部有效起爆区如图 4-63 所示，导弹迎头攻击(图 4-63(a))或追尾攻击(图 4-63(b))时，战斗部提前或滞后起爆，动态杀伤区都不会穿过目标要害部位。因此，必须正确地选择战斗部的起爆位置和时刻。

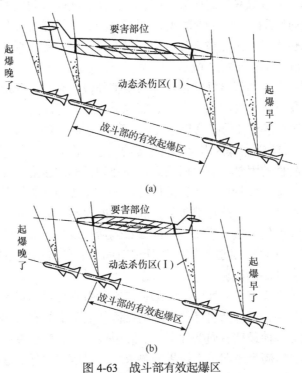

图 4-63 战斗部有效起爆区

　　显然，在目标周围空间存在这样一个区域：战斗部只有在这个区域内起爆时，其动态杀伤区才会穿过目标要害部位，破片才有可能杀伤目标，称这个区域为战斗部的有效起爆区。在此，将动态杀伤区进入目标要害部位近端中点到离开远端中点时，战斗部起爆位置或时刻所构成的区域，定义为战斗部的有效起爆区。这里所讨论的有效起爆区，是依据动态杀伤区确定的。此时，目标不动，导弹和战斗部破片以它们相对于目标的速度矢量接近目标。

　　战斗部起爆是由引信控制的，因此战斗部的有效起爆区就成为引信设计的一个重要依据。

　　2. 引信的实际引爆区

　　为了与战斗部动态杀伤区和战斗部有效起爆区的分析相一致，引信实际引爆区也是相对目标来说的。

　　任何引信的引爆都是有条件的。显然，在目标周围空间存在这样一个区域：导弹只有位于这个区域内时，其引信才能正常引爆战斗部，称这个区域为引信的实际引爆区。引信实际引爆区除了主要取决于引信本身的灵敏度、敏感方位和延迟时间等因素，还与目标情况和导弹、目标交会参数有关。

　　3. 引战配合特性：引信与战斗部的配合

　　引战配合是所有导弹都必须考虑的问题。对于采用全向作用战斗部的导弹而言，引信只需在目标处于战斗部的有效摧毁半径之内引爆战斗部，就可能摧毁目标。这是比较简单的引战配合问题。

　　对于防空导弹，大多数采用定向战斗部，这就使引战配合问题变得很复杂。这种战斗部爆炸后，远处的目标(导弹与目标之间的距离大于战斗部有效杀伤半径)固然不可能被杀伤，近处的目标也未必一定能被破片击中。只有当目标的要害部位恰好处于战斗部的动态杀伤区内时，目标才有可能被杀伤。

　　为了使战斗部动态杀伤区恰好穿过目标的要害部位，必须正确地选择引信的引爆位置或时刻。这就涉及引信与战斗部配合特性(简称引战配合特性)问题。引战配合特性，是指引信的实际引爆区与战斗部的有效起爆区之间配合(或协调)的程度。只有当引信的实际引爆位置落入战斗部的有效起爆区内时，战斗部的动态杀伤区才会穿过目标的要害部位。

　　影响引战配合特性的因素：①遭遇条件：导弹和目标的速度、姿态角和交会角、遭遇高度、脱靶量等。②目标特性：要害部位的尺寸、位置和分布情况，目标质心位置，目标的反射和辐射特性等。③战斗部参数：静态飞散角和飞散方向角，破片的大小、质量和飞散初速等。④引信参数：无线电引信参数包括天线方向性图的宽度和最大辐射方向的倾角、引信的灵敏度、发射机功率和延迟时间等；红外引信参数包括通道的接收角、延迟时间、引信的灵敏度等。

　　引战配合特性应主要满足下列要求：①引信实际引爆距离不得大于战斗部的有效杀伤半径，否则杀伤效果为零。②引信的实际引爆区与战斗部的有效起爆区之间应力求协调。在导弹与目标的各种预期遭遇条件下，实际引爆区与有效起爆区的配合概率或配合度不得小于给定值，以满足预期杀伤效果的要求。③引信的实际引爆区的中心应力求接近战斗部的最佳起爆位置，以便获得尽可能大的杀伤效果。

综上所述，引战配合是引信和战斗部联合作用的效率，以对目标的条件杀伤概率表示，它是衡量或评价引信和战斗部参数设计协调性的一个综合指标。引信和战斗部总体指标必须满足引战配合设计的要求。在一定的遭遇条件下，引战配合效率的高低，取决于引信和战斗部总体参数的设计及其相互的协调性。对引信而言，总体设计主要涉及引信天线(视场)的倾角 Ω_f、延迟时间 τ_f、作用距离 R_f 等；对战斗部而言，主要涉及战斗部静态飞散方向角 ϕ、破片飞散初速 v_0、破片飞散角 Ω、破片质量和密度分布及威力半径 R 等。在工程设计中，有关的各项指标必须相互协调才能最后确定，但一般是在确定战斗部参数的情况下，首先改变引信参数，直至引信在技术上有困难而不能再适应战斗部，其次考虑改变战斗部的参数，最后使引战配合效率满足导弹武器系统的战术技术指标要求。

导弹研制的实践表明，引战配合技术的好坏往往是影响整个导弹系统试验成败和能否及时定型的关键。一个好的引战配合设计方案可以在满足杀伤效率的要求下最大限度地减小战斗部质量，从而减小整个导弹的起飞质量。

4.2.7.2　战斗部的威力参数

威力指战斗部对目标的破坏能力。不同类型的战斗部用不同的参数表示其威力。下面分析几种常用战斗部的威力参数[9]。

1. 无条件杀伤半径

爆破战斗部以冲击波超压或比冲量的破坏范围表示威力参数。冲击波杀伤目标的机理是靠爆破战斗部爆炸时产生的冲击力，以空气为媒介，由外向里挤压，使目标遭到破坏。若在某个半径范围内，冲击波能确定地摧毁目标，则这个半径在引战配合计算中称为无条件杀伤半径，即在这个范围内只要战斗部被引爆，不管杀伤物质(爆炸产物等)是否击中目标，目标总是能被摧毁。

2. 毁伤概率

战斗部毁伤概率是指在导弹正常发射并飞行到预定攻击区(或直接命中目标)、引信正常工作的条件下，战斗部毁伤目标的可能性，又称条件毁伤概率 P_d。毁伤概率由目标特性、战斗部性能和使用条件确定。

3. 威力半径 R

杀伤战斗部的威力指标是破片的威力半径或有效杀伤区域的大小。对给定的目标而言，P_d 达到规定值时，战斗部破片的飞散距离，即有效破片离开战斗部中心的距离称为有效杀伤半径，也称为威力半径，用 R 表示。

R 在设计时应考虑下列因素：①在 R 的距离上，应满足规定的条件毁伤概率 P_d 的要求；②由前面分析可知，威力半径、制导精度与命中概率有关，彼此之间应协调一致。战斗部威力半径应大于导引系统的最大制导误差。

4. 破甲深度

破甲深度(或侵彻深度)是聚能破甲战斗部(或侵彻战斗部)的威力参数。聚能破甲战斗部的威力完全取决于破甲战斗部的静破甲深度；侵彻战斗部的威力除了与侵彻深度有关，还取决于战斗部爆炸后超压的毁伤作用。

5. TNT 当量

TNT 当量是爆炸性核弹头的威力参数。战略导弹通常装有核弹头。核弹头有两类：爆炸性核弹头和放射性战剂核弹头。战略导弹常使用爆炸性核弹头。

如果某一爆炸性核弹头爆炸时所释放的能量相当于 x 吨普通 TNT 炸药爆炸时释放的能量，那么就称该爆炸性核弹头的威力为 x 吨 TNT 当量。举例来说，1kg 的 U^{235} 核物质，在爆炸时全部分裂放出的能量为 9.623×10^{13} J 的热能，1t TNT 炸药爆炸时全部化学能为 4.393×10^9 J 的热能，因此 1kg 核物质的 TNT 当量应为

$$A = \frac{9.623 \times 10^{13}}{4.393 \times 10^9} = 21905$$

式中，A 为 U^{235} 的当量系数。如果考虑到核反应时的效率 η 和核物质的浓度 ε，则核弹头的威力为

$$x = m_n A \eta \varepsilon$$

式中，m_n 为核弹头所装核物质的质量。

核弹头威力范围大致如下：

小型原子弹：$0.5 \times 10^4 \sim 1 \times 10^4$ t TNT 当量；

中型原子弹：$2 \times 10^5 \sim 5 \times 10^5$ t TNT 当量；

大型原子弹：$1 \times 10^6 \sim 2 \times 10^6$ t TNT 当量；

氢弹：$1.3 \times 10^7 \sim$ 几千万吨 TNT 当量。

爆炸性核武器具有四种杀伤因素，即冲击波、热辐射、贯穿辐射、放射性沾染，其能量所占核爆炸放出能量的比例大致如下：冲击波 50%、贯穿辐射 5%、热辐射 30%、放射性沾染 15%。

四种杀伤因素对不同的对象效果不同，冲击波主要对硬目标(如建筑、工事、地下发射设施、武器等)起摧毁作用，热辐射对建筑、人员、物质起烧毁作用，贯穿辐射可以穿透钢筋水泥墙和装甲杀伤人员，而放射性沾染则会严重沾染环境造成人畜大量伤亡。

作为攻击战略目标的核导弹，与常规装药战斗部一样，主要靠冲击波来摧毁敌方战略目标(工业枢纽、经济政治中心、战略政治中心、战略导弹发射基地、交通中心等)。

4.2.8　战斗部与导弹系统的关系

4.2.8.1　战斗部质量与全弹质量的关系

战斗部是导弹直接用于摧毁目标的部件，整个导弹武器系统的目的就在于将它准确地运送到预定的目标区，并引爆它。战斗部质量与全弹质量关系密切，其质量在很大程度上决定了全弹的质量。根据导弹的质量方程式(3-2)，导弹的第二级总质量可以表示成如下形式：

$$m_2 = \frac{m_P}{1 - (k_F \mu_k + K_g + K_S)} = \frac{m_A + m_{cs}}{1 - (k_F \mu_k + K_g + K_S)}$$

式中，m_2 为导弹第二级总质量；m_A 为战斗部质量；m_{cs} 为制导控制系统质量；K_g 为动力系统结构相对质量因数；K_S 为弹体结构相对质量因数；μ_k 为燃料相对质量因数；k_F 为燃料储备因数。

由 m_2 的表达式可知，在一定战术性能要求下，K_g、K_S 及 $k_F\mu_k$ 是可以确定的，此时战斗部质量 m_A 便决定了导弹第二级总质量 m_2，而且战斗部越重，致使导弹越重。所以在保证摧毁目标的前提下，应使战斗部尽可能轻些，这样有利于减小导弹质量，提高导弹的战术性能。

为了初步估计 m_A 与 m_2 的数量关系，可参考以下统计数据：对于现有地对空导弹、空对空导弹，$m_A / m_2 = 0.1\sim0.2$，平均统计值为 $0.14\sim0.15$；对于飞航导弹，$m_A / m_2 = 0.2\sim0.44$。

对于某些类型的战斗部质量 m_A，在工程实践中总结出一些经验公式，可供战斗部方案论证与工程设计参考。

爆破战斗部质量 m_A 取决于炸药装药量 m_e 和装填系数 K_a，而炸药装药量取决于舰船上各类要害件的结构与要求的威力半径 R。m_A 的表达式为

$$m_A = \frac{m_e}{K_a} \tag{4-28}$$

式中，m_e 为战斗部的炸药装药量，以 TNT 当量计；K_a 为装填系数。

确定炸药装药量 m_e 的经验公式如下。

对于舰船结构，战斗部在空旷甲板上(或侧舷外部)爆炸时：$m_e = 2.667R^2$；

战斗部在舰面建筑物内部爆炸时：$m_e = 2.237R^2$；

战斗部对鱼雷舱的破坏：$m_e = 1.667R^2$；

战斗部对舰面飞机的破坏：$m_e = (0.167\sim0.25)R^2$；

战斗部对军舰装甲的破坏：$m_e = R^2$。

式中，R 为战术技术要求的威力半径，单位为 m。

4.2.8.2 战斗部威力半径与制导精度、命中概率的关系

战斗部的威力性能参数因类型不同而不同，大多数战斗部可用威力半径 R 来描述。用于对付空中目标的导弹，常用标准偏差来表示制导系统的导引准确度；用于对付地面目标和海上目标的导弹，则常用圆概率偏差来表示制导系统的导引准确度。当目标确定之后，命中概率 $P(r < R)$ 是战斗部威力半径 R、导引准确度 σ 或圆概率偏差 CEP 的函数。

以对付空中目标的导弹为例，假设制导系统无系统误差，则依据概率论知，要保证命中概率 $P(r < R)$ 为 99.7%，R 与 σ 之间必须满足以下条件：

$$R \geqslant 3\sigma \tag{4-29}$$

在上述条件下，单发导弹命中概率的表达式为

$$P(r < R) = 1 - e^{-\frac{R^2}{2\sigma^2}} \tag{4-30}$$

由式(4-30)可导出由 $P(r < R)$ 和 σ 所要求的战斗部威力半径 R：

$$R = 1.414\sigma\sqrt{-\ln(1 - P(r < R))} \tag{4-31}$$

因战斗部的威力半径与战斗部质量成一定的比例关系，式(4-30)中的 R 可以用 m_A 来替换。对于破片式杀伤战斗部，当用它对付歼击机和轰炸机时，其单发导弹命中概率为

$$P(r < R) = 1 - e^{-\frac{0.8 m_A^{1/2}}{\sigma^{2/3}}} \tag{4-32}$$

采用爆破战斗部对付歼击机和轰炸机时，其单发导弹命中概率为

$$P(r < R) = 1 - e^{-\frac{0.8 m_A^{1/3}}{\sigma^{2/3}}} \tag{4-33}$$

由式(4-32)和式(4-33)可知，σ 的指数为 2/3，大于 m_A 的指数 1/2 和 1/3，这说明 σ 减小比 m_A 增大更能有效地提高命中概率 $P(r < R)$。当单发导弹的命中概率不满足要求而又需提高时，应首先设法提高制导系统的准确度，其次才是增加战斗部的质量 m_A。

以对付地面目标的导弹为例，假设在制导系统无系统误差的情况下，位于战斗部威力半径 R 内的目标都能可靠命中，则威力半径 R 与圆概率偏差 CEP 之间必须满足以下条件：

$$R \geqslant 2.5\text{CEP} \tag{4-34}$$

如果上述条件无法满足，则同样首先设法提高制导系统的准确度。若在当时技术上不能再提高制导系统的准确度时，则可以考虑多发齐射，相当于增大了战斗部的威力半径。

4.2.8.3　战斗部尺寸及结构与导弹的关系

1. 战斗部尺寸与导弹尺寸的关系

战斗部尺寸主要是指战斗部直径 D_W 与战斗部长度 L_W。导弹战斗部直径等于或小于导弹的直径 D，即 $D_W = D$ 时，战斗部壳体是导弹弹体的一部分，与导弹弹体一起受力；$D_W < D$ 时，战斗部装在导弹的战斗部舱内，战斗部壳体不受力。对于聚能战斗部来说，战斗部直径 D_W 与静破甲深度 L_J 有关，见式(4-18)。战斗部长度 L_W 一般根据所要求的战斗部威力与导弹允许的容积而定[16]。

2. 战斗部结构与导弹结构的关系

战斗部是导弹的一个部件，在结构设计时，其质量、质心、外形、配合尺寸等应与导弹总体相协调。

战斗部的装药与壳体结构应以满足威力要求为主来确定。战斗部的承力结构、连接方式及与此相关的结构尺寸，则与全弹的结构有关。如果战斗部壳体不是受力件，可采用悬挂式连接，战斗部位于舱体内；如果战斗部壳体是受力件，可采用螺钉连接或螺纹连接，此时战斗部壳体成为弹体的组成部分，其外形应满足全弹的气动外形要求。

战斗部在导弹中的部位取决于全弹布局和对目标的毁伤作用方式，原则上是充分发挥战斗部的最大效率。对付坦克、舰艇类目标的聚能战斗部、半穿甲战斗部，应尽可能

靠近导弹头部，以保证战斗部爆炸所形成的金属射流有效穿甲，或者使战斗部能有效地穿入目标内部爆炸；对付地面雷达、空中飞机目标的破片式战斗部，为了增大有效杀伤半径，同时有利于导引头正常工作，战斗部位于导弹中部靠前比较合理，并且战斗部应避开弹翼的位置；对付地面目标的导弹，战斗部位置的要求不严格；集束战斗部的抛射不应受弹翼的干扰。

4.2.8.4　战斗部的选择

战斗部类型在导弹方案设计时根据战术技术的要求确定，有时在军方的战术技术要求中指定战斗部的类型。

战斗部类型选择与所攻击目标的特性、导弹总体分配给战斗部的质量与尺寸、制导精度要求密切相关。选择战斗部类型主要应从目标特性出发，目标特性包括目标易损性、目标生存力。一般来说，对付空中目标的反飞机导弹(如防空导弹、空对空导弹)，其战斗部大多数是采用杀伤式战斗部(破片式、连续杆式、离散杆式)；对付体积小、生存力低的目标，一般采用破片式战斗部；对付允许最大脱靶量小、体积大、速度低的目标时，选用连续杆式战斗部；对付速度高、生存力强的目标时，采用离散杆式战斗部较好；对付装甲目标的导弹(如反坦克导弹、反舰导弹)，主要采用聚能战斗部、穿甲(半穿甲)战斗部；对付地面目标的导弹(如战术弹道导弹、空对地导弹)，常采用爆破战斗部、半穿甲战斗部等。

对付同一种目标，可以选用几种类型的战斗部，这就需要根据允许的战斗部质量、尺寸和制导精度，在仔细研究类似战斗部使用经验的基础上，选择几种类型的战斗部进行设计，然后进行评价，从中确定战斗部的最佳类型。

4.2.9　引战系统设计要求

4.2.9.1　战斗部设计要求

1. 爆破战斗部设计要求

爆破战斗部的主要要求包括冲击波波阵面超压、比冲量、密集杀伤半径等。

2. 聚能破甲战斗部设计要求

聚能破甲战斗部的主要要求包括破甲深度、穿孔直径、炸高、穿透率等。

3. 破片式战斗部设计要求

破片式战斗部的主要要求：质量、体积、有效杀伤半径(作为地面检验，提出杀伤元素对等效靶板的穿透能力)、有效杀伤破片总数、单枚破片质量、破片静态飞散角、破片动态飞散角、破片静态平均飞散初速、破片密度等。

4. 连续杆式战斗部设计要求

连续杆式战斗部主要对杆长、杆数、杆重及扩张的速度、断开时圆环的半径提出要求。

5. 离散杆式战斗部设计要求

离散杆式战斗部要求类同于破片式战斗部，其杀伤元素为离散杆，对其初速、杆的飞散方位角、杆飞散角应提出要求,杆在周向上应服从均匀分布,尺寸要求包括杆长、直径,爆炸效果应要求杆完整率、杆条密度及杀伤性能。

6. 定向战斗部设计要求

定向战斗部的主要要求:杀伤元素飞散的定向性、有效杀伤半径、杀伤元素总数、单枚杀伤元素质量、杀伤元素静态飞散角、杀伤元素动态飞散角、杀伤元素静态平均飞散初速、杀伤元素密度、战斗部总质量和体积。

4.2.9.2 引信设计要求

1. 近炸引信设计要求

(1) 体制选择:近炸引信有红外引信、主动激光引信、主动雷达引信等类型,应根据导弹研制总要求规定的目标特性、使用条件、抗干扰特性要求,综合技术成熟程度等因素选定引信体制。

(2) 启动概率:引信对典型目标的启动概率应大于99%。

(3) 作用距离:对空目标来说,引信作用距离是指引信能够确定"目标存在"时的弹目距离。对地目标来说,特征参数为"炸高",作用距离的计量方法有以下几种:①导弹与目标外部之间的最小距离;②导弹与目标红外辐射源中心之间的最小距离;③导弹与目标面心之间的最小距离,等等。

选用何种计量方法应结合近炸引信的类别和引战系统的具体情况考虑。

作用距离应与允许的脱靶量相协调,以确定引信对典型目标的可靠作用距离范围,并要求近炸引信作用无死区。应根据对典型目标的可靠作用距离范围确定引信的工作灵敏度、频带和信噪比等,并满足虚警概率要求。

(4) 虚警概率:近炸引信的虚警概率 P_f 与引信通信频带带宽、工作时间及动态门限信噪比有关,一般要求不大于 10^{-6},则有

$$P_f = t_f \Delta f e^{-\frac{1}{2}\left(\frac{b}{\sigma}\right)^2} \tag{4-35}$$

式中,t_f 为引信在弹道上最大工作时间;Δf 为引信通信频带带宽;b 为门限电平;σ 为噪声的均方根值。

(5) 延迟时间:为了使战斗部能准确杀伤目标要害部位,控制炸点的延迟时间是引信设计非常重要的任务。防空导弹引信的延迟时间是指从引信感知到目标存在到引信给出起爆信号的时间,它主要取决于导弹与目标交会时导弹与目标的相对速度、导弹与目标的交会角,并与目标大小有关。

(6) 抗干扰能力:近炸引信应具有较高的抗背景干扰、人为有源及无源干扰的能力。对无线电近炸引信主要是抗宽带压制式干扰、瞄准噪声式干扰及无源干扰的能力。对光学引信要求具有抗地物、阳光、云雾、烟尘干扰的能力。另外,要求引信应在电源加电和电源掉电波动时不会虚警早炸。

(7) 截止距离:为了抗有源干扰、无源干扰及背景干扰,对近炸引信有截止距离的要求,引信对截止距离外的信号不响应。当截止距离与引信最大作用距离发生矛盾时,需

采用变截止距离设计技术。

(8) 接收路径与弹轴倾角：对于空中目标而言，为了适应导弹与目标多种交会状态，并使引信延迟时间有更大的可调范围，尽可能使探测方向相对导弹纵轴有一定倾角。引信作用距离与脱靶量近似有如下关系：

$$r = R_f \sin(\beta - \gamma)$$
$$\gamma = \arcsin(v_T \sin\theta / v_r) \tag{4-36}$$

式中，r 为脱靶量(m)；R_f 为引信的作用距离(m)；γ 为导弹目标交会角(rad)；β 为探测方向与弹轴倾角(rad)；v_T 为目标速度(m·s^{-1})；v_r 为导弹目标相对速度(m·s^{-1})；θ 为弹道倾角(rad)。

当导弹与目标交会角较大时，倾角 β 不能太小，一般应不小于 65°，无线电近炸引信天线的方向图为绕弹轴形成对称的空心圆锥体，一般要求方向图主瓣与弹轴倾角应不小于 65°，并要求天线方向图的主瓣场强绕弹轴均匀分布，还应对主瓣宽度及主副瓣电平比有相应要求。

2. 触发引信设计要求

当导弹撞击目标时触发引信应正常工作。触发引信一般采用惯性触发，即利用导弹与目标的撞击过载使引信工作，一般要求：撞击过载不小于–200g 时不启动；撞击过载不大于–250g，持续时间 1ms 时，应可靠启动。考虑到撞击过载的持续时间极短，触发引信应能快速响应，可靠动作且是不可逆的。

当导弹未遇靶未炸时，自炸引信应工作。自炸引信一般采用电子式计时引信，自炸引信工作时间一般大于最大制导飞行时间。

4.3 制导控制系统方案选择和要求

导弹制导控制系统在导弹系统中具有极为重要的作用，其任务就是保证导弹在飞行过程中，根据目标的运动情况，克服各种干扰因素，按照预定的弹道，准确地命中目标。

将导弹导向并准确地命中目标是制导控制系统的中心任务。为了完成这个任务，制导控制系统必须具备下列基本功能。

(1) 导弹在飞向目标的过程中，不断地测量导弹和目标的相对位置，确定导弹的实际运动相对于理想运动的偏差，并根据所测得的运动偏差形成适当的操纵指令，此即"导引"功能。

(2) 按照导引系统所提供的操纵指令，通过控制系统产生一定的控制力，控制导弹改变运动状态，消除偏差的影响，即修正导弹的实际飞行弹道，使其尽量与理论弹道(基准弹道)相符，以使导弹准确地命中目标，此即"控制"功能。

4.3.1 制导控制系统的组成及分类

制导控制系统以导弹为控制对象，包括导引系统和控制系统两部分，导弹制导控制系统的基本组成如图 4-64 所示。

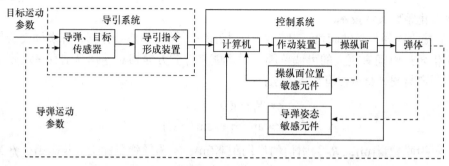

图 4-64　导弹制导控制系统的基本组成

导引系统用来测定或探测导弹相对目标或发射点的位置，按照要求的弹道形式形成导引指令，并把导引指令传送给控制系统。导引系统通常由导弹、目标传感器(或观测器)及导引指令形成装置等组成。

控制系统响应导引系统传送来的指令信号，产生作用力迫使导弹改变航向，使导弹沿着要求的弹道飞行。控制系统的另一项重要任务是保证导弹在每一飞行段稳定地飞行，因此也常被称为稳定回路。稳定回路中通常含有校正装置，用以保证其有较高的控制质量。控制系统通常由导弹姿态敏感元件、操纵面位置敏感元件、计算机(或综合比较放大器)、作动装置和操纵面等组成。

各类导弹由于其用途、目标性质和射程远近等因素的不同，具体的制导设备差别较大。各类导弹的控制系统都在弹上，工作原理也大体相同，而导引系统的设备可能全部放在弹上，也可能全部放在制导站，或导引系统的主要设备放在制导站。

制导控制系统主要按导引系统分类，其飞行控制系统工作原理大体相同，仅仅弹上设备的复杂程度不同。根据制导系统的工作是否与外界发生联系，可将制导系统粗略地分为两类，即程序制导系统和从目标获取信息的制导系统。

在程序制导系统中，由程序机构产生的信号起控制作用。这种信号确定所需的飞行弹道，制导系统的任务是消除弹道偏差。飞行程序在飞行器发射前根据目标坐标给定，因此这种制导系统只能导引导弹攻击固定目标。相反，可直接从目标获取信息的制导系统，可以在飞行过程中根据目标的运动改变飞行器的弹道，因此这种系统既可以攻击固定目标，也可以攻击活动目标。

制导系统按特点和工作原理，一般可分为自主制导、遥控制导、自寻的制导和复合制导系统，制导系统的分类如图 4-65 所示。

制导系统按飞行弹道又可分为初始段制导、中段制导和末段制导。

4.3.2　制导体制选择

4.3.2.1　自主式制导

在这种制导系统中，控制导弹飞行的导引信号的产生不依赖于目标或指挥站(地面或空中的)，而仅由安装在导弹内部的测量仪器测量地球或宇宙空间物质的物理特性，从而决定导弹的飞行轨迹，制导系统和目标、指挥站不发生联系，称为自主式制导。

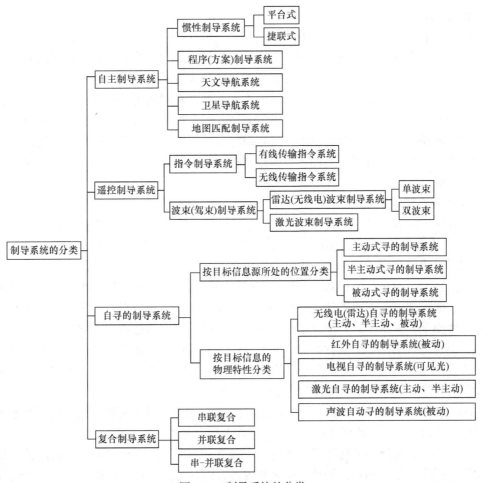

图 4-65　制导系统的分类

　　导弹发射前，预先确定了其弹道，导弹发射后，由弹上制导系统的敏感元件不断测量预定的参数，如导弹的加速度、导弹的姿态、天体位置、地磁场和地形等，这些参数在弹上经适当处理以后与预定的弹道运动参数进行比较，一旦出现偏差，便产生导引指令进行修正，使导弹沿着预定弹道飞向目标。

　　为了确定飞行器的位置，在飞行器上必须安装位置测量系统。常用的测量系统有惯性系统、天文导航系统、磁测量系统等。自主式制导设备是一种由各种不同作用原理的仪表所组成的十分复杂的动力学系统。

　　自主式制导的全部制导设备都装在弹上，导弹和目标及指挥站不发生联系，故隐蔽性好，抗干扰性强。但是，导弹一经发射出去，就不能再改变其飞行弹道，因此只能用于攻击固定目标或将导弹导引到预定区域。自主式制导系统一般用于弹道导弹、巡航导弹和某些战术导弹的初始飞行段或中段制导。

　　自主式制导根据控制信号形成的方法不同，可分为惯性制导、方案制导、天文导航、地图匹配制导等几大类。

1. 惯性制导

惯性导航是一种自主式导航方法。用来完成惯性导航任务的设备，称为惯性导航系统，简称惯导系统。惯性导航的基本原理是以牛顿力学定律为基础，在导弹内用加速度计测量导弹运动的加速度，通过积分运算获得导弹速度和位置的信息，利用这些信息进行导引。加速度计的测量和导航计算机的推算都是在相对选定的参考基准，即导航坐标系内进行的。导航坐标系，又是靠陀螺仪来建立的。惯导系统是一种完全自主的导航系统，它不依赖任何外部信息，也不向外辐射能量，具有很好的隐蔽性、抗干扰性和全天候导航能力。特别是可以实时提供导弹稳定控制所需的各种信息，是一种难以取代的导弹导航系统。

1) 惯导系统的组成

惯导系统的基本组成包括惯性测量装置与导航计算机。惯性测量装置由陀螺仪(简称陀螺)、加速度计及其附属电路组成。前者用来测量相对于惯性空间的角运动，后者用来测量相对于惯性空间的线运动。将这两种惯性元件安装在导弹上，它们测得的角运动和线运动的合成，便是导弹相对于惯性空间的运动。这样便可求得导弹相对于惯性空间的位置。根据陀螺仪和加速度计在导弹上安装方式的不同，分为平台式惯性测量装置和捷联式惯性测量装置两种。在平台式惯性测量装置中，陀螺和加速度计被安装在一个特制的稳定平台上。工程上，通常将这样的惯性测量装置称为陀螺稳定平台，简称平台。在捷联式惯性测量装置中，陀螺和加速度计与导弹的弹体固连。工程上，通常将此捷联式惯性测量装置称为惯性测量装置或惯性测量组合。

(1) 陀螺稳定平台。陀螺稳定平台是平台式惯导系统的核心部件。按其具有的平衡环架数量可分为双环、三环和四环式平台。导弹上最常见的为三环平台。

三环平台具有三个平衡环架，并用三个独立的伺服回路进行稳定，共同构成"万向支承"。三个环架分别称为外环、中环和内环，内环就是平台的台体。在台体上装有惯性元件：陀螺和加速度计。平台的伺服回路由陀螺、伺服电路、力矩电机和平衡环架所组成。

平台的基本功能是用物理的方法在运动载体上建立一个三维的直角坐标系，这个直角坐标系的物理载体就是平台的台体。换句话说，就是用平台的台体来模拟导航参考系，并为安装在台体上的加速度计提供测量基准。由于导航参考系可分为相对惯性空间定位的惯性参考系和跟踪当地水平面的动参考系两种，因此平台的工作方式也可分为"稳定"和"跟踪"两种。

(2) 惯性测量装置(简称惯测装置)。惯测装置包括各种陀螺和加速度计，最常见的惯测装置是由三个单自由度速率陀螺仪或两个双自由度动调陀螺仪、三个加速度计及其附属电路组成的捷联式惯性测量装置，并被直接固连在弹体上。

同平台一样，惯测装置也是用物理的方法在导弹上建立一个三维直角坐标系。所不同的是，在惯测装置中没有用万向环架支承的平台台体和稳定伺服回路，陀螺和加速度计都直接安装在弹体上，它们的测量轴分别按规定的方向沿弹体坐标系正交配置。就是说，惯测装置模拟的不是导航坐标系，而是弹体坐标系。惯测装置不仅要保证陀螺、加速度计的安装精度，还要有良好的热学特性、电磁兼容性和弹上恶劣力学环境的适应性，这些都是惯测装置设计中必须解决的问题。

(3) 导航计算机。导航计算机是由硬件和软件共同组成的计算机系统。它和平台或者惯测装置一起构成闭合回路，完成惯导系统的初始对准、误差补偿和导航计算等多项任务，它是惯导系统不可缺少的重要组成部分。

2) 惯导系统的分类

惯导系统可分为平台式和捷联式两大类。

(1) 平台式惯导系统。平台式惯导系统的原理框图如图 4-66 所示。这种惯导系统主要由陀螺稳定平台、导航计算机和控制显示器等部分组成。

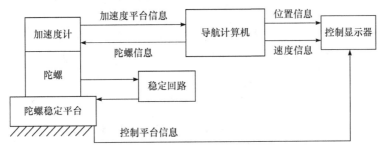

图 4-66 平台式惯导系统的原理框图

陀螺稳定平台是平台式惯导系统的主体部分。其作用是在运载体上实现所选定的导航坐标系，为加速度计提供精确的安装基准，使 3 个加速度计的测量轴始终沿导航坐标系的 3 根坐标轴定向，以测得导航计算所需的运载体沿导航坐标系三轴的加速度。

根据所选取的导航坐标系的不同，惯导系统可分为空间稳定平台式惯导系统与当地水平平台式惯导系统。前者平台所建立的是惯性坐标系，一般用于弹道式飞行器，如弹道导弹、运载火箭和一些航天器。后者平台所建立的是当地水平坐标系，如地理坐标系或地平坐标系，一般用于飞航式飞行器，如飞机和巡航导弹，还用于舰船和地面战车。

陀螺稳定平台是以陀螺仪为敏感元件的三轴稳定装置。借助伺服回路(或称稳定回路)，使平台绕 3 根轴保持空间方位稳定；借助修正回路，使平台始终跟踪当地地理坐标系。因此，安装在平台上的 3 个加速度计能够精确地测得运载体相对地球运动的加速度。

在导航计算机中，还要进行有害加速度(如运载体运动引起的向心加速度、运载体运动与地球自转相互影响引起的哥氏加速度)的补偿计算、陀螺仪和加速度计误差及其他误差的补偿计算。而且，导航计算机还要计算出平台跟踪地理坐标系的角速度，以此作为控制信号，用来修正平台所需稳定的方位。

计算机输出的导航参数包括经度 λ、纬度 φ、高度 H，以及东向速度 v_E、北向速度 v_N、天向速度 v_D 等。稳定平台测出的姿态参数包括俯仰角 ϑ、横滚角 γ 和航向角 ψ。

(2) 捷联式惯导系统。捷联式惯导系统是计算机技术发展的产物，平台的功能由计算机完成。由于没有实体稳定平台，陀螺和加速度计只能固连在弹体上构成捷联式惯性测量装置。陀螺组合和加速度计组合测量的是导弹相对惯性空间的角速度矢量和线加速度矢量在弹体坐标系上的分量，并经接口电路送入导航计算机。但实际需要的并不是这些弹体坐标系上的参数，而是导弹相对地球的速度、位置和姿态等。为此，在计算机中定义一个虚拟的导航坐标系(如地理坐标系)，作为导航计算的基准。由于在平台式惯导系统中，导航坐标系是用物理平台来模拟的，在捷联式惯导系统中，仍然可以使用"平台"的概念，称虚拟的导航坐标系为数学平台。在计算机中，每个采样周期都将惯性元件在弹体坐标系上测得的数据投影到数学平台上，得到导弹相对导航坐标系的加速度，则下面的导航计算就和平台式惯导系统一样了。由此可见，在捷联式惯导系统中，是用计算机来完成稳定平台的功能。图4-67为捷联式惯导系统的原理框图。

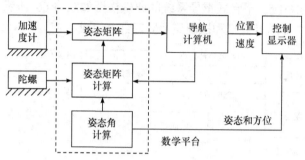

图 4-67　捷联式惯导系统的原理框图

捷联式惯导系统由于不再使用复杂的机电平台，因此具有体积小、质量轻、低成本、结构简单和便于维修等优点。此外，捷联式惯导系统的最大优点还在于它适合采用多余度技术，使系统的任务可靠性能成倍地提高，而且当多个陀螺都正常工作时，能够提供重复测量，借助先进的数据处理技术可减小单个陀螺测量误差的影响，从而提高系统的导航精度。

当然，捷联式惯导系统也有缺点。首先，由于没有能隔离载体角运动的平台，惯性元件直接固连在弹体上，因此载体的角运动将直接作用到惯性元件上而引起动态误差，而且对捷联式陀螺的角速率测量范围也提出了很高的要求。其次，在捷联式惯导系统中，导航计算机除了必须完成与平台式惯导系统等量的导航计算，还必须完成多项外加的计算任务。例如，对惯性器件的误差补偿计算、求解矩阵微分方程、加速度信号的坐标变换、为提取姿态角而进行的反三角函数运算等。因此，对计算机的运算速度和内存容量都提出了很高的要求。但是随着惯性器件制造工艺和计算机技术的发展，在某新一代导弹特别是战术导弹中，用捷联式惯导系统取代平台式惯导系统将是大势所趋。

2. 方案制导

方案就是根据导弹飞向目标的既定轨迹拟制的一种飞行计划。方案制导系统能导引导弹按这种预先拟制好的计划飞行。导弹在飞行中的引导指令根据导弹的实际参量值与预定值的偏差来形成。方案制导系统实际上是一个程序控制系统，因此方案制导系统也称为程序制导系统。

方案制导系统一般由方案机构和弹上控制系统两个基本部分组成，方案制导系统方框图如图 4-68 所示。方案制导的核心是方案机构，它由传感器和方案元件组成。传感器是一种测量元件，可以是测量导弹飞行时间的计时机构，或测量导弹飞行高度的高度表等，它按一定规律控制方案元件运动。方案元件可以是机械的、电气的、电磁的和电子的，方案元件的输出信号可以代表俯仰角随飞行时间变化的预定规律，或代表弹道倾角随导弹飞行高度变化的预定规律等。在制导中，方案机构按一定程序产生控制信号，送入弹上控制系统。弹上测量元件(陀螺仪)不断测出导弹的俯仰角、偏航角和滚动角。当导弹受到外界干扰处于不正确姿态时，相应通道的测量元件就产生稳定信号，并和控制信号综合后，操纵相应的舵面偏转，使导弹按预定方案确定的弹道稳定地飞行。

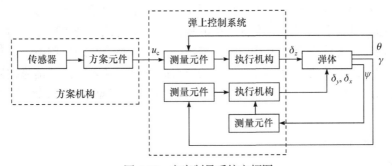

图 4-68　方案制导系统方框图

δ_z-升降舵偏角；δ_y-方向舵偏角；δ_x-副翼偏转角；θ-弹道倾角；γ-滚转角

　　方案制导的优点是设备简单，制导与外界没有关系，抗干扰性好，但导引误差随飞行时间的增加而增加。方案制导常用于弹道导弹的主动段制导、有翼导弹的初始段和中段制导及无人驾驶侦察机和靶机的全程制导。

　　典型的舰对舰飞航式导弹的飞行弹道如图 4-69 所示。导弹发射后爬升到 A 点，到 B 点后转入平飞，至 C 点方案制导段飞行结束，转入末制导飞行。可见，飞航式导弹的两段弹道(爬升段和平飞段)均为方案制导，末制导可采用自寻的导引或其他制导技术。

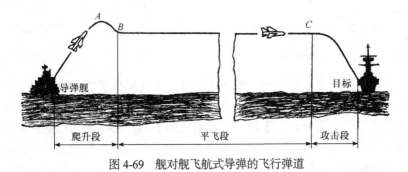

图 4-69　舰对舰飞航式导弹的飞行弹道

3. 天文导航

　　天文导航是根据导弹、地球、星体三者之间的运动关系来确定导弹的运动参量，将导弹引向目标的一种自主制导技术。导弹天文导航系统一般有两种，一种是由光电六分仪或无线电六分仪跟踪一个星体，引导导弹飞向目标；另一种是用两部光电六分仪或无线电六分仪分别观测两个星体，根据两个星体等高圈的交点，确定导弹的位置，引导导弹飞向目标。

　　六分仪是天文导航的观测装置，它借助于观测天空中星体来确定导弹的地理位置。根据工作时所依据的物理效应不同，六分仪可以分为光电六分仪和无线电六分仪。光电六分仪一般由天文望远镜、稳定平台、传感器、放大器、方位电动机和俯仰电动机等部分组成，光电六分仪原理图如图 4-70 所示。

　　跟踪一个星体的导弹天文导航系统，由一部光电六分仪或无线电六分仪、高度表、计时机构、弹上控制系统等部分组成，天文导航系统原理图如图 4-71 所示。由于星体的地理位置由东向西等速运动，每一个星体的地理位置及其运动轨迹都可以在天文资料中查到，因此可利用光电六分仪跟踪较亮的恒星或行星来制导导弹飞向目标。制导中，光电六分仪的望远镜自动跟踪并对准所选用的星体，当望远镜轴线偏离星体时，光电六分仪就向弹上控制系统输送控制信号。弹上控制系统在控制信号的作用下，修正导弹的飞行方向，使导弹沿着预定弹道飞行。导弹的飞行高度由高度表输出的信号控制。当导弹在预定时间飞到目标上空时，计时机构便输出俯冲信号，使导弹进行俯冲或末端制导。

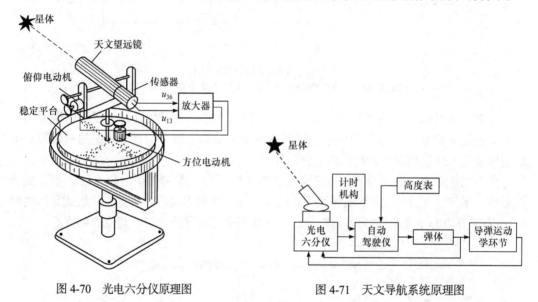

图 4-70　光电六分仪原理图　　　　　　图 4-71　天文导航系统原理图

　　导弹天文导航系统完全自动化，精确度较高，而且导航误差不随导弹射程的增大而增大，但导航系统的工作受气象条件的影响较大，当有云、雾时，观测不到选定的星体，则不能实施导航。另外，由于导弹的发射时间不同，星体与地球间的关系也不同，因此天文导航对导弹的发射时间要求比较严格。为了有效地发挥天文导航的优点，该系统可与惯性导航系统组合使用，组成天文惯性导航系统。天文惯性导航系统利用六分仪测定导弹的地理位置，可以校正惯性导航仪所测得的导弹地理位置误差。如果在制导中六分仪由于气象条件或其他原因不能工作时，惯性导航系统仍能单独工作。

　　4. 地图匹配制导

　　地图匹配制导系统是在航天技术、微型计算机、空载雷达、制导、数字图像处理和模式识别的基础上发展起来的一门综合性新技术。国外已经成功地应用于巡航导弹和弹道导弹，从而大大改善了导弹的命中精度。

　　地图匹配制导就是利用地图信息进行制导的一种自主式制导技术。目前使用的地图匹配制导有地形匹配制导与景象匹配区域相关器制导两种。地形匹配制导是利用地形信息来进行制导的一种系统，也叫地形等高线匹配制导；景象匹配区域相关器制导是利用景象信息进行制导，简称景象匹配制导。两种系统的基本原理相同，都是利用弹上计算机(相关处理计算机)预存的地形图或景象图(基准图)，与导弹飞行到预定位置时弹上传感器测出的地形图或景象图(实时图)进行相关处理，确定出导弹当前偏离预定位置的纵向和横向偏差，形成制导指令，将导弹引向预定的区域或目标。

　　一个地图匹配制导系统，通常由一个弹载传感器、一个预定航迹地形图存储器及一台相关处理计算机等组成，地图匹配制导系统原理图如图 4-72 所示。

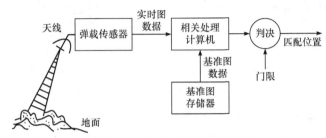

图 4-72　地图匹配制导系统原理图

1) 地形匹配制导

　　地球表面一般是起伏不平的，某个地方的地理位置可用周围地形等高线确定。地形等高线匹配就是将测得的地形剖面与存储的地形剖面比较，用最佳匹配方法确定测得的地形剖面的地理位置。利用地形等高线匹配来确定导弹的地理位置，并将导弹引到预定区域或目标的制导系统，称为地形匹配制导系统。

　　地形匹配制导系统简化框图如图 4-73 所示，其组成部分包括雷达高度表、气压高度表、数字计算机及地形数据存储器等。其中，气压高度表测量导弹相对海平面的高度，雷达高度表测量导弹离地面的高度，数字计算机提供地形匹配计算和制导信息，地形数据存储器提供某一已知地区的地形特征数据。

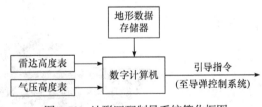

图 4-73　地形匹配制导系统简化框图

　　地形匹配制导系统的工作原理如图 4-74 所示。用飞机或侦察卫星对目标区域和导弹航线下的区域进行立体摄影，就得到一张立体地图。根据地形高度情况，制成数字地形图，并把它储存在导弹计算机的存储器中。同时把攻击目标所需的航线编成程序，也把它储存在导弹计算机的存储器中。导弹飞行中，不断从雷达高度表得到实际航迹下某区域的一串高度数据，导弹上的气压高度表提供了该区域内导弹的海拔高度数据——基准高度。上述得到的两个高度相减，即得到导弹实际航迹下某区域的地形高度数据。由于导弹存储器中存有预定航迹下所有区域的地形高度数据(该数据为一个数据阵列)，这样将实测地形高度数据串与导弹计算机存储的矩阵数据逐次一列一列地比较(相关)，通过计算机计算便可得到测量数据与预存数据的最佳匹配。因此，只要知道导弹在预存数字地形图中的位置，将它和程序规定位置比较，得到位置误差就可形成导引指令，修正导弹的航向。

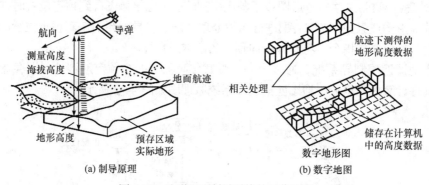

(a) 制导原理　　　　　　　　　　(b) 数字地图

图 4-74　地形匹配制导系统的工作原理

可见，实现地形匹配制导时，导弹上的数字计算机必须有足够的容量，以存放庞大的地形高度数据阵列。而且，要以极高的速度对这些数据进行扫描，快速取出数据列，以便和实测的地形高度数据进行实时相关处理，找出匹配位置。

如果航迹下的地形比较平坦，地形高度全部或大部分相等，这种地形匹配方法就不能应用了。此时可采用景象匹配方法。

2) 景象匹配制导

景象匹配制导是利用导弹上传感器获得的目标周围景物图像或导弹飞向目标沿途景物图像(实物图)，与预存的基准数据阵列(基准图)在计算机上进行配准比较，得到导弹相对目标或预定弹道的纵向、横向偏差，将导弹引向目标的一种地图匹配制导技术。目前使用的有模拟式和数字式两种，下面主要介绍数字式景象匹配制导系统。

数字式景象匹配制导的基本原理如图 4-75 所示，它是通过实时图和基准图的比较来实现的。

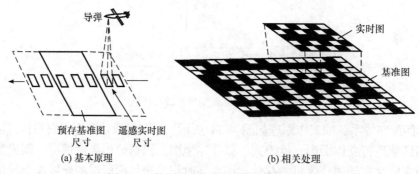

(a) 基本原理　　　　　　　　　　(b) 相关处理

图 4-75　数字式景象匹配制导的基本原理

规划任务时由计算机模拟确定航向(纵向)、横向制导误差，对预定航线下的某些确定景物都准备一个基准地图，其横向尺寸要能接纳制导误差加上导弹运动的容限。遥感实时图始终比基准图小，存储的沿航线方向的数据量应足以保证拍摄一个与基准图区域重叠的遥感实时图。当进行数字式景象匹配制导时，弹上垂直敏感器在低空对景物遥感，制导系统通过串行数据总线发出离散指令控制其工作周期，并对遥感实时图与预存的基准图进行相关处理，从而实现景象匹配制导。

图 4-76 给出了景象匹配制导系统的基本组成，它主要由计算机、相关处理机、敏感器平台(传感器)等部分组成。

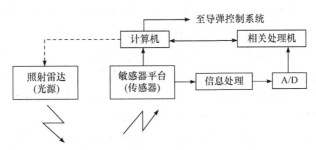

图 4-76　景象匹配制导系统的基本组成

研究和试验表明，数字式景象匹配制导系统比地形匹配制导系统的精度约高一个数量级，命中目标的精度在圆误差概率含义下能达到 3m 量级。

4.3.2.2　遥控制导

遥控制导是指在远距离处向导弹发出导引指令，将导弹引向目标或预定区域的一种导引技术。遥控制导一般分为两大类，一类是遥控指令制导，另一类是驾束制导。

驾束制导系统中，制导站发出无线电波束或激光波束，导弹在波束内飞行，弹上制导设备感受它偏离波束中心的方向和距离，并产生相应的引导指令，操纵导弹飞向目标。在多数驾束制导系统中，制导站发出的波束应始终跟踪目标。

遥控指令制导系统中，由制导站的观测跟踪装置同时测量目标、导弹的位置和其他运动参数，并在制导站形成导引指令，该指令通过导引信道传送至弹上，弹上控制系统操纵导弹飞向目标。

遥控指令制导系统主要组成及制导原理示意图如图 4-77 所示，包括目标(导弹)观测跟踪装置、导引指令形成装置(计算机)、弹上控制系统(自动驾驶仪)和导引指令发射装置(驾束制导不设该装置)。

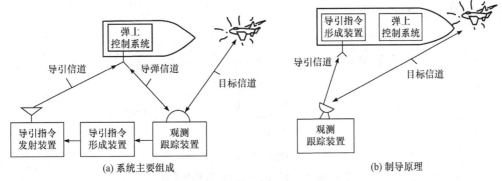

图 4-77　遥控指令制导系统主要组成及制导原理示意图

由图 4-77 可以看出，遥控指令制导是一个闭合回路，运动目标的坐标变化成为主要的外部控制信号。在测量目标和导弹坐标的基础上，作为解算器的指令形成装置计算出指令并将其传输到弹上。早期的遥控指令制导系统往往使用两部雷达分别对目标和导弹进行跟踪测量，目前多用一部雷达同时跟踪目标和导弹的运动，这样不仅可以简化地面设备，而且由于采用了相对坐标体制，大大提高了测量精度，减小了制导误差。

驾束制导和遥控指令制导虽然都是由导弹以外的制导站引导导弹，但驾束制导中，制导站的波束指向只给出导弹的方位信息，引导指令则由在波束中飞行的导弹感受其在波束中的位置偏差来形成。弹上观测装置不断地测量导弹偏离波束中心的大小和方向，并据此形成引导指令，使导弹保持在波束中心飞行。遥控指令制导系统中的引导指令，是由制导站根据导弹、目标的位置和运动参数来形成的。

遥控制导系统由于其探测设备在地面或在其他弹外载体上，因此其制导精度随着导弹射程的增加而降低，为提高制导精度，遥控制导系统均在改善制导站的作用距离、探测跟踪精度和抗干扰能力等。同时，为了提高导弹的作用范围，减小近界距离，采用了提高引入段制导系统的快速性，另外从提前启控着手，采用了宽、窄波束双模式制导。在引入段初期采用宽波束制导，使导弹进入波束的时间提前，从而使控制提前，减小了近界距离。但为提高测角精度，在将导弹引入波束后，需用窄波束制导。

遥控制导系统多用于地对空导弹和一些空对空、空对地导弹，有些战术巡航导弹也用遥控指令制导来修正其航向。早期的反坦克导弹多采用有线遥控指令制导。

4.3.2.3　自寻的制导

自寻的制导也称为自导引，它是用弹上制导设备接收目标辐射或反射的信息，实现对目标的跟踪并形成导引指令，引导导弹飞向目标的一种制导技术。

根据目标辐射或反射的能量形式不同，可将自动导引分为光学自动导引、无线电自动导引、声学自动导引三类。根据有无照射目标的能源及能源所在位置的不同，可将自动导引分为主动式、半主动式和被动式三种寻的制导系统。虽然上述的分类方法不同，但从自动导引系统的组成原理和工作原理来看，它们之间除了在目标辐射或反射能量的接收和转换上有差别，其余部分的组成原理和工作原理基本上是相同的。自寻的制导系统组成原理框图如图 4-78 所示，由导引头跟踪测量装置、弹上控制指令计算装置和导弹稳定控制装置等组成。

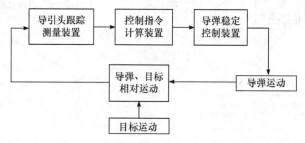

图 4-78　自寻的制导系统组成原理框图

导引头实际上是制导系统的探测装置，分红外型、雷达型和激光型等多种，它的功用是根据来自目标的能流(热辐射波、激光反射波、无线电波等)自动跟踪目标，并给导弹自动驾驶仪提供导引控制指令，给导弹引信和发射架提供必要的信息。弹上控制指令计算装置综合导引头及弹上敏感元件的测量信号，形成控制指令。弹上稳定控制装置根据制导信号产生适当的导弹横向机动力，保证导弹在任何飞行条件下按导引规律逼近目标。

自寻的系统的制导设备全部在弹上，具有"发射后不管"的特点。这种特性使自寻的制导系统在导弹上获得广泛应用。但由于它靠来自目标辐射或反射的能量来测定导弹的飞行偏差，作用距离有限，抗干扰能力差。一般用于空对空、地对空、空对地导弹和某些弹道导弹，用于巡航导弹的飞行末段，以提高末段制导精度。

1. 按目标信息源所处的位置分类

根据导弹所利用能量的能源所在位置的不同，自寻的制导系统可分为主动式、半主动式和被动式三种。

1) 主动式寻的制导

照射目标的能源在导弹 M 上，对目标 T 辐射能量，同时由导引头接收目标反射回来的能量，主动式寻的制导示意图如图 4-79 所示。采用主动式寻的制导的导弹，当弹上的主动导引头截获目标并转入正常跟踪后，就可以完全独立地工作，不需要导弹以外的任何信息。

随着能量反射装置功率的增大，系统作用距离也增大，但同时弹上设备的体积和质量也增大，因此主动式寻的制导系统的作用距离有限，已实际应用的典型主动式寻的系统是雷达自寻的系统。

2) 半主动式寻的制导

照射目标的能量的发射装置 R 设在导弹以外的制导站或其他位置，弹上只有接收装置，半主动式寻的制导示意图如图 4-80 所示。因此，半主动式寻的制导系统的功率可以很大，该系统的作用距离比主动式寻的制导系统要大。

图 4-79　主动式寻的制导示意图　　　　　图 4-80　半主动式寻的制导示意图

3) 被动式寻的制导

由弹上导引头直接接收目标本身辐射的能量，导引头以目标特定的物理特性(无线电波和红外线等)作为跟踪的信息源，形成导引信号，控制导弹飞向目标，被动式寻的制导示意图如图 4-81 所示。被动式寻的制导系统的作用距离不大，典型的被动式自寻的系统是红外自寻的系统。

2. 按目标信息的物理特性分类

按目标信息的物理特性分类，自寻的制导系统又可分为红外自寻的制导系统、雷达自寻的制导系统、电视自寻的制导系统、激光自寻的制导系统等。

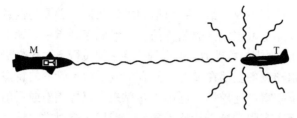

图 4-81　被动式寻的制导示意图

1) 红外自寻的制导系统

红外自寻的制导系统是利用目标辐射的红外线作为信号源的被动式自寻的制导系统。该制导系统通常设置在导弹的最前端，因此称为红外导引头。

红外线是一种热辐射，是物质内分子热振动产生的电磁波，其波长为 0.76~1000μm，在整个电磁波谱中位于可见光与无线电波之间。凡是温度高于绝对零度(–273℃)的物体，都能辐射红外线，一般情况下，红外线辐射取决于物体的温度及其表面辐射率。根据普朗克定律，不同温度的目标有不同的红外辐射波长和辐射强度，目标温度越高，辐射峰值波长越短，辐射强度越大。人体和地面背景温度为 300K 左右，相对应最大辐射波长为 9.7μm，涡轮喷气发动机尾喷管的有效温度为 900K，其最大辐射波长为 4.2μm。红外导引头正是根据目标和背景的红外辐射能量不同，从而把目标和背景区别开来，以达到导引的目的。

红外导引头基本构成框图如图 4-82 所示[17]，通常由红外探测、跟踪稳定、目标信号处理及导引信号形成等子系统组成。

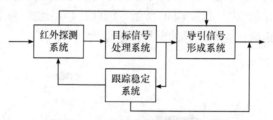

图 4-82　红外导引头基本构成框图

红外探测系统用来探测目标，获得目标的有关信息。当目标、背景及大气传输作为系统组成部分时，红外探测系统基本构成框图见图 4-83。

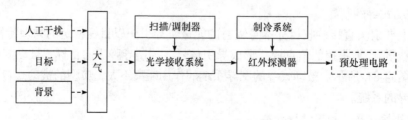

图 4-83　红外探测系统基本构成框图

红外探测系统可分为点源探测系统和成像探测系统两大类。点源探测系统主要用来测量目标辐射和目标偏离光轴的失调(误差)角信号，而成像探测系统还可获得目标辐射的分布特征。

跟踪稳定系统的主要功用是在红外探测系统和目标信号处理系统的参与、支持下，跟踪目标，实现红外探测系统光轴与弹体的运动隔离，即空间稳定。跟踪稳定系统基本构成框图如图 4-84 所示，一般由台体、力矩器、测角器、动力陀螺或测量用陀螺，以及放大、校正、驱动等处理电路组成。

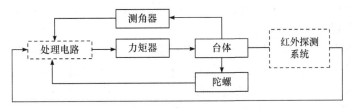

图 4-84　跟踪稳定系统基本构成框图

目标信号处理系统的基本功能是将来自红外探测系统的目标信号进行处理，识别目标，提取目标误差信息，驱动稳定平台跟踪目标。目标信号处理系统基本构成框图如图 4-85 所示，主要由前置放大、信号预处理、自动增益控制、抗干扰、目标截获、目标识别及误差信号提取、跟踪功放等功能块组成。

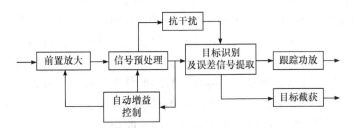

图 4-85　目标信号处理系统基本构成框图

导引信号形成系统的基本功能：根据导引律从角跟踪回路中提取与目标视线角速度成正比的信号或其他信号并进行处理，形成制导系统所要求的导引信号。

(1) 红外非成像导引头。对于红外非成像导引头而言，它探测的目标具有一个共性，即与背景相比，它们都是一个张角很小的物体，如飞机对天空、舰艇对海面等。红外非成像导引头是一种探测高温点目标(如飞机的喷口附近、军舰的烟囱口附近)的能量检测系统，它需要从空间、时间、光谱等特征方面经过调制或滤波，抑制大面积背景形成的干扰，检出小目标信息。在红外非成像寻的系统中，光学系统将目标聚成像点，成像于调制盘上，因此也叫红外点源自寻的制导系统。红外点源自寻的制导系统从目标获取的信息只有一个点的角位置信号，没有区分多目标的能力。红外非成像导引头的缺点是易受干扰。

(2) 红外成像导引头。红外成像制导系统是一种扩展源检测系统，也叫对比度检测系统，目标和背景(含干扰)都是检测对象，它将相邻两个瞬时所检测到的目标和背景(含干扰)信号值作为有效信号值，其识别目标的基础是找出目标和背景的特征差，因此可以说它是一种通过摄取目标的红外辐射图像，并经计算机图像处理来获得目标位置信息的弹上装置。

红外成像制导系统按所用的红外成像器类型分类，目前可分为多元线列光机扫描型

(第一代)和红外焦平面型(第二代)两类。

从作战应用角度看，要求提高红外成像导引头的空间分辨率和热灵敏度，这就需要制作出几百元乃至几万元的红外探测器列阵。目前第一代红外成像导引头采用分立式多元探测器列阵，由于受工艺限制，最多只能利用 200 元以内的列阵探测器，这就限制了红外成像导引头的性能。采用扫描和凝视红外焦平面器件的第二代红外成像导引头，有效地提高了系统热灵敏度和空间分辨率，并降低了系统成本和缩小了体积，是红外成像导引头发展的必由之路。

红外成像导引头一般采用中、远红外实时成像器，以 8～14μm 远红外波段实时红外成像器为主，可以提供二维红外图像信息，利用计算机图像信息处理技术和模式识别技术，对目标图像进行自动处理，模拟人的识别功能，实现寻的制导系统智能化。

红外成像导引头可以在各种型号的导弹上使用，只是识别跟踪的软件不同。美国"幼畜"导弹的导引头可以用于空对地、空对舰、空对空三型导弹。其工作原理是，在导弹发射前，由制导站的红外前视装置搜索和捕获目标，根据视场内各种物体热辐射的差别在制导站显示器上显示出图像。目标位置被确定之后，导引头便跟踪目标。导弹发射后，摄像头摄取目标的红外图像，进行处理得到数字化的目标图像，经过图像处理和图像识别，区分出目标、背景信号，识别出真假目标并抑制假目标。跟踪装置按预定的跟踪方式跟踪目标，并送出摄像头的瞄准指令和制导系统的导引指令，导引导弹飞向预定目标。

红外导引头，特别是日趋成熟的红外成像导引头，其制导精度高，抗干扰能力强，具有"发射后不管"的能力，战场隐蔽性好，具有较强的辨识目标要害部位和进行地形匹配的能力，但它对目标的探测距离通常比雷达型导引头近。红外成像制导与点红外制导相比，有很强的抗光电干扰能力，可使导弹对目标进行全向攻击，有命中点选择的能力；与电视制导相比，红外成像制导可昼夜工作，能识别目标易损部位。因此，红外成像制导是当今精确制导的主流。

2) 雷达自寻的制导系统

雷达导引头是利用目标自身或反射电磁波特性，发现目标、测量目标参数及跟踪目标的电子设备。雷达导引头选用微波波段电磁波，不受白天、夜间及气候环境的影响，全天候工作，且导引头自寻的实现"发射后不管"。随着雷达技术的发展，可实现远作用距离、高跟踪精度、强抗干扰能力，因此在战争中起着主导作用，被广泛应用于军事装备中。

雷达导引头基本构成框图如图 4-86 所示，主要由天线系统、雷达接收机、数字信号和数字数据处理系统、天线伺服机构、调频系统和发射机系统组成。

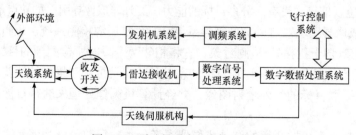

图 4-86　雷达导引头基本构成框图

外部环境送给雷达导引头的信号包括雷达回波、地面杂波和人工干扰等。天线系统输出的信号包括目标的角度信息和多普勒频率，其中多普勒频率包含弹目接近速度信息。这些微弱的回波信号经过收发开关，送到雷达接收机进行放大、滤波和变换。然后在数字信号处理系统中提取出目标角度信息和弹目接近速度信息。再送至数字数据处理系统，经过滤波估值得到目标运动的信息，再加上飞行控制系统测得的导弹自身的信息，形成对天线伺服机构的控制指令，再通过天线伺服机构的运动，改变天线跟踪目标的角度，同时形成调频系统的控制指令，改变发射机的频率，实现对目标回波的多普勒频率跟踪。数字数据处理系统还要把目标运动参数和弹目接收速度估值发送给飞行控制系统，形成导弹控制指令。

雷达自寻的制导有主动、被动和半主动三种形式。雷达自寻的制导的特点是探测距离远，可提供视线角速度和相对速度等信息，但它易受无线电干扰，同时由于噪声和探测死区的存在，制导误差较红外型导弹大。

毫米波雷达自寻的制导(简称毫米波制导)是目前正在发展的一种比较有前途的制导技术，多用于精确制导武器。毫米波通常是指波长为 1～10mm 的电磁波，其对应的频率为30～300GHz，毫米波的波长和频率介于微波与红外波段之间，兼有这两个波段固有的特性，是高性能制导系统比较理想的选择波段。

毫米波制导目前有两个工作波段：8mm 和 3mm。毫米波制导的优点是，制导设备的体积小、质量轻，穿透大气的损失较小，测量精度高，分辨能力强，抗干扰能力强，鉴别金属目标能力强；毫米波制导的主要缺点是，探测目标的距离短，即使在晴朗的天气，导引头所能探测距离也很有限。但随着毫米波振荡器功率的提高，噪声抑制及其他方面技术水平的提高，探测距离有望增大。

3) 电视自寻的制导系统

随着光电转换器件，如电荷耦合器件(CCD)、微光像增强器(ICCD)和高速实时图像处理技术的快速发展，电视导引头在空对地导弹、飞航导弹等武器系统中得到了应用。

电视自寻的制导是由弹上电视导引头利用目标反射的可见光信息实现对目标捕获跟踪，导引导弹命中目标的被动寻的制导技术。电视自寻的制导系统，按摄像敏感器的性能可分为可见光电视自寻的制导、红外光电视自寻的制导和微光电视自寻的制导；按在视场中提取目标位置的信息不同，可分为点跟踪(边缘跟踪、形心跟踪系统)和面相关跟踪电视自寻的制导。电视自寻的制导有两种工作方式，一种是发射前锁定目标工作方式，一般用于近程导弹；另一种是发射后锁定目标工作方式，即人在回路中工作方式，这种工作方式用于中远程导弹。

电视导引头的基本原理：电视自寻的制导是以导弹头部的电视摄像机拍摄目标和周围环境的图像，从有一定反差的背景中选出目标并借助跟踪波门对目标实行跟踪，当目标偏离波门中心时，产生偏差信号，形成引导指令，控制导弹飞向目标。波门就是在摄像机所接收的整个景物图像中围绕目标所划定的范围，波门的几何示意图如图 4-87 所示。划定波门的目的是排除波门外的背景信息，对这些信息不再做进一步处理，起到选通的作用。这样，波门内的视频信号，目标和背景之比加大了，避免了虚假信号源对目标跟踪的干扰。

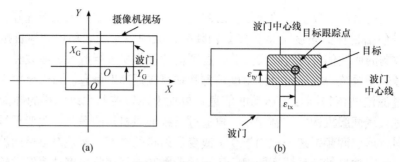

图 4-87 波门的几何示意图

电视导引头一般由电视摄像机、光电转换器、误差信号处理电路、伺服机构等组成，电视导引头简化框图如图 4-88 所示。摄像机把被跟踪目标的光学图像投射到摄像靶面上，并用光电敏感元件把投影在靶面上的目标光学图像转换为视频信号。误差信号处理器从视频信号中提取目标位置信息，并输出驱动机构的信号，以使摄像机光轴对准目标。对地面背景复杂的目标，电视导引头目前还不能自动识别，需要人工参与。制导站上有显示器，以使操作者在发射导弹前对目标进行搜索、截获，在发射导弹后观察目标的情况。在电视导引头锁定目标后，人可以不参与工作，导引头自动跟踪目标；在被跟踪目标丢失后，导引头应重新搜索目标，在人的参与下再次截获跟踪目标。

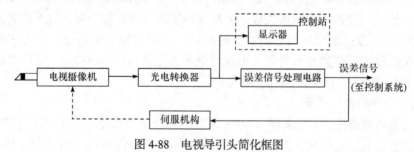

图 4-88 电视导引头简化框图

电视自寻的制导的优点是工作可靠、分辨率高(与红外成像自寻的制导相比)、隐蔽性好、可直接成像、不易受无线电干扰；缺点是受气象条件影响较大。

4) 激光自寻的制导系统

激光自寻的制导是由弹外或弹上的激光束照射目标，弹上的激光导引头利用目标漫反射的激光，捕获跟踪目标，导引导弹命中目标的制导技术。使用最多的是照射光束在弹外的激光半主动制导技术。

激光有方向性强，单色性好，强度高的优点，因此激光器发射的激光束发散角小，几乎是单频率的光波，而且在发射的光束截面上集中了大量的能量，因而激光自寻的制导系统具有制导精度高，目标分辨率高，抗干扰能力强，结构简单，成本低的优点。但激光自寻的制导系统的正常工作容易受云、雾和烟尘的影响。

激光半主动导引头主要由光学系统、激光探测器和放大电路、信息处理电路及机械结构组成。光学系统的功能是收集、会聚激光能量并滤除阳光及杂波。光学系统可以是透射式的，也可以是折射式的。会聚透镜通常装在万向支架上，以适应跟踪的需要。激光探测器是四象限元电二极管，用来完成光电转换。经放大及信息处理电路处理过的四路信号发送给随动系统即可控制导弹的飞行。机械结构主要起支撑光学部件、探测器、电路板并与弹体相连接的作用。

图 4-89 为某导弹激光半主动导引头结构示意图。导引头由光学系统、激光探测器、陀螺平台和电子设备组成。目标反射的激光束经球形外罩 5 后，由主反射镜 4 反射，经滤光片 8 聚焦在激光探测器上。为减小入射能量的损失，增大反射系数，主反射镜表面镀有反射层。

陀螺平台中的陀螺转子是一块永久磁铁 3，其上附有机械锁定器 10 和主反射镜 4，这些部件随陀螺转子一起旋转，增大了转子的转动惯量，激光探测器 7 装在内环上，不随转子转动。机械锁定器用于在陀螺不工作时保证陀螺转子轴与导弹纵轴重合。

导引头中设有解码电路，以便与激光目标指示器的激光编码相协调，逻辑电路控制导引头的工作方式。

激光导引头的探测器可以是旋转扫描式的(带调制盘)，但广泛采用的是四象限探测器阵列。这一点与红外自寻的不同，红外自寻的系统多采用调制盘。

激光自寻的制导系统的关键部件是激光器和接收激光能量的激光探测器。目前，装备的

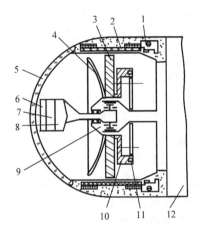

图 4-89　某导弹激光半主动导引头结构示意图
1-碰合开关；2-线包；3-磁铁；4-主反射镜；5-外罩；
6-前放；7-激光探测器；8-滤光片；9-万向支架；
10-锁定器；11-章动阻尼器；12-电子舱

激光自寻的制导系统基本上都采用掺钕的钇铝石榴石激光器，工作于 1.06μm 近红外波段，具有脉冲重复频率高(可以使导引头获得足够的数据)，功率适中的特点，但其正常工作受气象和烟尘的影响。今后趋向于使用工作于 10.6μm 远红外波段的二氧化碳激光器，以改善全天候作战能力和抗烟雾干扰的能力。

4.3.2.4　复合制导

1. 复合制导的分类及设计

复合制导是由几种制导系统依次或协同参与工作来实现对导弹的制导。复合制导系统设计的首要问题是复合方式的选择。选择复合方式考虑的主要因素是武器系统的战术技术指标要求、目标及环境特性、各种制导方式的特点及相应的技术基础。大多数防空导弹的初始飞行段采用自主式制导，以后采用其他制导。复合制导可分为自主式＋寻的制导、指令制导＋寻的制导、波束制导＋寻的制导、捷联惯性制导＋寻的制导、自主式＋导弹跟踪(track via missile，TVM)制导(又称为指令-寻的制导)、程序制导＋捷联惯性制导＋寻的制导等。例如，采用"捷联惯性制导＋无线电指令修正＋主动雷达末制导"复合制导体制的空对空导弹，可使导弹在惯性中制导段利用载机雷达提供的目标信息，通过数据链，随时对导弹进行修正，实现最佳的中制导段弹道；在交接段(中制导段与末制

导段的过渡段)为雷达导引头截获目标提供必要的信息，并把导弹引导到能保证导引头可靠截获目标的"空间篮筐"内，这样有助于克服导弹发射时导引头作用距离的局限性，从而使导引头准确、稳定、快速地截获和跟踪目标，增大发射距离。又如，美国的"AIM-120"先进中距导弹、俄罗斯的"P-77"中距导弹，采用的复合制导体制都是"捷联惯性制导+数据链修正+主动雷达末制导"。

复合制导设计中的一个重要问题是不同制导方式的转换，它包括两个方面：一是不同制导段弹道的衔接，二是不同制导段转换时目标的交接班。交接班是指从一种制导方式转到另一种制导方式。交接班性能及其弹道平稳性直接影响着导弹末制导导引头对目标的截获概率及末段的制导控制品质。例如，交接班时导弹位置偏差和导弹从一种制导方式到另一种制导方式时导弹空间方位的协调性，若不协调，则导引头就不可能捕获目标。因此，在复合制导系统中，交接班问题是两种制导方式转换的限制条件。对于不同的复合制导，限制条件也就不同。

中、末制导交接班主要应考虑以下问题：①弹道交接班算法设计及在交接班过程中的弹道平稳性；②飞行控制系统协助导引头截获目标的方式方法；③中、末制导交接班姿态角误差和位置误差的分配；④中、末制导交接班导引头截获概率计算，包括影响中制导精度的因素分析、目标指示误差建模及目标机动的影响；⑤交接班过程中制导信息的交接方式、传递及转换；⑥交接班导引头未截获目标时，其扫描初始状态的设定。

下面简单介绍美国"爱国者"导弹采用的复合制导系统，该系统采用"自主式＋指令＋TVM"复合制导体制。初制导采用自主式程序制导，在导弹从发射到被相控阵雷达截获之前这段时间内，利用弹上预置的程序，通过自主组件进行预置导航，该组件可使导弹稳定并进行粗略的初始转弯。当相控阵雷达截获跟踪导弹时，初制导结束，中制导开始。

中制导采用指令制导。在中制导段，相控阵雷达既跟踪测量目标，又跟踪测量导弹，地面制导计算机比较目标与导弹的位置，形成导弹控制指令，控制导弹按期望的弹道飞向适当位置，以便中、末制导实施交班。在中制导段还要形成导引头天线的预定控制指令，控制导引头天线指向目标。与此同时，导引头开始截获照射目标的回波信号，一旦导引头截获回波信号，就通过导引头上的发射机转发到地面，地面作战指挥系统就将其转入末段制导。

末段制导采用 TVM 制导(指令与半主动寻的制导的组合)。在 TVM 制导段，相控阵雷达仍然跟踪测量导弹和目标，但与中制导不同，此时相控阵雷达用线性调频宽脉冲对目标进行跟踪照射。另外在形成控制指令时，使用了由导引头测量的目标信息。由于导弹距离目标越来越近，导引头测得的目标信息比雷达测得的信息精度高，因此保证了制导精度，克服了指令制导精度低的缺点。

2. 采用复合制导的原则

对于射程较远的战术导弹，其航迹都可以大致分为三段，即初始段、中段和末段。从简化系统、提高可靠性和减少质量的观点看，应尽量避免采用多种制导组成的复合制导。但随着目标的飞行高度向高空和低空发展及防空导弹作战区域的扩大，用单一的制导方式控制导弹杀伤目标已有困难。例如，对付远距离目标用遥控指令制导时制导精度达不到要求，用主动或半主动寻的制导时，截获和稳定自动跟踪目标的距离不能满足要求。因此，提出了复合制导系统，合理地利用一些单一制导系统的良好特性，取长补短，来达到控制导弹杀伤目标的目的。采用复合制导时，需要考虑下列原则。

1) 采用初段制导的原则

初段制导又称发射段制导，简称初制导。初制导系统用来保证射程，是从发射瞬间到导弹到达一定速度进入中制导前的制导。对有助推器的导弹，这一段是到助推器脱落瞬间为止。

由于导弹制造、安装存在误差，导弹离轨时有扰动及阵风等偶然因素，发射段弹道散布很大。当导弹加速到正常飞行速度时，难以准确地进入中制导作用范围，这种情况就要加初制导。

初始段时间很短，速度变化大，平均速度小，和正常飞行的中段相比有很多不同特点。常用程序或惯性等自主制导。一般用摆动发动机或单独的制导设备来实现。

如果能保证初始段结束时，导弹能进入中制导的作用范围，可不用初制导。

2) 采用中制导的原则

中制导是从初制导结束到末制导开始前的制导。中制导是导弹弹道的主要制导段，一般制导时间较长。中制导系统的任务是控制导弹的飞行弹道，将导弹导向目标，使导弹被置于某一尽可能有利的位置，以便使末制导系统能"锁住"目标。或者说，中制导的使命首先是将导弹制导到末制导能"锁住"目标的距离内，但不要求精确的终点位置。中制导系统是导弹的主要制导系统。中制导结束时的制导精度，可确定导弹接近目标时是否采用末制导。当不用末制导时，习惯上称为全程中制导。此时中制导的制导精度就决定了该导弹的命中精度。

中制导通常采用自主制导或遥控制导。捷联式惯性制导是远程导弹普遍采用的中制导方式。

3) 采用末制导的原则

末制导是导弹在中制导结束到与目标遭遇或在目标附近爆炸时的制导。末制导通常采用寻的制导系统，其任务是保证导引准确度。脱靶量最小是末制导设计的主要要求，因此在末段仍沿用中制导时采用的导引规律是不可取的。当中制导精度不能满足战术技术要求时，常在弹道末段采用作用距离不远但制导精度很高的寻的制导。

是否采用末制导，取决于中制导误差的大小能否保证满足战术技术要求。对于不同类型的导弹，这种要求是不同的。下列条件若不能满足时，则必须考虑采用末制导。

(1) 对于反舰导弹和反坦克导弹，要求中制导误差小于目标的最小横向尺寸，即 $CEP \leqslant b/2$，其中 CEP 为圆概率偏差，b 为军舰(或坦克)的高度。

(2) 对于反飞机导弹，要求中制导误差小于导弹战斗部的有效杀伤半径，即 $\sigma \leqslant R/3$，其中 R 为战斗部的有效杀伤半径，σ 为导引准确度。

4.3.2.5　多模制导

随着目标特性变化和隐身技术的广泛应用，为了提高导弹在各种复杂战场环境条件下的抗干扰和反隐身能力，单一制导模式已不能满足现代战争的需要，故在导弹领域中还发展了多模制导技术。

无线电雷达型制导的探测距离远，但易受无线电干扰，制导误差较红外型导弹大。红外成像导引头的制导精度高，抗干扰能力强，但它对目标的探测距离比雷达型制导方式近。将两者组合在一个导引头上，可以最大限度地发挥两种制导模式各自的优势。

多模制导是指同一制导段(如末制导段)，采用两种或两种以上频段或制导方式，如红外与射频制导同时进行工作，采用毫米波主动雷达导引头和凝视红外成像导引头的复合、毫米波主动雷达导引头和宽带无线电被动导引头的复合等。复合制导则是指制导段采用两种或两种以上制导方式进行工作，如人工与自导相结合的制导。一般认为复合制导涵盖多模制导。

多模制导一般有如下模式：①红外成像/无线电雷达制导模式；②主动/被动或半主动/被动型雷达制导模式；③红外/紫外型制导模式。

随着未来战场环境变得越来越恶劣，单一频段或模式的制导，将难以适应未来战争的要求，因此多模制导或复合制导现已成为精确制导技术发展的重要方向。多模或复合制导可以充分发挥各制导方式的优势，弥补各制导方式的不足，从而可极大地提高武器的作战效能。

4.3.3　导弹控制方式选择

为提高导弹命中精度与毁伤效果，对导弹进行控制的最终目的是使导弹命中目标时质心与目标足够接近，有时还要求有一定的弹着角。为完成这一任务，需要对导弹的质心与姿态同时进行控制，但目前大部分导弹是通过对姿态的控制间接实现质心控制的。导弹姿态运动有三个自由度，即俯仰、偏航和滚转三个姿态，通常也称为三个通道。如果以控制通道的选择作为分类原则，控制方式可分为三类，即单通道控制、双通道控制和三通道控制[18]。

4.3.3.1　单通道控制方式

一些小型导弹的弹体直径小(如中国的"红缨-5"、美国的"尾刺"、RAM 导弹等)，在导弹以较大的角速度绕纵轴旋转的情况下，可用一个控制通道控制导弹在空间的运动，这种控制方式称为单通道控制。采用单通道控制方式的导弹可采用"一"字形舵面，继电式舵机，一般利用发动机尾喷管和尾翼斜置产生导弹自旋力。由于弹体自旋，导弹的一对舵面在弹体旋转中不停地按一定规律从一个极限位置向另一个极限位置交替偏转，其综合效果产生的控制力使导弹沿基准弹道飞行。

在单通道控制方式中，弹体的自旋转是必要条件，自旋转速一般为 $10\sim20 \mathrm{r\cdot s^{-1}}$。导弹导引头、跟踪系统、自动驾驶仪均采用极坐标控制，利用一个舵机控制一对舵面，阻尼弹体姿态运动的阻尼回路也只有一个，故这种单通道控制系统是全极坐标式控制系统。

单通道控制方式的优点是弹上设备少，结构简单，质量轻，可靠性高且成本低；缺点是导弹的机动能力较小。由于仅用一对舵面控制导弹在空间的运动，对制导系统来说，有不少特殊问题需要考虑。

4.3.3.2　双通道控制方式

通常制导系统对导弹实施横向机动控制，故可将其分解为在互相垂直的俯仰和偏航两个通道内进行的控制，对于滚转通道仅由稳定系统对其进行稳定，而不需要进行控制，这种控制方式称为双通道控制方式，即直角坐标控制。有一些文献中把双通道控制方式也称为三通道控制。

双通道控制方式制导系统组成原理图如图 4-90 所示，其工作原理：观测跟踪装置测量出导弹和目标在测量坐标系的运动参数，按导引规律分别形成俯仰和偏航两个通道的控制指令。这部分工作一般包括导引律计算，动态误差和重力误差补偿计算，滤波校正等内容。导弹控制系统将两个通道的控制信号传送到执行坐标系的两对舵面上(十字形或×形)，控制导弹向减少误差信号的方向运动。

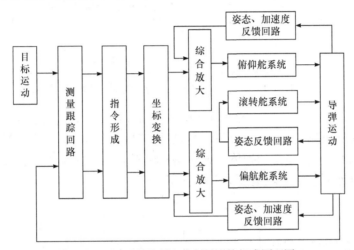

图 4-90　双通道控制方式制导系统组成原理图

双通道控制方式中的滚转回路分为滚转角位置稳定和滚转角速度稳定两类。在遥控制导方式中，控制指令在制导站形成，为保证在测量坐标系中形成的误差信号正确地转换到控制(执行)坐标系中形成控制指令，一般采用滚转角位置稳定。若弹上有姿态测量装置，且控制指令在弹上形成，可以不采用滚转角位置稳定。在主动式寻的制导方式中，测量坐标系与控制坐标系的关系是确定的，控制指令的形成对滚转角位置没有要求。

4.3.3.3　三通道控制方式

制导系统对导弹实施控制时，对俯仰、偏航和滚转三个通道都进行控制的方式，称为三通道控制方式，如垂直发射导弹发射段的控制及滚转转弯控制等。

三通道控制方式制导系统组成原理图如图 4-91 所示，其工作原理：观测跟踪装置测量出导弹和目标的运动参数，然后形成三个控制通道的控制指令，包括姿态控制的参量计算及相应的坐标转换、导引规律计算、误差补偿计算及控制指令形成等，所形成的三个通道的控制指令与三个通道的某些状态量的反馈信号综合，发送给执行机构。

4.3.4　飞行控制系统

飞行控制系统(简称飞控系统)是导弹制导控制系统的重要组成部分，一般由自动驾驶仪与弹体动力学构成闭合回路，也称为稳定控制系统或稳定回路。

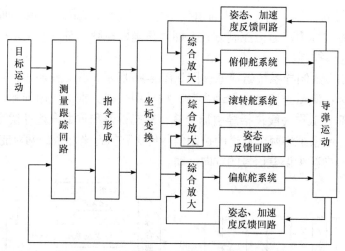

图 4-91　三通道控制方式制导系统组成原理图

飞控系统原理结构图如图 4-92 所示[19]。在飞控系统中，自动驾驶仪通常包括反馈元器件、控制电路、舵机系统或推力矢量执行机构等弹上设备；弹体动力学通常包括气动力控制面或推力矢量控制面和弹体，弹体是控制对象。在弹体动力学已经确定的条件下，飞控系统的设计实际上就是自动驾驶仪的设计。

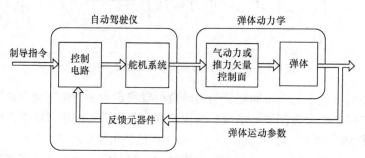

图 4-92　飞控系统原理结构图

自动驾驶仪的功能是控制和稳定导弹的飞行。控制是指自动驾驶仪按控制指令的要求操纵舵面偏转或改变推力矢量方向，改变导弹的姿态，使导弹沿基准弹道飞行。稳定是指自动驾驶仪消除因干扰引起的导弹姿态的变化，使导弹的飞行方向不受扰动的影响。稳定是在导弹受到干扰的条件下保持其姿态不变，而控制是通过改变导弹的姿态，使导弹准确地沿着基准弹道飞行。显然，稳定是控制的前提，而稳定与控制又是矛盾的。导弹在飞行过程中，可以认为弹体外形是不变的，而导弹的飞行高度、速度、质量、质心位置都在变化，也有可能有较大的外干扰，再加上快速大机动要求对稳定度的限制，这些都增大了稳定和控制综合设计的难度。

4.3.4.1　飞行控制系统的组成及分类

飞控系统中，弹体作为控制对象，自动驾驶仪是控制器。自动驾驶仪一般由弹体状态参数反馈元器件(惯性器件)、控制电路和舵机系统组成。

常用的惯性器件有自由陀螺仪、测速陀螺仪和线加速度计等，分别用于测量导弹的姿态角、姿态角速度和线加速度等。

控制电路由数字电路和(或)模拟电路组成，它用于各种控制量与反馈量的综合、信号的变换和放大，包括实现调节规律和校正网络需要的电路，以形成对舵机的控制信号。此外，还有逻辑和时序控制电路及微处理器、存储器和接口电路等。

舵机系统的功能是根据控制信号去控制相应空气动力控制面的运动或改变推力矢量的方向。它由角位置反馈电位计，信号综合、变换电路和功率放大电路，驱动器，舵机能源及传动机构组成。其中，功率放大电路、驱动器、舵机能源及传动机构往往随舵机类型(冷气舵机、燃气舵机、液压舵机或电动舵机)不同而不同。

一般来说，自动驾驶仪中控制导弹在俯仰平面内运动的部分，称为俯仰通道；控制导弹在偏航平面内运动的部分，称为偏航通道；控制导弹绕弹体纵轴转动运动的部分，则称为滚转通道。它们与弹体构成的闭合回路，分别称为俯仰稳定回路、偏航稳定回路和滚转稳定回路。对于轴对称的"十"字形气动布局导弹来说，俯仰(稳定)回路和偏航(稳定)回路一般是相同的，通常称为侧向稳定回路或侧向回路；对于"×"形气动布局的导弹，没有偏航回路与俯仰回路之分，因为导弹的偏航运动和俯仰运动都由两个相同回路(通常称为Ⅰ回路和Ⅱ回路)的合成控制实现，习惯上将Ⅰ回路和Ⅱ回路也称为侧向稳定回路，相应地称滚转稳定回路为倾斜稳定回路或倾斜回路。

旋转导弹的自动驾驶仪通常没有滚转通道，只用一个侧向通道控制导弹的空间运动，因而又称为单通道自动驾驶仪。

飞控系统的主要分类如下。

(1) 按所采用的控制方式分类，可分为侧滑转弯(STT)自动驾驶仪与倾斜转弯(BTT)自动驾驶仪。

(2) 按俯仰、偏航、滚转三个通道分，可分为侧向(俯仰/偏航)自动驾驶仪和横滚自动驾驶仪。

(3) 按单通道的功能分，可分为过载控制自动驾驶仪、姿态控制/稳定自动驾驶仪、高度控制自动驾驶仪。

(4) 按对控制增益的调整方法分，可分为分段调整增益自动驾驶仪、开环(如惯性基准)自适应自动驾驶仪、闭环(如模型参考/自校正调节器)自适应自动驾驶仪。

4.3.4.2　弹体动力学模型

1. 力和力矩模型

轴对称导弹弹体动力学模型通常建立在弹体坐标系，以利于进行导弹姿态的计算。

(1) 升力：

$$Y = C_y qS$$

(2) 轴向阻力：

$$X = C_x qS$$

(3) 侧向力矩：

$$\begin{cases} M_y = m_y qSL_{\mathrm{B}} + m_y^{\varpi_y} \omega_y qSL_{\mathrm{B}}^2 / v \\ M_z = m_z qSL_{\mathrm{B}} + m_z^{\varpi_z} \omega_z qSL_{\mathrm{B}}^2 / v \end{cases}$$

(4) 滚转力矩：

$$M_x = m_x qSL_{\mathrm{B}} + m_x^{\varpi_x} \omega_x qSL_{\mathrm{B}}^2 / 2v$$

(5) 一片舵面的铰链力矩：

$$M_{\mathrm{h}} = m_{\mathrm{h}} qSL_{\mathrm{B}}$$

式中，C_x、C_y 分别为导弹的阻力系数、升力系数；S 为参考面积；q 为来流动压，$q = \frac{1}{2}\rho v^2$；M_x、M_y、M_z 分别为作用在导弹上的滚转力矩、偏航力矩和俯仰力矩；m_x、m_y、m_z 为无量纲比例系数，分别称为滚转力矩系数、偏航力矩系数和俯仰力矩系数；L_{B} 为参考长度，计算空气动力力矩时，参考长度可用弹身长度 L_{B} 表示，也可用弹翼的平均气动力弦长 b_{A} 表示；ω_x、ω_y、ω_z 分别为弹体轴相对于地面坐标系旋转角速度在弹体坐标系各轴上的分量；$m_x^{\bar{\omega}_x}$、$m_y^{\bar{\omega}_y}$、$m_z^{\bar{\omega}_z}$ 分别为滚转阻尼力矩系数、偏航阻尼力矩系数和俯仰阻尼力矩系数，$m_x^{\bar{\omega}_x}$、$m_y^{\bar{\omega}_y}$、$m_z^{\bar{\omega}_z}$ 可简写成 $m_x^{\omega_x}$、$m_y^{\omega_y}$、$m_z^{\omega_z}$，是无量纲值；M_{h}、m_{h} 分别为铰链力矩和铰链力矩系数。

2. 动力学和运动学模型

导弹弹体的运动可以看作质心的运动和绕质心转动的合成运动。

(1) 质心动力学方程：

$$\begin{cases} m\dfrac{\mathrm{d}v}{\mathrm{d}t} = P\cos\alpha\cos\beta - X - mg\sin\theta \\ mv\dfrac{\mathrm{d}\theta}{\mathrm{d}t} = P(\sin\alpha\cos\gamma_{\mathrm{V}} + \cos\alpha\sin\beta\sin\gamma_{\mathrm{V}}) + Y\cos\gamma_{\mathrm{V}} - Z\sin\gamma_{\mathrm{V}} - mg\cos\theta \\ -mv\cos\theta\dfrac{\mathrm{d}\psi_{\mathrm{V}}}{\mathrm{d}t} = P(\sin\alpha\sin\gamma_{\mathrm{V}} - \cos\alpha\sin\beta\cos\gamma_{\mathrm{V}}) + Y\sin\gamma_{\mathrm{V}} + Z\cos\gamma_{\mathrm{V}} \end{cases} \quad (4\text{-}37)$$

(2) 绕质心转动动力学方程：

$$\begin{cases} J_x\dfrac{\mathrm{d}\omega_x}{\mathrm{d}t} = M_x - (J_z - J_y)\omega_y\omega_z \\ J_y\dfrac{\mathrm{d}\omega_y}{\mathrm{d}t} = M_y - (J_x - J_z)\omega_x\omega_z \\ J_z\dfrac{\mathrm{d}\omega_z}{\mathrm{d}t} = M_z - (J_y - J_x)\omega_y\omega_x \end{cases} \quad (4\text{-}38)$$

(3) 质心运动学方程：

$$
\begin{cases}
\dfrac{\mathrm{d}x}{\mathrm{d}t} = v\cos\theta\cos\psi_{\mathrm{V}} \\[2mm]
\dfrac{\mathrm{d}y}{\mathrm{d}t} = v\sin\theta \\[2mm]
\dfrac{\mathrm{d}z}{\mathrm{d}t} = -v\cos\theta\sin\psi_{\mathrm{V}}
\end{cases}
\tag{4-39}
$$

(4) 姿态运动学方程：

$$
\begin{cases}
\dfrac{\mathrm{d}\vartheta}{\mathrm{d}t} = \omega_y\sin\gamma + \omega_z\cos\gamma \\[2mm]
\dfrac{\mathrm{d}\psi}{\mathrm{d}t} = \dfrac{1}{\cos\vartheta}(\omega_y\cos\gamma - \omega_z\sin\gamma) \\[2mm]
\dfrac{\mathrm{d}\gamma}{\mathrm{d}t} = \omega_x - \tan\vartheta(\omega_y\cos\gamma - \omega_z\sin\gamma)
\end{cases}
\tag{4-40}
$$

式(4-37)～式(4-40)中，J_x、J_y、J_z 分别为导弹相对于弹体坐标系各轴的转动惯量；ϑ、ψ、γ 分别为俯仰角、偏航角和滚转角，又称弹体的姿态角；α、β 分别为攻角和侧滑角；θ、ψ_{V} 分别为弹道倾角和弹道偏角；γ_{V} 为速度倾斜角。

(5) 导弹质量方程：

$$
\frac{\mathrm{d}m}{\mathrm{d}t} = -\dot{m}_{\mathrm{F}}
\tag{4-41}
$$

(6) 角度几何关系方程：

$$
\begin{cases}
\sin\beta = \cos\theta[\cos\gamma\sin(\psi - \psi_{\mathrm{V}}) + \sin\vartheta\sin\gamma\cos(\psi - \psi_{\mathrm{V}})] - \sin\theta\cos\vartheta\sin\gamma \\[2mm]
\cos\alpha\cos\beta = \cos\vartheta\cos\theta\cos(\psi - \psi_{\mathrm{V}}) + \sin\vartheta\sin\theta \\[2mm]
\sin\gamma_{\mathrm{V}}\cos\theta = \cos\alpha\sin\beta\sin\vartheta - (\sin\alpha\sin\beta\cos\gamma - \cos\beta\sin\gamma)\cos\vartheta
\end{cases}
\tag{4-42}
$$

方程式(4-37)～式(4-41)共 13 个微分方程，加上 3 个角度几何关系方程，共 16 个方程，求解方程组可得到导弹在任一瞬间的位移运动和姿态运动。

3. 动力学系数

当采用小扰动线性化，忽略二阶以上微量及导弹气动力、气动力矩等次要因素时，可使方程实现线性化。同时，采用通道分离假设(当轴对称导弹滚转角速度 $\dot{\gamma}$ 较小时)，可以得到如下导弹在速度坐标系中的简化方程。

(1) 弹体纵向运动小扰动模型：

$$
\begin{cases}
\ddot{\vartheta} + a_1\dot{\vartheta} + a_2\alpha + a_3\delta_z = 0 \\[2mm]
\dot{\theta} = a_4\alpha + a_5\delta_z \\[2mm]
\vartheta = \theta + \alpha
\end{cases}
\tag{4-43}
$$

式中，$a_1 = -\dfrac{M_z^{\varpi_z}}{J_z}$ 为气动阻尼动力系数($1\cdot\mathrm{s}^{-1}$)；$a_2 = -\dfrac{M_z^{\alpha}}{J_z}$ 为静稳定动力系数($1\cdot\mathrm{s}^{-2}$)；$a_3 = -\dfrac{M_z^{\delta_z}}{J_z}$ 为操纵动力系数($1\cdot\mathrm{s}^{-1}$)；$a_4 = \dfrac{P + Y^{\alpha}}{mv}$ 为法向力动力系数($1\cdot\mathrm{s}^{-1}$)；$a_5 = \dfrac{Y^{\delta_z}}{mv}$ 为

舵升力动力系数$(1 \cdot s^{-1})$；δ_z 为升降舵的偏转角。

(2) 弹体倾斜运动小扰动模型：

$$\ddot{\gamma} + c_1\dot{\gamma} = -c_3\delta_x$$

式中，$c_1 = -\dfrac{M_x^{\varpi_x}}{J_x}$ 为滚动阻尼动力系数$(1 \cdot s^{-1})$；$c_3 = -\dfrac{M_x^{\delta_x}}{J_x}$ 为副翼效率动力系数$(1 \cdot s^{-2})$。

4. 弹体传递函数

1) 纵向运动传递函数

(1) 当 $a_2 + a_1a_4 > 0$ 时，导弹纵向运动传递函数为

$$\begin{cases} W_{\delta_z}^{\dot{\vartheta}}(s) = \dfrac{K_d(T_{1d}s+1)}{T_d^2 s^2 + 2\xi_d T_d s + 1} \\[3mm] W_{\delta_z}^{\alpha}(s) = \dfrac{K_d T_{1d}}{T_d^2 s^2 + 2\xi_d T_d s + 1} \\[3mm] W_{\delta_z}^{n_y}(s) = \dfrac{v}{57.3g} \cdot \dfrac{K_d}{T_d^2 s^2 + 2\xi_d T_d s + 1} \end{cases} \tag{4-44}$$

式中，$W_{\delta_z}^{\dot{\vartheta}}$ 表示输入为舵偏角 δ_z 输出为俯仰角速度 $\dot{\vartheta}$ 的传递函数；$W_{\delta_z}^{\alpha}$ 表示输入为舵偏角 δ_z 输出为攻角 α 的传递函数；$W_{\delta_z}^{n_y}$ 表示输入为舵偏角 δ_z 输出为法向过载 n_y 的传递函数。

传递函数系数的计算公式为

$$T_d = \dfrac{1}{\sqrt{|a_2 + a_1a_4|}}$$

$$K_d = -\dfrac{a_3 a_4}{|a_2 + a_1a_4|}$$

$$T_{1d} = \dfrac{1}{a_4}$$

$$\xi_d = \dfrac{a_1 + a_4}{2\sqrt{|a_2 + a_1a_4|}}$$

(2) 当 $a_2 + a_1a_4 < 0$ 时，导弹纵向运动传递函数为

$$\begin{cases} W_{\delta_z}^{\dot{\vartheta}}(s) = \dfrac{K_d(T_{1d}s+1)}{T_d^2 s^2 + 2\xi_d T_d s - 1} \\[3mm] W_{\delta_z}^{\alpha}(s) = \dfrac{K_d T_{1d}}{T_d^2 s^2 + 2\xi_d T_d s - 1} \\[3mm] W_{\delta_z}^{n_y}(s) = \dfrac{v}{57.3g} \cdot \dfrac{K_d}{T_d^2 s^2 + 2\xi_d T_d s - 1} \end{cases} \tag{4-45}$$

2) 倾斜运动传递函数

导弹倾斜运动传递函数为

$$W_{\delta_x}^{\varpi_x}(s) = \frac{\dot{\gamma}(s)}{\delta_x(s)} = \frac{K_{dx}}{T_{dx}s+1} \tag{4-46}$$

式中，K_{dx} 为弹体滚转运动传递系数，$K_{dx} = -c_3/c_1$；T_{dx} 为弹体滚转运动时间常数，$T_{dx} = 1/c_1$；$W_{\delta_x}^{\varpi_x}$ 为输入为舵偏角 δ_x 输出为滚转角速度 ω_x 的传递函数。

4.3.4.3　侧向控制回路

图 4-93 是由测速陀螺仪和加速度计组成的侧向控制回路原理图，常用于指令制导和寻的制导系统。图 4-94 为具有测速陀螺仪和加速度计的控制回路计算结构图。如果导弹是轴对称的，则使用两个相同的自动驾驶仪控制弹体的俯仰和偏航运动。下面以俯仰通道为例。

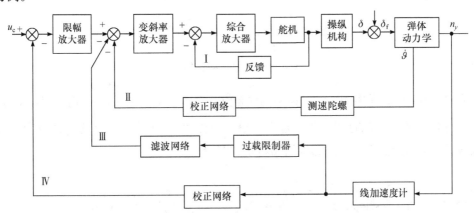

图 4-93　由测速陀螺仪和加速度计组成的侧向控制回路原理图

Ⅰ-舵系统；Ⅱ-阻尼回路；Ⅲ-过载限制回路；Ⅳ-控制回路

u_c-指令电压；　δ-舵偏角；　$\dot{\vartheta}$-俯仰角速度；　n_y-过载；　δ_f-等效干扰舵偏角

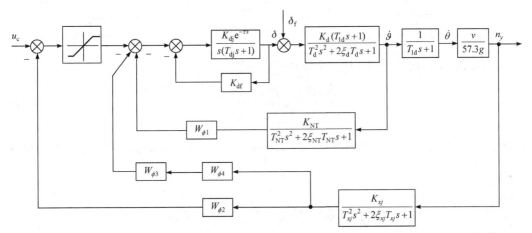

图 4-94　具有测速陀螺仪和加速度计的控制回路计算结构图

K_{NT}-陀螺传递系数；T_{NT}-陀螺时间常数；ξ_{NT}-相对阻尼系数；K_{xj}-加速度计的传递系数；T_{xj}-加速度计的时间常数；

ξ_{xj}-加速度计的阻尼系数

1. 阻尼回路

由测速陀螺仪和加速度计组成的侧向稳定回路是一个多回路系统，阻尼回路在稳定回路中是内回路。从图 4-93 中把阻尼回路分离出来，得到的阻尼回路结构图如图 4-95 所示。简化后的阻尼回路结构图如图 4-96 所示。

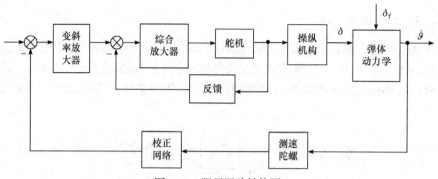

图 4-95　阻尼回路结构图

将图 4-96 中的弹体动力学用传递函数 $W_{\delta_z}^{\vartheta}(s)$ 表示，由于舵回路时间常数比弹体时间常数小得多，测速陀螺时间常数通常也比较小，自动驾驶仪可用其传递系数 $K_{\dot\vartheta}^{\delta_z}$ 表示，则以传递函数表示的阻尼回路结构图如图 4-97 所示。

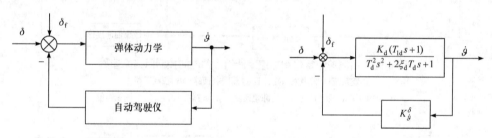

图 4-96　简化后的阻尼回路结构图　　　　图 4-97　以传递函数表示的阻尼回路结构图

经推导提高系统稳定回路阻尼的闭环传递函数为

$$\frac{\dot\vartheta(s)}{\delta(s)} = \frac{K_{\rm d}^{*}(T_{\rm 1d}s+1)}{T_{\rm d}^{*2}s^2 + 2\xi_{\rm d}^{*}T_{\rm d}^{*}s + 1} \tag{4-47}$$

式中，$K_{\rm d}^{*}$ 为阻尼回路闭环传递系数，$K_{\rm d}^{*}=\dfrac{K_{\rm d}}{1+K_{\rm d}K_{\dot\vartheta}^{\delta_z}}$；$T_{\rm d}^{*}$ 为阻尼回路时间常数，$T_{\rm d}^{*}=$

$\dfrac{T_{\rm d}}{\sqrt{1+K_{\rm d}K_{\dot\vartheta}^{\delta_z}}}$；$\xi_{\rm d}^{*}$ 为阻尼回路闭环阻尼系数，$\xi_{\rm d}^{*}=\dfrac{\xi_{\rm d}+\dfrac{T_{\rm 1d}K_{\rm d}K_{\dot\vartheta}^{\delta_z}}{2T_{\rm d}}}{\sqrt{1+K_{\rm d}K_{\dot\vartheta}^{\delta_z}}}$。

可以看出，当 $K_{\rm d}K_{\dot\vartheta}^{\delta_z} \ll 1$ 时，有 $K_{\rm d}^{*}\approx K_{\rm d}, T_{\rm d}^{*}\approx T_{\rm d}$，也就是说，阻尼回路的引入对弹体传递系数和时间常数影响不大，其作用主要体现在对阻尼系数的影响上，考虑到 $K_{\rm d}K_{\dot\vartheta}^{\delta_z} \ll 1$，阻尼系数的表达式可写为

$$\xi_{\mathrm{d}}^* = \xi_{\mathrm{d}} + \frac{T_{1\mathrm{d}} K_{\mathrm{d}} K_{\dot{\vartheta}}^{\delta_z}}{2 T_{\mathrm{d}}}$$

此式说明，引入阻尼回路使补偿后的弹体俯仰运动的阻尼系数增加，$K_{\dot{\vartheta}}^{\delta_z}$ 越大，ξ_{d}^* 增加的幅度越大，因此阻尼回路的主要作用是改善弹体侧向运动的阻尼特性。

2. 控制回路

控制回路是在阻尼回路的基础上，加上由导弹侧向线加速度负反馈组成的指令控制回路。线加速度计用来测量导弹的侧向线加速度 $v\dot{\theta}$ (实际上是测量过载 $n_y = v\dot{\theta} / 57.3g$)，是控制回路的重要部件，它的精度直接决定着从指令 u_{c} 到过载的闭环传递系数的精度。

控制回路中除线加速度计外，还有校正网络和限幅放大器。校正网络除对回路本身起补偿作用外，还有对指令补偿的作用。校正网络的形式和主要参数由系统的设计要求确定。如果只从自动驾驶仪控制回路来看，有时不需要校正就能满足性能要求，在这种情况下，校正网络完全是为满足制导系统的要求。

根据阻尼回路的分析结果，阻尼回路的闭环传递系数可等效为一个二阶振荡环节，假定线加速度计安装在质心上，可得到侧向控制回路等效原理结构图如图 4-98 所示。

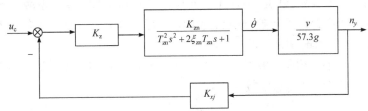

图 4-98　侧向控制回路等效原理结构图

K_z -PID 控制系数；K_{zn} -传递系数；T_{zn} -时间常数；ξ_{zn} -阻尼系数

最常见的侧向控制回路有两种基本形式，一种是在线加速度计反馈通路中有大时间常数的惯性环节，这种稳定回路适用于指令制导系统，图 4-99 给出指令制导系统常用的侧向稳定回路；另一种稳定回路是在主通道中有大时间常数的惯性环节，这种稳定回路适用于寻的制导系统，图 4-100 给出寻的制导系统常用的侧向稳定回路。

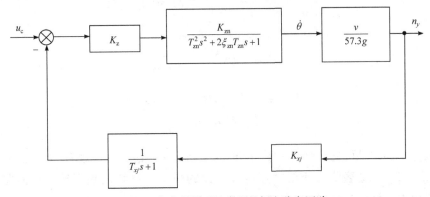

图 4-99　指令制导系统常用的侧向稳定回路

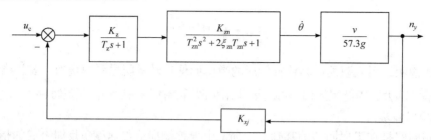

图 4-100　寻的制导系统常用的侧向稳定回路

对指令制导的导弹，常采用线偏差作为控制信号，从线偏差到过载要经过两次积分，无线电传输有延迟，因此要求稳定回路具有一定的微分型闭环传递函数特性，以部分补偿制导回路引入大时间延迟。在稳定回路中，只要在线加速度反馈回路中引入惯性环节，就可方便地达到这个目的，这就是指令制导系统中稳定回路的线加速度计反馈通道中，常常要串入一个较大时间常数惯性环节的原因。

与指令制导系统不同，寻的制导系统中对目标的测量及控制指令的形成均在弹上完成，时间延迟较小，而噪声直接进入自动驾驶仪，这样不仅不要求稳定回路具有微分型闭环特性，相反要求有较强的滤波作用。同时，寻的制导系统要尽量减小导弹的摆动，使姿态变化尽可能小，以免影响导引头的工作。为达到这个目的，在自动驾驶仪的主通道中往往要引入有较大时间常数的惯性环节。

下面简要推导对应于图 4-98、图 4-99、图 4-100 三种结构图的闭环传递函数。对应于图 4-98，可推得其闭环传递函数为

$$\frac{n_y(s)}{u_c(s)} = \frac{K_z K_{zn} \dfrac{v}{57.3g}}{T_{zn}^2 s^2 + 2\xi_{zn} T_{zn} s + 1 + K_z K_{zn} \dfrac{v}{57.3g} K_{xj}} = \frac{K_j}{T_j^2 s^2 + 2\xi_j T_j s + 1} \qquad (4\text{-}48)$$

式中，

$$K_j = \frac{K_z K_{zn} \dfrac{v}{57.3g}}{1 + K_z K_{zn} K_{xj} \dfrac{v}{57.3g}}$$

$$T_j = \frac{T_{zn}}{\sqrt{1 + K_z K_{zn} K_{xj} \dfrac{v}{57.3g}}}$$

$$\xi_j = \frac{\xi_{zn}}{\sqrt{1 + K_z K_{zn} K_{xj} \dfrac{v}{57.3g}}}$$

由以上推导结果可见，对应于图 4-98 的控制回路，最后可等效为一个二阶系统，且 $T_j < T_{zn}, \xi_j < \xi_{zn}$，这表明由于线加速度计反馈的引入，系统的频带比阻尼回路有所展宽，而阻尼系统有所下降。因此，在阻尼回路设计时，应充分考虑到这种影响。

对应于图 4-99，可推得其闭环传递函数为

$$\frac{n_y(s)}{u_c(s)} = \frac{K_z K_{zn} \dfrac{v}{57.3g}(T_{xj}s+1)}{(T_{xj}s+1)(T_{zn}^2 s^2 + 2\xi_{zn}T_{zn}s+1) + K_z K_{zn} \dfrac{v}{57.3g}K_{xj}}$$

$$= \frac{K_z K_{zn} \dfrac{v}{57.3g}(T_{xj}s+1)}{T_{zn}^2 T_{xj}s^3 + (T_{zn}^2 + T_{xj}2\xi_{zn}T_{zn})s^2 + (2\xi_{zn}T_{zn}+T_{xj})s+1 + K_z K_{zn} \dfrac{v}{57.3g}K_{xj}}$$

$$= \frac{K_j(T_{xj}s+1)}{(T_{j1}s+1)(T_j^2 s^2 + 2\xi_j T_j s+1)} \qquad (4\text{-}49)$$

式中，
$$K_j = \frac{K_z K_{zn} \dfrac{v}{57.3g}}{1 + K_z K_{zn} K_{xj}\dfrac{v}{57.3g}}$$

T_{j1}、T_j、ξ_j 由式(4-49)分母的三阶方程确定。

从式(4-49)可见，这种控制回路的闭环传递函数中，与式(4-48)相比在分子中增加了 $(T_{xj}s+1)$ 项，因此具有微分作用，可以补偿指令制导系统的时间延迟，其分母可分解为一个惯性项和一个二次项。因此，若主导极点是惯性项，则其动态品质表现为惯性环节的特性；若主导极点是二次项，则其动态品质表现为振荡特性。

对应于图 4-100，可推得其闭环传递函数为

$$\frac{n_y(s)}{u_c(s)} = \frac{K_z K_{zn} \dfrac{v}{57.3g}}{(T_z s+1)(T_{zn}^2 s^2 + 2\xi_{zn}T_{zn}s+1) + K_z K_{zn} \dfrac{v}{57.3g}K_{xj}}$$

$$= \frac{K_z K_{zn} \dfrac{v}{57.3g}}{T_{zn}^2 T_z s^3 + (T_{zn}^2 + 2T_z \xi_{zn}T_{zn})s^2 + (2\xi_{zn}T_{zn}+T_z)s+1 + K_z K_{zn} \dfrac{v}{57.3g}K_{xj}}$$

$$= \frac{K_j}{(T_{j1}s+1)(T_j^2 s^2 + 2\xi_j T_j s+1)} \qquad (4\text{-}50)$$

式中，
$$K_j = \frac{K_z K_{zn} \dfrac{v}{57.3g}}{1 + K_z K_{zn} K_{xj}\dfrac{v}{57.3g}}$$

T_{j1}、T_j、ξ_j 由式(4-50)分母的三阶方程确定。

从式(4-50)可见，这种控制回路的闭环传递函数中，与式(4-48)相比在分母中增加了 $(T_{j1}s+1)$ 项，与式(4-49)相比分子中少了 $(T_{xj}s+1)$ 项，因此具有较强的滤波作用，且使 ϑ 摆动较小，故适宜于在自寻的制导系统中应用。

4.3.4.4 滚转稳定回路

1. 导弹滚转角的稳定

滚转稳定回路的基本任务是消除干扰作用引起的滚转角误差。为了稳定导弹的滚转角位置，要求滚转稳定回路不但是稳定的，稳定准确度要满足设计要求，而且其过渡过程应具有良好品质。典型的具有角位置反馈的滚转角稳定回路如图 4-101 所示，该回路中应用了角位置陀螺仪和校正网络。

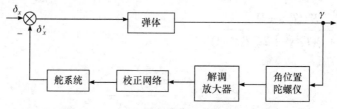

图 4-101　具有角位置反馈的滚转角稳定回路

设校正网络的传递函数为 $W_\phi(s)$，角位置陀螺仪的传递系数为 K_{ZT}，舵回路的传递函数为

$$\frac{K_{dj}}{T_{dj}^2 s^2 + 2\xi_{dj} T_{dj} s + 1}$$

滚转角稳定回路方框图如图 4-102 所示，图中 K_δ 为舵机至副翼间的机械传动比，K_i 为可变传动比。

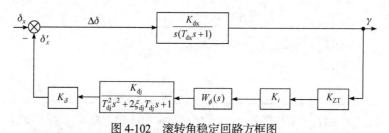

图 4-102　滚转角稳定回路方框图

图 4-102 所示稳定回路的闭环传递函数为

$$\frac{\gamma(s)}{\delta_x(s)} = \frac{\dfrac{K_{dx}}{s(T_{dx}s+1)}}{1 + \dfrac{K_0}{s(T_{dx}s+1)} \cdot \dfrac{1}{T_{dj}^2 s^2 + 2\xi_{dj} T_{dj} s + 1}} = \frac{K_{dx}(T_{dj}^2 s^2 + 2\xi_{dj} T_{dj} s + 1)}{s(T_{dx}s+1)(T_{dj}^2 s^2 + 2\xi_{dj} T_{dj} s + 1) + K_0} \tag{4-51}$$

式中，$K_0 = K_{dx} K_A$ 为开环传递系数，$K_A = K_{ZT} K_i K_{dj} K_\delta$。

有些情况下，为了改善角稳定回路的动态品质，引入角速度陀螺仪回路，得到具有滚转角位置和滚转角速度反馈的滚转角稳定回路，如图 4-103 所示。为了讨论方便，假定舵系统是理想的放大环节，同时把角位置陀螺和测速陀螺都简化为放大环节，这样可得到具有位置和速度反馈的稳定回路框图，如图 4-104 所示。

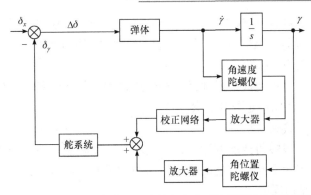

图 4-103 具有滚转角位置和滚转角速度反馈的滚转角稳定回路

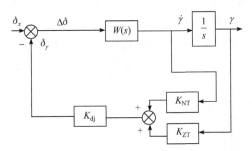

图 4-104 具有位置和速度反馈的稳定回路框图

图 4-103 和图 4-104 中，δ_γ 为等效的扰动副翼偏转角；K_{dj} 为不计惯性的执行机构传递系数；K_{NT} 为测速陀螺仪传递系数；K_{ZT} 为位置陀螺仪传递系数。

未引入测速陀螺反馈时，滚转角稳定系统的闭环传递函数为

$$\frac{\gamma(s)}{\delta_x(s)} = \frac{\dfrac{K_{\mathrm{dx}}}{(T_{\mathrm{dx}}s+1)s}}{1 + \dfrac{K_{\mathrm{dx}}K_{\mathrm{dj}}K_{\mathrm{ZT}}}{(T_{\mathrm{dx}}s+1)s}} = \frac{K}{T^2 s^2 + 2\xi T s + 1}$$

式中，$K = \dfrac{K_{\mathrm{dx}}}{K_0}$，$K_0 = K_{\mathrm{dj}}K_{\mathrm{dx}}K_{\mathrm{ZT}}$ 为开环传递系数；$\xi = \dfrac{1}{2\sqrt{K_0 T_{\mathrm{dx}}}}$；$T = \sqrt{T_{\mathrm{dx}}/K_0}$。

为使系统有较好的快速性和稳态特性，K_0 应取较大的值，加之导弹滚转运动的时间常数 T_{dx} 较大，导致阻尼系数 ξ 的值比较小，这样滚转运动的阻尼特性很差。

引入测速陀螺反馈后，系统的闭环传递函数为

$$\frac{\gamma(s)}{\delta_x(s)} = \frac{\dfrac{K_{\mathrm{dx}}}{(T_{\mathrm{dx}}s+1)s}}{1 + \dfrac{K_{\mathrm{dx}}K_{\mathrm{dj}}(K_{\mathrm{ZT}}+K_{\mathrm{NT}}s)}{(T_{\mathrm{dx}}s+1)s}} = \frac{K'}{T'^2 s^2 + 2\xi' T' s + 1} \tag{4-52}$$

式中，$K' = \dfrac{K_{\mathrm{dx}}}{K_0}$，$K_0 = K_{\mathrm{dj}}K_{\mathrm{dx}}K_{\mathrm{ZT}}$ 为开环传递系数；$\xi' = \dfrac{1 + K_{\mathrm{dj}}K_{\mathrm{dx}}K_{\mathrm{NT}}}{2\sqrt{K_0 T_{\mathrm{dx}}}}$；$T' = \sqrt{T_{\mathrm{dx}}/K_0}$。

由式(4-52)可以看出，引入测速陀螺反馈后，理想情况下滚转角稳定系统是一个二阶

振荡环节，其阻尼系数 ξ' 比 ξ 增大了，选择合适的测速陀螺仪传递系数 K_{NT}，可以使滚转角稳定系统具有所需的阻尼特性，同时增大位置陀螺传递系数 K_{ZT}，可以减小系统的时间常数，提高系统的快速性。

可见，由测速陀螺仪组成的反馈回路起阻尼作用，使系统具有良好的阻尼性；由位置陀螺仪组成的反馈回路稳定导弹的滚转角。

2. 导弹滚转角速度的稳定

为了降低扰动对滚转角速度的影响，把滚转角速度限制在一定的范围内，可采用测速陀螺反馈或在弹翼上安装陀螺舵的方式，这两种不同的实现方式，其作用都相当于在弹体滚转通道增加测速反馈。

以采用测速陀螺反馈的稳定系统为例，系统回路由测速陀螺仪、滚转通道执行装置及弹体等构成。假设执行装置为理想的放大环节，放大系数为 K_{dj}，测速陀螺仪用传递系数为 K_{NT} 的放大环节来近似，设反馈回路的总传递系数 $K_a = K_{NT}K_{dj}$，简化后的具有测速陀螺仪的滚转角速度稳定回路框图如图 4-105 所示，图中 δ_γ 为等效扰动舵偏角。

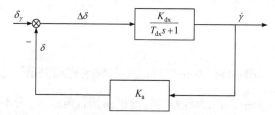

图 4-105　具有测速陀螺仪的滚转角速度稳定回路框图

系统的闭环传递函数为

$$\frac{\dot{\gamma}(s)}{\delta_\gamma(s)} = \frac{K_{dx}}{T_{dx}s + (1 + K_{dx}K_a)} = \frac{K_{dx}}{1 + K_{dx}K_a} \cdot \frac{1}{\dfrac{T_{dx}}{1 + K_{dx}K_a}s + 1} \tag{4-53}$$

由式(4-53)可以看出，由于引入滚转角速度反馈，系统的传递系数减小为原来的 $1/(1 + K_{dx}K_a)$，相当于增加了弹体阻尼；同时，时间常数减小为原来的 $1/(1 + K_{dx}K_a)$，系统过渡过程加快了。

4.3.5　导引规律选择

导引规律是将导弹导向目标的运动规律，简称导引律。它根据导弹和目标之间的相对运动参数(如视线角速度、相对速度等)形成制导指令，使导弹按一定的飞行轨迹攻击目标。

导引规律是导弹控制系统设计的重要内容，它描述导弹在向目标接近的整个过程中所应遵循的运动规律，它决定了导弹的飞行弹道特性及其相应的弹道参数。导弹按不同的导引规律制导，飞行的弹道特性和运动参数是不同的。导弹的弹道参数又是导弹气动外形、推进系统、制导系统和引战系统设计及确定导弹载荷等的重要依据。

导引规律对导弹的速度、机动过载、制导精度和单发杀伤概率有直接影响，而速度、机动过载、制导精度和单发杀伤概率是决定导弹杀伤目标空域的大小及形状等特性的重要因素，由此可知，研究导弹的导引规律能在给定条件下提高和改善导弹的性能，确定或改进导引规律在导弹系统设计中占有重要地位。

导引规律有很多种，包括经典导引规律和现代导引规律。经典导引规律是建立在早期经典理论概念基础上的导引规律，包括追踪法、前置角或半前置角法、三点法、平行接近法及比例导引法等。现代导引规律是建立在现代控制理论和对策理论基础上的导引规律，目前主要有线性最优、自适应制导及微分对策等导引规律。经典导引规律需要的信息量少，结构简单，容易实现，因此大多数现役战术导弹还是使用经典导引规律或其改进形式。现代导引规律较经典导引规律有许多优点，如脱靶量小，导弹命中目标时姿态角满足需要，抗目标机动或其他随机干扰能力强，弹道平直，弹道需用过载分布合理，可扩大作战空域等。但是，现代导引规律结构复杂，需要测量的参数较多，给导引规律的实现带来了困难。随着微型计算机的发展，现代导引规律的应用是可以实现的。

采用遥控制导的导弹，多采用三点法导引规律。三点法导引规律是导弹在攻击目标的整个飞行过程中，其质心始终位于制导站和目标位置的连线上。

采用自寻的制导的导引规律主要有追踪法、前置角法、平行接近法及比例导引法等。追踪法是保证导弹拦截目标的一个最直截了当的方法。它又可分为两种方法，一是姿态追踪法，导弹的纵轴直接指向目标，导弹在机动飞行时，速度向量总是迟后于弹轴的指向。这种导引规律最容易实现，导引头一般固定在弹体上，只要使敏感轴指向目标即可，它要求导引头具有宽视场角。二是速度追踪法，在导弹接近目标的制导过程中，导弹速度向量与导弹、目标连线相重合。实现这种导引规律有两种方案，一种是用具有随动系统的导引头，使其敏感轴直接沿风标稳定，也就是使导引头敏感轴方向与导弹速度方向一致。另一种是用三自由度陀螺和攻角传感器分别测量弹体姿态角和攻角，间接地实现敏感轴沿风标稳定。

前置角法是追踪法的推广，导弹在飞行中其轴(或速度向量)与导弹、目标的连线具有一个角度。

平行接近法是指在导弹的运动过程中，导弹与目标的连线始终平行于初始位置，即如果在导弹发射时刻，导弹与目标的连线倾角为某一角度，则当导弹接近目标时，导弹与目标的连线倾角应总为该固定的角度。也就是说，连线不应有转动角速度。

比例导引法是使导弹速度向量的旋转角速度(或弹道法向过载)与目标视线的旋转角速度成正比。它的特点是，导弹跟踪目标时发现目标视线的任何旋转，总是使导弹向着减小视线角的角速度方向运动，抑制视线的旋转，使导弹的相对速度对准目标，力图使导弹以直线弹道飞向目标，它能敏感地反映目标的运动情况，能对付机动目标和截击低空飞行的目标，并且导引精度高，因此得到广泛应用。

比例导引法是追踪法、前置角法和平行接近法的综合描述，是自寻的导引规律中最重要的一种。当比例导引法的导航比增益取 1 时，它就是追踪法；当取导航比增益为 0 时，它就是前置角法；当导航比增益趋向无穷大时，它就变成了平行接近法。因此，追踪法、前置角法、平行接近法都可以被看作比例导引法的特殊情况。

一般采用追踪法、三点法和比例导引法这三种导引规律，其他形式的导引规律均可归结为这三种之一。

在初步设计时，导弹需要的加速度和产生的脱靶量是两个重要的参数。在三种导引规律中，只有比例导引法可以响应快速机动的目标。在波束制导系统中，由于导弹必须位于瞄准线上，目标的任何机动都可能造成导弹飞行弹道的很大偏差，产生很大的法向加速度。基于追踪法导引时，速度向量总是对准目标，故在接近目标时，追踪法同样会产生很大的偏差。

影响脱靶量的参数：传感器的偏差角、噪声、目标的航向、目标的加速度、目标速度、阵风，等等。

表4-9给出了对付空中威胁所有导引规律的比较。可以看出，在所有情况下选择比例导引法是最为适用的。但必须注意，在设计过程中成本和复杂性也是考虑的主要因素。

表4-9　对付空中威胁所有导引规律的比较

影响脱靶量的参数		目标航向	目标速度	目标加速度	传感器偏差角	噪声	阵风
三点法	良好	—	√	—	—	√	—
	一般	—	—	—	√	—	√
	差	√	—	√	—	—	—
追踪法	良好	√	—	—	—	—	√
	一般	—	—	—	—	—	—
	差	—	—	√	—	—	—
比例导引法	良好	√	—	—	—	—	√
	一般	—	—	—	—	—	—
	差	—	—	—	—	√	—

导引规律影响导弹的弹道特性、导弹的需用过载、过载在弹道上的分布和导引精度等。因此，导引规律的选择是十分重要的。下面给出选择的基本原则。

(1) 理论弹道应通过目标，至少应满足预定的制导精度要求，即脱靶量要小。

(2) 弹道横向需用过载变化应光滑，各时刻的值应满足设计要求，特别是在与目标相遇区，横向需用过载应趋近于零，以便保证导弹以直线飞行截击目标。如果所设计的导引规律达不到这一指标，至少应该考虑导弹的可用过载和需用过载之差应有足够的富余量，且应满足下列条件：

$$n_{ya} \geqslant n_{yn} + \Delta n_1 + \Delta n_2$$

式中，n_{ya} 为导弹的可用过载；n_{yn} 为导弹的弹道需用过载；Δn_1 为导弹为消除随机干扰所需的过载；Δn_2 为消除系统误差所需的过载。

(3) 目标机动时，导弹需要付出的相应机动过载要小。

(4) 抗干扰能力要强。

(5) 满足尽可能大的作战空域杀伤目标的要求。

(6) 导引规律所需要的参数应便于测量，测量参数的数目应尽量少，以便保证技术上容易实现，系统结构简单、可靠。

4.3.6　制导控制器件选择

导弹制导控制系统包括导引系统和控制系统两个部分，多数导弹控制系统的组成及结构基本相同，但所用部件的数量及其具体的工作原理，则因导弹的类型、采用的制导技术及制导精度要求等的不同而有所差异。导弹导引系统的主要装置是测量装置，在遥控系统中测量装置一般为测角仪，在自寻的系统中测量装置为导引头。导弹的控制系统一般包括信号综合放大器、敏感元件、执行装置等，这里的敏感元件主要是陀螺仪、加速度计等。

4.3.6.1　惯性敏感元件

惯性敏感元件用来感受导弹飞行过程中弹体姿态和质心横向加速度的瞬时变化，反映这些参数的变化量和变化趋势，产生相应的电信号供给控制系统。有时还感受操纵面的位置。自主制导的导弹还要敏感直线运动的偏差，感受弹体转动状态的元件用陀螺仪，感受导弹横向或直线运动的元件用加速度计和高度表。

1. 陀螺仪

陀螺仪是惯性测量装置最重要的组成单元之一。它是角运动的测量装置，它的基本工作原理是刚体定点转动的力学原理。

一般来说，质量轴对称分布的刚体，当它绕对称轴高速旋转时，都可以称为陀螺。陀螺自转的轴叫陀螺的主轴或转子轴。把陀螺转子装在一组框架上，使其有两个或三个自由度，这种装置就称为陀螺仪。三自由度陀螺仪的陀螺转子装在两个环架上，它能绕三个相互垂直的轴旋转，如果将三自由度陀螺仪的外环固定，陀螺转子便失去了一个自由度，这时就变成了二自由度陀螺仪。

1) 三自由度陀螺仪

三自由度陀螺仪也称自由陀螺仪或定位陀螺仪，三自由度陀螺仪示意图如图 4-106所示。三自由度陀螺仪的基本功能是敏感角位移。三自由度陀螺仪根据在导弹上安装方式的不同，可分为垂直陀螺仪和方向陀螺仪[18]。

垂直陀螺仪的功能是测量弹体的俯仰角和滚动角，垂直陀螺仪原理图如图 4-107 所示。陀螺仪主轴与弹体坐标系 Oy_1 轴重合，内环轴与弹体纵轴 Ox_1 重合，外环轴与弹体坐标系 Oz_1 轴重合。俯仰角输出电位器的滑臂装在外环轴上，电位器绕组与弹体固连，滚转角输出电位器的滑臂装在内环轴上，电位器绕组与外环固连。

陀螺仪测角的原理：导弹发射瞬间，陀螺仪的内环轴与 Ox_1 轴重合，外环轴与 Oz_1 轴重合，导弹在飞行过程中，电位器绕组与弹体一起运动，这时不会有外力矩作用到陀螺仪上，由于陀螺仪的定轴性，其转子轴(主轴)在空间的方向不变，转子轴绕陀螺仪内、外环轴的转角皆为零，因此电位器的滑臂在空间的方位不变。当弹体滚转或做俯仰运动时，电位器的滑臂与绕组间的相对转动，使电位器产生输出电压，其幅值与弹体转动的角度成线性关系。

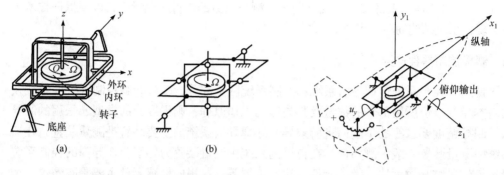

图 4-106　三自由度陀螺仪　　　　　　　图 4-107　垂直陀螺仪原理图

　　某雷达遥控指令制导导弹的垂直陀螺仪如图 4-108 所示。陀螺仪除陀螺转子、框架、输出电位器等主要部分外,还有一些辅助机构,如制锁机构,其作用是锁住内环与外环的位置,以保证导弹发射时陀螺仪的转子轴与 Oy_1 轴一致,并使陀螺仪的三个轴互相垂直,同时也保证在存放和运输中,陀螺仪的内环、外环与壳体不相互碰撞,使陀螺仪的精度不受破坏。

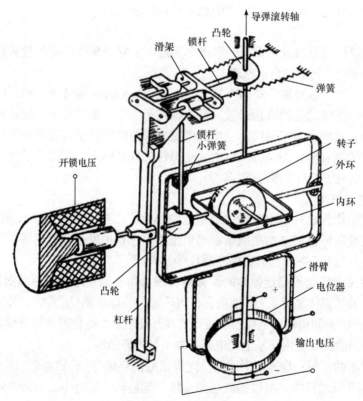

图 4-108　某雷达遥控指令制导导弹的垂直陀螺仪

　　方向陀螺仪的功能是测量弹体的俯仰角和偏航角,方向陀螺仪原理图如图 4-109 所示。陀螺仪主轴与弹体纵轴 Ox_1 重合,内环轴与弹体坐标系 Oz_1 轴重合,外环轴与弹体坐

标系 Oy_1 轴重合。俯仰角输出电位器的滑臂装在内环轴上，电位器绕组与外环固连，偏航角输出电位器的滑臂装在外环轴上，电位器绕组与弹体固连。

方向陀螺仪的测角原理与垂直陀螺仪相同。当弹体做偏航或俯仰运动时，方向陀螺仪就输出与弹体转动角度成比例的电压信号。

垂直陀螺仪主要用于地对空、空对空和空对地导弹，方向陀螺仪一般用于地对地导弹。陀螺仪的安装应尽量靠近导弹的质心部位，以保证测量的准确性。

2) 二自由度陀螺仪

利用陀螺的进动性，二自由度陀螺仪可做成速率陀螺仪和测速积分陀螺仪。速率陀螺仪用来测量导弹绕某一坐标轴的转动角速度，因此又称为测速陀螺仪。速率陀螺仪原理图如图 4-110 所示。陀螺仪只有一个框架，框架轴的方向与弹体纵轴 Ox_1 平行，当导弹以角速度 ω_{y_1} 绕 Oy_1 轴转动时，由陀螺仪进动的右手定则可知，陀螺仪将沿 Ox_1 轴反方向产生陀螺反力矩 M_g，这个力矩迫使转子轴带动内环向 Oy_1 轴方向转动。然而，内环的运动受到弹簧和阻尼器的限制，在陀螺仪进动过程中，弹簧与阻尼器将产生与进动方向相反的弹性力矩和阻尼力矩，当陀螺力矩与弹簧力矩平衡时，框架停止转动，此时角度传感器输出电压与陀螺力矩成正比，而陀螺力矩与弹体转动角速度成正比。因此，角度传感器输出电压与弹体转动角速度成正比。阻尼器的作用是对框架的起始转动引入阻尼力矩，消除框架转动过程中的振荡。

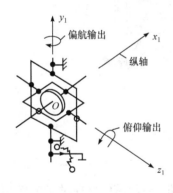

图 4-109　方向陀螺仪原理图

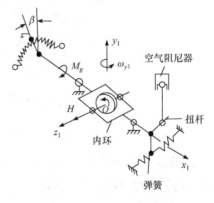

图 4-110　速率陀螺仪原理图

图 4-111 为某型导弹上的速率陀螺仪原理结构图。导弹上有两个速率陀螺仪，一个用来测量导弹绕 Oy_1 轴摆动的角速度，其安装方式：转子轴沿导弹 Oz_1 方向，框架轴沿导弹纵轴 Ox_1 方向；另一个用来测量导弹绕 Oz_1 轴摆动的角速度，其安装方式：转子轴沿导弹 Oy_1 方向，框架轴沿导弹纵轴 Ox_1 方向。

测速积分陀螺仪是在二自由度陀螺仪基础上去掉弹簧增设阻尼器和角度传感器而构成的。与速率陀螺仪相比，它只缺少弹性元件，而阻尼器起了主要作用。实际中应用的测速积分陀螺仪都是液浮式结构。典型的液浮式积分陀螺仪原理结构图如图 4-112 所示。陀螺转子装在浮筒内，浮筒被壳体支承，浮筒与壳体间充有浮液，浮筒受的浮力与其重力相等，以保护宝石轴承。

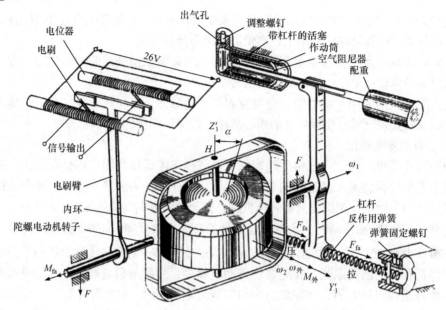

图 4-111 某型导弹上的速率陀螺仪原理结构图

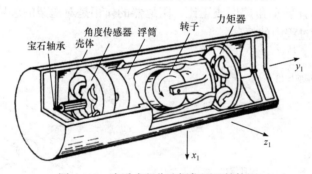

图 4-112 液浮式积分陀螺仪原理结构图

当陀螺仪壳体(与弹体固连)绕 Ox_1 轴以角速度 ω_{x_1} 转动时，陀螺仪产生一个和角速度 ω_{x_1} 成比例的陀螺力矩，这个力矩使浮筒绕 Oy_1 轴进动，悬浮液的黏性对浮筒产生阻尼力矩。设浮筒的进动角速度为 $\dot{\alpha}_n$，则阻尼力矩为

$$M_z = K_z \dot{\alpha}_n$$

式中，K_z 为阻尼系数。

陀螺仪的陀螺力矩为

$$M_g = \omega_{x_1} H$$

式中，H 为陀螺转子的动量矩。

当 $M_z = M_g$ 时，陀螺处于平衡状态，故有 $\dot{\alpha}_n = \dfrac{H}{K_z} \omega_{x_1}$，积分得 $\alpha_n = \dfrac{H}{K_z} \displaystyle\int_0^t \omega_{x_1} \mathrm{d}t$。

由 α_n 的表达式可以看出，陀螺仪的转动角度 α_n 与输入角速度 ω_{x_1} 的积分成比例，故称为积分陀螺仪。

2. 加速度计

加速度计是导弹控制系统中的一个重要惯性敏感元件，用来测量运动物体的线加速度。它的工作原理基于作用在检测质量上的惯性力与运动物体的加速度成正比。它输出与运动载体加速度成比例的信号。在惯性制导系统中，它可测得导弹的切向加速度，经过两次积分，便可确定导弹相对于起点的飞行路程。常用的加速度计有重锤式加速度计和摆式加速度计两种类型。

1) 重锤式加速度计

重锤式加速度计原理图如图 4-113 所示。加速度计的基座与导弹固连在一起。当导弹加速运动时，基座也一起做加速运动，其加速度为 a，由于基座上的惯性质量块 m 相对于基座向相反方向运动，此时连接基座和质量块的弹簧就会受到压缩或拉伸，直到弹簧的恢复力 $F_t = K\Delta S$ 等于惯性力时，质量块相对于基座的位移量才不再增大。忽略摩擦阻力，质量块和基座有相同的加速度，即 $a = a'$。

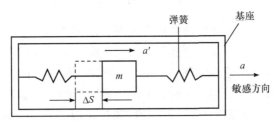

图 4-113 重锤式加速度计原理图

弹簧的恢复力为

$$F_t = K\Delta S$$

质量块的惯性力为

$$F = ma' = F_t$$

因此：

$$a = a' = F_t \big/ m = \frac{K}{m}\Delta S$$

式中，K 和 m 是已知的，因此只要测出质量块的位移ΔS，便知道基座的加速度。

重锤式加速度计由惯性体(重锤)、弹簧片、空气阻尼器、电位器和锁定装置等组成，典型的重锤式加速度计结构如图 4-114 所示。惯性体悬挂在弹簧片上，弹簧片与壳体固连，锁定装置是一个电磁机构，在导弹发射前，用衔铁端部的凹槽将重锤固定在一定位置上。导弹发射后，锁定装置解锁，使重锤能够活动，空气阻尼器的作用是给重锤的运动引入阻力，消除重锤运动过程中的振荡。加速度计安装在导弹上时，应使敏感轴与弹体的某个轴平行，以便测量导弹飞行时沿该轴产生的加速度，加速度计的敏感方向如图 4-114 所示。

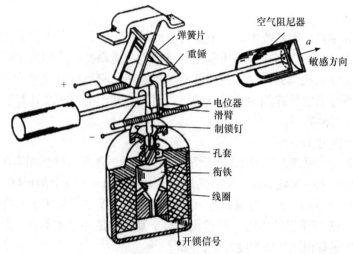

图 4-114　典型的重锤式加速度计结构

导弹在等速运动时，弹簧片两边的拉力相等，惯性体不产生惯性力，惯性体在弹簧片的作用下处于中间位置；导弹加速运动时，由于惯性力的作用，惯性体相对于壳体产生位移，将拉伸弹簧片，当惯性体移动了某一距离时，弹簧片的作用力与惯性力平衡，使惯性体处于相应的位置上，与此同时，与惯性体固连的电位器、滑臂也移动同样的距离，这个距离与导弹的加速度成比例，所以电位器的输出电压与导弹的加速度成比例。

2) 摆式加速度计

摆式加速度计原理如图 4-115 所示。摆式加速度计拥有一个悬置的检测质量块 m，相当于单摆，可绕垂直于敏感方向的另一个轴转动。当检测质量块受到加速度作用偏离零位时，由传感器检测出信号，该信号经高增益放大器放大后激励力矩器，产生恢复力矩。力矩器线圈中的电流与加速度成正比。摆式加速度计检测质量块的支撑结构简单、可靠、灵敏，因而得到了广泛应用。

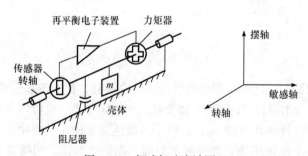

图 4-115　摆式加速度计原理

4.3.6.2　执行装置

在大气层中高速飞行的导弹，可通过改变空气动力的方向获得控制力，不论在大气层中或大气层外飞行的导弹，都可以通过改变推力矢量的大小和方向的方法获得控制力，用来推动舵面或发动机喷管偏转，以改变空气动力或推力矢量方向的装置称为执行装置或执行机构。

1. 执行装置的作用与组成

执行装置是导弹控制系统的重要组成部分，它的作用是根据导弹的控制信号或测量元件输出的稳定信号，操纵导弹的舵面或副翼偏转，或者改变发动机的推力矢量方向，以便控制和稳定导弹的飞行。

执行装置一般是由放大变换元件、舵机和敏感元件等组成的一个闭合回路，执行装置原理如图 4-116 所示。放大变换元件的作用是将输入信号和舵反馈的信号进行综合、放大，并根据舵机的类型，将信号变换成舵机所需的信号形式。舵机是操纵舵面转动的器件，它在放大变换元件输出信号的作用下，能够产生足够的转动力矩，克服舵面的反作用力矩，使舵面迅速偏转，或者将舵面固定在所需的角度上。敏感元件的作用是将执行装置的输出量(舵面的偏转角)反馈到输入端，使执行装置成为闭环调节系统，以便改善执行装置的调节质量。其中舵机是执行装置的核心部分。

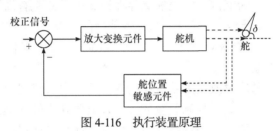

图 4-116　执行装置原理

2. 舵机的分类

根据不同的分类标准，可对舵机进行不同的分类。舵机按其工作原理可分为比例式舵机、继电器式舵机或脉宽调制舵机。按照所采用能源的不同，舵机可分为以下三类：电动式舵机、气压式舵机、液压式舵机。

不管哪种类型的舵机，都必须包含能源和作动装置，能源或为电池或为高压气源(液压源)。对于电动式舵机，其作动装置由电动机和齿轮传动装置组成；对于气压或液压式舵机，其作动装置由磁铁、气动放大器和气缸或液压放大器、液动缸等组成。

1) 电动式舵机

电动式舵机又可分为电磁式和电动机式两种。电磁式舵机实际上就是一个电磁机构，其特点是外形尺寸小，结构简单，快速性能好，但这种舵机的功率小，一般用于小型导弹上。电动机式舵机以交流、直流电动机作为动力源，所以它可以输出较大的功率，它具有结构简单、制造方便的优点，但是快速性差。

2) 气压式舵机

按气源种类不同，气压式舵机分为冷气式和燃气式两种。冷气式舵机采用高压冷气瓶中储藏的高压空气或氮气作为气源，来操纵舵面的运动。通常空气的压力为 15.20MPa，氮气可达 49.65MPa。燃气式舵机采用固体燃料燃烧后所产生的气体作为气源，来操纵舵面的运动。气压式舵机一般用于飞行时间较短的导弹。

气压式执行装置与液压式执行装置工作原理相似，控制信号经放大器放大后，控制高压气体(液体)阀门，使高压气体(液体)推动作动装置，从而操纵舵面的运动。气压式、液压式执行装置原理图如图 4-117 所示。

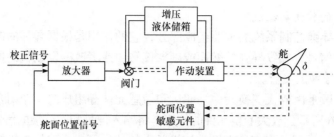

图 4-117　气压式、液压式执行装置原理图

气压式舵机按其采用的放大器类型不同，可以分为滑阀式放大器的气压式舵机、采用射流管式放大器的气压式舵机和采用喷嘴挡板式放大器的气压式舵机。

3) 液压式舵机

液压式舵机以液压油为能源，液压油储存在油瓶中，并充有高压气体，给油加压。液压式舵机有体积小、质量轻、功率大、快速性能好的优点，其缺点是液体的性能受外场环境条件的影响较大，加工精度要求高，成本大。目前，液压式舵机常用于中远程导弹。

3. 推力矢量控制装置

推力矢量控制是一种通过改变发动机排出气流的方向来控制导弹飞行的方法。与空气动力执行装置相比，推力矢量控制装置的优点是只要导弹处于推进阶段，即使在高空飞行和低速飞行段，它都能对导弹进行有效的控制，而且能获得很高的机动性能。推力矢量控制不依赖于大气的气动压力，但是当发动机燃烧停止后，它就不能操纵了。

下述的导弹武器系统需要采用推力矢量控制：①在洲际弹道式导弹的垂直发射阶段中，如果不用姿态控制，那么即使一个微小的主发动机推力偏心，都将会使导弹翻滚。因这类导弹一般很重，且燃料质量占总质量的 90%以上，必须缓慢发射，以避免动态载荷，而这一阶段空气动力控制是无效的，所以必须采用推力矢量控制。②采用垂直发射的战术导弹，发射后要迅速转弯，以便能够在全方位上拦截目标，由于此时导弹速度较低，也必须采用推力矢量控制。③有些近程导弹，如"旋火"反坦克导弹，发射装置和制导站隔开一段距离，为使导弹发射后快速进入有效制导范围，就必须使导弹发射后能立即实施机动，也需要采用推力矢量控制。

4.3.7　制导控制系统设计要求

4.3.7.1　制导控制系统的主要性能指标

导弹制导控制系统的总体设计目标是在导弹受到外部环境干扰时能克服干扰，使导弹稳定在预定的弹道上；当攻击目标时，能接受导引头的控制信号，依据制导规律控制导弹飞向目标并最后击毁目标。导弹制导控制系统的主要性能指标包括以下内容。

1. 导弹的制导方式

(1) 单一制导；

(2) 复合制导；

(3) 多模制导。

2. 制导精度

应满足一定概率的脱靶量。

3. 抗干扰能力

(1) 抗目标或敌方的无线电有源干扰、无源干扰的能力；

(2) 抗红外干扰机干扰或红外诱饵干扰弹干扰的能力；

(3) 抗背景干扰的能力。

4. 导弹飞行速度、高度和过载范围

(1) 速度范围 $(v_{\max}, v_{\min})$；

(2) 高度范围 $(H_{\max}, H_{\min})$；

(3) 最大过载 $(n_{x\max}, n_{y\max})$。

5. 时间特性和攻击距离

(1) 归零或初始段时间，最大中制导飞行时间，最大飞行时间；

(2) 发动机工作时间；

(3) 最大发射距离；

(4) 最小发射距离。

6. 导引规律

(1) 追踪法；

(2) 前置角或半前置角法；

(3) 三点法；

(4) 平行接近法；

(5) 比例导引法。

7. 控制方式

(1) 旋转式单通道控制；

(2) STT 三通道控制；

(3) BTT 控制；

(4) 气动力/推力矢量复合控制；

(5) 直接力控制。

8. 系统响应特性与控制能力

(1) 超调量 $\sigma\%$；

(2) 调节时间(或时间常数)及带宽；

(3) 姿态角稳定误差；

(4) 最大舵偏角 $\delta_{\max}$ 及最大舵偏角速度 $\dot{\delta}_{\max}$；

(5) 最大舵机输出力矩。

9. 结构尺寸、质量、质心、转动惯量和接口要求

(1) 结构尺寸：长度 L、直径 D；

(2) 质量特性 $m(t)$ 和质心位置 $x_{\mathrm{T}}(t)$；

(3) 转动惯量；

(4) 机械连接方式：卡环式、法兰盘式、螺纹式、锲形块式；

(5) 电气接口：与导弹各舱段和发射装置间的电气接口。

10. 制导系统硬件的寿命和可靠性

(1) 寿命：使用寿命、储存寿命、总寿命和寿命周期；

(2) 挂飞平均无故障间隔时间(MTBF)；

(3) 任务可靠度。

11. 制导系统硬件使用维护特性和环境适应性

(1) 使用维护特性；

(2) 环境适应性；

(3) 电磁兼容性。

4.3.7.2　导引系统设计要求

对采用精确制导技术的导弹武器来说，导引系统的主体就是导引头。对导引头设计的总要求是在战术技术指标规定的使用条件(包括规定的背景及干扰条件)及作战空域内，完成对目标的探测、识别和跟踪，测量导弹目标相对运动参数，提供导弹制导所需的导引信息。

1. 红外导引系统

(1) 体制及波段选择。应根据战术技术指标对导弹截获距离和抗干扰要求及实现可能，确定红外导引头采用的探测体制，是单元调制盘式调制体制或多元脉位式调制体制或线列扫描成像体制或面阵凝视成像体制。目前发展趋势是采用成像体制。为提高抗干扰能力，工作波段发展趋势是采用多波段。工作波段的选择主要取决于目标辐射特性、干扰辐射特性、大气窗口、主要背景辐射等因素，以保证获得最高信噪比。根据最大跟踪能力、最大跟踪场、最大角加速度、稳定精度、平台负载确定跟踪稳定平台体制是动力陀螺式或速率稳定平台式或捷联稳定式[14]。

(2) 截获距离。导引系统探测距离是导弹探测到目标的距离，它与系统的探测灵敏度、目标的红外辐射特性、目标与背景的温差、大气传输特性及导弹相对目标的方位等有关。当信噪比超过一定值时，导引头可转入自动跟踪，此时弹目距离为截获距离。截获距离应根据战术技术要求确定，应比允许发射距离更远，应考虑从截获到发射之间的延迟所对应的距离。

(3) 探测、截获和虚警概率。目标探测就是从含噪声的信号中检测出目标信息。导引头的目标信号中含有多种噪声，包括背景噪声、热噪声、电磁噪声、探测器噪声等，这些噪声可作为白色高斯噪声或有色高斯噪声处理，其概率密度为

$$P(x) = \frac{1}{\sqrt{2\pi}} \frac{1}{\sigma} e^{(x-m)^2/2\sigma^2}$$

式中，m 为 x 的均值；σ 为均方差。

信号加噪声的联合概率密度函数一般认为服从正态分布。

单次检测虚警概率 P_f 和探测概率 P_d 分别表示如下。

虚警概率 P_f :

$$P_f = \frac{1}{2}\left(1 - \text{erf}\frac{\text{TNR}}{\sqrt{2}}\right)$$

探测概率 P_d :

$$P_d = \frac{1}{2}\left(1 + \text{erf}\left(\frac{\text{SNR} - \text{TNR}}{\sqrt{2}}\right)\right)$$

$$\text{erf}(x) = \frac{2}{\sqrt{\pi}}\int_0^x \exp\left(-t^2/2\right)dt$$

$$\text{SNR} = \frac{s}{\sigma}$$

式中，SNR 为信号 s 与噪声均方根值之比；TNR 为阈值与噪声均方根值之比。

从虚警概率和探测概率的公式可知，虚警概率 P_f 只与 TNR 有关，TNR 越大，虚警概率越低；探测概率与 TNR、SNR 均有关。当虚警概率一定，即 TNR 确定时，要提高探测概率只能提高 SNR。

系统总体设计时，可根据平均虚警时间 T_f (系统两次虚警之间的平均时间间隔)与虚警概率的关系，求出虚警概率。它们的关系如下：

$$T_f = \frac{1}{2\Delta f P_f}$$

式中，Δf 为系统噪声带宽。

为了既能满足检测指标又不降低探测距离，必须进行多帧检测，总的探测概率 $P_{d(M/N)}$ 及多帧虚警概率 $P_{f(M/N)}$ 为

$$P_{d(M/N)} = \sum_{k=M}^{N} C_N^k P_d^k (1 - P_d)^{N-k}$$

$$P_{f(M/N)} = \sum_{k=M}^{N} C_N^k P_f^k (1 - P_f)^{N-k}$$

式中，N 为连续检测帧数；M 为检测到目标的帧数；P_d 为单帧探测概率；P_f 为单帧虚警概率。

当导引头探测目标可转入跟踪时的信噪比所对应的探测概率为截获概率。

(4) 探测视场和空间分辨率。导引头的探测视场有瞬时视场、搜索视场。

瞬时视场是指导引头瞬时观察到的空域范围。搜索视场是指按特定规律扫描，在搜索一帧的时间内导引头瞬时视场所能覆盖的空域范围，一般要求约为 6° 圆锥角。红外导引头瞬时视场一般要求约为 3° 圆锥角，太大背景干扰大，太小难以瞄准。

有的导引头为提高截获概率，采用扫描方式来扩大导引头的搜索视场，捕获目标后再以小视场进行跟踪。圆锥扫描搜索视场一般约为 6° 圆锥角，俯仰方位扫描一般约为 6°×6°。

红外成像导引头空间分辨率表示对目标细节的分辨能力。例如，对观察距离约为

10km 的目标，在正侧方观察长 10m，翼展 10m 的目标，目标的张角为 1mrad，取可分辨因素为 4，则空间分辨力应为 0.25mrad。

(5) 随动能力。为迅速捕获目标，要求导引头位标器具有与机载雷达随动能力，包括随动最大角速度，最大角速度应尽可能与跟踪雷达的跟踪能力相匹配。

(6) 跟踪能力。

① 最大跟踪角速度。根据导弹攻击区和制导系统的要求确定目标视线最大角速度，根据最大视线角速度确定导引头的最大跟踪角速度。

② 最大跟踪离轴角。对采用比例导引的导弹，根据导弹与目标的速度比 b 及导弹的需用攻角 α_{max} 确定导引头最大跟踪离轴角：

$$\varphi_{max} \geqslant \arcsin\frac{\sin(q_T - \theta_T)}{b} + \alpha_{max}$$

式中，q_T 为目标视线角；θ_T 为目标航迹角。

③ 跟踪快速性。导引头的跟踪快速性取决于对导引系统的带宽要求，要求太快，不利于滤除导引噪声，太慢则将影响跟踪能力。根据弹道上的不同阶段和不同的滤波算法应有不同的要求，应用弹道仿真确定。

(7) 抗干扰。

① 抗人工干扰。主要是考虑抗诱饵弹的干扰。应能给出对战术技术指标规定的干扰形式的平均抗干扰概率，包括干扰弹与目标的能量比、投放时间、投放间隔、投放方式、数量、工作波段、类型等。

② 抗背景或环境干扰。在下视下射时应能对抗地物、海浪背景的影响；能在不均匀的亮云背景下正常截获跟踪目标；有较高的抗太阳干扰能力，如一般要求导引头偏离太阳夹角大于 12° 应能正常工作。

(8) 输出特性。

① 导引信号。为实现导引律，导引系统应输出导引律需要的所有信号。

② 导引传递函数。导引传递函数是指单位角速度输入下的导引头输出电压，它与失调角信号成比例。导引传递函数是导弹导航比的一部分。一般要求导引传递函数误差不大于额定值的 ±10%。

③ 通道耦合系数。在多通道导引系统中，在规定的条件下某个通道的输入引起另一个通道的耦合输出，该输出与这个通道输出的比称为通道耦合系数，一般要求不大于 0.1。

④ 测量误差。对采用比例导引的导弹，导引头测量误差主要有目标相对导弹视线角速度的测量误差、失调角零位的测量误差。引起失调角零位测量误差的因素较多，如导引头的信息处理误差，导引头的装配误差，通道耦合误差，干扰、背景引起的误差，弹体耦合引起的误差，陀螺回转中心与位标器质心不重合引起的漂移，随机机构的间隙使失调角测量值不确定等。测量零位误差一般不超过 0.1°。

输出噪声也会造成导引头的测量视线角速度的误差，使制导信号产生波动。一般要求在目标能量足够时，视线角速度的测量噪声的均方根值不大于 0.1(°)/s。

(9) 失控距离。当导弹接近目标时，导弹因导引头跟踪能力不够，目标可能超出导引头视场而失去控制。如果失控距离大，将使脱靶量大。

导弹脱靶量的表达式如下：

$$r = \frac{1}{2}(a_{TB} - a_{MB})t_{gB}^2 - v_B t_{gB}$$

$$t_{gB} = R_B / |\dot{R}_B|$$

$$v_B = R_B \dot{q}_B$$

式中，r 为导弹脱靶量；a_{TB} 为目标失控时刻的横向加速度(垂直视线)；a_{MB} 为导弹失控时刻的横向加速度(垂直视线)；t_{gB} 为导弹失控时刻的剩余时间；R_B 为导弹失控距离；$\dot{R}_B$ 为导弹失控时刻相对目标的接近速度；$\dot{q}_B$ 为导弹失控时刻的视线转动角速度。

有的导弹要求失控距离不超过 140m，可以满足制导精度 7m(95%落入概率)的要求。

(10) 锁定能力。在导引头截获目标之前，有的导弹采用机械锁，有的导弹采用电锁，必须根据系统允许瞄准误差的分配提出锁定精度及动态品质。

(11) 导引头工作准备时间。根据战术技术要求，并结合系统达到正常工作的最小时间，如陀螺达到稳定工作时间、探测器达到制冷温度的时间确定要求。

(12) 连续工作时间。连续工作时间按战术技术要求确定，应考虑战斗飞行需要时间的要求。

(13) 物理参数。导引头的外形必须满足导弹气动外形的要求，导引头的质量、质心按导弹总体结构设计分配的指标。

(14) 制冷。应要求导引头的制冷气体的介质、纯度(露点、允许杂质颗粒度大小)、达到制冷温度的时间。

2. 雷达导引系统

雷达导引头有主动雷达导引头、半主动雷达导引头和被动雷达导引头三种。下面以某型复合制导空对空导弹的主动雷达导引头为例阐述其基本要求。

(1) 工作波段及工作波形。空对空导弹雷达导引头可供选择的波段有 X、Ku、Ka、W。根据导弹研制总要求中提出的导引头截获距离、抗干扰性能、大机群空战条件下电磁兼容性和战术使用要求，分析发射功率器件、天线、接收机、信息处理等技术的发展水平，进行性能、经费、进度三坐标综合论证，和使用方共同确定导引头的工作波段。

(2) 截获距离。主动雷达导引头的截获距离就是导弹可进入主动雷达末制导的距离，它决定了空对空导弹"发射后不管"的距离，也影响复合制导导弹攻击区的远边界和载机的脱离距离，从而影响载机的生存率和作战效率。

对不同的目标，在不同的背景下，导引头的截获距离不同。截获距离还与系统对导引头的目标指示精度有关。一般应确定在给定条件下导引头独立工作时的截获距离，并应考虑自由空间的截获距离和低空尾后下射时的截获距离。

(3) 导引头探测灵敏度。导引头探测灵敏度是在导引头发射机工作状态下接收机能探测到目标的最小能量，一般以 dBW 为单位。导引头探测灵敏度是根据导引头截获距离要求而确定的。

(4) 发射机潜能。发射机潜能为导引头发射机平均功率与天线增益的乘积，用来表征导引头的辐射能量，单位为 dBW。一般要求发射机潜能在所有工作环境条件下均应不低于规定指标，对其要求应满足导引头截获距离所需的潜能。

(5) 截获概率。导引头单独工作时，在规定的截获距离上应保证具有规定的截获概率。对于复合制导的导弹，在中、末制导交接班时，主动雷达导引头的截获概率是导弹系统的指标，它与目标的雷达反射截面积(RCS)、导引头天线波瓣宽度及目标指示误差的大小有关。目标指示误差又与机载武器系统和导弹系统的多种误差有关，如机载雷达的测角误差、测距误差、测速误差，导弹的对准误差和导航误差，导弹的结构安装误差及天线指向误差等。这些误差又随攻击距离变化。导引头天线波瓣宽度也随弹目距离变化，一般要通过制导系统数字仿真来确定中、末制导交接班时导引头满足规定的截获概率。

(6) 多目标和群目标攻击能力。多目标攻击能力是指对机载雷达能分辨的多个目标进行攻击时，导引头根据装订的飞行任务，应能截获、跟踪载机分配给自己的目标。群目标攻击能力是指对机载雷达不能分辨的密集编队目标进行攻击时，导弹能攻击密集编队目标中的被指定该导弹的优选目标。它是根据战术技术指标确定的。

(7) 分辨率。分辨率是指导弹测量目标角度及接近速度可分辨的最小值。导引头的角度分辨率取决于波束宽度及角度鉴别器的性能；导引头的速度分辨率由速度跟踪窄带滤波器的带宽决定。

(8) 下视下射能力。导引头在飞行控制系统的协助下应能避开地面反射的杂波，迎头或尾后攻击位于载机下方的目标。由于地面杂波的复杂性，一般应规定导引头在典型条件下的低空下视能力(包括目标高度、弹与目标的高度差等)。

(9) 导引头搜索特性要求。若导引头在"允许截获"指令后规定时间内未能截获目标，应自动转入搜索状态，包括角度搜索和速度搜索。一般应规定导引头的角度搜索、速度搜索范围和搜索周期。对于无测距功能的主动雷达导引头，由于不能同时接收和发射，存在距离遮挡问题。为了不漏掉目标，在角度搜索和速度搜索时，停在每一步的驻留时间应大于距离遮挡周期。为了缩短搜索周期，在条件允许时，应尽可能增大多普勒滤波器宽度，多普勒滤波器的带宽最好对应目标速度指示误差允许的最大值。

(10) 导引头速度跟踪特性。应根据导弹与目标的接近速度范围确定多普勒滤波器的跟踪范围。应根据导弹与目标的接近加速度范围确定导引头应能跟踪多普勒频率变化率的能力。

(11) 导引头单脉冲角鉴相器失调角的测量精度。失调角的测量精度影响导引头对视线角速度的测量精度，它是影响导弹制导精度的重要因素。应规定在各种不同信噪比条件下失调角的测量精度，包括斜率、零位和测量噪声均方差的指标。

(12) 导引头主动通道的动态范围。根据不同距离、不同目标的反射能量及目标有源干扰能量的可能范围，确定导引头接收机正常工作的动态范围，一般应不低于 100dB。当输入信号电平在 100dB 范围内变动时，要求导引头的等强信号线方向改变不大于规定值。

(13) 位标器的技术要求。

① 天线预偏角。根据导弹截获目标时的需要确定天线预偏角度范围、天线预偏时间及预偏精度。

② 天线跟踪角度范围。应根据导弹自主飞行时导引头跟踪目标的最大离轴角(视线

与弹轴的夹角)，并考虑弹体在飞行中的摆动幅度来确定导引头天线跟踪角度(框架角)的范围。

③ 天线跟踪角速度范围。应根据弹道的实际需要，确定导引头自主跟踪目标时对应的最大跟踪角速度。

④ 天线稳定装置的漂移。天线稳定装置的漂移分静态漂移和动态漂移。天线稳定装置静止状态测量目标视线角速度的零位误差称为天线稳定装置的静态漂移；在导弹自主飞行中，因天线稳定装置受导弹加速度惯性力的作用引起的漂移称为动态漂移。天线稳定装置静态漂移和动态漂移是影响视线角速度测量精度的重要因素。天线稳定装置的漂移大小与陀螺漂移、位标器的质量偏心、位标器结构间隙和惯性力的大小及方向有关，应根据详细数值仿真分析其对制导精度的影响，来确定对位标器漂移的技术要求。

⑤ 天线稳定系统去耦系数。天线稳定系统去耦系数定义为因弹体摆动引起的导引头视线角速度测量值的扰动与弹体摆动角速度之比，它反映了天线伺服系统对弹体摆动的去耦能力。一般应规定不同频率、不同幅度弹体摆动条件下对应的去耦系数。应根据导引头视线角速度的测量精度对其进行要求。

(14) 测量误差。对采用比例导引法的导弹，对弹目视线角速度的测量精度，尤其是大信噪比条件下(导弹与目标距离很近时)弹目视线角速度的测量精度是影响导弹制导精度的关键因素。视线角速度的测量一般是通过测量导引头角跟踪回路的失调角来实现的。视线角速度的测量误差与失调角的测量误差、天线稳定装置的漂移、通道耦合等有关。一般要求，导引头对视线角速度测量的零位误差不大于 $0.1(°)/s$；视线角速度为 $1(°)/s$ 时，视线角速度的测量误差一般不大于10%；通道耦合不大于10%。

视线角速度测量的输出噪声会使制导信号产生波动，从而引起弹道的波动，要求对导引头测量信号进行滤波。当目标能量信噪比足够大时，一般要求视线角速度测量噪声的均方根值不大于 $0.1(°)/s$。

(15) 抗干扰。

① 导引头应具有良好的抗背景干扰和抗无源干扰能力。

② 导引头应具有良好的抗自卫式干扰和支援式干扰能力。

③ 导引头应具有跟踪干扰源的能力。

这些能力要满足研制总要求规定的抗干扰能力。

(16) 天线罩技术要求。

① 电性能。应规定导引头天线罩在工作波段上的透过率和天线罩折射误差斜率。天线罩的透过率影响导引头的作用距离，一般应大于 90%。在弹体摆动时，天线罩对雷达电磁波的折射误差会对视线角速度的测量产生干扰，并会降低导弹在高空的稳定性。一般应通过制导系统的仿真，确定天线罩折射误差斜率的上限允许值。

② 物理特性。天线罩应满足使用环境要求，包括静强度、动强度、热载荷、密封和雨蚀等。

(17) 数据链接收装置的技术要求。数据链接收装置的技术要求包括工作频段、带宽、点频数、频率稳定度、接收机灵敏度、副载频及频率稳定度、编码与解码方法、接收天线增益、机弹同步信号等。

(18) 导引头准备时间。导引头准备时间包括导引头加温时间、导引头准备好时间，还应规定导引头发射机供电后进入正常工作的时间。

(19) 自检能力。自检能力包括地面检测自检覆盖率、空中发射前自检覆盖率。

4.3.7.3　飞行控制系统设计要求

不同导弹的飞行控制系统有很大的差异，其指标体系也不完全相同。以下主要对采用惯性制导的空对空导弹飞行控制系统提出设计要求。

1. 对准精度和导航精度

应根据截获概率的要求，并结合飞机武器系统能达到的水平，确定机载惯导和弹载惯导粗对准允许误差和精对准误差要求，在不考虑坐标系对准误差的条件下，确定导弹飞行规定时间后的导弹位置精度、速度精度、姿态精度要求。

2. 加速度计及角速度传感器测量范围

根据弹道上导弹可能出现的加速度及弹体角速度范围，确定加速度计及角速度传感器测量范围要求。

3. 对滤波算法的要求

(1) 在中制导段，利用载机装订的数据和通过数据链通道接收的数据，对载机和目标信息进行预测，形成控制算法要求的导弹目标相对位置矢量、目标速度矢量和剩余飞行时间估值。

(2) 当导弹允许截获时，给出目标指示和允许截获指令。

(3) 对导引头的角度测量信息进行滤波和外推导弹目标相对位置、目标速度和目标加速度的估值；角度滤波算法具有抗地杂波、镜像、间断杂波和假目标等能力。

(4) 协助导引头实现速度跟踪和抗速度拖引干扰。

(5) 算法保证在有目标优选标志时，能按目标优选标志对群目标进行优选。

4. 对导引规律的要求

按要求实现规定的导引规律或特种弹道算法。

5. 对稳定回路的要求

(1) 对稳定性的要求。导弹稳定系统应保证导弹在所有自主飞行条件下弹体绕俯仰、偏航、滚转三个轴的空间稳定性，即稳定回路三个通道的稳定性。空对空导弹稳定回路纵向通道(俯仰、偏航)的工作频带一般为 $1\sim2$Hz。为保证导弹机动飞行时在各种干扰力矩作用下弹体俯仰、偏航、滚转三个轴的稳定性，一般要求滚动通道的频带应大于10Hz。按照经典的线性控制理论，在规定的带宽下，一般要求稳定回路的幅稳定裕度不小于 6dB，相对稳定裕度一般不小于 30°。

但考虑到系统的非线性、时变性，特别是有弹载计算机控制的导弹，由于软件设计的复杂性和时延的不确定性，一般要在作战空域中的各种典型条件下，通过数字仿真、半实物仿真和程控弹的发射，逐步调整稳定算法及指标要求，确保系统是稳定的。

对有数据链的导弹，导弹应尽可能将数据链接收天线的极化方向对准载机发射信号源的极化方向，并要避免弹体遮挡，以保证数据链信息的接收。这样，在中制导阶段就要求弹体滚转角稳定在要求的值上，误差在−15°～+15°范围。

(2) 对稳定回路复现控制过载的要求。一般来说，空对空导弹的稳定回路应有快速响应导弹控制指令的能力，以便对付高机动目标。但在不同的高度上，目标的机动能力相差很大，对导弹的快速性要求也应不同。格斗主要在低空进行，目标的机动能力强，离轴发射角度大，对导弹的快速性要求高，其稳定回路的时间常数一般应小于 0.2s；在高空，由于目标机动能力下降，对导弹的快速性要求可较低。

(3) 启控时间的要求。导弹离开载机一定距离后，才允许导弹接入控制指令，开始有制导的飞行。稳定回路接入控制指令的时间为导弹启控时间。导弹启控时间应根据保证载机的安全要求来确定，导轨式发射时，一般从物理分离开始计时；弹射发射时，从导弹发动机建立推力后开始计时。

(4) 抑制弹体弹性振动的影响。应设计结构滤波器或采用其他方法，对导弹弹体结构的一阶弯曲(必要时包含二阶弯曲)固有频率进行有效抑制，使稳定回路没有接近弹体弹性固有振动频率的输出，以防止控制系统发生伺服颤振。

6. 对舵机的要求

舵机用来执行导弹控制指令，操纵舵面偏转，产生控制力和力矩。在导弹上通常采用的有电动式舵机、气动式舵机和液压式舵机。

液压式舵机输出力矩大，抗负载能力强，响应速度快，但其结构复杂，设计加工制造成本高，能源笨重，体积、质量较大，使用维护不方便；气动式舵机以高压冷气或燃气为能源，其输出力矩、抗负载能力、响应速度等方面虽不如液压式舵机，但其结构简单，制造成本低，质量、体积小，维护使用方便，一般用于小型导弹上；电动式舵机以弹载电池为能源，采用稀土永磁直流电动机，响应速度快，体积、质量小，使用维护方便，且易实现自检，大大提高了任务可靠度，近年来广泛用于各种大小的导弹上。

根据舵机反馈的原理不同，舵机又分为位置反馈式和力矩平衡式。若舵偏角随动舵偏角指令，称为位置反馈式舵机，主要用于有自动驾驶仪的导弹上。若舵偏角的大小与输入控制力矩成比例，称为力矩平衡式舵机，如"响尾蛇"空对空导弹上的气动式舵机，其舵偏角的大小取决于作用在舵面上的气动铰链力矩与控制力矩的平衡位置，它随导弹飞行高度和速度而变化。

对于位置反馈式舵机，根据导弹稳定回路动态特性要求，特别是滚动通道的动态特性要求，要求舵机具有快速响应能力，其通频带应尽量宽，一般对空载角速度、最大输出力矩、最大舵偏角和规定输入力矩下的带宽提出要求；对于力矩平衡式气动舵机，要求舵机的频带要比弹体的频带窄，以抑制弹体振荡，一般仅根据导弹可用过载的要求对舵机的最大输出力矩和最大舵偏角提出要求。

舵机零位误差要求以通常可实现的加工、安装精度为宜，一般不大于 0.5°。

应对弹体结构颤振的可能性进行分析，一般要求舵机的频带要低于弹体一阶弯曲模态频率，并对舵传动系统的间隙或频率提出要求，以避免结构颤振。

在导弹挂飞或应急发射时，一般要求舵面锁定，以保证安全。

4.4 总体结构方案选择和要求

导弹弹体结构是导弹的重要组成部分，它由弹身和气动力面组成，弹身通常分为数个舱段，气动力面主要包括弹翼、尾翼(安定面)、舵面等。为了实现舵面操纵及导弹各级之间的分离，弹体结构还包括舵面操纵机构及级间的分离机构。

弹体的功用是把导弹各舱段和舵翼面连接成一个整体，使其具有良好的空气动力外形，承受和传递各种载荷，保证弹内的组件具有良好的工作环境，使导弹完成预定的战斗任务。

导弹弹体结构设计的内容包括总体结构设计和部组件结构设计。总体结构设计的依据是气动外形、总体布局、气动力面几何形状、外载荷估算报告、质量和质心要求、使用环境条件及维护测试要求、气动加热计算报告等。总体结构设计的内容包括全弹结构布局，分离面设置与形式设计，弹体与发射装置及弹体内部各组件位置、空间、质量分配与调整，组件在弹体结构内安装设计及协调。部组件结构设计是对弹体总体结构设计进行细节设计，即以组件(舱段、气动力面或特殊功能部件)为单元，把组件的具体构造、外形尺寸、材料、剖面形状、尺寸精度要求和质量要求进行细致的设计，最后得到全套从零件到各级装配用的生产图纸和技术要求。

4.4.1 导弹结构形式与分类

一般来说，弹体是由骨架元件(纵、横向骨架元件)和蒙皮构成的薄壁结构，其结构特点如下：容易形成流线形的气动外形；从力学角度看是高次静不定结构，局部小开口一般不影响结构的承载能力；由于材料大致沿结构剖面的外缘分布，刚度大，质量轻[20]。

弹体的结构形式可以按加工方法和承受弹体载荷的主要受力元件进行分类。

1. 按不同的加工方法分

(1) 装配式结构。蒙皮、骨架元件单独制造，而后通过一定的连接方式(铆接、焊接、螺接、胶接等)装配成一个整体。因此，按装配方法的不同，弹体结构可分为铆接结构、焊接结构、胶接结构等。这类结构零件多，装配工作量大，采用工装较多，生产周期长，互换性要求高。

(2) 整体式结构。这种结构的特点是蒙皮和骨架为一体。可以用机械加工、铸造、化学铣切、模锻、旋压、纤维缠绕或模压等方法加工成型。因此，结构零件数量少，装配工作量小，工装少，材料可以合理分布，容易实现模块化和互换。这类结构已逐渐成为战术导弹的主要结构形式。

2. 按承受弹体载荷的主要受力元件分

(1) 梁式。蒙皮较薄，弹体的弯矩和轴向力主要由较强的纵向元件(梁)来承受。

(2) 桁条式。结构由蒙皮和布置较密的纵向元件(桁条)构成。蒙皮在桁条支持下一起承受弹体载荷。

(3) 硬壳式。结构中一般不设纵向元件，弹体载荷全部由蒙皮承受。

4.4.2 气动力面构形及设计

气动力面是翼面、舵面、安定面、反安定面及副翼的统称，是弹体的重要部件。气动力面结构设计的要求是翼面应具有良好的气动性能、质量小、承载大，同时必须保证具有良好的强度和刚度，而且结构简单、工艺性好、使用维护方便。

由于各种气动力面的结构形式和基本要求都类似，故本小节主要讨论弹翼的构型与设计问题。导弹常用的翼面结构形式有蒙皮骨架式翼面、整体结构翼面、夹层结构式翼面、复合材料结构翼面及折叠翼面等。

4.4.2.1 蒙皮骨架式翼面

蒙皮骨架式翼面按其有无翼梁可分为梁式及单块式。

1. 梁式结构翼面

梁式结构翼面由蒙皮、桁条、翼肋、纵墙、连接件和翼梁组成，按照翼梁数目不同，可分为单梁式、双梁式及多梁式翼面，其中以单梁式翼面较多。

在梁式结构翼面中，翼梁是主要受力构件，它承受弹翼的全部弯矩、剪力，并与前后纵墙及上下蒙皮组成的闭室承受扭矩。桁条的数目不多，结构较弱，它主要和蒙皮一起承受局部气动载荷。蒙皮结构也较弱，不起承受弯矩作用，只承受局部气动载荷及扭矩。翼肋在承受蒙皮传来的空气动力时像翼梁一样在翼肋平面内受力，并把力传给翼梁腹板及蒙皮。

为了更好地传递剪力和扭矩，在梁式结构翼面中通常还设置前、后辅助接头和前、后纵墙。梁式结构仅在翼展较大的翼面中采用，图 4-118 所示为一种典型的单梁式翼面。

2. 单块式结构翼面

单块式结构翼面的特点主要表现在蒙皮和纵向构件上，即蒙皮较厚，在纵向无强的翼梁，但安排有较多的桁条和纵墙，由蒙皮、墙和桁条铆接在一起构成壁板来承受和传递弹翼上的载荷。这种结构主要受力构件是蒙皮，安排在翼型外缘，能较好地利用结构高度，提高承载能力，减轻构造质量。图 4-119 所示是一种典型的单块式结构翼面。

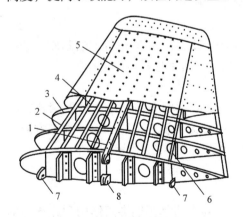

图 4-118 单梁式翼面

1-翼梁；2-前墙；3-翼肋；4-桁条；5-蒙皮；
6-后墙；7-辅助接头；8-主接头

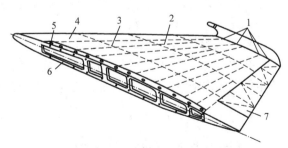

图 4-119 单块式结构翼面

1-纵墙；2-桁条；3-翼肋；4-蒙皮；
5-槽口；6-对接孔；7-副翼

4.4.2.2 整体结构翼面

整体结构翼面将蒙皮和加强件(桁条和翼肋等)合为一体。特点是蒙皮容易实现变厚度，加强肋可以合理分布，零件少，连接件少，铆缝少，表面光滑，外形较准确，强度高，刚度好，结构简单，材料单一，装配工作量小。

整体结构翼面分为组合式、实心式及夹芯式。

1. 组合式整体结构翼面

组合式整体结构翼面由整体加工成型的上下两块壁板，用铆钉或螺钉装配而成，图4-120所示是组合式整体结构翼面的典型结构，壁板蒙皮是变厚度的，壁板有辐射梁式及网格式。辐射梁起加强蒙皮及传递剪力作用，并将翼面载荷以最短的传递路线传给主接头。网格式壁板的格子形状有长方形、正方形及菱形。其沿弦向、展向均有较好的刚度，同时网格加工方便。上述两种壁板均需在铆钉孔处制出凸台，以便铆接。

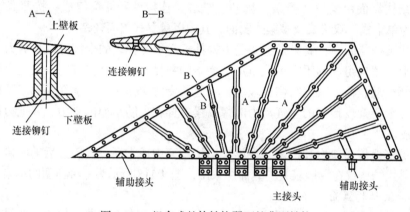

图 4-120 组合式整体结构翼面的典型结构

壁板材料一般用铝合金，可采用机械加工、化学铣切及模锻等方法加工。弹翼与弹身的连接为多点式连接，其好处是将弹翼上的气动载荷分散传递给弹身，使弹翼及弹身不必过度加强传力区的强度及刚度，可减少传力区的结构质量。

2. 实心式整体结构翼面

尺寸小的薄翼和舵面常采用实心结构，它可以用机械加工、锻造等方法制成，结构简单，加工方便，实心式整体结构翼面如图4-121所示，所用材料多为铝合金。

3. 夹芯式整体结构翼面

夹芯式整体结构翼面用铝合金机械加工而成，实心剖面中间钻出成排斜深孔以减重，孔内填充硬质泡沫塑料。此结构与实心平板弹翼相比质量减轻约50%，加工方便，成本低，多用于厚度较大的翼面，夹芯式整体结构翼面如图4-122所示。

4.4.2.3 夹层结构式翼面

夹层结构是由面板和芯材组成的，按不同的芯材可分为加强肋夹层结构和蜂窝夹层结构，目前最常用的还是加强肋夹层结构。这种结构的特点是，加强肋为变厚度辐射状框架，蒙皮为等厚度钛合金板。蒙皮与加强肋之间用点焊固定，翼、舵面周边用滚焊连接，图 4-123 为加强肋夹层结构舵及翼面示意图。

图 4-121　实心式整体结构翼面

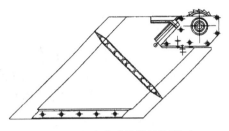

图 4-122　夹芯式整体结构翼面

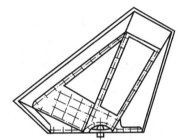

图 4-123　加强肋夹层结构舵及翼面示意图

4.4.2.4　折叠翼面

采用折叠弹翼的优点是缩小导弹横向尺寸，便于储装和运输，增加车辆或舰艇的运载能力，减少阵地车辆数目，提高战斗力。

折叠弹翼是在翼面展向的一部分或翼根部用折叠机构将弹翼折叠，解除约束后翼面即自动展开并在规定的位置上锁定。对折叠机构的主要技术要求是连接可靠、折叠方便、展开迅速、锁紧牢固、质量小、体积小、气动外形好。折叠弹翼的折叠机构一般包括展开装置和锁紧装置两部分。展开装置的作用是使处于折叠状态的翼面在一定条件下展开。大型折叠弹翼的展开装置也是折叠装置，即展开装置也起折叠作用，它是自动展开和自动折叠的。但在小型导弹上，大多数是人工折叠的，但翼面的展开一般是自动的。锁定装置的作用是折叠部分展开后，将其和弹翼的固定部分可靠地锁定成一个整体，以便共同承担气动力。

可以从不同角度将折叠展开机构进行分类。按展开的能源分，有弹(扭)簧力式、压缩空气式、燃气压力式、液压作动筒式等。按折叠方式分，有全翼折叠式和部分折叠式等。

1. 全翼折叠式

全翼折叠式可使导弹在储运和发射装置上的径向尺寸最小，最常见的如下。

(1) 卷叠式：弹翼由弹簧钢板做成或在弹翼根部装有弹簧装置，弹翼折叠后将导弹装入发射筒内，折叠翼由筒壁约束，发射出筒后，在弹簧的作用下弹翼自动张开，折叠卷曲翼如图 4-124 所示。

(2) 潜入式：弹翼潜入弹身之内，弹身开有潜伏槽及潜入空间，弹翼折叠后导弹装入发射筒(箱)内。

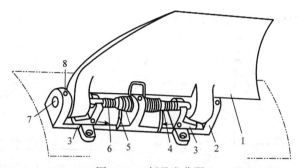

图 4-124　折叠卷曲翼

1-卷曲翼；2-支座；3-锁紧件；4-弹簧座；5-扭簧；6-小弹簧；7-转轴；8-螺钉

(3) 尾叠式：弹翼折叠于弹身尾端，弹翼折叠后，导弹外廓尺寸与弹身直径相等，导弹发射后用发动机的燃气或弹力装置使弹翼展开，这种翼面属非操纵性稳定尾翼。

(4) 纵向折叠：整个弹翼向后转动，直到紧贴于弹身，甚至潜入弹体之内。

2. 部分折叠式

应用最多的部分折叠式有以下几种。

(1) 横向折叠。以弹翼的中部或靠近根部进行折叠，称为横向折叠，适用于各种不同大小的导弹。小型弹一般用弹簧机构展开，如图 4-125 所示为横向折叠外翼示意图。

(2) 多次折叠式。由于一次折叠仍不能满足减小径向尺寸的要求，因此必须两次折叠，但其结构复杂，一般只能在特殊情况下应用。

(3) 伸缩型折叠。弹翼做成如拉杆天线形，导弹在储运发射前，弹翼收缩于翼根或弹体内，由专用装置或火箭筒壁进行约束。导弹在发射后，收缩部分由于弹簧力或其他能源作用会自动弹出，并予以锁定进入工作状态。

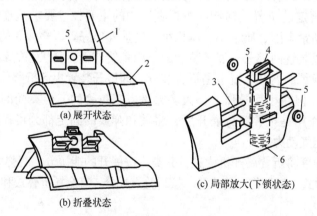

(a) 展开状态

(b) 折叠状态

(c) 局部放大(下锁状态)

图 4-125　横向折叠外翼

1-外翼部分；2-翼根部分；3-转轴；4-锁紧件；5-按钮及其轴；6-弹簧

4.4.3　弹身构形及设计

弹身是导弹弹体的重要组成部分，其功能是把弹体的各部件如弹翼、舵面、发动机等连成一体，形成设计的气动外形，承受并传递各种载荷，保证导弹正常飞行；装载战斗部、推进剂和各种仪器设备，并保证其必要的工作条件。弹身通常由若干个舱段组成，如导引头舱、战斗部舱、制导控制舱、油箱和发动机舱等。

弹身一般可分为头部、圆柱段和尾段三部分，头部形状有半椭球形、圆锥形及抛物线形等，尾段形状有截锥形及抛物线形等。

弹身一般是由纵向(梁、桁条)、横向(隔框)加强件和蒙皮组成的薄壁结构。按不同的加工方法，弹身可分为装配式结构和整体式结构两大类；按承受弹体载荷的主要承力构件不同，弹身可分为梁式、桁条式、硬壳式等形式。

4.4.3.1　硬壳式结构舱段

硬壳式结构舱段的特点是整个舱体主要由较厚的蒙皮和较多的隔框组成，一般没有纵向加强件，弹体的弯矩、轴力、剪力和扭矩全部由蒙皮承受。采用较多的隔框主要是为了维持弹体外形，提高蒙皮在受压时的稳定性，加强框还要承受框平面内的集中载荷。硬壳式结构适合于直径较大的舱段，而直径较小的舱段，由于工艺原因，一般采用整体式结构。硬壳式结构较梁式或桁条式结构，构造简单，气动光滑，易于保证舱段密封，有效容积大，工艺性良好。其缺点是承受纵向集中力较差。硬壳式结构舱段简图如图 4-126 所示。

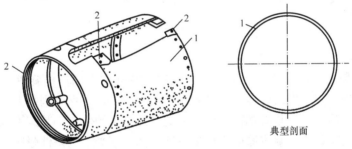

图 4-126　硬壳式结构舱段简图
1-蒙皮；2-隔框

硬壳式结构舱段的主要承力构件为蒙皮和隔框，特别是蒙皮，它是舱段的主体。蒙皮厚度主要根据强度刚度要求而定，即根据外载计算蒙皮内力，再按失稳强度条件进行校核。

4.4.3.2　整体式结构舱段

整体式结构舱段可视为骨架与蒙皮合二为一的结构形式，如整体铸造舱段、圆筒机加舱段、内旋压舱段、化铣焊接舱段等。它的受力特点是，舱段的全部载荷都由具有纵向、横向加强件的整体壁板(或筒体)来承受。这种结构除具有硬壳式结构的优点外，还具有材料连续、零件数量少、装配工作量小、强度刚度大、外形质量高等优点。但由于受到加工条件的限制，整体式结构用于大弹径的舱段较困难，较小弹径的舱段几乎都采用整体式结构。

1. 整体式铸造舱段

在整体式结构舱段中，铸造舱具有许多独到特点和优点。近年来，由于铸造材料、铸造工艺和检测手段的日益完善，铸件质量和尺寸精度不断提高，铸造舱在国内外的战术导弹中获得了普遍应用。特别是一些受力大、载荷复杂、固定设备部位多、强度刚度要求大的舱段尤为适合。

按照铸造材料的不同，铸造舱可选用铸铝合金或铸镁合金。在铸造方法上，广泛采用低压铸造、差压铸造等先进铸造工艺。铸铝舱的缺点是材料机械性能偏低，质量不易稳定。

图 4-127 所示为整体式铸造舱段，其是局部机械加工而成的壳体，这种结构一般用在装有舵机的舱段。由于要有固定舵机设备的凸台和加强框，以及安装舵轴的台肩，用铸造的方法可以形成整体的结构，节省各种焊接、铆接件，加工量少，刚度好，适合于较大弹径的舱体及大批生产。材料通常采用铸造铝合金。

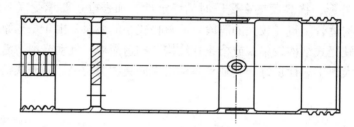

图 4-127　整体式铸造舱段

2. 内旋压舱段

内旋压舱是利用内旋压成型工艺，将蒙皮、端框和内部环框旋成一体的内旋压壳体，再铆上口框、支架即成舱体，它具有以下明显优点：①强度刚度大。它既具有整体结构材料连续的特点，又具有铆接结构材料机械性能高的优点，其结构强度比铸铝舱、铆接舱都高。②质量轻。蒙皮厚度可根据设计选择，不受工艺条件限制，且易制成变截面，壁厚精度高。舱体质量要比铸造舱轻 20%以上。③外形质量高，气动外形好。内外表面属于机加工成型，其准确度、对称性、表面质量都较高。④工装通用性好、工装数量少。一套旋模即可适用于外径相同的各个舱段，且产品尺寸可以自由调整，设计更改和改型设计方便。图 4-128 所示为某型号内旋压舱构造示意图。

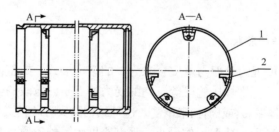

图 4-128　某型号内旋压舱构造示意图
1-内旋压壳体；2-承件支架

3. 整体式机械加工舱段

图 4-129 所示为整体式机械加工壳体，壳体是主要承力构件，能承受轴向力、剪力、弯矩和扭矩，内部容积大，但壳体不宜设置大开口，开口处必须有加强措施。这种

形式结构简单，表面质量好。

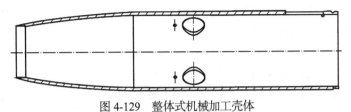

图 4-129　整体式机械加工壳体

4.4.3.3　头锥的构造

战术导弹的头锥多制成光滑抛物线或其他尖拱形的旋成体，以减小头部阻力。采用雷达半主动或主动寻的制导导弹，头锥是导引头的天线罩，除要求有小的气动阻力外形外，还要求对电磁波透过性好，产生的畸变折射小，天线罩需用非金属材料制造。图 4-130 所示是锥形天线罩，后端胶接带有斜梯形螺纹的玻璃钢框，用于与后面舱段对接。

采用红外制导的导引头半球形头罩如图 4-131 所示。为减小红外线透过头罩时的衰减和折射，头罩用光学玻璃制成半球形，通过固定环与壳体黏结。

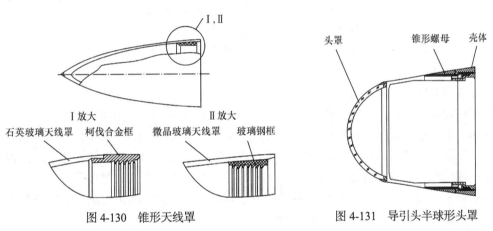

图 4-130　锥形天线罩　　　　　图 4-131　导引头半球形头罩

4.4.4　舱段间连接结构及设计

弹身通常设计成若干个舱段，然后用与各舱结构相适应的连接形式连接起来，组成整个弹身。舱段连接处要连接可靠，能可靠地承受及传递载荷；要保证装配偏差要求，即位移偏差 $\Delta\alpha$、弯折偏差 $\Delta\varphi$ 和扭转偏差 $\Delta\psi$ 要控制在允许范围之内；此外还要求装拆方便，并便于密封。舱段间的连接偏差见图 4-132。

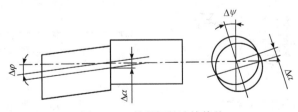

图 4-132　舱段间的连接偏差

舱段间的连接形式对全弹刚度和自振频率影响很大，轴向连接是强连接，连接刚度好，径向连接是弱连接，连接刚度差。影响连接刚度的因素除结构、尺寸和材料之外，接触间隙、摩擦等因素也起很大作用。

1. 套接

套接连接是将两相邻舱段的连接框加工出可套在一起的圆柱内、外表面，它们的配合面套在一起并沿圆周用径向螺钉连接起来。舱段间的配合偏差主要靠套入面的配合精度、舱段端面的垂直度及螺钉螺孔配合精度来保证。舱段间的弯矩、轴力、扭矩由配合面的挤压和螺钉受剪来传递。

套接连接结构简单，传力比较均匀，框缘没有被削弱，结构较轻，工艺性也好。很适合于刚度较好的中小直径舱段之间的连接。图 4-133 为套接螺钉连接舱段的示意图。

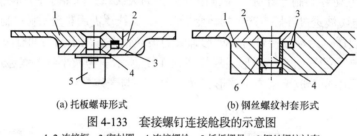

(a) 托板螺母形式　　(b) 钢丝螺纹衬套形式

图 4-133　套接螺钉连接舱段的示意图

1,2-连接框；3-密封圈；4-连接螺栓；5-托板螺母；6-钢丝螺纹衬套

2. 盘式连接

盘式连接是将两个舱段连接框的端面对接，用沿圆周分布和弹身轴线平行或不平行的螺栓连接固定，可分为轴向盘式连接、折返螺栓连接、斜向盘式连接等。

图 4-134 所示为轴向盘式连接简图。这种连接形式，弯矩由部分螺栓受拉和框的部分端面受挤压来传递，轴向力由框的端面受挤压传递，剪力由销钉和螺栓传递。对接偏差由连接框的端面垂直度和销孔的对合精度来保证。这种连接形式的对接孔加工比较容易，弯折偏差比套接时要小。这种连接形式由于容易提高对接框的抗弯刚度，故适合于弹径较大、载荷较大的舱段连接。弹径 500mm 以上的舱段大都采用这种形式。

3. 螺纹连接

两个舱段的连接处分别加工出内、外螺纹，直接用螺纹进行连接。为防止松动，两舱段连接好后，用止动螺钉紧固。图 4-135 所示为一种典型的螺纹连接。$\Delta\alpha$ 由配合面的配合精度、同轴度来保证；$\Delta\varphi$ 由舱段端面垂直度来保证。螺纹连接的优点是结构简单、装拆方便，连接强度、刚度大，可利用空间大，加工容易，但这种连接形式的扭转偏差 $\Delta\psi$ 较难保证。螺纹连接多用于无相对转角要求的相邻舱段，如天线罩与舱段的连接。

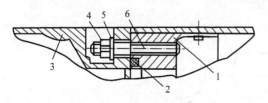
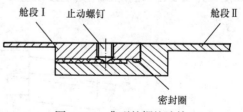

图 4-134　轴向盘式连接简图　　　　图 4-135　典型的螺纹连接

1,3-连接框；2-密封圈；4-螺母；5-垫片；6-螺栓

4. 外卡块式连接

外卡块式连接示意图如图 4-136 所示，将两个舱段的外表面配合处，加工成斜面。舱段对接时将两个半圆形外卡块装在舱段上，用绑带和两头有左右螺纹的螺栓把它们箍接成一个整环。拧紧螺栓，抽紧绑带，可使外卡块的斜面与舱段斜面紧密配合，从而可把两个舱段连接起来。两个舱段的对接端面上，需安装两个定位销钉，用于传递扭矩和保证位移偏差不超过允许值。该连接形式的主要优点是连接刚度较大，装拆开敞性好；缺点是配合面较多，加工精度要求高，成本高。这种连接形式适用于中小弹径的舱段连接。

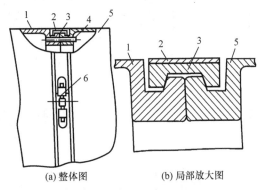

(a) 整体图　　　　　　(b) 局部放大图

图 4-136　外卡块式连接示意图

1, 5-舱段；2-外卡块；3-绑带；4-定位销；6-左右螺栓(爆炸螺栓)

4.4.5　分离机构方案

分离机构是两级或多级导弹间连接的特殊组合件，它起着级间连接与级间分离两个重要作用。为了使导弹速度快、飞行距离远、质量小，往往采用两级形式，在助推器工作结束后，就需要将助推器壳体抛掉。分离机构的作用就在于分离前将助推器与二级导弹可靠地连接起来，而在预定分离瞬间，则迅速、可靠地将助推器与二级导弹本体分离。因此，对分离机构的主要要求：①连接可靠。使导弹在使用及飞行过程中，在各种静、动载荷作用下，一、二级弹体连接牢固，并要保证连接精度要求。②分离可靠。在分离信号给出后，能迅速、可靠地使分离部分脱离二级导弹本体，并要尽量减少对二级弹体的干扰作用。

分离机构的构造形式，一般可分为纵向分离机构和横向分离机构两大类。纵向分离机构是将助推器(或分离部件)沿导弹纵轴方向分离出去，故又称为串联分离机构。横向分离机构是将助推器(或分离部件)沿弹径向分离出去，故又称并联分离机构。

4.4.5.1　纵向分离机构

1. 卡环式分离机构

卡环式分离机构一般由两个半环、两个爆炸螺栓、两个横向连接螺栓等组成。图 4-137 所示的某型号分离机构即为典型的卡环式分离机构。分离环卡在一、二级对接舱的槽内，使一、二级舱段对接贴紧并传递弯矩和轴向力。当导弹给出级间分离信号时，爆炸螺栓引爆，推出横向连接螺栓，解除了分离环约束，在一级气动阻力及二级发动机燃气冲击力作用下，实现导弹的级间分离[20]。

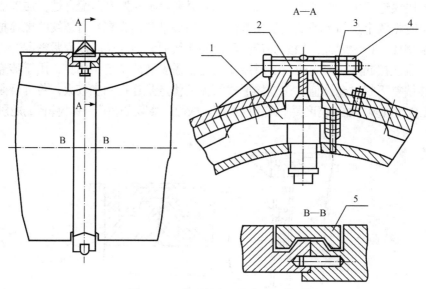

图 4-137　典型的卡环式分离机构
1-爆炸螺栓；2-横向连接螺栓；3-螺母；4-锁紧螺母；5-分离环

卡环式分离机构的主要优点是机构简单、传力直接、占用舱内空间小、分离可靠、维护使用也很方便，不足之处是连接刚度稍差，不适用于大直径导弹。

2. 轴向爆炸螺栓式分离机构

图 4-138 所示是用轴向爆炸螺栓连接的导弹一、二级纵向分离机构，该分离机构主要由防爆盒里面的角撑、橡皮减振垫、爆炸螺栓等组成。爆炸螺栓本身既是连接件又是释放件，结构形式比较简单。根据弹径不同、载荷不同，可以布置 4 个、6 个、8 个、10 个、12 个等不同的螺栓数量，在弹道式导弹一般安排 10 个以上。

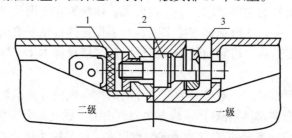

图 4-138　用轴向爆炸螺栓连接的导弹一、二级纵向分离机构
1-橡皮减振垫；2-爆炸螺栓；3-特型螺母

这种分离机构连接强度刚度大，连接可靠，无外凸物，气动外形好，靠爆炸螺栓直接释放，分离可靠，装拆维护也方便，适用于大、中、小型导弹。

4.4.5.2　横向分离机构

1. 悬挂式分离机构

图 4-139 所示为某型号悬挂式分离机构简图。该机构由前后悬挂接头、后支撑杆及

一组释放机构组成。在助推器点火后，燃气流冲击位于喷口处的后悬挂接头的旗状板，再通过一套传动机构使助推器后悬挂点被解除连接。由于助推器前悬挂接头只能承受向前作用的助推器推力，后支撑杆也没有与弹体固连，所以当助推器工作完毕时，在重力及气动阻力作用下就自动与二级弹体分离。

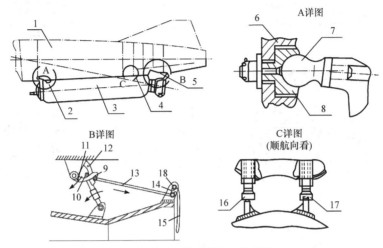

图 4-139　悬挂式分离机构简图

1-弹体；2-前悬挂接头；3-助推器；4-后支撑杆；5-后悬挂接头；6-支架；7-球形接头；8-球窝；9-横轴；10-小轴；11-制动块；12-锁钩；13-撑杆；14-小销；15-旗状板；16-左后支撑杆；17-右后支撑杆；18-B 轴

这种连接与分离机构的优点是构造简单，分离可靠，装拆也较方便，缺点是助推器的推力仅通过前悬挂接头单点传递，给二级弹体的受力传力带来一定困难。

2. 集束式分离机构

某型号集束式分离机构如图 4-140 所示[21]。4 台助推器呈 45°方向并联于弹体四周，助推器用前、后接头(分离机构)和弹体相连。前接头为球头球窝结构(见图 4-140 中 I 详图)，可以调节，是受力主接头。后接头结构为分离环。

其工作原理是，导弹发出分离信号后，爆炸螺栓起爆，分离环解除约束，在助推器系统阻力作用下分离环向后移动，助推器球头退出二级弹体。助推器由于头部装有 5°斜角的头锥，在头锥升力、圆柱段升力和惯性力等作用下，绕其后轴螺栓移动，4 台助推器迅速成伞状张开，同时向后移动，直至分离环滑出弹体，一、二级完全脱离，整个分离过程结束。

该分离机构连接牢固、分离可靠，适宜于安装多个助推器的较大型导弹上，在设计、制造及安装调节上技术要求比较高。

4.4.6　结构设计要求

弹体各部分的功能不同，要求也不同，结构设计要综合考虑、协调多方面的因素和要求，设计目标是保证导弹有最好的性能，设计时应遵循以下一些基本要求。

1. 气动外形要求

尽可能提高空气动力表面的品质，对理论外形的误差应严格控制并提高表面光滑品

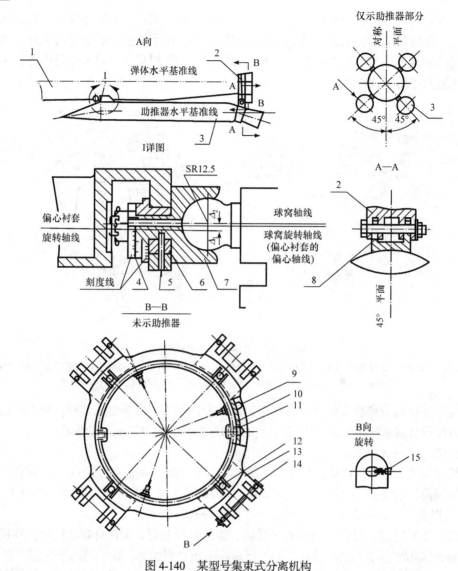

图 4-140 某型号集束式分离机构

1-弹体；2-助推器分离环；3-助推器；4-刻度盘；5-保险销；6-偏心衬套；7-偏心球窝；8-助推器后接头；
9-爆炸螺栓；10-尾舱；11-滑块；12-滚轮；13-分离环叉耳；14-连接螺栓；15-止动螺丝；
$\varDelta_1$-偏心衬套偏心值；$\varDelta_2$-偏心球窝偏心值

质，保证导弹具有良好的气动性能和飞行性能。设计中应采用整体式、整体加强框式等局部刚度高的结构形式，减少分离面和舱口数目，提高弹体刚度和减轻质量。尽量避免或减少突出外表面的台阶、缝隙等可能增大阻力、降低升力的外表结构，不能避免时应加整流罩。结构设计应满足舵轴在弹体、舵面上的位置要求。

2. 质量、质心要求

结构设计应满足总体方案设计规定的质量指标，满足对质心位置的要求。为了保证导弹结构质量最小，在保证导弹性能的前提下，尽可能使设备或选择的成品件质量、尺寸小；导弹内部安排要紧凑，相关的组件尽量靠近；所有管路、电缆尽可能短；把舱体设计成承力结构，即舱体既是设备的壳体又是弹身的一部分，充分利用结构的功能，达到减轻质量的目的；在保证工艺及维护使用要求的前提下，弹身分离面数量最少，弹体口盖数量最少；充分发挥零部件的综合受力作用，减少构件数量。根据刚度和强度指标合理选定剖面尺寸，既保证弹体结构质量最小，又有合适的强度和刚度。

3. 强度及刚度要求

导弹在发射、飞行、运输及使用过程中，都会受到很大的载荷，弹体结构最主要的任务之一是保证结构具有足够的强度和刚度来承受各种载荷，使结构既不被破坏，又不产生不允许的变形。

4. 工艺性、经济性要求

工艺因素影响结构的性能，还决定生产效率及生产成本，是实现经济性的主要因素，因此要求所设计的结构具有良好的工艺性。在保证结构性能要求的前提下，应尽量降低成本，这是经济性要求的基本原则，设计中应进行功能成本分析，使结构在导弹设计、制造、试验、储存、维护使用的全寿命周期中所需的全部费用最低。

5. 环境适应性要求

各种环境因素及其综合环境会影响弹体结构及其内部组件的功能和寿命，为了提高产品的可靠性，必须在设计阶段对结构及其材料的环境适应性进行充分考虑。结构环境适应性要求主要有防热、防腐蚀、防振动冲击。同时弹体结构还有对内部组件的防护设计要求，包括热环境防护，潮湿、盐雾、霉菌、沙尘防护，力学环境防护和电磁干扰防护。

6. 可靠性与维修性要求

可靠性是导弹设计最重要的要求之一，导弹结构可靠性主要是保证结构在整个使用周期内不破坏或失效。设计师应根据导弹总体给出的可靠性指标进行可靠性设计，也就是根据已知的外载荷、材料性能、工作条件和可靠度进行零部件设计，预计弹体结构的可靠性，并对弹体结构故障模式及影响和危害性进行分析。

维修性是弹体结构设计的另一个重要要求。首先，应合理选择分离面，保证维修时的可拆性和可达性；其次，要尽量实现通用化和标准化，减少拆卸连接件的数量等。

上述各项基本要求，孤立地看都应该满足，但实际上它们之间是相互联系又相互制约的。例如，为了获得最轻的结构，希望结构元件的所有材料都能发挥作用，这就导致元件的剖面形状复杂化，工艺性变差。因此，设计师应对多种因素进行综合分析，恰当地处理好各项要求间的矛盾，得出最合理、最有利的设计方案。

4.5 弹上能源方案选择和要求

弹上能源在导弹发射时及自主飞行时给弹上设备提供能源，以满足它们的工作需求。例如，导引头位标器陀螺组件稳速和进动所需要的用电，续冷导引头探测器所需要的用电或用气，导引头、驾驶仪、引信等设备电子线路的用电及舵机工作时所需的用电或用气，等等。

4.5.1　弹上能源的类型

导弹能源系统包括电源系统、气源系统和液压源。

电源系统一般由一次电源、二次电源及其电源转换控制装置组成，一次电源有热电池或涡轮电机，近代多采用化学电池，二次电源大多采用电源变换模块变换得到。电源系统为导弹所有部件提供电能，满足各部件要求的电源电压、电流和供电时序；电源转换控制装置完成对一次电源的点火激活，并判断其电压正常后立即完成由导弹发射装置供电到弹上电源供电的状态转换。

弹上气源有燃气或制冷气源。制冷气源主要由气瓶、充气阀、压力表、电磁阀、干燥过滤器和管道组成。冷气源导引头提供探测器制冷能源，或为位标器跟踪系统、舵机和涡轮发电机提供能源。为了减小储气瓶的体积，弹上制冷气源一般都是高压的。只用于导引头探测器续冷的储气瓶由于工作时间短、制冷耗气量小，所需容积很小，一般不会超过 10ml。用于推动气动舵机的储气瓶容积相对要大得多，具体量值由舵机的耗气量与工作时间、储气瓶的充气压力等确定。同时，用于探测器续冷和推动舵机的气瓶容积需要考虑两者的耗气量，选择适合于两种用途的介质。应按制冷需要对介质的纯净度提出要求和保证。

燃气源主要是燃气发生器，它由点火器、药柱、过滤器和壳体等组成。燃气发生器是导弹上常用的一种能源系统，可以用来推动燃气舵机操纵导弹飞行，也可以用来驱动涡轮带动发电机发电。

液压源是用液体作为工质的动力源。弹载液压源是导弹液压伺服机构(液压舵机、天线伺服机构等)赖以工作的动力源。根据工作方式分为开式(又称挤压式)和泵式两种。

开式液压源多为高压气体(空气或氮气)，挤压油箱中的液体供舵机使用，舵机使用过的工作液随之排出弹外。开式液压源结构简单，工作可靠，价格低廉，但体积太笨重，一般工作时间小于 30s，如美国 AIM-7E 导弹舵机的液压能源。

泵式液压源则是由电机或涡轮带动液压泵高速旋转，泵将液压油从油箱打到高压管路中供舵机使用，舵机使用过的工作油液再流回到油箱里去，油箱里的油再打到高压管路中去，如此往复不断地工作。泵式液压源虽结构复杂，价格昂贵，但体积小，较适宜用于中远程导弹，如俄罗斯"白杨"导弹的舵机能源。

4.5.2　弹上电源方案选择

弹上电源是导弹一种主要能源。弹上供电系统是导弹电气系统的重要组成部分。弹上电源及供电系统的方案选择是导弹总体设计的内容之一，其任务是根据导弹总体和弹上设备的供电要求，确定弹上电源的产生、变换和分配方案。

4.5.2.1　弹上电源的分类

现代导弹具有各种不同功能的电子和电气设备，需要多种不同的电源[6]。

1. 按电源的种类分

(1) 直流电源。一般需要有多种不同的额定电压、电流、电压稳定度及纹波系数等要求的直流电源。

(2) 交流电源。一般也需要多种不同的频率、波形、电压、电流和相数等要求的交流电源。

2. 按电源的产生和使用方式分

(1) 一次电源。导弹的弹上电源是一次性使用的。平时它以某种形式的能量储存，当需要使用时，可在很短时间内激活，产生符合要求的电能。这种弹上电源称为一次电源。

(2) 二次电源。一次电源产生的电源种类一般都不能完全满足各弹上设备的供电要求，需要经变流器变换成满足弹上设备要求的各种电源。该变流器可以多次使用，变换成的电源称为二次电源。

4.5.2.2　一次电源的特点与要求

1. 一次电源的特点

1) 化学电源的特点

(1) 铅酸电池。铅酸电池一般以铅(Pb)作为负极活性剂，二氧化铅(PbO_2)作为正极的活性剂，用氟硅氢酸(H_2SiF_6)的水溶液作为电解液。

防空导弹上使用的铅酸电池，电解液储存在弹性容器内。需要电池工作时，利用弹上其他能源(如弹上的气压能源等)将电解液挤压进每个单体电池，电池便开始激活和工作。

铅酸电池虽然价格比较便宜，但由于其体积比能量和质量比能量都比较小，低温性能也不好，在低温下使用时，需要给电池预先加温，现在的导弹很少采用这种电池。

(2) 锌银电池。这种电池以氧化银(Ag_2O)作为正极板的活性物质，用多孔的锌板作为负极，以氢氧化钾(KOH)或氢氧化钠(NaOH)水溶液作为电解液。

锌银电池在低温下的容量会降低：一般在$-10℃$时为常温下额定容量的 50%；在$-20℃$时为常温下额定容量的 40%左右。因此，在低温下使用时应预先对其加温。

与铅酸电池相比，锌银电池价格比较昂贵，但由于它的质量比能量和体积比能量比铅酸电池大，其比功率高，而且内阻小，可大电流放电，放电时电压平稳。特别是采用化学加热自动激活锌银电池还具有准备时间短，激活和加热总时间小于 1.5s，在低温下使用时不需要单独进行加温等优点，因此在 20 世纪 70~80 年代，防空导弹大都采用这种电池作为弹上一次电源。例如，美国的"爱国者"、法国的"响尾蛇"等防空导弹都采用储备式自动激活锌银电池作为弹上一次电源。

(3) 热电池。热电池是一次性使用的储备式熔盐电解质原电池。在常温下它的电解质是不导电的固体，使用时用电流引燃电点火头或用撞针机构撞击火帽，点燃电池内部的烟火热源，使电池内部温度迅速上升，达 600℃以上，使电解质熔融并形成高导电率的离子导体，从而使电池激活。

热电池的负极材料采用碱金属或碱土金属，主要包括钙、镁、锂，以及锂和铝硅的合金。正极材料有铬酸盐、硫酸盐、磷酸盐、钼钨铁的氧化物、重金属的氧化物和二硫化铁等。电解质一般采用氯化锂-氯化钾低共熔盐。

一般热电池的最佳工作温度在 450~550℃，电池在这个温度范围内的持续工作时间称为热电池的热寿命。它是热电池的重要性能参数，与热电池的电化学体系、加热剂、隔热材料、储热方法和电池大小有关。因此，对于一定电化学体系的热电池来说，除严格控制加热剂的发热量外，还要在电池堆两端加上隔热片，周围包裹隔热层，以延长电池的热寿命。

热电池与已经使用的镉镍电池、铅-硅氟酸(或硼氟酸)电池、锌银电池比较，具有明显的优点。当工作时间短、要求体积和质量很小时，其优越性更为突出。特别是 Li/FeS_2 体系热电池，由于放电时极化很小，在整个放电过程中内阻变化不大，它有当今其他电池所没有的超高速放电能力。几种电池的功率密度和能量密度比较如图 4-141 所示。

从这几种电池性能比较可以看出，热电池是一种高能储备电池。它具有工作可靠、比功率大、脉冲放电能力强、使用温度范围广、结构牢固、环境适应能力好、不需维护、储存寿命长和成本较低等优点，在军事和航天技术上应用越来越广泛。

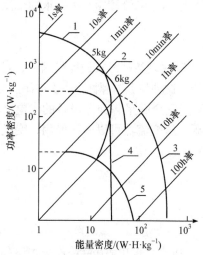

图 4-141　几种电池的功率密度和
能量密度比较

1-热电池；2-锌银电池；3-锂-二氧化硫电池；
4-镍镉电池；5-碱性二氧化锰电池

2) 燃气涡轮发电机

采用燃气涡轮发电机作为弹上一次电源时，燃气涡轮发电机组成框图如图 4-142 所示。

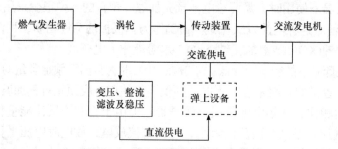

图 4-142　燃气涡轮发电机组成框图

燃气涡轮发电机安装在舵机上，其动力源是由燃气发生器产生的高压燃气。燃气经过喷嘴，产生具有一定压力和流量的射流，推动涡轮转动，通过传动装置带动交流发电机按规定的转速旋转，产生弹上设备所需要的交流电源，同时经变流器供给弹上设备所需的其他种类电源。

交流发电机应满足以下要求：①交流发电机的电气性能(如输出电压、频率、电流等)应满足要求；②应具有电压和频率自动调整装置，以保证输出电压和频率的稳定；③应采用自激，不需另外设置激磁电源；④应采用质量好、耐热性强的材料，使其尺寸和单位功率的质量远小于一般工业用相同功率的发电机的尺寸和单位功率的质量；⑤可靠性、力学环境条件等其他性能指标应满足导弹总体要求。

采用燃气涡轮发电机有一定的优点。例如，当弹上的舵系统采用液压能源时，燃气涡轮还可以带动液压泵，可减小弹上能源系统的体积和质量，但燃气涡轮发电机制造和使用维护都比较复杂。

2. 一次电源的要求

选用一次电源体制，要根据导弹总体和弹上设备的供电要求而决定。选用一次电源的一般要求为如下。

(1) 可靠性高。由于一次电源是一次性使用，平时处于储存状态，不能用激活的办法检查其性能。它又是弹上的主电源，一旦激活后便应正常工作，这就要求其有更高的可靠性。

(2) 启动时间短。当需要作战使用时，一次电源由储存状态进入工作状态的启动时间要尽量缩短。对于化学电源，其启动时间称为激活时间。随着要求武器系统快速反应能力的提高，要求激活时间越短越好。

(3) 储存寿命长。要求一次电源的储存寿命要长。

(4) 体积、质量小。为了使弹上一次电源做到体积小、质量轻，应采用质量比能量和体积比能量高的电源作为弹上一次电源。

(5) 环境适应能力强。要求弹上一次电源具有抗振、抗过载、耐机械冲击性能和耐旋转能力，同时能满足高低温、高低气压和湿热、霉菌等环境条件要求。

(6) 使用维护方便。要求弹上一次电源能不进行预先加温便可以在全天候的条件下使用，而且平时不需进行维护。

(7) 性能/价格比高。要求弹上一次电源既要性能优越，又要价格便宜。

根据对导弹一次电源的上述要求，目前防空导弹大多采用化学电源作为弹上一次电源，也有导弹采用燃气涡轮发电机作为弹上一次电源。

4.5.2.3　二次电源的特点与要求

二次电源用于变换和供给弹上设备所需的一次电源以外的其他种类电源。二次电源可以有两种供电方式：一种是集中供电，即由一个二次电源统一变换和供给弹上各设备所需的二次电源；另一种是分散供电，即由一次电源向弹上各设备提供主电源，各设备所需的二次电源由各设备自行变换。

采取集中供电方式的二次电源，由于进行统一设计，做成一个变流器，比分散变换的变换效率高。但当弹上设备安装比较分散，而且所需的二次电源的种类又比较多时，采取集中供电，将增加二次电源的供电电缆，同时弹上各设备单元调试也需要单独的二次电源供电。

防空导弹上采用的二次电源，有机电式和电子式两种变流器。

1. 机电式变流器的特点

机电式变流器由电动机、发电机组成。由一次电源供给直流电动机的直流电源，直流电动机带动交流电动机转动，变换成弹上设备所需的交流电源。

机电式变流器效率比较低，体积、质量也比较大，电动机和发电机都有旋转机械部分，可靠性较低，使用维护也不方便，现在已被电子式变流器所取代。

2. 电子式变流器的特点

电子式变流器由电子线路组成，其体积小，质量轻，可靠性、工作寿命及使用维护等性能均比机电式变流器优越，因此现代导弹一般采用这种变流器。图 4-143 是一种用于防空导弹的电子式变流器的原理框图。

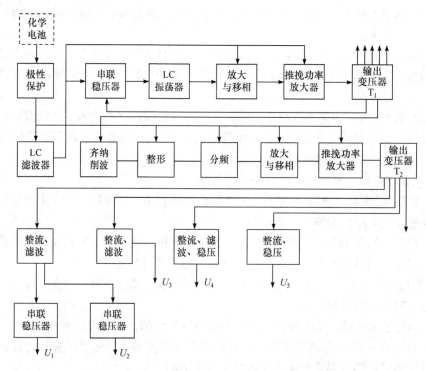

图 4-143 用于防空导弹的电子式变流器的原理框图

一次电源的直流电压经极性保护、LC 滤波器和串联稳压器后对 LC 振荡器供电。振荡器产生的频率为 f_1 的正弦电压经放大与移相后驱动推挽功率放大器，再供给输出变压器 T_1。输出变压器 T_1 的次级输出弹上设备所需的频率为 f_1 的各种不同电压。串联稳压器的输出电压受输出变压器 T_1 的一路次级电压的控制，构成频率为 f_1 的交流电压的稳幅系统，保证输出交流电压的稳定。

由输出变压器 T_1 的另一路次级输出电压经稳压二极管限幅后加到整形电路，再经分频、放大与移相后激励推挽功率放大器，再供给输出变压器 T_2，其次级输出弹上设备所需的频率为 f_2 的方波电压，频率为 f_2 的方波电压经整流、滤波和稳压，产生弹上设备所需的其他直流电压。

4.5.2.4 弹上供电系统方案选择

弹上供电系统总体设计主要是确定弹上一次电源、二次电源和供电线路的方案。

1. 一次电源的选择

确定一次电源时，首先应选择符合要求的定型产品，这可以节省研制经费、缩短研制周期。如果没有符合要求的定型产品，则要提出一次电源研制任务书。任务书中应明确以下主要技术指标要求。

(1) 额定电压。它应根据弹上设备所需的一次电源和有关标准来确定。例如，选用化学电源时，应符合航天部标准"化学电源电压系列"中的规定。

(2) 偏差要求。应根据弹上设备的供电要求和所选用的一次电源体系能够达到的指标来确定，一般为±10%。

(3) 额定电流及脉冲放电能力。根据导弹飞行过程中负载变化曲线来确定。

(4) 激活时间。根据导弹作战反应时间的要求来确定，该时间越短越好，一般不大于 1s。

(5) 可靠度。应高于弹上其他设备，一般大于 0.996。

(6) 储存时间。一般不少于 8～10 年。

(7) 体积小，质量轻；使用维护性能好；适用于使用环境条件。

战术导弹的弹上设备多，对一次电源的供电要求也有差别。例如，火工品电路要求起爆脉冲电流大，但供电时间很短，电压精度要求不高；弹上数字信息处理系统的设备要求一次电源的供电电压稳定，不应有脉冲干扰；有的设备则要求一次电源负极应独立，不能与其他设备的负极相连。为了保证满足各弹上设备的供电品质要求，有时将一次电源做成几个独立的电池组。

2. 二次电源的选择

首先应根据弹上设备所需的二次电源供电的种类和导弹总体布局等要求，确定二次电源是集中变换还是分散变换方式。一般应优选集中变换方式，有利于提高总的变换效率。如果没有符合要求的定型产品，应提出研制任务书。任务书中应明确以下主要技术指标要求。

(1) 输入要求。

①输入直流电压额定值及其变化范围，它应与一次电源输出的直流额定电压和变化范围相一致；②输入脉动电流。

(2) 输出交流电压。

①波形(正弦波、方波等)；②电压额定值；③电压误差；④负载电流额定值；⑤负载特性；⑥输出电压的温度系数；⑦波形失真度；⑧频率额定值；⑨频率偏差；⑩频率的温度系数；⑪电压稳定度。

(3) 输出直流电压。

①电压额定值；②电压误差；③负载电流额定值；④负载电流的变化范围；⑤输出电压的温度系数；⑥电压稳定度；⑦负载稳定度；⑧输出纹波有效值；⑨输出纹波峰——峰值。

(4) 效率。

①DC/AC 逆变器：不小于 60%；②DC/DC 变换器：不小于 70%。

(5) 环境条件要求。

(6) 体积和质量。

(7) 可靠度。

(8) 电磁兼容要求。

(9) 使用维护要求。

3. 供电线路方案

确定了弹上一次电源和二次电源的方案后，可以根据各弹上设备的用电要求，确定供电线路方案。确定供电线路方案的原则：①确保供电系统工作可靠；②保证满足各弹上设备对供电品质(如电压、电流等)的要求；③对弹上设备工作不产生干扰；④力求减小供电电网的体积和质量；⑤供电电网要求安装、测试和维护方便。

根据上述原则，确定供电线路的形式和线制。供电电网可分为辐射式(开式)和封闭式两种。直流供电线路有双线制与单线制。交流供电线路有单线制、双线制和三线制。

单线制的直流供电线路虽然可以减轻供电电网的质量，但公用负线容易产生干扰信号。现代防空导弹的弹上设备要求有良好的电磁兼容性，因此直流供电线路应采用双线制，交流供电线路根据相数应采用双线制或三线制。

确定了供电线路的形式和线制后，便可以拟定供电电网图，并根据导弹飞行过程的负载变化曲线进行供电电网计算，根据计算结果对电网的设计方案加以改进，确定合理的供电线路方案。

4.5.3 弹上气源方案选择

4.5.3.1 分类、组成及工作原理

凡是用气体作为工质来传递力和控制信号的动力源，称为弹上气源。气源实质上是气体的储存装置和发生装置。气源分类如图 4-144 所示。

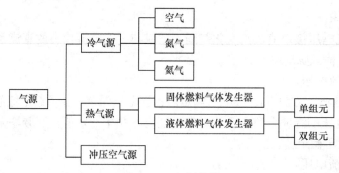

图 4-144 气源分类

1. 冷气源

冷气源是相对于热气源而言的。热气源气温通常高达 1200℃；冷气源通常是指常温下的高压空气、高压氮气和高压氦气。将它们压缩到气瓶内，以压力能的形式储存，使用时打开气瓶开关，气体从气瓶内流出，将气体的压力能转换成其他形式的能。冷气源实际上是一个储气装置，冷气源组成图如图 4-145 所示。

各主要部件的功能如下。

(1) 气滤。气滤是将气体中的杂质滤掉，净化气体，确保系统能正常工作。气滤的过滤精度要依据系统的需要确定，防空导弹一般为 10μm。

(2) 单向阀。单向阀是专门为充放气体用的装置。充气时用专用工具将单向阀打开，

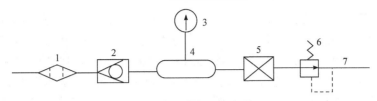

图 4-145　冷气源组成图

1-气滤；2-单向阀；3-压力表；4-气瓶；5-减压阀；6-电磁阀或电爆阀；7-管路

气体就可通过单向阀向气瓶充气，当充到所需的压力时，取下专用工具，单向阀自动关闭气路，这时气瓶始终保持一定的压力。

(3) 压力表(或压力传感器)。压力表是气瓶内的压力显示装置。当气瓶压力过高时，应自动或人工采取放气措施。当气瓶压力低于要求时，应向气瓶补充充气。

(4) 气瓶。气瓶是储存气体的装置。一般为球形，也有环形的。气体种类根据用途而定，舵机和解锁机构一般用氮气，探测器制冷用氩气。气瓶的充气压力一般为 35～40MPa，为减少体积，目前充气压力已高达 70MPa。

(5) 减压阀。减压阀在系统中起减压作用，即将气瓶里的高压气体减到系统所需要的使用压力值，对气动舵机来讲使用压力一般为 1～3MPa；对挤压式能源来讲，使用压力一般为 18～21MPa。

(6) 电磁阀或电爆阀。电磁阀的功能是控制气体的流向，根据负载的需要随时打开阀门实施供气，不工作时则阀门关闭；电爆阀的功能则是打开气路实施供气，过程是不可逆程序。

(7) 管路。管路是输送气体的装置，管路的直径和走向要依据实际情况而定，安装时要特别注意防止引起颤振。

2. 热气源

热气源是将固体燃料(或者液体燃料)点燃，或者是单组元燃料在催化剂的作用下进行分解以后，在发生器内产生高温高压的气体，使化学能转换成压力能，气体流经喷嘴以后将压力能转换成动能，通过燃气导管输送到负载上，然后根据不同的需要转换成其他形式的能，如可将其转换成电能、机械能等。热气源实质上是气体发生装置。

由于固体发生器使用维护方便，所以被广泛用作热气源。固体发生器多为端面燃烧，一般使用低温缓燃火药，火药的燃温一般为 1200℃左右，燃速一般为 2～5 mm·s^{-1}。双基药和复合药均可用作固体发生器的主装药，固体发生器组成如图 4-146 所示。

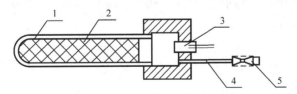

图 4-146　固体发生器组成

1-壳体；2-火药；3-点火器；4-导管；5-喷嘴

点火器的点火压力，主要取决于点火空间、喷嘴喉径及装药量。点火压力要大于火药的稳定燃烧压力，火药的稳定燃烧压力一般为 3～4MPa，点燃主装药的峰值压力一般要求小于 10MPa，从点火器通电到主装药开始燃烧约 0.1s，这说明固体发生器具有良好的启动特性。由于主装药燃烧产生的气体温度高达 1200℃，所以热防护是其主要的问题，一般金属很难长期承受，因此对飞行时间不长(一般小于 30s)、惯性负载较小的导弹(如 SA-7、TOR 等)，由发生器、燃气控制阀、作动筒等组成的热燃气伺服系统控制导弹的姿态。由于热燃气伺服系统体积小、质量轻、结构简单，随着热防护问题的不断解决，工作时间会越来越长，有着广泛的应用前景。

对于大中型导弹，由于工作时间长(一般大于 50s)，负载力矩大，直接应用热燃气伺服系统有一定的困难，所以一般都不直接使用热燃气推动作动筒，而是经过某种转换，如用热燃气吹动涡轮，涡轮带动液压泵旋转使机械能先转换成压力能，然后根据需要转换成其他形式的能，因此热气源一般都用作初级能源。

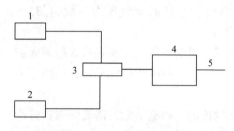

图 4-147　双能源示意图
1-冲压空气；2-燃气发生器；3-切换阀；
4-涡轮泵；5-管路

3. 冲压空气源

凡是采用冲压发动机作为动力装置的导弹均可利用进气道中的冲压空气作为工质。利用冲压空气作动力源的要求如下：

(1) 冲压空气压力未满足要求以前，必须有初级能源；

(2) 冲压空气满足要求时，应能及时地进行切换，用冲压空气代替初级能源工作，双能源示意图如图 4-147 所示。

4.5.3.2　气源的特点与应用

1. 气源的优点

(1) 工作介质是气体，不管是储存气体还是冲压空气，气体来源方便，工作时气体直接排出弹外，不会对其他设备造成污染。

(2) 气体黏性系数小，因此在管路中流动时压力损失小。

(3) 系统简单，可靠性高。

(4) 可直接利用气压信号完成各种复杂的动作。

(5) 易于实现快速的直线往复运动、摆动和转动，调速方便。

(6) 环境适应能力强，特别是在强磁、辐射、静电、湿热、冲击、振动、离心等恶劣的场合下能可靠地工作。

2. 气源的缺点

(1) 气体有弹性，可压缩，因此当负载发生变化时，传递运动不够平稳、均匀，刚性较差。

(2) 传递效率低，不易获得很大的力或力矩。

(3) 噪声较大。

(4) 对热气流还要考虑热防护问题。

(5) 受环境温度影响较大。

3. 气源的应用

(1) 可直接给舵机提供气体,把气体的压力能转换成机械能,使舵面偏转,即气动舵机。

(2) 可用于吹动涡轮,使涡轮高速旋转并带动液压泵或发电机,或两者兼而有之,将气体的压力能转换成液压能或电能,即涡轮泵发电机能源系统。

(3) 可直接给油箱供气,将油箱里的液压油挤到舵机里供舵机工作,将气体的压力能先转换成液压能然后转换成机械能,即挤压式能源。

(4) 可给油箱增压,使油箱变为增压油箱,确保泵的充填性能,使之工作更加可靠。

(5) 可给蓄压器充气,使蓄压器成为吸收液压冲击和瞬时补充能量的装置。

4.5.4 弹上液压源方案选择

4.5.4.1 分类、组成及工作原理

凡是用液体作为工质来传递力和控制信号的动力源称为液压能源系统,简称液压源。液压源属于二次能源,它的初级能源有电源、气源等,如气瓶挤压式液压能源、冷气涡轮泵液压能源和热燃气涡轮泵液压能源等。

1. 开式液压源

开式液压源工作原理框图如图 4-148 所示。

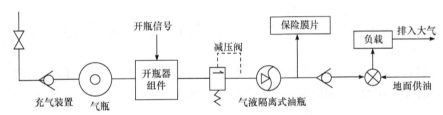

图 4-148　开式液压源工作原理框图

2. 泵式液压源

泵式液压源工作原理框图如图 4-149 所示。

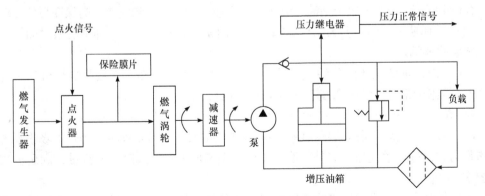

图 4-149　泵式液压源工作原理框图

4.5.4.2 液压源的特点与要求

1. 液压源的优点

(1) 能获得较大的传动力及传动功率，单位质量传递的功率大，当传动功率相同时，采用液压传动可减轻质量，缩小体积。

(2) 与电源、气源相配合，可实现多种自动循环控制。

(3) 速度、扭矩、功率均可实现无级调速，运动比较平稳，便于实现平稳地换向，易于吸收压力脉动和冲击，调速范围较宽，快速性较好。

(4) 能自行润滑，磨损较小，使用寿命长，液压元件易于实现通用化、标准化，从而可缩短设计和制造周期，降低成本。

2. 液压源的缺点

(1) 由于泄漏难以避免，因而影响工作效率。

(2) 元件的制造精度要求高，加工比较困难。

(3) 油温及黏度变化较大，直接影响系统的工作性能。

(4) 系统调整和维护的技术要求较高。

3. 对液压源的要求

液压源除了要满足系统的压力流量要求，还应满足以下要求：

(1) 保持油液的清洁度，一般为 $5\sim10\mu m$。

(2) 防止空气混入系统，空气进入系统将使系统工作不稳定，并使快速性降低，再则容易产生气穴，使泵不能正常工作。

(3) 注意油液的温升，油温太高易缩短油液寿命，如 10 号航空油在温度为 $125\sim140\,^{\circ}\!C$ 时，油液寿命为 50h。

(4) 尽量减小液压泵输出流量的脉动及负载流量变化对油源压力的影响，保持油源压力恒定，油源压力脉动频率应高于系统的谐振频率。

4.5.4.3 液压源的主要部件及功能

(1) 液压泵。液压泵是系统的能量转换装置，即将机械能转换成液压能。防空导弹上一般使用轴向柱塞泵，体积小、质量轻、噪声小、效率高。

(2) 油箱。油箱主要用于储油、散热、分离油液中的杂质和空气，为保证泵的充填性能，防空导弹使用的油箱多为增压油箱，增压油箱主要有两种，一种是活塞式油箱，一种是皮囊式油箱。

(3) 油滤。油滤用于滤除油液中的杂质。如果油液不干净，直接影响舵机的正常工作，有可能使舵机卡死，一般滤油精度为 $5\sim10\mu m$。

(4) 单向阀。单向阀用于防止高压管路中的油液倒流。此阀一般设置在泵的出口处。

(5) 蓄压器。蓄压器是储存和释放液体压力能的装置，其功能有三个：①吸收系统的冲击压力，消除脉动现象；②补偿泄漏，保持系统压力；③瞬时补充流量，满足负载速度要求。

防空导弹上一般采用皮囊式蓄压器，油气分离，反应迅速，尺寸小，质量轻。皮囊里的气体一般为惰性气体(氮气或氦气)，也有采用干燥空气的。

(6) 溢流阀。溢流阀用于控制系统的压力，当系统的压力未达到工作压力时，此阀处于关闭状态，随着压力不断升高，当达到工作压力时，此阀打开，油液全部从此阀泄掉，此时系统压力就维持在一定的范围内。因此，溢流阀的启闭特性很重要，直接影响系统的动态特性。

4.5.5　弹上能源设计要求

1. 对电源系统要求

采用热电池的能源要求，需规定热电池的种类、电池个数、热电池的激活时间、点火安全电流、可靠激活电流、电源电压输出的电压范围、供电电流、供电时间和电压的波纹要求，以及电源电压输出回路的内阻要求、发射装置电源和导弹电源的切换方式等。在导弹发射指令到来前，电源组件应能可靠传输发射装置提供的各路电源；在导弹发射指令到来时，由机上直流+27V 激活弹上电源的电池(根据需要确定，有的导弹同时激活引信电源的电池)；在判断电池各路电压正常后，电源组件应输出"电池电压正常"信号分别送往发射装置和舵机；当导弹分离插头脱离发射装置时，应可靠实现机、弹供电转换。

采用涡轮发电机的电源系统由涡轮发电机、谐振回路及供电电路组成。导弹采用的涡轮发电机是属于单相高频定子磁通可换向的感应子式永磁发电机，其动力源是燃气发生器。对该电源的要求：为了实现导弹供电多种类需要的变换，要求输出的交流电频率较高，如 $5300 \sim 7000Hz$；要求输出的交流电压转换为直流的各种电压(对应的电压、电流要求)；另外，当燃气压力波动时要求谐振回路能稳定发电机的电压和频率。

2. 对燃气源要求

对燃气源的要求包括电点火器点火电流、保证导弹制导正常工作时间、工作压力范围、起始压力峰值和达到第一个压力峰值的时间、从点火开始到达到正常压力的时间。

3. 对冷气源要求

对冷气源的要求包括气源介质(根据导弹需要选择氮气、氦气、空气、氩气等)、气源压力范围、供气介质露点、洁净度、最大供气量、连续供气时间。

思　考　题

1. 火箭发动机的性能可用哪些主要参数来表征？为什么？

2. 从性能、结构、使用方便性等方面比较固体和液体火箭发动机的优缺点。

3. 选择空气喷气发动机或火箭发动机的依据及理由是什么？选择空气喷气发动机和火箭发动机的类别时需考虑哪些因素？

4. 爆破战斗部毁伤目标的机理是什么？冲击波超压和比冲量的定义是什么？

5. 杀伤战斗部毁伤目标的机理是什么？为杀伤目标，它需要满足哪些条件？如杀伤战斗部的装填系数 $K_a = 0.5$，装药为 TNT 炸药，破片质量 $m_f = 10g$，目标与导弹的速度比

$v_t/v=1$，尾后(进入角为零)攻击目标，为杀伤目标所要求的打击动能为$250\text{daN}\cdot\text{m}$，高度$H=5\text{km}$时的杀伤半径是多少[10]？

6. 对空中目标、地面软目标和装甲目标(硬、点目标)一般选择哪种战斗部，为什么？

7. 攻击固定目标的现代巡航导弹，其制导系统一般选用哪种类型，为什么？末段加景象匹配的作用与理由是什么？

8. 适用于攻击活动目标的无线电指令制导与寻的制导各有哪些优缺点？TVM体制有哪些优点，为什么？还存在哪些缺点？

9. 红外寻的制导与雷达寻的制导相比，有哪些优点和缺点？近距格斗空对空导弹为什么大多采用红外寻的制导？

10. 采用初始制导与末制导的原则是什么？当中制导(惯性制导)的制导误差不能保证末制导(寻的制导)截获目标时，可采取哪种措施来解决？

11. 分别说明二自由度陀螺仪和三自由度陀螺仪的基本组成。

12. 重锤式线加速度计由哪几部分组成？简述其工作原理及其在弹上的作用。

13. 推力矢量控制装置有什么特点，适用于哪些情况？

14. 确定导弹的飞行特性(射程、飞行速度和使用高度)时考虑哪些因素？欲设计一种反舰导弹，其主发动机采用冲压发动机，试问其适宜的巡航高度和特征点速度(助推器工作结束时的速度和巡航速度)应是多少，为什么？

15. 导弹翼面部位安排与结构形式选择时应考虑哪些问题？

16. 如何进行各设备舱的布局和结构形式选择？

17. 导弹级间分离有哪些方案？各种方案的优缺点是什么？

18. 弹上能源的类型有哪些？进行能源选择时需要考虑哪些因素？

第 5 章

导弹构形设计

构形设计最终要为导弹提供完美的气动外形、合理的部位安排和轻而强的结构布局,它是导弹研制过程中首先遇到的系统设计问题,也是导弹方案设计工作中一个重要组成部分。构形设计包括导弹气动外形设计、部位安排与质心定位。

导弹气动外形设计是指优选导弹的气动布局,即优选弹体各部件(弹身、弹翼、舵面等)的相对位置,而后从导弹应具有良好的气动特性出发,综合考虑导弹布局、制导系统特性和结构特性等因素,确定弹体各部件的外形参数和几何尺寸。部位安排与质心定位的任务是将弹上有效载荷(引信、战斗部)、各种设备(导引头、惯导设备、弹上计算机等)、动力装置及伺服系统(如舵机、操纵系统)等,进行合理的安排设计,使其满足总体设计的各项要求。

导弹气动外形设计是导弹系统设计中涉及面广、综合性强、难度大的工作之一。只有结合导弹部位安排的具体情况、弹上设备的类型及导弹巡航飞行平均速度、导弹可用过载、平衡攻角、静稳定度等主要设计参数,导弹质量、质心、转动惯量的数据,并综合多种因素的影响,充分利用气动方面的成果和已有型号的经验,才能设计出先进的符合要求的气动外形。

部位安排与导弹气动外形设计是同时进行的,也是一项综合性很强的设计任务,需要与各方面反复协调、综合平衡、不断调整,才能将导弹气动外形与各部分位置确定,才能设计出导弹的外形图和部位安排图。基于气动外形设计和部位安排三维视图计算得到的气动性能与质量、质心、转动惯量等,作为导弹各系统设计的总体参数依据。

5.1 构形设计的要求和内容

5.1.1 构形设计的要求

构形设计必须满足如下具体要求:

(1) 满足导弹战术技术指标和弹上各系统工作要求。

(2) 充分利用最佳翼身干扰、翼面间干扰及外挂物与翼身的干扰,设计出最大升阻比的外形布局,并保证在使用攻角和速度范围内,压力中心的变化尽可能小。

(3) 在作战空域内,满足导弹机动性、稳定性与操纵性的要求。

(4) 应使总体结构布局合理，减小弹体上的脉动压力及滚动力矩。

(5) 通常要保证在最大使用攻角范围内，空气动力特性，特别是力矩特性尽可能处于线性范围，减小非线性对系统带来的不利影响。随着近代大攻角的应用，研究适合于大攻角飞行的布局形式。

(6) 气动外形设计应满足隐身要求，使雷达散射面积最小。

(7) 便于发射、运输、储存与实战使用。

(8) 对于高超声速导弹，尤其是弹道导弹，外形设计要保证弹体所受的气动阻力最小及气动加热最低。

5.1.2　气动外形设计的内容和流程

气动外形设计是构形设计中首要而困难的任务之一，与导弹飞行性能的要求、制导控制的要求及弹上各设备的关系十分密切。纵观国内外各型导弹的外形可以得知，导弹气动外形设计不是单纯的气动设计，而是综合了多种因素反复协调与迭代的结果。导弹气动外形设计的典型流程如图 5-1 所示[14]。

气动外形设计与导弹各部分设计的关系如下所述。

1. 与导引头头罩设计的关系

头罩的形状、直径、长细比、钝度不仅影响全弹的气动特性，尤其是超声速下的波阻特性，而且影响头罩的误差斜率。采用小钝度、大长细比头部，有利于减小阻力，但需进行头罩的误差斜率补偿设计。

2. 与控制系统设计的关系

气动外形设计与控制系统设计的关系极为密切，导弹外形设计历来就是随控布局设计。弹体作为控制系统的控制对象，其气动参数的特性与精度直接影响控制系统的操稳特性、快速性和鲁棒性。

气动舵面的设计要保证在使用攻角和速度范围内，压力中心的变化尽可能最小；受舵机功率的限制，设计中要设法减小铰链力矩，提高快速性和操纵性。

控制系统设计和六自由度数字仿真及半实物仿真需要气动外形设计得到的各种飞行状态和控制姿态下的气动力与力矩参数。为了得到气动参数的三维描述，需要制订详细的风洞试验计划，以获得足够的气动数据，用风洞试验的气动数据进行数字和半实物仿真。

3. 与发动机设计的关系

气动力的阻力特性和弹径直接影响发动机推力特性和装药量，进而影响导弹的飞行速度与动力射程，因此外形设计应尽可能设法减小全弹阻力，以减少发动机装药量。对于采用吸气式发动机导弹的外形设计来说，进气道的外形及布局形式对全弹的气动力特性和发动机的工作都有很大的影响，必须采用一体化设计方法对翼面和进气道进行一体化布局设计。

4. 与引战系统的关系

气动力面位置的确定既要满足气动性能的要求，又要避免遮挡或者压住引信天线(或者窗口)和战斗部而影响引信正常工作和战斗部的杀伤效率。

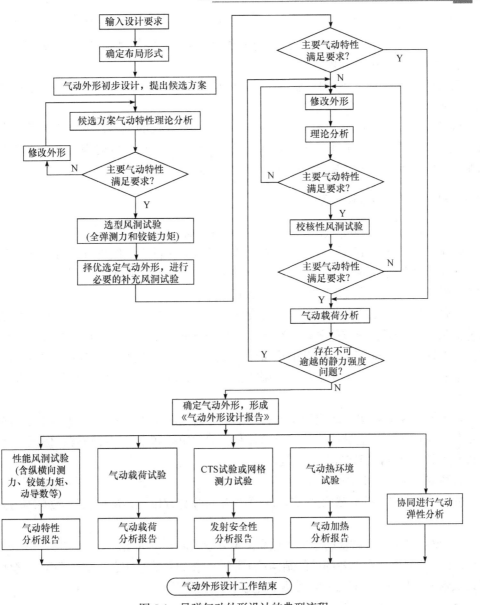

图 5-1 导弹气动外形设计的典型流程

CTS：捕获轨迹系统

5. 与全弹结构强度设计的关系

气动设计中将气动集中载荷、分布载荷、热载荷提供给结构进行静强度设计，将气动弹性非定常气动力提供给结构进行颤振与伺服气弹分析。

6. 与发射装置设计的关系

对机载导弹来说，气动设计向发射装置提供挂机时弹、架气动集中载荷与分布载荷，以进行发射装置结构设计。

7. 与载机兼容性设计的关系

机载导弹的外形与尺寸首先要满足装挂时的要求，弹长、翼展、舵展直接影响到挂机方式、装弹量和载机的隐身能力。导弹在挂机时，要分别分析导弹对载机的操稳特性、颤振边界、爬升率的影响，载机对导弹离机姿态和初始轨迹发射安全性的影响。

8. 与飞行性能设计的关系

气动性能直接影响飞行性能，需要进行数字仿真以验证是否达到飞行性能指标要求，进而优化气动外形设计。

可以看出，气动外形设计与各部分的设计是一个迭代的过程，需要多次反复才能完成。设计者需要具有较全面的知识和综合能力，以便设计出一种能满足飞行性能要求且与制导、控制相匹配，简单、高效的气动外形方案。

5.1.3　部位安排的内容和流程

部位安排与质心定位是总体设计中一项繁杂、细致而重要的工作。

部位安排的任务是将弹上各承载面及弹内各分系统部件、组件等进行合理的布置，使其满足总体设计的各项要求。质心定位的作用是保证导弹在飞行过程中有必要和适度的稳定性与操纵性，保证导弹具有足够的机动性。

部位安排工作在确定了导弹的主要设计参数、气动布局、外形参数和弹上部件外形尺寸之后进行，部位安排的复杂性在于以下几个方面：①与外形设计相互影响；②涉及三维不规则布局空间及待布置部件(设备)；③受到导弹舱内空间、各部件间的复杂约束关系限制；④布局过程中包含了不同类型知识的应用；⑤涉及部位安排结果的多方案评价与决策问题。

对不同类型的导弹，部位安排没有一个绝对通用的方式，但考虑的原则是共同的：在部位安排过程中，应尽量使整个导弹具有合理的质心和压力中心位置，保证导弹在飞行过程中具有良好的稳定性与操纵性。

部位安排工作的主要内容如下。

(1) 确定弹体上各承载面(弹翼、舵面等)相对弹身的位置，从而决定导弹的焦点位置 x_F。

(2) 确定弹上所有载重的布置，从而决定导弹的质心位置 x_T。

(3) 协调并确定导弹各部件的结构承力形式、传力路线、工艺方法；确定分离面、主要接头形式与位置、舱口数量与位置、电缆管路敷设等。

(4) 绘制出导弹的三视图和部位安排图。

(5) 计算导弹在满载、空载等状态下的质量、质心、转动惯量等质量特性数据。

早期部位安排主要通过制作 1∶1 实体模型，或在可能发生干涉的部位绘制部件的截面图，通过运动机构的运动轨迹图来进行协调布置，工作费时费力，很难保证设计质量和工作进度。随着计算机技术的发展，利用 CATIA、UG、SOLIDWORKS、CREO 等三维 CAD 软件进行导弹部位安排，已经成为导弹布局设计的一个重要手段。基于 CAD 的导弹部位安排典型流程如图 5-2 所示。

利用 CAD 软件进行导弹部位安排的步骤包括：

(1) 建立导弹翼面、弹体及内部设备等部件 CAD 模型；

(2) 对所有待布置的部件赋值材料属性，确定其质量特性；

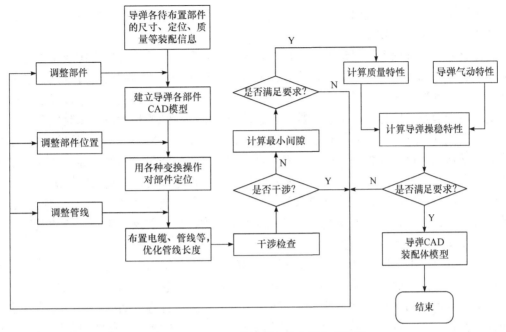

图 5-2　基于 CAD 的导弹部位安排典型流程

(3) 确定导弹装配空间,按照待布置部件相关性从弱到强依次添加各部件,并指定部件之间的装配关系和位置关系;

(4) 对各种电缆、管线进行布置,并确定各条管路的长度;

(5) 对 CAD 装配体进行部件干涉检查,计算各活动部件之间的最小间隙,并依次对部件位置做进一步细化调整;

(6) 计算各部件及整个导弹的质量特性(质量、质心、转动惯量);

(7) 在计算出导弹气动特性的条件下,计算和分析导弹的操纵性及稳定性(简称操稳特性),如不满足要求,重新调整部件位置;

(8) 获得满足设计要求的导弹装配体模型,生成导弹工程图。

5.2　导弹气动外形设计

导弹气动外形设计是导弹总体设计过程中很重要的组成部分。这阶段的工作任务是在选定了推进系统、战斗部等弹上主要设备,初步确定导弹总体主要参数之后,进一步探讨导弹应具有什么样的外形,才能满足导弹的战术技术指标。对导弹气动外形设计有重要影响的战术技术指标有动力航程、飞行速度、作战空域及战斗部尺寸等。这些指标对导弹气动布局、部位安排具有决定性的影响。例如,大射程导弹要求气动外形具有最大升阻比,超声速或亚声速巡航要求不同的弹翼、尾翼形状和翼型。此外,发动机类型及数量对气动外形设计也有重要影响,不同类型发动机有不同的布局特点和要求;同样,不同形式的外形布局方案通常与发动机类型、数量和在弹上的位置有密切关系。例如，选用空气喷气发动机时，除考虑发动机喷流对弹体的影响外，还要考虑进气道布置对全弹气动力特性的影响。

在导弹设计过程中，气动外形设计是与导弹主要参数设计、部位安排及质心定位等工作紧密联系和交错进行的。其过程通常是选定气动布局形式和部位安排方案；参考原准导弹的气动特性进行弹道估算；根据弹道估算结果给出速度特性、可用过载值、最大平衡攻角和静稳定度指标等主要参数，把它们与要求的设计值相比较，修改气动外形设计。根据气动外形设计结果重新进行气动特性计算，质量、质心、转动惯量计算，弹道计算，导弹可用过载计算等。如此反复，直到获得满意的结果。例如，导弹主要参数设计时就必须知道其空气动力特性，通常是采用已知类似导弹的空气动力特性进行主要参数设计，然后根据弹道计算结果和选择的主要参数进行导弹气动外形设计，确定其空气动力特性后，再重新进行主要参数选择，发动机推力计算，质量、质心、转动惯量计算和弹道计算等，如此逐次近似。

由此可以看出，导弹气动外形设计不能单纯地由空气动力学的因素来确定，而是导弹系统设计中涉及面广、综合性强，难度大的工作之一。它要求总体设计人员具有空气动力学、自动控制、热力学、发动机、飞行力学和结构设计等方面的知识，并结合导弹的作战使命、性能指标、作战效率等进行综合分析，才能取得最合理的设计效果。因此，气动外形设计不仅是空气动力的最佳设计，而且是一项综合性的系统工程设计。

5.2.1 气动布局设计

导弹气动外形设计的任务，就是在确定了导弹主要战术技术指标要求和选定了推进系统、稳定与制导控制体制和战斗部等弹上主要设备的基础上，分析研究气动布局的形式与外形几何参数对导弹总体性能的影响，设计出具有良好气动特性和满足机动性、稳定性和操纵性要求的导弹外形。

气动布局是指导弹各主要部件的气动外形及其相对位置的设计与安装。具体来说就是研究两个问题：一个是选择气动翼面(包括弹翼、舵面等)的数目及其在弹身周向的布置方案；另一个是确定气动翼面(如弹翼与舵面之间)沿弹身纵向的布置方案。

衡量各种气动布局优劣的标准，对于不同类型的导弹是不同的。例如，反飞机的地对空导弹和空对空导弹，攻击的是高速的活动目标，要求导弹的机动性高，操纵性好。同时，由于导弹本身的飞行速度很大，一般是超声速或高超声速，阻力对燃料消耗量的影响很大，应使导弹外形具有最小的阻力特性。近程反舰和反坦克导弹攻击的是低速运动的活动目标，要求导弹具有良好的机动性和稳定性，控制系统结构简单，气动特性上并无过高的要求。对中远程巡航导弹来说，则要求导弹具有良好的空气动力特性，升阻比大，横向稳定性好，发动机要有良好的进、排气与工作条件等。

5.2.1.1 气动力面外形及选择

导弹气动力面(弹翼、舵面)的外形及其几何参数直接影响其气动特性。不同飞行条件下的导弹，其外形有较大的差异，对于亚、跨、低超声速中小攻角飞行的导弹，其气动力面外形多为中等后掠角、较大展弦比和面积；对于超声速、高超声速大攻角飞行的导弹，气动力面多为大后掠角、小展弦比或极小展弦比、较小的面积。

1. 弹翼外形及选择

弹翼是导弹产生气动升力的主要部件，常见的弹翼平面形状见图 5-3，有平直翼、梯形翼、后掠翼、三角翼、切尖三角翼、拱形翼、S 形翼等。

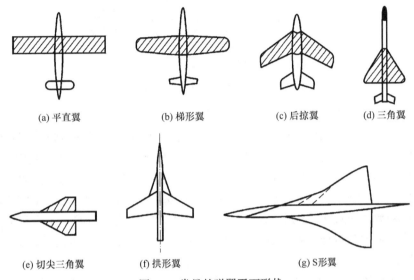

| (a) 平直翼 | (b) 梯形翼 | (c) 后掠翼 | (d) 三角翼 |

| (e) 切尖三角翼 | (f) 拱形翼 | (g) S形翼 |

图 5-3 常见的弹翼平面形状

飞行速度大小是选择弹翼外形的主要依据。低速飞行的导弹宜采用大展弦比无后掠角的平直翼，其升力大而阻力小；跨声速飞行的导弹宜采用后掠翼，后掠角可以延缓临界马赫数的出现，改善导弹的跨声速特性，降低波阻，一般常用的后掠角范围为 $30°\sim65°$；超声速导弹大多采用三角翼、切尖三角翼等小展弦比的翼面，与平直翼相比，其根弦长，相对厚度小，波阻小，升阻比大。从结构观点而言，三角翼的内部容积较大，在翼内布置管、线等比较容易；另外，由于三角翼根部绝对厚度大，从而使作用在翼梁缘条和弹翼蒙皮上的法向应力减小，可减小弯矩和受力件的横截面积。切尖三角翼、拱形翼、S 形翼都由三角翼变形而来。切尖三角翼主要是为了改善三角翼的工艺性而设计的。拱形翼和 S 形翼是为了改善导弹的空气动力特性而设计的，但在工艺方面带来一些不利的影响，因此对一次性使用的导弹一般不用。

在近代飞行器上采用了边条翼，它具有良好的跨声速气动特性。边条翼是一种在基本翼(以中等后掠角和展弦比的翼面为基础)前附加大后掠角边条所组合成的翼，这种翼面的延伸部分成为"边条"。边条翼基本翼的后掠角小，但边条的后掠角大，相对厚度小，这种翼的突出优点是在亚声速大攻角下边条对基本翼产生有益的气动力干扰，而在小攻角下又不影响基本翼的气动特性，在超声速条件下，边条对法向力和压心位置影响虽然小，但使组合翼波阻明显下降，升阻比大为提高。

2. 弹翼相对弹身周向的布置形式

根据作战任务与实际需要，翼面沿弹身周向布置的几种形式如图 5-4 所示。

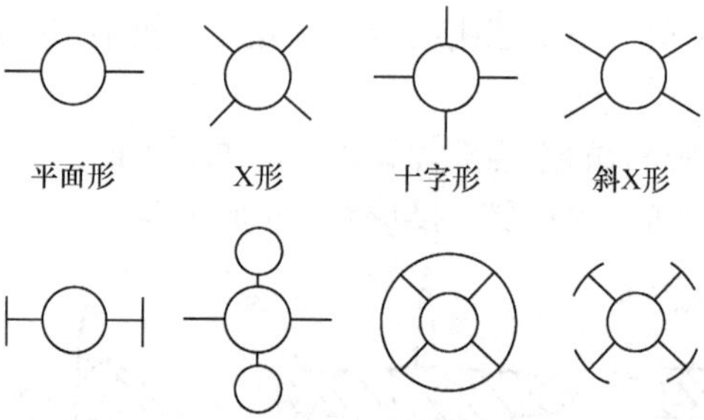

图 5-4 翼面沿弹身周向布置的几种形式

1) 平面形布置方案

平面形布置是由飞机移植而来，这一方案的特点是导弹只有一对弹翼，对称地配置在弹身两侧的同一平面内，也称飞机式方案或面对称布置方案。它与其他多翼面布置相比，具有阻力小、质量轻、倾斜稳定性好等特点，这对远程导弹的意义很大；这种布局导弹的升力方向(导弹对称面)始终对着目标，所以战斗部可采用定向爆炸结构，使质量大为减轻；这种弹翼布置在载机上，悬挂方便。但由于侧向机动靠倾斜才能产生，因此平面形布置的导弹侧向机动性差，响应时间慢，通常用于对侧向机动能力要求不高的远距离飞航式导弹。

为了发挥平面形布置的优点，出现了倾斜转弯(BTT)技术，它利用控制高速旋转弹体的技术，使平面翼产生过载的方向始终对着要求机动的方向。这样，既充分利用了平面形布置升阻比大等优点，又满足导弹在任何方向具有相等机动过载的要求。随着 BTT 技术的发展，"一"字形弹翼和非圆截面弹体的升力体、翼身融合体得到了应用。

2) 轴对称翼面布置方案

常用的布置形式有"十"字形布置方案(十－十形)、"×"形布置方案(×－×形)和混合型布置方案(十－×形)，它们均为气动轴对称形式，其主要特点如下。

(1) 无论在哪个方向均能产生同样大小的升力，该力是通过飞行过程中控制舵面，获得相应的 α 角和 β 角而产生的，即各个方向都能产生最大的机动过载，且在任何方向产生升力都具有快速响应的特性，这就极大简化了控制与制导系统的设计，因此在攻击活动目标的导弹上得到广泛应用。

(2) 升力的大小和作用点与导弹绕纵轴的旋转无关，即导弹无论如何旋转，升力的大小和作用点均不变。这一优点对掠海飞行的导弹尤为重要，也是它在近程飞航导弹上得到广泛应用的重要原因。

(3) 在大攻角情况下，将引起大的滚动干扰，这就要求滚动通道控制系统快速性好。

(4) 由于翼面数目多，必然质量大，阻力大，升阻比小，为了达到相同的速度特性，需要多消耗一部分能量；另外，导弹上的四个翼面基本上是雷达的四个反射器，这就增加了敌方雷达对导弹的探测面积和可探测性。

从便于载机悬挂或从地面发射架上发射来看，"×"形要比"十"字形方便。

当要求过载 $n_y > n_z$ 时，可采用斜"×"形或"H"形布局。这种情况在可操纵航空炸弹及航空鱼雷上较多，故在这类导弹上采用这种形式。

3) 背驮形布置方案

这种布置的目的是安装外挂式发动机，英国的"警犬"防空导弹就是采用这种形式。这种布置既可提高发动机进气效率和简化导弹部位安排，也可利用发动机头锥对翼面的有利气动干扰来改善空气动力性能。但是，这种气动干扰如果应用不当，将会带来灾难性的后果。而且，这种布置迎面阻力大，结构质量大。

4) 环形翼

鸭式舵控制有很多优点，但其对翼面会产生反滚动力矩，特别在鸭式舵既起舵面又起副翼作用情况下更为严重。研究表明，环形翼布置可有效克服反滚动力矩，但这种布置纵向性能差，阻力大。试验数据表明，在超声速情况下，阻力比常规弹翼增加 16%～22%，同时结构也较复杂，质量大。

5) 改进环形翼

由 T 形翼片组成的改进环形翼，既能克服鸭式舵带来的反滚动力矩，又具备了较环形翼更好的升阻比，结构简单，并可使鸭式舵与副翼合一的气动布局成为可能。

3. 舵面外形及选择

舵面是导弹上产生操纵力的部件，其作用是保证导弹的稳定性和操纵性。鸭式舵常规的外形有三角形、切尖三角形；非常规的外形有双三角形、带边条切尖三角形和双鸭式。鸭式舵外形如图 5-5 所示。

为了提高导弹攻角，需要采用非常规舵面外形。利用双三角前缘拐折处或前缘边条产生涡与主舵面上涡的相互诱导影响，加大了涡的旋转速度，进而使舵上表面稀薄度增加、法向力增加、失速攻角增加。双鸭式舵是将舵前面固定的气动力面产生的涡拖到舵面上，加速了舵面上涡的旋转速度，进而提高了舵的法向力，增大了失速攻角。

尾舵的常规外形多为切尖三角形，非常规外形有二元舵、格栅舵、燕翅舵(五边舵)等。尾舵外形如图 5-6 所示。

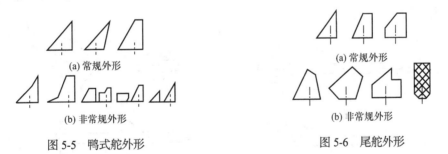

图 5-5　鸭式舵外形　　　　　　图 5-6　尾舵外形

非常规舵外形主要是解决在很宽飞行速度范围内，大攻角时的小铰链力矩问题，尤其是格栅舵的铰链力矩很小。

4. 舵翼相对弹身横向的布置形式

尾翼或舵面在弹身周侧布置的几种形式如图 5-7 所示。在选择时首先考虑对导弹稳定性和操纵性的影响，然后考虑其他方面的影响。

图 5-7(a)和(b)是轴对称形式，与"×"形及"十"字形弹翼的布置具有完全相同的

特性，多用于地对空和空对空导弹上。

图 5-7(c)是"人"字形尾翼，三个尾翼互成 120°布置，这种布置可以提供足够的航向稳定性。另外，当有侧滑角 β 时，尾翼所产生的滚转力矩导数(m_x^β)近似等于零。这样可以减轻弹翼上副翼的负担。

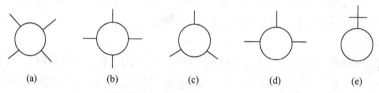

图 5-7　尾翼或舵面在弹身周侧布置的几种形式

图 5-7(d)和(e)所示形式，是将水平尾翼固定在弹身两侧或垂直尾翼上，这是为了保证水平尾翼在任何飞行状态下具有足够的效率。由于它们的布置是非对称的，当攻角 α 和侧滑角 β 存在时，会产生较显著的滚转力矩 M_x。

图 5-7(c)、(d)和(e)三种形式多用于弹翼平面布置的飞航导弹上。

当布置尾翼时，从气动布局观点主要考虑下列因素：①弹翼、弹身阻滞气流对尾翼的影响；②弹翼下洗流对尾翼的影响，当超声速时还要考虑激波系的影响；③弹身旋涡对尾翼的影响；④水平尾翼与垂直尾翼的相互影响；⑤发动机喷流对尾翼的影响。

由于影响因素多且复杂，所以在选择时只能根据现有试验数据，最后位置的确定则常常依靠风洞试验，甚至在飞行试验以后确定。

5.2.1.2　旋成体气动布局形式及选择

气动布局形式主要包括两方面的含义：一是弹翼、舵面在弹身上前后位置的安排，二是弹翼、舵面及进气道相对于弹轴的配置。按照弹翼与舵面沿弹身纵轴相对位置的不同，旋成体气动布局如图 5-8 所示，基本上可分成正常式、鸭式、无尾式、旋转弹翼式、无翼式等几种形式。

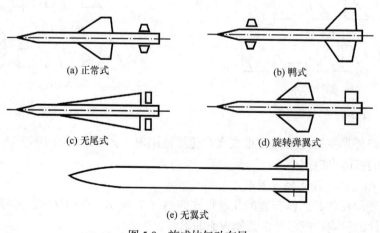

图 5-8　旋成体气动布局

(1) 正常式，由位于导弹质心附近或在导弹前弹体的弹翼与装在弹身尾段处的舵面组成的气动布局形式，如美国的 AIM-120 空对空导弹，英国的"长剑"地对空导弹，法国的"飞鱼"反舰导弹。

(2) 鸭式，由靠近前弹身头部的舵面与装在后弹身尾段的弹翼组成的气动布局形式，如美国的"响尾蛇"空对空导弹，俄罗斯的"道尔-M1"地对空导弹，中国的 PL-5 空对空导弹。

(3) 无尾式，只由弹翼和其后缘处舵面组成的气动布局形式，如美国的"霍克"地对空导弹，苏联的 X-59 空对地导弹。

(4) 旋转弹翼式，由靠近导弹质心的旋转弹翼与装在弹身尾段的尾翼组成的气动布局形式，如美国的"麻雀 3"空对空导弹，意大利的"阿斯派德"空对空导弹，美国的"海麻雀"舰对空导弹。

(5) 无翼式，只在弹身尾段处装有舵面，而无弹翼的气动布局形式。这种气动布局形式多用于大攻角、高机动的导弹，如英国的 ASRAAM 空对空导弹，美国的"爱国者"地对空导弹等。

从操纵平衡特点来看，上述几种气动布局形式又可以归纳成两类，一类为舵面在前（如鸭式和旋转弹翼式），其特点是 $(\delta/\alpha)_b > 0$（脚注 b 表示平衡状态时）；另一类为舵面在后（如正常式、无尾式和无翼式），其特点是 $(\delta/\alpha)_b < 0$。由此特点出发，同一类导弹在舵面效率、舵面平衡偏转特性及滚动特性方面有其相似之处，这是值得人们注意的特点。

比较气动布局形式好坏的指标及准则很多，某些指标可以从量的方面来加以分析，某些指标则只能从质的方面做比较。例如，从气动阻力、升力及铰链力矩等方面来看，在一般情况下正常式和鸭式相差不大。因此，在确定气动布局形式时，采用鸭式和正常式中哪一种，往往不仅考虑气动性能的优劣，还需考虑导弹的稳定性、机动性和操纵性，导弹部位安排的方便性，对制导系统和发动机等工作条件的适合程度等方面的问题。下面对鸭式、正常式、无尾式、旋转弹翼式和无翼式的特点进行归纳，以便于分析比较。

1. 正常式布局的特点

(1) 弹翼在舵面之前，弹翼不受舵面偏转时产生的洗流影响，气动力系数较为线性，纵向和横向稳定性较好。

(2) 舵面差动可同时用作副翼，不必在弹翼上安置副翼，操纵机构和弹翼结构比较简单。

(3) 舵面处的当地有效气流角小，即 $(\alpha-\delta)$，在大攻角飞行时舵面不易失速，舵面载荷与铰链力矩也相应减小。

(4) 舵面位于弹翼洗流区，当采用全动舵时舵面升力被下洗掉很多，因此舵的操纵效率比鸭式低，舵面面积比鸭式大。

(5) 舵面产生控制力的方向与导弹所需要产生的机动法向力方向相反，也就是说要使导弹产生正攻角，升降舵进行负偏转，使导弹产生抬头力矩，弹头产生正攻角，所以舵面偏转角和弹体攻角相反，此时全弹的合成法向力是攻角产生的力减去舵偏角产生的力，使升力受到损失，因此其升力特性与响应特性较鸭式和旋转弹翼式布局要差。

平衡状态下两种气动布局导弹的受力状态如图 5-9 所示。由图可见，由于鸭式舵面偏转角与弹翼攻角同向，而正常式则相反，所以鸭式的总升力较正常式的大，而总的阻力则与舵面偏转角的方向关系不大，因此鸭式的升阻比比正常式的大。

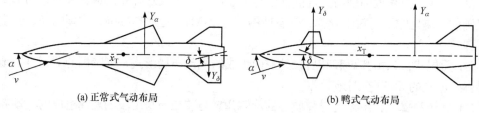

(a) 正常式气动布局   (b) 鸭式气动布局

图 5-9 平衡状态下两种气动布局导弹的受力状态

(6) 舵面的操纵机构由于装在发动机喷管的周围，其空间有限，舵机的体积和功率均受到限制。正常式布局导弹的舵面装在弹身尾段，舵机舱常受到发动机喷管的制约，对舵机的尺寸要求较严。此外，发动机装在弹身尾段时，质心位置移动较大，为了避免这种问题，可将固体火箭发动机移至质心附近，采用延长尾喷管，使其由弹身内部通至尾部排出喷流，采用延长尾喷管的正常式导弹舵机的布置方案如图 5-10 所示。但这样一来，舵面的操纵机构将做得较复杂，特别是当舵面需差动时，同时弹身容积利用不好。当导弹采用鸭式布局时，其部位安排比较容易，鸭式导弹舵机的布置方案如图 5-11 所示。

图 5-10 正常式导弹舵机的布置方案   图 5-11 鸭式导弹舵机的布置方案

(7) 助推飞行段的操纵比鸭式困难。图 5-12 为正常式和鸭式气动布局的质心位置示意图。由图可见，正常式布局的联合质心位置很靠近舵面，故舵面已不能用于纵向操纵，而必须在助推器的安定面上安装舵面，并要求这种舵面同时起副翼作用，这是很困难的事。因此，在这种情况下，一般在助推段不操纵其俯仰运动，只操纵其滚动运动。从助推段操纵来看，鸭式要方便得多，纵向操纵可由前舵来完成，滚动操纵由弹翼上的副翼来完成。

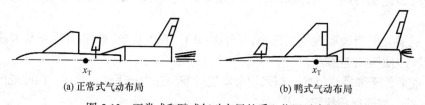

(a) 正常式气动布局   (b) 鸭式气动布局

图 5-12 正常式和鸭式气动布局的质心位置示意图

空中威胁目标的发展，要求防空导弹提高可用过载，而提高使用攻角是一种有效的途径，为此出现了小展弦比大后掠角弹翼的布局，这方面进一步发展，就成了极小展弦比的条状翼。正常式与改进型正常式气动布局如图 5-13 所示。研究表明，用这种条状翼作为弹翼，可以充分利用翼身干扰来提高升力，减小结构质量和阻力，且压力中心变化小，有利于气动布局设计和部位安排；由于翼展小，适用于舰上使用和箱式发射，美国的"标准"导弹就是典型的条状翼布局。

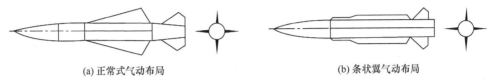

(a) 正常式气动布局　　　　　　　　　　(b) 条状翼气动布局

图 5-13　正常式与改进型正常式气动布局

2. 鸭式布局的特点

(1) 舵面在弹身前部，离导弹质心距离较远，舵面效率高，故舵面面积可小些，所需的舵机功率也可小些。

(2) 舵面与弹翼靠近弹身两端离质心较远，操稳特性易于调整。

(3) 易于进行部位安排。舵机舱在弹身前部，部位安排比较有利，而且导引头、控制部件和电气部件都集中在弹身前部，结构紧凑，全弹体积比正常式小。但对于采用固体火箭发动机的导弹来说，固体火箭发动机安置在导弹后部，其长度约占全弹长度的一半，故弹翼的连接接头一般安置在发动机壳体上，给发动机设计增添了困难，发动机壳体质量也有增加，采用固体火箭发动机时鸭式导弹的布置方案如图 5-14 所示。

图 5-14　采用固体火箭发动机时鸭式导弹的布置方案

(4) 舵面产生的控制力与导弹机动所需产生的法向力为同一方向，故升阻比大，对机动有利，但舵面控制时的飞行气流角为攻角与舵偏角相加$(\alpha+\delta)$，舵面易达到失速角。

(5) 舵面与弹翼对导弹质心产生的弯矩大。

(6) 具有较大的斜吹力矩，横滚稳定性不好。一般来讲，舵面不宜用来作差动副翼，需要有单独副翼来进行弹体滚转控制。

下面以鸭式和正常式气动布局导弹为例，分析气动布局的横滚稳定性。

导弹以攻角α、侧滑角β($\alpha\neq\beta$)飞行时，因气流不对称产生的相对于纵轴的滚动力矩称为斜吹力矩，又称为诱导滚动力矩。鸭式气动布局当β较大时会产生较大的斜吹力矩，力矩的数值可能超过偏转横滚控制面所能提供的滚动控制力矩，因此在选择气动布局时就应采取措施减小斜吹力矩，使导弹获得较好的横滚稳定性。

首先讨论正常式，正常式导弹弹翼后部的下洗分布曲线如图 5-15 所示，当侧滑角β不大时，右尾翼位于下洗最严重处，左尾翼则位于下洗曲线的凹部，故左边升力损失不及右边大，造成一个正的斜吹力矩M_x(图 5-15(a))。在β逐渐增大后，情况逐渐变化(图 5-15(b))，右尾翼已位于弹翼后方的上洗区，作用在此翼面上的升力不但不减小，反而增加，而左尾翼则位于弹翼的下洗区，升力减小，故造成一个负的斜吹力矩。由上可知，正常式导弹由此产生的斜吹力矩 M_x 是随 β 的变化而变化的，正常式导弹 M_x 随 β 的变化曲线如图 5-16 所示。

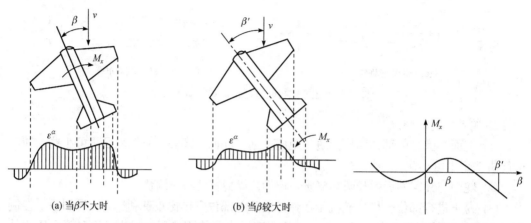

(a) 当 β 不大时　　　　　　　(b) 当 β 较大时

图 5-15　正常式导弹弹翼后部的下洗分布曲线

图 5-16　正常式导弹 M_x 随 β 的
变化曲线

对于鸭式气动布局，下洗情况比较严重，鸭式导弹 M_x 随 β 的变化曲线如图 5-17 所示，鸭式导弹当 $\beta \neq 0$ 时的下洗分布曲线如图 5-18 所示。可以看出，即使当 β 较小，由于前舵面小，左右弹翼作用的下洗流方向不同，因而产生较大的滚动力矩。β 越大，这种情况也越严重，M_x 的极性不会改变。

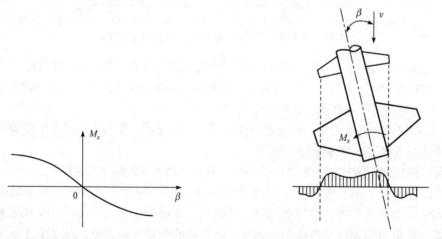

图 5-17　鸭式导弹 M_x 随 β 的变化曲线

图 5-18　鸭式导弹当 $\beta \neq 0$ 时的下洗分布曲线

因此，从横滚稳定性来说，鸭式布局是最不利的。由于横滚稳定性不佳，滚动力矩较大，而鸭式的舵面面积较小，因此鸭式导弹不能用舵面差动来起副翼作用，鸭式导弹通常在弹翼上配置副翼，这样将带来操纵系统及结构上的复杂化，这是鸭式导弹的主要缺点之一。

鸭式布局在空对空导弹中得到了广泛应用，典型代表是美国的"响尾蛇"系列，派

生种类也最多。鸭式布局的生命力之所以较强，就气动而言，有几点独特之处：舵面的
压力中心始终在舵轴之后，以实现控制系统铰链力矩反馈的需求。这样利用铰链力矩与
制导信号成比例关系来控制导弹飞行，使得控制系统参数和气动力负载变化与飞行高
度、速度基本无关，使控制系统大为简化；由于鸭式布局导弹副翼的操纵机构不便于布
置，导弹的滚转控制不是采用常规的副翼控制，而是采用陀螺舵来实现导弹滚转角速度
稳定。此舵不用伺服机构，而是利用导弹在飞行中气流吹动陀螺舵的转子使其高速旋
转。当弹体出现滚转时，陀螺舵以陀螺效应产生进动，使舵产生偏转，进而产生与弹体
滚转相反的力矩。陀螺舵的转动轴由原来垂直弹轴改进为斜置 45°，这样不仅产生滚转阻
尼，而且产生俯仰与偏航阻尼。

在分析了正常式和鸭式布局斜吹力矩产生的原因之后，由此可以联想到无尾式和旋
转弹翼式。无尾式的滚动力矩与正常式近似，但由于其舵面靠近弹翼后缘，故下洗影响
更微弱。旋转弹翼式与鸭式横滚特性类似，但由于旋转弹翼面积大，而尾翼面积小，且
其攻角 α 较小，其洗流不对称的影响远远没有鸭式严重，所以通常旋转弹翼也可作为差
动舵来起副翼作用。

3. 无尾式的特点

无尾式布局是由正常式布局演变而来的，在弹翼后缘布置舵面。这种布局有如下
特点。

(1) 升阻比高。无尾式布局减少了气动力面数量，从而减小了导弹的零升阻力。当翼
展受到限制时，增加弦长可以获得所需的升力，使升阻比提高，弹翼结构性能也变好。

(2) 操纵效率高。由于翼弦加长可使舵面至导弹质心的距离较远，因而操纵力矩可大
些，或在保证同样的操纵力矩条件下，舵面面积可小些。

(3) 具有最大的极限攻角。

提高导弹机动性比较简便的方法是增加导弹的攻角，图 5-19 给出俯仰力矩系数 m_z 随
攻角 α 的变化曲线。由图可知，在 $\alpha > \alpha^*$ 后，$m_z(\alpha)$ 曲线的斜率逐渐增大，线性关系遭
到破坏。在 m_z^α 变号时，静稳定性即完全消失，而自动驾驶仪都是按一定的 m_z^α 值设计
的，$|m_z^\alpha|$ 值改变将导致自动驾驶仪特性变坏。因
此，导弹在飞行过程中不能使用非线性段的 $m_z(\alpha)$
曲线，即不能在 $\alpha > \alpha^*$ 的条件下飞行，把攻角 α^*
称为导弹的极限攻角。由此可见，增大攻角受到俯
仰力矩非线性的限制。

俯仰力矩性能的非线性与气动布局有密切关
系。由空气动力学课程知道，弹身升力随攻角的变
化是非线性的，弹身的力矩特性也是非线性的。特
别是当攻角稍大时，尤为显著。当攻角小时，弹身
产生的升力占全弹升力的比例较小，而当攻角增加
时，弹身升力占全弹升力的比例增大。此时尽管弹

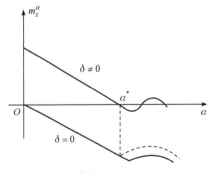

图 5-19 俯仰力矩系数 m_z 随
攻角 α 的变化曲线

翼上的升力变化还是线性的，但整个导弹的总升力与攻角的关系已不再是线性的。同

时，由于弹身头部的升力是整个弹身升力的主要部分，所以随着攻角的增加，压力中心向前移动，导弹静稳定性降低。

从以上观点出发，则 m_z 与 α 的线性关系和 α^* 的值与下列参数有关：$\dfrac{S_B}{S_W}$ 和 $\dfrac{L'}{b_A}$。式中，S_W 为弹翼面积；S_B 为弹身最大横截面积；L' 为弹翼根弦前缘到弹身头部顶点的长度；b_A 为弹翼平均气动弦长。弹翼位置示意图如图 5-20 所示；弹翼、弹身参数对 α^* 影响的试验数据如图 5-21 所示。

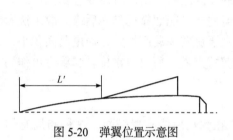

图 5-20　弹翼位置示意图　　　　图 5-21　弹翼、弹身参数对 α^* 影响的试验数据

根据上述分析，可得出提高 α^* 的方法：①增加静稳定性 $\left|m_z^\alpha\right|$，即气动中心后移，这样可得到较高的 α^*。气动中心对 α^* 的影响曲线如图 5-22 所示。②减小 $\dfrac{S_B}{S_W}$ 或 $\dfrac{L'}{b_A}$。三种气动布局的极限攻角 α^* 比较如图 5-23 所示，无尾式气动布局的 $\dfrac{S_B}{S_W}$ 及 $\dfrac{L'}{b_A}$ 均最小，故最有利于提高 α^*，鸭式气动布局的 $\dfrac{L'}{b_A}$ 最大，故最不利，正常式介于两者之间。

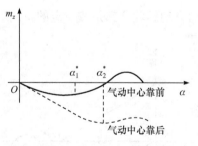

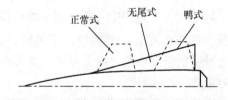

图 5-22　气动中心对 α^* 的影响曲线　　　　图 5-23　三种气动布局的极限攻角 α^* 比较

如需用过载较大，要求增加弹翼面积，而弹翼面积增加可以使极限攻角 α^* 增加，最后可使可用过载增加更快些。弹翼面积对极限攻角的影响见图 5-24。

(4) 弹翼位置较难安排，如果弹翼位置偏后，稳定性过大，如果弹翼位置偏前，又会降低舵面效率与气动阻尼。采用反安定面的无尾式气动布局，见图 5-25，这样既保证了需要的静稳定性，又可增大舵面至导弹质心之间的距离并便于弹翼承力构件的布置。例如，苏联的 X-59 空对地导弹就采用了这种气动布局。

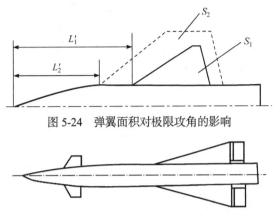

图 5-24　弹翼面积对极限攻角的影响

图 5-25　采用反安定面的无尾式气动布局

(5) 舵面常与弹翼后缘有一定间距，这样做的目的是使铰链力矩随攻角和舵偏角的变化更趋近于线性变化，便于自动驾驶仪的工作。

4. 旋转弹翼式的特点

旋转弹翼式为弹翼可偏转控制，而尾翼固定的布局形式。它不同于正常式或鸭式布局的控制，正常式或鸭式布局通过偏转舵面使弹体绕质心转动，从而改变攻角产生升力，而旋转弹翼式布局主要依靠弹翼偏转直接产生所需要的升力。

图 5-26 表示旋转弹翼式布局的受力情况。由图可见，当旋转弹翼偏转 δ 角时，产生正的或负的俯仰力矩，平衡条件的表达式为

$$m_z = m_z^\delta \delta + m_z^\alpha \alpha_b = 0$$

即

$$\alpha_b = -\frac{m_z^\delta}{m_z^\alpha}\delta$$

或

$$\frac{\alpha_b}{\delta} = -\frac{m_z^\delta}{m_z^\alpha}$$

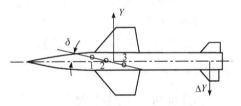

图 5-26　旋转弹翼式布局的受力情况

对于静稳定的气动布局来说，$m_z^\alpha < 0$，则有

当 $m_z^\delta > 0$ 时，$\dfrac{\alpha_b}{\delta} > 0$；

当 $m_z^\delta < 0$ 时，$\dfrac{\alpha_b}{\delta} < 0$；

当 $m_z^\delta = 0$ 时，$\dfrac{\alpha_b}{\delta} = 0$。

下面对三种质心位置进行受力分析。旋转弹翼式布局是靠转动弹翼来进行平衡和操纵的，平衡力矩是由作用于安定面上的下洗升力产生的。由于导弹质心相对于压力中心

的位置不同，满足平衡的条件也是不同的。

(1) 质心位于升力 Y 作用点较前的位置 1。此时升力 Y 对质心的纵向力矩较大，作用在尾部安定面上的下洗升力 ΔY 不足以平衡这个力矩，为了平衡 Y 对质心产生的纵向力矩，对质心 1 产生一个俯冲力矩，使弹身攻角 α 变成负值，从而实现气动力矩平衡。此时平衡攻角 $\alpha = \alpha_b$ 已为负值，即 $\alpha_b < 0$。

由平衡条件可得

$$\frac{\alpha_b}{\delta} = -\frac{m_z^\delta}{m_z^\alpha}$$

由于 $\dfrac{\alpha_b}{\delta} < 0$，故 $\dfrac{m_z^\delta}{m_z^\alpha} > 0$；但 $m_z^\alpha < 0$，故必须要求 $m_z^\delta < 0$。因此当质心位置较前时，为满足平衡条件，m_z^δ 必须是负值。

(2) 质心位于升力 Y 作用点稍前的位置 2。此时尾部安定面上的下洗升力 ΔY 对质心的力矩与升力 Y 对质心的力矩相平衡，故平衡时 $\alpha_b = 0$。

由平衡条件可知，为满足平衡要求，$m_z^\delta = 0$。

(3) 质心位于升力 Y 作用点之后的位置 3。此时为保持平衡，必须使平衡攻角为正值，即 $\alpha_b > 0$。

根据平衡条件，必须有 $m_z^\delta > 0$。

由上述分析可知，不同的质心位置会对 m_z^δ 提出不同的要求，同样移动旋转弹翼的位置或改变尾部安定面的大小，也可得到相同的效果。

在上述三种质心位置中，究竟哪一种最好呢?

第一种情况 $\alpha_b < 0$，升力下降，此是不利的。

第二种情况 $\alpha_b = 0$，其弹身不能用以产生升力，而且由于安定面的升力比弹翼升力小，故也不可取。

第三种情况质心位置最有利，是旋转弹翼式布局常用的配置情况。通常取如下比值最有利：$\dfrac{\alpha_b}{\delta} = 0.15 \sim 0.2$。

由此可知，对于旋转弹翼式布局，其质心宜位于翼身组合体的压力中心之后。

旋转弹翼式布局有如下特点。

(1) 动态特性好，系统响应快，过渡过程振荡小。图 5-27 给出不同气动布局响应特性的比较曲线，从中看出旋转弹翼式的响应速度是最快的。

当舵面偏转角由 0 增至预定值 δ 时，攻角 α 尚未立即达到平衡值，故其相应的过载 n_y 也不是马上达到最大值，而要经过一定时间，但在过载 n_y 达到最大值后，由于惯性，还要继续增加，故有如图 5-27 所示的波动情况。

旋转弹翼式布局的弹翼既是导弹的主升力面又是控制面，弹翼偏转角 δ 就是产生过载 n_y 的直接因素，而且弹身的需用攻角不大(约3°)，由弹身波动引起的过载波动只通过 δ 来影响，故快速性好，且过载波动的衰减也比较快；其他气动布局，如正常式，先由

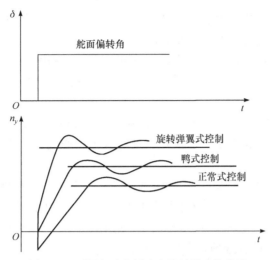

图 5-27　不同气动布局响应特性的比较曲线

舵面偏转角 δ 产生控制力改变弹体姿态产生攻角，再使弹体产生所需的法向力，因此平衡攻角的产生需要一定的过渡时间，且波动较大，衰减也要慢些，由此可见，旋转弹翼式对控制信号的响应最为迅速。

(2) 从导引头设计和吸气式动力装置进气道设计的观点来看，希望减小导弹的攻角，旋转弹翼式布局弹身攻角可保持较小的值(约 3°)，而其他布局形式的弹身攻角可达 10°～15°(或更大些)，这个条件有利于导引头和进气道的设计。

(3) 因为弹身攻角小，斜吹力矩 M_x 也要小些，可利用弹翼的差动作副翼。

(4) 部位安排容易实现，发动机允许安放在导弹的尾部，旋转弹翼的转轴可以安置在发动机前面的舱体上，稳定尾翼的接头安置在发动机喷管外面的尾舱上，这种安排既不需要在发动机壳体上安置翼面接头，又不需要采用长喷管设计，这两个因素均使发动机结构质量减小。

(5) 弹翼位置较难配置，操稳特性不易调整。弹翼为了偏转产生控制力，其气动压心均需在质心的前面，这样就因主动段时质心靠后，导弹静稳定度减小甚至出现静不稳定。为使弹体达到一定静稳定度要求，则要求弹翼不能太靠前，这样又使得被动段时质心前移，有可能移到弹翼压心的前面，从而出现反操纵，通常要用自动驾驶仪引入人工稳定。

(6) 弹翼靠近弹体质心，操纵力臂短，故弹翼面积大，铰链力矩大，要使弹翼产生足够的法向力，需要大功率的舵机，如液压舵机。

(7) 迎风阻力大，且空气动力存在明显的非线性，给控制系统设计带来高的要求。

(8) 当弹翼偏转时，弹身与弹翼间有间隙，这会使升力稍为降低。

5. 无翼式布局

无翼式布局的导弹具有细长弹身和"×"形舵面，而无弹翼。这种气动布局形式产生升力的主要部件是弹身，为了区别只有弹身和稳定尾翼的导弹，有人称该处的无翼式为无翼尾舵式。大量研究表明，这种布局有以下特点。

（1）导弹最大使用攻角可由通常的 10°～15°提高到 30°；最大使用舵偏角可由 20°增加到30°。因此，导弹具有大的机动过载和舵面效率。

（2）具有需要的过载特性。利用无翼式布局通过增大使用攻角提高导弹的机动过载；同时，利用在小攻角时有较小升力的特点，可以限制可用过载，从而较好地解决高低空可用过载不同要求的矛盾。

（3）极大改善了非线性气动力特性。采用大攻角飞行，最大的问题是产生非对称的侧向力，而无翼式布局由于取消了弹翼和相应减小了舵面，极大改善了非对称气动力特性。

（4）具有较高的舵面效率和需要的纵向静稳定性。这种布局舵面前无弹翼，故舵面效率较高。由于在攻角增加时，弹身升力呈非线性增加，而弹身的压力中心接近弹身的几何中心，通常在质心之前，故当攻角增加时，静稳定性相应减小，使机动过载大幅度增大。因此，这种布局也能较好地解决高低空机动过载的矛盾。

（5）具有较轻的质量和较小的气动阻力。由于减少了主翼面，导弹的结构质量大大降低，零升阻力也相应减小。

（6）结构简单，操作方便，使用性能好。由于外形简单，所以结构设计、生产工艺、操作使用都较方便，同时导弹展向尺寸小，给发射系统带来方便。

由于以上特点，无翼式布局导弹近年来越来越被国内外重视和采用。例如，具有反导能力的美国"爱国者"防空导弹和有些近程弹道导弹末级，均采用了这种气动布局。

6. 自旋式单通道控制导弹的气动布局

自旋式单通道控制的导弹是由炮弹自旋稳定的概念演变而来，最初用于反坦克导弹，后来逐步用于小型近程防空导弹。这种导弹通常采用鸭式布局，由四个呈"×"形配置的弹翼和位于前部的一对舵面组成。四个弹翼相对于迎面气流有同向的安装角，保证导弹在飞行中具有一定的滚转角速度，通常导弹旋转速度在 5～15r/s。导弹在发射筒内，4 片弹翼向后合拢，在导弹飞出发射筒后，弹翼自动张开。例如，美国的"尾刺"导弹、RAM 导弹，俄罗斯的 SA-7 导弹均采用这种布局形式，SA-7 导弹外形图如图 5-28 所示。

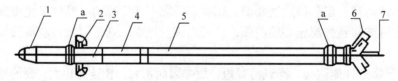

图 5-28　SA-7 导弹外形图

1-红外导引头舱；2-舵面；3-舵机舱；4-战斗部舱；5-动力装置舱；6-尾翼；7-导线；a-定位环

这种导弹布局采用单通道控制，用一对鸭式舵面或一对燃气舵产生控制力来控制导弹的空间运动，舵面的偏转规律多采用继电式控制形式，即舵面做正、负方向极限偏转，当舵面输入正信号时，舵面处于正的最大偏角，当舵面输入负信号时，舵面偏角为负的最大。导弹飞行中以一定的转动角速度 ω_x 绕弹身纵轴旋转，同时自寻的系统根据目标与导弹之间的相对位置偏转舵面，使一对舵面在导弹旋转一周的过程中既可操纵弹体产生俯仰运动，又可操纵偏航运动。这样就可以使用一对舵面产生任意方向的操纵力，从而控制导弹向空间任意方向飞行。

这种控制形式的主要优点是弹上控制系统简单，设备尺寸小，质量轻；翼面做成可折叠式，大大缩小了径向尺寸；使发射装置小型化，成为单兵肩射防空武器的主要布局形式。它的最大缺点是控制效率较低，所以只能用于机动性要求较小的导弹。

由于自旋式单通道控制的导弹不需要在滚动方向进行严格的角位置和角速度稳定控制，因此前述一般鸭式导弹不能用舵面进行滚动控制的缺点不复存在。对于要求操纵性好、单通道控制的导弹来讲，鸭式气动布局是一种最好的形式。已经装备和在研的世界各国便携式防空导弹均采用鸭式气动布局。

7. 双鸭式气动布局

双鸭式导弹呈"十"字形布局，共有 12 片翼面，前面是 4 片固定翼和 4 片舵面，在弹身尾部是可绕弹身旋转的 4 片弹翼。双鸭式与鸭式气动布局如图 5-29 所示，双鸭式气动布局(图 5-29(a))的 4 片全动舵面既起升降舵与方向舵的作用，又可差动起副翼作用。普通鸭式导弹只有 8 片翼面，前面 4 片是全动舵面，后面 4 片是固定弹翼(图 5-29(b))。

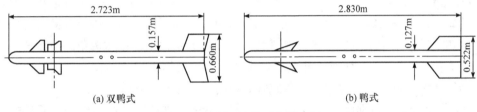

(a) 双鸭式　　　　　　　　　　　(b) 鸭式

图 5-29　双鸭式与鸭式气动布局

由外形测绘得知：双鸭式导弹总升力面比鸭式大 7.9%。前翼面面积的总和占后面弹翼面积的百分比，双鸭式为 54%，而鸭式为 18.7%。

对鸭式和双鸭式两种气动布局进行比较分析，可以得出双鸭式气动布局的特点如下。

(1) 小攻角下的气动特性。由实验知，双鸭式导弹的 C_y^α 比鸭式的大 51.9%，C_y^δ 比鸭式的大 22.3%，C_{x0} 只比鸭式的大 32%，α/δ 比鸭式大 166%，但双鸭式导弹的静稳定度 $\left(m_z^{c_y}\right)$ 较小，比鸭式的小 50%～60%。

(2) 双鸭式气动布局较大地提高了攻角的利用率。双鸭式导弹的前翼与弹翼相匹配，使得平衡攻角 α_b 增大。从气动外形来看，在舵面前的 4 片固定翼起着反安定面的作用，从而降低了全弹的稳定性，增加了导弹的机动能力。同时双鸭式导弹前翼的总面积占弹翼面积的 54%，因此攻角的利用率也较大。

被动段时 α_b 与 δ 的变化曲线如图 5-30 所示。由图可以看出，当 δ 为 15°时，双鸭式导弹的 α_b 等于 8.4°，比鸭式的大 48%。由此可见，双鸭式导弹可以提供较大的平衡升力系数 C_{yb}。双鸭式导弹平衡升力系数与 δ 的变化曲线如图 5-31 所示，随着舵偏角 δ 增大，其可用过载大大提高，这是它的突出特点。

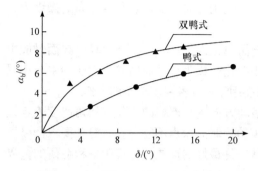 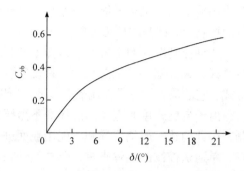

图 5-30　被动段时 α_b 与 δ 的变化曲线　　图 5-31　双鸭式导弹平衡升力系数与 δ 的变化曲线

(3)"缝隙"效应。双鸭式导弹的固定前翼与舵面之间有近 50mm 的缝隙,合理地利用"缝隙"效应,提高了舵面的失速攻角,使舵面在较大的舵偏角范围内有较高的效率。实验结果表明,双鸭式导弹的前翼舵身组合体在 δ 约为 20°值附近都能保持较高的舵面效率,而鸭式导弹的舵身组合体当 $\delta > 12°$ 时, C_y^α 下降较大。

(4)铰链力矩小,为位置反馈提供了条件。双鸭式导弹具有较小的舵面面积,而且舵轴位置靠后,使得铰链力矩 (M_h) 很小。实验表明,在整个 Ma 范围内,铰链力矩的值不大。双鸭式导弹采用了位置反馈控制方式,且铰链力矩很小,使舵偏角即使在低空也能偏到最大值 $\delta_{max} = 20°$,而鸭式导弹采用了铰链力矩反馈,鸭式导弹受到舵机功率的限制。当高度为 5km, $Ma = 2$ 时,一般鸭式导弹的 δ_{max} 为 8°~10°。

(5)具有较大的机动能力。当 $Ma = 2$, $H = 5km$,被动段且 $\delta = 15°$ 时,双鸭式单通道的 $n_{ya} = 22.1$,鸭式的 $n_{ya} = 13.8$,可见在 5km 高度,若两者的舵偏角都能偏到 15°,那么双鸭式导弹的过载能力比鸭式大 60%,实际上由于它们的控制形式不同,双鸭式导弹的舵偏角可达 $\delta_{max} = 20°$,而鸭式只能偏到 8.8°。该情况下,双鸭式单通道的 $n_{ya} = 24.6$,而鸭式的 $n_{ya} = 9.3$。因此,在 5km 高度,双鸭式导弹实际可用过载比鸭式大 160%。如果双鸭式导弹两对舵面同时工作,其可用过载 $n_{ya} \approx 35$,这说明双鸭式导弹具有较大的机动能力。

(6)双鸭式布局的滚动控制。双鸭式布局的前翼和舵面的总面积相对于弹翼来讲比较大,因此不对称洗流在弹翼上产生的诱导滚动力矩也较大。但由于双鸭式导弹采用了弹翼相对于弹身自由旋转这一构造措施,能克服上述耦合效应所带来的诱导滚动力矩,能使弹翼自由转动而使诱导滚动力矩作用不到弹身上,从而保证了弹体姿态,大大提高了舵面差动效率和导弹的制导精度,改善了导弹的横滚稳定特性。弹翼固定在弹身上和弹翼相对弹身可以自由转动,二者使导弹所产生的滚转力矩的大小差别很大,在不同情况下舵面差动的 C_y-α 变化曲线如图 5-32 所示。

由图 5-32 可以看出,随着 α 的增大,弹翼转动和无弹翼时的 C_y 逐渐接近,这证明了弹翼自由旋转可以克服诱导滚动力矩,这对导弹的横向稳定很有好处。

从以上分析可以看出:双鸭式导弹具有格斗导弹机动能力大、快速性好的特点。

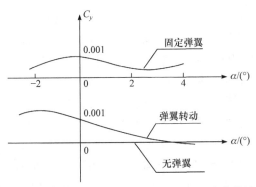

图 5-32 在不同情况下舵面差动的 C_y - α 变化曲线

8. 助推器和多级导弹的布置方案

助推器在导弹上的布置方案如图 5-33 所示,通常有并联式、串联式和整体式三种形式。

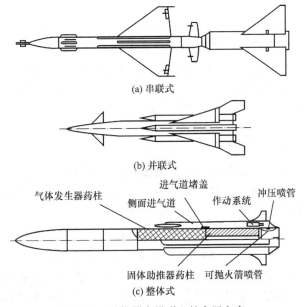

图 5-33 助推器在导弹上的布置方案

从气动阻力、组合装配、运输、发射及安装调整工艺等方面来看,串联式较并联式有利。例如从空中载机上发射,由于串联式高度小,也便于悬挂。串联式布局的缺点是必须分别设计和研制每一级,增加了研制成本和周期;飞行器长细比大,抗弯曲刚度差,横向载荷大;飞行器长度尺寸大,使发射准备和勤务工作复杂化。对于二级有翼导弹来说,由于沉重的助推器置于后部,整个导弹的质心后移,这样为了保持导弹在助推段具有一定的静稳定性,必须在助推器上安装较大的安定面,使整个导弹的压力中心也向后移动。同时,在助推器抛掉后,导弹的质心产生突然的前移,会引起静稳定度的变化,使弹体产生波动。

早期以冲压发动机为动力的导弹使用串联式或并联式外装助推器。这会引起导弹外形尺寸、质量和气动阻力可观地增加,并造成总体布局上的困难;在助推段结束后被抛掉的笨重助推器外壳，有可能干扰导弹的姿态、危害发射阵地等。对助推器和冲压发动机进行"整体化"设计而形成的组合发动机，称为整体式火箭冲压发动机。这种"整体式"技术，大大提高了容积利用率，有利于使用冲压发动机导弹的小型化。

助推器和冲压发动机的整体式布局方案是将助推器与冲压发动机共用同一燃烧室，把助推器的固体推进剂放置在冲压发动机的共用燃烧室中，组合发动机本体直接成为弹体的后半段。由于工作压力不同，助推器和冲压发动机有各自的喷管，嵌套安装。为了实现助推级向主级工作的转换，"转级控制装置"感受助推发动机熄火信号，使"助推喷管释放机构"迅速抛掉助推器喷管及堵盖，露出冲压发动机的喷管，使主级发动机点火起动。工作转换过程大约在 300ms 内迅速、准确、可靠地依次完成。这种整体式布局方案由于系统复杂，多用于小型或中型的空对空和地对空导弹。

助推器和冲压发动机的另一种整体式布局方案是将固体助推器连同其壳体"塞入"冲压发动机的共用燃烧室中。这种方案用在起飞质量大和发动机工作时间长的地对地导弹和空对地导弹上。使用塞入式固体推进剂助推器有如下优点：可以在专门的试验台上，对助推器和冲压发动机分开单独进行研制；可使用质量较小的带有气膜冷却的燃烧室，发动机工作时间能得到最大程度的延长；不同射程带有不同固体推进剂助推器的不同用途导弹，都可以使用同一种冲压发动机，如 ASM-MSS 双用途导弹。

在选用助推器安排形式时，究竟采用哪一种形式，应根据导弹的气动性能、飞行性能及使用要求来确定，还需考虑技术掌握的程度和使用经验。

5.2.1.3 非旋成体气动布局形式及选择

旋成体气动布局导弹采用传统的圆截面弹身，与之相比，非圆截面弹身具有隐身性能好、升阻比高、适合于吸气式导弹布局设计和便于储存发射等优点，成为世界各国研制新型导弹时十分重视的发展方向。

1. 非圆截面弹身加"一"字形弹翼的气动布局

非圆截面弹身加"一"字形弹翼的气动布局在以下方面具有较大优势：①气动性能好，升阻比大，法向机动能力和巡航能力较强；②侧向雷达散射面积较小，降低了角反射面的数目，有利于隐身；③非圆截面弹身有利于子母弹系统中子弹药的装填和布撒；④便于采用吸气式发动机以增加射程。

1) 非圆截面弹身加"一"字形弹翼气动布局的发展

20 世纪 70 年代后期，美国担心其巡航导弹被苏联的地对空导弹击落，开始制订隐身巡航导弹的研制计划。作为隐身巡航导弹的开山之作，美国 AGM-86 空射导弹采用了前所未有的弹身外形——腹部扁平，背部呈椭圆形，自此开启了非圆截面弹身在导弹应用中的广阔天地。

随着雷达隐身技术的发展，研究人员通过对比圆形、椭圆形、菱形、矩形、三角形等十余种截面的雷达散射截面(radar cross section，RCS)，发现三角形的隐身性能最好。但是，在实际的导弹设计过程中还要考虑气动性能、内部设备的装载及载机的挂载要求，因此实际选用的都是多边形的变形。例如，将矩形进行圆角处理，对长宽比进行优化设计等。于是，欧美国家开始在导弹上应用各种优化后的非圆截面弹身设计，取得了很好的效果。

非圆截面弹身的主要特点是由平面组成外形。平板在雷达波照射下，具有曲面所没有的特性，即在平板法向左右各偏 10°～15°的很窄范围内，有一个很强的镜面后向散射高峰，而在其余广阔入射角范围内，后向散射变得很弱，其雷达散射截面值只有高峰时的百分之几或千分之几。根据平板外形对雷达散射这一重要特性，只要用倾斜的平面组合使其在重要入射角下避开平板的后向散射峰值，就可获得低的雷达散射截面数值，达到隐身目的，这就是非圆截面弹身的设计原则。据文献报道，五角形截面弹身同圆截面弹身相比，正侧向的雷达散射截面可减小 87.6%。

除了更好的雷达隐身特性，非圆截面弹身还具有较大的升阻比和配平升力，有些非圆截面弹身除了升阻比性能方面的优点之外，还具有横侧稳定性优点。

此外，采用非圆截面弹身还有一个重要的原因，那就是这种弹身设计与隐身飞机搭配堪称完美。研究表明，飞机外挂的导弹使其 RCS 大幅增加。为了保持飞机隐身，最好的解决办法是将所有武器内埋。但是，受内埋弹舱尺寸的限制，只能内埋长度较短、重量较轻的导弹，导致飞机的作战能力极为受限。美国现役战略轰炸机炸弹舱内的旋转发射架可以环绕挂载 8 枚大型弹药，为了使挂载弹药占用的空间尽量小，弹药最理想的横截面形状就是梯形，即一侧较窄而另一侧较宽。为了适配轰炸机平台，美国空射巡航导弹的弹身都被制成了易于紧凑挂载到旋转发射架的梯形体。JASSM 就是这样的造型。

JASSM 联合空对面防区外导弹视图如图 5-34 所示[22]。导弹为正常式布局，采用大展弦比大后掠角的下单翼，平时像折刀一样对折在弹体内，发射后自动展开。弹体尾部没有水平尾翼，仅有一片矩形后掠垂直尾翼，挂机时垂尾向右下方折叠，尾部下方两侧设计有边条。JASSM 头部设计为尖头多棱锥形，弹体上表面为光滑圆拱流线形，底面和侧面接近平面，一对后掠等弦长弹翼向后折叠置于弹体腹部。尾部向后部收拢稍上翘，埋入式进气道位于弹体腹部与弹翼连接处的后方，有效地降低了导弹的雷达反射截面积。

图 5-34　JASSM 联合空对面防区外导弹视图

同时，发动机喷口也采用了埋入式矩形截面，利用弹体尾部遮挡高温排气，使自身的红外辐射特征明显降低。借助这些技术，JASSM 可以有效地突破地面防空系统的拦截。

由于亚声速巡航导弹飞行速度低，在敌方空域内飞行时间长，隐身设计在巡航导弹上得到了应用。随着隐身技术的日益成熟，反舰导弹、巡飞导弹等类型导弹也开始采用隐身技术，尤其是非圆截面弹身技术。图 5-35 示出法国的 SCALP-EG 空射隐身巡航导弹外形图[23]。

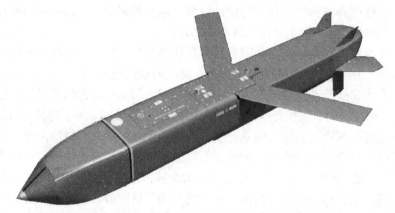

图 5-35   法国的 SCALP-EG 空射隐身巡航导弹外形图

防区外机载布撒器为了实现远程滑翔和便于朝不同方向抛撒子弹药，采用了具有大展弦比升力面和非圆截面弹身的面对称布局。无动力滑翔型布撒器大多采用矩形截面弹身、大展弦比折叠式上弹翼、正常式面对称气动布局。

防区外机载空对地布撒器是由作战飞机挂载、远距离投放、具有自主飞行控制和精确制导能力、可携带大量有效载荷或多种子弹药的空对地攻击型武器。基本组成包括：能完成各类作战任务的子弹药有效载荷(可导的或非导的)，可在防区外探测并捕获目标的探测系统、制导系统和飞行控制系统，子弹药抛撒机构，飞行动力装置和空气动力面。图 5-36 示出"阿帕奇"布撒器外形图[24]。

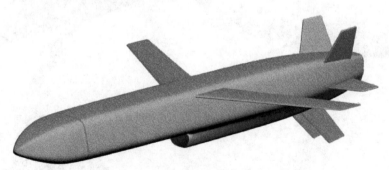

图 5-36   "阿帕奇"布撒器外形图

非圆截面弹身不仅在气动和隐身方面具有良好的特性，而且易于储存、携带与分离，弹舱内的子弹药能够紧凑地排列，非圆截面弹身和载机在整体上构成一个高密度、低阻力的外形。

弹身采用方形或矩形截面具有较多好处：①隐身性能好，由于机载布撒器往往以亚声速巡航，容易被敌方防空系统击毁，矩形截面弹身除了法线方向±10°～15°很窄范围内对电磁波的反射较强外，其他姿态角范围内很弱，有利于减少系统的 RCS；②矩形弹身相对于圆形弹身能够产生较大的升力，配合大展弦比的上单翼设计，全弹升阻比大大提高，有利于滑翔增程；③有利于提高弹舱内空间的利用率，便于子弹药的布排与装填，增加子弹药的装填量；④便于开舱抛撒子弹药，尤其是便于子弹药的侧向时序抛撒。图 5-37 为不同截面弹舱子弹药布置示意图[25]。由图可以看出，方形截面弹舱和圆形截面弹舱相比，具有更大的子弹装填量，也便于子弹的装填与布撒。

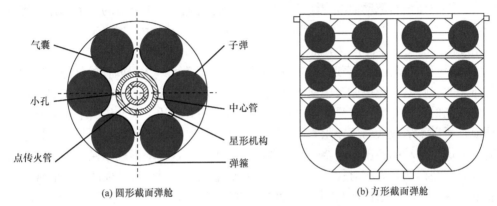

(a) 圆形截面弹舱　　　　　　　　　(b) 方形截面弹舱

图 5-37　不同截面弹舱子弹药布置示意图

2) 非圆截面弹身几何参数选择

为使布撒器及亚声速巡航导弹具有大的升阻比，应采用大展弦比、小后掠角弹翼，宽大于高的矩形横截面的流线形弹身。弹翼的展弦比越大，三维效应越弱，升力特性越好；后掠角越小，升力越大。宽大于高的矩形截面弹身能提供可观的黏性升力。对于布撒器来说，弹身零阻占的比例很大，弹身外形的流线化可以减小压差阻力，提高升阻比。

非圆截面弹身的主要几何参数：顶端钝度半径、头部母线形状、头部折算长径比、中部截面宽高比、中部折算长径比、尾部母线形状、尾部折算长径比、底部收缩比，以及考虑隐身、增加刚度防止失稳所采取微凸侧面的曲率半径或多棱侧面的棱距、棱边圆角半径等。截面积相同的矩形截面弹身比圆截面弹身能提供较大的法向力。宽高比越大，所提供的法向力越大，而对应的压心变化不大。棱边圆角半径增大，弹身法向力下降，压心前移。弹身底部阻力在全弹阻力中占比很大，对收缩尾部外形要进行仔细设计，以使底部阻力和尾部阻力之和最小。

尾翼/舵面的主要作用是产生稳定力矩和控制力矩，以保证飞行器的稳定和控制。防区外导弹尾翼/舵面的布置形式有"×"形和"十"字形。为提高纵向稳定性，可在"×"形基础上再增加两片水平尾翼，成为"⚹"形的六片尾翼形式。为了提高航向和滚转控制能力，"十"字形尾翼可采用双上、双下立尾，成为"⧓"形的六片尾翼形式。

2. 乘波体气动布局

高超声速飞行中，随着马赫数的升高，波阻和摩阻增加，就会形成升阻比"屏障"，而乘波构形(waverider)飞行器是克服这一升阻比屏障的有效方法。在高马赫数下，激波是最重要的流动特征。合理设计飞行器外形与激波形状，使激波-激波、激波-飞行器间产生有利作用，是提升高超声速飞行器性能的核心思想。乘波构形就是这一思想的重要体现。

乘波构形也叫乘波体。乘波构形是指一种外形是流线形，所有的前缘都具有附体激波的超声速或高超声速飞行器。乘波体高速飞行时产生的弓形激波完全附着于飞行器的边缘，上下表面没有流动泄漏，激波后高压区可完全包裹于飞行器的下半部分，使飞行器升阻比有效提升。因飞行时好像骑在激波的波面之上，故称为"乘波体"。

乘波构形的飞行器具有以下优势。

(1) 乘波体布局在高超声速条件下具有低阻力、高升力、大升阻比的优越气动性能。常规布局的飞行器在超声速流中前缘处通常会产生脱体激波，激波前后存在的压差使得飞行器受到的波阻非常大，只能通过增大攻角来提高升阻比。乘波体的上表面与自由流面同面，所以不形成大的压差阻力，而下表面在设计马赫数下受到一个与常规外形一样的高压，这个流动的高压不会绕过前缘泄漏到上表面，这样上下表面保持了一定的压强差，因此乘波体的升力相对较高，升阻比也相应增大。同时，乘波体的下表面常常设计得较平，相对常规旋成体外形，平底截面外形的上下压差要大得多，所以升力也大得多。

(2) 乘波体的附体激波能对来流起到预压缩作用，波后气流的压力、速度较为均匀，有利于在下方布置吸气式动力系统。乘波体的下表面是一个高压区，是发动机进气口的最佳位置，特别是冲压喷气发动机，可以通过发动机与乘波体的一体化设计，提高发动机的进气性能。

(3) 乘波体外形是用已知的可以得到精确解的流场设计而成，因此更易于进行反设计和优化以寻求最优构型。

乘波体虽然有以上的优点，但也有一些不足。首先，乘波构形的有效容积率偏低；其次，为了使乘波体的前缘产生附体激波，前缘一般设计得很尖锐，会在飞行器头部产生很大的气动热，从而温度升高，热载荷增大；最后，乘波体是在特定的条件下设计的，在偏离设计条件下，气动特性会出现一定的恶化。因此，提高乘波体宽速域气动性能成为未来乘波体重要的发展方向之一。

乘波体外形与超燃冲压发动机相结合的一体化布局，已成为当前高超声速巡航飞行器的主要气动布局形式。美国 Hyper-X 计划和 HyTech 计划分别发展的 X-43A 和 X-51A 均采用乘波体布局。X-43A 高超声速飞行器示意图见图 5-38[26]。

图 5-38 X-43A 高超声速飞行器示意图

乘波构形的设计与常规的由外形决定流场再去求解的方法相反，其是先有流场，然后推导出外形，其流场是用已知的非黏性流方程的精确解来决定的。根据乘波体的生成方法及源流场的不同，可将乘波体分成不同的种类，如源于锥形流动的乘波构形、源于倾斜圆锥体或椭圆锥体流动的乘波构形、源于楔形-锥形混合流动的乘波构形、源于相交锥体流动的乘波构形等。

3. 面对称气动布局侧向机动方式

面对称气动布局采用非圆截面弹身及"一"字形弹翼或无弹翼，这种布置在转弯时可采用下述办法。

平面转弯。导弹转弯时不滚转，转弯所需的向心力由侧滑角 β 产生，同时推力在 z 轴方向也有一分量，平面转弯示意图见图 5-39。

在这种情况下，导弹在空间飞行时同时有攻角 α 和侧滑角 β，这两个角度的大小靠方向舵及升降舵的偏转来保证。这种转弯方法可以简化控制系统，但所产生的侧向力 z 很小，侧向过载 n_z 也很小，故只能做平缓的侧向转弯，而不能做急剧的侧向机动。对于飞航导弹，当目标固定或速度不大时，由于不必在水平面内做急剧的机动动作，侧向力只起修正作用(因为可能有航向导引误差及侧风)，在这种情况下可以应用平面转弯。

倾斜转弯(协调转弯)。导弹转弯前先做滚转动作，即通过副翼，产生一个滚转力矩，导弹滚转一个 γ 角之后，使升力 Y 偏转的同时产生侧向力 z，至于升力的大小，则可以由攻角 α 来调整。这种转弯是通过副翼和升降舵同时协调动作来实现的，故称为协调转弯。倾斜转弯示意图见图 5-40。

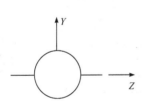

图 5-39　平面转弯示意图

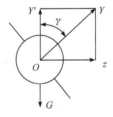

图 5-40　倾斜转弯示意图

倾斜转弯可以获得较大的侧向力 z 和侧向过载 n_z。但是，导弹在机动飞行过程中，要做大角度的滚转运动，过渡过程时间长，在弹道上振荡大，将导致较大的制导误差，给控制系统设计带来困难。

随着精确制导武器的发展，要求导弹在各个方向都具有较大的需用机动过载，平面转弯不能满足这种要求，此时只能采用倾斜转弯技术，即 BTT 技术。BTT 控制的特点是，在控制导弹截击目标的过程中，随时控制导弹绕其纵轴转动，使导弹合成法向加速度矢量总是落在导弹的最大升力面内。

BTT 控制可以分为三种类型：BTT-45、BTT-90、BTT-180。它们三者的区别是，在制导过程中，控制导弹滚动的角度不同，分别为 45°、90°、180°。其中，BTT-45 控制仅适用于"×"形或"十"字形布局的导弹。BTT 技术控制导弹滚动，从而使所要求的法向过载落在它的有效升力面内。由于两个对称面的导弹具有两个相互垂直的有效升力面，因此在制导过程中的任一瞬间，只要控制导弹滚动角小于或等于 45°，便可实现所要求的法向过载与有效升力面重合的要求，从而使导弹以最大法向过载飞向目标。

BTT-90、BTT-180 两类控制均是用在采用"一"字形弹翼的面对称布置(飞机型)的导弹上。这种导弹只有一个有效升力面，即与弹翼垂直的对称面。欲使所要求的法向过载方向落在有效升力面内，控制导弹滚动的最大角度范围为 ±90°或 ±180°。其中 BTT-90 导弹具有产生正、负两个方向攻角，或正、负两个方向升力的能力；BTT-180 导弹仅能提供正向攻角或正向升力。这一特性往往与导弹配置了吸气式发动机有关。

轴对称布置的导弹所用的控制方案与 BTT 控制不同。导弹在飞行过程中，保持导弹相对纵轴稳定，控制导弹在俯仰和偏航两个平面上产生相应的法向过载，其合成法向过载指向控制规律所要求的方向。为了便于与 BTT 区别，称这种控制为侧滑转弯(skid-to-turn, STT)控制。

BTT 与 STT 导弹控制系统比较，其共同特点是两者都是由俯仰、偏航、滚动三个通道的控制系统组成的，但各通道具有的功用不同。表 5-1 列出了 BTT 和 STT 导弹控制系统的组成与各个通道的功用。

表 5-1 BTT 和 STT 导弹控制系统的组成与各个通道的功用

类别	STT	BTT-45	BTT-90	BTT-180
俯仰通道	产生法向过载，具有提供正、负攻角的能力	同 STT	同 STT	产生单向法向过载，具有提供正攻角的能力
偏航通道	产生法向过载，具有提供正、负侧滑角的能力	同 STT	欲使侧滑角为零，偏航必须与倾斜协调	同 BTT-90
滚动通道	保持倾斜稳定	控制导弹绕纵轴滚动，使导弹合成法向过载落在最大升力面内，最大倾斜角为45°	控制导弹滚动，使合成法向过载落在弹体对称面上，最大倾斜角为90°	同 BTT-90，但最大倾斜角为180°
附注	适用于轴对称或两个对称面的不同导弹布局	仅适用于两个对称面的导弹	仅适用于面对称型导弹	同 BTT-90

BTT 控制导弹与 STT 控制导弹相比，在改善与提高战术导弹的机动性、飞行速度、作战射程和命中精度等方面均有优势，也提高了导弹与吸气式发动机的兼容性。

从气动外形设计的角度来看，BTT 控制导弹为了获得最大的升力，应该摒弃传统的 STT 控制导弹轴对称的设计思想，而采用非周向对称的气动布局、非轴对称气动外形、大攻角非线性气动设计，并充分利用涡升力以提高可用过载。

采用 BTT 控制技术的导弹一般多采用一对弹翼，在较大攻角情况下，"一"字形弹翼提供的法向力明显大于"×"形的两对弹翼，而阻力则明显小于两对弹翼的导弹，显然导弹气动性能的重要指标——升阻比将明显地提高。

BTT 控制导弹弹身设计宜采用非圆截面(椭圆、矩形等)，因为弹身对升力的贡献主要取决于它的迎风面投影面积，而采用椭圆和矩形截面将会有效地增加弹身的迎风面投影面积。在高 Ma ($Ma > 2$)和较大攻角($\alpha > 12°$)的情况下，弹身升力的贡献提高很快。在

$Ma > 2$ 的情况下，弹身的位势流线性升力增加很快，并保持较稳定的数值。

在较大攻角情况下，弹身背风面基本全部产生了稳定的对称涡分离区。这个分离区越大，涡强越强，则弹身的非线性涡升力就越大。一般来说，它与弹身的迎风面投影面积成正比，与攻角的二次方成正比。

在截面积相等的情况下，不难算出：采用长短轴比 $b/a = 2$ 的椭圆截面比圆截面弹身的涡升力贡献提高约 40%；当 $b/a = 3$，则涡升力贡献提高约 70%。采用非圆截面弹身设计的思想已经在防区外打击武器、防区外机载布撒器上得到了应用。

5.2.2　外形几何参数选择

前面在选择导弹主要设计参数 $\bar{P}$、p_0 时，已经使用了 $C_y(Ma,\alpha)$、$m_z(Ma,\alpha)$、$C_x(Ma,\alpha)$ 等一系列数据，而在本小节中将讨论如何选择外形几何参数。有了几何参数才能得到气动数据，这就是说，几何参数选择工作也是反复进行、逐次近似的，而且这部分工作对导弹的气动特性有着决定性的影响。

外形几何参数选择是外形设计中的重要内容，下面分别讨论弹翼、弹身和舵面几何参数的选择原理。

5.2.2.1　主翼面参数选择

弹翼是导弹的主升力面，它是导弹外形设计的一个重要对象。表征弹翼的几何参数是由平面形状参数和剖面形状参数组成的。

弹翼平面形状参数如图 5-41 所示，包括展弦比 λ、尖削比(或称梢根比、梯形比) η、后掠角 χ。其中，$\lambda = l/b_A = l^2/S_W$，$\eta = b_k/b_0$。

弹翼剖面形状参数如图 5-42 所示，包括翼型、相对厚度 $\bar{c} = \dfrac{c_{max}}{b}$、最大厚度的相对位置 $\bar{x}_c = \dfrac{x_c}{b}$、弯度 f、前缘半径 r、后缘角 τ。

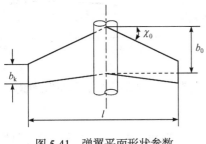

图 5-41　弹翼平面形状参数

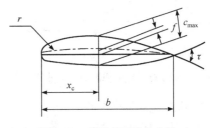

图 5-42　弹翼剖面形状参数

弹翼几何参数的选择原则是，既要使气动性能好，又要满足结构特性和部位安排的要求。也就是说，既要能产生必要的过载，又要使结构质量为最小。

1. 展弦比 λ 的选择

1) 展弦比对升力特性的影响

展弦比 λ 对升力线斜率的影响曲线如图 5-43 所示，C_{ysw}^{α} 与 Ma 的关系曲线如图 5-44

所示。由图可见,增大展弦比 λ,会使翼面升力线斜率增加。在低速时(如 $Ma < 0.6$)这种影响较明显,而在高速时展弦比 λ 对升力的影响较小,且随着马赫数的增加,越来越不明显,这是由小展弦比"翼端效应"作用引起的。当展弦比 λ 减小时,弹翼的"翼端效应"增大,上下翼面压力的沟通困难,压差减小,所以 C_y^α 减小。在亚声速情况下,这一效应遍及整个翼面,超声速时仅限于翼端前缘发出的马赫锥内。因此,超声速流中展弦比对 C_y^α 的影响随速度的增加而减小,其影响与亚声速流相比变得很微弱。

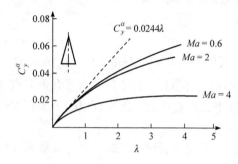

图 5-43　λ 对升力线斜率的影响曲线

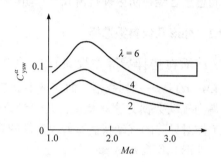

图 5-44　C_{ysw}^α 与 Ma 的关系曲线

2) 展弦比对阻力特性的影响

对一定根弦长度,展弦比增加会使翼展增加,这往往会受到使用上的限制。对于一定的翼展,展弦比增加会使平均几何弦长减小,从而使摩擦阻力有所增加;同样,λ 增加,也会使波阻增加,特别是低马赫数时更为明显,矩形弹翼的波阻曲线如图 5-45 所示,菱形剖面弹翼的波阻曲线如图 5-46 所示。

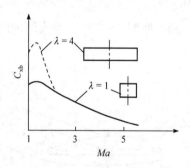

图 5-45　矩形弹翼的波阻曲线

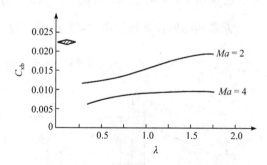

图 5-46　菱形剖面弹翼的波阻曲线

3) 展弦比的综合影响

由上述分析可以看出,随着 λ 增加,升力性能有所提高,阻力系数(主要是零升阻力)也有所增加。由展弦比的表达式 $\lambda = l^2 / S_{\mathrm{W}}$ 可以看出,增大展弦比意味着翼展的加长,这在实际使用中会受到发射装置的制约,翼展大小是受到限制的。因此,存在着一个性能折中,即 λ 选择既要考虑升力特性、阻力特性,又要满足实际使用的需要。为了求得最佳展弦比,定义下列升阻力函数 F:

$$F = F_1 + F_2$$

式中，$F_1 = \dfrac{C_{x0}}{(C_{x0})_{\max}}$，为标准阻力函数；$F_2 = \dfrac{1/C_y^{\alpha}}{1/(C_y^{\alpha})_{\max}}$，为标准升力函数。

如果在展弦比允许的范围内，把 F 绘制成图线，则由升阻力函数的最小值就确定了所要求的展弦比。这个展弦比对应于最小的阻力函数 F_1，而使升力函数 F_2 达到了最大值。弹翼升阻力函数曲线如图 5-47 所示，图中的横坐标为 $b/b_{\max}$。

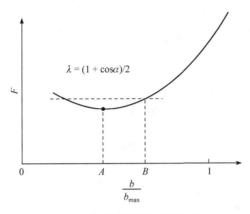

图 5-47　弹翼升阻力函数曲线

从图 5-47 看出，最佳平均几何弦长 $b = \left(\dfrac{b}{b_{\max}}\right)_A b_{\max}$ 对应于 A 点。

因此，展弦比用以下各式确定(对三角翼)：

由

$$b_0 = 3/2b_A$$
$$l = 2S_{\mathrm{W}}/b_0$$

得

$$\lambda = l^2/S_{\mathrm{W}}$$

由于弹翼翼展通常受到限制，升阻力函数 F 在 A 点左右均很平坦，故选择 B 点为 $b/b_{\max}$ 的最佳值。因为 F 在这个区域内变化很小，B 点处相当于增大翼弦减小翼展，即 B 点对应的弦长要比 A 点长些。

展弦比的取值一般如下。

正常式或鸭式：1.2；

无尾式：0.6；

旋转弹翼式：2～4；

亚声速飞行器：4～6；

亚声速反坦克导弹：2。

2. 后掠角 χ 的选择

翼面后掠角主要对阻力特性有影响。后掠翼的主要作用有两个，一是提高弹翼的临界马赫数，以延缓激波的出现，使阻力系数随马赫数提高而变化平缓；二是降低阻力系数的峰值，后掠角 χ 对 C_{x0} 与 C_y^α 的影响如图 5-48 所示。

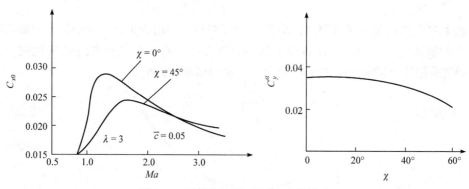

图 5-48　后掠角 χ 对 C_{x0} 与 C_y^α 的影响

因此，大多数高亚声速和低超声速导弹均采用大后掠角弹翼，速度再提高后，延缓激波出现对降低波阻已无实际意义，故高速导弹不采用大后掠角弹翼。

压力中心与 Ma 的关系曲线如图 5-49 所示。由图可见，χ 增加使压力中心后移。同时，当后掠角增加时，弹翼所受扭矩增大，近似地说，弹翼质量与 $1/(\cos\chi)^{1.5}$ 成正比。当 $Ma<1.5$ 时，一般采用梯形后掠弹翼；当 $Ma>1.5$ 时，采用平直弹翼或三角弹翼，或平直弹翼与三角弹翼之间的弹翼。

对于弹翼的后缘，为了使副翼的转轴垂直于导弹纵轴，往往将后缘做成前掠的(图 5-50)。同时，为了保证一定的刚度，应保证一定的 b_k(图 5-51)，即弹翼翼尖弦长 b_k 不能取得太小，否则只能把副翼向弹翼翼根靠近，这会降低副翼的效率。

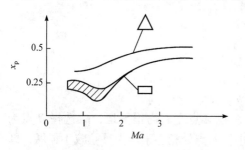 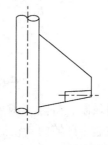 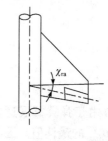

图 5-49　压力中心与 Ma 的关系曲线　　图 5-50　后缘的前掠　　图 5-51　保证一定的 b_k

3. 尖削比(梢根比) η 的选择

在其他几何参数不变的情况下，弹翼尖削比 η 对空气动力特性的影响较小。但三角翼($\eta=0$)的升阻比较矩形翼($\eta=1$)稍高些。η 对弹翼质量的影响较大，η 减小时气动载荷集中在弹翼根部，且在 $\bar{c}$ 相同的情况下，随着 b_0 的增加，弹翼根部的厚度 c_0 也增大，这对弹翼承载是有利的，故可使弹翼质量减小。因此，一般选取较小的 η 值。η 的变化范围很大，三角翼的 $\eta=0$，矩形翼的 $\eta=1$，且三角翼的升阻比大于矩形翼。但为了保证弹翼翼尖有一定的结构刚度，并有利于部位安排，一般并不采用三角翼，而采用小尖削比的梯形翼。

4. 相对厚度 $\bar{c}$ 的选择

弹翼阻力与相对厚度 $\bar{c}$ 密切相关。随着相对厚度 $\bar{c}$ 的增加，阻力增大。相对厚度对阻力的影响在高速时要比低速时大，低速时，$\bar{c}$ 值增加主要影响弹翼的分离区，使压差阻力提高；高速时，$\bar{c}$ 值的增加使临界马赫数降低，激波出现较早，波阻增加。波阻与相对厚度 $\bar{c}$ 的二次方成正比，因此高速导弹的翼面在结构强度及刚度允许的情况下，$\bar{c}$ 值应尽量小，而低速导弹翼面的相对厚度可大些。通常，当为超声速弹翼时，$\bar{c} = 0.02 \sim 0.05$，当为亚声速弹翼时，$\bar{c} = 0.08 \sim 0.12$。

5. 翼型的选择

翼面上的压力主要与自由气流方向和翼表面间的夹角有关，故超声速与亚声速的翼剖面形状差别很大。翼剖面形状如图 5-52 所示。

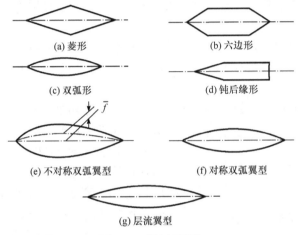

(a) 菱形　　　　　　　(b) 六边形

(c) 双弧形　　　　　　(d) 钝后缘形

(e) 不对称双弧翼型　　(f) 对称双弧翼型

(g) 层流翼型

图 5-52　翼剖面形状

常用的超声速翼型有：

(1) 菱形，见图 5-52(a)；

(2) 六边形，见图 5-52(b)；

(3) 双弧形，见图 5-52(c)；

(4) 钝后缘形，见图 5-52(d)。

常用的亚声速翼型有：

(1) 不对称双弧翼型 ($\bar{f} \neq 0$)，见图 5-52(e)；

(2) 对称双弧翼型 ($\bar{f} = 0$)，见图 5-52(f)；

(3) 层流翼型，见图 5-52(g)。

超声速翼型的特点是外形简单，具有尖前缘，有利于减弱前缘激波。在超声速的四种翼型中，菱形波阻最小，但结构工艺与刚度要差些，尤其后缘的刚度更差；六边形是从结构强度和刚度出发对菱形剖面的改进，但其波阻稍大于菱形；双弧形从阻力观点与质量角度看，均与六边形相近，但加工比较复杂；钝后缘形用于强度、刚度有特殊要求的小弹翼上。例如，少数导弹，特别是整体结构的导弹，有的采用带有适当钝后缘的翼型，用以降低阻力损失。

亚声速翼型的特点是具有一定的流线形，前缘圆滑，利于产生前缘吸力和减小阻力。在亚声速的三种翼型中，不对称双弧翼型，其最大厚度在 25%～40%弦长处，气动特性较好，结构布局比较容易实现；对称双弧翼型，最大厚度位于 40%～50%弦长处，该翼型有较高的临界马赫数，阻力较小，最大升力系数值也不太大；层流翼型，最大厚度位于 50%～60%弦长处，目的是使气流层流化。但在翼型很薄时，最大厚度位置即使后移，也很难实现翼型层流化。该翼型只有在升力系数较小时，才能使阻力系数较小。

近代研制的超临界翼型，具有较好的跨声速特性，其前缘比较饱满，上表面的压力分布平缓，下表面有前压加载，后缘有反弯度存在，这些因素均有延缓激波的出现，提高升阻比的作用。

此外，构造形式对翼型的选择也有影响，若为单梁式或单接头，则用菱形翼型；若为实心结构，也用菱形翼型；若为双梁式或多梁式，则用六边形翼型；若为一般构造形式，则用双弧形翼型。

综上所述，弹翼的升力和阻力特性是主要参数，要在阻力最小的情况下获得最大的升力。实现这个要求通常是有矛盾的。因此，必须寻找一个最优的或折中的弹翼平面形状参数。

在选择弹翼平面形状参数 λ、x、η 时，还必须考虑其他的因素。例如，为使弹翼不遮挡战斗部爆炸产物的飞散，应当切去弹翼根部前缘部分(见图 5-53)；图 5-54 给出弹翼与弹身连接接头示意图，翼身连接的主接头在两舱段相连处(分离面处)，则必须要求附加前接头能在两燃料箱之间的空隙处。这样就要求根部弦长 b_0 不能太长，否则会使附加接头难安装。

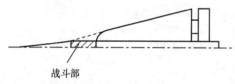

图 5-53 切去弹翼根部前缘部分

如果翼身接头位置已定为 A，不能选为 A' 点，则应采用平直弹翼，其原因见图 5-55。

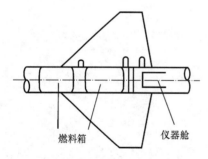

图 5-54 弹翼与弹身连接接头示意图

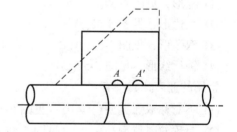

图 5-55 采用平直弹翼的原因

5.2.2.2 气动操纵面参数选择

舵面是导弹的气动操纵面，其作用是使导弹具有一定的操纵能力，以便控制导弹按一定轨迹飞行，减少或消除外界干扰因素的影响，以达到命中精度的要求。

鉴于气动布局的不同，舵面有前舵(鸭式)、尾舵(正常式)、后缘舵和翼尖舵等。鸭舵布置在弹翼之前，面积较小，其特点是效率高、响应快、操纵性不受其他部件的影响。

但是，鸭舵舵面产生一个洗流场，会引起较大的斜吹力矩。旋转弹翼式布局的气动操纵面就是主升力面(弹翼)，要求其具有较大的法向力系数导数和适中的面积。

尾舵布置在弹体尾部，舵面处在弹身和翼面的尾流区内，工作流场比较复杂。目前近区下洗的应用受到重视，当尾涡未完全卷起时，下洗流场虽不稳定，但下洗小，舵面可获得较高的效率。从设计紧凑和减小载荷的观点出发，翼舵靠近也有益处。这种舵面形式目前获得了应用。

后缘舵是指舵面在翼面的后缘处，可用作副翼及其他舵面。它的特点是结构紧凑、操纵简便，但效率较低。

舵面布局的基本要求：①操纵效率稳定可靠、变化范围适度；②舵面压力中心位置变化单调及量值小；③铰链力矩方向一致及量值适当。

舵面气动特性的估算与弹翼气动特性估算相仿，选择舵面几何参数时除了考虑上述弹翼的影响因素外，还应考虑舵面处的流场、舵面效率、铰链力矩及确定舵面尺寸的原则等。舵面设计应以导弹的全部飞行状态为依据，进行理论分析计算和详细的风洞试验校核等。下面就舵面参数选择问题做一综述。

1. 舵面的流场影响

当考虑舵面的流场影响时着重分析舵、翼面相对位置和间隙的影响。

(1) 舵、翼面相对位置的影响。鸭舵不受紊乱流场影响，但是鸭舵产生的洗流场尾涡在舵面平均弦长的 3～5 倍后才完全卷起。在不同的飞行攻角下，鸭舵偏转不对称，洗流对翼面升力有影响。正常式尾舵的效率在近区下洗时比远区下洗时的影响要小一些。后缘舵的效率主要取决于舵面压力中心位置和舵干扰影响引起的翼面压力中心的变化。

(2) 间隙的影响。转动舵面与非转动部分之间存在间隙，其值大小与舵面偏转角度有关。当间隙不大时，如间隙只有当地附面层厚度一半时，间隙系数可取 0.95 左右。当间隙较大超过附面层厚度，且舵根弦平均厚度与间隙可比拟时，间隙的影响不能用一个系数来考虑，应该用两个不同部件的相互干扰流场来分析。尤其是确定铰链力矩时，干扰洗流对压力中心的影响十分明显，不应忽略。

后缘舵的前缘一般有间隙，当在亚声速飞行时，间隙能提高舵面效率，这种翼面间隙法在近代升力面设计中得到了很好的应用。后缘舵间隙的特点是间隙大小比较固定，侧向间隙影响区小。

2. 舵面效率及铰链力矩

舵面效率是指单位舵偏角所能产生的攻角，它反映在舵偏角与平衡攻角的比值上。对不同气动布局形式和不同飞行状态的导弹，其比值也不相同。鸭舵偏角与攻角方向相同，舵面的有效攻角为 $\delta + \alpha$，因此比值小一些，正常式尾舵则与此相反。必须指出，舵面效率不是越高越好，而是要选择一个适度范围，对导弹运动的影响不要过于敏感。但是，比值也不能太小，否则操纵过于迟缓，这对要求精确制导的导弹是不允许的。

在设计中，通常要求铰链力矩方向一致、大小适中并具有与舵偏角成线性变化的关系，这一要求对亚声速巡航导弹来说是比较容易实现的。对于飞行速度范围较宽的导弹，实现上述要求存在很大困难。亚声速时气动面压心在 1/4 弦长附近，超声速时压心在弦长的 35%～50%，也就是说，一个经过亚、跨、超声速飞行的导弹，舵面压心变化很大，因此在综合考虑几种状态情况下，铰链力矩设计存在一个优选问题。

为了减小舵面压心随速度的变化范围，目前最常用的方法是改进舵面的平面形状。基本方案有三种，一是采用前缘折转的新月形舵；二是采用前缘内外翼外形舵；三是采用开缝式舵。这三种舵可以使压心变化范围限制在 40%～50%根弦长处。前缘内外翼外形舵具有舵面小而紧凑的特点，比较容易实现，法国的"响尾蛇"导弹就是采用这种形式。

控制铰链力矩的最大值，可以通过选择铰链轴的办法来实现，由于动压与速度二次方成比例，因此主要选择的设计情况是超声速下压心最靠后的状态，其他状态只需进行校核。

3. 舵面几何参数的确定

1) 前舵和尾舵尺寸的确定

前舵和尾舵尺寸确定的条件是已知可用过载 n_{ya} 和舵面极限偏转角。可用过载可从导弹机动飞行所需的最大需用过载 n_{yn} 的关系式求得，即 $n_{ya} \geqslant n_{yn}$。舵面极限偏转角通常要求不大于20°。因为当舵面偏转角过大时，不仅诱导阻力大，而且力矩呈非线性。

计算舵面面积 S_R 可按下列步骤进行。

(1) 分析确定弹道上可作为设计情况的特征点，并计算出在各特征点上的需用过载 n_{yn}。

(2) 计算出相应的平衡攻角 α_b：$\alpha_b \approx \dfrac{n_{ya} mg}{C_y^\alpha q S}$。

(3) 确定出舵面最大偏转角，一般 $\delta_{max} \not> 20°$。

(4) 确定出舵面的 m_z^δ：$m_z^\delta = -\dfrac{\alpha_b}{\delta_{ef}} m_z^\alpha$。式中，$\delta_{ef}$ 为舵面有效偏转角，$\delta_{ef} = \delta_{max} - 2°$。

(5) 由 m_z^δ 初算出舵面面积 S_R：

$$m_z^\delta = \frac{S_R}{S} C_y^\delta k_R \frac{x_T - x_{pR}}{b_A}$$

求得

$$S_R = \frac{S m_z^\delta}{C_y^\delta k_R \dfrac{x_T - x_{pR}}{b_A}} \tag{5-1}$$

式中，S_R 为舵面面积；S 为参考面积；k_R 为修正系数；x_T 为质心位置；x_{pR} 为舵面压心位置。

(6) 比较各特征点上所需要的 S_R，取其最大值。

由于 m_z^α 与 S_R 有关，故上述计算只能逐次近似地进行，即 $S_R \to m_z^\alpha \to m_z^\delta \to S_R$。或者，选择 S_R 与导弹的部位安排同时进行，一边选择 S_R，一边改变弹翼的位置，以获得适当的 S_R。

根据统计，地对空、空对空导弹，可取舵面面积 S_R 为弹翼面积 S_W 的 5%～8%；反坦克导弹的舵面面积为弹翼面积的 4%～10%。

2) 副翼尺寸的选定

选定副翼尺寸时应考虑满足下列条件:

(1) 要能平衡斜吹力矩;

(2) 要能平衡由固定翼面安装误差引起的滚转力矩及推力偏心力矩;

(3) 要有 2°储备, 以稳定导弹;

(4) 要有足够的刚度, 不允许发生副翼反效现象。

由于斜吹力矩目前只能用风洞试验来确定, 故靠计算来确定副翼面积 (S_a) 不可靠, 由统计资料可粗略地取:

正常式 $S_a / S = 0.03$;

鸭式 $S_a / S = 0.06$。

副翼最大偏转角可取为 $\pm 15°$。在"×"形或"十"字形布局的弹翼上, 若只装一对副翼, 则另一对弹翼上受载轻, 而装副翼的这一对弹翼受载大; 若装两对副翼, 可使构造受力均匀些, 但构造复杂些。

在正常式布局中用差动式舵面较多, 此时舵面面积及副翼面积应如此选择: 使其在联合作用时仍能保证单独副翼在工作时所应起的作用。

3) 飞航导弹垂直舵面面积 S_R 的选定

垂直舵面面积的选定, 应保证导弹有必要的航向静稳定性及横向自振频率。

(1) 航向静稳定性 m_y^β :

$$m_y^\beta = -C_{zB}^\beta \frac{S_B}{S} \frac{x_T - x_{pB}}{L_B} - C_{zR}^\beta k_R \frac{S_R}{S} \frac{x_T - x_{pR}}{L_B} < 0 \tag{5-2}$$

式中, L_B 为弹身长度; x_{pB} 为弹身压心位置。

由于 $C_{zB}^\beta < 0, x_T - x_{pB} > 0$, 故式(5-2)中等号右边第一项为正值, 但 $m_y^\beta < 0$, 故等号右边第二项为负值, 即 $C_{zR}^\beta < 0$, 在计算时, 可取:

$$C_{zB}^\beta = -C_{yB}^\alpha$$

$$C_{zR}^\beta = -C_{yR}^\alpha (K_{\alpha\alpha})_R$$

式中, $(K_{\alpha\alpha})_R$ 为 $\alpha\alpha$ 状态下的干扰系数。

当 m_y^β 已知时, 即可由式(5-2)算出 S_R, 通常 m_y^β 可用统计值来确定。

试验指出, 要获得良好的气动性能, m_y^β 与 m_x^β 一定要适当配合起来, m_y^β 主要取决于垂直尾翼, 而 m_x^β 主要取决于上反角及后掠角。

m_y^β 与 m_x^β 比值的可用范围如图 5-56 所示。图中曲线以上为适用区, 阴影部分为现代超声速

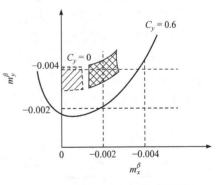

图 5-56　m_y^β 与 m_x^β 比值的可用范围

飞机的统计范围。由图可知，m_x^β 受 C_y 的影响较大，而 m_y^β 受 C_y 限制不大。

(2) 全弹所产生的静稳定力矩要大于弹身力矩的 50%，即要求：

$$\left|\frac{m_y^\beta}{m_{y\mathrm{B}}^\beta}\right| \geqslant 1.5$$

(3) 横向自振频率 $f \leqslant 1.5\sim2.0\mathrm{Hz}$ ，f 可由式(5-3)确定：

$$f = \frac{1}{2\pi}\sqrt{\frac{57.3m_y^\beta qSL_\mathrm{B}}{J_z}} \tag{5-3}$$

5.2.2.3 进气装置外形参数选择

随着吸气式推进系统的发展，导弹与动力装置的一体化布局是当前有翼导弹研制的重要方向，此时进气道不仅是动力装置的一个部件，而且是导弹弹体的组成部分。

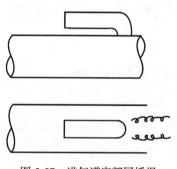

图 5-57 进气道底部尾橇涡

进气道(或发动机)的布局形式对全弹的气动特性和发动机的工作都有很大影响。一方面进气道外置增加了导弹的阻力，对弹身、翼面产生纵横向气动干扰，另一方面发动机对进气道的流态较为敏感，发动机的内部参数和性能指标随着从进气道实际进入发动机的空气流量而变化。在导弹模型油流实验中，发现进气道底部有侧向流产生，进气道底部尾橇涡如图 5-57 所示。该涡的产生，一方面是来流提供了旋涡的轴向速度，另一方面是进气道底部收缩引起横流，出现旋涡的切向速度。尾橇涡的强度还与导弹的攻角、侧滑角有关。尾橇涡后的翼面会引起下洗，不对称的下洗会引起导弹的滚转。因此，在进气道(或发动机)布局中应尽可能减少有害干扰。

1. 常用进气道类型

1) 亚声速进气道

亚声速远程导弹所用的推进装置主要是涡喷、涡扇发动机，其进气系统通常采用"S"形进气道，进气道在导弹上大多采用腹部布局，其外形通常有如下三种。

(1) 外露式。为保证进气道的流量和避开弹体附面层的影响，要求进气口离开弹体表面一定距离，进气道与弹体之间有较大空隙，外露亚声速进气道示意图如图 5-58 所示。这种类型的进气道通常直接安装在弹上并对其外露部分进行适当的整流。这种进气道设计方便，但增大了弹体的结构高度，同时对弹体气动干扰较大[3]。

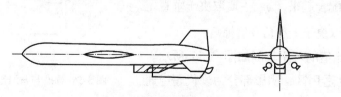

图 5-58 外露亚声速进气道示意图

(2) 半嵌入式。半嵌入式进气道内形设计必须与导弹外形设计相配合。因为进气口部分或全部浸没在弹体附面层内，附面层的流动状态直接影响着进气道内流特性的品质，所以增大了进气道内形设计难度，但降低了弹体结构高度，对导弹气动干扰小。

(3) 嵌入式。嵌入式进气道(图 5-59)的进气口就在弹体表面上，这种进气道气动干扰小，稳定性好。

图 5-59 嵌入式进气道

2) 超声速进气道

按在设计工作状态下，超声速滞止到亚声速过程相对于进气道进口截面进行分类，超声速进气道可分为 3 种类型：若超声速气流在进口截面之外滞止为亚声速，称为外压式进气道；若滞止过程在进气道以内进行，称为内压式进气道；若滞止过程跨于进口截面内外，则称为混合式进气道。这 3 种超声速进气道如图 5-60 所示。

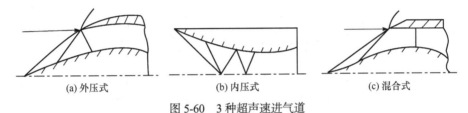

(a) 外压式　　　　　(b) 内压式　　　　　(c) 混合式

图 5-60 3 种超声速进气道

超声速进气道还可根据进气道压缩表面的几何形状进行分类，分为平面式和空间式两类，平面式和空间式常称为二元和轴对称式。典型的超声速进气道如图 5-61 所示。

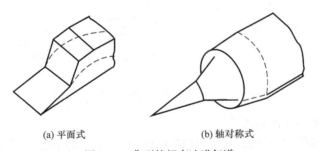

(a) 平面式　　　　　(b) 轴对称式

图 5-61 典型的超声速进气道

目前发展的超声速有翼导弹，多数采用整体式火箭冲压发动机。超声速导弹所用的冲压发动机进气道，以往多数属于轴对称式，如早期美国的"黄铜骑士"导弹、俄罗斯的 SA-6 导弹、英国的"海标枪"导弹等。1986 年投入使用的法国中程空对地导弹 ASMP 和 2017 年研制成功的欧洲"流星"超视距空对空导弹均采用了二元进气道。

按进气道在导弹弹体上的布局位置，超声速进气道又可分为如下三类。

(1) 单进气道。单进气道布局有下列几种形式：布置在弹身尾部上方的单进气道；布置在弹身尾部下方的单进气道(腹部进气道)；布置在弹身前下方的颏下进气道；布置在弹身头部的中心锥式进气道(头部进气道)等。不同形式进气道的优、缺点各不相同，主要表现在进气条件、外部气动性能和生产难易程度等方面，需根据所设计导弹的特点加以选择。

(2) 双进气道。双进气道布局多采用弹身两侧和弹身两下侧布置形式。从发动机进气条件来说，后者好一些；从减少外形阻力来说，前者好一些。

(3) 四管(个)进气道。整体式固体火箭冲压发动机多采用四管进气道形式，进气道剖面形状有圆形和长方形两种。四管进气道可采用"十"字形布局和"×"形布局两种形式，为减小阻力系数，在进气道上安装小展弦比的弹翼。

进气道在导弹弹体上的布局示意图如图 5-62 所示。

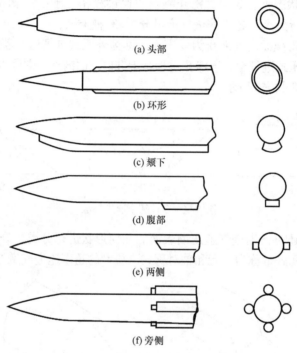

(a) 头部

(b) 环形

(c) 颏下

(d) 腹部

(e) 两侧

(f) 旁侧

图 5-62　进气道在导弹弹体上的布局示意图

2. 进气道类型和布局的选择

可供整体式冲压发动机选用的进气道类型一般有轴对称和二元进气道。进气道类型的选择主要取决于各类进气道的速度特性和攻角、侧滑特性，而布局位置主要取决于导弹总体布局要求、装载方式、转弯控制方式等。

美、英两国分别于 20 世纪 50 年代和 60 年代研制成功的"海标枪""黄铜骑士"导弹，采用的都是轴对称单锥进气道，它配置在导弹头部或外挂式冲压发动机的头部，这样进气道与弹体之间的气动干扰很小，进气道的气动设计比较简单。这种头部进气的轴对称单锥进气道在攻角 $\alpha < 6°$ 的条件下气动性能较好，但当 $\alpha \geqslant 8°$ 时，气动性能迅速恶化。

如果弹身头部需要安放雷达或红外导引装置，就难以采用头部进气道。对于射程较小的小型空对空或空对地导弹，要求在制导转接处和末制导控制期间，以大攻角飞行从而获得需要的机动性，在这种情况下，可选择尽可能靠前的两个位于 45°腹侧(弹身两下侧布置形式)的二元进气道，这样可使进气道少受弹体的影响，导弹可借助发动机气动力获得较大攻角，实现高的机动性。这样布置的二元进气道本身也具有较好的攻角特性。当导弹所要求的攻角和侧滑角较小时，可选择 2 个或 4 个旁置的轴对称进气道。

研究表明，颏下进气道(布置在弹身前下方)和两侧进气道具有良好的正攻角特性，随着攻角的增大，流量系数和临界总压恢复系数不仅不减少，反而有所增加。与轴对称进气道相比，二元进气道具有较好的攻角特性。目前以先进的整体式冲压发动机为动力的导弹，不少选用二元进气道。例如，法国的 ASMP 空对地导弹就选用位于弹体两侧的二元进气道。

5.2.2.4　旋成体弹身外形参数选择

弹身的功用是装载有效载荷、各种设备及推进装置等，并将弹体各部分连接在一起，因此必须具有一定的容积。旋成体弹身是一个阻力部件，随着飞行速度的提高，弹身日趋细长化。弹身对升力和力矩的作用不可忽视。通常，弹身由头部、中部和尾部组成，故弹身外形设计，就是指头部、中部和尾部的外形选择和几何参数确定。

1. 弹身外形的选择

1) 头部外形

有翼导弹的头部外形如图 5-63 所示，通常有锥形、抛物线形、尖拱形、半球形等数种。

弹道导弹常用的头部外形如图 5-64 所示，有单锥形、组合锥形、曲线母线形和锥-柱-裙形等。

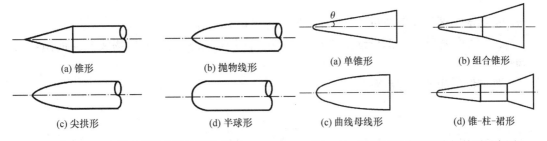

(a) 锥形	(a) 单锥形
(b) 抛物线形	(b) 组合锥形
(c) 尖拱形	(c) 曲线母线形
(d) 半球形	(d) 锥-柱-裙形

图 5-63　有翼导弹的头部外形示意图　　　图 5-64　弹道导弹常用的头部外形示意图

为分析头部特性，设置直角坐标系 $r\text{-}x$，取头部外形理论顶点为坐标原点。x 轴为导弹纵轴，逆航向为正，r 轴为过弹体纵剖面，则常用的头部外形母线方程有以下几种。

(1) 锥形：半顶角为 β_0 的圆锥头部外形如图 5-65 所示。

$$\begin{cases} r = Kx \\ \tan \beta_0 = K \end{cases}$$

式中，K 为系数。

(2) 圆弧形(蛋形、尖拱形)：外形母线是圆弧曲线的一部分。当母线在与弹身圆柱相连处的斜率等于零时称为切面蛋形，反之称为割面蛋形。

切面蛋形头部如图 5-66 所示，其母线方程为

$$\begin{cases} r = R\left[\sqrt{1-\left(\dfrac{L_{\mathrm n}-x}{R}\right)^2}-1\right]+\dfrac{D}{2} \\[4mm] \tan\beta = \dfrac{L_{\mathrm n}-x}{R+r-\dfrac{D}{2}} \end{cases}$$

式中，D 为头部母线与弹身圆柱连接处直径；R 为头部母线圆弧半径；$L_{\mathrm n}$ 为头部总长度。

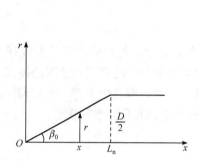

图 5-65　半顶角为 β_0 的锥形头部

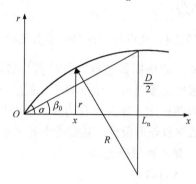

图 5-66　切面蛋形头部

显然，切面蛋形头部半顶角 σ 与锥形头部半顶角 β 应满足下列关系：

$$\sigma = 2\arctan\left(\frac{D}{2L_{\mathrm n}}\right) = 2\beta_0$$

即切面蛋形头部的顶角是同样长细比锥形头部顶角的 2 倍。

(3) 抛物线形：头部母线为二次抛物线。同样可以分成切面抛物线和割面抛物线两种。

切面抛物线母线方程为

$$\begin{cases} r = \dfrac{x}{2\lambda_{\mathrm n}}\left(2-\dfrac{x}{L_{\mathrm n}}\right) \\[4mm] \tan\beta = \dfrac{1}{\lambda_{\mathrm n}}(L_{\mathrm n}-x) \end{cases}$$

式中，$\lambda_{\mathrm n}=L_{\mathrm n}/D$，为头部长细比。

显然，当头部长细比相同时，割面抛物线较切面抛物线更加尖锐。

(4) 最小波阻形(原始卵形)：最小波阻形相应于给定的头部长细比具有最小波阻的特性，外形母线方程为

$$r^2 = \frac{D^2}{\pi\left[t\sqrt{1-t^2}+\arccos(-t)\right]}$$

式中，$t = 2\left(\dfrac{x}{L_{\mathrm n}}\right)-1$。

(5) 指数曲线：头部母线为指数曲线，母线方程为

$$r = \frac{D}{2}\left(\frac{x}{L_n}\right)^m \quad \text{或} \quad \overline{r} = (\overline{x})^m$$

式中，$\overline{r} = \dfrac{\text{头部任一位置处半径}}{\text{头部最大半径}}$；$\overline{x} = \dfrac{\text{距头部理论顶点距离}x}{\text{头部总长度}L_n}$；$m$ 为指数，一般可取 0.60~0.75，通常采用的指数曲线头部具有钝顶特性，即 $\beta_0 = 90°$。

(6) 其他特定头部母线：除上述几种典型的头部母线外，还有几种以发明者命名的头部外形，其母线方程为

$$\overline{r} = \frac{1}{\sqrt{\pi}}\sqrt{\phi - \frac{1}{2}\sin 2\phi + c\sin 3\phi}$$

其中

$$\phi = \arccos(1 - 2\overline{x})$$

当 $c = 0$ 时称为冯·卡门形头部；$c = 1/3$ 时称为 L-V-哈克形头部。长细比等于 3 的不同头部外形曲线如图 5-67 所示。

选择头部外形，要综合考虑空气动力性能(主要是阻力)、容积、结构、有效载荷及制导系统要求。对弹道导弹来说，战斗部的类型和威力大小决定了头部形状，而对有翼导弹来说，制导系统往往成了决定因素。各种头部外形性能具有不同的特点。

从空气动力性能看，当头部长度与弹身直径比一定时，在不同马赫数时，锥形头部阻力最小，抛物线形头部次之，而半球形头部阻力最大。

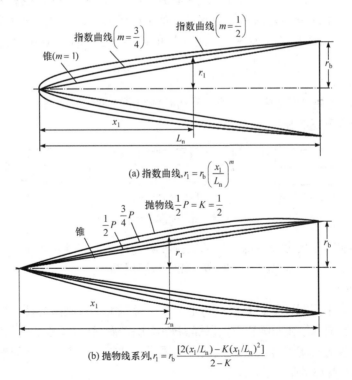

(a) 指数曲线，$r_1 = r_b\left(\dfrac{x_1}{L_n}\right)^m$

(b) 抛物线系列，$r_1 = r_b\dfrac{[2(x_1/L_n) - K(x_1/L_n)^2]}{2 - K}$

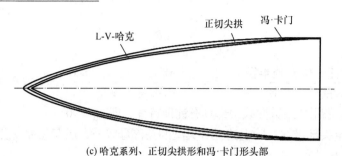

(c)哈克系列、正切尖拱形和冯·卡门形头部

图 5-67 长细比等于 3 的不同头部外形曲线

从容积和结构要求看，半球形、球头截锥形和曲线母线头部较好，抛物线形和尖拱形头部一般，而锥形头部较差。

从制导系统要求看，半球形与球头截锥形头部比较适合红外导引头或电视导引头工作要求，抛物线形头部与尖拱形头部较适合雷达导引头工作要求。有些导弹头部的抛物线方程直接由雷达波要求导出。

为此，头部外形要根据具体要求，综合确定。

应当指出，超声速导弹设计中，头部的尖点是不存在的，一般给出一段相切的圆弧，这个圆弧的半径不能过大，当其直径小于头部最大直径的 $\frac{1}{10}$ 时，对波阻影响很小，可以略去不计。低亚声速导弹的头部，为了得到吸力，有时设计成卵形或具有较大的圆弧面。半球形头部前端加针状物可以改变激波状况，减小阻力。中远程弹道导弹或运载火箭的头部外形为了满足防热特性的要求，都不做成尖头，而总是采用半球形钝头的外形，其半球形钝头的直径与弹体直径之比一般以不大于 0.05～0.10 为宜，即 $D_n / D = 0.05～0.10$。

2) 尾部外形

尾部外形通常有平直圆柱形、锥台形和抛物线形三种，如图 5-68 所示。为满足特殊需要，也有倒锥形尾部等。

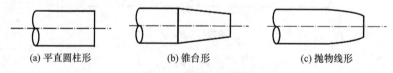

(a) 平直圆柱形   (b) 锥台形   (c) 抛物线形

图 5-68 几种尾部外形示意图

尾部外形选择主要考虑内部设备的安排和阻力特性，在满足设备安排的前提下，尽可能选用阻力小、加工简单的尾部外形，如锥台形尾部。

3) 中段外形

弹身中段常采用圆柱形，其优点是阻力小，容积大，且制造方便。但有的有翼导弹弹身中段采用倒锥台形和非圆截面，以提高升阻比和减小弹身压心的变化量。

弹身直径越大，阻力越大，因此设计时要尽量减小弹身直径。必要时可增加腹鳍和局部鼓包以缩小弹体的最大直径。

2. 弹身几何参数确定

弹身几何参数示意图如图 5-69 所示。

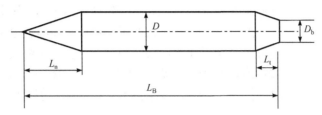

图 5-69　弹身几何参数示意图

弹身几何参数有：

弹身长细比(长径比) $\lambda_\mathrm{B} = \dfrac{L_\mathrm{B}}{D}$ ，其中 L_B 为弹身长度， D 为弹身直径；

头部长细比 $\lambda_\mathrm{n} = \dfrac{L_\mathrm{n}}{D}$ ，其中 L_n 为头部长度；

尾部长细比 $\lambda_\mathrm{t} = \dfrac{L_\mathrm{t}}{D}$ ，其中 L_t 为尾部长度；

尾部收缩比 $\eta_\mathrm{t} = \dfrac{D_\mathrm{b}}{D}$ ，其中 D_b 为尾部直径。

(1) 头部长细比 λ_n 的确定。头部长细比 λ_n 对头部波阻影响较大，几种头部外形波阻系数曲线如图 5-70 所示。由图可见， λ_n 越大，阻力系数越小，当 $\lambda_\mathrm{n} > 5$ 后，这种减小就不明显了；头部顶端越尖，在同一马赫数下，头部激波强度越弱，故头部阻力系数也越小。

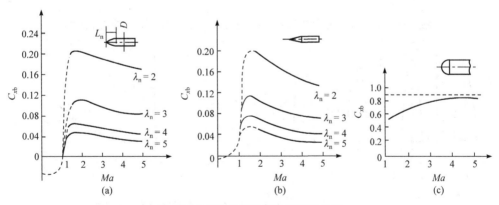

图 5-70　几种头部外形波阻系数曲线

考虑到 λ_n 增加会引起头部容积的减小，不利于头部设备的安置，因此在超声速飞行条件下，通常取 $\lambda_\mathrm{n} = 3 \sim 5$ 。

弹道导弹的头部阻力系数 C_x 的大小在很大程度上取决于头部钝度或头部半顶角 β_0 及头部长细比 λ_n 。头部钝度或头部锥角的增加，加剧了弹体对迎面绕流的扰动，使绕流在头部区域加速、升温、增压，空气黏性也被改变，因而引起阻力的急剧增长。 $\alpha = 0$ 时柱形物体头部钝度对阻力的影响随 Ma 和 Re 的变化曲线如图 5-71 所示。由图可见，带半球形头部柱体的阻力系数从 $Ma=0.7$ 时开始急剧增长。超声速条件下 $\alpha=0$ 时阻力与旋成体头部钝度值的关系曲线如图 5-72 所示。由图可见，对钝锥体头部，如果头部前端钝度半径比底部半径的 1/4 还小，则阻力增加不大，但当前端钝度半径继续增大时，头部阻力明显增加。图 5-73 示出 $\alpha=0$ 时带锥形和卵形头部圆柱体的波阻系数随 Ma 的变化关系曲线，可以看出，尖锥、尖拱或曲线母线形头部圆柱体的阻力较钝头圆柱体的阻力小得多，且在跨声速和小长细比时，曲线母线头部较锥形头部在阻力值上更呈现出优越性。

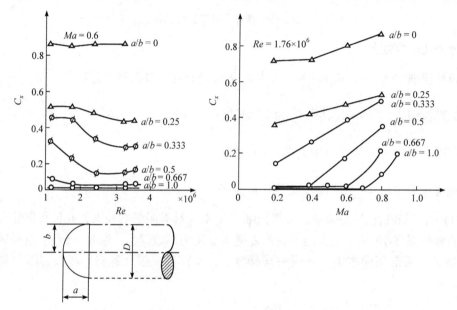

图 5-71　$\alpha=0$ 时柱形物体头部钝度对阻力的影响随 Ma 和 Re 的变化曲线

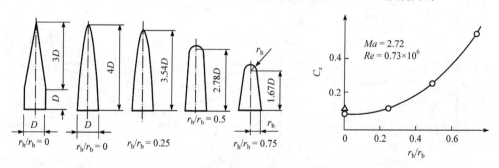

图 5-72　超声速条件下 $\alpha=0$ 时阻力与旋成体头部钝度值的关系曲线

对弹道导弹来说，头部装置战斗部，其 λ_n 选择与战斗部的类型、威力大小和几何尺寸等密切相关。当战斗部容积 V_n 一定时，λ_n 增大则头部半顶角 β_0 减小，因而头部波阻减小。但若 λ_n 太大则战斗部变得更加细长，将导致其爆炸效果变差、威力下降，所以二者必须兼顾。根据总体设计理论和实际应用经验分析，对近程弹道导弹，由于弹道较低，气动阻力损失大，故 λ_n 可选得较大，而对中远程导弹及运载火箭，由于其弹道很高，阻力损失不占主要部分，故 λ_n 选得较小。通常的选择范围是，近程弹道导弹：$\lambda_n=2\sim3$；中远程弹道导弹及运载火箭：$\lambda_n = 1.5 \sim 2$。

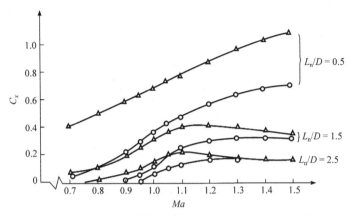

图 5-73 $\alpha = 0$ 时带锥形和卵形头部圆柱体的波阻系数随 Ma 的变化关系曲线

△-带锥形头部的圆柱体；○-带卵形头部的圆柱体；L_n-头部长度；D-圆柱体直径

头部气动特性还与头部母线方程类型及头部半顶角 β_0 有密切关系。头部外形母线选择应遵循尽量增加静稳定度和减小气动载荷的原则。对近程导弹，多采用曲线母线；对中远程导弹，考虑到弹头再入大气层时要求阻力小，更侧重于减小弹头尖端的气动加热，因此采用的最佳方案是小钝头锥形。一般取端头半径与弹头底部直径之比不超过 0.1，而锥体的半顶角 $\beta_0 = 8° \sim 15°$。

为了保证弹道导弹头部在分离后再入的稳定性，必须将头部设计成静稳定的。头部的稳定部件通常采用稳定裙，稳定裙外形可以是头部母线的延续，也可以在头部后段接一段截锥体。保证飞行稳定的头部静稳定度通常在 15% ~ 30% 范围选取。

(2) 尾部长细比 λ_t 和收缩比 η_t 的确定。尾部 λ_t 和 η_t，也是在设备安置允许的条件下，按阻力最小的要求来确定。

随着 λ_t 的增加，尾部收缩减小，气流分离和膨胀波强度减弱，尾部阻力减小。同样随着 η_t 的增加，其尾部阻力也相应减小，不同尾部外形阻力系数随 Ma 的变化曲线如图 5-74 所示。

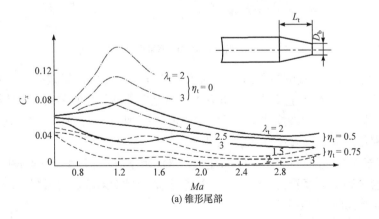

(a) 锥形尾部

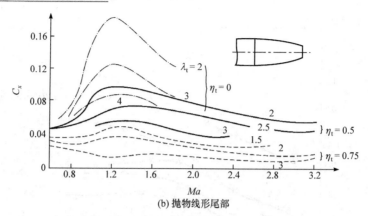

图 5-74　不同尾部外形阻力系数随 Ma 的变化曲线

随着 λ_t 和 η_t 的增加，底部阻力也增加。底部阻力系数为

$$(C_{xd})_{\eta_t<1} = -(\bar{C}_{xd})K_\eta \frac{S_b}{S_B}$$

式中，$\bar{C}_{xd}$ 为尾部无收缩时的底部阻力系数；K_η 为收缩系数；S_b 为弹身底部面积；S_B 为弹身最大截面积(参考面积)。

底部阻力系数与收缩系数的变化曲线如图 5-75 所示。由图可见，当 λ_t 和 η_t 增加时，K_η 随之增加，因而底部阻力系数也相应增加。

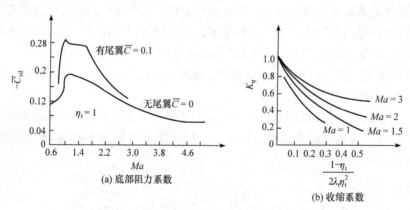

图 5-75　底部阻力系数与收缩系数的变化曲线

由此可见，当采用收缩尾部时，增加了一部分尾部阻力，但减少了一部分底部阻力，同时尾部收缩导致产生负升力和负力矩，因此选择尾部几何参数时，要综合考虑各方面因素。实际上，往往根据结构上的安排要求，一般取尾部收缩角 8°为宜。依现有导弹统计，有翼导弹通常取 $\lambda_t \leqslant 2\sim3, \eta_t = 0.4\sim1$。

(3) 弹身长细比 λ_B 的确定。弹身 λ_B 越大，其波阻系数 C_{xb} 越小，而摩擦阻力系数 C_{xf} 越大，故从合成阻力角度看，一定有一个最优 λ_{BOPT}，此时对应的合成阻力最小。弹身阻力随 λ_B 变化曲线如图 5-76 所示。

一般在某一特定马赫数下，有一个最优长细比 λ_{BOPT}，对应着 $(C_{xf}+C_{xb})_{\min}$，随着 Ma 增加，λ_{BOPT} 也有所增加，通常 $\lambda_{\mathrm{BOPT}}=20\sim30$。实际上，当 λ_{B} 增加时，对弹身的强度、刚度、质量和使用性能都是不利的。因此，确定 λ_{B} 时，气动阻力只是一个方面，更要考虑弹身内各种设备的安排及某些结构的需要。在实际应用中可按如下所示取值。

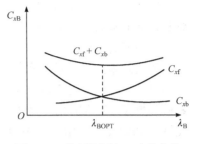

图 5-76 弹身阻力随 λ_{B} 变化曲线

地对空导弹：$\lambda_{\mathrm{B}}=12\sim20$；

空对空导弹：$\lambda_{\mathrm{B}}=12\sim17$；

飞航导弹：$\lambda_{\mathrm{B}}=9\sim15$；

反坦克导弹：$\lambda_{\mathrm{B}}=6\sim12$。

(4) 弹身直径 D 的确定。弹身直径 D 一般是从保证弹身的最小容积 W_{B} 来考虑的。也可根据以下几个主要因素之一来确定：战斗部直径、导引头直径、发动机直径、气动性能要求、系列化和标准化要求。从中选取要求最大的一个因素，来确定弹身直径。

如要保证最小容积 W_{B}，则先按下列方法来计算。

$$W_{\mathrm{B}}=\frac{m_{战斗部}}{\rho_{战斗部}}+\frac{m_{仪器设备}}{\rho_{仪器设备}}+\frac{m_{发动机}}{\rho_{发动机}}+\frac{m_{储箱和油}}{\rho_{储箱和油}}$$

$$=\left(\frac{K_{战斗部}}{\rho_{战斗部}}+\frac{K_{仪器设备}}{\rho_{仪器设备}}+\frac{K_{发动机}}{\rho_{发动机}}+\frac{K_{储箱和油}}{\rho_{储箱和油}}\right)m_0$$

式中，$K_{战斗部}$、$K_{仪器设备}$、$K_{发动机}$、$K_{储箱和油}$ 为各部分相对质量因数，可由质量分析来确定；$\rho_{战斗部}$、$\rho_{仪器设备}$、$\rho_{发动机}$、$\rho_{储箱和油}$ 为各部分密度，可由统计资料来确定；m_0 为起飞质量，由导弹主要参数选择来确定。

然后按下面的半经验公式来确定弹身直径 D。

对于尖头：

$$D=1.08\sqrt{\frac{W_{\mathrm{B}}}{\lambda_{\mathrm{B}}-2.5}}$$

对于钝头：

$$D=1.08\sqrt{\frac{W_{\mathrm{B}}}{\lambda_{\mathrm{B}}-1.3}}$$

5.2.3 气动外形分析内容与验证方法

5.2.3.1 气动特性分析与验证

在飞行器研制过程中，气动特性的研究贯穿始终，其地位之重要可想而知。在完成飞行器气动布局设计之后，气动特性分析给出气动特性参数，预示飞行器的操稳性能，而且还要为后续的结构载荷分析、轨道设计优化和制导/导航与控制提供原始数据。

　　导弹气动特性分析通常采用的方法有理论计算(包括工程计算和数值计算)、地面模拟试验、空中模拟试验和飞行试验。

　　1. 理论计算

　　理论计算包括工程计算和数值计算。工程计算是在一些试验结果基础上建立起来的半经验计算。优点是快速、经济、方便，缺点是精度和通用性较差。数值计算是利用计算机和数值方法求解流体运动方程或导弹运动方程，分别称为计算流体力学(CFD)或计算飞行力学(CFM)。数值计算的优点是结果精度较高，能显示整个流场的变化，缺点是计算工作量大，周期长。

　　(1) 工程计算。工程计算方法以大量的试验、经验数据整理出来的公式和图线为基础，对于旋成体布局导弹气动特性的预测有相当好的准确性，能满足初步设计要求，因此在早期旋成体布局导弹气动设计中，气动特性预测主要依靠工程计算方法完成。在气动外形设计中，一般是以工程计算结果为基础，运用风洞试验对外形参数和气动特性进行检验和修正，再通过飞行试验重点校核某些主要气动特性参数，最后确定旋成体布局导弹的气动外形，给出气动特性。工程计算程序一般仅给出整体和部件的气动力和力矩，计算速度快，所需机时少，并容易与其他计算程序(弹道计算程序、控制设计程序、结构设计程序等)结合进行一体化或优化设计。

　　(2) 数值计算。数值计算主要分为有限基本解(面元)法和有限差分法。有限基本解法是一种比较简单有效的计算方法，在弹体物面上用有限个流体运动方程的基本解代替连续分布基本解，通过边界条件求解代数联立方程得到基本解的强度，进而求得全流场压强分布和导弹的气动特性。有限差分法是把支配流体运动微分方程中的各种导数用有限差分的商来代替(用差分方程代替微分方程)，然后在相应的初始、边界条件下，用数值计算方法求解该差分方程，得到的解即是原微分方程的解。数值计算程序一般是建立在较复杂的数学模型上，需要超级计算机或工作站和较长的计算时间，可以给出飞行器及其部件上的压力分布和流场特性，可对外形进行微观评价和修改，可为结构设计提供分布载荷。

　　无论是工程计算程序还是数值计算程序，在进入工程应用之前，都需要经过严格的考核评定，将其结果与风洞试验和飞行试验结果进行比较，确定方法(程序)的适用范围、条件和精度，只有这样才能保证气动特性分析计算的质量。

　　2. 地面模拟试验

　　地面模拟试验主要是风洞试验，还有导弹运动的地面动态仿真试验。真实导弹在静止空气中飞行，一般的风洞试验则是静止的导弹模型在风洞中吹风，若两者能满足必要的相似条件(准则)，则两者有相同的相互作用规律，风洞试验所测得的气动系数即可用于导弹真实飞行状态。风洞试验的相似准则有马赫数(表征空气压缩性影响)、雷诺数(表征惯性力与黏性力之比)、弗劳德(Froude)数(表征流体惯性力与其重力之比)、施特鲁哈尔(Strouhal)数(表征周期运动)、普朗特(Prandtl)数等。马赫数和雷诺数是常规风洞试验的主要相似准则。

　　3. 空中模拟试验和飞行试验

　　(1) 模型自由飞试验。用飞行器模型(有动力或无动力)在空中进行的各种试验。应用专门记录仪器、摄影机和其他遥测装置、无线电遥控设备等测量模型运动参数，控制飞行状态，通过测得的模型运动参数可辨识出气动系数。

(2) 带飞试验。用飞机携带试验模型(安装于机上某一部位)和测量仪器，通过飞机的飞行来模拟试验条件，从飞机上测得模型的气动力数据。

(3) 飞行试验。用真实导弹进行飞行试验，通过光测或遥测得到导弹参数变化，辨识导弹的气动系数。飞行试验成本高、周期长，在导弹气动外形设计中不作为气动特性预测的手段，而往往作为气动特性评估和考核的手段。

5.2.3.2　气动热分析与验证

高超声速飞行时，飞行器周围空气会受到强烈压缩并产生剧烈的摩擦，大部分动能将转化为热能，使得空气温度急剧升高，并向飞行器表面传递热量，这种热能传递方式称为气动加热。气动加热是在研制和发展高超声速飞行器过程中必须解决的问题之一。

与气动特性分析方法相同，高超声速气动加热问题的研究方法也分为理论分析和试验研究等。由于机理的复杂性，高超声速气动加热问题很难找到完全解析解。工程估算方法作为一种理论分析和工程实践相结合的研究手段，对于分析高超声速气动加热及预测表面热流密度随各物理量的变化规律很有帮助，可以用最小代价来获得规律性的结果或变化趋势，它的计算效率高，精度也有一定保证。其缺点在于各公式存在适用范围，通常只能求解简单外形的气动加热问题。数值模拟方法是伴随高速电子计算机出现的研究方法，该方法成本低、不存在洞壁和支架干扰，可细致描述局部或总体流场，已经发展成一种重要的流动分析手段。但数值模拟方法在针对复杂流动进行分析时存在模型不可靠、计算量大、计算费时等不足。试验研究方法包括飞行试验和风洞试验两种。飞行试验是最接近实际工况的研究方法，但其费用昂贵、周期很长，对各项技术的依赖程度大。风洞试验是高超声速气动加热研究的另一种重要手段，但是试验过程中存在各种干扰因素，并且高超声速气动加热问题所面临的高速、高温环境在风洞试验中极难模拟，各相似准则难以同时达到。

5.3　部位安排与操稳性设计

5.3.1　部位安排设计原则

部位安排与气动布局的设计一样，都是在满足特定设计要求下确定的，其设计所遵循的基本原则是一致的，部位安排必须满足下列要求。

(1) 稳定性、操纵性。部位安排设计要保证导弹整个飞行过程中，满足导弹总体对稳定性和操纵性的要求。为此，它必须与气动布局及外形尺寸的确定统筹考虑。

(2) 良好工作环境。部位安排要考虑弹上各组成系统的某些特殊要求，以保证它们能在良好的环境下工作。

(3) 使用维护。部位安排要考虑作战使用与维护检测的需要，以满足导弹快速反应、方便使用的总体要求。

(4) 结构简单、工艺性好。部位安排为满足空间位置紧凑、设备安排合理、结构质量最小，要求设备与弹体外形间、设备与设备间的形状要协调一致，固定方式与弹体结构形状相适应，并考虑生产加工方便，装配工艺性好等。

5.3.1.1 弹上主要部件布置原则

1. 保证各系统及设备具有良好工作条件

在部位安排时，应保证弹上各系统及设备具有良好的工作条件，可靠而正常地工作。例如，导引头通常应安置在弹体前部确保其具有良好的探测范围；发动机应安置在弹体尾部以提高发动机效率和简化结构形式；战斗部通常安置在弹体中前部并靠近引信位置，周围需避免有阻碍毁伤效果的强结构；当弹上有燃气发生器等热源时，一些对温度敏感的器件应当远离或采取隔热措施；惯性敏感元件的角速度传感器宜放在弹体振型的峰、谷处和离开振源处；舵机、舵面等活动零组件应保证运动和收放自如；同时，还应减小弹上各设备、系统间的相互影响和干扰等。

2. 保证导弹的质量轻、尺寸小

合理的部位安排可以缩短信息、能量传递的距离，缩短各设备间的连接电缆、管路，有利于安排传力路线并优选结构形式。

(1) 在保证导弹性能的前提下，尽可能选择质量和尺寸小的设备与部件。

(2) 导弹内部安排要紧凑，不要有多余的空间。相关的部件应尽量靠近，所有管路、电缆应尽可能短。有些相关的设备尽可能设计成整体，再装入弹内，以便有效利用空间与使用维护。例如，制导舱和控制舱，可以设计成舱体兼作设备的壳体，避免重复包装，可充分利用空间，减小质量。

(3) 在保证工艺、使用要求的前提下，应使分离面数量最少，舱体口盖数量最少。因为分离面多、口盖多必然会增加连接与加强的元件，导致质量增加。

(4) 尽可能发挥部件与元件的综合受力作用，减少元件数量。例如，连接舱体的加强框又可用于固定弹内设备；有时加强框上还设计有吊挂接头或发射用的导向块。这样一件多用，有利于减小质量。

(5) 为减小阻力，应避免与减少外表面的凸出物，但这不是绝对的。在某些情况下，管路、电缆放在弹身外也有可能会使总质量减小，或工艺性好、使用方便，这时管路、电缆放在弹身外面是合理的。对于这类问题应做具体分析比较。

3. 保证导弹具有良好的工艺性，使用维护方便

(1) 舱段的划分和分离面的选取要充分考虑生产、装配、调试、包装、管理等方面的需要。战斗部、发动机等火工品力争集中布置、最后装配，以有利于安全和管理。要有足够数量的分离面，尽量采用统一的连接形式，舱体分离面的连接形式对全弹的刚度和自振频率影响很大。轴向连接(图 5-77)是强连接，径向卡块连接(图 5-78)的尺寸较小，连接刚度好。

(2) 功用相似的同类设备或环境要求相同的设备尽可能安排在同一个舱段或相邻舱段内。这种集中安排方式便于系统的检测、调整、更换和保证其环境条件。例如，自动驾驶仪、舵系统、液压能源等应安排在一起，通常称为控制舱。

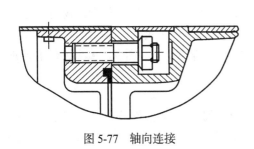

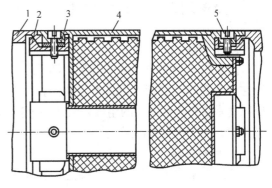

图 5-77　轴向连接　　　　　　　图 5-78　径向卡块连接
1-舱体；2-卡块；3-弹簧片；4-舱体；5-螺钉

(3) 需要拆卸的部件与设备，在部位安排时应保证其拆卸方便和留有必要的装配空间，并在拆卸时不影响其他设备而能单独进行，同时拆卸时不应损伤结构。对于拆卸频繁的设备应尽可能安放在舱口附近。

(4) 弹上应开必要的口盖，用于连接测试插头，进行检测、调试及维修等操作。

(5) 保证互换性。这是成批生产所必需的，在单件试制过程中，虽要求不高，但在设计中也应考虑实现互换的可能性，如调整弹翼的安装角等问题。

5.3.1.2　导弹部位安排具体设计

进行部位安排时必须考虑弹上各种系统及设备的特殊要求，以保证它们获得良好的工作环境，可靠而正常地工作。

1. 战斗部

战斗部属危险部件，又是全弹中质量较大的设备，为便于使用维护与最大程度地发挥战斗部的杀伤威力，要求战斗部独立形成一个舱段，并保证安装、拆卸方便；要求战斗部外壳尽可能就是舱体的外壳，其外部不应有较强的构件(如弹翼、尾翼等)，以免影响爆破效果。

战斗部在安排上有三种形式：位于头部，也有位于中部的，个别的位于尾部。对付空中目标的导弹，战斗部多数采用杀伤式，故战斗部较多位于中部，将头部位置留给导引头。对付装甲目标和地面有防护目标的导弹，安排战斗部时需要考虑战斗部前方舱段的环境。例如，聚能破甲战斗部为了保证破甲时，金属流对目标的有效杀伤或穿入目标内爆炸，多数位于头部，或者战斗部前方的舱段应给聚能射流预留一个通道。对付地面目标的杀伤战斗部，若采用触发引信，为了避免杀伤破片被地面土壤吸收，提高杀伤效应，战斗部有时放在尾部。

2. 近炸引信

近炸引信应尽量靠近战斗部，以免电路损耗增大，影响战斗部起爆。为保证其可靠性，应远离振动源。对红外近炸引信，应尽量安置在导弹头部或开有窗口的弹身舱段；对无线电近炸引信，天线可安置在前弹身舱段的内表面或外表面，需保证天线在任何飞行情况下，无线电波不受弹体的阻挡，同时避免高温气流的影响，以免使收发信号发生畸变。触发引信应安置在较强结构之处，如弹身前段的加强框、弹翼或鸭式布局舵面的前缘等处。

3. 导引头

由于雷达型或光学型导引头，都要求其天线或位标器正前方具有开阔的视野，以便于在大范围内对目标进行搜索、捕获和跟踪，而弹身头部是满足这一要求的最佳部位，所以通常将导引头相关的组件包装成一个整体，安装在弹身头部，外加天线罩(整流罩)加以保护，并改善气动性能。

4. 控制设备

控制设备中的敏感部件在弹上的安装部位有一定要求，如惯性器件，为了准确感受导弹质心位置的运动参数，最好将它们安排在导弹质心附近，并远离振动源。速率陀螺能敏感弹体的弹性振动，因此尽可能把它安排在离节点较远的波峰处，如果将速率陀螺安放在一阶振型的节点处，则速率陀螺会感受弹性振动信号，以一阶频率的振动信号输送到阻尼回路中，使舵面以同样的频率来回摆动，舵面摆动又会产生交变的激振力，使弹体继续振动，将产生等幅振动现象，甚至导致阻尼回路发散。若将速率陀螺移到一阶振型的波峰处，则可避免或减小由弹体弹性振动引起的角速度信号失真和避免严重情况下引起的共振，角速度陀螺安放位置的影响如图 5-79 所示。安排这些敏感部件时，不仅应进行弹性体的振动特性计算，还应进行振动特性及共振特性试验。

5. 舵机及操纵系统

舵机为控制导弹舵面或副翼偏转的伺服机构，应尽可能靠近操纵面(舵面或副翼)，这样可以简化操纵机构和减小操纵拉杆的长度，提高控制准确度。舵机安装位置应便于调整和检测，拉杆应有调节螺栓。活动间隙不仅会造成操纵面的偏转误差，而且容易引起舵系统的激烈振动，因此对活动间隙必须进行检查和调整。对操纵面的零位和极限偏角，也需要检查与调整，避免造成上下舵面偏转不对称和传动比的非线性等。

6. 发动机

如果采用固体火箭发动机，则有两种可能布置方案，如图 5-80 所示。第一种是将固体火箭发动机安装在弹身尾部(图 5-80(a))，这种布置方案对发动机十分有利，喷管喉径部分可安装舵机和舵面。缺点是导弹的质心变化幅度过大，在导弹初始飞行段可能出现不稳定情况，而在飞行末段，导弹静稳定性变大，操纵、机动性能降低，影响导弹的命中精度。第二种是将固体火箭发动机置于弹身中间，这种布置的优点是全弹质心变化幅度小，不影响导弹的稳定性和机动性。缺点是给尾喷管的安排带来困难。解决方法一是采用长尾喷管(图 5-80(b))，即在发动机燃烧室尾部连接中央延长喷管直至弹体尾部，使燃气流从弹身尾部排出，以减小弹体底部阻力。由于燃烧室的燃气温度高达 2000K，长尾喷管必须采取隔热措施。长尾喷管方案的另一个缺点是空间利用率低，要求将设备设计成特殊形状，以便利用长尾喷管周围的空间。解决方法二是采用斜喷管(图 5-80(c))，斜喷管的倾斜角一般为 12°~18°，应使喷管轴线尽可能通过导弹质心，但不免会产生推力偏心与推力损失。另外还应考虑避免高温燃气对尾舵及弹体的影响。为此，可将喷管与舵面叉开安排，且舱体上应有隔热措施。

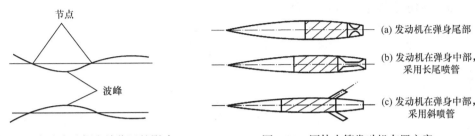

图 5-79　角速度陀螺安放位置的影响　　　　图 5-80　固体火箭发动机布置方案

如果采用涡喷发动机，燃料箱一般安排在导弹质心附近，使质心变化小，进气道安置在弹身的下腹部，发动机一般安置在导弹的尾部。

如果采用整体式火箭冲压发动机，发动机一般放于尾部，进气道的布置则有数种可能的方案，进气道的布局和安排如图 5-81 所示。

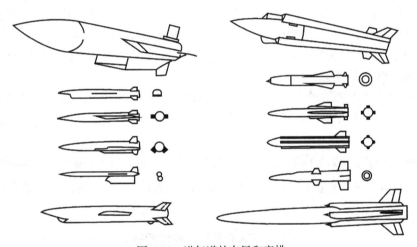

图 5-81　进气道的布局和安排

7. 能源装置

导弹上能源由电源和液压源组成，两者可以分开，也可以合并成一个整体，形成电液伺服装置。舵系统是弹上消耗能源最多的设备，能源的安装位置应紧靠舵系统。电源应安置在各用电设备的中央，有利于电源稳定工作和电缆连接。

5.3.2　稳定性与操纵效率设计

导弹稳定性、机动性和操纵性历来是导弹设计所追求的重要性能，气动布局设计、部位安排及质心定位的目的就是要达到预定的稳定性、机动性和操纵性指标要求。

5.3.2.1　稳定性与操纵性的概念

早期的导弹通常设计成静稳定的。静稳定性是指处于平衡飞行状态的导弹，在受到外界扰动后一般会偏离其原来的飞行状态，在干扰消失的初始瞬间，导弹若具有恢复到原来飞行状态的趋势，则称其具有静稳定性。

纵向静稳定性通常用以下静稳定指标来表示:

$$m_z^\alpha = C_y^\alpha \frac{x_T - x_p}{b_A} < 0 \tag{5-4}$$

或

$$m_z^{c_y} = \frac{x_T - x_p}{b_A} < 0$$

由式(5-4)可知,要使导弹具有纵向静稳定性,必须保证导弹质心位于压力中心之前,这也是部位安排的一个中心问题。

操纵性是指导弹弹体对操纵舵面的响应特性,即舵面偏转单位角度引起弹体运动参数变化的大小及其响应速度。通常可用单位舵偏角产生的力矩大小来表示,如m_z^δ。

部位安排还要满足操纵性的要求,即满足机动过载的要求。操纵力的产生过程基本上就是相应操纵机构的操纵过程,显然操纵性好,法向操纵力就产生得快,机动性就好。

在总体布局设计中,操稳比(δ/α)也是一个重要指标。该比值选得过小,会出现操纵过于灵敏的现象,一个小的舵面偏转误差会引起较大的姿态扰动;若该比值选得过大,会出现操纵迟滞的现象。

对操稳比的要求取决于下列因素:①飞行高度和速度的变化范围;②导弹是否具有静稳定性,飞行过程中静稳定度的变化大小;③弹体结构的要求;④导弹控制系统类型及其要求等。

选择适当操稳比(δ/α)的方法之一,就是根据m_z^α与m_z^δ的比值,利用导弹的设计经验,得到m_z^α/m_z^δ的参考范围。表 5-2 列出不同布局形式导弹的操稳比,可以供初步设计时参考。

表 5-2　不同布局形式导弹的操稳比

飞行器类型	$(\delta/\alpha)_b = -m_z^\alpha/m_z^\delta$
正常式	$-1.0 \sim -1.5$
鸭式	$0.8 \sim 1.2$
无尾式	$-1.2 \sim -2.0$
旋转弹翼式	$4 \sim 10$

注: $(\delta/\alpha)_b$ 表示平衡时升降舵偏角与攻角之比。

在任何飞行条件下,任何飞行时间都保持表 5-2 中的比值数据,显然是不可能的,实际上只能要求接近表中数值。

5.3.2.2　操稳特性约束条件

导弹静稳定性与机动性是相互制约的,静稳定度越大,机动性越差;静稳定度越小,过渡过程时间越长,控制回路动态误差越大,甚至发散而无法控制。因此,在选择静稳定度值时,既不是越大越好,也不是越小越好,而是有一个约束范围。

1. 考虑试验与计算误差的约束边界

由于导弹质心位置 x_T 和压力中心位置 x_p 的计算误差，通常在确定静稳定度时要留一定余量。压力中心位置误差可取：

$$\Delta x_p = 0.005 L_B \sim 0.01 L_B$$

同样，质心位置误差可取：

$$\Delta x_T \approx 0.005 L_B$$

式中，L_B 为导弹弹身长度。

为综合平衡这些误差，并留有一定余量，可参考以下数据：

$$x_p - x_T \geqslant 0.02 L_B$$

即

$$m_z^\alpha \leqslant C_y^\alpha \left(\frac{-0.02 L_B}{b_A} \right) \tag{5-5}$$

2. 考虑导弹角振荡频率的约束边界

设舵偏角瞬时地由 0 至 δ，则 α 的变化会有滞后作用，δ、α 的变化曲线如图 5-82 所示。导弹绕其质心的角振荡频率与静稳定度 m_z^α 有关，m_z^α 越大，作用在导弹上的力矩也越大，角加速度越大，角频率越高。此外，导弹转动得快慢与导弹的转动惯量也有关。由导弹飞行力学知识可知：若不计阻尼力矩，导弹角振荡频率 f 可表示为

$$f = \frac{1}{2\pi} \sqrt{ \frac{-57.3 m_z^\alpha q S b_A}{J_z} }$$

或

$$m_z^\alpha = -\frac{0.689 f^2 J_z}{q S b_A} \tag{5-6}$$

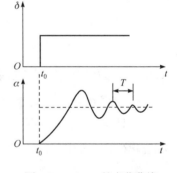

图 5-82　δ、α 的变化曲线

利用式(5-6)求 m_z^α 时，角振荡频率 f 是受限制的，限制 f 的主要因素是控制系统通频带 f_c 的要求，通常通频带 f_c 要求高于角振荡频率 f 的 5~10 倍，即 $f_c = (5 \sim 10) f$。因此，若角振荡频率取值大，势必通频带大，这将使控制系统复杂，给设计工作带来困难；但角振荡频率也不能太小，否则会引起过渡过程时间的增加，造成控制系统的动态误差增大，甚至发生共振现象。

另外，导弹弹体的结构频率 f_g 通常高于通频带 f_c 的 1.5 倍以上，即 $f_g \geqslant 1.5 f_c$，则 $f_g \geqslant (7.5 \sim 15) f$。弹体的结构频率与弹体的刚度有关，弹体刚度越好，结构质量越大，因此限制了弹体结构的固有频率值，从而也限制了角振荡频率的最大值，即

$$m_z^\alpha \ll \frac{-0.689 f_c^2 J_z}{q S b_A}$$

下列数据可供导弹初步方案设计过程中，确定静稳定度和角振荡频率时参考。

地对空导弹：

$H < 4 \sim 5 \text{km}$ ，$f \geqslant 3 \sim 4 \text{Hz}$ ；

$H = 20 \sim 25 \text{km}$ ，$f \geqslant 1.2 \sim 1.5 \text{Hz}$ 。

空对空导弹：

$H = 20 \sim 25 \text{km}$ ，$f \geqslant 1.6 \sim 1.8 \text{Hz}$ 。

飞航导弹：

$f < 1.5 \sim 2.0 \text{Hz}$ 。

3. 导弹机动性要求的约束边界

导弹的机动性是指导弹迅速改变飞行状态(飞行速度的大小和方向)的能力，通常用单位舵偏角所产生的过载大小来衡量，有

$$\frac{n_y}{\delta} = \frac{-(C_y^\alpha qS + P)m_z^\delta}{mg \cdot m_z^\alpha} \tag{5-7}$$

由式(5-7)可以看出，导弹的机动性与导弹的静稳定度是相互矛盾的。若$|m_z^\alpha|$值增加，n_y/δ就减小。因此，机动性要求限制了静稳定度的大小。由于高空空气密度小，速压远小于低空，是机动性要求的严重情况，故静稳定度应满足式(5-8)：

$$|m_z^\alpha| \leqslant \left| \frac{(C_y^\alpha qS + P)m_z^\delta}{mg \cdot \dfrac{n_y}{\delta_{max}}} \right|_{高空} \tag{5-8}$$

式中，n_y为导弹高空需用过载；δ_{max}为导弹允许的最大舵偏角。

4. 极限攻角α^*的约束边界

在高空，导弹机动性小，为保证机动性，应使$|m_z^\alpha|$适当减小，此时会使极限攻角α^*相应减小，另外由于$|m_z^\alpha|$减小之后，所需平衡攻角α_b增加，因此应使$\alpha_b < \alpha^*$，则有

$$\frac{\alpha_{b_{max}}}{\delta_{max}} = -\frac{m_z^\delta}{m_z^\alpha}$$

$$\alpha_{b_{max}} = \frac{-m_z^\delta \delta_{max}}{m_z^\alpha} < \alpha^*$$

$$|m_z^\alpha| \geqslant \left| \frac{-m_z^\delta \delta_{max}}{\alpha^*} \right|_{高空} \tag{5-9}$$

5. 考虑舵机力矩M_P的约束边界

随着静稳定度的增加，为得到同样大小的过载n_y，舵偏角就需加大，相应的铰链力矩也增大。如果设计中选用了现有舵机，则需考虑舵机力矩对静稳定度的限制：

$$M_P \geqslant (m_{hm}^\alpha \alpha + m_{hm}^\delta \delta)qS_R b_A \tag{5-10}$$

式中，m_{hm}^α、m_{hm}^δ为铰链力矩系数对α、δ的导数。

利用式(5-7)，对式(5-10)整理后得

$$M_{\mathrm{P}} \geqslant -\left(m_{\mathrm{hm}}^{\delta} - m_{\mathrm{hm}}^{\alpha} \frac{m_z^{\delta}}{m_z^{\alpha}} \right) \frac{n_y G q S_{\mathrm{R}} b_{\mathrm{A}} m_z^{\alpha}}{(C_y^{\alpha} q S + P) m_z^{\delta}} \tag{5-11}$$

由于低空过载大，速压大，故一般危险情况在低空。

5.3.2.3　放宽静稳定度设计及其影响

上述经典方法是把导弹气动布局设计成具有足够的静稳定性，但是导弹的稳定性和操纵性是随着飞行状态不断变化的。导弹在飞行过程中，速度由亚声速加速到超声速，甚至达到高超声速，压力中心位置有较大变化；随着推进剂的消耗，其质心位置也发生相应的变化，这些变化将导致导弹稳定性随飞行过程而改变。显然，传统的静稳定导弹设计，对导弹总体布局提出了苛刻的要求，这就限制了导弹性能的提高和气动效率的改进。

近年来，随着系统工程、自动控制与计算技术的飞速发展，导弹设计思想与设计方法发生了很大变化。放宽静稳定度设计的含义是允许把导弹设计成静不稳定、中立稳定或静稳定，也允许把导弹设计成起飞时呈静不稳定，中间飞行接近中立稳定，末段飞行是静稳定的。当导弹呈静不稳定或中立稳定时，必须由自动驾驶仪进行人工稳定，使弹体驾驶仪系统稳定。已采用的综合稳定回路设计技术，可以放宽对静稳定度的要求，可以实现中立稳定甚至小的静不稳定的导弹总体布局设计。

采用放宽静稳定度设计，可使导弹升力加大，升阻比提高，导弹质量减小，从而提高了导弹的机动性；但同时，又造成导弹自身动态稳定性变差。为保证导弹飞行过程的稳定性，已经采用飞行稳定控制回路(自动驾驶仪)中自适应的增稳措施。

研究结果表明，导弹飞行稳定控制回路允许的最大静不稳定度，与综合稳定回路的频带宽度成正比，与导弹的长度成正比，与速度和飞行高度成反比。静不稳定导弹的稳定控制回路作用，不但改善了导弹系统的动态品质，而且使静不稳定导弹在稳定控制回路参与下变成了飞行稳定的等效稳定导弹系统。

为满足总体参数和系统设计要求，对于静不稳定导弹的稳定回路设计，通常要求满足以下条件：①导弹的动力系数满足 $\left| a_2(\alpha) \right|_{\max} < -\dfrac{a_3 a_4}{a_5}$；②尽可能提高舵效率 a_3；③稳定回路具有足够的频带宽度；④尽量约束质心变化范围。

5.3.2.4　操稳特性选择与调整方法

进行导弹总体布局设计时，要求导弹具有适度的稳定性和操纵性。保证导弹的稳定性，实质上是安排导弹质心位置和压力中心位置之间的相互关系，保证质心和压力中心的差值在一定的合理范围内；保证导弹的操纵性，实质上是安排导弹质心位置和操纵合力中心之间的相互关系，保证质心和操纵合力中心的差值在某一合理的范围内。实施的方法通常是改变导弹的气动布局或调整部位安排，改变质心位置。具体方法有：

(1) 移动弹翼位置。这是最有效的方法，因为导弹大部分升力是由弹翼产生的。

(2) 改变尾翼的位置和面积。

(3) 改变舵面的位置和面积。

(4) 增设反安定面，调整其位置与面积。

(5) 改变导弹内部设备与装置的位置。

(6) 利用配重调整质心，这是最不利的办法。在一般情况下，可以兼用上述几种措施。

5.3.3　导弹的三视图与部位安排图

导弹总体布局是在不断协调、计算及试验校核的过程中形成的，需要许多专业人员与各个科研、试制部门的共同协作，反复多次才能完成。总体布局的结果可以用数学方法描述，也可用图形或文字表示。随着计算机技术的发展及交互计算机图形学的出现，现在主要是利用计算机及相关软件来进行导弹外形设计及部位安排。

1. 导弹外形三视图

三视图是表征导弹外形和几何参数的图形，包括外形平面图与三维图。外形设计的结果应充分体现在气动外形三视图中。三视图的形成有一个从近似到最终的过程，在初步确定导弹的主要尺寸和参数后，画出导弹的初步三视图，在完成质心定位、气动计算、稳定性与操纵性计算和风洞试验后，形成正式三视图。

在三视图中应表示出导弹的气动布局、质心变化、外形几何参数及外形尺寸，标出构成导弹外形的各部分相对位置，舵面、副翼的转轴位置。用数学方程式或坐标图给出弹体头部、尾部及进气道内型面的有关数据。图 5-83 为某导弹的三视图。有了三视图之后，便可制作风洞试验模型，进行风洞试验，并进行详细的气动分析、气动计算、制导系统回路分析、模拟试验等。

2. 导弹部位安排图

部位安排的结果，具体反映在导弹的部位安排图上。导弹的研制过程，也是部位安排图细化、完善、检验的过程。在方案设计的初期，图纸反映的是导弹的布局设想，弹上设备通常用方块表示。随着设计工作的深入和反复协调，弹内设备及部件应采用实际的实物模型。

部位安排图应表示出导弹气动布局，即弹翼、尾翼、舵面相对弹身的位置，发动机、助推器的布置方案，弹上所有设备的安装位置和连接关系，导弹舱段的划分情况和分离面的位置，此外还应考虑使用运输中所需吊挂接头、发射定向钮、运输支承点的位置等。由此确定导弹的质心变化，以满足适度的稳定性、操纵性要求。

绘制部位安排图时，弹内设备之间应留有足够的间隙，以便于安装与拆卸，并在振动环境下不致发生摩擦和碰撞。电缆、管路等往往难于在部位安排图上表示，但需要留出必要的边缘空间。为解决弹体和分系统、电缆、管路、大口盖和舱口等的安装、协调问题，可配合制作比例为 1∶1 的样弹(弹内设备一般为实物)。

部位安排图通常不直接用于生产，它是质心定位、转动惯量计算、外载荷计算、弹体结构设计、弹上设备安装与协调、工艺装备和地面设备协调等的主要依据。它与三视图是相辅相成的，也是绘制导弹总图、水平测量图、支承吊挂图、标志图等的主要依据。

部位安排是一项涉及面广，影响因素多的综合性工作，因此即使在相同原则指导下进行此项工作，各类导弹的部位安排形式也差异很大。图 5-84 为某导弹的部位安排示意图。

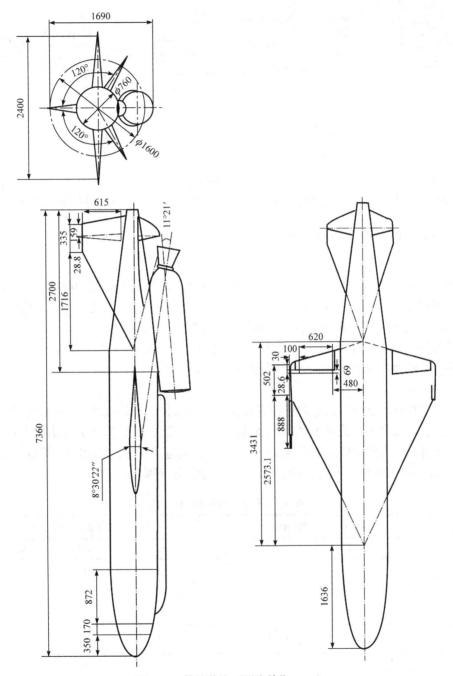

图 5-83　某导弹的三视图(单位：mm)

5.3.4　导弹部位安排分析内容与验证方法

三视图和部位安排图完成之后，即可计算在运输、发射、飞行等各种状态下导弹的

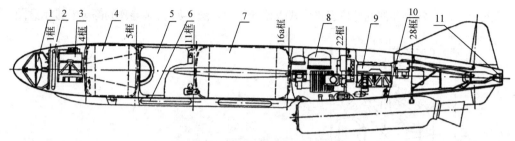

图 5-84　某导弹的部位安排示意图

1-末制导雷达天线；2-环形气瓶；3-雷达发射机；4-燃烧剂箱；5-战斗部；6-柱形气瓶；
7-氧化剂箱；8-自动驾驶仪；9-雷达接收机；10-固体火箭发动机；11-推力室

质量、质心位置和转动惯量。计算的结果用作弹道计算、气动特性计算、载荷计算、导弹稳定性和操纵性计算、导弹结构设计、发射装置和运输装填设备设计等的依据。

5.3.4.1　导弹质量特性的计算方法

1. 坐标系

为了计算方便，一般选取以弹身外形的理论顶点作为坐标原点的弹体坐标系，x 轴与导弹纵轴重合，指向弹体尾部为正；y 轴在垂直对称面内，向上为正；z 轴在弹体水平面内，顺航向向左为正。按此坐标系计算导弹的质心位置。

计算转动惯量的坐标系原点选在瞬时质心上，坐标轴指向与弹体坐标轴平行。但是，在计算转动惯量过程中，也要使用弹体坐标系。

2. 质心位置计算

质心位置计算的基本依据是部位安排图。随着部位安排的改变，质心位置计算也需重复进行，并随着弹内设备质量的不断落实，逐渐逼近，最后精确定位计算结果。在进行质心计算时，为便于检查和调整质心，宜将不变质量与可变质量(如燃料等)分开计算，表 5-3 和表 5-4 分别给出不变质量部分和可变质量部分计算参数。

表 5-3　不变质量部分计算参数

名称	质量/kg	质心/mm			静矩/(kg·mm)		
		x	y	z	mx	my	mz
弹身	—	—	—	—	—	—	—
弹翼	—	—	—	—	—	—	—
	⋮	⋮	⋮	⋮	⋮	⋮	⋮
合计	$\sum m_i$	$\sum x_i$	$\sum y_i$	$\sum z_i$	$\sum m_i x_i$	$\sum m_i y_i$	$\sum m_i z_i$

导弹空载质量：$\sum m_i$。

导弹空载质心：$x_T = \dfrac{\sum m_i x_i}{\sum m_i}$；$y_T = \dfrac{\sum m_i y_i}{\sum m_i}$；$z_T = \dfrac{\sum m_i z_i}{\sum m_i}$。

表 5-4　可变质量部分计算参数

名称	质量/kg	质心/mm			静矩/(kg·mm)		
		x	y	z	mx	my	mz
冷气	—	—	—	—	—	—	—
氧化剂	—	—	—	—	—	—	—
⋮	⋮	⋮	⋮	⋮	⋮	⋮	⋮
合计	$\sum m_i$	—	—	—	$\sum m_i x_i$	$\sum m_i y_i$	$\sum m_i z_i$

导弹满载质量：$\sum m_i$ (包括空载质量)。

导弹满载质心：$x_T = \dfrac{\sum m_i x_i}{\sum m_i}$；$y_T = \dfrac{\sum m_i y_i}{\sum m_i}$；$z_T = \dfrac{\sum m_i z_i}{\sum m_i}$。

式中，$\sum m_i x_i$、$\sum m_i y_i$、$\sum m_i z_i$ 应包括空载计算中全部静矩。

通常在进行质心计算时，需要给出不同的计算状态，如一级状态质心变化或二级状态质心变化。还需要给出计算步长，即推进剂消耗某一定值计算一个点，直至推进剂消耗完毕。

3. 转动惯量计算

转动惯量是导弹的重要结构参数，其值的大小直接影响导弹的动力学特性。通常需要算出绕导弹质心的、对三轴的转动惯量 J_x、J_y 和 J_z。

计算转动惯量时，需利用上述质量和质心的数据。转动惯量的计算公式为

$$J_z = \sum J_i - m x_T^2$$

式中，J_z 为导弹绕通过质心的 Z 轴的转动惯量；J_i 为导弹内各设备对理论顶点的转动惯量，其表达式为 $J_i = J_{i0} + m_i x_i^2$，J_{i0} 为 i 设备绕本身质心的 J_z，x_i 为 i 设备质心离理论顶点的 x 坐标；m 为导弹的质量；x_T 为导弹的质心坐标。

当上述公式用空载质量、质心坐标计算时，则求得空载时的转动惯量；当采用满载质量与质心坐标计算时，则可求得相应满载时的转动惯量。

相对于其他坐标轴(x、y) 的转动惯量也用相同方法求得。

5.3.4.2　导弹总体模装与测试

导弹由弹体结构、制导控制系统、推进系统、引战系统、电气系统等组成，导弹的总装工作是根据产品图纸、技术条件、工艺规程的要求，将上述各组件、部件、标准件、成品件等按系统进行装配，形成导弹产品，再经弹上系统测试与试验，成为装配符合设计要求、性能稳定可靠、经交验验收后即可交付出厂的导弹产品。导弹总装工作是导弹部装工作的延续，是导弹总装厂生产的最后阶段，是科学合理、高效优质实现设计的最后过程。

1. 导弹总装

导弹总装是依据其结构特性及加工工艺性，按照总装工艺规程进行组装，是导弹制

造过程的一个阶段，也是对导弹零、部、组件制造质量的一次检验，同时是对各对接部件、安装成品件协调性和互换性的一次考验。

装配完成的导弹还需经过总装测试与试验，以确保安装的正确性和可靠性，检查各系统间及全弹的协调性和技术性能。

导弹的总装与总装试验是一个要求规范、严谨的工作过程，也是给出一个是否符合要求结论的检验过程。因此总装工作要求有严格的工艺纪律和完善的工艺规程，完备配套的加工和质量控制方法与手段，符合要求的工作环境，严谨的工作作风和熟练的操作技能。

1) 总装工艺流程及布局

导弹是一个复杂的系统，导弹总装工作则是一项复杂的生产组织、技术组织工作，为指导导弹总装全过程的工作，需要有适合本单位具体情况并针对型号产品特点的总装工艺流程。总装工艺流程明确了总装的分散程度、装配关系、装配顺序、工作内容、质量检验要求。某型号导弹总装工艺流程如图 5-85 所示。

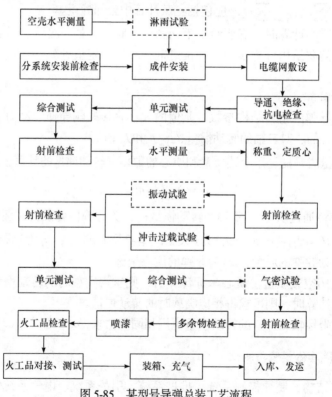

图 5-85　某型号导弹总装工艺流程

导弹总装工艺流程确定后，还需有适应此工艺流程要求的工艺布局。工艺布局的安排应能利用现有条件并考虑留有发展余地，并能合理安排人流与物流，有利提高生产效率，降低成本。某型号导弹总装工艺布局如图 5-86 所示。

2) 总装与总装工艺

导弹总装工作要综合协调控制总装生产现场的人、设备、工装、加工方法、物资、各种信息等人流、物流和信息流，高效率、高质量、低成本地生产出导弹产品。总装工

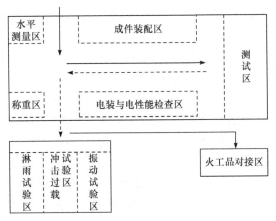

图 5-86 某型号导弹总装工艺布局

艺是总装现场操作人员、检验人员、工艺技术人员、管理人员必须遵照执行的总装程序与内容、方法与手段、技术指标与要求，也是必须遵照执行的检验内容与方法、指标与要求。总装工艺应科学合理，同时要符合本单位工艺水平与工艺条件。

总装工艺文件可包括淋雨试验工艺规程，成件安装工艺规程，电缆网敷设工艺规程，全弹对接工艺规程，弹上电缆网导通检查、绝缘电阻值检查、抗电强度检查工艺规程，搭铁电阻检查工艺规程，水平测量工艺规程，称重定质心工艺规程，冲击过载试验工艺规程，分系统安装前检查工艺规程，全弹单元测试工艺规程，综合测试和射前检查工艺规程，喷漆工艺规程，火工品对接工艺规程等。

(1) 总装条件与准备。导弹总装生产需要具备与其相应的工艺技术、人力、物料、能源、设备等条件，包括工艺流程表、工艺布局、作业场地、工艺规程、工装及测试设备、检验方法和手段、经培训合格的操作人员和检验人员。

(2) 成件安装与舱段对接。导弹弹身多采用分段筒体式结构，弹体由若干舱段组成，弹上设备按其功能、性能、相互间协调关系、结构特点分装于不同的舱段内。导弹总装工作首先要完成成件安装和舱段对接，成件安装是按工艺要求将弹上设备安装并紧固在各舱段内确定位置；舱段对接则是将已完成成件安装的各舱段按工艺要求对接成导弹产品。

(3) 电缆网敷设与电性能检查。电缆网是沟通各系统间信号传递的途径，使弹上各系统连接成一个整体，并协调工作。弹上电缆网的敷设是按工艺规程的要求，将经检验合格的导线束排布在各舱段规定部位，并紧固牢靠。为确认弹上电缆网在敷设过程中导线束的完好性，按规定在连接弹上各成件之前要进行弹上电缆网导通检查、绝缘电阻值检查、抗电强度的电性能检查。

(4) 管路系统安装。导弹的管路系统一般包括燃油供给管路和燃气供给管路，为确保导弹在各使用环境条件下正常可靠供油供气，管路系统安装应按照要求进行操作并进行密封检查。

(5) 水平测量。导弹水平测量通常是检查产品的同轴度(各舱段对接后全弹的同轴度)，弹翼、尾翼、舵翼的安装角、上下反角，发动机推力轴线与弹体轴线的偏移，滑块的位置偏差等是否符合设计文件技术要求。导弹总装水平测量通常进行两次：导弹初步水平测量和导弹冲击过载试验后的水平测量。导弹初步水平测量是设备安装之前在初步对接好的弹体壳体上进行的水平测量，以检验弹体加工与对接的精度与质量；导弹冲击过载试验后的水平测量是导弹冲击过载试验后进行的全弹水平测量，检查其相对导弹初步水平测量的变化量，并检验弹体加工与对接的精度与质量。

(6) 称质量定质心。导弹称质量、定质心是检验导弹的实际质量、质心与理论值之差，称质量、定质心一般采用一套专用的设备，对于二级导弹，试验可分为一级空载和满载、二级空载和满载 4 种导弹状态进行。

(7) 多余物检查及其他注意事项。导弹由于结构紧凑、空间有限，其装配和安装工作都受到一定限制。往往会因工作不慎将一些物品遗落在弹体舱段内，形成多余物。舱段内的多余物可能导致弹上电气线路短路、管路堵塞、转动部件卡住，影响系统的正常工作而造成极大的危害。因此，导弹的装配过程中必须采取一系列措施，严格控制多余物的产生。多余物检查多分为 3 个阶段：工序检查、舱段检查和全弹检查。

(8) 喷漆。导弹完成总装、测试和试验后外观需喷漆精饰。对喷漆的工艺过程、所喷的漆及喷漆间环境都有明确规定。

(9) 火工品对接。导弹出厂交付时需装填好规定的火工品(通常含电爆管、电发火管、爆炸螺栓、动力装置等)，火工品属危险品、易爆品，有关"消防安全监督管理办法"规定：火工品的操作必须在具备相应防护设施的隔离区域内进行，使用专用的火工品和全弹检测设备进行装配与全弹综合检查。

2. 导弹测试

弹上设备装配前和装配后其功能与性能是否符合设计要求，总装试验前后是否有所变化都需进行通电测试，以确认产品功能、性能、质量均满足设计指标。

1) 装前检查

弹上分系统总装前，须检查确认其功能、性能符合相应技术条件要求，确保装弹分系统的完好性；弹上分系统装弹前有通电时限要求(如某型号驾驶仪技术条件规定存储期超过 4 个月必须进行通电检查)；弹上成件有校验时限要求(如某型号压力开关、过载开关装弹前校准曲线有效期为 1 年)。对于以上类型弹上设备，装配前需分别对各分系统进行通电测试(装前检查)，检查其功能、性能、质量是否满足设计指标要求，以确认弹上设备可以开始实施装配工作。

装前检查内容和要求通常与单元测试相同。

2) 单元测试

单元测试是对弹上各分系统的主要性能参数单独(不与其他系统接通)进行测试。以某型号导弹为例，弹上系统通常包括电气、定时器、驾驶仪、雷达等分系统，故单元测试相应有电气单元测试、定时器单元测试、驾驶仪单元测试、雷达单元测试等。

3) 综合测试

全弹综合测试是模拟导弹在飞行过程中弹上各分系统的各种主要状态，并检查弹上各分系统间工作的协调性、正确性。弹上各分系统单元测试合格后方能进行全弹综合测试。

4) 射前检查

射前检查是导弹在发射之前进行的最后通电检查。

总装射前检查是在总装单元测试、综合测试合格后进行的检查，其内容和要求与上述射前检查基本相同。

5.3.4.3　基于 CAD 的部位安排

根据图 5-2 给出的基于 CAD 的导弹部位安排流程和步骤，以某型导弹为例，分别对导弹的各组成部件及内部设备进行 CAD 建模，得到某型导弹 CAD 各部件爆炸视图如图 5-87 所示。

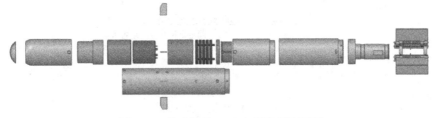

图 5-87　某型导弹 CAD 各部件爆炸视图

在对导弹装配体的所有部件完成建模后，添加分部件的材料属性，并对分部件尺寸、厚度进行校核。然后，对分部件的质量特性进行计算，在这一计算步骤中，需要保证建立的 CAD 模型精确，建立的翼面部件质量属性视图如图 5-88 所示。如果模型建立前导弹的质量、质心、转动惯量等参数已知，则可以在同一坐标系下采取覆盖计算参数的方法建模。

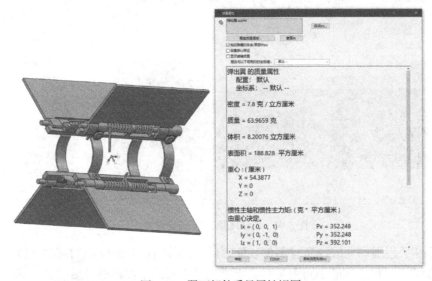

图 5-88　翼面部件质量属性视图

在导弹装配过程中，不同的待布置部件存在着不同的相关性，根据相关性强弱依序装配待布置部件视图如图 5-89 所示。

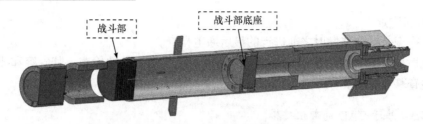

图 5-89　根据相关性强弱依序装配待布置部件视图

对导弹中的电缆、管路等进行布置，并考虑走线、布局及其中连接段限位孔的定位，电缆布置视图如图 5-90 所示。在保证导弹内部传输稳定性的前提下，尽可能地缩短线缆长度，增加公用管路与数据端口。

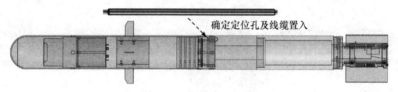

图 5-90　电缆布置视图

完成了初始装配步骤之后，需要对当前结构之间的干涉进行检查，计算各活动部件之间的最小间隙，受干涉的部件将以醒目的颜色进行标记，CAD 装配体干涉检查视图如图 5-91 所示。

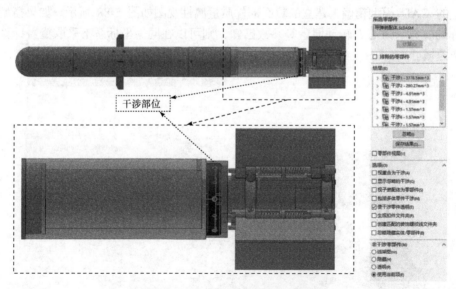

图 5-91　CAD 装配体干涉检查视图

根据相关性强弱完成待布置部件装配之后，计算当前装配体中的部件干涉，得出最后的干涉结果，判断其最小间隙是否大于要求。若满足条件则进行后续的计算；若不满足要求，则根据干涉计算结果回溯到部件、部件配置、管线配置等不同阶段进行调整。

根据已给出的各部件材料属性及其质量属性，计算各部件及整个导弹的质量特性，包括给定坐标系下导弹的质量、质心位置、转动惯量等，导弹装配体的质量属性计算视图如图 5-92 所示。

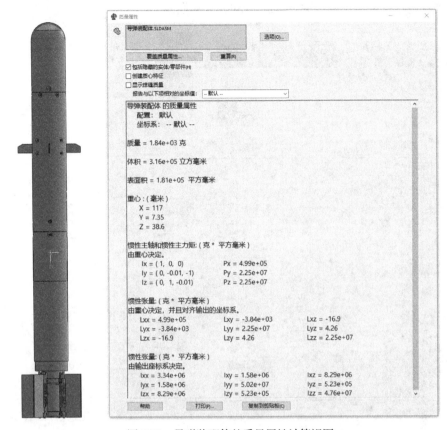

图 5-92　导弹装配体的质量属性计算视图

对构建导弹模型的气动参数进行计算，结合导弹的质心数据，对其操稳性进行分析，导弹操稳特性分析视图如图 5-93 所示。

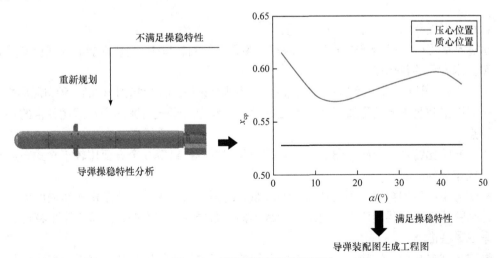

图 5-93　导弹操稳特性分析视图

对建立的导弹 CAD 模型，经过干涉检查、操稳特性分析等迭代操作后，生成工程图，得到的满足任务需求的导弹工程图，如图 5-94 所示。

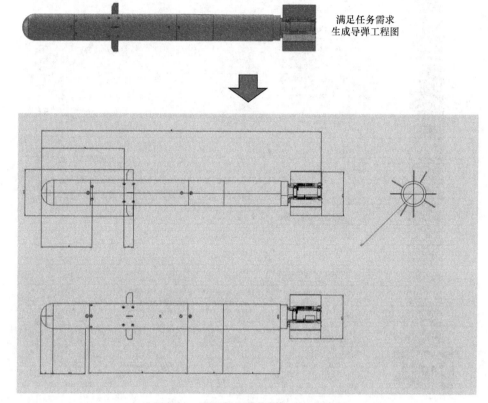

满足任务需求
生成导弹工程图

图 5-94　满足任务需求的导弹工程图

思 考 题

1. 试述构形设计的基本内容及其主要要求。
2. 试述平面形("一"字形)布局的优缺点。为什么倾斜转弯(BTT)技术能成为现代有翼导弹技术发展的新热点？
3. 试述"×"形或"十"字形布局的优缺点。为什么它是目前占统治地位的一种布局形式？
4. 按翼面沿弹身纵向的配置形式，常见的导弹气动布局形式有哪几类？试述各自的基本特点。
5. 试从升阻比特性、极限攻角、部位安排和起飞段的操纵等几个方面比较正常式布局与鸭式布局的优缺点。
6. 斜吹力矩产生的物理原因是什么？鸭式布局的斜吹力矩为什么比正常式布局的大？为什么鸭式布局仍得到广泛的应用？为减小鸭式布局的斜吹力矩，改善其横滚特性，可采取哪些措施？
7. 试述无尾式布局的优缺点。分析这种布局的弹翼位置不好安排的原因以及解决措施。

这种布局适用于何种导弹?

8. 试述旋转弹翼式布局的优缺点。为什么这种布局的过载波动小,允许质心位置的变化范围大,快速性好? 它适用于何种导弹?

9. 试述无翼式气动布局的基本特点。它用于控制导弹质心运动的法向力从何而来? 为什么早期的空对空、地对空导弹从未出现过这种布局? 它出现与发展的技术基础是什么?

10. 助推器有哪几种安排形式? 并分析各安排形式主要的,特别是在分离特性和产生干扰力矩方面的优缺点。确定助推器安定面面积和选择其几何参数时,有哪些基本考虑?

11. 试述亚声速和超声速翼型的基本特点。试从气动阻力、强度、刚度、工艺性等方面比较三种超声速翼型的优缺点。

12. 弹翼主要的几何参数有哪些? 对超声速导弹最关键的几何参数是哪个? 它影响导弹的哪些性能? 选择时所要解决的主要矛盾是什么? 超声速导弹的弹翼,为什么要选用小展弦比?

13. 确定弹翼的平面形状,需要哪些参数? 若弹翼的展弦比 $\lambda = 1.22$,梢根比 $\eta = 6.85$,前缘后掠角 $\chi_0 = 65°$, $S_W = 2.3\text{m}^2$,试画出其平面形状。若弹径 $D = 500\text{mm}$,试求其外露面积值及其几何参数。

14. 对跨、低超和超声速导弹,确定其后掠角时有哪些考虑? 为什么?

15. 试述确定舵面面积时,应满足的基本条件及其计算步骤。计算时,为什么需要通过迭代调整弹翼位置,才能得到最终的计算结果?

16. 弹身的几何参数通常有哪些? 试述选择弹身头部、尾部长细比 λ_n、λ_t、η_t 时的主要考虑因素。

17. 适合高超声速飞行的弹身、舵面及其剖面形状是哪种外形? 为什么?

18. 部位安排的任务及其基本要求是什么? 它与气动布局、外形设计有无关系? 试举例说明。

19. 保证静稳定性的物理本质是什么? 说明静稳定性与操纵性、机动性之间的关系。

20. 对自身具有静稳定性的导弹,设计时为确定导弹的静稳定度有哪些考虑? 何谓放宽静稳定度设计? 导弹自身能否设计成静不稳定的,为什么? 放宽静稳定度有哪些优点和缺点?

21. 为改变导弹的静稳定度,可采取哪些方法? 其中哪个方法最有效? 采取这种方法时应注意什么问题?

22. 为保证战斗部(含引信)和弹上制导设备的工作条件,部位安排时应注意哪些问题?

第 6 章

导弹总体性能分析

导弹武器研制过程中，总体性能分析是一项重要的、必不可少的工作。通过总体性能分析研究，辅以必要的各种实验，论证战术技术指标要求实现的可能性，筛选出导弹武器及各组成部分采用的具体方案，协调各部分之间的参数和为提出技术要求提供依据。总体性能分析是一项涉及面广、专业繁多的工作，往往需要经过多次修改、反复，逐步细化、完善的过程。

6.1 引　言

导弹总体性能分析的任务就是计算导弹的总体参数，有了估算的总体参数，即可以利用仿真程序验证参数的正确性或进一步调整，好的总体参数甚至在整个研制过程中都不需要调整，可以避免研制过程中因总体参数不当造成的反复。导弹总体性能分析的内容包括导弹飞行性能分析、导弹制导精度分析、杀伤概率计算、可靠性评估及经济性分析等。

飞行性能分析主要是对导弹的最大速度、平均速度和特征点速度等速度特性进行分析，速度特性是指速度随时间的变化曲线或飞行马赫数随时间的变化曲线，导弹的航程、作战空域、机动能力等都和速度紧密相关；作战边界分析是通过最小近界斜距和最大远界斜距计算，确定地对空导弹的发射区是否满足要求。导弹的机动性通常以最大可用过载、可用过载随时间的变化曲线、可用过载随马赫数与高度的变化曲线来表示。通过对导弹的机动能力进行分析，计算和考察在整个飞行过程中导弹的可用法向过载是否大于需用法向过载。

制导精度是导弹最重要的性能指标之一，它用脱靶量表示，制导精度的高低直接关系导弹武器的精确打击能力。制导精度计算和分析是在研究制导系统的误差因素和工作环境的基础上，掌握其数字特征和分布规律，应用蒙特卡洛仿真技术等求解导弹在战术技术条件规定的作战区域内脱靶量的统计解。

杀伤概率是评定导弹总体性能的一项重要综合指标，杀伤概率计算涉及制导精度、引信、引战配合、战斗部和目标特性等多个系统的性能，其研究分析中会带有许多不确定的参数和随机性，总体设计阶段可使用简化模型，也可以使用蒙特卡洛随机统计模型，而数学模型和结果的正确性需要通过各种单项试验、专项试验和飞行试验进行验证。杀伤概率计算内容包括杀伤区、攻击区的概念，导弹杀伤概率的计算模型等，通过计算分析导弹命中给定区域的概率和单发导弹的杀伤概率，确定杀伤概率是否满足导弹武器的作战效能指标要求，并且为导弹的作战使用提供依据。

导弹系统可靠性的高低直接决定导弹质量和使用效能的发挥。系统可靠性设计与导弹总体设计密切相关，基本程序包括可靠性框图编制、可靠性指标论证及确定、可靠性指标分配、可靠性指标预计、可靠性设计准则的制订、系统可靠性的设计评定等。完成上述一系列工作，使导弹系统的可靠性达到预定指标要求。

下面对总体设计中需要计算的内容进行介绍。

6.2　飞行性能参数计算

导弹的飞行性能参数主要包括：导弹速度、最大远界斜距、最小近界斜距、最大作战高度、最小作战高度和导弹机动性等。

6.2.1　导弹速度特性分析

导弹速度主要包括：特征点速度、平均速度和最大速度。例如，对于中低空导弹，特征点主要指离轨点、起控点、最大速度点和命中点。采用复合制导体制的导弹，还要增加中制导和末制导的交班点[13]。

武器系统对导弹的战术技术指标中，虽然通常没有速度这项，但是速度本身是导弹总体性能的一个重要参数。导弹最大作战斜距、机动性等都和速度紧密相关。在相同条件下，速度大则最大远界斜距远、机动性好。

导弹全程飞行可分为滑轨段与飞行段。导弹在滑轨段的速度计算公式为

$$m\frac{\mathrm{d}v}{\mathrm{d}t} = P - mg\sin\theta - fmg\cos\theta \tag{6-1}$$

式中，f 为摩擦系数(钢对钢 $f = 0.15$)；θ 为弹道倾角，这里指发射架的高低角。

对式(6-1)进行数值积分，就可以求出导弹的速度。

离轨速度与导弹稳定性、散布、发射方式、是否同时离轨、陆上发射还是海上发射等因素有关。为减小下沉和散布，使导弹稳定飞行，导弹应具有一定的离轨速度。离轨速度小时，下沉和散布较大，随着离轨速度增大，下沉和散布减小，当离轨速度大于某值后，即使再增大离轨速度，对下沉和散布的影响也不大了。在推力与加速度不变的条件下，速度和时间成一次方关系，而导轨长度和时间成平方关系，这意味着为使离轨速度增加一倍，导轨长度就应增长三倍。从自动稳定飞行段导弹的性能要求出发，希望离轨速度大一些，从减小发射架的尺寸和复杂性出发，希望离轨速度小一些，在设计中，应根据具体情况综合平衡后确定。一般情况下，离轨速度应尽可能定得小一些，在陆上倾斜发射时，离轨速度取 $11\mathrm{m}\cdot\mathrm{s}^{-1}$ 就足够了。在海上倾斜发射时，由于舰艇摇摆的影响，离轨速度应大一些，大于 $20\mathrm{m}\cdot\mathrm{s}^{-1}$ 为宜。对于箱式发射，若采用单轨不同时离轨发射，导轨长度通常设计成和弹身长度差不多，导弹的离轨速度将更大一些。

导弹飞行中速度的计算公式为

$$m\frac{\mathrm{d}v}{\mathrm{d}t} = P\cos\alpha - X - mg\sin\theta \tag{6-2}$$

式中，X 为气动阻力；α 为攻角。

当作用在导弹上的各种力，如推力、气动阻力、重力的大小及飞行条件已知时，即可求出导弹在飞行中的速度。

最大速度是指导弹在全部作战空域内，所有弹道上飞行速度的最大值。最大速度和平均速度一样，都反映了导弹运动的快慢。最大速度大不等于飞行斜距远，飞行斜距除了和最大速度有关外，还与其他因素有关，飞行时间的长短、命中点速度的大小都会对飞行斜距有直接的影响。

导弹最大速度与发动机推力的形式、最大远界斜距、最大作战高度、结构的防热设计等因素有关。提高导弹最大速度的优点是能够增大导弹的平均速度和减少飞行时间，从而有利于降低对雷达作用距离的要求。中低空防空导弹的最大速度不宜定得太高，若飞行速度超过 $3Ma$，飞行时间又长，会产生热强度问题。对旋转弹翼布局的导弹，$Ma >$ 2.5，舵面偏转时下洗力很小，使操纵效率 m_z^δ 大幅度减小，甚至会出现反号，引起导弹不稳定，这是不允许的。最大速度太大的另一缺点是阻力损失大，使最大远界斜距减小。既减小最大速度又增加最大远界斜距的办法：动力装置由单推力发动机改成双推力发动机。

采用单推力发动机的导弹，最大速度可按式(6-3)进行估算：

$$v = \xi I_\mathrm{s}\ln\left(\frac{m_0}{m_0 - m_\mathrm{F}}\right) - gt\sin\theta \tag{6-3}$$

式中，I_s 为发动机比冲；m_0 为导弹起飞质量；m_F 为推进剂质量；t 为发动机工作时间；θ 为发射角；ξ 为阻力修正系数。$\xi = \dfrac{P - X_\mathrm{A}}{P}$（根据经验数据，$\xi$ 为 0.90~0.95），P 为发动机推力，X_A 为时间 t 内的平均阻力。

导弹平均速度与拦击方式、目标速度、目标高度等因素有关。对于尾追攻击方式，导弹的平均速度必须大于目标速度。对于迎头拦截方式，导弹的平均速度允许小于目标速度，特别是拦截高空目标，导弹的平均速度往往比目标速度低。例如，某防空导弹，目标速度为 $900\,\mathrm{m\cdot s^{-1}}$，导弹的平均速度仅 $750\,\mathrm{m\cdot s^{-1}}$。挂有炸弹的飞机，在低空飞行时，速度不超过 $1.2Ma$，导弹的平均速度常设计成 1.2~$1.8Ma$，故拦截低空目标时，导弹平均速度通常比目标速度大。

导弹平均速度的计算公式为

$$v_\mathrm{av} = R_\mathrm{m}/t \tag{6-4}$$

式中，v_av 为导弹的平均速度；R_m 为导弹在命中点的斜距。

速度随时间的变化规律称为速度特性。中低空导弹速度的三种变化规律如图 6-1 所示。图中曲线 A 表示无巡航飞行段的速度特性，这种导弹主要采用被动段飞行攻击目标。图中曲线 B 表示有巡航飞行段的速度特性，导弹做巡航飞行时，速度变化平缓，发动机推力与气动阻力接近或略大一些，这种导弹的最大速度小，需用过载小，平均速度小，飞行斜距远，总体性能较好。但是发动机较复杂，必须采用双推力发动机。图中曲线 *C* 表示二次脉冲点火发动机的速度特性，导弹起飞后 3s 内发动机工作，而后导弹以被动段飞行，到遭遇目标前 1.5s 时，发动机第二次点火，导弹以主动段飞行状态攻击目标。这种导弹方案增大了遭遇点附近导弹的可用过载，减小了需用过载，还能增加飞行斜距。

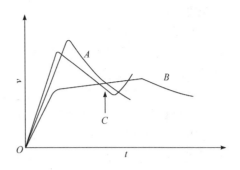

图 6-1　中低空导弹速度的三种变化规律

6.2.2　作战边界分析

地对空导弹的杀伤区是武器系统的综合性能指标，它受很多条件限制，不仅与武器系统本身——弹、站、架的性能有关，而且还与导引方法、导弹使用方法(单射还是连射)、杀伤概率等有关。

采用单一制导体制的地对空导弹，按其飞行特点可以把整个弹道分为三段：自动稳定飞行段、引入飞行段和导引飞行段。自动稳定飞行段是指导弹离开发射架到开始控制，这一段弹道的特点是对导弹仅进行稳定而不进行控制，按发射架赋予的初始瞄准方向做近似于直线的飞行。为了提高自动稳定飞行段的精度，减少散布，可采用驾驶仪阻尼回路工作方案使导弹做简单的直线飞行。引入飞行段是制导过程的第一阶段，从开始控制到平衡地纳入理论弹道附近(线偏差小于规定值)，线偏差的规定值是由对导弹制导精度的要求来确定的。引入飞行段弹道的特点是导弹做大机动飞行，视线变化率很大，经过一段时间后，视线变化率逐渐减小，摆动逐渐减小，纳入理论弹道。引入飞行段，在飞行力学上叫过渡段，在控制上叫过渡过程，引入质量主要取决于初始误差和制导系统的性能，引入的好坏常用引入距离来衡量，引入距离越短越好。

1. 最小近界斜距

自动稳定飞行段和引入飞行段的弹道特性决定，导弹不可能在这两段弹道上与目标遭遇，这就意味着杀伤区的近界一定要大于自动稳定段和引入段的距离之和。计算中，最小近界斜距取决于导弹允许的最小飞行时间，总飞行时间等于起控时间加控制时间。假如导弹在起控点的弹道散布很小，只需要很短的时间就可以消除散布，引入距离小，从而近界斜距就小。若导弹在起控点存在一定数值的散布，则控制时间等于控制刚度乘以系统的时间常数。对于旋转弹翼布局的中低空导弹来说，系统时间常数约为 0.45s，控制刚度一般应大于 10，近界弹道允许减小到 6，则最小控制时间为 2.7s。起控时间与许多因素有关，其中最主要的是起控点的允许速度，起控速度的要求取决于气动布局、稳定性、机动性要求等因素。旋转弹翼控制"十-×"形布局的导弹，由于主动段飞行时导弹的操纵性好，大攻角下的稳定性差，舵偏角的稳定边界值小，从而要求起控点的速度很大。"×-×"形布局的旋转弹翼导弹，由于大攻角下稳定性良好，起控速度允许减小到亚声速。另外导弹的机动性要求高，则要求起控速度大，反之导弹机动性要求低，则起控速度允许小。

2. 最大远界斜距

导弹的最大远界斜距是总体性能中主要的参数之一，它与发动机总冲、推力形式、导弹气动外形、目标特性、导引方法、雷达和导引头的作用距离等因素有关。下面分析中，假设雷达与导引头的作用距离足够大，能够满足系统的战术技术指标要求。

导弹的最大飞行路程等于总飞行时间和平均速度的乘积。导弹飞行时间和平均速度又取决于发动机的总冲、工作时间及导弹命中点的速度。发动机总冲越大，导弹的飞行时间就越长，使远界斜距增大，故发动机多装燃料是增大远界斜距最直接、最常用的办法。相同燃料条件下，采用双推力发动机的最大远界斜距比采用单推力发动机的大。

导弹命中点的速度与目标特性、导弹气动外形等因素有关，对最大远界斜距也有一定的影响。如果导弹总体设计合理，则允许减小导弹命中点的速度，使飞行时间增长，远界斜距增大。

攻击等速直线飞行的目标，在迎击条件下，导弹速度和目标速度的比值无严格的限制。导弹速度即使小于目标速度，同样可以击中目标。例如，阿斯派德导弹攻击直线飞行的目标时，就允许导弹速度小于目标速度，导弹速度小到目标速度的 70%以下，仍认为能够有效地命中目标。

若攻击机动目标，导弹命中点的速度一定要大于目标速度，否则会使导弹弹道需用过载急剧增大，引起导弹速度快速下降拦截不到目标。据经验，弹、目速度比应不小于 1.2。导弹外形设计的合理与否，会影响导弹飞行的最小速度。若攻击低速目标(如 $v_T = 200\text{m} \cdot \text{s}^{-1}$)，则希望导弹最小速度为亚跨声速。

远界斜距 R_m 的计算公式为

$$R_m = \sqrt{x_m^2 + y_m^2 + z_m^2} \tag{6-5}$$

式(6-5)中全部参数均是命中点的，斜距 R_m 是命中点到发射点的直线距离。需要指出的是，速度积分求得的是路程 $\left(S = \int_0^t v_m \text{d}t\right)$，是导弹飞行轨迹的曲线长度，不是斜距。对于接近直线飞行的弹道，两者差不多。攻击低高度目标的高抛弹道如图 6-2 所示，其轨迹的曲线长度明显大于斜距。高抛弹道由于导弹飞行高度高，空气密度小，阻力小，导弹速度大，因此即使飞行轨迹的曲线长度大，采用这种导引方法制导的导弹仍旧可以飞行得更远一些。

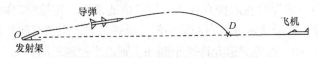

导弹　　　　　　　　　　　　　　飞机

O

发射架

图 6-2　攻击低高度目标的高抛弹道

确定最大远界斜距的步骤如下：

(1) 选择动力装置和导弹气动外形，确定导弹的速度特性，并计算分析得出命中点导弹的最小末速度；

(2) 计算各种目标运动参数的导引弹道族，确定不同高度下的动力航程；

(3) 研究每条弹道需用过载的大小及其沿弹道的变化特性，并将它们与导弹可用过载进行比较，求出最大远界斜距和高度。

6.2.3　机动性能分析

机动过载在工程上有两种计算方法：放大系数法和气动系数法。放大系数法计及气动阻尼力矩，精度更高一些。若弹体的动力系数和放大系数已经知道，采用放大系数法来计算过载，既方便精度又高，不具备上述条件时，气动系数法较方便。两种方法的计算公式分别为

放大系数法：

$$n_y = \frac{K_m v \delta}{57.3g} \tag{6-6}$$

气动系数法：

$$n_y = \frac{\left(c_y^\alpha \cdot \dfrac{\alpha}{\delta} + c_y^\delta \right) \delta q S + P\alpha}{mg} \tag{6-7}$$

式中，n_y 为 y 方向的机动过载；K_m 为弹体放大系数；c_y^α 为全弹升力系数斜率；c_y^δ 为升力系数对舵偏角的导数；q 为动压；S 为参考面积；$\dfrac{\alpha}{\delta}$ 为调整比。

用式(6-6)、式(6-7)计算导弹的可用过载时，还需要考虑舵偏角、过载、攻角三个量之间的关系，它们之中只允许一个量达到限制值，其余两个量要小于限制值。因此，工程计算时，对每种方法又有三组计算公式。

(1) $\delta = \delta_{max}$:

$$\begin{cases} n_y = \dfrac{K_m v \delta}{57.3g} \ 或 \ n_y = \dfrac{\left(c_y^\alpha \cdot \dfrac{\alpha}{\delta} + c_y^\delta \right) \delta q S + P\alpha}{mg} \\ \alpha = \left(\dfrac{\alpha}{\delta} \right) \cdot \delta_{max} \end{cases} \tag{6-8}$$

(2) $n_y = n_{y\max}$:

$$\begin{cases} \delta = \dfrac{57.3 g n_{y\max}}{K_m v} \ 或 \ \delta = \dfrac{n_{y\max} mg - P\alpha}{\left(c_y^\alpha \cdot \dfrac{\alpha}{\delta} + c_y^\delta \right) q S} \\ \alpha = \left(\dfrac{\alpha}{\delta} \right) \cdot \delta \end{cases} \tag{6-9}$$

(3) $\alpha = \alpha_{max}$:

$$
\begin{cases}
n_y = \dfrac{K_m v\delta}{57.3g} \ \text{或} \ n_y = \dfrac{\left(c_y^\alpha \cdot \dfrac{\alpha}{\delta} + c_y^\delta\right)\delta qS + P\alpha_{\max}}{mg} \\[4mm]
\delta = \alpha_{\max}\Big/ \left(\dfrac{\alpha}{\delta}\right)
\end{cases}
\tag{6-10}
$$

舵机的最大机械偏转角由三部分组成：最大指令舵偏角、阻尼舵偏角和副翼偏转角。最大指令舵偏角和自动驾驶仪中限幅放大器的限幅值相对应，用于计算导弹的可用过载。对于中立稳定的导弹及极限攻角很小的"十-×"形布局导弹，需要考虑最大极限攻角的问题。自动驾驶仪通常设置过载限制器，其作用是限制最大过载，满足强度设计要求，减小结构质量。

导弹机动性通常用下列四种形式来表示。

(1) 最大可用过载。通常用于导弹广告说明书中，国外导弹最大可用过载值未加以特别说明，通常指弹体方向的，如"阿斯派德"导弹最大可用过载为 35。国内研制的导弹，最大可用过载通常指翼面方向的。"十"字形翼配置布局的导弹，按几何关系，弹体方向的可用过载是翼面方向的 $\sqrt{2}$ 倍。

(2) 特征点过载。指命中点、最大速度点、起控点的可用过载，通常用于导弹性能分析一类的技术文件中。

(3) 可用过载随 Ma 和高度的变化曲线如图 6-3 所示。在已知 Ma 和高度条件下，使用这曲线族即可查出过载，因此这曲线族表示了全空域任何弹道上导弹的机动性。

(4) 可用过载随时间的变化曲线如图 6-4 所示，这曲线是针对某典型弹道的，适用于分析特定弹道的机动性。

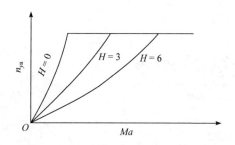 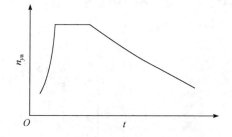

图 6-3　可用过载随 Ma 和高度的变化曲线　　　图 6-4　可用过载随时间的变化曲线

导弹的可用过载必须大于或等于需用过载，导弹总体设计时，不能仅着眼于提高导弹的机动性，还应该设法减小导弹的需用过载。

需用过载与下列因素有关：理论弹道过载、目标机动、目标起伏误差、初始散布误差、控制系统零位、外形误差、质心偏差、导弹目标的速度比等。对于近界弹道来说，初始散布误差和目标机动是影响导弹需用过载的主要因素。对于远界弹道来说，目标机动和导弹目标的速度比是影响导弹需用过载的主要因素。

6.3　导弹制导精度分析和计算

满足战术技术要求规定的制导精度指标是制导系统研制的最终目标。在设计、分析和试验的全过程中，都是围绕这一目标进行工作的。制导精度分析和计算已经成为导弹武器系统定型前必不可少的一项工作。

6.3.1　导弹制导误差的概念

当导弹向目标进行重复射击时，由于外界和内部大量随机因素的影响，导弹的运动轨迹(弹道)不可能重合，因此形成了弹道的散布。这一散布与导弹导向目标的误差(制导误差)紧密相关。

作用在导弹武器系统上的外界和内部随机因素主要有以下几种：①目标辐射、反射特性起伏引起的起伏误差；②弹上和地面制导设备的固有干扰(噪声)；③导弹外形、质量、质心、转动惯量、制导回路各环节惯性等造成的干扰；④动力装置推力变化和推力偏心的干扰；⑤由观察、测量仪器加工、装配不精确和结构不完善等引起的干扰；⑥大气的干扰，包括电磁场干扰和大气条件(气压、温度、湿度、风力、风向等)不稳定引起的空气动力干扰；⑦由国民经济和日常生活所使用的各种电气设备而产生的干扰；⑧敌方制造的干扰等。

在上述外界和内部干扰的作用下，导弹制导回路形成控制信号不准确、传递有变形、执行有偏差，同时控制命令的形成、传递和执行都不能在瞬时完成，存在延迟现象。这样，必然形成弹道的散布，因而产生制导误差。

制导误差是由弹道之间的偏差量表示的。在讨论制导误差之前，先介绍与制导误差有关的几个概念。

(1) 运动学弹道。将导弹视为可操纵质点，由运动学方程和理想约束方程所确定的导弹质心运动轨迹，称为运动学弹道。如导弹按导引方法飞行，则运动学弹道主要由导引方法所确定。研究运动学弹道实质上是研究可操纵质点的运动学问题。

(2) 动力学弹道。由动力学方程和运动学方程所确定的导弹质心运动轨迹，称为动力学弹道。凡考虑到作用力而计算出的弹道，均属于动力学弹道。研究动力学弹道实质上是研究可操纵质点或质点系的动力学问题。

(3) 理想弹道。将导弹视为完全按理想导引规律飞行的质点，其质心在空间运动的轨迹，称为理想弹道。

当制导系统在无误差、无延迟、无惯性的理想条件下工作时，仅研究作用力与质点(导弹)运动之间的关系，即可得到导弹在空间飞行的运动参数。

理想弹道属于动力学弹道的范畴，是一个可操纵质点的动力学问题。

(4) 理论弹道，又称"基准弹道""未扰动弹道"。它是将导弹视为可控刚体，假设制导系统参数值是额定的，初始条件完全符合给定的理论条件，大气参数是标准的，导弹性能参数和结构外形均为理论设计值，发射和飞行过程中无随机干扰，目标为固定的或做规律性的机动运动，对满足以上条件的导弹运动方程组求解得出导弹质心运动的轨迹。

理论弹道属于动力学弹道范畴，是一个可操纵质点系的动力学问题。一般来讲，理论弹道是相对实际弹道而言的。

弹道式导弹的理论弹道通常称为"标准弹道"。

(5) 实际弹道。实际弹道就是导弹在实际飞行中的质心运动轨迹。它是在既考虑弹体和各系统惯性，又考虑外界和内部真实的随机干扰条件下的弹道。

实际弹道是在每枚导弹实际飞行过程中测得的。因每枚导弹的随机因素各有差异，即使同一种型号、同一批产品，在相同的发射条件下，实际弹道也都不一样。

(6) 实际弹道的平均弹道。在多次重复射击条件下，各条实际弹道在每一瞬时的平均位置所形成的弹道，称为实际弹道的平均弹道。

(7) 靶平面。通过目标质心且与导弹相对速度向量相垂直的平面，称为靶平面，靶平面示意图如图 6-5 所示。

(8) 制导误差。在每一瞬时，导弹的实际弹道相对于理论弹道的偏差，称为制导误差。

(9) 脱靶量。在对空射击中，常用脱靶量这一概念。脱靶量就是在靶平面内，导弹的实际弹道相对于理论弹道的偏差。可见，脱靶量就是靶平面内的制导误差，制导误差与脱靶量示意图如图 6-6 所示。

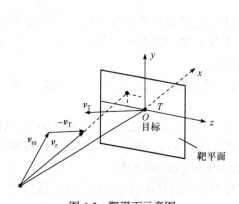

图 6-5　靶平面示意图

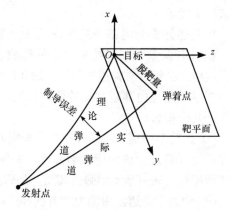

图 6-6　制导误差与脱靶量示意图

6.3.2　导弹制导误差的分类和性质

6.3.2.1　按照性质分类

制导误差按其性质可分为系统误差和随机误差两类，系统误差和随机误差示意图如图 6-7 所示。

1. 系统误差

系统误差是指导弹实际弹道的平均弹道相对于理论弹道的偏差。如果将实际弹道的平均弹道与靶平面的交点称为实际弹道的散布中心，那么系统误差就是散布中心到目标相对速度坐标系原点的距离。实际弹道与靶平面的交点围绕散布中心散布。

在多次重复射击中，系统误差保持不变或按某一确定的规律变化。一般地说，只要弄清楚系统误差的来源和变化规律，就可以通过输入相应的校正量将系统误差消除。如果系统误差取决于目标的运动参数，而这些运动参数在多次重复射击中又在很大范围内变化，这时要精确补偿这样的系统误差是比较困难的。

2. 随机误差

随机误差是指导弹的实际弹道相对其平均弹道的偏差。在靶平面上，随机误差表示实际弹道与靶平面的交点相对于散布中心的离散程度。

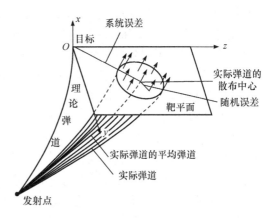

图 6-7　系统误差和随机误差示意图

在多次重复射击时，随机误差随各次射击的不同而不同。每次射击之前，随机误差的大小和方向都是未知的。因此，随机误差只能在一定范围内减小，但是不可能完全消除。

6.3.2.2　按照产生的原因分类

制导误差按其产生的原因可分为动态误差、起伏误差和仪器误差三类。

1. 动态误差

动态误差是指由于理论弹道的弯曲和重力对弹道的作用及导弹和制导系统各环节存在惯性而产生的制导误差。

动态误差产生的外在条件是导引方法要求理论弹道弯曲和重力对导弹的作用，产生的内在原因是导弹和制导系统各环节存在惯性。由于惯性的作用，控制命令的形成、传递和执行都出现了滞后现象(延迟)，就产生了动态误差。此外，重力对导弹的作用是使导弹的弹道向地面偏转，这就引起了附加的动态误差。显然，导弹和制导系统各环节的惯性越大，它们所产生的动态误差也越大；要求理论弹道越弯曲，它所引起的动态误差也越大。

动态误差既有系统分量，也有随机分量。系统分量主要依赖于导引方法、目标的运动规律、导弹和制导系统各环节的动力学特性等的平均状态。随机分量主要依赖于导弹和制导系统各环节动力学参数的随机变化。这些随机变化主要是指制导系统各环节的延迟特性及导弹的质量、质心和转动惯量等的实际值与理论值的随机偏差。

动态误差的系统分量必要时往往可以在一定的范围内予以补偿，即对控制指令进行相应的修正。随机分量则是无法补偿的，因为它的符号与数值在射击之前都是未知的。

2. 起伏误差

起伏误差是指由制导回路各环节上作用的随机干扰所产生的制导误差。这些随机干扰主要有：①目标辐射或反射信号的有效中心和幅度的起伏干扰；②制导系统各个环节的噪声干扰；③自然界的起伏干扰；④敌方施放的电子干扰等。

起伏误差全部是随机误差，它没有系统分量。

导弹和制导系统各环节的惯性对动态误差和起伏误差都有影响。导弹和制导系统各环节的惯性越小，由此引起的动态误差也越小，但起伏误差的影响就越明显、越严重。反之，惯性越大，导弹和制导系统受随机干扰的影响越小，但它们的滞后现象也越严重，动态误差也就越大。

3. 仪器误差

仪器误差是指由于制导回路结构不完善，各种仪器和装置的加工、装配不精确，控制指令的形成、传递和执行不准确、不稳定而产生的制导误差，也称为工具误差。

仪器误差既有系统分量，也有随机分量。系统分量主要由目标、导弹坐标测量设备和控制指令形成设备等的仪器误差的系统分量组成。随机分量是由制导系统各个仪器设备在加工、装配中的随机偏差引起的。

仪器误差在很大程度上与仪器设备的额定参数、元器件及各种组合件的调整精度、日常的储存条件和维修质量等有关。

动态误差的系统分量和仪器误差的系统分量构成了制导误差的系统误差；动态误差的随机分量、仪器误差的随机分量和起伏误差构成了制导误差的随机误差。

6.3.3　导弹制导误差的数字特征

受大量随机因素影响的制导误差(y, z)是一个二维随机变量。从概率论的角度看，随机变量的数学期望和方差(或标准偏差)是描述该随机变量具有代表性的两个数字特征。前者描述了随机变量的平均状态，后者描述了随机变量的离散状态。

总的制导误差(r向量)由动态误差(r_d向量)、起伏误差(r_c向量)和仪器误差(r_s向量)组成，制导误差与其各组成部分见图6-8。它们之间的关系为

$$r = r_d + r_c + r_s \tag{6-11}$$

将这4个向量分别投影到y轴和z轴上，得

$$y = y_d + y_c + y_s \tag{6-12}$$

$$z = z_d + z_c + z_s \tag{6-13}$$

式中，y、z分别为r在y轴和z轴上的投影；y_d、z_d分别为r_d在y轴和z轴上的投影；y_c、z_c分别为r_c在y轴和z轴上的投影；y_s、z_s分别为r_s在y轴和z轴上的投影。

由概率论知，几个随机变量之和的数学期望等于各个随机变量数学期望之和，即

$$y_0 = y_{d0} + y_{c0} + y_{s0} \tag{6-14}$$

$$z_0 = z_{d0} + z_{c0} + z_{s0} \tag{6-15}$$

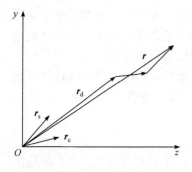

图6-8　制导误差与其各组成部分

起伏误差完全是随机的，没有系统分量，故其数学

期望为零，即 $y_{c0}=z_{c0}=0$ 。

则有

$$\begin{cases} y_0 = y_{d0} + y_{s0} \\ z_0 = z_{d0} + z_{s0} \end{cases} \tag{6-16}$$

式(6-14)～式(6-16)中，y_0、z_0 分别表示制导误差的数学期望(系统误差)在 y、z 轴上的投影；y_{d0}、z_{d0} 分别表示动态误差的数学期望(系统分量)在 y、z 轴上的投影；y_{c0}、z_{c0} 分别表示起伏误差的数学期望(系统分量)在 y、z 轴上的投影；y_{s0}、z_{s0} 分别表示仪器误差的数学期望(系统分量)在 y、z 轴上的投影。

制导误差的数学期望 (y_0, z_0) 就是其系统误差，它描述了实际弹道的平均状态，决定了实际弹道散布中心的位置。

可以认为动态误差、起伏误差和仪器误差是相互独立的。由概率论知，几个独立随机变量之和的方差等于各个随机变量方差之和，即

$$\begin{cases} \sigma_y^2 = \sigma_{y_d}^2 + \sigma_{y_c}^2 + \sigma_{y_s}^2 \\ \sigma_z^2 = \sigma_{z_d}^2 + \sigma_{z_c}^2 + \sigma_{z_s}^2 \end{cases} \tag{6-17}$$

随机变量相对于散布中心的离散程度，既可以用方差(σ^2)描述，也可以用标准偏差(σ)描述，用后者更方便一些，则有

$$\begin{cases} \sigma_y = \sqrt{\sigma_{y_d}^2 + \sigma_{y_c}^2 + \sigma_{y_s}^2} \\ \sigma_z = \sqrt{\sigma_{z_d}^2 + \sigma_{z_c}^2 + \sigma_{z_s}^2} \end{cases} \tag{6-18}$$

式中，σ_y、σ_z 分别表示制导误差在 y 轴和 z 轴方向的标准偏差；下标 d、c 和 s 分别表示动态、起伏和仪器。

制导误差的标准偏差 (σ_y, σ_z) 就是其随机误差，它决定了实际弹道相对于散布中心的离散程度。

在求 σ_y、σ_z、y_0、z_0 的过程中，可以用理论方法，也可以用制导过程的计算机仿真方法、实弹射击和组合方法等。

6.3.4　导弹制导误差的分布规律

在动态误差、起伏误差和仪器误差的共同作用下，形成了导弹实际弹道相对于理论弹道的总偏差，即制导误差。制导误差 (y,z) 是二维的连续型随机变量，它在 $(-\infty,+\infty)$ 范围变化。描述连续型随机变量的分布规律有两种方式：概率密度和分布函数。制导误差规律 $f(y,z)$ 就是制导误差 (y,z) 的概率密度。

制导误差 (y,z) 受到大量随机因素的影响，这些因素包括目标、导弹、弹上和弹外的制导系统、射击方式和条件、环境条件等方面的各种随机因素。在大量的随机因素中，找不到一个对制导误差起决定性作用的因素。按照概率论大数极限定律，若影响随机变量的因素很多，且每个因素起的作用都不太大，那么这个随机变量服从正态分布规律。

因此，导弹的制导误差 (y,z) 服从正态分布。这点已由大量的实验和实践证实。

6.3.4.1 一般情况

制导误差 (y,z) 一般情况的标志有 3 个：①弹道在靶平面内的散布为一般的椭圆；②y 与 z 具有相关性；③制导误差的坐标轴与散布椭圆的主轴不一致。

制导误差的分布规律如图 6-9 所示。

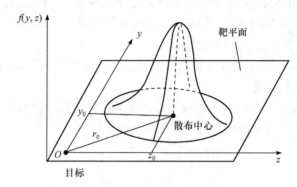

图 6-9　制导误差的分布规律

由概率论知，一般情况下，服从正态分布的制导误差 (y,z) 的概率密度可表示为

$$f(y,z) = \frac{1}{2\pi\sigma_y\sigma_z\sqrt{1-\rho_{yz}^2}} \exp\left\{ -\frac{1}{2(1-\rho_{yz}^2)}\left[\frac{(y-y_0)^2}{\sigma_y^2} - \frac{2\rho_{yz}(y-y_0)(z-z_0)}{\sigma_y\sigma_z} + \frac{(z-z_0)^2}{\sigma_z^2} \right] \right\}$$

(6-19)

$$\rho_{yz} = \frac{\int_{-\infty}^{+\infty}\int_{-\infty}^{+\infty}(y-y_0)(z-z_0)f(y,z)\mathrm{d}y\mathrm{d}z}{\sigma_y\sigma_z} = \frac{\mathrm{Cov}(y,z)}{\sigma_y\sigma_z}$$

(6-20)

式中，σ_y、σ_z 分别为随机变量 y、z 的标准偏差；y_0、z_0 分别为随机变量 y、z 的数学期望；ρ_{yz} 为随机变量 y 与 z 的相关系数；$\mathrm{Cov}(y,z)$ 为随机变量 y 与 z 的协方差。

6.3.4.2 特殊情况

制导误差 (y,z) 概率密度的一般表达式(6-19)是比较复杂的，但在许多情况下可以简化。

如果认为制导误差在 Oy 轴和 Oz 轴上相互独立，则 $\rho_{yz}=0$，且散布椭圆的主轴与制导误差的坐标轴一致。这时，式(6-19)可简化为

$$f(y,z) = \frac{1}{2\pi\sigma_y\sigma_z} \exp\left\{ -\frac{1}{2}\left[\frac{(y-y_0)^2}{\sigma_y^2} + \frac{(z-z_0)^2}{\sigma_z^2} \right] \right\}$$

(6-21)

显然，这是椭圆散布，y_0、z_0 为椭圆中心的坐标；σ_y、σ_z 分别为椭圆的长半轴和短半轴。

对于某些导弹而言，其实际弹道散布椭圆的长半轴和短半轴很接近。例如，SA-2 导

弹的 σ_z / σ_y 为 $0.94\sim1.03$ 。在这种情况下，可近似地认为 $\sigma_y = \sigma_z = \sigma$ ，即将椭圆散布近似地看作圆散布。这时，式(6-21)又可简化为

$$f(y,z) = \frac{1}{2\pi\sigma^2}\exp\left\{-\frac{1}{2}\left[\frac{(y-y_0)^2 + (z-z_0)^2}{\sigma^2}\right]\right\} \tag{6-22}$$

当导弹的实际弹道为圆散布时，用极坐标描述制导误差的概率密度，会使杀伤概率的计算更方便一些。制导误差在两种坐标系上的关系见图 6-10，即

$$\begin{cases} y = r\sin\eta, & z = r\cos\eta \\ y_0 = r_0\sin\eta_0, & z_0 = r_0\cos\eta_0 \end{cases} \tag{6-23}$$

式中，r、η 分别为实际弹道在靶平面上的脱靶量和脱靶方位角；r_0、η_0 分别为实际弹道的平均弹道在靶平面上的脱靶量和脱靶方位角。

将式(6-23)代入式(6-22)的指数中，则有

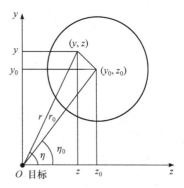

$$-\frac{1}{2}\left[\frac{(y-y_0)^2 + (z-z_0)^2}{\sigma^2}\right]$$

$$= -\frac{1}{2\sigma^2}[(r\sin\eta - r_0\sin\eta_0)^2 + (r\cos\eta - r_0\cos\eta_0)^2]$$

$$= -\frac{1}{2\sigma^2}[r^2 + r_0^2 - 2rr_0\cos(\eta - \eta_0)]$$

图 6-10　制导误差在两种坐标系上的关系

这时，式(6-22)可改写为

$$f(y,z) = \frac{1}{2\pi\sigma^2}\exp\left\{-\frac{1}{2\sigma^2}[r^2 + r_0^2 - 2rr_0\cos(\eta - \eta_0)]\right\} \tag{6-24}$$

按照二重积分变量替换法则，由直角坐标变换为极坐标时，$f(r,\eta)$ 等于 $f(y,z)$ 乘以一个雅克比行列式的模，即

$$f(r,\eta) = f(y,z)\cdot\left|D\left(\frac{y,z}{r,\eta}\right)\right| \tag{6-25}$$

坐标变换的雅克比行列式为

$$D\left(\frac{y,z}{r,\eta}\right) = \begin{vmatrix} \dfrac{\partial y}{\partial \eta} & \dfrac{\partial y}{\partial r} \\ \dfrac{\partial z}{\partial \eta} & \dfrac{\partial z}{\partial r} \end{vmatrix} = \begin{vmatrix} r\cos\eta & \sin\eta \\ -r\sin\eta & \cos\eta \end{vmatrix} = r\cos^2\eta + r\sin^2\eta = r \tag{6-26}$$

将式(6-24)和式(6-26)代入式(6-25)，得

$$f(r,\eta) = \frac{r}{2\pi\sigma^2}\exp\left\{-\frac{1}{2\sigma^2}[r^2 + r_0^2 - 2rr_0\cos(\eta - \eta_0)]\right\} \tag{6-27}$$

6.3.5 导弹制导误差的各种表示方法

6.3.5.1 系统误差的表示

系统误差是在靶平面上实际弹道的散布中心相对于目标质心的偏差，系统误差示意图如图 6-11 所示。表示这种单点对单点的偏差有以下两种方法：

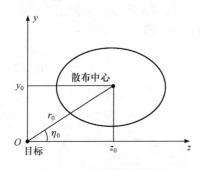

图 6-11 系统误差示意图

(1) 直角坐标系中的 y_0、z_0。(y_0, z_0) 是散布中心在直角坐标系中的位置坐标，即散布中心在 y、z 两轴上的投影值。

(2) 极坐标系中的 r_0、η_0。(r_0, η_0) 是散布中心在极坐标系中的位置坐标，r_0 和 η_0 分别表示散布中心的脱靶量和脱靶方位角。

6.3.5.2 随机误差的表示

随机误差是在靶平面上实际弹道(实际弹着点)相对于散布中心的偏差，它是随机散布的一群点对于一个点的偏差。随机误差常有以下几种表示方法。

1. 标准偏差

制导误差 (y, z) 是二维随机变量，其概率密度 $f(y, z)$ 是一个正态曲面。此曲面的形状决定了在靶平面内实际弹着点相对于其散布中心的离散程度(用随机误差描述)，而标准偏差 (σ_y, σ_z) 唯一地决定了此曲面的形状。因此，用标准偏差 (σ_y, σ_z) 表示制导误差的随机误差是科学、严谨的。

标准偏差 σ_y、σ_z 是 $f(y, z)$ 曲面拐线(椭圆)的长、短半轴，它们可分别由 y 和 z 的方差开二次方获得。已知 σ_y 和 σ_z，$f(y, z)$ 的形状和大小就完全确定了。标准偏差通常用 σ 来表示。

2. 圆概率偏差

圆概率偏差是广泛用于描述各种武器系统射击精确度的散布量度。

圆概率偏差是指以期望弹着点(散布中心)为圆心的一个圆的半径。在稳定发射条件下，向目标发射大量导弹时，有 50% 的弹着点散布于此圆内。通常以 CEP 来表示。

圆概率偏差是根据圆散布正态分布规律求出的。已知对圆形目标的命中概率表达式为

$$P(r < R) = 1 - e^{-\frac{R^2}{2\sigma^2}}$$

按照 CEP 的定义，得

$$P(r = R_{0.5}) = 1 - e^{-\frac{R_{0.5}^2}{2\sigma^2}} = 0.5$$

即

$$e^{-\frac{R_{0.5}^2}{2\sigma^2}} = 0.5$$

则有

$$\begin{cases} R_{0.5} = \text{CEP} = \sqrt{2\ln 2} \cdot \sigma = \sqrt{2 \times 0.6932} \cdot \sigma = 1.1774\sigma \\ \sigma = 0.8493\text{CEP} \end{cases} \tag{6-28}$$

因此可知，圆概率偏差是一个方向上标准偏差 σ 的 1.1774 倍。通常认为标准偏差 σ 是单变量或一个方向上的散布度量，而圆概率偏差 CEP 则常被认为是弹着点的二维随机变量，即两个方向上的散布度量。应当注意到，标准偏差 σ 是大样本统计特征量，它是对给定分析的武器系统进行大量射击的试验结果或根据经验所得的统计结果。因此，根据有限数量导弹射击试验结果所得的 σ 估计值将受采样误差的影响。

根据命中概率，对圆概率偏差也可做另一种解释。假定武器系统的射击误差散布等于标准偏差 σ 的值，如果用该武器系统对一个半径 $R = 1.1774\sigma$，圆心位于期望弹着点(瞄准中心为目标中心且与散布中心重合)的圆形目标进行射击，则导弹命中这一特定目标的概率是 0.5。由此可以预测，将会有一半的导弹命中目标，而另一半将脱靶。

利用圆概率偏差作为武器系统设计精确性的量度是很方便的，因为 $\text{CEP} = 1.1774\sigma$，它与多方向的标准偏差 σ 之间有依赖关系，可以互相转换。因此，各类武器都广泛应用圆概率偏差作为射击散布量度。

例 6-1　设某巡航导弹对半径 $R \approx 50\text{m}$ 的目标进行射击，由误差分析已知圆概率偏差 $\text{CEP} = 10\text{m}$，求该导弹命中目标的概率。

解　由 $\text{CEP} = 20\text{m}$，且 $\text{CEP} = 1.1774\sigma$，$\sigma = 20/1.1774 = 17(\text{m})$

则

$$P(r < R) = 1 - e^{-\frac{50^2}{2 \times 17^2}} = 0.987$$

3. 概率偏差

定义：落入对称于散布中心且平行于 y 轴或 z 轴的无限长带状区域的概率为 0.5 时，此带状区域宽度的一半称为概率偏差，用符号 PE 表示，PE 的定义如图 6-12 所示。

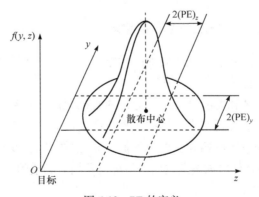

图 6-12　PE 的定义

在无系统误差、y 与 z 相互独立、且弹道为圆散布的情况下，若将有 $1/2$ 弹着点落入宽度为 2PE 的带状区域，记为 $S_{0.5}$，则按照 PE 的定义，有

$$P[(y,z) \in S_{0.5}] = \iint_{S_{0.5}} f(y,z)\mathrm{d}y\mathrm{d}z = 0.5$$

$$P[(y,z) \in S_{0.5}] = 2\Phi\left(\frac{\text{PE}}{\sigma}\right) - 1 = 0.5$$

$$\Phi\left(\frac{\text{PE}}{\sigma}\right) = (0.5+1)/2 = 0.75$$

标准正态分布：

$$\Phi(z) = \frac{1}{\sqrt{2\pi}} \int_{-\infty}^{z} \mathrm{e}^{-\frac{1}{2}t^2} \mathrm{d}t$$

由正态分布函数表查 $\Phi\left(\frac{\text{PE}}{\sigma}\right) = 0.75$，即可得

$$\begin{cases} \text{PE} = 0.6745\sigma \\ \sigma = 1.4826\text{PE} \end{cases} \tag{6-29}$$

由式(6-28)和式(6-29)，求得

$$\begin{cases} \text{PE} = 0.5729\text{CEP} \\ \text{CEP} = 1.7456\text{PE} \end{cases} \tag{6-30}$$

PE 是研究散布时常用的标志量，有距离 PE 和方向 PE 之分。它不仅表示了弹着点的散布程度，而且表示在一个坐标方向上半数射弹的命中范围。因此，研究弹着点散布时常常用概率偏差来代替方差。尤其导弹对地面(海面)目标进行攻击时，多用概率偏差 $(\text{PE})_y$、$(\text{PE})_z$，即纵向概率偏差和横向概率偏差来描述弹着点的散布程度。

6.4　杀伤概率计算

6.4.1　作战空域与杀伤区、攻击区、发射区定义

作战空域是防空导弹武器系统主要的战术指标之一。它比较集中地反映了系统的综合性能，是部队布防和编写战斗条令的依据。

作战空域包含杀伤区和发射区两个部分。通常把保证防空导弹武器系统以不低于给定概率杀伤给定速度平直飞行空中目标的遭遇点所构成的一定空间范围称为杀伤区。杀伤区内不同点的杀伤概率不尽相同，但应不低于规定的指标。发射区是指地面发射导弹时，能使导弹与目标在杀伤区内遭遇的所有目标位置构成的空间区域。

6.4.1.1　杀伤区

1. 杀伤区的定义

杀伤区一般用地面参数直角坐标系来描述。地面参数直角坐标系如图 6-13 所示。坐标原点 O 取在制导站或导弹发射点；OX 轴在水平面上，平行于目标速度矢量在该平面上的投影，指向与目标运动方向相反；OH 轴沿铅垂线向上；OP 轴垂直于 XOH 平面，按右手坐标系定则确定指向。坐标 H 表示目标飞行高度，坐标 P 表示目标运动的航路捷径(航向参数)，坐标 X 表示杀伤区纵深。

防空导弹的杀伤区如图 6-14 所示，该杀伤区是一个空间区域。由于图形比较复杂，工程上通常用两种平面图形来表示。由通过 XOH 平面切割空间杀伤区所得到的平面图形称为垂直平面杀伤区，简称垂直杀伤区，垂直杀伤区见图 6-15。由平行于 XOP 平面切割空间杀伤区所得到的另一种平面图形称为水平平面杀伤区，简称水平杀伤区，水平杀伤区见图 6-16。显然，对于一个空间杀伤区来说，垂直杀伤区只有一个，而水平杀伤区可以有多个。通常，根据杀伤区随高度的变化特点，给出若干个有代表性的水平杀伤区。

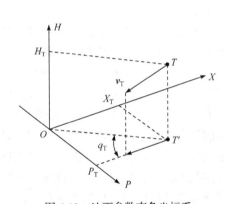

图 6-13　地面参数直角坐标系

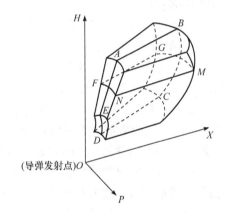

图 6-14　防空导弹的杀伤区

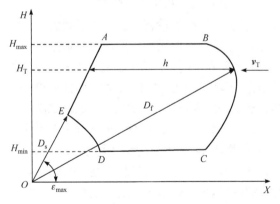

图 6-15　垂直杀伤区

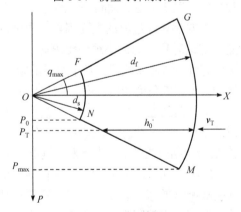

图 6-16　水平杀伤区

P 为航路捷径；P_{max} 为杀伤区远界的最大航路捷径；P_0 为杀伤区近界的最大航路捷径；P_T 为目标的航路捷径

杀伤区的边界通常可分为远界(图 6-15 中 BC 和图 6-16 中 GM)、近界(图 6-15 中 AED 和图 6-16 中 FN)、高界(图 6-15 中 AB)、低界(图 6-15 中 DC)和侧界(图 6-16 中 GF 和 MN)。

　　杀伤区高界 AB 对应的参数是杀伤目标的最大高度 H_{max}；杀伤区低界 DC 对应的参数是杀伤目标的最小高度 H_{min}；杀伤区远界 BC 对应的参数是杀伤区远界的斜距 D_f；杀伤区远界 GM 对应的参数是杀伤区远界斜距 D_f 在水平面上的投影 d_f；杀伤区近界 AED 对应的参数是杀伤区近界的斜距 D_s 和最大高低角 ε_{max}；杀伤区侧界 GF、MN 对应的参数是杀伤区的最大航路角 q_{max}。

　　在同一水平杀伤区内，从 O 点(OH 轴)到远界任一点的距离称为杀伤区的水平远界距离；从杀伤区远界任一点作平行于 OX 轴的直线，在这条直线上从远界点到近界点的距离称为杀伤区纵深(图 6-16 中 h_0)。对于不同的高度和不同的航路捷径，杀伤区纵深是不同的。

　　2. 决定杀伤区的主要因素

　　在防空导弹武器系统的设计中，按照给定的作战任务和要求的效能指标，通过设计参数的优化选择，可以确定对杀伤区边界的基本要求。根据这些要求进行导弹、制导雷达和发射装置的设计，然后根据导弹、制导雷达、发射装置和制导控制回路的性能和目标特性，通过计算、仿真和实弹射击，最终确定杀伤区边界。

　　一般情况下，杀伤区边界是由武器系统的设计要求、目标性质、射击条件和武器系统的实际性能等大量因素决定的。这些主要因素有：①导弹武器的作战任务及杀伤空中目标的概率；②导弹的飞行弹道和机动能力；③导弹制导控制回路性能和导引方法；④导弹战斗部和引信的性能，以及引战配合特性；⑤制导雷达(或其他制导设备)的性能；⑥目标的飞行性能、有效散射面积和易损性；⑦目标的反导对抗手段(如施放电子干扰)等。

　　影响杀伤区远界的主要因素是雷达发现目标的最大距离、武器系统反应时间、导弹速度特性、导弹的可用过载、制导精度等。由于反应时间一般由用户规定，这样在进行杀伤区远界设计时，就要对雷达发现、跟踪目标的最大距离，导弹的平均速度，导弹在远界的可用过载，制导精度进行设计和分配。武器系统的反应时间也需要进行二次设计和分配，以明确在此期间进行的各个事件的串行、并行关系和快速性要求。

　　影响杀伤区近界的主要因素是导弹的加速性能、可用过载特性、制导控制的引入性能、雷达对目标的最小跟踪距离等。近界是由多个不光滑曲面组成的，从铅垂截面看，可以有圆弧段和直线段，各个边界的影响因素稍有差别。例如，铅垂面的直线段还涉及雷达的最大跟踪角度和角速度。为了保证近界指标，设计时就要提出对上述因素的要求。低空近程武器的近界要求高于中高空远程武器，这也是许多低空近程武器采用瞄准式倾斜发射的原因。垂直发射的导弹由于转弯的影响，近界一般较大。但部分型号导弹上采用的冷转弯(转弯结束或基本结束后发动机点火)使得垂直发射的导弹也能达到很小的近界。

　　影响杀伤区高界的主要因素包括导弹的速度特性、导弹可用过载、制导的动态误差和引战配合效率。理论计算时，高界可能出现在纵深很小的水平面上。但考虑到发射决策、连续射击等因素，代表高界的水平截面应当有一定的纵深，以保证发射区的有效性和连续射击时最后离架的导弹能够命中目标。随着高度的增加，导弹的速度下降、可用过载降低、过载响应变慢、制导动态误差增大、弹目交会姿态变差、引战配合效率下降，这些都是杀伤区高界设计时考虑的因素。

影响杀伤区低界的因素有雷达有效检测和跟踪超低空目标的能力、导弹飞行稳定性、制导精度、引信掠地(掠海)飞行能力等。其中，关键因素是雷达在强杂波背景下检测和跟踪目标的能力、超低空多路径条件下的跟踪精度和制导精度。因此，为了保证杀伤区的低界，就需要从上述主要因素入手，在技术途径选择、导引规律设计、制导数据综合运用、防止引信对地面启动等方面采取针对措施。

就作战需求来说，防空导弹武器系统的杀伤区低界越低越好，但是要求防空导弹武器系统的主要组成部分导弹和制导站，既具有良好的高空性能又具有良好的低空性能，在技术上往往有一定的困难。另外，由于受地球曲面和地物的影响，低空目标的发现距离受到限制，这就使许多防空导弹武器系统杀伤区的低远界限制在一定距离上，即使增大雷达(或光学制导设备)的作用距离，也不能增加低界上的杀伤区远界。因此，用中、远程的防空导弹射击低空目标，从经济上说是不合算的。这就形成了导弹型号在空域上的分工。一般来说，应当用中低空中近程或低空近程的防空导弹拦截低空或超低空的目标，使这类导弹型号具有尽可能低的杀伤区低界。对于中高空中远程或高空远程防空导弹，则在不损失其中、高空性能和不大幅度增加成本的基础上，尽量使其具有较低的杀伤区低界。

对于给定的武器系统，采用不同的制导体制(雷达、光学等)、不同的导引规律、射击不同飞行速度的目标、射击不同有效反射面积的目标，以及射击使用不同干扰手段的目标都有不同的杀伤区图形。因此，对于一套防空导弹武器系统需要给出多种杀伤区图形，才能满足作战需要。

6.4.1.2　发射区

1. 射击平直飞行目标的发射区

在发射导弹时，能够使导弹和目标在杀伤区内遭遇的所有目标位置构成的空间区域，称为导弹的发射区。

射击水平直线飞行的目标时，取杀伤区边界上每一点为起点，向目标航向的反方向延长一段距离 ΔX_{fs}，即形成垂直平面发射区的边界，垂直平面发射区如图 6-17 所示。延长的这段距离 ΔX_{fs} 等于目标飞行速度与导弹飞到该边界点的时间的乘积，即

$$\Delta X_{fs} = \begin{cases} v_T t_B & (对于远界) \\ v_T t_A & (对于近界) \end{cases}$$

式中，t_B、t_A 分别是导弹到达杀伤区远界和近界的飞行时间。

同理可以得到水平平面发射区如图 6-18 所示。

当杀伤区和导弹的飞行速度特性确定之后，射击平直飞行目标的发射区完全决定于目标的飞行速度。

2. 可靠发射区

导弹可靠发射区是指这样的空间区域：当目标进入此空间区域时发射导弹，无论目标如何机动飞行，都能保证导弹在杀伤区内与目标遭遇。由此可见，可靠发射区是目标做等速水平直线飞行时的导弹发射区与目标做机动飞行时的导弹发射区重合的区域，它

同时满足两个发射区的所有限制条件。

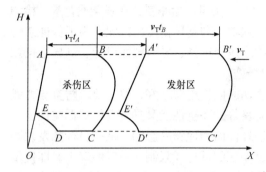

图 6-17　垂直平面发射区

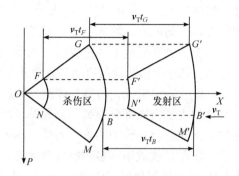

图 6-18　水平平面发射区

明确了可靠发射区的定义，确定可靠发射区的方法很简单。把目标做等速水平直线飞行时导弹发射区和目标做机动飞行时的导弹发射区按同一比例画在一张图上，则两个发射区相重合的部分就是可靠发射区，可靠发射区如图 6-19 所示(图中的斜线部分即为可靠发射区)。

图 6-19 中：$MNFG$ 为水平平面杀伤区；$M'N'F'G'$ 为目标做等速水平直线飞行时导弹的发射区；$M''N''F''G''$ 为目标做机动飞行时导弹的发射区；$M''KLG''$ 为导弹的可靠发射区。

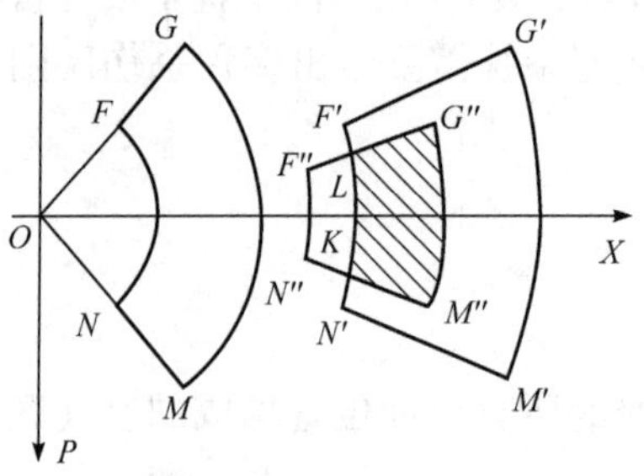

一般情况下，空中目标一旦发现防空导弹来袭，必将采取对抗措施，最常用的就是进行紧急反射击机动，迅速改变航向，在与导弹遭遇之前逃离防空导弹的杀伤区。如果空中目标逃离杀伤区所需要的时间小于导弹到达杀伤区边界的时间，则不能杀伤目标。因此，在射击航向机动目标时，导弹发射时刻应适当延迟，待目标进入杀伤区一定深度时再进行射击。可靠发射区一般小于杀伤区。

图 6-19　可靠发射区

很显然，在其他条件一定时，导弹平均飞行速度越高，可靠发射区的范围越大；导弹杀伤区的远界越高，近界越小，可靠发射区的范围也越大。

6.4.1.3　攻击区

1. 攻击区的定义

与防空导弹武器系统类似，空对空导弹武器系统也有一个发射区(又叫攻击区)。攻击区的大小及其特征是反映空对空导弹武器系统的综合性能指标。它不仅提供了简单的使用条件，而且还全面地评价了武器系统的优劣，从而为今后改进武器系统指出了方向。

空对空导弹的攻击区是目标周围的这样一个空域：当载机在此空域内发射导弹时，导弹就能以不低于某一给定的概率杀伤目标；若在此区域外发射导弹时，导弹杀伤目标的概率将低于某一给定值，甚至下降为零。

攻击区的计算包括发射包络和不可逃逸包络。发射包络是目标不机动或目标机动过载为常值条件下计算的最大、最小发射边界。不可逃逸包络是指目标做任何形式的机动都会被拦截的最大、最小发射边界。

攻击区的计算常用三自由度数学模型，而不用六自由度数学模型，主要有以下几个方面的原因：①攻击区的计算并不要求给出脱靶量，不关心气动力及制导、控制系统工作的细节；②在总体设计时飞行控制系统还没有设计，直接用弹体六自由度方程计算可能不稳定，即使稳定弹体阻尼也很小，计算结果不准确；③攻击区的计算是通过弹道计算搜索攻击区的边界，希望计算速度快。

2. 常用坐标系

在攻击区的计算中常用的坐标系有以下几种。

(1) 惯性坐标系 $Oxyz$，原点 O 位于载机为发射导弹建立惯性坐标系时刻载机的地理位置(经度、纬度)和 0 海拔，Ox 轴向北，Oy 轴向上，Oz 轴按右手定则确定。

(2) 弹体坐标系 $Ox_1y_1z_1$，原点 O 位于弹体质心上，Ox_1 轴沿弹体纵轴方向，向前为正；Oy_1 轴在弹体纵向对称面内垂直于 Ox_1 轴，向上为正；Oz_1 轴由右手法则确定。

(3) 弹道坐标系 $Ox_2y_2z_2$，原点 O 取在弹体质心上，Ox_2 轴与导弹速度方向一致；Oy_2 轴在包含 Ox_2 轴的铅垂平面内，向上为正；Oz_2 轴由右手法则确定。

(4) 速度坐标系 $Ox_3y_3z_3$，原点 O 取在弹体质心上，Ox_3 轴与导弹速度方向一致；Oy_3 轴在包含 Ox_1 轴的弹体纵向对称面内，向上为正；Oz_3 轴按右手法则确定。

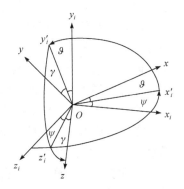

图 6-20　坐标转换

任何两个坐标系之间的转换都可以用依次绕三个轴转动的三个欧拉角表示，而且和转动次序无关。例如，由惯性坐标系向弹体坐标系的转换，先绕 Oy 轴转动 ψ 角，再绕新的 Oz 轴转 ϑ 角，最后绕新的 Ox 轴转 γ 角。坐标转换如图 6-20 所示。

各坐标系的转换矩阵为

$$\begin{bmatrix} x' \\ y \\ z' \end{bmatrix} = \begin{bmatrix} \cos\psi & 0 & -\sin\psi \\ 0 & 1 & 0 \\ \sin\psi & 0 & \cos\psi \end{bmatrix} \begin{bmatrix} x \\ y \\ z \end{bmatrix} \tag{6-31}$$

$$\begin{bmatrix} x_1 \\ y' \\ z' \end{bmatrix} = \begin{bmatrix} \cos\vartheta & \sin\vartheta & 0 \\ -\sin\vartheta & \cos\vartheta & 0 \\ 0 & 0 & 1 \end{bmatrix} \begin{bmatrix} x' \\ y \\ z' \end{bmatrix} \tag{6-32}$$

$$\begin{bmatrix} x_1 \\ y_1 \\ z_1 \end{bmatrix} = \begin{bmatrix} 1 & 0 & 0 \\ 0 & \cos\gamma & \sin\gamma \\ 0 & -\sin\gamma & \cos\gamma \end{bmatrix} \begin{bmatrix} x_1 \\ y' \\ z' \end{bmatrix} \tag{6-33}$$

将式(6-31)代入式(6-32)，再代入式(6-33)，得

$$\begin{bmatrix} x_1 \\ y_1 \\ z_1 \end{bmatrix} = \begin{bmatrix} 1 & 0 & 0 \\ 0 & \cos\gamma & \sin\gamma \\ 0 & -\sin\gamma & \cos\gamma \end{bmatrix} \begin{bmatrix} \cos\vartheta & \sin\vartheta & 0 \\ -\sin\vartheta & \cos\vartheta & 0 \\ 0 & 0 & 1 \end{bmatrix} \begin{bmatrix} \cos\psi & 0 & -\sin\psi \\ 0 & 1 & 0 \\ \sin\psi & 0 & \cos\psi \end{bmatrix} \begin{bmatrix} x \\ y \\ z \end{bmatrix}$$

$$= \begin{bmatrix} \cos\vartheta\cos\psi & \sin\vartheta & -\cos\vartheta\sin\psi \\ -\cos\gamma\sin\vartheta\cos\psi + \sin\gamma\sin\psi & \cos\gamma\cos\vartheta & \cos\gamma\sin\vartheta\sin\psi + \sin\gamma\cos\psi \\ \sin\gamma\sin\vartheta\cos\psi + \cos\gamma\sin\psi & -\sin\gamma\cos\vartheta & -\sin\gamma\sin\vartheta\sin\psi + \cos\gamma\cos\psi \end{bmatrix} \begin{bmatrix} x \\ y \\ z \end{bmatrix}$$

$$\tag{6-34}$$

3. 弹道和攻击区计算的数学模型

攻击区的边界是根据导弹的工作能力用弹道计算搜索得到的，搜索攻击区使用的参数有以下几个：①制导时间的最小值、最大值；②导弹末速允许的最小值；③导弹目标接近速度允许的最小值；④允许导弹飞行的最小高度、最大高度；⑤导引头框架角绝对值的最大允许值；⑥导引头的最大跟踪角速度。

制导时间的最小值是由导弹的起控时间和制导时间常数决定的；制导时间的最大值由弹上能源或某些器件允许的最大工作时间决定；导弹末速允许的最小值根据导弹最小机动能力要求确定；导弹目标相对速度允许的最小值由无线电引信多普勒频率的范围确定；允许导弹飞行的最小高度由引信抗地、海杂波能力和制导系统性能决定；允许导弹飞行的最大高度由制导系统性能决定，特别是天线罩斜率误差的影响。

在搜索攻击区边界的弹道计算中，任意一条不满足就认为在攻击区外，所有条件都满足才认为可拦截目标。

在攻击区的计算中，导弹速度、导弹高度、发射离轴角、目标速度、目标高度、目标机动过载、进入角等分档组合，计算量很大，这些组合如无特殊要求，可按国军标 GJB 1545—92《空空导弹允许发射区设计通用要求》处理。

弹道计算的数学模型应在能反映导弹能力的前提下，尽量简单。不同导弹所用的数学模型也不尽相同。例如，没有中制导的导弹就不用考虑交接班截获概率对发射包线的影响。

一般导弹的运动方程使用三自由度弹道固连系方程，如：

$$\begin{cases} m\dfrac{\mathrm{d}v}{\mathrm{d}t} = P\cos\alpha\cos\beta - X - mg\sin\theta \\ mv\dfrac{\mathrm{d}\theta}{\mathrm{d}t} = (P\sin\alpha + Y)\cos\gamma + (P\cos\alpha\sin\beta - Z)\sin\gamma - mg\cos\theta \\ -mv\cos\theta\dfrac{\mathrm{d}\psi}{\mathrm{d}t} = (P\sin\alpha + Y)\sin\gamma - (P\cos\alpha\sin\beta - Z)\cos\gamma \end{cases} \tag{6-35}$$

其中，m 为导弹质量，kg；v 为导弹速度，$m \cdot s^{-1}$；P 为发动机推力，N；X、Y、Z 分别为气动阻力、升力、侧向力在速度坐标系 $Ox_3y_3z_3$ 上的投影，N；θ 为弹道倾角，rad；ψ 为弹道偏角，rad；γ 为速度倾角，rad；α 为攻角，(°)；β 为侧滑角，(°)。

对式(6-35)积分可得到 v、θ、ψ，导弹速度在惯性坐标系三个轴上的投影为

$$\begin{cases} \dfrac{\mathrm{d}x}{\mathrm{d}t} = v\cos\theta\cos\psi \\[2mm] \dfrac{\mathrm{d}y}{\mathrm{d}t} = v\sin\theta \\[2mm] \dfrac{\mathrm{d}z}{\mathrm{d}t} = -v\cos\theta\sin\psi \end{cases} \tag{6-36}$$

积分得到导弹在惯性坐标系中的位置。

目标在惯性坐标系中的速度、位置可简单地用控制目标的加速度进行积分得到。有了导弹和目标在惯性坐标系中的速度、位置就可求出导弹、目标的相对距离、速度，有

$$\boldsymbol{r} = \begin{bmatrix} x_r & y_r & z_r \end{bmatrix}^{\mathrm{T}} = \begin{bmatrix} x_{\mathrm{T}} - x & y_{\mathrm{T}} - y & z_{\mathrm{T}} - z \end{bmatrix}^{\mathrm{T}} \tag{6-37}$$

$$\boldsymbol{v}_r = \begin{bmatrix} \dot{x}_r & \dot{y}_r & \dot{z}_r \end{bmatrix}^{\mathrm{T}} = \begin{bmatrix} \dot{x}_{\mathrm{T}} - \dot{x} & \dot{y}_{\mathrm{T}} - \dot{y} & \dot{z}_{\mathrm{T}} - \dot{z} \end{bmatrix}^{\mathrm{T}} \tag{6-38}$$

在惯性坐标系中视线角速度为

$$\boldsymbol{\omega} = \frac{\boldsymbol{r} \times \boldsymbol{v}}{r^2} = \frac{1}{r^2}\begin{bmatrix} y\dot{z} - z\dot{y} & z\dot{x} - x\dot{z} & x\dot{y} - y\dot{x} \end{bmatrix}^{\mathrm{T}} \tag{6-39}$$

式中，$r = \sqrt{x_r^2 + y_r^2 + z_r^2}$。

如果不考虑目标指示误差和截获概率，可以在惯性坐标系中利用导引律给出导弹的加速度，然后转到弹体坐标系。

弹体坐标系的 x 方向加速度是不能控制的，利用 y 向和 z 向加速度进行控制。由于弹道计算的目的不是研究脱靶量，可略去导引头和稳定回路的时间延迟。但是加速度限制不能省略，加速度限制有多种形式，如"方"加速度限制、"圆"加速度限制、"八边形"加速度限制等。攻角限制通过转换成对应的加速度限制实现，加速度限制算法是在弹体坐标系中实现的。在数学模型中选择适用的算法即可。用 a_y、a_z 分别表示加速度在速度坐标系中 y、z 轴上的投影，则它们与速度坐标系中升力和侧向力的关系为

$$\begin{cases} a_y = \dfrac{P}{m}\sin\alpha + \dfrac{Y}{m} \\[2mm] a_z = -\dfrac{P}{m}\cos\alpha\sin\beta + \dfrac{Z}{m} \end{cases} \tag{6-40}$$

由此可求出升力 Y 和侧向力 Z。它们是动压、参考面积和升力系数的函数，升力系数是攻角(或侧滑角)、舵偏角和马赫数的函数。由于不引入弹体姿态运动，可以用平衡状态的升力系数，平衡状态为

$$m_z(\alpha,\delta,\varphi,Ma) = m_y(\beta,\delta,\varphi,Ma) = 0 \tag{6-41}$$

式中，Ma 为马赫数；φ 为气动滚动角，(°)。

因此，α (或 β)对应一个确定的 δ，代入升力系数中得到平衡状态下的升力系数，对给定的 Ma 和 φ，它只是 α (或 β)的函数，即

$$\begin{cases} Y = qSC_y(\alpha, \varphi, Ma) \\ Z = qSC_z(\beta, \varphi, Ma) \end{cases} \tag{6-42}$$

对给定的 Ma，已知升力可用数值法求出 α 和 β，如果升力系数对 α (或 β)的线性度比较好，可直接解出 α 和 β 为

$$\begin{cases} \alpha = \dfrac{Y}{qSC_y^\alpha} \\ \beta = \dfrac{Z}{qSC_z^\beta} \end{cases} \tag{6-43}$$

导弹的阻力为

$$X = qSC_x(\alpha_\Sigma, Ma, H) \tag{6-44}$$

式中，C_x 为阻力系数；α_Σ 为总攻角，(°)。

由几何关系有

$$\begin{cases} \alpha_\Sigma = \arccos(\cos\alpha\cos\beta) \approx \sqrt{\alpha^2 + \beta^2} \\ \varphi = \arccos\left(\dfrac{\sin\alpha}{\sin\alpha_\Sigma}\right) \end{cases} \tag{6-45}$$

至此已给出了弹道计算的全部方程。若考虑制导系统的时间延迟，可引入制导系统的等效时间延迟。如果稳定回路性能欠佳，实际弹道产生的诱导阻力要比平衡状态大，在阻力计算时可引入 $1g\sim3g$ 机动产生的诱导阻力。

如果计算考虑截获概率的攻击区，还要引入天线坐标系，计算天线指示和视线的误差，然后计算截获概率。在满足截获概率条件下，计算攻击区。当要求的截获概率提高时，攻击区要缩小。

6.4.2　导弹命中给定区域的概率

当计算一发导弹或多发导弹杀伤概率时，往往需要知道单发导弹命中给定区域的概率。在获得制导误差的分布规律和数字特征之后，就可以计算单发导弹命中任意形状给定区域的概率。给定区域是指导弹战斗部起爆后有可能摧毁(或杀伤)目标的全部弹着点组成的区域。它既可以是目标在靶平面上的投影，也可以是以目标质心或几何中心为中心的某个特定区域。假设靶平面上导弹的制导误差服从正态分布，而制导误差的数学期望和均方差均为已知量，在上述条件下确定导弹命中给定区域的概率。

6.4.2.1　单发导弹命中给定半径圆内的概率

1. 弹道为圆散布，散布中心与目标质心重合

弹道为圆散布，表明 $\sigma_y = \sigma_z = \sigma$；散布中心与目标质心重合，表明无系统误差，即 $y_0 = z_0 = 0$。由前面的分析和推导可知，制导误差 y、z 服从正态分布，其概率密度可由式(6-22)简化为

$$f(y,z) = \frac{1}{2\pi\sigma^2}\exp\left\{-\frac{y^2+z^2}{2\sigma^2}\right\} = \frac{1}{2\pi\sigma^2}\exp\left\{-\frac{r^2}{2\sigma^2}\right\} \tag{6-46}$$

式中，r 为脱靶量，$r = \sqrt{y^2+z^2}$。

导弹命中单元面积 $\mathrm{d}S$ 见图 6-21，则其概率 $\mathrm{d}P$ 等于制导误差的概率密度与单元面积的乘积，有

$$\mathrm{d}P = f(y,z)\mathrm{d}S \tag{6-47}$$

而

$$\mathrm{d}S = r\mathrm{d}\eta\mathrm{d}r \tag{6-48}$$

将式(6-46)和式(6-48)代入式(6-47)，得

$$\mathrm{d}P = \frac{1}{2\pi\sigma^2}\exp\left\{-\frac{r^2}{2\sigma^2}\right\}r\mathrm{d}\eta\mathrm{d}r$$

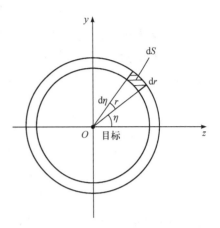

图 6-21 导弹命中单元面积 $\mathrm{d}S$

对脱靶方位角 η 从 0 到 2π 积分，就得到导弹命中单元圆环的概率为

$$P(r<R<r+\mathrm{d}r) = \int_0^{2\pi}\frac{r}{2\pi\sigma^2}\exp\left\{-\frac{r^2}{2\sigma^2}\right\}\mathrm{d}\eta\mathrm{d}r = \frac{r}{\sigma^2}\exp\left\{-\frac{r^2}{2\sigma^2}\right\}\mathrm{d}r \tag{6-49}$$

因为单元圆环的宽度 $\mathrm{d}r$ 是无穷小量，所以式(6-49)表示导弹命中以目标质心为圆心、以 r 为半径的圆周的概率。显然，导弹命中以 r 为半径的单位宽度圆环的概率就是脱靶量 r 的概率密度，有

$$f(r) = \frac{r}{\sigma^2}\exp\left\{-\frac{r^2}{2\sigma^2}\right\} \tag{6-50}$$

表达式(6-50)称为瑞利分布函数。

由概率论知，导弹命中给定半径 R 的圆内的概率为

$$P(r<R) = \int_0^R f(r)\mathrm{d}r = \int_0^R \frac{r}{\sigma^2}\mathrm{e}^{-\frac{r^2}{2\sigma^2}}\mathrm{d}r$$

进行变量替换，令 $t = r^2/2\sigma^2$，则 $r=0$ 时，$t=0$；$r=R$ 时，$t=R^2/2\sigma^2$，$\mathrm{d}t = r\mathrm{d}r/\sigma^2$。因此有

$$P(r<R) = \int_0^{\frac{R^2}{2\sigma^2}}\mathrm{e}^{-t}\mathrm{d}t = -\mathrm{e}^{-t}\Big|_0^{\frac{R^2}{2\sigma^2}} = 1-\mathrm{e}^{-\frac{R^2}{2\sigma^2}} \tag{6-51}$$

式(6-51)就是弹道为圆散布，当散布中心与目标质心重合时，导弹命中以目标质心为圆心、以 R 为半径的给定圆内的概率表达式。

例 6-2 设一地对空导弹对目标进行射击，该导弹战斗部的毁伤半径是 30m，分析得知目标在靶平面上的投影为圆形，弹着点在散布平面的标准偏差 $\sigma = 17\mathrm{m}$，求该导弹对圆

形目标的命中概率。

解 由式(6-51)可得

$$P(r < R) = 1 - \exp[-30^2 / (2 \times 17^2)] = 0.789$$

2. 弹道为圆散布，散布中心与目标质心不重合

弹道为圆散布，表明 $\sigma_y = \sigma_z = \sigma$；散布中心与目标质心不重合，表明存在系统误差，即 y_0 和 z_0 不同时等于零。这时，制导误差 (y, z) 的概率密度见式(6-22)，即有

$$f(y, z) = \frac{1}{2\pi\sigma^2} \exp\left\{ -\frac{1}{2\sigma^2}[(y - y_0)^2 + (z - z_0)^2] \right\}$$

若用极坐标表示制导误差，则其概率密度见式(6-27)，即有

$$f(r, \eta) = \frac{r}{2\pi\sigma^2} \exp\left\{ -\frac{1}{2\sigma^2}[r^2 + r_0^2 - 2rr_0\cos(\eta - \eta_0)] \right\}$$

将 $f(r, \eta)$ 对脱靶方位角 η 从 0 到 2π 积分，得

$$\begin{aligned}
f(r) &= \int_0^{2\pi} f(r, \eta)\mathrm{d}\eta = \int_0^{2\pi} \frac{r}{2\pi\sigma^2} \exp\left\{ -\frac{1}{2\sigma^2}[r^2 + r_0^2 - 2rr_0\cos(\eta - \eta_0)] \right\}\mathrm{d}\eta \\
&= \int_0^{2\pi} \frac{r}{2\pi\sigma^2} \exp\left(-\frac{r^2 + r_0^2}{2\sigma^2} \right) \cdot \exp\left[\frac{rr_0}{\sigma^2}\cos(\eta - \eta_0) \right]\mathrm{d}\eta \\
&= \frac{r}{\sigma^2} \exp\left(-\frac{r^2 + r_0^2}{2\sigma^2} \right) \int_0^{2\pi} \frac{1}{2\pi} \exp\left[\frac{rr_0}{\sigma^2}\cos(\eta - \eta_0) \right]\mathrm{d}\eta \\
&= \frac{r}{\sigma^2} \exp\left(-\frac{r^2 + r_0^2}{2\sigma^2} \right) \cdot I_0\left(\frac{rr_0}{\sigma^2} \right)
\end{aligned} \tag{6-52}$$

而

$$I_0\left(\frac{rr_0}{\sigma^2} \right) = \int_0^{2\pi} \frac{1}{2\pi} \exp\left[\frac{rr_0}{\sigma^2}\cos(\eta - \eta_0) \right]\mathrm{d}\eta \tag{6-53}$$

式(6-53)等号右边的积分称为虚变量零阶贝塞尔函数，记为 $I_0(rr_0 / \sigma^2)$。此函数的值可从数学手册中查到。

当脱靶量 r 的概率密度满足式(6-52)时，称 r 服从莱斯分布或广义的瑞利分布。显然，瑞利分布是莱斯分布在 $r_0 = 0$ 时的特殊情况。在这种情况下，导弹命中以目标质心为圆心、以 R 为半径的圆内之概率可表示为

$$P(r < R) = \int_0^R \frac{r}{\sigma^2} \exp\left(-\frac{r^2 + r_0^2}{2\sigma^2} \right) \cdot I_0\left(\frac{rr_0}{\sigma^2} \right)\mathrm{d}r \tag{6-54}$$

式(6-54)的积分不能用初等函数表示，通常是用数值积分方法作出莱斯分布概率密度积分的等概率曲线，如图 6-22 所示。图中的 PE 为概率偏差；P 即 $P(r < R)$。由此等概率曲线图即可确定导弹命中给定圆内的概率。

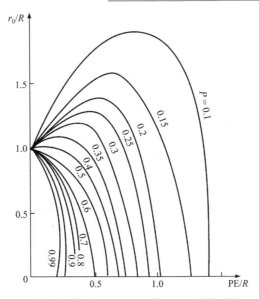

图 6-22　莱斯分布概率密度积分的等概率曲线

6.4.2.2　单发导弹命中复杂图形区域的概率

导弹命中目标在靶平面上的投影，就意味着命中了目标。目标在靶平面上投影的形状一般是个复杂的图形。导弹命中任意复杂图形区域内的概率都可以通过在该区域上积分制导误差的概率密度 $f(y,z)$ 而得到，即有

$$P[(y,z) \in S_T] = \iint_{S_T} f(y,z) \mathrm{d}y\mathrm{d}z \tag{6-55}$$

式中，S_T 为目标在靶平面上的投影面积。

将式(6-21)代入式(6-55)得

$$P[(y,z) \in S_T] = \iint_{S_T} \frac{1}{2\pi\sigma_y\sigma_z} \exp\left\{-\left[\frac{(y-y_0)^2}{2\sigma_y^2} + \frac{(z-z_0)^2}{2\sigma_z^2}\right]\right\} \mathrm{d}y\mathrm{d}z \tag{6-56}$$

对于极不规则形状的区域，一般只能用数值积分法近似地求解式(6-56)。实际上，为了便于计算，往往将不规则区域简化成规则形状或几种规则形状的组合。这些规则形状可以是圆形、矩形等。

1. 单发导弹对矩形目标的命中概率

假设目标在靶平面上的投影面积为矩形。导弹对矩形目标射击时，散布中心与目标质心重合，即散布中心、瞄准中心和矩形中心三者重合在原点，设矩形的边长分别为 $2a$、$2b$，于是在区域 $-a \leqslant y \leqslant a$ 和 $-b \leqslant z \leqslant b$ 内积分，得到导弹命中矩形区域的概率为

$$P[(y,z) \in S_T] = \frac{1}{2\pi} \int_{-a}^{a} \int_{-b}^{b} \exp\left(-\frac{y^2}{2\sigma_y^2} - \frac{z^2}{2\sigma_z^2}\right) \mathrm{d}\left(\frac{y}{\sigma_y}\right) \mathrm{d}\left(\frac{z}{\sigma_z}\right) \tag{6-57}$$

当有系统误差存在，散布中心与瞄准中心不重合时，有

$$P[(y,z) \in S_{\mathrm{T}}] = \frac{1}{2\pi} \int_{-a}^{a} \int_{-b}^{b} \exp\left[-\frac{(y-y_0)^2}{2\sigma_y^2} - \frac{(z-z_0)^2}{2\sigma_z^2} \right] \mathrm{d}\left(\frac{y}{\sigma_y}\right) \mathrm{d}\left(\frac{z}{\sigma_z}\right) \tag{6-58}$$

如果 $\sigma_y = \sigma_z = \sigma$，式(6-57)可写成标准形式，有

$$P[(y,z) \in S_{\mathrm{T}}] = \left[\frac{1}{\sqrt{2\pi}} \int_{-a/\sigma}^{a/\sigma} \exp\left(-\frac{y^2}{2} \right) \mathrm{d}y \right] \cdot \left[\frac{1}{\sqrt{2\pi}} \int_{-b/\sigma}^{b/\sigma} \exp\left(-\frac{z^2}{2} \right) \mathrm{d}z \right] \tag{6-59}$$

式(6-59)中包括两个正态分布函数积分的乘积，此两个量均可利用正态分布函数积分表查得(数学手册)，进而直接求得对矩形目标射击的命中概率。

例 6-3 设有一反坦克导弹在有效射程范围内对坦克目标射击，其弹着点在散布平面内的标准偏差 $\sigma_y = \sigma_z = 0.5\mathrm{m}$，而坦克的正面轮廓面积可用 $1.8\mathrm{m} \times 2.7\mathrm{m}$ 的等效矩形面积来近似，求该反坦克导弹的命中概率。

解 设散布中心与散布平面内的等效矩形中心重合。由式(6-59)得

$$P[(y,z) \in S_{\mathrm{T}}] = \left[\frac{1}{\sqrt{2\pi}} \int_{-0.9/0.5}^{0.9/0.5} \exp\left(-\frac{y^2}{2} \right) \mathrm{d}y \right] \cdot \left[\frac{1}{\sqrt{2\pi}} \int_{-1.35/0.5}^{1.35/0.5} \exp\left(-\frac{z^2}{2} \right) \mathrm{d}z \right]$$

$$= 2\Phi(1.8) \times 2\Phi(2.7)$$

查正态分布函数表得 $\Phi(1.8) = 0.4641, \Phi(2.7) = 0.4965$，即可得到此反坦克导弹的命中概率为

$$P[(y,z) \in S_{\mathrm{T}}] = 2 \times 0.4641 \times 2 \times 0.4965 = 0.9217$$

2. 单发导弹对正方形目标的命中概率

当目标外廓在靶平面上的投影面积是正方形，且散布中心与目标质心重合时，则导弹命中正方形区域的概率可利用式(6-57)及式(6-59)计算，取 $y = z, a = b$，因为正方形是矩形的特例，则有

$$P[(y,z) \in S_{\mathrm{T}}] = \left[\frac{1}{\sqrt{2\pi}} \int_{-a/\sigma}^{a/\sigma} \exp\left(-\frac{y^2}{2} \right) \mathrm{d}y \right]^2$$

或

$$P[(y,z) \in S_{\mathrm{T}}] = \left[\frac{1}{\sqrt{2\pi}} \int_{-b/\sigma}^{b/\sigma} \exp\left(-\frac{z^2}{2} \right) \mathrm{d}z \right]^2 \tag{6-60}$$

例 6-4 同例 6-2，并设目标在靶平面上投影的正方形面积等于圆的面积 $\pi R^2 = (2a)^2$，$\pi 30^2 = (2a)^2$，则 $a = 26.587\mathrm{m}$，求单发导弹的命中概率。

解 由例 6-1 已知，$\sigma = 17\mathrm{m}$，则 $a/\sigma = 26.587/17 = 1.564$，代入式(6-60)得

$$P[(y,z) \in S_{\mathrm{T}}] = \left[\frac{1}{\sqrt{2\pi}} \int_{-1.564}^{1.564} \exp\left(-\frac{y^2}{2} \right) \mathrm{d}y \right]^2 = [2\Phi(1.564)]^2 = 0.7766 \approx 0.777$$

由例 6-4 和例 6-2 比较可以看出，单发导弹命中圆形目标的概率和命中面积相等的正

方形目标的概率相差很小。

6.4.3　单发导弹的杀伤概率

单发导弹杀伤概率是分析、计算各种情况下导弹杀伤概率的基础。在空中目标无对抗且防空导弹武器系统无故障工作条件下，单发导弹杀伤目标的概率主要取决于下列因素：①制导误差；②战斗部和引信的类型、参数，以及引战配合特性；③目标易损性；④导弹与目标遭遇条件。遭遇条件是指导弹与目标遭遇时，二者的飞行高度、速度矢量的方向和大小，以及导弹的脱靶量等。

1. 目标相对速度坐标系

在讨论防空导弹杀伤概率时，往往将空中目标看作是固定不动的，而导弹则以相对速度向目标接近，分析导弹相对于目标的运动时，通常采用相对速度坐标系。目标相对速度坐标系如图 6-23 所示。坐标系的原点 O 原则上可以取在目标的任一点上。为了方便起见，当导弹采用无线电引信时，原点通常取在目标的质心上；当导弹采用红外线引信时，原点通常取在发动机的喷口处。Ox 轴与导弹相对于目标的速度矢量 v_r 方向一致，Oz 轴在水平面和靶平面内，指向右方；Oy 轴在靶平面内，其指向按右手坐标定则确定。

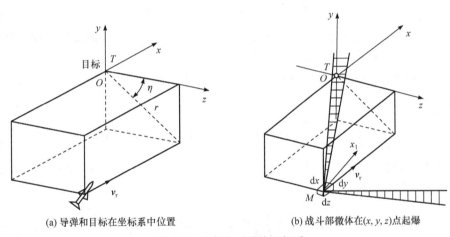

(a) 导弹和目标在坐标系中位置　　　　　　(b) 战斗部微体在 (x,y,z) 点起爆

图 6-23　目标相对速度坐标系

2. 单发导弹杀伤概率的一般表达式

用单发导弹杀伤单个目标是一个复杂的随机事件，它由两个独立的随机事件组成。

第一个随机事件是战斗部在目标相对速度坐标系中某 (x,y,z) 点处起爆，它是由制导系统及引信启动特性决定的。这一事件的概率由战斗部起爆点 (x,y,z) 的分布密度(概率密度) $f(x,y,z)$ 来表示，通常称 $f(x,y,z)$ 为射击误差规律。

第二个随机事件是导弹战斗部在 (x,y,z) 点起爆后杀伤空中目标，它取决于目标易损性和战斗部的效率。这一事件的概率由与战斗部起爆点 (x,y,z) 有关的杀伤目标概率 $G(x,y,z)$ 来表示，通常称 $G(x,y,z)$ 为目标坐标杀伤规律。

显然，要杀伤一个空中目标，必须要上述两个独立的随机事件同时发生。因此，单发导弹杀伤单个目标的概率应当等于上述两个独立事件的概率之积。这里要说明的是，

射击误差规律 $f(x,y,z)$ 是概率密度，它不能直接代替概率。只有将 $f(x,y,z)$ 在某个空间范围内积分，才能表示战斗部起爆点落入此空间范围内的概率。为此，可以在点 (x,y,z) 处，找一个包含此点在内的微体 $\mathrm{d}x\mathrm{d}y\mathrm{d}z$，并认为 $f(x,y,z)$ 在该微体内是常值，则战斗部在位于点 (x,y,z) 处的微体 $\mathrm{d}x\mathrm{d}y\mathrm{d}z$ 内起爆的概率为 $f(x,y,z)\mathrm{d}x\mathrm{d}y\mathrm{d}z$。

按照概率的乘法定理和全概率定理，单发导弹杀伤单个空中目标的概率可表示为

$$P_1 = \int_{-\infty}^{+\infty} \int_{-\infty}^{+\infty} \int_{-\infty}^{+\infty} f(x,y,z) \cdot G(x,y,z) \mathrm{d}x\mathrm{d}y\mathrm{d}z \tag{6-61}$$

可见，为了计算单发导弹杀伤概率 P_1，必须首先确定射击误差规律 $f(x,y,z)$ 和目标坐标杀伤规律 $G(x,y,z)$。

射击误差规律 $f(x,y,z)$ 由制导误差 (y,z) 的概率密度 $f(y,z)$ 和非触发引信引爆点散布的概率密度 $\Phi(x,y,z)$ 决定，即有

$$f(x,y,z) = f(y,z) \cdot \Phi(x,y,z) \tag{6-62}$$

式中，$f(y,z)$ 为制导误差规律，它主要取决于制导回路的特性及导弹的运动和动力特性；$\Phi(x,y,z)$ 为引信引爆规律，它取决于引信引爆点的散布特性。

$$\Phi(x,y,z) = \Phi_1(x/y,z)\Phi_2(y,z) \tag{6-63}$$

式中，$\Phi_1(x/y,z)$ 为当给定制导误差 (y,z) 时，引信引爆点沿 x 轴的散布规律(或概率密度)；$\Phi_2(y,z)$ 为与制导误差有关的引信引爆概率。

将式(6-62)和式(6-63)代入式(6-61)，则得到单发导弹杀伤单个空中目标概率的基本表达式为

$$P_1 = \int_{-\infty}^{+\infty} \int_{-\infty}^{+\infty} \int_{-\infty}^{+\infty} f(y,z)\Phi_1(x/y,z)\Phi_2(y,z)G(x,y,z)\mathrm{d}x\mathrm{d}y\mathrm{d}z \tag{6-64}$$

在式(6-64)被积函数的 4 个因式中，只有 $\Phi_1(x/y,z)$ 和 $G(x,y,z)$ 与 x 有关。因此，引入一个新的函数 $G_0(y,z)$：

$$G_0(y,z) = \int_{-\infty}^{+\infty} \Phi_1(x/y,z)G(x,y,z)\mathrm{d}x \tag{6-65}$$

$G_0(y,z)$ 称为目标条件坐标杀伤规律，或称为二元目标杀伤规律。它反映了引信特性、战斗部特性，以及引信与战斗部的配合问题。

将式(6-65)代入式(6-64)，则单发导弹杀伤目标的概率可表示为

$$P_1 = \int_{-\infty}^{+\infty} \int_{-\infty}^{+\infty} f(y,z)\Phi_2(y,z)G_0(y,z)\mathrm{d}y\mathrm{d}z \tag{6-66}$$

若目标相对速度坐标系用极坐标 (r,η) 表示，式(6-65)和式(6-66)可改写为

$$G_0(r,\eta) = \int_{-\infty}^{+\infty} \Phi_1(x/r,\eta)G(x,r,\eta)\mathrm{d}x \tag{6-67}$$

$$P_1 = \int_{0}^{2\pi} \int_{0}^{+\infty} f(r,\eta)\Phi_2(r,\eta)G_0(r,\eta)\mathrm{d}r\mathrm{d}\eta \tag{6-68}$$

当 $f(r,\eta)$、$\Phi_2(r,\eta)$ 和 $G_0(r,\eta)$ 仅与 r 有关时，式(6-67)和式(6-68)可改写为

$$G_0(r) = \int_{-\infty}^{+\infty} \Phi_1(x/r)G(x,r)\mathrm{d}x \tag{6-69}$$

$$P_1 = \int_0^{+\infty} f(r)\Phi_2(r)G_0(r)\mathrm{d}r \tag{6-70}$$

式(6-61)、式(6-64)、式(6-66)、式(6-68)和式(6-70)都是计算单发导弹杀伤单个目标概率的一般表达式。显然,为了获得单发导弹的杀伤概率,必须研究以下问题:

(1) 武器系统的制导误差(y,z),目的是获得制导误差规律$f(y,z)$。

(2) 战斗部、引信的类型和参数,以及引信的引爆特性和战斗部破片的飞散特性。这些问题与引信引爆点沿x轴的散布规律$\Phi_1(x/y,z)$、引信引爆概率$\Phi_2(y,z)$和目标坐标杀伤规律$G(x,y,z)$关系密切。

(3) 引战配合特性。这个问题影响x的积分限、$\Phi_1(x/y,z)$和$G(x,y,z)$的确定。

(4) 导弹与目标的遭遇条件。这个问题影响引战配合特性的优劣。

(5) 目标的易损性。这个问题直接影响$G(x,y,z)$的确定。

6.4.4 目标条件坐标杀伤规律和引信引爆概率

1. 目标条件坐标杀伤规律的近似公式

目标条件坐标杀伤规律$G_0(y,z)$是导弹制导误差(y,z)的函数,它表示目标易损性和导弹战斗部、引信的综合性能。$G_0(y,z)$不仅与脱靶量r($r=\sqrt{y^2+z^2}$)有关,还往往与脱靶方位角η有关,这是因为目标易损性与战斗部起爆点相对于目标的方位有关;另外,因脱靶的方位不同,引信战斗部配合特性可能也不同。

计算目标条件坐标杀伤规律是比较困难的,可以由理论分析加上实验数据所获得的半经验公式近似地确定$G_0(y,z)$。随着r的增大,破片分布的面密度和撞击目标的速度都将下降,因而导弹的杀伤概率也将变小。确定$G_0(y,z)$的半经验公式可表示为

$$G_0(r,\eta) = 1 - \mathrm{e}^{-\frac{\delta_0^2(\eta)}{r^2}} \tag{6-71}$$

式中,$\delta_0(\eta)$为目标条件坐标杀伤规律与η有关的综合参数。当战斗部给定时,它取决于目标类型、射击条件和脱靶方位角η。

一般情况下,目标条件坐标杀伤规律$G_0(y,z)$主要取决于脱靶量r的大小,而与脱靶方位角η的关系不明显。因此,计算导弹的杀伤概率时,大多以目标的圆条件坐标杀伤规律代替目标的二维条件坐标杀伤规律。目标的圆条件坐标杀伤规律可表示为

$$G_0(r) = 1 - \mathrm{e}^{-\frac{\delta_0^2}{r^2}} \tag{6-72}$$

式中,圆条件坐标杀伤规律综合参数δ_0为

$$\delta_0 = \frac{1}{2\pi}\int_0^{2\pi} \delta_0(\eta)\mathrm{d}\eta \tag{6-73}$$

由式(6-72)得到的圆条件坐标杀伤规律曲线见图6-24。

当圆条件坐标杀伤规律的综合参数δ_0等于脱靶量r时,由式(6-72)求得

$$G_0(r = \delta_0) = 1 - e^{-1} = 0.632$$

目标圆条件坐标杀伤规律 $G_0(r)$ 还有其他近似表达式，如：

$$G_0(r) = e^{-\frac{r^2}{2R_0^2}} \tag{6-74}$$

式中，

$$R_0^2 = 1.5\delta_0^2$$

则

$$G_0(r) = e^{-\frac{r^2}{3\delta_0^2}} \tag{6-75}$$

用式(6-74)或式(6-75)代替式(6-72)时，误差为 4%～9%，$G_0(r)$ 近似表达式的误差示意图见图 6-25。

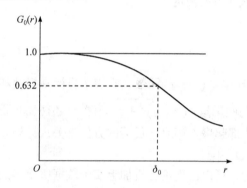

图 6-24　圆条件坐标杀伤规律

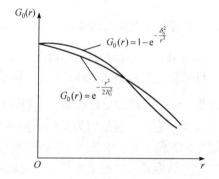

图 6-25　$G_0(r)$ 近似表达式的误差示意图

2. 引信的引爆概率

由单发导弹杀伤概率的表达式知道，$\Phi_2(y,z)$ 表示与制导误差有关的引信引爆概率。无线电引信和红外线引信的引爆概率可表示为

$$\Phi_2(y,z) \approx \Phi_2(r) = 1 - F\left(\frac{r - E_f}{\sigma_f}\right) \tag{6-76}$$

式中，$r = \sqrt{y^2 + z^2}$ 为脱靶量；E_f 为引信引爆距离的数学期望；σ_f 为引信引爆距离的标准偏差；$F\left(\dfrac{r - E_f}{\sigma_f}\right)$ 为正态分布的分布函数。

引爆概率 $\Phi_2(r)$ 的变化规律如图 6-26 所示，它可根据绕飞试验结果确定。

从图 6-26 看出，引信的实际引爆区可分为三个部分：

当 $r \leqslant E_f - 3\sigma_f$ 时，引信的引爆概率接近于 1，即引信只要在这个范围内，必然能引爆战斗部，这个区域称为引信的完全引爆区；

当 $E_f - 3\sigma_f < r < E_f + 3\sigma_f$ 时，引信的引爆概率小于 1，即引信在这个范围内引爆时，有可能成功也有可能失败，这个区域称为引信的不完全引爆区；

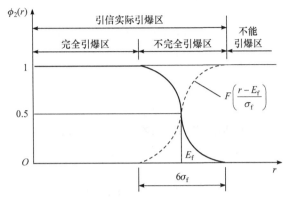

图 6-26　引爆概率 $\Phi_2(r)$ 的变化规律

当 $r \geqslant E_f + 3\sigma_f$ 时，引信的引爆概率等于零，即引信在这个范围内引爆时，必然失败，称这个区域为不能引爆区。

为简便起见，在一般情况下，无论是无线电引信还是红外线引信，均可近似取 $\Phi_2(r)$ 为

$$\Phi_2(r) = \begin{cases} 1, & r \leqslant r_{fmax} \\ 0, & r > r_{fmax} \end{cases} \tag{6-77}$$

式中，r_{fmax} 是与引信最大引爆距离相对应的导弹脱靶量。

6.4.5　单发导弹的杀伤概率

前面已讨论了单发导弹杀伤概率的一般表达式，在直角坐标系中该式为

$$P_1 = \int_{-\infty}^{+\infty} \int_{-\infty}^{+\infty} f(y,z)\Phi_2(y,z)G_0(y,z)\mathrm{d}y\mathrm{d}z$$

在极坐标系中该式为

$$P_1 = \int_0^{+\infty} f(r)\Phi_2(r)G_0(r)\mathrm{d}r$$

显然，若知道了导弹武器系统的制导误差规律 $f(r)$、目标条件坐标杀伤规律 $G_0(r)$ 和引信引爆概率 $\Phi_2(r)$，即可求得单发导弹的杀伤概率。下面讨论几种特殊情况。

6.4.5.1　无系统误差的情况

当实际弹道的散布中心与目标的质心相重合时，系统误差等于零。由于在大多数情况下，系统误差可以通过加入校正信号予以消除，对于一个成熟的导弹武器系统而言，都可以认为其系统误差为零。

(1) 导弹制导误差服从圆散布(即 $\sigma_y = \sigma_z = \sigma$)，脱靶量的概率密度函数为瑞利分布，则有

$$f(r) = \frac{r}{\sigma^2} e^{-\frac{r^2}{2\sigma^2}}$$

目标条件坐标杀伤规律为圆形：

$$G_0(r) = 1 - e^{-\frac{\delta_0^2}{r^2}}$$

非触发引信的引爆半径不受限制，引信的引爆概率 $\Phi_2(r) = 1$。

在上述条件下，单发导弹的杀伤概率可表示为

$$P_1 = \int_0^{+\infty} \frac{r}{\sigma^2} e^{-\frac{r^2}{2\sigma^2}} \cdot (1 - e^{-\frac{\delta_0^2}{r^2}}) dr$$

进行变量替换，令 $\frac{r^2}{2\sigma^2} = t$，$dt = \frac{2r}{2\sigma^2} dr$，则有

$$P_1 = \int_0^{+\infty} e^{-t} \cdot (1 - e^{-\frac{\delta_0^2}{2\sigma^2 t}}) dt = \int_0^{+\infty} e^{-t} dt - \int_0^{+\infty} e^{-\left(t + \frac{\delta_0^2}{2\sigma^2 t}\right)} dt = 1 - \int_0^{+\infty} e^{-\left(t + \frac{\delta_0^2}{2\sigma^2 t}\right)} dt$$

式中，积分 $\int_0^{+\infty} e^{-\left(t + \frac{\delta_0^2}{2\sigma^2 t}\right)} dt$ 可用柱函数变换的汉克尔函数 $K_1(\chi)$ 表示，即

$$P_1 = 1 - \frac{\sqrt{2}\delta_0}{\sigma} K_1\left(\frac{\sqrt{2}\delta_0}{\sigma}\right) \tag{6-78}$$

式中，$K_1(\chi)$ 为一阶汉克尔函数，$\chi = \frac{\sqrt{2}\delta_0}{\sigma}$。一阶汉克尔函数 $K_1(\chi)$ 表见表 6-1。只要算出 χ 值，$K_1(\chi)$ 值即可由表 6-1 中查出。

表6-1　一阶汉克尔函数 $K_1(\chi)$ 表

χ	$K_1(\chi)$	χ	$K_1(\chi)$	χ	$K_1(\chi)$	χ	$K_1(\chi)$
0.0	∞	1.3	0.3725	2.6	0.06528	3.9	0.01400
0.1	9.8538	1.4	0.3208	2.7	0.05774	4.0	0.01248
0.2	4.7760	1.5	0.2774	2.8	0.05111	4.1	0.01114
0.3	3.0560	1.6	0.2406	2.9	0.04529	4.2	0.009938
0.4	2.1844	1.7	0.2094	3.0	0.04016	4.3	0.008872
0.5	1.6564	1.8	0.1826	3.1	0.03563	4.4	0.007923
0.6	1.3028	1.9	0.1597	3.2	0.03164	4.5	0.007078
0.7	1.0503	2.0	0.1399	3.3	0.02812	4.6	0.006325
0.8	0.8618	2.1	0.1227	3.4	0.02500	4.7	0.005654
0.9	0.7165	2.2	0.1079	3.5	0.02224	4.8	0.005055
1.0	0.6019	2.3	0.09498	3.6	0.01979	4.9	0.004521
1.1	0.5098	2.4	0.08372	3.7	0.01763	5.0	0.004045
1.2	0.4346	2.5	0.07389	3.8	0.01571	5.1	0.003619

χ	$K_1(\chi)$	χ	$K_1(\chi)$	χ	$K_1(\chi)$	χ	$K_1(\chi)$
5.2	0.003239	6.5	0.0007799	7.8	0.0001924	9.1	0.00004825
5.3	0.002900	6.6	0.0006998	7.9	0.0001729	9.2	0.00004340
5.4	0.002597	6.7	0.0006280	8.0	0.0001554	9.3	0.00003904
5.5	0.002326	6.8	0.0005636	8.1	0.0001396	9.4	0.00003512
5.6	0.002083	6.9	0.0005059	8.2	0.0001255	9.5	0.00003160
5.7	0.001866	7.0	0.0004542	8.3	0.0001128	9.6	0.00002843
5.8	0.001673	7.1	0.0004078	8.4	0.0001014	9.7	0.00002559
5.9	0.001499	7.2	0.0003662	8.5	0.00009120	9.8	0.00002302
6.0	0.001344	7.3	0.0003288	8.6	0.00008200	9.9	0.00002027
6.1	0.001205	7.4	0.0002953	8.7	0.00007374	10.0	0.00001865
6.2	0.001081	7.5	0.0002653	8.8	0.00006631	—	—
6.3	0.0009691	7.6	0.0002383	8.9	0.00005964	—	—
6.4	0.0008693	7.7	0.0002141	9.0	0.00005364	—	—

例 6-5 已知 $\sigma_y = \sigma_z = 10\text{m}$，$\delta_0 = 25\text{m}$，无系统误差。试求单发导弹的杀伤概率。

解

$$\chi = \frac{\sqrt{2} \times 25}{10} = 3.54$$

查一阶汉克尔函数表得

$$K_1(3.54) = 0.021$$

因此

$$P_1 = 1 - 3.54 \times 0.021 = 0.926$$

(2) 导弹制导误差和非触发引信启动规律与第(1)种情况相同，目标条件坐标杀伤规律的表达式为

$$G_0(r) = \mathrm{e}^{-\frac{r^2}{2R_0^2}}$$

则

$$P_1 = \int_0^{+\infty} \frac{r}{\sigma^2} \mathrm{e}^{-\frac{r^2}{2\sigma^2}} \cdot \mathrm{e}^{-\frac{r^2}{2R_0^2}} \mathrm{d}r = \int_0^{+\infty} \frac{r}{\sigma^2} \mathrm{e}^{-\frac{r^2}{2}\left(\frac{R_0^2 + \sigma^2}{\sigma^2 R_0^2}\right)} \mathrm{d}r$$

进行变量替换，令 $t = \frac{r^2}{2}\left(\frac{R_0^2 + \sigma^2}{\sigma^2 R_0^2}\right)$，$\mathrm{d}t = \left(\frac{R_0^2 + \sigma^2}{\sigma^2 R_0^2}\right) r \mathrm{d}r$，则有

$$P_1 = \frac{R_0^2}{R_0^2 + \sigma^2} \int_0^{+\infty} \mathrm{e}^{-t} \mathrm{d}t = \frac{R_0^2}{R_0^2 + \sigma^2} = \frac{1}{1 + \left(\dfrac{\sigma}{R_0}\right)^2} \tag{6-79}$$

例 6-6 已知 $\sigma_y = \sigma_z = \sigma = 10\text{m}$，$R_0 = 30\text{m}$，无系统误差。试求导弹的杀伤概率。

解
$$P_1 = \frac{1}{1 + \left(\dfrac{10}{30}\right)^2} = 0.9$$

6.4.5.2 有系统误差的情况

当实际弹道的散布中心与目标的质心不重合时，系统误差 r_0 不等于零，即其分量 y_0 和 z_0 不同时等于零。对于技术尚不成熟的导弹武器系统而言，应该考虑系统误差的存在。

(1) 导弹制导误差服从圆散布（$\sigma_y = \sigma_z = \sigma$），脱靶量的概率密度函数为

$$f(r) = \frac{r}{\sigma^2} \mathrm{e}^{-\frac{r^2 + r_0^2}{2\sigma^2}} \cdot I_0\left(\frac{rr_0}{\sigma^2}\right)$$

目标条件坐标杀伤规律为

$$G_0(r) = 1 - \mathrm{e}^{-\frac{\delta_0^2}{r^2}}$$

非触发引信的引爆半径不受限制。

在这些条件下，单发导弹的杀伤概率为

$$P_1 = \int_0^{+\infty} \frac{r}{\sigma^2} \mathrm{e}^{-\frac{r^2 + r_0^2}{2\sigma^2}} \cdot I_0\left(\frac{rr_0}{\sigma^2}\right) \cdot \left(1 - \mathrm{e}^{-\frac{\delta_0^2}{r^2}}\right) \mathrm{d}r \tag{6-80}$$

此积分式一般用数值积分法求解。

(2) 导弹制导误差和非触发引信启动规律与第(1)种情况相同，而目标条件坐标杀伤规律为

$$G_0(r) = \mathrm{e}^{-\frac{r^2}{2R_0^2}}$$

则

$$P_1 = \int_0^{+\infty} \frac{r}{\sigma^2} \mathrm{e}^{-\frac{r^2 + r_0^2}{2\sigma^2}} \cdot I_0\left(\frac{rr_0}{\sigma^2}\right) \cdot \mathrm{e}^{-\frac{r^2}{2R_0^2}} \mathrm{d}r = \frac{1}{\sigma^2} \mathrm{e}^{-\frac{r_0^2}{2\sigma^2}} \int_0^{+\infty} r\mathrm{e}^{-r^2\left(\frac{R_0^2 + \sigma^2}{2R_0^2\sigma^2}\right)} \cdot I_0\left(\frac{rr_0}{\sigma^2}\right) \mathrm{d}r$$

此式求解后，得

$$P_1 = \frac{1}{\sigma^2} \mathrm{e}^{-\frac{r_0^2}{2\sigma^2}} \cdot \frac{R_0^2\sigma^2}{R_0^2 + \sigma^2} \cdot \mathrm{e}^{\frac{r_0^2}{2\sigma^2}\left(\frac{R_0^2}{R_0^2 + \sigma^2}\right)} = \frac{R_0^2}{R_0^2 + \sigma^2} \cdot \mathrm{e}^{-\frac{r_0^2}{2\sigma^2}\left(1 - \frac{R_0^2}{R_0^2 + \sigma^2}\right)} \tag{6-81}$$

当无系统误差时，$r_0 = 0$，则

$$P_1 = P_1' = \frac{R_0^2}{R_0^2 + \sigma^2} \tag{6-82}$$

式(6-82)与式(6-79)是相同的，表明无系统误差是有系统误差的特殊情况。其中，P_1'

即式(6-79)表示的 P_1，它是无系统误差时单发导弹的杀伤概率。因此，式(6-81)可改写为

$$P_1 = P_1' e^{-\frac{r_0^2}{2\sigma^2}(1-P_1')} \tag{6-83}$$

例 6-7　已知 $\sigma_y = \sigma_z = 10\text{m}$，$R_0 = 30\text{m}$，$r_0 = 15\text{m}$，试求单发导弹的杀伤概率。

解
$$P_1' = 0.9$$

$$P_1 = 0.9 e^{-\frac{15^2}{2\times10^2}(1-0.9)} = 0.9 e^{-0.1125} = 0.8$$

6.4.6　多发导弹的杀伤概率

当单发导弹的杀伤概率不够高时，为了达到预期的杀伤概率要求，需要用 n 发导弹对同一个目标进行射击，则 n 发导弹杀伤单个目标的概率为

$$P_n = P(A) = 1 - \prod_{i=1}^{n}[1 - P(A_i)] = 1 - \prod_{i=1}^{n}(1 - P_{1i}) \tag{6-84}$$

式中，n 为发射的导弹数；P_n 为 n 发导弹杀伤单个目标的概率；P_{1i} 为第 i 发导弹杀伤单个目标的概率。

若各发导弹杀伤目标的概率都相等（$P_{1i} = P_1$），式(6-84)可改写为

$$P_n = 1 - (1 - P_1)^n \tag{6-85}$$

P_n 随 P_1 和 n 的变化曲线如图 6-27 所示。在不同的 P_1 和 n 值下，P_n 的值见表 6-2。

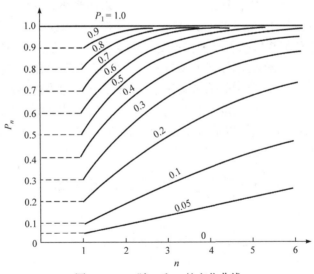

图 6-27　P_n 随 P_1 和 n 的变化曲线

表 6-2　P_n 随 P_1 和 n 的变化数据

P_1	n				
	2	3	4	5	6
0.10	0.1900	0.2700	0.3500	0.4100	0.4700
0.15	0.2800	0.3900	0.4800	0.5600	0.6200

续表

P_1	n				
	2	3	4	5	6
0.20	0.3600	0.4900	0.5900	0.6700	0.7400
0.25	0.4400	0.5800	0.6800	0.7600	0.8200
0.30	0.5100	0.6600	0.7600	0.8300	0.8800
0.35	0.5800	0.7200	0.8200	0.8800	0.9200
0.40	0.6400	0.7800	0.8700	0.9200	0.9500
0.45	0.7000	0.8300	0.9100	0.9500	0.9700
0.50	0.7500	0.8700	0.9400	0.9700	0.9800
0.55	0.8000	0.9100	0.9600	0.9800	0.9900
0.60	0.8400	0.9400	0.9700	0.9900	0.9950
0.65	0.8770	0.9670	0.9850	0.9950	0.9980
0.70	0.9100	0.9730	0.9920	0.9980	0.9990
0.75	0.9370	0.9840	0.9960	0.9990	0.9998
0.80	0.9600	0.9920	0.9980	0.9998	—
0.85	0.9770	0.9970	0.9995	0.9999	—
0.90	0.9900	0.9990	0.9999	—	—
0.95	0.9970	0.9999	—	—	—

从表 6-2 可以看出，对单个目标进行射击时，杀伤概率的提高与发射导弹的数量并不成正比例。例如，当 $P_1 = 0.75$ 时，发射第 2 发导弹，使杀伤概率提高了 0.1870；发射第 3 发导弹，使杀伤概率提高了 0.0470；发射第 4 发导弹，使杀伤概率提高了 0.0120；发射第 5 发导弹，使杀伤概率提高了 0.0030；发射第 6 发导弹，仅使杀伤概率提高了 0.0008。由此可见，当单发导弹的杀伤概率比较低时，想通过发射多发导弹来提高杀伤概率，必然显著地增大导弹的消耗量，因此应尽量提高单发导弹的杀伤概率。

当 P_1 已知时，由式(6-85)可以求得保证给定杀伤概率 P_n 时，必须发射的导弹数量 n。这时式(6-85)可改写为

$$n = \frac{\lg(1-P_n)}{\lg(1-P_1)} \quad \text{(向大的方向取整数)} \tag{6-86}$$

6.5　可靠性设计与评估

在导弹武器系统设计过程中，必须运用可靠性手段进行系统可靠性设计，确保完成赋予武器系统的功能。系统可靠性设计的任务是在现有物质技术基础上确定指标，并利用设计手段使系统可靠性达到预定指标要求。如果可靠性设计水平不高，采用了不恰当的工艺，又选用了不合适的原材料、元器件等，那么不论怎样控制生产过程的质量，研制出产品的质量仍然是不高的。从这个意义上讲，产品的可靠性是设计出来的。为此，在导弹武器系统的研制中必须贯彻可靠性设计。

6.5.1　可靠性的度量指标

(1) 系统可靠度与系统不可靠度函数。系统的可靠度函数 $R(t)$ 是指系统在规定条件下和规定时间内的 t 时刻以前正常工作的概率，它是系统可靠性的主要数量特征之一。系统的不可靠度函数 $F(t)$ 是指系统在规定条件下和规定时间内的 t 时刻以前发生故障的概率。

利用事件概率的基本性质，可靠度函数 $R(t)$ 和不可靠度函数 $F(t)$ 之间有下列关系：

$$R(t) = 1 - F(t) \tag{6-87}$$

(2) 平均无故障工作时间 MTBF。对发生故障后可修复继续工作的寿命型产品，常用两次相邻故障的平均时间 MTBF 作为可靠性的度量。例如，弹上驾驶仪、雷达、高度表等系统均为可修复的寿命型系统。

(3) 故障前平均时间 MTTF。对不可修复的寿命型产品，如电阻、电容等大部分电子元器件，常用从系统开始工作到发生首次故障的平均时间 MTTF 作为其可靠性的数量度量。

(4) 失效率 $\lambda(t)$。对寿命型产品，在正常工作 t 时间后一个单位时间内发生故障的个数与在 t 时刻仍在正常工作的个数之比称为失效率。设 N 为产品总数，$n(t)$ 为到 t 时刻的产品失效数，失效率为

$$\lambda(t) = [n(t + \Delta t) - n(t)] / \{[N - n(t)] \cdot \Delta t\} \tag{6-88}$$

对指数寿命型产品，可靠度函数 $R(t)$ 与失效率 $\lambda(t)$ 之间的关系为

$$R(t) = \exp\left(-\int_0^t \lambda(t) \mathrm{d}t\right) \tag{6-89}$$

产品在使用寿命期内失效率 $\lambda(t)$ 可视为一个常数，则有

$$R(t) = \mathrm{e}^{-\lambda t} \tag{6-90}$$

6.5.2　系统可靠性框图的编制

进行可靠性设计时，首先应编制系统可靠性总体框图，在此基础上进行系统可靠性指标论证、可靠性预计和可靠性指标分配等一系列工作。

编制系统可靠性总体框图的基本原则有如下几点：

(1) 可靠性框图的每一个方框都是系统完成规定任务不可缺少的，是一个功能块。图中任一功能块发生故障，就可导致系统发生故障；

(2) 可靠性框图中每一方框发生故障都是相互独立的；

(3) 可靠性框图不涉及每个方框的复杂程度、工作时间长短及工作环境优劣等因素；

(4) 可靠性框图是针对系统本身而言，不涉及任何人为的因素。

导弹武器系统是一个复杂系统，是完成特定动能的综合体，是协调工作单元的有机组合。作为系统工作人员，在编制系统可靠性框图前，必须了解系统的组成及工作模式。

可靠性总体框图的结构形式有串联和并联框图两种，导弹武器系统可靠性的结构框图是一种典型的串联框图，它由弹体结构、推进系统、控制系统、引战系统、火控系

统、技术保障设备等多系统组成，可靠性串联框图如图 6-28 所示。串联系统各基本组成部分的功能是彼此独立的，任何一个组成部分失效都将导致整个导弹武器系统失效。

串联系统的可靠度 R_s 为

$$R_s = \prod_{i=1}^{k} R_i \tag{6-91}$$

对指数寿命型产品，在使用寿命期内失效率为常数，则有

$$R_g(t) = e^{-\lambda_1 t} e^{-\lambda_2 t} \cdots e^{-\lambda_k t} = e^{-\lambda_s t} \tag{6-92}$$

式中，$\lambda_s = \lambda_1 + \lambda_2 + \cdots + \lambda_k$。

可靠性并联系统是一种有储备的系统，全部功能块中只要有一个功能块不失效，系统就能正常工作，如推进系统点火线路、引信电路等并联系统。可靠性并联框图如图 6-29 所示。

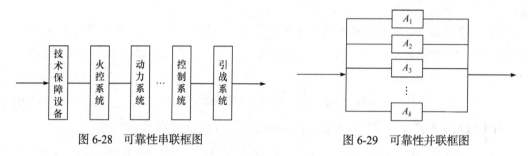

图 6-28　可靠性串联框图　　　　　　图 6-29　可靠性并联框图

并联系统的可靠度为

$$R_s = 1 - \prod_{i=1}^{k} F_i \tag{6-93}$$

式中，$F_i (i = 1, 2, \cdots, k)$ 为第 i 个功能块的不可靠度。

并联储备系统可大大提高系统可靠度，但增加了设备的尺寸和质量。

6.5.3　可靠性指标的确定

新型导弹武器系统的研制力求可靠性指标先进、合理、可行。可靠性指标由使用方与设计部门共同论证，并作为战术技术指标的内容。

影响可靠性指标的因素很多，其中主要影响因素有导弹的使命、工作环境，当前技术、生产、工艺水平，研制周期和费用等。这是一个复杂的决策性问题，就系统使命来说，不仅要考虑导弹武器系统自身的储存、发射、飞行、命中、引爆等环节的可靠度，还要考虑敌方的设防能力。可见，系统可靠性指标的确定是一项困难工作，需要进行全面细致的论证。往往借助统计资料来最后确定系统可靠性指标。

6.5.4　可靠性指标的预计

可靠性指标预计是指导系统设计的基础工作之一。导弹系统方案比较的依据除性能指标外，就是不同方案的可靠性预计值。通过预计可以发现可靠性薄弱环节，从而对设

计方案提出改进意见。当预计结果表明用一般元器件和一般设计能达到可靠性指标要求时，就不必采用昂贵的元器件或特殊的可靠性设计，以节省费用，降低成本，缩短研制周期。可靠性预计的主要任务是对系统可靠性指标进行可行性评定，包括比较各种预选的系统方案配置、发现潜在问题、拟定后勤保障计划及研究试验费用、权衡利弊、确定分配要求。可靠性预计的基本程序：首先按系统的功能块制订框图，根据资料和已收集到的数据自下而上地逐级预计元器件、组件、设备、分系统、系统的可靠性指标。可靠性预计是在设计阶段(系统或分系统还处在图纸阶段)定量地估计未来生产出的系统或分系统的可靠性方法。根据设计阶段的不同时期可分别采取不同的方法。

(1) 相似设备比较法。该方法是预计可靠性最快的一种方法，它是将被预计的系统与以前已经确定过可靠性指标的相似系统，就其系统组成、功能及使用环境的相似程度进行各方面综合比较分析，从而预计新系统的可靠性指标。

(2) 元器件计数法。此法适用于方案初步设计阶段，在分系统可靠性预计中经常使用。采用这种方法所需要的信息：①通用元器件的种类(包括微电子器件的复杂度)及数量；②元器件质量等级；③工作环境。

采用这种方法计算分系统失效率的数学表达式为

$$\lambda_{\text{分系统}} = \sum_{i=1}^{n} N_i (\lambda_{\text{G}} \pi_{\text{Q}})_i \tag{6-94}$$

对于给定的一种分系统工作环境来说，式(6-94)中，λ_{G} 为第 i 种通用元器件的通用失效率；π_{Q} 为第 i 种通用元器件的质量系数；N_i 为第 i 种通用元器件数量；n 为不同的通用元器件种类数。

(3) 元器件应力分析法。此法适用于技术设计阶段。该阶段已具备附有元器件应力数据的元器件清单。这时元器件失效率模型比元器件计数法考虑得更加细致。

导弹武器系统一般都经历方案论证、工程研制等阶段，在各个阶段应相应地进行可靠性指标的预计。可靠性指标预计的几种方法各有特点，按不同的设计阶段可选用不同的可靠性预计方法。下面以控制系统为例来说明不同阶段可靠性预计方法的应用。表 6-3 列出了导弹控制系统的分级结构及可靠性预计方法。

表 6-3　导弹控制系统的分级结构及可靠性预计方法

分级结构	等级	设备	预计方法
	系统	控制系统	相似设备法
工程研制	分系统	陀螺 积分机构 高度表 电子线路 舵系统	相似设备法
	组件	发射 接收 混频 程序 电源	元器件计数法

续表

分级结构	等级	设备	预计方法
	系统	控制系统	相似设备法
工程研制	元件	电阻 电容 组件 晶体管	元器件应力分析法

6.5.5　系统可靠性设计

可靠性设计、元器件的筛选、严格的生产工艺和检验制度是保证产品可靠性的三大关键因素。首先要做好系统可靠性的设计工作。

1. 系统可靠性设计的基本要求

(1) 系统尽量简单和有继承性;

(2) 尽量使用通用的元器件、标准件和各种成熟的电路;

(3) 要考虑使用期内各种因素造成的损耗;

(4) 要留有余地,保证可调参数的调节范围;

(5) 正确选择工作状态和考虑使用时的各种可能情况;

(6) 尽量避免选用相同牌号的接插件来完成不同功能。

2. 提高固有可靠性

固有可靠性是指由产品的设计和制造所确定的内在性能,产品零部件、原材料、设计、生产等因素都影响产品固有可靠性。为最大限度地提高产品的固有可靠性,应掌握下述各设计原则和方法。

1) 元器件选择和管理

元器件选择和管理应满足下列要求:①选定所需元器件种类时应尽可能用标准元器件;②按系统工作环境,确定元器件的临界状态及寿命;③确定元器件较稳定的可靠性指标;④确定提高元器件的各种老炼、筛选和鉴定试验方法。

2) 冗余设计

冗余设计通过增加并联单元的数量或增加系统、元器件、线路来实现,如为提高引信系统可靠性,可同时采用机械引信和电引信;为提高助推器点火可靠性,点火电爆管采用并联线路等。

冗余设计固然提高了设备的可靠性,但也带来了一些新问题,如增加了系统质量、体积、复杂程度和费用,延长了设计、制造周期。因此,要进行分析以确定合理有效的余度,经过慎重的冗余设计,在很多情况下既能提高可靠性又能降低费用。

3) 降额设计

降额设计是使元器件在低于其额定值的条件下工作,使失效率下降。受原材料及工艺技术等条件所限,使用的元器件可靠度不太高时,可采用降额设计方法,就是用低可靠度的元器件,设计制造出高可靠的设备。这种方法在选用电子元器件时广为使用。

4) 简便性设计

简单就意味着可靠。减少元件数量是提高系统可靠性行之有效的方法。系统的失效率与系统的复杂度成正比，系统越复杂，可靠性越低，但是简化不能牺牲系统性能。

简便性设计常用方法有采用高可靠的元器件、电路和集成电路，将致命失效模式的影响降到最小的设计等。

5) 电磁兼容性

导弹武器系统的电磁环境越来越复杂：弹上各系统工作时自身引起的各种电磁干扰，战场上有敌对双方的各种电磁干扰及太阳辐射、雷电、激光武器等的电磁辐射源。各种电磁干扰和电磁辐射严重影响弹上系统工作的可靠性。电磁兼容性设计就是要使设计的系统减少对其他系统的电磁干扰和最大限度地抑制和承受各种电磁干扰，使系统在规定的电磁环境下能正常可靠地工作。

在电磁兼容性设计之前，首先要确定电磁兼容指标，找出影响本系统的电磁干扰源及易被干扰的电路和抗干扰途径。电磁兼容性设计方法一般是尽可能选用相互干扰最小的部件和电路。当设计不能取得最佳工程效果时，最直接的保护方法是使系统尽可能避开有大剂量辐射的部位；无法避开时应在布线、电缆敷设、滤波、屏蔽、接地上采取各种有效措施。

6) 热设计

高速飞行的导弹由于气动加热，弹舱内温度上升到几十或上百摄氏度；电子元器件工作时部分电能转换成热能；弹上各机械零部件的机械摩擦产生热能等，都将使弹上成件在一个热的环境中工作。弹上电子元器件数量较大，其抗热强度远比机械零部件差，因此在进行系统设计时，特别是进行电子元器件较多的系统设计时，一定要进行可靠性热设计。

热设计的目的是控制设备内部产生的热量，减少热阻，保证电气性能稳定，提高电子设备的可靠性，延长产品使用寿命。

热设计常用的方法：尽量选用耐热性和热稳定性好的元器件和材料，应用小功率的能源和小功率的执行元器件，减少发热元器件的数量，采用合理的冷却方法和散热技术，采用分隔离间、舱壁隔热、舱之间和舱壁之间空气流通等设计措施。

7) 抗振设计

弹上各系统在动力学环境下的可靠性不仅取决于元器件自身承受力学环境的能力，还取决于系统本身抗振设计。一般，对弹上关键的分系统，如自动驾驶仪、雷达等设备往往通过减振器来隔离外界的冲击振动。在不使用减振器的情况下，一般在内部结构、安装上采取措施，来保证系统在振动条件下的可靠性，这是系统抗振设计的目的。

导弹在地面运输和助推器工作时冲击过载很大，发动机是一个很大的激振源，弹上一些高速转动的部件也造成振动，致使弹上各系统都工作在一个振动冲击环境中，为保证系统的可靠性，抗振设计是必不可少的。

抗振设计中常采用以下技术：在振动源与被隔离物之间装填专用的隔离介质，以削弱振动能量的传递；使设备本身的固有频率避开振源频率，避免共振耦合现象；借助阻尼材料的阻尼性能来消耗外界的振动能量；提高结构刚度来增强对外界振动作用的抵御能力；采用紧固装置使设备不致在重复作用力作用下而松动损坏。

提高系统固有可靠性设计的内容很多，除上述几项外，还有边缘性能设计、抗辐射加固设计等。设计人员应根据系统的功能和使用环境综合考虑，采用合适的设计来提高系统的固有可靠性。

3. 减小可靠性退化设计

在提高设备固有可靠性的同时，还应减小生产和使用过程中的可靠性退化。导弹武器系统设计、生产、运输、储存、维修检测、直至战斗使用，每个环节都有可靠性退化的因素，如设计不当造成的设计可靠性缺陷；工艺不良引起的生产可靠性缺陷；操作人员疏忽或操作失误，使系统承受超载；维修更换元器件时用了不合格元器件；生产维修过程中多余物的残存及紧固件不到位等。减少生产和使用中可靠性退化的措施如下。

(1) 加强生产过程检验、减少缺陷、防止可靠性退化。如购进元器件不合格品率为 d_0，每道检查的效率为 E_i，则最后检查时系统中元器件的不合格品率 d_F 为

$$d_F = d_0(1-E_1)(1-E_2)\cdots(1-E_n) \tag{6-95}$$

例如，某控制系统共需元器件 500 个，购货时不合格品率均为 3%，通过四道检查才能最后交付，每道检查的效率为 0.9，则交付产品的元件不合格品率为 $d_F = 0.03 \times 0.1^4 = 3 \times 10^{-6}$。可见只要严把检查关，提高检查效率，就能减少生产过程中可靠性退化现象。

(2) 可维护性设计使产品便于生产、安装及测试。按结构和功能要求把系统分成几个单元进行设计，这样便于故障的隔离、排除和替换不合格的元器件；各元器件的安装连接设计要避免因承受不适当的压力而产生缺陷；某部件安装连接应不影响周围部件的性能；测试点、可调元器件、显示设备尽量设计安装在显而易见的位置；减少专用工具；明晰地表达所编制的技术条件、使用手册的内容等。总之，设计人员应尽量使生产过程中不出现由设计造成的可靠性退化现象。

(3) 最好的可维护性设计。由于导弹武器系统出厂后要进行运输、储存等不同环境考验，因此就有故障诊断、修理、更换及对潜在故障进行检修的预防性维修任务。为使维修时间短，经费少，效果好，就应进行可维护性设计，其准则如下：可达性，便于故障维修；易装卸性，采用快锁机构来替代螺钉、螺母的连接方式；标准化和互换性；安全性，对设备进行防差错的安全性设计；易检查、测试和调整；简单性，尽量减少可更换元器件的连线；设备维修的经济性和有效性等。

6.5.6 系统可靠性指标分配

战术技术指标要求规定的系统可靠性指标要转换为各个分系统的可靠性指标，这一过程称为导弹武器系统可靠性指标分配。可靠性指标分配是指导系统设计的基础工作之一。它是在可靠性预计基础上，把经过论证确定的系统可靠性指标，自上而下地分配到各分系统→组件→元器件的技术过程。这样来确定对系统各组成部分的可靠性定量要求，从而保证整个系统可靠性指标的最终实现。

导弹武器系统是个复杂系统，一般在研制过程中不可能很快达到预期的可靠性指标，可把指标分三个阶段(初样阶段、试样阶段和设计定型阶段)来实现，每个阶段重点突破可靠性薄弱环节。正常情况下，从初样→试样→设计定型三个不同的阶段中，系统可靠性是递增的。

6.5.6.1　可靠性指标分配原则

可靠性指标分配是一个细致且灵活性较强的工作，必须在技术、安全、经济性、可行性、维护使用等诸多方面进行权衡协调。可靠性指标分配遵循的基本原则如下。

(1) 对影响系统成败的关键性分系统，可靠性指标应分配得高些，如动力装置、引信、战斗部等，这些系统只要发生故障，就丧失战斗力。

(2) 对多次使用的可维修系统，可靠性指标应分配得高一些，如地面、舰面、机载火控系统，在质量和体积上限制不是很严格时，技术上可采用并联储备来提高可靠性。

(3) 对继承性强的分系统或设备，要分配较高的可靠性指标，如在相似工作环境下已多次使用、定型的分系统，地面充分试验可保证可靠工作的设备等。

(4) 对不需要花费较大经费和时间，采取一些措施即可大大提高可靠性的设备应分配较高的可靠性指标。

(5) 对比较复杂的系统，应分配低一点的可靠性指标。例如，惯导控制系统、自动驾驶仪系统、雷达等，元器件多，电子线路复杂，接插件多，焊点多，相应的故障率较高。

(6) 对工作环境恶劣的分系统，可靠性指标可分配得低一些。例如，弹上接近振源或发热体的设备，环境条件恶劣，元器件的失效率明显增加。

当然，实际进行分配时，应根据多种因素权衡、协调、具体分析而定。

6.5.6.2　可靠性指标分配方法

导弹武器系统可靠性指标分配方法有等分配法、评分分配法、按预计值分配法等。

1) 等分配法

如果系统由 n 个分系统串联而成，给每个分系统分配同样可靠性指标，则系统的可靠度为

$$R = \prod_{i=1}^{n} R_i \tag{6-96}$$

各分系统的可靠性指标为

$$R_i = \sqrt[n]{R} \tag{6-97}$$

式中，R 为规定的系统可靠度；R_i 为分配给分系统的可靠度。

等分配法一般在分系统对各设备，设备对部件、元器件进行可靠性指标分配时采用。该方法简单方便，缺点是不按难易程度来分配。在初始设计阶段较多地使用等分配法。

2) 评分分配法

评分分配法考虑各分系统的分配因子，它是系统的复杂程度、技术水平、工作时间和环境条件等额定值的函数。这些额定值大小取 $1 \sim 10$，其值规定如下。

(1) 系统复杂程度：系统的复杂程度可根据该系统元器件数目和组装的复杂程度来评定。最简单的系统额定值为 1，极为复杂的分系统额定值为 10。

(2) 技术水平：要考虑到工程技术水平和发展，最不成熟的设计或方法的额定值取 10，最成熟的设计或方法的额定值为 1。

(3) 工作时间：整个任务时间都工作的设备额定值为 10，任务期内工作时间最少的设备额定值为 1。

(4) 环境条件：在极为恶劣环境中工作的设备，取额定值为 10，而环境不严酷的设备额定值为 1。在确定这一额定值时，还要考虑产品耐受环境条件的能力。

这些额定值由工程技术人员根据工程知识和实践经验独自选定或在一定范围内采取某种表决方法确定。

每个分系统的四个额定值相乘得出该分系统的额定值，其值为 1～10。然后进行归一化处理，使其总和为 1。

本方法基本计算公式有

$$\lambda_s = \sum_{i=1}^{n} \lambda_i \tag{6-98}$$

$$\lambda_i = c_i \lambda_s \tag{6-99}$$

$$c_i = w_i / w \tag{6-100}$$

式中，w_i 为第 i 个分系统的额定值，$w_i = r_{1i} \cdot r_{2i} \cdot r_{3i} \cdot r_{4i}$，$r_{ji}$ 为第 i 个分系统第 j 个因素的额定值，$j = 1$ 是复杂程度，$j = 2$ 是技术水平，$j = 3$ 是工作时间，$j = 4$ 为环境条件；$w = \sum_{i=1}^{n} w_i$；λ_s 为系统的失效率；λ_i 为分配给第 i 个分系统的失效率；c_i 为第 i 个分系统的复杂性因子；n 为分系统数目。

下面以实例介绍失效率的评分分配法。

例 6-8　导弹系统由推进系统、控制系统、电气系统、弹体结构组成，规定在 0.5h 任务时间内系统的可靠度为 0.9，计算各分系统应分配的失效率及可靠度。

解　首先对各分系统的复杂程度、技术水平、工作时间和环境条件做出估计，确定各额定值 r_{ji}，得到导弹系统可靠度评分分配如表 6-4 中第 1～5 列所示。按式(6-100)计算每个分系统的复杂性因子 c_i，并填入表 6-4 的第 7 列。

计算导弹系统的失效率：$\lambda_s = -\ln R / T = 0.2107$。

按式(6-99)计算分系统的失效率 λ_i，填入表 6-4 的第 8 列。

按 $R_i = e^{-\lambda_i T}$ 计算分系统的可靠度，填入表 6-4 的第 9 列。

表 6-4　导弹系统可靠度评分分配

分系统	复杂程度 r_1	技术水平 r_2	工作时间 r_3	环境条件 r_4	额定值 w_i	复杂性因子 c_i	分配的失效率 λ_i	分配的可靠度 R_i
推进系统	5	6	5	5	750	0.161	0.0339	0.9832
控制系统	10	10	6	5	3000	0.642	0.1353	0.9346
电气系统	5	4	6	5	600	0.128	0.0270	0.9866
弹体结构	4	2	5	8	320	0.069	0.0145	0.9928
总计	—	—	—	—	4670	1.000	0.2107	0.9000

3) 按预计值分配法

在初始设计阶段，各分系统可以按预计值来分配可靠性指标，具体步骤如下。

(1) 将各分系统可靠性预计值从小到大进行排列：$R_1 \leqslant R_2 \leqslant R_3 \leqslant \cdots \leqslant R_n$，则有

$$R_s = \prod_{i=1}^{n} R_i$$

(2) 将 R_s 值与战术技术指标要求的系统可靠度 R_s^* 进行比较，若 $R_s^* \leqslant R_s$，则各分系统的可靠性指标按预计值分配；若 $R_s^* > R_s$，则需重新分配指标。一般，可靠性指标较高的分系统，进一步提高指标在技术上难度大，耗资多，因此应从预计值较低的分系统入手，进行重新分配。为此，将前 K 个可靠度较低的分系统可靠性指标都提高到 R_0，而第 $K+1$ 个到第 n 个分系统的可靠度保持不变。

(3) 令满足下列不等式中最大的 j 为 K：

$$R_j < \left[R_s^* \Big/ \prod_{i=j+1}^{n+1} R_i \right]^{1/j} = r_j \tag{6-101}$$

式中，R_{n+1} 规定为 1。

R_0 满足式(6-102)：

$$R_0 = \left[R_s^* \Big/ \prod_{i=k+1}^{n+1} R_i \right]^{1/k} \tag{6-102}$$

例 6-9　某控制系统由三个主要设备组成，其可靠性预计值分别为 $R_1 = 0.93$、$R_2 = 0.95$、$R_3 = 0.96$。控制系统可靠性指标 $R_s^* = 0.88$，应如何分配各设备的可靠度才能保证控制系统的可靠性要求。

解

(1) 由小到大排列可靠性预计值：0.93、0.95、0.96。

(2) 判断 R_s 与 R_s^* 的大小关系。

$$R_s = R_1 \cdot R_2 \cdot R_3 = 0.84816$$
$$R_s^* = 0.88$$

$R_s^* > R_s$，需进行可靠度再分配。

(3) 按式(6-101)计算 K 和 R_0。

$$j=1, k=1 \text{ 时}, \quad r_1 = [R_s^* / R_2 \cdot R_3 \cdot R_4] = 0.88 / (0.95 \times 0.96) = 0.9649$$

$$j=2, k=\frac{1}{2} \text{ 时}, \quad r_2 = [R_s^* / R_3 \cdot R_4]^{1/2} = (0.88 / 0.96)^{1/2} = 0.9574$$

$$j=3, k=\frac{1}{3} \text{ 时}, \quad r_3 = [R_s^* / R_4]^{1/3} = (0.88)^{1/3} = 0.9583$$

由于 $R_1 < r_1$、$R_2 < r_2$、$R_3 > r_3$，所以取 K 值为 2。

由式(6-102)计算 R_0：　$R_0 = [R_s^* / R_3 \cdot R_4]^{1/2} = (0.88 / 0.96)^{1/2} = 0.9574$

因此，要求可靠度预计值为 0.93、0.95 的两个设备的可靠度均提高到 0.9574，而可靠度预计值为 0.96 的设备，其可靠度仍按 0.96 要求，这样分配后，控制系统的可靠度为

$$R_s = R_1 \cdot R_2 \cdot R_3 = 0.9574 \times 0.9574 \times 0.96 = 0.88$$

6.5.7　导弹武器系统可靠性评定

图 6-30　金字塔式的试验程序

导弹武器系统和各分系统在研制的各个阶段都应进行可靠性评定，通过评定了解元器件、原材料及分系统的实际水平，了解产品的薄弱环节，确定可靠性增长的技术措施等。可靠性评定是系统可靠性工程的重要组成部分。

导弹武器系统是一个相当复杂的系统，飞行试验耗资巨大，希望研制性飞行试验耗弹量尽可能少。因此，为保证导弹武器系统的可靠性，只能采用金字塔式的试验程序(图 6-30)。系统层次越高，试验次数越少。少量飞行试验是对全系统可靠度的综合评定。

与金字塔式试验程序相对应，产生了一种可靠性综合评估金字塔模型(图 6-31[27])。具体来说，在试验室对大量元器件、原材料进行模拟使用试验或加速寿命试验，取得基本可靠性数据；在此基础上通过较少量的组合件、部件可靠性试验，并把元器件、原材料试验信息折合上来，对组合件、部件可靠性做出评估，按此格式逐级向上综合评定整机、分系统，直至全系统的可靠性。这样就可能用极少次数的全系统飞行试验对全系统的可靠性做出高置信度的评估。这就是金字塔式可靠性综合评定方法的基本思想。金字塔式可靠性综合评定的实质是利用系统以下各级的试验数据，自下而上直到全系统，逐级确定可靠度置信下限。

导弹武器系统由相互独立的各分系统串联和并联组成，其可靠度评定步骤如下：①明确划分各分系统的组成、功能及失效定义。②确定各分系统之间连接关系，以串联和并联结构的形式作出系统可靠度评定框图。③对系统及各个分系统进行故障模式分析。④确定参与可靠性评定的试验类型，如仿真试验、振动试验、典型试验、运输试验、电磁试验、产品验收试验、可靠性增长试验、总装测试及发控对接试验等。⑤可靠性数据采集。采集整理系统及各分系统的全部试验数据，注意数据的一致性、代表性。⑥统计系统及分系统的成败次数。确

图 6-31　可靠性综合评估金字塔模型

定试验失败的原则，虽试验失败，但找到确切原因后改进设计及生产，试验证明确已排除了故障原因，则不计此种失败；对未能找到失败原因，或找到失败原因而无纠正措施的失败都应计为失败子样；对系统时好时坏，又找不到原因的应作失败计。⑦自下

而上地计算各级的折合失败数及可靠度置信下限，最后得出全系统的可靠度数值。

思　考　题

1. 什么是制导误差和脱靶量？制导误差分为哪几类？

2. 产生动态误差、仪器误差、起伏误差的原因是什么？动态误差反映哪两种弹道之间的差别，它为什么具有系统分量和随机分量？试举例说明之。为什么起伏误差无系统分量，全部是随机分量，其主要的误差源是什么？

3. 导弹制导系统的系统误差为零，随机误差为圆散布，试问：如其均方差为 8m，则导弹落入距目标不大于 15m 圆内的概率是多少？又如导弹落入距目标不大于 25m 圆内的概率为 0.95，其均方差应是多少？

4. 某导弹制导系统的系统误差为零，随机误差为圆散布，$\sigma_y = \sigma_z = 10\text{m}$，目标条件坐标杀伤规律也是圆散布，$\delta_0 = 28\text{m}$，当引信启动半径不受限制时，求该导弹攻击单个目标的杀伤概率 P_1 是多少？如其他条件不变，而 $G_0(r) = \mathrm{e}^{-\frac{r^2}{2R_0^2}}$，其中 $R_0 = 25\text{m}$，P_1 是多少？

5. 如单发导弹攻击单个目标的杀伤概率 $P_1 = 0.7$，若对目标连续发射三发导弹($n = 3$)，试问其杀伤概率 P_1 是多少？若要求对单个目标的杀伤概率 $P_n = 0.99$，当 $P_1 = 0.7$ 时，需连续发射多少发导弹？若杀伤区纵深只能保证连续发射两发导弹，即 $n = 2$，则应要求 P_1 是多少？

6. 何谓地对空导弹的杀伤区与发射区？限制杀伤区远界、近界、高界、低界、最大高低角 ε_{max} 和最大航路角 q_{max} 的主要因素有哪些？

7. 何谓空对空导弹的攻击区？它与地对空导弹的发射区有哪些差别与相似之处？空对空导弹攻击区边界计算与哪些因素有关？

8. 提高系统固有可靠性的方法有哪些？

第 7 章

导弹先进总体设计技术

现代导弹总体设计及复杂系统的设计遵循系统工程的一般原理开展，在长期的工程实践中取得了成功。随着现代计算机技术、数字仿真技术、最优化理论和方法、人工智能技术等的发展，产生了大量的辅助设计手段和工具，导弹系统工程和总体设计方法正在发生变化，以构建更加科学化的总体设计方法论。本章主要介绍支持导弹总体设计和系统工程实施的先进思想和方法。

7.1 优化设计技术

产品设计的实质是将使用需求转化为描述组成结构和使用逻辑等基本特征的设计蓝图，这些特征即为设计要素。简单来说，"设计"实际上就是不断重复"What-If"的过程：由设计者根据任务需求，结合可能的技术途径和相关限制条件，提出产品设计方案，然后分析评估其对应的性能和特性，判断与任务需求的满足程度，按各相关利益方的反馈进行决策，进而改变或改进设计要素，直至达到各相关利益方均满意的结果。产品设计过程与设计模型如图 7-1 所示。

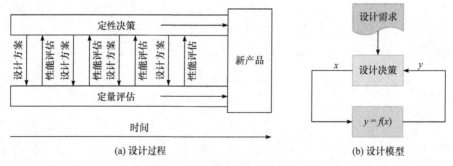

(a) 设计过程　　　　　　　　　(b) 设计模型

图 7-1　产品设计过程与设计模型

产品设计过程可从理论上描述为如图 7-1(b)所示的设计模型，其中设计方案及其性能的关系可以描述为

$$y = f(x) \tag{7-1}$$

式中，x 代表设计方案，是各种设计要素的组合，每个设计要素是一个变量；y 代表设计

方案的性能；$f(\cdot)$代表分析评估设计方案性能所采用的手段，可以采用数学分析、数字仿真、物理测试等方法。

传统设计决策通常在调查分析的基础上，参照同类产品通过估算、经验类比或试验来确定初始设计方案，然后进行性能分析，检查各性能是否满足设计指标要求。如果某一项设计要求得不到满足，就要对方案进行修改或重新进行设计。反复进行"分析计算→性能检验→参数修改"，直到性能完全满足设计指标的要求。但是，传统依靠人的设计只能从有限个可行设计方案中，凭经验定性地选取设计者认为最好的方案。

每个设计要素有多种或无数种选择，共同组成了产品的设计空间，其中每一个点对应一套解决方案。因此，设计过程也可看作是对设计空间进行的一系列操作，包括设计空间定义、设计空间分析、设计点确定等。由于现代产品系统越来越复杂，设计要素越来越多，设计空间的维度和各维度的跨度非常大，传统依靠人的直觉和经验很难完成设计空间的详尽探索，找到好的甚至是满足要求的可行方案存在很大障碍。

导弹系统的设计面临着同样问题，且更加严峻。随着战术、战略目标的不断演化，导弹的任务需求变化越来越快，性能要求越来越高，系统组成和内部外部接口越来越复杂，获得高质量设计方案越来越困难，各类导弹的研发均遇到如何提升设计质量的问题。

近年来，研究者们借助计算机和信息技术，开发了一系列用于设计空间操作的策略和方法，优化设计就是其中一种。当然，设计本身就含有优化的思想。对于任何一个产品的设计，设计者都会从各个方面去考虑，以期设计结果最佳。这里的优化设计主要是指应用最优化方法和计算机技术对设计问题进行自动求解的一种现代设计方法。

7.1.1　发展历程

优化的思想历史悠久，最优化理论体系的发展可以追溯到牛顿(Newton)、拉格朗日(Lagrange)和柯西(Cauchy)时代。牛顿和莱布尼茨(Leibniz)对微积分的贡献，使得具有最优化思想的微分学的发展成为可能；伯努利(Bernoulli)、欧拉(Euler)和拉格朗日等则奠定了变分学的基础；柯西最早应用最速下降法求解无约束极小化问题。

19世纪以后，直觉优化、试验优化与数学规划优化开始进入较快的发展时期。20世纪初，最优化思想开始引入工程技术中，如此时人们在切削工艺方面已经认识到优化切削用量的重要性。

在第二次世界大战期间，由于军事上的需要产生了运筹学，运筹学提供了许多用古典微分法和变分法所不能解决的最优化方法。

20世纪50年代发展起来的数学规划理论形成了应用数学的一个分支，为优化设计奠定了理论基础。60年代，电子计算机和数值计算技术的发展为优化设计提供了强有力的手段。研究者们将最优化原理和计算机技术紧密结合，形成了求解优化问题的有力工具。此时，优化设计已经成为一种重要的科学设计方法，使工程技术人员能够从大量繁琐的计算工作中解放出来，把主要精力转到优化方案选择的方向上。

在此之后，最优化理论和算法迅速发展起来，形成一门新的学科，出现了线性规划、整数规划、非线性规划、几何规划、动态规划、随机规划、网络流等许多分支。与此同时，由于生产和科学研究突飞猛进地发展，对最优化问题的研究成为一种迫切需要，在机械、化工、石油、航空航天、造船等诸多工程领域得到迅速推广和应用。

从 20 世纪 60 年代初到 80 年代初，优化设计在飞行器设计领域得到了发展。我国在 80 年代成立了全国最优化数值方法学术委员会，最优化数值方法相关研究形成了一个学术领域，产生了新的分支与专门化方向。在工程技术及管理学领域，最优化方法的应用已经成为一门重要的技术科学。优化设计已成为现代辅助工程设计的主要方法之一。

7.1.2　优化设计数学模型

用数学规划的方法来解决一个具体的设计问题，首先要建立该设计问题的数学表达，即数学模型。数学模型是实际设计问题的数学抽象，在优化设计中占有至关重要的地位。正确建立数学模型是取得有效结果的前提。优化设计数学模型包括三个要素——设计变量、约束条件和目标函数。

7.1.2.1　设计变量

1. 设计变量及其表示方法

设计变量是用于确定某个系统或设计方案的一组相互独立的变量，是设计需要确定的参数。用列向量表示为

$$\boldsymbol{x} = [x_1, x_2, \cdots, x_n]^{\mathrm{T}} \tag{7-2}$$

$\boldsymbol{x}$ 在 n 维正交坐标轴上的投影分量即为一个设计方案。设计过程可以设想为这个向量在空间的变化。设计变量个数 n 为最优设计的维数。维数越高，问题难度越大，求解越复杂。有的工程技术问题可有几十维、几百维，甚至更高维数，在满足设计要求下应尽量压缩变量数目。

2. 变量区间和设计空间

1) 变量区间

对应每个设计变量的探索范围称为变量区间。理论上，在无约束优化设计问题中，设计变量的变化区间可以从$-\infty$到$+\infty$。对于多数实际工程问题，过大或过小的设计变量区间是没有意义的。为减少不必要的寻查，应当对变量的搜索范围加以约束，一般可根据实际问题和设计者的经验，确定设计变量的变量区间，规定设计变量的上限值和下限值，对第 i 个变量的上下限分别记作 $x_{i,\mathrm{U}}$ 和 $x_{i,\mathrm{L}}$。

2) 设计变量空间

在由各个设计变量所组成的正交坐标系中，以各变量区间的上下限为界所形成的一个多维探索空间称为设计变量空间，简称变量空间。二维情况下，变量空间为一个平面矩形，如图 7-2 所示；三维情况下，变量空间是一个长方体，如图 7-3 所示。n 维情况的变量空间即为每个坐标轴上的上下限界面所围成的空间。有 n 个独立的设计变量，就可相应地构成 n 维空间，常称为 n 维欧氏空间，记为 E^n 或 R^n。

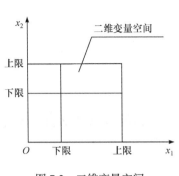

图 7-2　二维变量空间　　　　　　　　图 7-3　三维变量空间

3. 设计变量的选择原则

(1) 主导性。设计变量应选择对目标函数影响较大的，且目标函数有明显极值存在的变量。

(2) 独立性。由于数学规划定义在 n 个坐标轴相互正交所形成的 n 维欧氏空间，因此要求设计变量相互独立。例如，对于导弹弹翼外形设计问题，可选择的变量有弹翼面积 S、展弦比 λ、梢根比 η、后掠角 χ 及相对厚度 $\bar{c}$ 等。因为翼展 l 与弹翼面积 S 及展弦比 λ 的关系为 $l=\sqrt{S\lambda}$，所以若把 S 与 λ 选作弹翼外形的设计变量，显然翼展 l 不再是独立变量。

(3) 通用性。设计变量应尽量采用具有物理意义的无因次量，这样不仅可以减少变量数目，便于计算，而且对同类型的工程问题具有通用性。例如，在弹翼外形优化设计中，选用展弦比、梢根比等无因次量，而不选弹翼的翼展、翼根弦长、翼尖弦长等绝对量作为设计变量。

(4) 简约性。在满足设计要求条件下，应充分分析各设计变量的主次，减少变量的数目，使优化设计问题得到简化，节约计算时间。在优化过程中可将变量按重要程度依次排列，有时受到机时的限制，可只对前面重要的变量进行寻优，或将重要变量优化结果作为全变量空间寻优的起始点。

7.1.2.2　约束条件

1. 约束条件定义和类型

设计空间 R^n 是所有设计方案的可能集合，但其中一些方案并不符合设计要求，因此就需要加以种种限制，这些限制称为"约束条件"。只有在设计空间内满足约束条件的方案，才是可行方案。

约束条件即为设计中的限制条件和设计要求，一般它也是设计变量的函数，故也称为约束函数。从设计意义上，约束条件通常分为性能约束条件和边界约束条件两种。性能约束条件是指设计所需要满足的一些技术指标。例如，导弹战术技术指标提出的射程、射高、速度、可用过载、轴向过载、发动机工作时间等，都可以作为设计的约束条件。边界约束条件是指设计变量的许可范围，即以上所讲的变量区间。

从形式上，约束可分为不等式约束与等式约束两种，其数学表达式分别如下所示。

不等式约束：

$$g_i(\boldsymbol{x}) \leqslant 0 (或 \geqslant 0), \quad i = 1, 2, \cdots, m \tag{7-3}$$

等式约束：

$$h_j(\boldsymbol{x}) = 0, \quad j = 1, 2, \cdots, l \tag{7-4}$$

式中，m、l 分别为不等式约束条件数目和等式约束条件数目。

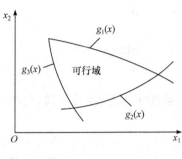

图 7-4　设计可行域

2. 设计可行域

设计空间 R^n 中满足所有约束条件的所有点组成的区域，称为可行区域，简称可行域，记作 R^m。可行域中的点 x 称为可行设计，或可行解。优化设计的寻优过程一般只在可行区域内进行，设计可行域如图 7-4 所示。最后确定的优化点，也应在此可行域内，或在可行域的边界上。否则，所得到的设计参数将因超出约束而失去实用价值。

7.1.2.3 目标函数

1. 目标函数定义

优化设计的任务就是对各个设计方案进行比较，从而找出最佳的设计方案。对设计方案的优劣进行评价的标准就是目标函数，或称为指标函数、评价函数。确定目标函数是优化设计过程的重要决策，它直接影响到优化设计结果的实际价值。显然，目标函数是独立设计变量的函数，记作：

$$J(\boldsymbol{x}) = J(x_1, x_2, \cdots, x_n), \quad i = 1, 2, \cdots, n \tag{7-5}$$

在确定评价指标时，应该对设计问题的任务、设计问题的特点、设计进程的不同阶段可能达到的标准等进行分析，找到设计问题的主要目标，并以此为依据确定目标函数。例如，在导弹总体设计中，如果希望起飞质量越小越好，此时目标函数就是起飞质量；如果以成本作为评价指标，则目标函数为成本。

当设计问题中存在几个并重的追求目标时，应该设立多个目标函数，该类问题称为多目标优化问题，它比单目标优化更为复杂。例如，导弹设计中，除了飞行性能，还应关心其他一些要求，如可靠性、经济性、操作维护性等其他各项技术指标。当某设计问题是追求 p 个目标函数 $J_1(\boldsymbol{x}_1), J_2(\boldsymbol{x}_2), \cdots, J_p(\boldsymbol{x}_p)$ 同时最优时，则该多目标优化问题的目标函数记作：

$$\boldsymbol{J}(\boldsymbol{x}) = \left[J_1(\boldsymbol{x}_1), J_2(\boldsymbol{x}_2), \cdots, J_p(\boldsymbol{x}_p) \right]^{\mathrm{T}} \tag{7-6}$$

2. 目标函数选择

评价方案的标准选得不合适，就无法获得真正的最优设计。在选择目标函数时应考虑以下几方面：①目标函数应真正全面反映设计的目的与要求。②目标函数应便于计算或易于测得。在优化设计中计算目标函数的次数与计算量很大，若所选择的目标函数无法计算或者计算量过大，将给优化设计带来困难。③在设计的全部阶段，目标函数应尽可能统一。

3. 极大值问题与极小值问题的等价

优化问题可能是求目标函数的最大值或最小值。在数学上，两种情况的实质是相同的，都是求极值问题，只需将目标函数改变正负号即可相互转换。例如，目标函数为寻求起飞质量最小的设计，即极大值问题与极小值问题的等价，示意图如图 7-5 所示，可将求起飞质量曲线最小值的问题转换为求负起飞质量最大的问题，如图中曲线 2。显然两种情况下的最优解 x 是相同的。

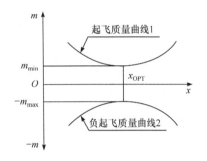

图 7-5　极大值问题与极小值问题的等价示意图

实际中也常采用这种方法对导弹的设计参数进行选优。例如，取起飞质量最小为目标函数，射程给定为约束条件和取射程最大为目标函数，起飞质量给定为约束条件，进行优化以后所求得的最优设计参数是相同的，这就是优化方法中的"对偶"原理。

7.1.2.4　计算模型

计算模型也称为分析模型，描述了设计变量和约束函数、目标函数之间的关系。在学科范畴内，可通过建立一组方程(代数方程、非线性方程、常微分方程、偏微分方程等)并构造其求解方法建立计算模型。这些非线性方程对不同学科可能采用不同的形式，如结构优化问题需要建立结构几何参数与强度、刚度之间的关系模型，可通过求解线性或非线性方程组实现；气动优化设计问题需要建立外形几何参数与气动力之间的关系模型，可以通过求解偏微分方程组实现；对于轨迹设计问题，建立飞行性能和轨迹控制变量间关系的计算模型，则要通过求解一组微分方程实现。

计算模型包括两个部分，一部分是将设计变量转化为输出变量或状态变量的计算模型，另一部分是将设计变量和状态变量转化为目标函数和约束函数的模型，计算模型的数学表达式为

$$\begin{cases} y = f(x) \\ J = J(y, x) \\ g = g(y, x) \\ h = h(y, x) \end{cases} \tag{7-7}$$

式中，$f(\cdot)$ 为计算模型；y 为计算模型输出变量；J、g、h 分别为目标函数、不等式约束、等式约束，它们都是关于设计变量 x 和输出变量 y 的函数。

7.1.2.5 优化模型

假设某一优化问题的设计变量为 n 个，约束条件为 m 个及 l 个，求使得目标函数为最小时对应的设计变量值，则该优化问题的数学表达式为

$$
\min_{\boldsymbol{x} \in \boldsymbol{R}^n} \quad J(\boldsymbol{x})
$$

$$
\text{s.t.} \quad
\begin{cases}
g_i(\boldsymbol{x}) \leqslant 0, & i = 1, 2, \cdots, m \\
h_j(\boldsymbol{x}) = 0, & j = 1, 2, \cdots, l \\
\boldsymbol{x}_{\mathrm{L}} \leqslant \boldsymbol{x} \leqslant \boldsymbol{x}_{\mathrm{U}}
\end{cases}
\tag{7-8}
$$

实际工程问题中，很难严格找到一个可以完全准确地用以上公式来表达的数学模型，存在一个简化、假设、模拟的过程。简化、假设、模拟的好坏将决定最终优化设计结果是否真的最优，甚至将决定最终优化设计的结果是否满足设计要求。

下面给出一个翼面优化模型的建模过程，翼面优化模型如图 7-6 所示。

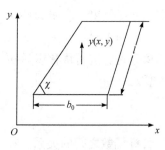

图 7-6　翼面优化模型

图 7-6 中，b_0 由与弹身的相对关系确定，为定值；l 可变化，其变化范围为 $[l_{\mathrm{L}}, l_{\mathrm{U}}]$；$\chi$ 可变化，其变化范围为 $[\chi_{\mathrm{L}}, \chi_{\mathrm{U}}]$；翼型 c 为定值。

要求：在材料一定、产生升力 $\sum Y \geqslant R$、满足强度要求的前提下，翼面的质量最小。对于该设计问题，建立其优化数学模型如下所示。

设计变量：显然 b_0 和 c 是定值，而 l 和 χ 可选为设计变量。

目标函数：该问题追求的目标是质量最小，因此目标函数应为质量 $m(l, \chi)$。

约束条件：$m(l, \chi) > m^*$，m^* 为翼面质量下限；$\sum Y \geqslant R$；$\sigma \geqslant \sigma^*$（强度要求）；$l_{\mathrm{L}} \leqslant l \leqslant l_{\mathrm{U}}$；$\chi_{\mathrm{L}} \leqslant \chi \leqslant \chi_{\mathrm{U}}$。

以上就是该翼面优化设计的一个简单数学模型。当然，在实际设计中，还有许多其他问题需要考虑。

7.1.3　优化算法

式(7-7)中的优化问题需要选择寻优方法进行求解。选择有效的优化算法是保证寻优计算有效性的关键，每一种优化算法都有其适用范围及优缺点，不存在一种万能的优化算法能求解各类优化设计问题。某一种算法用来求解某一类问题可能是高效的、收敛的，而用来求解另一类问题效率可能很低，甚至是发散的。评价一种优化算法优劣的指标主要有计算精度、收敛性、最优解与耗时和函数调用次数的关系、全局解的成功率、可靠性、易用性等。因此，了解及掌握各种优化算法的特点，根据具体设计问题的性质正确选择优化算法至关重要。

7.1.3.1　优化算法的类型

优化算法的类型很多，在工程上大致可按设计变量数量、约束条件、目标函数数量及求解方法的特点进行分类。

(1) 按设计变量数量的不同，可将优化算法分为单变量优化算法(一维优化算法)和多变量优化算法(多维优化算法)。

(2) 按约束条件的不同，可将优化算法分为无约束优化算法和约束优化算法。

(3) 按目标函数数量的不同，可将优化算法分为单目标函数优化算法和多目标函数优化算法。

(4) 按求解方法特点的不同，可将优化算法分为准则法和数学规划法两大类。

"准则法"首先从设计问题中找出一个物理的最优准则，如"满应力准则""能量准则"等，然后根据这些准则寻求最优解。但是，许多工程设计问题很难找到这样的物理准则，因此准则法的局限性很大。较普遍采用的是数学规划法，它是应用数学原理寻求最优解的方法。按所求解问题的特点，数学规划法可以分为线性规划法——目标函数与约束条件均为线性函数；非线性规划法——目标函数与约束条件中至少有一个是非线性函数；几何规划法——目标函数与约束条件为特殊形式多项式的非线性函数；整数规划法——设计变量为整数；随机规划法——设计变量具有随机性质；动态规划法——设计变量是时间或位置的函数。

此外，约束优化算法可根据寻优算法的不同被分为直接法和间接法两种。直接法就是按照一定的规律直接计算、比较目标函数值、逐步搜索、逼近最优解的算法。间接法则是利用目标函数的一阶或二阶偏导数确定搜索方向，逐步搜索、逼近最优解的算法。

目前，对于非线性问题的处理出现了许多现代优化策略，如基于遗传学思想的遗传和进化算法、基于模拟退火过程的模拟退火算法等。

优化算法的分类如图 7-7 所示。

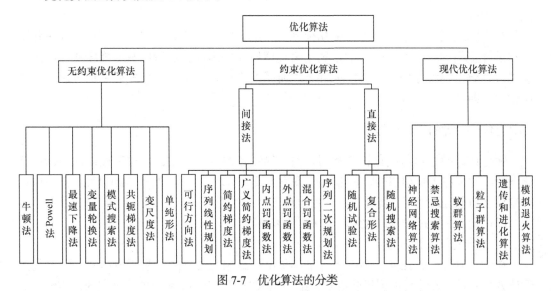

图 7-7　优化算法的分类

7.1.3.2 优化算法选择

优化算法的种类很多[28]，各有其特点，至今尚未发现对任何问题都适用的算法。对于不同类型的最优化问题，要采用不同类型的优化算法求解。一般只能通过试用才能找到合适的算法。

例如，对于单变量最优化问题，可以用 0.618 法、抛物线拟合法等算法求解。通常，在单变量情况下，选用 0.618 法比较稳妥；对于光滑目标函数，选用抛物线拟合法寻优可能最快。

对于一个具体问题究竟用哪种算法更好，正是从事优化设计的人员所要研究的。一般选择最优化方法的主要根据如下：①明确所研究问题的规模，包括变量维数、目标函数和约束函数的数目，一般把设计变量和约束条件都不超过 10 个的称小型优化设计问题，10～50 个的称中型问题，50 个以上的称大型问题；②对优化设计数学模型进行分析，如目标函数及约束函数的性质是线性的还是非线性的，函数的非线性程度、连续性及计算时的复杂程度等；③优化所要达到的计算精度；④考虑优化方法本身及其计算程序的特点。

在常用的无约束优化算法中，Powell 法和模式搜索法是直接法，求解过程不用函数的导数信息，求解效果较好，一般适用于小型优化设计问题，其中 Powell 法在直接法中最有效。变尺度法和共轭梯度法在求解过程中要用到导数信息，求解速度较快，但有时可靠性差。单纯形法在维数不高时较好，而当自变量个数较多或目标函数性态较好时，往往不如采用其他算法效率高。对多维约束优化问题，若设计变量和约束条件都很少时可选择复合形法，其精确性、可靠性和有效性都较好，而且程序也很简单；对中型优化设计问题可选择广义简约梯度法、内点罚函数法或混合罚函数法；对大型优化问题可选择内点罚函数法或混合罚函数法。中、小型优化设计问题用随机搜索法可能比较好。现代优化算法，如遗传和进化算法或模拟退火算法，对于求解多变量和多约束的大型优化问题比较有效。

在实际使用中，往往可以采用几种算法"组合"的方式。例如，先用遗传和进化算法在设计空间内进行大范围搜索，确定最优解所在的山峰，然后用基于梯度的算法求其全局最优解。在程序中只要将前一种方法所得的"优化结果"转换成后一种方法的"初始输入"即可。

7.1.4 优化设计的操作过程

优化设计的过程与优化算法密切相关，纵观各类寻优方法，各种工程设计问题的优化设计原理大体上是相似的，基本思想都是从某个初始点(初始设计方案)出发，然后以某种途径逐渐逼近最优解，优化设计一般过程如图 7-8 所示。

优化设计一般过程可以大致归纳为以下步骤。

1) 给定初始设计方案

在优化设计中，任何一个设计方案都是由一组相互独立的参数所表达的。给定初始设计方案就是由设计者根据经验给定一组初始参数值。有些参数可能是确定的，称为已知

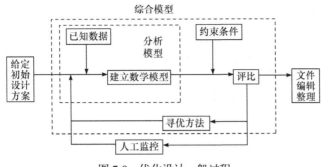

图 7-8 优化设计一般过程

量或给定参数，而另一些参数是需要通过优化设计决定的，即设计变量。给定初始设计方案实质为赋予设计变量一组初始值。

初始设计方案的选取对于不同的优化算法有不同的要求。有些优化算法对初始设计方案没有特别的要求，而有些优化算法要求初始设计方案在可行设计域内，即要求初始设计方案为可行方案。初始设计方案的好坏会影响寻优效果和效率，因此应该尽量选取一个可行设计方案为初始设计方案。

2) 建立数学模型

对于一个待优化的实际问题，要做全面的了解和分析，明确设计要求和已知条件，在此基础上，确定设计变量、性能指标，构造目标函数及约束条件的关系式，并选定计算精度，建立其优化问题的数学模型。至于学科分析模型，针对不同的设计任务，各学科都有自己的一套建模手段和办法，这里不再赘述。

3) 评比

评比是指根据数学模型的分析结果，评定设计方案逼近到最优解的程度。因为实际工程问题的数学模型较复杂，不可能求出准确的解析解，只能求出数值解，或者近似解，所以计算到什么程度结束、计算应该向哪个方向发展，都需要有一个标准，即评价指标。该评价指标由目标函数和精度指标构成。

实际上，评价指标即评比是任何一种优化算法必须具备的一部分。

4) 寻优方法

优化设计技术发展到今天，各种优化算法层出不穷，但其基本思想是相通的，即从初始设计方案出发，自动改变设计变量，向改善设计方案的方向前进，通过计算机反复地进行方案评比选择，最终逼近最优设计方案。

虽然各种寻优方法遵循相同的思路，但是不同方法具有不同的特点。因此，应针对实际工程问题，选择合适的优化算法，或是综合采用几种寻优算法求解一个具体的优化设计问题是优化设计的核心内容之一。具体而言，选用的寻优方法一般应满足以下条件：①求解的成功率或可靠性高；②逻辑结构简单，计算程序不太复杂；③数值稳定性好，计算精度高；④计算工作量小，求解速度较快；等等。

5) 人工监控

人工监控是指设计者通过显示设备观察优化设计的过程，或者通过输出中间结果来判断优化设计的进程。当出现计算结果与最优化预想的结果相差甚远的情况时，可以通过人工干预，使优化设计按照设计者的意愿继续执行或中断计算进行修改与重算，等等。

6) 文件编辑整理

由于优化设计过程是通过计算机自动实现的过程，可以提供最优设计方案的全部分析结果。这些结果如果要用人工去分类、整理、制图、制表，将是极为困难的，可以采用计算机将这些数据自动分类、图表化，供设计者使用。

7.2 多学科设计优化技术

包括导弹在内的飞行器早期发展的系统相对简单，设计任务可以由少数几人或小组承担。随着基础理论的发展和应用需求的提高，现代飞行器组成日益复杂，学科分工越来越细，形成了气动、结构、推进、控制、飞行力学等专业学科，各个学科的研究手段和专业化程度大为提高。

此时，设计人员不可能通晓所有学科的进展情况，并且在协调各个不同学科的设计时也遇到了困难，为此产生了专门用来协调各门学科的系统学科(或称为总体)，高级的设计师开始向系统总体专家转变，整个设计团队由学科分析人员、学科设计人员及系统工程师所组成。飞行器设计任务可划分为三个功能层：系统设计层、学科设计层和学科分析层，飞行器设计功能层次如图 7-9 所示。

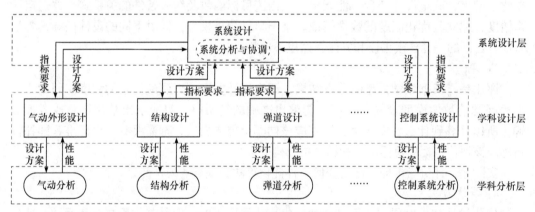

图 7-9　飞行器设计功能层次

按照系统工程"整体最优"的观点，必须从系统设计层次充分考虑学科间的耦合因素和关联性，以求得整体最优方案。然而，传统飞行器的设计大都基于原准机/弹，学科设计和系统协调过程依赖于专家经验，继承性和相似性使得这种具有"试/凑"和"串行"特点的设计方法能从一定程度上解决问题，得到可行方案。新型飞行器发展跨度明显增加，传统设计方法遇到了以下难题：飞行器采用了许多创新性思想，很难通过经验指导设计决策；组成飞行器的部件和涉及学科越来越多，集成化程度越来越高，部件之间、学科之间严重的交叉影响共同作用于最终性能，设计者往往无法依靠经验评估这些交叉影响。由于缺乏有效的设计决策和协调手段，学科冲突难以避免，因而很难得到可行的设计方案，更不要说最优方案。

多学科设计优化(multidisciplinary design optimization，MDO)是近年来优化设计技术的重要拓展，主要研究如何在考虑学科耦合和协同作用下开展系统设计。与传统优化设计相比，MDO 强调设计对象的全局性和整体性，可以更为准确地描述设计目的，适合涉及多个领域的设计对象。随着飞行器技术的不断发展，涵盖的领域越来越广、分工越来越细，多学科交叉的特点表现日趋显著。

目前，学术界和工业界对 MDO 的理解还不完全一致，以下给出三种常见的 MDO 定义。

定义 7.1 MDO 是一种通过充分探索和利用系统中相互作用的协同机制来设计复杂系统和子系统的方法学。

定义 7.2 MDO 是指在复杂工程系统的设计过程中，必须对学科(或子系统)之间的相互作用进行分析，并且充分利用这些相互作用进行系统优化综合的优化设计方法。

定义 7.3 MDO 是当设计中每个因素都影响另外的所有因素时，确定应该改变哪个因素及改变程度的一种设计方法。

可以看出，以上定义虽然描述有所不同，但其内涵是相似的，一是强调综合考虑设计中多个学科之间的耦合效应，二是强调系统总体性能最优化。

虽然优化设计已经在导弹和其他飞行器领域得到较好推广，逐步形成了结构优化、气动外形优化、飞行轨迹优化等广为设计者接受的技术方向，但是，优化技术无法表达和求解多个学科耦合作用下的设计问题，这正是总体设计的难点和关键所在。因此，MDO 技术的研究和应用时间尚短，可以预见其必将在飞行器总体设计中发挥重要作用[29]。

7.2.1 发展历程

MDO 最早源自 Schmit 和 Haftka 等针对大规模结构设计提出的一种优化概念，将结构优化问题分解成若干较小的子问题，并通过系统层面进行子问题的综合协调，以达到更有效求解原问题的目的。之后，以 Sobieski 和 Kroo 为代表的一批飞行器领域科学家和工程技术人员认为，当时通行的气动、推进、结构、控制等学科串行开展的系统设计方法有可能忽视了学科系统间的耦合，所得到结果难以实现整体最优，并针对这种情况提出了系统设计时同时考虑各学科因素的设计概念和方法。随着时间的推移，这些思想不断完善，并逐步形成了现在的 MDO 方法。

MDO 潜在的优势使其在诞生之初就得到重视。1991 年，美国航空航天学会(American Institute of Aeronautics and Astronautics，AIAA)将原来的结构优化委员会重组为多学科设计优化技术委员会(MDO-Technical Committee，MDO-TC)，并发表了关于多学科设计优化发展现状的白皮书，该白皮书阐述了 MDO 的必要性和迫切性、相关定义、研究内容及发展方向。该白皮书的发表标志着 MDO 作为一个新的研究领域正式诞生。同年，国际结构优化设计协会(International Society for Structural Optimization，ISSO)在德国成立，并于 1993 年更名为国际结构与多学科设计优化协会(International Society of Structural Multidisciplinary Design Optimization，ISSMO)。目前，该协会举办的会议已成为国际上影响最大的以 MDO 为主题的学术会议。

1994 年，美国航空航天局(NASA)研究人员就 MDO 对工业界的必要性问题，对波音公司、洛克希德公司等美国 9 个主要航空航天工业公司进行了调查。结果表明，航空航天工业界对 MDO 的研究和应用有着广泛的兴趣并提供支持。于是，同年 8 月，NASA 兰利研究中心(Langley Research Center)成立了多学科设计优化分部(MDO Branch，MDOB)，以确认、发展和展示 MDO 方法，及时地将有前途的 MDO 技术向工业界推广，并促进 MDO 的基础研究。

1996 年，Sobieski 和 Haftka 撰写了《航空航天领域中的多学科设计优化研究综述》一文，对于 MDO 的发展现状进行了回顾，特别是对 6 个主要组成部分进行了探讨，指明了发展方向。同年，AIAA 组织编写了《MDO 的发展现状》论文集，阐述了 MDO 基本概念、基本方法、学科发展、近似概念和软件环境等内容。至此，MDO 的主要内容基本确定。

同时，MDO 的研究及相关教育也在各个高等院校迅速发展起来，纷纷组成了 MDO 的研究机构或研究小组，提出了大量 MDO 方法，产生了一大批理论和应用研究成果，有力地带动了美国MDO研究的整体水平。

除了 NASA 等政府部门和大学的研究小组进行 MDO 研究外，像波音公司、洛克希德公司等这样的大型航空航天企业也热衷于 MDO 研究，并在飞机、导弹、航天器等系统开发中应用推广，促使企业界从传统的设计模式向并行化的先进设计模式转化。

当前，国际上已经形成了 MDO 的研究热潮，欧洲、俄罗斯、日本等都开展了大量的 MDO 研究，应用范围也已从航空航天扩展到了汽车、通信、机械、建筑等领域，并且从理论研究不断向工程应用转化。我国对 MDO 的研究也十分积极，并在理论和应用方面取得了进展，逐渐得到总体设计师的青睐。

目前，MDO 在具有复杂工程系统总体设计中扮演着关键性角色，对设计的成功起着与其他传统工程学科同样重要的作用。实践表明，MDO 方法不仅为复杂飞行器的设计提供了一种先进的设计理念与科学的设计方法，使得研究人员在解决飞行器这类涉及众多学科的复杂设计问题时找到尽可能完善或最合适的设计方案，而且能大大提高设计效率，具有明显的经济效益。

7.2.2 多学科设计优化相关概念

7.2.2.1 多学科设计原理

如前所示，对于复杂的工程系统设计问题，由于学科专业细分，往往很难建立起如式(7-1)所述的统一分析模型 $f(\cdot)$，或者即使建立了模型，也无法采用现有的方法进行求解。这种情况下，只能将其分解成多个容易描述和求解的子模块 $(f_1, f_2, \cdots, f_N)$。同时，将设计方案和产品性能按照分析子模块进行分解，可得

$$\begin{cases} y^{(1)} = f_1(x^{(1)}) \\ y^{(2)} = f_2(x^{(2)}) \\ \quad\vdots \\ y^{(N)} = f_N(x^{(N)}) \end{cases} \tag{7-9}$$

式中，
$$x^{(i)} = x_1^{(i)} \bigcup x_s^{(i)} \bigcup x_c^{(i)} \tag{7-10}$$

$$\boldsymbol{y} = \boldsymbol{y}^{(1)} \bigcup \boldsymbol{y}^{(2)} \bigcup \cdots \bigcup \boldsymbol{y}^{(N)} \tag{7-11}$$

以上分解过程将原本统一的模型式(7-1)割裂开来，每个子模块 $\boldsymbol{y}^{(i)} = f_i(\boldsymbol{x}^{(i)})$ 称为一个学科。多学科系统中的学科模型如图 7-10 所示，学科设计方案 $\boldsymbol{x}$ 由独立的三部分组成：$\boldsymbol{x}_1^{(i)} \in \boldsymbol{x}$，为与其他学科无关的设计参数，称为局部设计变量(local design variable)；$\boldsymbol{x}_s^{(i)} \in \boldsymbol{x}$，为与其他学科共有的设计参数，称为共享设计变量(shared design variable)；$\boldsymbol{x}_c^{(i)} \in \boldsymbol{x}$，为与其他学科输出性能相关的参数，称为耦合变量(coupled variable)。

$$\boldsymbol{x}_c^{(i)} = \left[\boldsymbol{x}_{c1}^{(i)}, \cdots, \boldsymbol{x}_{c(i-1)}^{(i)}, \boldsymbol{x}_{c(i+1)}^{(i)}, \cdots, \boldsymbol{x}_{cN}^{(i)} \right]^{\mathrm{T}} \tag{7-12}$$

式中，$\boldsymbol{x}_{cj}^{(i)}$ 为 i 学科中与 j 学科状态相关的变量。

$$\boldsymbol{x}_{cj}^{(i)} \equiv \boldsymbol{E}_j^{(i)}(\boldsymbol{y}_i^{(j)}) \tag{7-13}$$

式中，$\boldsymbol{y}_i^{(j)}$ 为 j 学科输出集合 $\boldsymbol{y}^{(j)}$ 中与 i 学科相关的子集；$\boldsymbol{E}_j^{(i)}(\cdot)$ 为 j 学科输出集合中作为 i 学科输入的映射关系。

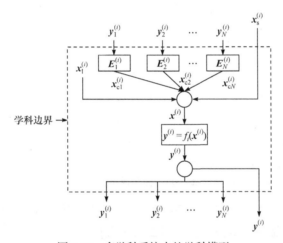

图 7-10　多学科系统中的学科模型

在技术发展过程中，各个学科经过以上分解自成体系，如飞行器设计的结构、气动、控制、推进等。各个学科分析模型 f_i 可精确描述性能与方案之间的关系，学科设计者很容易确定设计走向，采用如图 7-1(b)所示的设计模型，基于 7.1 节提到的优化设计技术探索最佳的学科设计方案。因此，优化理论在学科设计中得到了广泛应用，并且取得了丰硕的成果。

传统设计中，分解后的学科往往独立执行设计任务，均从局部性能需求考虑如何改进设计方案，独立地设计/优化耦合变量 $\boldsymbol{x}_c^{(i)}$ 和共享设计变量 $\boldsymbol{x}_s^{(i)}$。传统设计按照学科将系统划分为多个设计子系统，传统设计模型如图 7-11 所示。由于没有建立有效的学科通信，即使每个学科都能设计到最优，却可能导致同一物理现象在不同学科中有多个状态，出现学科间信息断层现象，使得从系统级无法建立统一的设计模型。因此，传统设计不是全系统、全性能的设计，不满足广义优化设计思想追求的目标。从系统全局来看，传统优化设计只能解决某个学科的局部问题，得到的也只是学科的局部最优解，而难以得到满意的整体最佳结果。

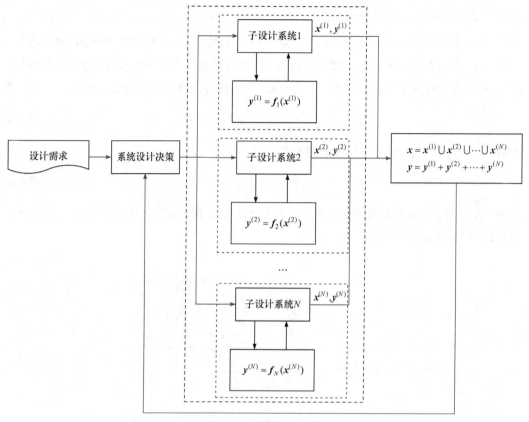

图 7-11　传统设计模型

当一个系统中包含多个学科时，不能忽略其间的联系。若使式(7-1)与式(7-9)具有同等设计功能，则在任意两个学科 i、j 之间必须保证下列关系：

$$\boldsymbol{x}_{cj}^{(i)} \equiv \boldsymbol{E}_j^{(i)}(\boldsymbol{y}_i^{(j)}) \tag{7-14}$$

$$\boldsymbol{x}_s^{(i)} \equiv \boldsymbol{x}_s^{(j)} \tag{7-15}$$

式(7-14)和式(7-15)称为多学科连续性约束条件，简称连续性条件。

传统设计过程没有严格建立以上连续性条件，系统级设计决策无法获悉学科之间的相互影响规律，只能靠专家经验把握系统级设计的走向。但是设计经验很难用严格的数学模型来描述，不满足数值优化条件。正因为如此，采用传统优化设计进行飞行器设计的格局，一方面数值优化算法的研究成果突出，另一方面应用于设计实际取得的设计效益却不显著。

7.2.2.2　MDO 问题数学描述

MDO 问题数学描述的一般形式如下：

$$\min \quad J(\boldsymbol{x},\boldsymbol{y},\boldsymbol{p})$$

$$\text{s.t.} \begin{cases} \boldsymbol{g}_i(\boldsymbol{x},\boldsymbol{y},\boldsymbol{p}) \leqslant 0, & i=1,2,\cdots,m \\ \boldsymbol{h}_j(\boldsymbol{x},\boldsymbol{y},\boldsymbol{p}) = 0, & j=1,2,\cdots,l \end{cases} \tag{7-16}$$

$\boldsymbol{x}$ 与 $\boldsymbol{y}$ 之间又必须满足如下的状态方程组：

$$R(\boldsymbol{x},\boldsymbol{y}) = \begin{pmatrix} R_1(\boldsymbol{x}_0,\boldsymbol{x}_1,\boldsymbol{y}_1) \\ \vdots \\ R_N(\boldsymbol{x}_0,\boldsymbol{x}_N,\boldsymbol{y}_N) \end{pmatrix} = 0 \tag{7-17}$$

式(7-16)所描述的多学科设计优化问题中有 N 个子学科。式中，J 为目标函数；$\boldsymbol{x}$ 为 n 维系统设计变量向量；$\boldsymbol{y}$ 为 k 维系统耦合变量向量；$\boldsymbol{p}$ 为固定参数向量；$\boldsymbol{g}$ 为 m 维不等式约束；$\boldsymbol{h}$ 为 l 维等式约束；$R_1,R_2,\cdots,R_N$ 为 N 个子学科的残差形式的学科分析模型；$\boldsymbol{x}_1,\boldsymbol{x}_2,\cdots,\boldsymbol{x}_N$ 为各个子学科的设计变量向量；$\boldsymbol{y}_1,\boldsymbol{y}_2,\cdots,\boldsymbol{y}_N$ 为各个子学科的耦合变量向量，学科间通过这些状态变量耦合。

以下结合三学科非层次系统(图 7-12)的三学科问题，给出 MDO 相关定义。

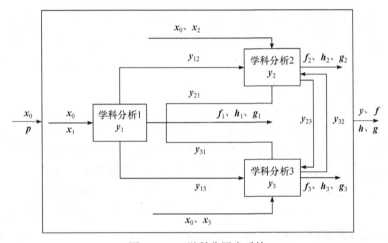

图 7-12　三学科非层次系统

定义 7.4　学科(discipline)　系统中相对独立、彼此之间存在数据交换关系的基本模块。

学科是一个抽象的概念。以飞行器为例，学科既可以指气动、结构、控制等通常所说的学科，又可以指系统的实际物理部件或分系统，如有效载荷、姿制、电源、热控等分系统。

定义 7.5　设计变量(design variable)　用于描述工程系统的特征并在设计过程中可被设计者控制的一组相互独立的变量。

MDO 问题中的设计变量由优化器显式控制，记作 $\boldsymbol{x}=[\boldsymbol{x}_0^{\mathrm{T}},\boldsymbol{x}_1^{\mathrm{T}},\cdots,\boldsymbol{x}_N^{\mathrm{T}}]^{\mathrm{T}}$，分为两个层次：

系统设计变量(system design variable)，也称为全局设计变量或共享设计变量，同时作用于多个学科，控制学科特征的设计变量，记作 $\boldsymbol{x}_0$，见图 7-12。系统设计变量同时和几个学科有关，在整个系统范围内起作用，如同时作用于气动、结构学科的飞行器外形布局参数。

学科设计变量(discipline design variable)，也称为局部设计变量，仅作用于某个学科并控制其特征的设计变量，记作 x_i，如图 7-12 中的 x_1、x_2、x_3。学科设计变量只和某一学科有关，仅在该学科范围内起作用，如结构优化问题中的结构尺寸变量。n 维设计变量构成了设计空间 E^n。

定义 7.6 状态变量(state variable) 用于描述工程系统的性能、行为或特征的一组参数，记作 $\breve{y}$，这些参数是设计过程中进行决策的重要依据信息。

状态变量一般需要通过各种分析或计算模型得到，它是设计变量的函数。状态变量分为以下几类：

学科状态变量(discipline state variable)，记作 $\breve{y}_i$，反映学科的特征或性能。学科状态变量是 x_0、x_i、$y_{j\neq i}$ 的函数，通过求解状态方程 $f_i(\cdot)$ 的学科分析获得，学科分析见定义 7.9。学科状态变量包含了学科所有的输出变量。

系统状态变量(system state variable)，表征整个系统性能、行为或特征的参数，它是 x_0、x_i、$\breve{y}_i$ 的综合函数，记为 $\breve{y}_0 = f_0(x_0, x_i, \breve{y}_i), i = 1, 2, \cdots, N$。

定义 7.7 耦合状态变量(coupling state variable) 耦合状态变量是源于其他学科的状态变量，且为当前学科输入量的状态变量，记作 y_{ij}，简称耦合变量，其中 i 指耦合变量所属的学科，j 指以该耦合变量作为输入变量的学科。从系统的观点来看，耦合变量是非独立的，是由系统设计变量和学科设计变量确定的；从学科的观点来看，如果将该学科独立出来考察，耦合变量又是可控制的设计变量。

多学科系统中，学科之间通过交换耦合变量模拟整个系统内部的交互关系。通常，耦合变量的规模比状态变量的规模要小。例如，飞行器气动结构多学科系统中，气动分析的流场状态包含大量信息，而结构学科仅需其中的气动载荷状态变量。由学科 i 提供的耦合变量记为 y_i。通常需要通过某种形式的转换，将学科状态变量 $\breve{y}_i$ 转换为 y_i，记为 $y_i = T_i(\breve{y}_i)$。同样，当某个学科需要用到 y_i 时，还需要将 y_i 转换为该学科可识别的格式。

定义 7.8 系统参数(system parameter，SP) 用于描述工程系统的特征、在设计过程中保持不变的一组参数，记作 p。在研究系统多学科优化问题时，虽然这些参数以固定的参量出现，但在研究系统最优敏感性、参数敏感性、不确定性问题时，这些参数以变量的形式出现。

定义 7.9 学科分析(discipline analysis，DA) 以某学科设计变量、其他学科对该学科的耦合状态变量及系统的参数为输入，根据该学科满足的物理规律确定其物理特性的过程。

学科分析是通过求解一组方程或模拟分析多学科系统某一方面属性，以获得学科响应，即状态变量的计算过程。例如，流体力学中的 N-S 方程、结构力学中的静力平衡方程、飞行力学中的弹道方程、热力学中的热传导方程等。学科 i 的状态方程表示为

$$[y_i, \bar{y}_i] = f_i(x_0, x_i, y_{i\neq j}, \bar{y}_i), \quad j = 1, 2, \cdots, N \tag{7-18}$$

式中，$y_{i\neq j} = [y_{1i}, y_{2i}, \cdots, y_{(j-1)i}, y_{(j+1)i}, \cdots, y_{Ni}]$ 表示其他学科给学科 i 的耦合状态变量，在

学科分析的求解器中状态方程有时采用等价的残差形式给出；$\bar{y}_i$ 为学科一致性状态变量，由学科分析独有，用于确保学科内部满足学科自身的一致性约束，一般情况下不向外界输出。上述学科状态方程可隐式表示为

$$R_i\left(y_i, \bar{y}_i; x_0, x_i, y_{i\neq j}\right) = 0, \quad j = 1, 2, \cdots N \tag{7-19}$$

式中，y_i 和 $\bar{y}_i$ 是未知量。

定义 7.10　系统分析(system analysis，SA)　根据系统中各学科的物理规律及学科之间的耦合关系确定整个系统物理特性的过程，通过求解系统状态方程实现，表达式为

$$y = \mathrm{SA}(x_0, x_1, \cdots, x_N) \Leftrightarrow \begin{cases} y_0 = f_0\left(x_0, x_1, \cdots, x_N, y_1, y_2, \cdots, y_N\right) \\ y_1 = f_1\left(x_0, x_1, y_{i\neq 1}\right) \\ y_2 = f_2\left(x_0, x_2, y_{i\neq 2}\right) \\ \quad\quad\vdots \\ y_N = f_N\left(x_0, x_N, y_{i\neq N}\right) \end{cases} \tag{7-20}$$

SA 涉及多个学科相应计算模型、分析方法及计算软件，又称为多学科分析(multi-disciplinary analysis，MDA)。对于有双向耦合的情况，SA 需要通过数值迭代方法获得各学科平衡解。

DA 用于确定设计方案某一方面(学科)的性能或属性，而 SA 则综合所有学科分析内容，提供产品的整体性能，为多学科优化目标函数和约束条件的评估提供服务。

值得注意的是，系统分析不是学科分析的简单叠加。复杂工程系统大都是非层次耦合系统，存在反馈和双向耦合问题，系统分析过程需要多次迭代才能完成。

定义 7.11　目标函数(objective function)　用于评价设计方案的指标，是设计变量和状态变量的函数，记作 $J = J(x,y)$。系统级和学科级目标函数分别记作 J_0 和 J_i。

定义 7.12　约束条件(constraint condition)　系统设计必须满足的条件。约束条件统一记作 c。约束条件分为等式约束和不等式约束，分别记作 h 和 g，$c = h \cup g$。

约束条件也可以分为系统约束(system constraint)和学科约束(discipline constraint)。系统约束是指在整个系统级所需要满足的约束，分别记作 c_0、h_0 和 g_0；学科约束则指在各个学科范围所要满足的约束，分别记作 c_i、h_i 和 g_i。

定义 7.13　一致性约束(consistent constraint)　对学科耦合关系和耦合变量而言的，为了保证耦合变量在最优解处输入与输出学科之间的一致性，记为 c^{c}。学科 i 的耦合变量 y_i 作为学科 j 的输入变量时，为了实现学科之间的并行计算，多学科优化中需要在学科 j 中建立耦合变量的拷贝 $\hat{y}_{ij}$，以实现学科分析或优化过程的独立和并行执行。对第 i 个学科，在 MDO 中定义一致性约束为

$$\begin{aligned} & c_{ij}^{\mathrm{c}} = y_i - \hat{y}_{ij} = 0, \quad j = 1, 2, \cdots, N, j \neq i \\ & c_i^{\mathrm{c}} = y_i - \hat{y}_i = 0 \end{aligned} \tag{7-21}$$

一致性约束对应于系统分析状态方程式(7-20)中的耦合方程。

定义 7.14　系统设计(system design)　满足整个系统设计要求或性能要求的一个设计

方案。

系统设计是在系统分析基础上进行的，系统分析是在给定设计变量之后求解出系统的性能，系统设计要解出能够满足性能要求的最优设计变量。要使设计目标达到最优，必须进行系统的优化设计，而为了完成系统设计又必须首先解决系统分析问题，没有准确的系统分析，系统设计无从谈起。

此外，由于各个学科之间可能存在冲突，系统分析的过程并不一定总是有解，因此存在以下定义。

定义 7.15 一致性设计(consistent design) 由设计变量及其满足系统状态方程的状态变量组成的设计方案称为一致性设计。一致性设计对应于一致性约束，又称为多学科可行设计(multidisciplinary feasible design)。

值得注意的是，一致性设计仅满足一致性约束条件 c^c，不一定满足系统的设计约束条件。所有一致性设计构成了多学科可行域 E^m。

定义 7.16 可行设计(feasible design) 满足设计约束的设计方案称为可行设计。

在 MDO 问题中，可行设计首先必须是一致性设计。可行设计是同时满足所有设计约束和一致性约束条件的设计方案。

设计空间中，所有可行设计组成了设计可行域，记作 E^f。

定义 7.17 最优设计(optimal design) 可行域中，使目标函数最小(或最大)的可行设计。最优设计对应的设计变量、状态变量、耦合变量、目标函数、约束函数分别记为 x^*、$\bar{y}^*$、y^*、J^*、c^*。

最优设计首先必须是可行设计。最优设计又分为局部最优设计和全局最优设计。

7.2.3 MDO 技术体系

相对于一般的优化技术，由于 MDO 考虑了学科间的耦合效应，有着更为广泛的研究内容，主要体现在：

(1) 优化建模方面。传统优化设计大都在学科范畴内构造设计要素，MDO 的设计变量、约束条件和目标函数涉及多个学科领域，其优化模型的建立不仅需要全面考虑这些学科设计要素，而且设计要素并不是各学科问题的简单叠加，更主要的是能在整个系统中准确地描述这些设计要素之间的关系。

(2) 分析建模方面。单学科问题只有一个分析模型，连接分析模块和优化模块的输入/输出即可构成传统优化设计的计算构架。多学科问题的分析模块(SA)由相互关联的学科子模块组成，由于存在耦合的信息循环，SA 过程不能等同于各个学科分析模块的简单叠加，必须考虑学科间输入/输出平衡，满足学科连续性条件。

(3) 优化求解方面。传统优化方法进行设计时，将全部有关设计对象的知识和优化设计过程集中在一个进程中，循环迭代求解。MDO 在求解过程中，需要统一解决"寻优"和"学科平衡"问题。另外，MDO 面向产品全系统、全过程和全性能，势必导致设计变量、约束条件、目标函数规模的急剧膨胀，一方面造成可行域的复杂性和优化搜索的困难性，另一方面由于计算量随优化规模呈超线性趋势增长，计算开支非常大。这些原因均使得传统优化技术无法求解 MDO 问题。

　　MDO 不是一种纯粹的算法或方法，而是各种方法、技术、算法和相关应用的综合。与传统优化技术相比，MDO 包含更为广泛的研究内容，已形成了较为完备的 MDO 技术体系，如图 7-13 所示。该技术体系可以分为建模技术、求解技术、集成技术三大类，以下分别对部分技术进行简要介绍。

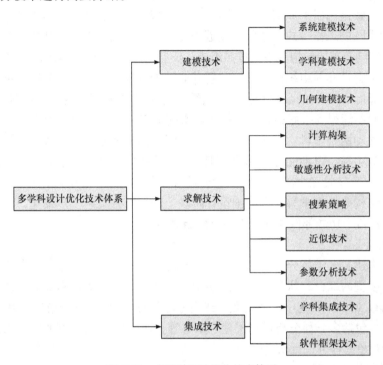

图 7-13　多学科设计优化技术体系

7.2.3.1　系统建模技术

　　系统建模技术主要研究对设计问题的 MDO 数学描述，包括系统分解和系统综合两个方面。

　　1. 系统分解

　　面临一个设计问题，首先涉及的问题是如何分解学科任务，将整个设计问题划分为多个相对独立的子系统。系统分解主要包括以下四种方式。

　　(1) 性能分解。复杂系统往往包含多种综合的性能，对应于传统意义上的学科，如气动、热、结构、控制、弹道等。一种性能对另一种性能的依赖性构成了学科接口，如弹道设计和分析依赖于气动性能，结构分析和设计依赖于气动和弹道参数等。

　　(2) 组成分解。根据产品的功能可将系统划分为多个功能部件，如导弹可划分为弹翼、尾翼/舵面、弹身、操纵机构、舵机、电器设备等，各个功能部件之间的相互影响即为学科接口。

　　(3) 任务分解。将系统所需实现的功能划分成多个阶段，每一个阶段代表一个学科。例如，飞行器要在一段时间内实现指定的飞行任务，可划分为垂直上升、转弯、平飞、再入等阶段，每一个阶段需要实现相应的任务，各个阶段的初始和末端状态即是学科接口。

(4) 组合分解。对以上划分方式进行组合，如先按照任务流程划分，每个任务阶段按照产品组成划分，对于每个零部件再按照性能进行划分。

经过系统分解后对应的学科称为性能学科、功能学科或任务学科。系统分解没有严格的标准，大致遵循以下原则：①根据系统耦合特点和可实现性确定划分。划分方式需要考虑设计团队的工作模式，按照最接近现有组织方式且可以建立严格数学描述的方法进行分解；在同等重要的情况下，按照组成、任务、性能耦合强度最弱的方式划分。②提高系统的易求解性和易组织性。系统分解并非越细越好，适当提高某些子系统的紧耦合特性，可以降低 MDO 的求解和组织复杂性。划分方式也应随着技术发展进行调整，如当气动弹性问题能得到很好的解决，能鲁棒/快速地获取气动和结构性能，没有必要再分解成结构、气动两个学科。③按照系统开发过程调整分解方式。一般在初始设计阶段，系统分解相对粗糙，以性能分解为主，随着设计深化，可进一步细化分解程度。例如，飞行器设计一般分成三个阶段，在概念阶段和初始阶段，可以将系统划分为气动、弹道、动力、结构等性能学科；到详细设计阶段，产品的方案进一步细化，可以分解为多个功能部件，每个功能部件再划分为多个性能学科。

2. 系统综合

体现在构建"多学科分析模型"和"多学科优化模型"两个方面。多学科分析模型是学科分析模型的综合，从分析层次反映学科冲突；多学科优化模型从设计层次反映学科冲突。现有 MDO 研究中，系统数学建模考虑分析模型的成分较多，大都以多学科分析问题为重，包括多学科分析模型构建、求解等，而设计/优化模型的统一同样重要，需要针对设计对象的任务进行研究。

1) 多学科优化模型

学科独立设计会造成学科设计冲突，以高超声速飞行器为例，气动设计学科以升阻比最大为优化目标时，设计出来的外形是细长扁平的乘波体外形；从布局和部位安排角度则需要提高容积利用率，决定了飞行器可能采用粗短的外形。从系统设计的角度，最终只能选择一组外形设计变量，从而学科间存在设计模型冲突。这一类设计冲突的产生是缘于多个学科间存在着相同的设计变量(共享变量)和相互制约的设计目标，即违反了约束式(7-14)。

构建多学科优化模型即要解决此类冲突，保证设计变量统一性的同时，协调各个设计目标。首先确定各学科优化设计要素和相关性，然后将各个学科优化模型统一，从系统级建立优化目标、设计变量和约束条件模型，使各学科的分析、设计和优化均基于同一组方案，从而保证学科之间的连续性。

(1) 构建学科优化模型。

每个学科完成了原理性方案设计之后，需要将学科原理方案参数化，并根据任务需求建立相应的优化模型，可描述为

$$
\begin{aligned}
\min \quad & \boldsymbol{J}_i = \boldsymbol{J}_i(\boldsymbol{x}_i, \boldsymbol{y}_i, \boldsymbol{p}_i) \\
\text{s.t.} \quad & \boldsymbol{g}_i(\boldsymbol{x}_i, \boldsymbol{y}_i, \boldsymbol{p}_i) \leqslant 0 \\
& \boldsymbol{h}_i(\boldsymbol{x}_i, \boldsymbol{y}_i, \boldsymbol{p}_i) = 0 \\
& \boldsymbol{x}_{i,\mathrm{L}} \leqslant \boldsymbol{x}_i \leqslant \boldsymbol{x}_{i,\mathrm{U}}
\end{aligned}
\tag{7-22}
$$

式中，$\boldsymbol{J}_i$ 为 i 学科的目标函数向量；$\boldsymbol{h}_i$、$\boldsymbol{g}_i$ 分别为等式和不等式约束向量；$\boldsymbol{x}_{i,\mathrm{L}}$、$\boldsymbol{x}_{i,\mathrm{U}}$ 为设计变量的边界；$\boldsymbol{p}_i$ 为固定参数向量。

(2) 构建多学科优化模型。

多学科优化模型构建的实质是将图 7-9 中系统设计层与学科设计层统一化，体现在以下三个方面。

设计变量统一化。在设计方案中，对于描述同一物理现象，只能采用一套独立的变量。例如，前体/进气道外形参数对发动机和气动两个学科来说均有影响，当发动机和气动两个学科独立设计时，可以用两组参数表达，但在 MDO 中，只能表达为一组参数，即共享参数。

设计目标统一化。MDO 追求的是系统整体性能最优，在建立系统目标模型时既要避免优化目标的重复，又要反映优化目标的冲突，这就需要进行取舍。设计目标的冲突可以通过添加约束或者进行多目标优化来实现。例如，气动学科的设计目标是升阻比最大，最终目标是航程最大，体现在飞行弹道特性计算中，称这种目标为过渡目标。另外，从某种意义上来说，设计目标和约束条件可以互换，如在飞行器设计中，取质量最小为设计目标，射程为约束条件和质量给定为约束条件，射程最大为设计目标所求得的最优设计参数是相同的。如果在系统优化中将某学科的设计目标定义为约束，则这类目标也是过渡目标。

约束条件统一化。与设计目标相同，约束条件中存在过渡约束。

根据以上模型统一原则，多学科优化模型的组建过程可描述如下(以两学科问题为例)。

① 根据学科任务需求，建立式(7-22)的学科优化模型；

② 辨识共享设计变量 $\boldsymbol{x}_0 = \boldsymbol{x}_1 \cap \boldsymbol{x}_2$，以及耦合变量 $\boldsymbol{y}_{21}$ 和 $\boldsymbol{y}_{12}$，得系统优化变量：

$$
\boldsymbol{x} = \boldsymbol{x}_1 \cup \boldsymbol{x}_2 \cap \overline{\boldsymbol{y}_{12} \cup \boldsymbol{y}_{21}} = \boldsymbol{x}_1 \cup \boldsymbol{x}_2 \cap \overline{\boldsymbol{y}_{12}} \cap \overline{\boldsymbol{y}_{21}}
\tag{7-23}
$$

③ 辨识过渡目标 $\boldsymbol{J}_{1,t}$ 和 $\boldsymbol{J}_{2,t}$，得系统优化目标：

$$
\boldsymbol{J} = \boldsymbol{J}_1 \cup \boldsymbol{J}_2 \cap \overline{\boldsymbol{J}_{1,t}} \cap \overline{\boldsymbol{J}_{2,t}}
\tag{7-24}
$$

④ 辨识过渡约束 $\boldsymbol{h}_{1,t}$、$\boldsymbol{h}_{2,t}$、$\boldsymbol{g}_{1,t}$、$\boldsymbol{g}_{2,t}$，得系统约束集合：

$$
\begin{aligned}
\boldsymbol{h} &= \boldsymbol{h}_1 \cup \boldsymbol{h}_2 \cap \overline{\boldsymbol{h}_{1,t}} \cap \overline{\boldsymbol{h}_{2,t}} \\
\boldsymbol{g} &= \boldsymbol{g}_1 \cup \boldsymbol{g}_2 \cap \overline{\boldsymbol{g}_{1,t}} \cap \overline{\boldsymbol{g}_{2,t}}
\end{aligned}
\tag{7-25}
$$

2) 多学科分析模型

根据系统分解程度不同，学科分析模型的构建主要有以下两类方法。

(1) 学科模型及耦合模型同时构建。

一体化设计主要采用这种方法，学科耦合关系在底层反映，形成"紧耦合"的多学科分析模型,如气动弹性设计。这种建模方法可以从一定程度上缩减学科交互的计算量和计算复杂性,但忽略了学科自主性,扩展性差。

(2) 学科模型与学科耦合模型单独构建。

这种方法灵活性和扩展性较强,且有利于知识继承。但对于耦合关系严重的问题,学科耦合模型构建困难,数据传输和处理需要消耗大量资源。

系统分析(SA)不是学科分析(DA)的简单叠加,需要考虑学科之间的耦合变量,即约束式(7-14),组建过程可描述如下:①建立各学科分析模型 $\bar{y}_i = f_i(x_i)$;②按照式(7-14)建立耦合模型 $y_{ij} = E_{ij}(\bar{y}_i)$;③随机分配学科顺序,连接各学科分析模型,建立设计结构矩阵(design structure matrix,DSM);④优化和重构 DSM,使得学科分析次序按照某种指标(一般为缩减耦合强度)达到最佳。

7.2.3.2 学科建模技术

MDO 中 DA 模型可看作是具有输入/输出的"黑盒子",代表系统的某一功能部件、某一方面性能或某种物理现象,与具体的应用对象密切相关。例如,给定载荷下分析结构变形、给定飞行状态下分析气动性能。一般来说,在导弹总体设计过程中需要建立不同层次的学科模型,飞行器学科模型组成如图 7-14 所示。

在应用多层次的学科模型时,可通过不同方式对精度和计算量进行权衡与协调,在保证设计质量的前提下尽可能地降低计算成本。根据系统全局理念,有时需要在优化过程中考虑功能性以外的学科模型,如制造性、经济性、操作维护性等产品全生命周期性能。

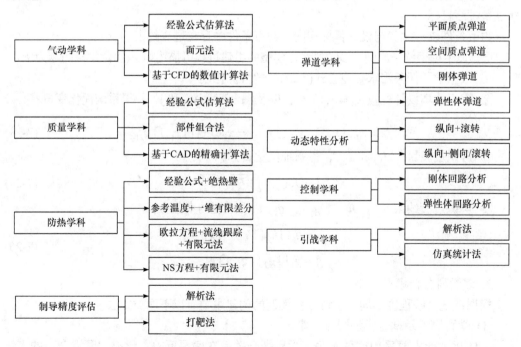

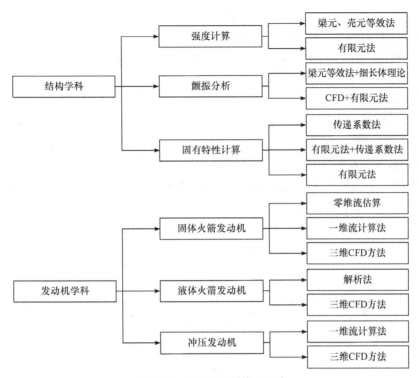

图 7-14 飞行器学科模型组成

7.2.3.3 几何建模技术

飞行器设计中几何设计是很重要的方面，气动、结构、质量等学科分析均与几何建模密不可分，如气动外形、结构布局和结构尺寸、防热结构等。因此，MDO 建模的一项重要研究内容为几何建模。MDO 对几何建模的需求：①几何模型参数化；②网格参数化自动生成技术；③主模型技术。

(1) 几何模型参数化。几何模型参数化是飞行器数值优化设计的必要条件。MDO 中，几何参数化建模可基于现有的 CAD 商业软件或基于 CAD 的内核，在 MDO 软件环境中集成几何模块，如 AML、ICAD 框架软件等。基于特征实体建模(feature based solid modeling，FBSM)技术的应用使得大部分 CAD 软件系统支持部分或全部的参数化。

(2) 网格参数化自动生成技术。各学科对几何信息的应用往往基于其离散形式，如气动流场网格、结构有限元网格等。MDO 过程中，几何模型需要不断更新，要求学科的计算网格能快速、稳健地自动生成，集中体现在计算流体力学(CFD)网格和有限元(FEM)网格。目前，CFD 网格生成工具有 ICEM、Gambit、Gridgen、Hypermesh 等，FEM 网格生成工具有 ICEM、MSC/Patran、Femap、Hypermesh 等。这些工具基于实体划分网格，对于固定几何外形可以生成高质量的网格模型，但对几何参数扰动非常敏感。当前的网格自动化技术难以支持拓扑形状变化的情况。因此，要想完全实现 CAD 和 CAE 之间的无缝接口，必须发展基于特征的网格生成技术和学科间的网格映射技术等。

(3) 主模型技术。设计过程中，各学科往往从自身需求出发建立几何模型，从而导致各学科模型之间存在较大差异，形成潜在的学科设计不连续性，违背了应基于同一设计对象的物理事实。为保持学科设计的连续性，以便于学科之间或不同部门及地点之间能够方便地进行通信，有必要在 MDO 过程中采用可共享的几何描述方式，如主模型描述。

7.2.3.4 MDO 求解技术

建立了系统模型、学科模型及几何模型之后，下一步的工作就是综合各项 MDO 技术，规划其求解过程。MDO 过程集成了多个学科，且学科间耦合关系复杂，势必导致优化规模急剧膨胀，求解难度剧增，需要采用一系列求解技术综合解决，包括 MDO 计算构架、优化算法、近似技术、实验设计等。根据各种求解技术的功能，采用如图 7-15 所示的 MDO 求解策略规划流程，结合该流程介绍相关求解技术。

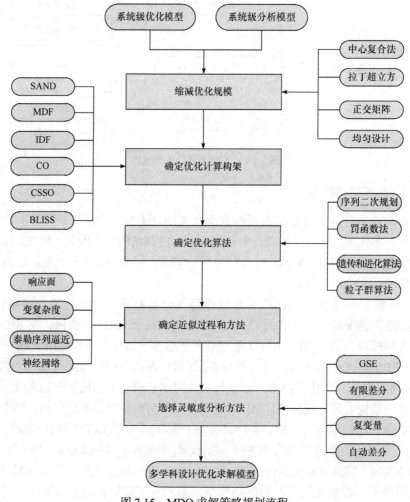

图 7-15　MDO 求解策略规划流程

1) 缩减优化规模

初始建立的多学科设计优化模型考虑的因素较全面，选择的设计变量规模较大，包含的目标函数和约束条件也较多。受限于寻优算法的计算能力，对复杂产品尚难实现一步到位的整体优化，可以采用分层优化的方法进行优化。

首先对目标和约束进行重要性排序，按照重要级别不同分步串行优化；其次对于每一步优化，基于试验设计(design of experiment，DOE)方法分析设计变量对设计目标和约束的影响趋势，提取重要性影响因子，缩减优化模型的规模。此处提出的串行优化不同于传统的学科串行设计，每一步优化均考虑了学科连续性条件，并未从本质上改变问题的特性。

对于小/中规模问题，在计算资源和设计周期允许的情况下，不必进行分层，可以一步到位进行优化。

2) 确定优化计算构架

不同于传统优化过程，MDO 不是简单地选用某个优化算法构成优化算子就能解决的，它要按照一定的计算构架(architecture)将各个分析、优化过程组织起来。计算构架定义了 MDO 求解过程中各个计算过程的组织形式。同优化问题可以选择不同类型的搜索算法一样，对同一 MDO 问题，可以选择不同的构架进行求解。在早期发展过程中，MDO 领域主要围绕各类构架的发展、应用和完善开展研究。

MDO 构架的分类方法很多，一种分类方式是依据优化层次将 MDO 构架分为两大类：单级优化构架和多级优化构架。单级优化构架只在系统级进行优化，学科层只负责学科的分析与计算，不进行优化，常用的单级优化构架包括多学科可行(multi-disciplinary feasible，MDF)方法、单学科可行(individual discipline feasible，IDF)方法、同时分析优化(simultaneous analysis and design，SAND，也称 all at once，AAO)方法。

多级优化构架是指在系统级和学科级中都进行优化计算，控制局部设计变量的选择，而在系统级进行各个学科优化之间的协调和全局设计变量的优化。多级优化构架包括并行子空间优化(concurrent subspace optimization，CSSO)、协同优化(collaborative optimization，CO)、两级集成系统合成(bi-level integrated system synthesis，BLISS)优化等。多级 MDO 构架实际上是将系统的优化问题分解为多个较小的子优化问题，因此也称为分布式构架。MDO 构架的分类与继承关系如图 7-16 所示。

另外，Alexandrov 和 Lewis 等根据约束是否由优化器控制对构架进行分类，当约束集合不由优化器显式控制时称为"闭合"，当约束集合由优化器显式控制时称为"开放"。例如，MDF 构架中，学科分析约束在学科内部自主，一致性约束在 MDA 中满足，称其为"分析约束闭合、一致性约束闭合"构架。同样，IDF 构架是"分析约束闭合、一致性约束开放"构架(由优化器调整耦合目标变量和设计变量实现)。Tosserams 将这种分类方法扩展至分布式构架中，根据局部约束是否由子优化问题控制进行分类。约束的闭合性对构架选择非常重要，这是因为大部分优化软件具有探索设计空间不可行域的能力，优化器可以用较少的迭代满足约束条件。然而，这种选择需要考虑优化问题规模的增加，以及优化器过早收敛于不可行点的问题。

按照系统分析(SA)模型的求解方式不同，MDO 构架也可分为两类：一类构架直接求解 SA 模型，从分析层次解决多学科连续性问题，不需要改变优化决策模型，这类构架称为耦合构架，其代表为 MDF 构架；另一类构架对 SA 模型进行分解，在优化模型中考虑

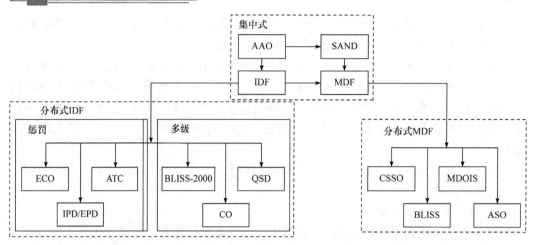

图 7-16　MDO 构架的分类与继承关系

ECO-增强协同优化方法(enhanced collaborative Optimization)；IPD/EPD-不精确惩罚分解法(inexact penalty decomposition)/精确惩罚分解法(exact penalty decomposition)；ATC-解析目标级联法(analytical target cascading)；QSD-准可分分解法(quasi-separable decomposition)；MDOIS-非独立子空间 MDO(independent subspace MDO)；ASO-非对称子空间优化(asymmetric subspace optimization)

多学科连续性问题，该构架称为分解构架，包括 IDF 构架、CO 构架等。这种分解构架的关键就在于把设计任务分解成不同的子任务，然后分别对每个子任务模块进行优化，这样也带来了在系统层面进行综合优化的任务。一般情况下，由于飞行器设计中分布式工作合作的需要，任务分解是必须的，这样可以大大缩短任务的执行时间。另外，通过分解，负责不同学科(子系统)的设计师可以自主地选择他们所使用的工具和方法来完成任务。子任务的并行执行十分适合于整体并行处理技术。

MDO 求解构架的选择不仅要考虑数值求解特性，还要考虑学科的组织特性。

3) 确定优化算法

MDO 中优化算法选择与计算构架有较大关系。单级优化计算构架如 MDF、IDF 等只需要确定系统级优化算法，多级优化计算构架如 CO、CSSO、BLISS 等则需要分别确定系统和子系统的优化算法。

MDO 对优化算法提出了更高的要求，主要表现在：

(1) 设计空间高度非线性，学科耦合作用使得 MDO 很复杂；

(2) 设计变量规模大，这是由多个学科变量的累加造成的；

(3) 优化算法的多样性，在多级优化策略的情况下，MDO 中往往需要综合多种优化算法。

为提高 MDO 的优化效率，优化算法的研究主要从两方面着手，一方面，研究新型的大规模优化算法。在 MDO 中，往往问题的性态更为复杂，变量的维数急剧增加，如难解的组合优化问题；复杂工程的非线性和非凸优化问题；同时包含离散和连续设计变量，具有多个局部极值点、大量设计变量和约束的设计优化问题；系统动态设计和非数值优化问题等，对这些问题，难以实现优化。因此，需要研究开发出一些高效的、具有并行处理特点的优化算法，正确地处理不光滑问题与规范化要求、克服收敛速度过慢问题，以适应 MDO 问题发展的需要。另一方面，需要研究现有优化算法在 MDO 中的应用模式。在 MDO 中，优化任务不同，其所需要的算法也可能各不相同，有些任务可能需要综合应用几种算法，才能取得好的效果；对于同一任务，也可以采用不同的算法进行计算，以获得任务的最优解。这就需要结合不同算法的特点，采用并行、串行、混合等模式求解 MDO 问题。

关于优化算法的改进工作一直在持续。在工业界，未来的发展方向是更加强大、鲁棒且有效的优化技术，其中强大是指要能够处理大规模的问题(成千上万个变量与约束)，鲁棒是指在大范围条件下仍能够保证收敛，有效是指优化所需要的计算时间能保持在合理的水平上。此外，对优化技术而言，对用户友好、对噪声不敏感、可靠性高等特性也是必需的。最后，如何避免局部极小及寻找全局最优解也是一个重要的发展方向。

4) 确定近似过程和方法

近似技术即采用某种形式替代另一种形式，如高等数学中的泰勒展开式，就是采用多项式作为一个复杂函数的替代：

$$f(x) = f(x_0) + f'(x_0)(x - x_0) - \frac{1}{2!} f''(x_0)(x - x_0) + \frac{1}{3!} f'''(x_0)(x - x_0) + \cdots$$

实际中，MDO 在很多情况下很难直接将优化算法中的设计空间搜索程序与分析进行耦合，而是采用对目标函数与约束函数近似处理的方法，主要原因如下。

(1) 由于多学科设计优化问题的设计变量数目很多，需要进行大量的分析以估算目标函数和约束值，计算量太大。

(2) 各学科(或子系统)分析软件采用各异的输入输出方式，造成各学科间的信息交换极为复杂，程序之间的通信极难处理。

(3) 某些学科分析可能产生一些无法预计的噪声或不平滑的响应，这些噪声或响应是设计变量的函数，若不进行平滑近似处理，就无法在设计空间搜索工作中采用效率较高的梯度算法，从而严重影响优化效率和结果。

(4) 各学科的专家往往倾向于采用最新、最好和最准确的分析程序。但是这些分析程序往往不能自动执行，缺乏足够的鲁棒性，并需要数小时(甚至数天)的计算时间。即使这些分析程序非常成熟并且可以完全自动执行，其高昂的计算代价也使完全采用这些分析程序进行优化不太可能。

在优化过程中采用目标函数或约束函数的近似模型，得到近似最优解，在最优解处进行精确分析，并修正基于近似模型的优化结果，直到具有理想的精度为止。采用近似技术从一定程度上可减少复杂、耗时的系统分析，并且光滑了设计空间响应，从而大大降低了设计空间搜索工作的计算量。

MDO 对近似技术的应用分为两个层次，第一层次应用于学科层次，采用近似模型替代高精度学科分析模型。此近似模型隶属于优化算法，其构建和调用受优化算法管理，传统的信赖域优化算法、二次规划算法等均需要在优化过程中建立多项式近似模型。第二层次应用于系统层，建立 SA 的近似模型，如 CSSO 方法采用全局灵敏度方程(global sensitivity equation，GSE)、响应面方法(RSM)等建立 SA 的近似模型。此近似模型可为各学科所用，由计算构架统一管理。

近似过程的引入因构架不同而异，正因为如此，Sobieski 在论述 MDO 技术体系时，将计算构架与近似过程合为一体。从理论上来说，近似过程不是 MDO 所必需的，但 MDO 问题的计算复杂性决定了近似过程是必要的。

5) 选择灵敏度分析方法

优化过程中的灵敏度分析主要用于目标函数或约束函数对设计变量的导数信息，一般为梯度优化算法所用。有限差分方法(finite differences method，FDM)是目前最常用的一种计算方法，其不需要考虑学科及多学科问题的形式，实现较简单，但存在的主要问题是对多变量问题计算效率低，且求解精度低。自动微分方法(automatic differentiation method，ADM)、复变量方法(complex variables method，CVM)、伴随方法(adjoint method)虽然精度和求解效率更高，但需要对分析程序进行深层次改造，应用有一定的局限性。

在 MDO 中特殊问题是系统灵敏度分析(system sensitivity analysis，SSA)，即 SA 的输出相对输入的灵敏度。从本质上来看，SSA 可采用与学科敏感性分析相同的技术，如差分技术。但由于学科耦合关系复杂，很难直接建立 SA 的输出与输入关系，差分技术应用于 SSA 存在困难。Sobieski 提出的全局敏感性方程(global sensitivity equation，GSE)是一种有效地计算相互耦合系统灵敏度的方法，它利用学科输出对输入的偏导数构造系统敏感性方程组，求解此方程组得到系统整体性能对设计参数的全导数。该方法直接从隐函数原理推导而来，精确度较高。

7.2.3.5 MDO 集成技术

经过 MDO 求解策略规划，初始的多学科优化模型与多学科分析模型被分解为不同类型的、相互关联的子模型，包括学科分析模型、优化模型(系统级、子系统级或 SA)、近似模型、DOE 模型等，称这时的模型为 MDO 求解模型。这些计算过程都有相应软件模块，各模块又存在不同的接口形式和驱动方式，而且各分系统设计领域已存在多种分析工具软件，如 CAD/CAE 软件、热分析软件等，集成 MDO 求解模型及众多的工具软件存在较大挑战。

现有的集成方法分为两类，第一类将所有的学科分析模块集成在一起，成为一个巨型执行程序，学科交互通过内部程序模块实现。为了避免分析程序开发和分析过程的复杂性，第一类集成系统往往不采用复杂的高精度学科模型，以更小的、计算速度更快的近似模块替代，如经验估算、插值表、响应面等。ODIN、AVID、PICTOS、FASTPASS、HAVOC、HOLIST 是这类集成系统的典型。这类集成系统具有单个用户快速执行的优势，但是却将学科专家排除在设计过程之外，针对不同研究对象需要进行较大改动，扩展性较差。

第二类集成方法是将各种软件模块松散地集成到一个独立的软件框架中，由软件框架按照多学科关系进行软件调度。第二类集成系统与现代设计工程的组织形式非常接近。学科的发展和演化在内部进行，软件模块的执行调度和数据交换过程基于第三方集成框架软件实现。这种集成方法具有较强的适应性和扩展性，同时保持了第一类方法具有的数据处理、自动化执行等优势。这类系统的典型代表有 FIDO/HSCT、CJOpt/HSCT、IMAGE、AEE、IHAT 等。

近年来，开发了一些具有良好扩展性的商业化 MDO 软件平台，称为集成框架，如 iSight、ModelCenter、AML 等。集成框架为 MDO 提供了建模和仿真环境，又称为集成设计环境，是 MDO 集成软件系统的核心，它不仅要能完成 MDO 建模，还要对整个计算网络中的软件、硬件资源进行调度和分配。随着以信息化为核心的各种数字化技术的交叉渗透，集成设计环境不断与产品数据管理(product data management，PDM)、产品全生命周期管理(product lifecycle management，PLM)等技术相融合。

7.3　优化设计实例

导弹总体优化设计作为一种普遍的科学方法，对不同的研究对象、不同的设计目的、不同的原始条件，可以建立千差万别的数学模型和相应的求解方法。在总体方案设计阶段，可选择几个主要系统，如总体、气动、动力、弹道等，进行合理简化，采用 MDF 等单级优化方法进行参数优化，以求得最优方案的各分系统参数。在总体详细设计阶段，可采用精确的数学模型，选用 CSSO 或 CO 等两级优化方法，进行总体参数优化设计。

下面给出两个导弹总体方案设计阶段优化设计的实例，以说明导弹总体优化设计的基本方法与步骤[9]。

7.3.1　掠海飞行的反舰导弹总体优化设计

7.3.1.1　设计任务说明

掠海飞行反舰导弹是海战中对付敌舰最有效的手段之一，可以在敌舰载雷达视线以下从水面舰船或潜艇等各种发射平台上发射，在海面上几十米或几米高度巡航飞抵目标，使敌舰载雷达难以探测。导弹一旦进入敌舰雷达可见范围，就已接近目标。因此，掠海导弹是生存力强、灵活机动、经济且有效的武器。

某掠海导弹的外形布局及动力装置已初步确定，其外形示意图和发动机推力曲线如图 7-17 所示。

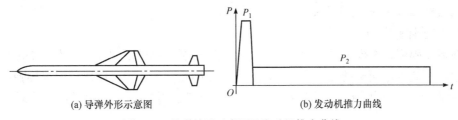

(a) 导弹外形示意图　　　　　　　　　　(b) 发动机推力曲线

图 7-17　导弹外形示意图及发动机推力曲线

导弹纵向平面内的典型弹道见图 7-18。由典型弹道可以看出，导弹的运动大致上可分为四段：助推段、过渡段、平飞段和俯冲段。助推段导弹在助推器的推动下离开发射架加速飞行，几秒钟后助推器工作结束，导弹依靠主发动机的推力继续爬高、下滑转入平飞，完成过渡段的飞行后，转入近似等速水平飞行。当导弹接近目标时，自动导引头开始工作,导弹由自控段转入自导阶段,直至命中目标。

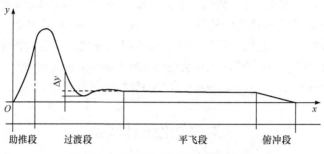

图 7-18　导弹纵向平面内的典型弹道

为了增强低空突防能力,掠海导弹的平飞高度都比较低,在过渡段保证导弹下滑转平时的高度冲出量 Δy 最小是设计的关键问题。因此,本设计的主要问题是已经确定了导弹的外形布局、动力装置和其他方面的要求及约束条件,研究导弹的控制规律,优选控制系统主要参数,在满足导弹飞行性能的前提下,使导弹下滑时的高度冲出量最小。

7.3.1.2　总体优化设计的步骤

1. 建立数学模型

为了满足给定的设计要求,数学模型包括动力、气动、控制规律和弹道计算数学模型。

1) 质量、动力模型

根据战术技术要求和已知条件,导弹的起飞质量 m_0、推力曲线、比冲 I_s 及总冲 I 均为已知,因此可建立质量和动力模型如下:

$$m = m_0 - P \cdot t / I_s \tag{7-26}$$

式中,$I_s = \begin{cases} I_{s1}, & t \leqslant I_1 / P_1 \\ I_{s2}, & t > I_1 / P_1 \end{cases}$; $P = \begin{cases} P_1, & t \leqslant I_1 / P_1 \\ P_2, & t > I_1 / P_1 \end{cases}$; m_0 为导弹的起飞质量(kg);I_{s1}、I_{s2} 分别为发动机一、二级比冲($\mathrm{N \cdot s \cdot kg^{-1}}$);$I_1$ 为发动机一级总冲($\mathrm{N \cdot s}$);P_1、P_2 分别为发动机一、二级推力(N);m 为导弹在时刻 t 的质量(kg)。

2) 弹道计算模型

在建立弹道计算模型时,为了简化计算便于分析,可做下列几点假设:①掠海导弹用于攻击距离较远而机动性不大的军舰,为简化问题,方案设计阶段仅研究导弹在纵向平面内的运动;②将俯冲段航迹折算为平飞段处理;③略去飞行中随机干扰对导弹的影响。

考虑风的影响,同时计入制造误差、安装误差等因素引起的常值干扰力和干扰力矩之后,导弹的弹道方程如下:

$$
\begin{cases}
m\dfrac{\mathrm{d}V}{\mathrm{d}t} = P\cos\alpha - \dfrac{1}{2}\rho V_\mathrm{r}^2 S_\mathrm{B} C_x - mg\sin\theta \\[2mm]
mV\dfrac{\mathrm{d}\theta}{\mathrm{d}t} = P\sin\alpha + \dfrac{1}{2}\rho V_\mathrm{r}^2 S_\mathrm{B}(C_y^\alpha \cdot \alpha_\mathrm{r} + C_y^\delta \cdot \delta_\mathrm{B}) + \Delta F_y - mg\cos\theta \\[2mm]
J_z\dfrac{\mathrm{d}\omega_z}{\mathrm{d}t} = \dfrac{1}{2}\rho V_\mathrm{r}^2 S_\mathrm{B} L_\mathrm{B}\left[m_z^\alpha \cdot \alpha_\mathrm{r} + m_z^\delta \cdot \delta_\mathrm{B} + \dfrac{L_\mathrm{B}}{V_\mathrm{r}}(m_z^{\bar\omega_z}\cdot\omega_z + m_z^{\bar{\dot\alpha}}\cdot\dot\alpha_\mathrm{r}) \right] + \Delta M_z \\[2mm]
\dfrac{\mathrm{d}\vartheta}{\mathrm{d}t} = \omega_z \\[2mm]
\dfrac{\mathrm{d}x}{\mathrm{d}t} = V\cos\theta \\[2mm]
\dfrac{\mathrm{d}y}{\mathrm{d}t} = V\sin\theta \\[2mm]
\alpha = \vartheta - \theta \\[2mm]
\alpha_\mathrm{r} = \vartheta - \theta + \operatorname{arctg}\left(\dfrac{W\sin\theta}{V + W\cos\theta}\right) \\[2mm]
\dot\alpha_\mathrm{r} = \omega_z - \dot\theta + \dfrac{W[\dot\theta(V\cos\theta + W) - \dot V\sin\theta]}{V_\mathrm{r}^2} \\[2mm]
V_\mathrm{r} = \sqrt{V^2 + W^2 + 2VW\cos\theta} \\[2mm]
Ma = V_\mathrm{r}/a
\end{cases} \tag{7-27}
$$

式中，W 为风速；ΔF_y、ΔM_z 分别为干扰力和力矩；S_B、L_B 分别为参考面积和参考长度；V 为飞行速度；V_r 与 α_r 分别为导弹相对气流的速度和攻角；C_y^α、C_y^δ 分别为升力系数对攻角和舵偏角的导数；ω_z 为导弹转动角速度；ϑ 为俯仰角；m_z^α、m_z^δ、$m_z^{\bar\omega_z}$、$m_z^{\bar{\dot\alpha}}$ 分别为俯仰力矩系数对攻角、舵偏角、俯仰角速度、攻角速度的导数；a 为声速。

3) 控制规律(纵向)模型

$$
\delta_\mathrm{B} = K_1(\vartheta - \alpha^*) + K_2\omega_z + K_3(y - H_0) + K_4\dot y + K_5\int_{t_0}^t \Delta y\,\mathrm{d}t \tag{7-28}
$$

式中，K_1 为自动驾驶仪对俯仰角的传递函数；K_2 为阻尼陀螺的放大系数；K_3 为高度传感器控制系数；K_4 为垂直速度传感器控制系数；K_5 为高度偏差积分机构的控制系数；α^* 为平飞段的平均平衡攻角；H_0 为导弹装订的平飞高度；t_0 为下滑转入平飞时加入高度积分的时间。

2. 设计变量及目标函数的选择

从掠海导弹的典型弹道可以看出，导弹在过渡段要进行下滑转平的运动。由于掠海导弹的平飞高度比较低，而导弹的下滑速度又比较大，如果高度冲出量太大，将使导弹掉入海中，影响导弹的安全。当高度冲出量较大时，导弹由此引起的过渡过程比较长，导弹要经过很长时间的振荡才能稳定在给定的平飞高度上，这是导弹设计所不希望的。因此，保证高度冲出量最小就成为掠海导弹设计的突出问题。总体设计中，高度冲出量最小又主要体现在控制模型及控制参数的合理选取。为此，本设计任务选取高度冲出量

Δy 作为总体优化设计的目标函数，设计变量取为自动驾驶仪的控制参数 $K_1 \sim K_5$。

3. 约束条件

(1) 最大射程不小于给定值；

(2) 限定平飞速度；

(3) 舵偏角不大于给定值；

(4) 限定需用过载值；

(5) 限定平飞段的操稳比。

4. 优化方法及结果

因为该优化设计问题只涉及控制系统一个学科，其他气动及弹道学科只进行系统分析，所以可选用可变单纯形法或鲍威尔优化算法，在上述约束条件下，对 $K_1 \sim K_5$ 选优，使得导弹下滑时的高度冲出量最小。

发射角度不同，导弹的爬升高度就不同，导弹的运动轨迹也就不同。因此，在优化设计中，取初始发射角 θ_0 为 10°、15°、20° 三个不同的数值，并代入其他已知原始数据，经过调优，相应得出了 θ_0 为 10°、15°、20° 时的优化方案，见表 7-1。

表 7-1　θ_0 为 10°、15°、20° 时的优化方案

$\theta_0/(°)$	K_1	K_2	K_3	K_4	K_5	Δy_{OPT}
10	0.68121	0.24273	0.86529	0.97949	0.35437	2.953
15	0.75417	0.25113	0.73075	0.91816	0.36219	3.027
20	0.48240	0.31506	0.77938	0.94446	0.37143	3.158

导弹飞行高度 y 随时间 t 的变化曲线如图 7-19 所示。

在 $\theta_0 = 15°$ 时，导弹攻角 $\alpha(t)$ 和弹道倾角 $\theta(t)$ 随时间 t 的变化曲线如图 7-20 所示。

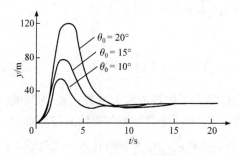

图 7-19　导弹飞行高度随时间的变化曲线

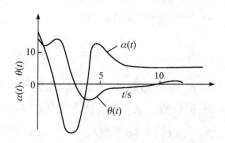

图 7-20　$\theta(t)$ 和 $\alpha(t)$ 随时间的变化曲线

上述优化结果和部分曲线表明：采用所给控制规律，各条弹道都是收敛和稳定的，并满足射程、速度、稳定性、调整比等总体指标要求。这种总体和控制系统一体化设计方法，对于改善掠海飞行反舰导弹的弹道特性和减小高度冲出量有明显的效果。

7.3.2　整体式火箭冲压发动机巡航导弹总体一体化设计

1. 设计任务说明

现代战争对导弹的要求是远射程、高速度、小体积等，为此国外成功研制了采用整体式冲压发动机作动力的超声速导弹，如法国的两侧进气的中程空对地导弹 ASMP，俄罗斯的 X-31 反辐射导弹等。与传统的火箭发动机不同，整体式冲压发动机导弹将发动机与弹体有机地结合成一个整体，它与导弹总体的匹配关系极为密切。一方面，发动机对进气道的流态较为敏感，冲压发动机的内部参数和性能指标随着导弹的飞行速度、飞行高度、攻角及实际进入发动机的空气流量而变化；另一方面，进气道的数目和布局对于导弹气动特性也有较大的影响。因此，整体式冲压发动机的导弹必须把冲压发动机设计和导弹外形、总体设计协调起来，进行一体化设计，优选出满足导弹要求，使整个导弹性能最佳的发动机及总体布局方案。

设计任务是进行整体式冲压发动机巡航导弹的一体化设计。导弹采用整体式液体冲压发动机，弹身两侧对称平置二维进气道、全动式 "×" 形尾翼，导弹外形类似于法国中程空对地导弹 ASMP。整体式冲压发动机巡航导弹外形示意图如图 7-21 所示。

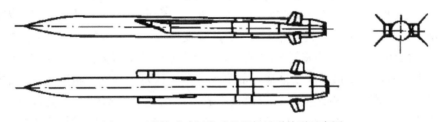

图 7-21　整体式冲压发动机巡航导弹外形示意图

2. 一体化设计的基本步骤

1) 进气道类型和布局的选择

5.2 节已讲过常用进气道的类型，按进气道在导弹弹体上的布局位置，超声速进气道可分为单进气道、双进气道、四管进气道等(图 5-62)。结合本例具体情况，可供选择的进气道布局方案主要有四种：①两个二维矩形进气道；②四个二维矩形进气道；③四个圆形进气道；④四个半圆进气道。几种进气道布局方案如图 7-22 所示。显然，两个二维矩形进气道的阻力最小，且又能满足巡航导弹机动性的要求，故本例选取两个二维矩形进气道作为研究对象。

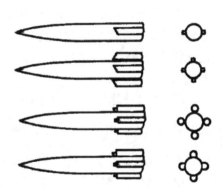

图 7-22　几种进气道布局方案

2) 选择目标函数

为了解决导弹外形与冲压发动机的合理匹配问题，本设计主要对质点弹道进行总体优化，基本思想：视导弹为一可控质点，其质量集中于质心，不考虑控制系统，质点弹道为方案弹道，寻求导弹总体性能最佳。选择导弹质量一定前提下的射程最大作为目标函数，理由如下：①本设计的整体式冲压发动机中程超声速巡航导弹主要作战任务是摧毁远距离的敌方海上目标，故射程是其最主要的总体性能指标之一。②本设计涉及气动、动力、弹道等系统参数的一体化设计，它们对总体性能中射程的影响较大。③本设计以整体式火箭冲压发动机为动力,该发动机适合高速飞行,具有高比冲等特点,只有远程高速导弹才能发挥其功能。

由上述分析可知,选择导弹质量一定前提下的射程最大作为目标函数是合理的。

3) 选择设计变量

根据中程超声速导弹的主要战术技术要求及目标函数,取以下参数为设计变量。

(1) 进气道轴向位置 X_1。X_1 主要对导弹的气动特性产生影响。因为整体式冲压发动机巡航导弹攻击机动性不大的军舰,所以导弹没有设置传统的弹翼,弹身两侧平置进气道与后面的整流罩起到弹翼的作用,提供了较大的法向力。进气道轴向位置的变动,对全弹的升力系数、阻力系数、压心、稳定性和操纵性等均有显著影响。另外,X_1 还影响发动机进气道的特性。进气道位置太靠前,则发动机易受头部畸变气流的影响,且亚声速段气流损失增大;进气道太靠后,则流场不易稳定。

(2) 进气口面积 A_1。A_1 是影响发动机性能的一个参量,由于 A_1 决定了进入发动机的空气流量,因此其变化将引起推力系数和比冲等发动机主要性能参数的变化,提高 A_1 将增大推力系数和比冲。A_1 并非越大越好,这是因为整个发动机内流必须保持连续,当进气量大于发动机喉道横截面积所能通过的最大流量时即发生堵塞,将进气道内结尾正激波推出进气口而产生亚声速溢流,很容易引起喘振而造成发动机工作状态的恶化。一般,在超声速冲压发动机中不允许出现亚声速溢流的情况。同时,由于导弹尾部无收缩,A_1 的变化将引起底部面积的相应变化,这部分底部阻力的影响不容忽视。

(3) 进气口宽度 W_1。W_1 与轴向位置一样主要对导弹气动性能有影响,W_1 的变化直接导致升力、波阻和摩阻的变化,从而改变导弹的飞行性能。同时,W_1 还影响进入进气道的气流流动特性,其值过大或过小均会使气流流动的三维影响加强,从而导致总压损失的增大。

(4) 巡航马赫数 Ma_1。对巡航段占整个弹道绝大部分的巡航导弹来说,显然 Ma_1 对射程的影响很大,由齐奥尔科夫斯基公式计算:$L = CMa_1 I_s K \ln \dfrac{1}{1-\mu_k}$,式中 L 为平飞段航程;I_s 为比冲;C 为声速;K 为升阻比;Ma_1 为巡航马赫数;μ_k 为燃料相对质量因数。

由于导弹在飞行中首先要完成加速爬升,故 Ma_1 的选取也影响平飞段燃料相对质量因数 μ_k 的取值。由此可见,Ma_1 对射程有很大的影响。

(5) 助推段额定工作时间 t_0。t_0 是影响导弹结构和冲压发动机能否可靠转级的参数。在助推器装药质量一定的前提下,t_0 的确定实际上反映了助推段推重比,其物理含义为助推段轴向过载,其值受设备允许过载的限制。此外,t_0 决定了导弹接力时的马赫数,而整体式火箭冲压发动机要求接力的实际速度不小于接力马赫数 Ma_j,一般 $Ma_j = 1.6 \sim 1.8$。

(6) 加速段余气系数 α_0。α_0 是综合反映发动机工况对射程影响的参数,α_0 小则加热比大,推力系数大,加速快,阻力消耗小,但燃油消耗率高,缩短了平飞段航程,故有一个综合平衡的最优值。同时,要求比冲尽量高以减少油耗。

(7) 发动机喷管喉部直径 D_{kp}。D_{kp} 是影响冲压发动机特性的一个参数,对它的调节实际上是对喷管扩张比的调节，从而直接影响气流膨胀加速程度，并且应与进气口面积协调以保证工作正常。D_{kp} 减小则临界流量减小，同时气流膨胀加速更充分，出口流速上升，发动机推力系数增大，燃料比冲加大。但 D_{kp} 过小易引起附面层分离，造成流动损失。

根据设计变量代表的实际意义，选定设计变量可能的搜索范围，即变量区间。

4) 确定约束条件

(1) 最大轴向过载限制。弹体及舱段内仪器设备能承受的最大轴向过载是有限的，为使仪表设备正常工作，要求最大轴向过载不得大于 18g。

(2) 最大法向过载限制。依弹道要求，导弹机动性一般限制使用过载 $N_{ya} < 4g$。

(3) 助推器工作时间限制。助推器工作时，燃烧室压力及温度很高，工作环境很差。长时间工作会增加助推器结构质量及降低工作可靠性，因此对最大工作时间应加以限制，一般要求不大于 6s。

(4) 攻角限制。为了保证发动机的正常工作，要求最大飞行攻角控制在 $-5° < \alpha < 5°$。

(5) 冲压发动机接力马赫数 Ma_j 限制。要求 $Ma_j > 1.6$。

(6) 冲压发动机工作时间限制。一般要求不大于 8min。

(7) 冲压发动机流动协调要求。在大加热比或进口空气流量很大的前提下，固定截面的冲压发动机可能出现气流流动不协调的问题，即喷管所能通过的最大流量小于进入发动机的空气流量，燃料室内压力升高，将正激波推出进气道，发生亚声速溢流。发动机溢流阻力增加，且容易进入不稳定的喘振状态，故不允许出现上述情况。

5) 建立数学模型

本优化设计问题的目标函数无法用设计变量的解析式准确表达，因此可采用无约束的直接寻优算法。由于整体式火箭冲压发动机巡航导弹总体一体化设计是有约束条件的优化问题，可采用悬岩代价函数法，将目标函数加上若干约束条件的惩罚项而得到综合目标函数，具体形式如下：

$$L_{OBJ} = L + \sum_{i=1}^{7} D_i$$

$$D_i = K \left[1 + \left(\left| \frac{C_i}{u_i} \right| - 1 \right)^2 \right]$$

式中，L_{OBJ} 为综合目标函数；L 为目标函数；D_i 为第 i 个约束项的罚函数；C_i 为该方案能达到的第 i 项性能指标；u_i 为对第 i 项性能指标的约束条件；K 为罚因子，满足约束条件则 $K = 0$，不满足约束条件则 K 为一个大数，此处取 $K = 5 \times 10^4$。

(1) 动力模型。

新一代巡航导弹具有超声速、远射程、小体积、高性能等特点，整体式火箭冲压发动机以其独特的性能品质而成为这类导弹推进系统的理想入选者。该类发动机可以大幅地提高导弹的平均速度，为导弹超声速飞行提供续航推力及加速、爬升所需的推力，具有比冲高、体积小、结构紧凑、工作可靠、成本低等优点，因此整体式冲压发动机已成为当今各发达军事强国大力研制发展的新型推进装置，并已装备在代表新一代先进水平的导弹上。

冲压发动机的重大缺点是不能自行起飞，必须与其他发动机组合使用，一般冲压发动机作主发动机，固体火箭发动机作助推器。整体式冲压发动机克服了传统冲压发动机的这种缺点，使冲压发动机和固体助推器从形式上、结构上甚至工作过程进行有机地结合，使它们成为一体化的发动机整体。形式上，整体式冲压发动机采用一个、两个或四个进气道，进气道位置在导弹弹体的颚下、腹部或旁侧，实现了推进系统和飞行器完全一体化；结构上，整体式冲压发动机将助推器与冲压发动机共用同一个燃烧室，发动机本体直接成为弹体的后半段，由于工作压力不同，助推器、冲压发动机有各自的喷管，嵌套安装。整体式液体冲压发动机由发动机本体、进气道、燃油及输送系统等组成。

工作时序上，固体助推器首先点火，使发动机加速，助推器工作结束后，经过转级过程，冲压发动机开始工作。下面详细给出整体式冲压发动机的工作过程：导弹从发射平台上起飞，首先助推发动机点火工作，助推器燃烧 4s 左右，将导弹加速到冲压发动机接力马赫数 $Ma_\mathrm{j} > 1.6$；转级控制装置感受助推发动机压强下降信号，助推器剩余压力将助推器喷管抛掉，扩压器出口堵盖打开。接着，冲压发动机燃油阀门打开，冲压发动机点火器点火，完成启动并开始工作。由于此时导弹已具有一定的速度，故空气能够顺利地进入进气道，在进气道中实现减速增压，气流在燃烧室中与喷入的雾状燃油充分混合并燃烧，高温高压燃气流通过尾喷管进一步膨胀加速，以高速喷出，产生推力。冲压发动机开始工作后，将导弹加速到规定的巡航速度，并按预定高度和速度进行巡航飞行。

在发动机性能计算中采用下列假设：流入发动机的气流为一元定常流；发动机流路中无内外热交换；发动机燃烧室为圆筒形；不考虑高温燃气的解离与复合；不考虑二相流动效应。

助推器平均推力表达式为

$$P_1 = m_\mathrm{F1} I_\mathrm{s1} / t_1 \tag{7-29}$$

式中，P_1 为助推器平均推力；m_F1 为助推器装药质量；I_s1 为助推器比冲；t_1 助推器工作时间。

对图 7-23 所示的模型，建立液体冲压发动机性能计算模型。液体冲压发动机推力 P 表达式为

$$P = \frac{1}{2} k P_\mathrm{H} Ma^2 C_R S_R \tag{7-30}$$

式中，C_R 为推力系数；k 为空气绝热指数；P_H 为来流静压；Ma 为飞行马赫数；S_R 为发动机最大迎风面积。

推力系数表达式为

$$C_R = \overline{S}_1 \left[\frac{k+1}{k} \frac{\varphi_\mathrm{in}}{\lambda_\infty} \beta\sqrt{\tau}\chi Z(\lambda_4) - (2\varphi_\mathrm{in} + C_{xf}) \right] - \frac{2\overline{S}_4}{kMa^2} \tag{7-31}$$

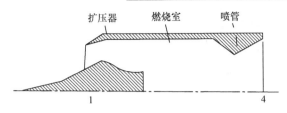

图 7-23 冲压发动机气流通道特征截面图
1-进气道唇口截面；4-喷管出口截面

式中，C_{xf} 为附加阻力系数；φ_{in} 为进气道流量系数，$\varphi_{in} = \dfrac{S_\infty}{S_1}$；$\lambda_\infty$ 为来流速度系数；β

为发动机进出口质量流量比，$\beta = \dfrac{\dot{m}_4}{\dot{m}_\infty} = 1 + \dfrac{1}{\alpha L}$，$\alpha$ 为余气系数，L 为燃烧 1kg 燃料的理

论必需空气量；$\bar{S}_i$ 为相对面积比，$\bar{S}_i = \dfrac{S_i}{S_{Ri}}$，$S_1$ 为进气口面积，S_4 为喷管出口面积；χ

为燃通比，$\chi = \sqrt{\dfrac{k'+1}{k'} \dfrac{k}{k+1} \dfrac{R'}{R}}$，$k$ 和 k' 为空气和燃气的绝热指数，R 和 R' 为空气和燃气

的气体常数；τ 为发动机加热比，计算式为

$$\tau = \frac{T_{04}}{T_{0\infty}} = \frac{c_p}{c'_p} + \frac{H_u \eta_r}{c'_p T_{0\infty}(1 + \alpha L)}$$

式中，c_p、c'_p 分别为空气和燃气的等压比热容；η_r 为燃烧效率；H_u 为燃油的低温热值；T_{04}、$T_{0\infty}$ 分别为发动机出口总温和无穷来流总温。

$$Z(\lambda_4) = \lambda_4 + \frac{1}{\lambda_4}$$

式中，$Z(\lambda_4)$ 为气动函数；λ_4 为喷管出口速度系数。

发动机比冲表达式为

$$I_s = \frac{P}{\dot{m}_F} = \frac{1}{2} k P_H M a^2 \frac{C_R S_R}{\dot{m}_F} \tag{7-32}$$

式中，$\dot{m}_F$ 为燃料秒流量(kg·s^{-1})。

(2) 弹道计算模型。

在建立弹道计算模型时，为了简化计算，做下列几点假设：导弹视为可控质点；仅研究垂直平面内的运动；下滑段及降高平飞段折算为平飞段处理；导弹按程序爬升加速飞行，弹道倾角按给定规律变化，转入平飞时倾角为零。

在低空巡航弹道，要求在助推段就完成爬升转平，冲压发动机工作在巡航水平飞行状态，因此弹道方程可分为助推爬升段和水平飞行段。

助推爬升段导弹的运动方程为

$$
\begin{cases}
\dfrac{\mathrm{d}V}{\mathrm{d}t} = \dfrac{1}{m}\left(P\cos\alpha - \dfrac{1}{2}\rho V^2 S_B C_x\right) - g\sin\theta \\[2mm]
\theta = \theta_0 \dfrac{H^* - y}{H^* - H_0} \\[2mm]
\dfrac{\mathrm{d}\theta}{\mathrm{d}t} = -\theta_0 V\sin\theta \\[2mm]
\alpha = \dfrac{mV\dfrac{\mathrm{d}\theta}{\mathrm{d}t} + mg\cos\theta}{\dfrac{P}{57.3} + \dfrac{1}{2}\rho V^2 C_y^\alpha S_B} \\[4mm]
\dfrac{\mathrm{d}m}{\mathrm{d}t} = -\dfrac{m_{F1}}{t_1} \\[2mm]
\dfrac{\mathrm{d}x}{\mathrm{d}t} = V\cos\theta \\[2mm]
\dfrac{\mathrm{d}y}{\mathrm{d}t} = V\sin\theta
\end{cases}
\tag{7-33}
$$

平飞段导弹的运动方程为

$$
\begin{cases}
\dfrac{\mathrm{d}V}{\mathrm{d}t} = \dfrac{1}{m}\left(P\cos\alpha - \dfrac{1}{2}\rho V^2 S_B C_x\right) \\[2mm]
\theta = 0 \\[2mm]
\alpha = \dfrac{mg\cos\theta}{\dfrac{P}{57.3} + \dfrac{1}{2}\rho V^2 C_y^\alpha S_B} \\[4mm]
\dfrac{\mathrm{d}m}{\mathrm{d}t} = -\dot{m}_F \\[2mm]
\dfrac{\mathrm{d}x}{\mathrm{d}t} = V \\[2mm]
y = H^*
\end{cases}
\tag{7-34}
$$

式(7-33)和式(7-34)中，H^* 为巡航高度；θ_0 为启控点弹道倾角；H_0 为启控点高度。

(3) 质量计算模型。

建立质量计算模型是总体设计中一项重要的工作。因为影响导弹各部分质量的因素很多，所以在导弹初步设计中，广泛采用经验公式法来估算部件质量。对整体式液体冲压发动机，其质量模型有其特殊性。

设 m_0 为导弹的起飞质量，m_P 为有效载荷质量，m_S 为弹体结构质量，m_{PS} 为动力装置结构质量，m_F 为液冲发动机燃料质量，则

$$
m_0 = m_P + m_S + m_{PS} + m_{F1} + m_F
\tag{7-35}
$$

弹体结构质量 m_S 及动力装置结构质量 m_{PS} 和导弹总质量 m_0 成比例，$\bar{m}_S = \dfrac{m_S}{m_0}$，

$\bar{m}_{PS} = \dfrac{m_{PS}}{m_0}$。助推发动机燃料质量由接力点速度而定,给定接力马赫数 Ma_j,则相对质

量 $\bar{m}_{F1} = \dfrac{m_{F1}}{m_0}$ 也给定了。

$$m_0 = \frac{m_P + m_F}{1 - (\bar{m}_S + \bar{m}_{PS} + \bar{m}_{F1})} \tag{7-36}$$

式中,有效载荷质量 m_P 由战术技术指标给定,相对质量因数 $\bar{m}_S$ 和 $\bar{m}_{PS}$ 可采用经验公式估算,液冲发动机燃料质量 m_F 和助推发动机相对燃料质量 $\bar{m}_{F1}$ 可根据战术技术指标中射程要求确定,这样即可求得导弹的总质量。

在导弹总质量给定的情况下,也可以从式(7-36)求出总的燃料质量 $(m_{F1} + m_F)$:

$$m_{F1} + m_F = (1 - \bar{m}_S - \bar{m}_{PS})m_0 - m_P \tag{7-37}$$

(4) 气动模型。

为了减小优化设计过程中气动学科的计算分析工作量,气动模型可采用工程估算的方法。由于主要研究导弹铅垂平面内的运动,故气动模型只限于纵向气动系数,包括升阻力系数和纵向力矩系数等。气动计算公式略。

(5) 选择优化方法与计算结果。

该优化设计问题涉及气动、动力、弹道等多个学科,可采用多学科可行法进行上述几个学科的优化设计,优化器可选用修正单纯形法或模式搜索法进行寻优计算,以保证结果的可靠性。低空巡航弹道的优化结果如表 7-2 所示。

表 7-2 低空巡航弹道的优化结果

变量	单位	变量下限	变量上限	初始值	优化值
X_1	m	3.0	3.5	3.22	3.44
A_1	m²	0.024	0.028	0.026	0.0278
W_1	m	0.14	0.152	0.148	0.1401
Ma_1	—	1.8	2.5	2.0	1.95
t_0	s	4.0	6.0	5.0	4.53
α_0	—	1.0	1.5	1.1	1.48
D_{kp}	m	0.38	0.42	0.4	0.3801
目标函数 L_{max}	m	—	—	129443.5	141594.8

从表 7-2 中优化结果可以看出,在导弹起飞质量一定的条件下,低空弹道的最大射程 L_{max} 提高了约 12km。当然,也可以把导弹作为一个可操纵的质点系,进行总体参数的优化设计,以挖掘更大的潜力。

(6) 参数分析。

上述气动、动力、弹道等多个学科的优化设计实质上是一个在系统分析基础上的系统综合过程，其数学模型就是各系统的分析模型，多学科优化所获得的最优点是一个系统综合比较的结果。要了解各个变量对最优目标函数值的影响，就必须进行参数分析。参数分析的方法：在得到表 7-2 中的一组最优设计参数后，有规律地改变其中一个参数，如 A_1，而暂时固定其余参数，如 X_1、W_1、Ma_1、t_0、α_0 和 D_{kp}，研究参数 A_1 偏离最优值 0.0278 对目标函数 L_{max} 及有关性能的影响，以便于在设计中对参数 A_1 加以有效控制，并为总体方案的决策提供依据。

7.4 模型化系统工程

以上介绍的优化和多学科优化技术将设计问题规范描述为一定的模型，并应用计算机进行自动求解，这些技术可以在导弹系统工程的部分阶段，尤其是在方案论证和方案设计过程，从不同层次辅助开展设计工作，提高设计效率和设计质量。近年来，研究者和工业界进一步提出将整个系统工程过程进行模型化改造，以使复杂系统的整体开发模式的管理更加高效。本节将简要描述该技术方向。

7.4.1 传统系统工程方法

包括导弹在内的现代工业系统大都需要对设备、软硬件、人等多种要素进行集成，为了实现系统的整体目标，需要采用一种能在各要素利益相关者之间达到平衡的有效手段进行系统研发。由于现代系统开发采用了最新的技术，通常具有高度互连、接口复杂的特点，且具有跨部门、跨行业，甚至跨国际协作需求，使得系统开发的复杂性急剧增加。

系统工程是一种能响应不同利益相关者需求的复杂系统研制方法，在航空航天和国防工业的陆、海、空、天平台，武器系统，指挥控制和通信系统，后勤保障系统开发过程中已经被广泛接受，用于设计和开发利用先进技术的任务系统。

系统工程包括管理过程和技术过程。管理过程旨在确保满足开发成本、进度和技术性能目标，典型的管理活动包括规划技术工作，监控技术性能、管理风险和控制系统技术基线。技术过程用于分析、指定、设计和验证系统，以确保各部分协同工作以实现整体目标。系统工程简要技术过程如图 7-24 所示。其中，系统规范和设计过程用于指定系统需求，然后将需求分配到各系统组件，各组件研发人员(部门)通过设计、执行和测试以确保它们满足要求，最后通过系统集成和测试将组件集成到系统中，并验证所研发的系统满足其设计要求。这些过程在整个系统开发过程中不断迭代和反馈，以确保满足要求。系统工程是一种"系统分解→局部实现→系统集成"的"自上向下"再"自下而上"的工作过程。对涉及多个分解层次的复杂系统，这种"分解—集成"关系将逐层进行。

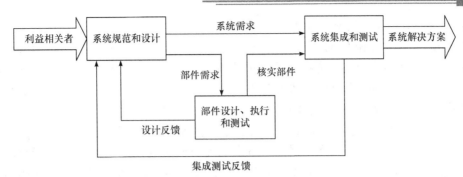

图 7-24　系统工程简要技术过程

　　传统上，系统工程实施的需求分析、功能分析、设计综合、验证测试等各种活动产出大都是一系列基于自然语言的文档，如用户需求、设计方案等。这个文档是"文本格式的"，所以也可认为传统的系统工程是"基于文档的系统工程(document-based system engineering，DBSE)"。DBSE 以文件形式实现客户、用户、开发人员和测试人员之间的交互。系统要求和设计信息在这些文件中表达为文本、图形、执行分析产生的表格、数据和绘图模型等。DBSE 强调文档的控制，以确保文档的有效性、完整性和一致性，并确认开发的系统符合文档描述。

　　在 DBSE 中，系统、子系统及其硬件和软件组件的规范通常在层次化的规范文档中描述。系统工程管理计划(SEMP)描述了各学科专业如何合作开发满足规范树中要求所需的文档。DBSE 通常采用操作概念文档定义系统如何实现任务或目标，采用功能分析实现系统功能分解并将其分配给系统的各组件，采用功能流程图和原理框图表达系统设计，采用工程权衡研究和分析文档记录各学科评估、优化、更替设计和分配性能要求。其中，采用支持性能、可靠性、安全性、质量特性等方面的分析模型支持工程分析。

　　DBSE 是在文档中建立和维护设计需求，通过解析文档中的信息，可以追溯需求和设计之间的关系。这种方式虽然很严格，但却存在固有的缺陷：①由于信息分布在多个文档中，需求、设计、工程分析和测试之间的完整性、一致性和关联信息很难评估；②深入理解系统的特定属性、执行必要的信息追溯、评估设计变更的影响等关键设计活动比较困难；③系统需求、系统级设计和较低级别的详细设计(如软件、电气和机械设计)之间的信息同步性较差，导致在改型系统设计中难以复用已经构建的系统需求和设计信息；④系统工程工作的进展主要基于文件状态，不能充分反映系统要求和设计质量。以上这些缺陷导致 DBSE 效率低下、成本增加，甚至在集成、测试和使用中存在潜在的质量问题。

7.4.2　模型化系统工程概念

7.4.2.1　从 DBSE 到 MBSE

　　在 DBSE 模式下，要把散落在各个论证报告、设计报告、分析报告、试验报告中的工程系统信息集成关联在一起，费时费力且容易出错。随着现代研制的工程系统越来越复杂，DBSE 越来越难以应对。与此同时，以模型化为代表的信息技术也在快速发展，在需求牵引和技术推动下，基于模型的系统工程(model-based system engineering，

MBSE)，又称为模型化系统工程[30]，应运而生。

模型(model)是 MBSE 的基础，可以理解为可能在物理世界中实现的一个或多个概念的抽象表达，从某个或某些方面对系统的现实属性进行洞察。模型可以是一种抽象表达，也可以是具体的物理原型。抽象表达可以采用文本(如编程语言中的语句)、数学方程、图形符号(如图形上的节点和圆弧)、几何布局(如 CAD 模型)，或者其组合来表示。模型通常不包含建模对象的所有细节，只包含模型预期用途所需信息或感兴趣的领域，一般仅涉及特定类型系统(如飞行器)和系统的特定方面(如空气动力学特性)。模型的常见示例是建筑物的蓝图或缩放的原型物理模型，也称比例模型。蓝图是实际建筑的一种抽象，不包含建筑的所有细节，如建筑材料的详细特征。比例模型则是实际建筑的表示，未包含建筑所有细节的待建建筑，如建筑材料。然而，这些模型可以用于指定和表达要构建的结构。

模型可以看作是一个现实的代理(surrogate)，虽然无法绝对精确表达现实系统，但在一定阶段，以一种可接受的不精确性表达现实系统的特征，用于分析已有系统的特性，或者用于预测待发展系统的性能，从而支持系统设计的权衡和决策。

多年来，模型已经广泛应用于电气、机械、软件等专业设计领域，并成为辅助设计的标准方法。20 世纪 80 年代开始，机械工程领域的设计手段逐渐从绘图板过渡到二维、三维计算机辅助设计工具；电气工程领域从手动电路设计过渡到自动原理图捕捉和电路分析；软件工程领域也在此时逐渐采用抽象的图形模型表达软件以辅助软件设计，并且随着 90 年代统一建模语言(UML)的出现，建模在软件开发中的应用越来越广泛。

基于模型的方法在系统工程实践中的应用也越来越普遍。1993 年，Wayne Wymore 首次提出了 MBSE 的数学形式[30]。近年来，计算机处理、存储能力的增强和网络技术的发展，以及工业界对系统工程实践标准的强化，大力推动了 MBSE 的发展。自提出以来，MBSE 以其无歧义、便于设计综合和分析、便于数据更改和追溯的优点，成为复杂系统设计研究的热点，也是解决复杂系统综合设计的有效手段，尤其是以飞行器为代表的复杂系统，逐步受到政府和行业的认可并得到推广应用。2007 年，国际系统工程学会(INCOSE)在《系统工程 2020 年愿景》中，正式提出了 MBSE 的定义：一种在系统工程实施全阶段规范应用模型支持需求、设计、分析、验证和校验等活动的工作方式。

MBSE 采用标准的建模规范表达系统产生过程，使用模型来执行系统工程活动，系统工程活动的重点则是定义和发展使用基于模型的方法和工具进行建模。这种方式构建了一种可量化分析各阶段活动的手段。系统工程活动的输出将是具有一致性的唯一真相源——系统模型，基于该模型可从全方位深入细致地获得系统的性能。

MBSE 正逐步替代 DBSE，成为现代系统工程发展的高级形式，并将逐步以与其他工程学科类似的方式成为工程实践的标准。

虽然模型和相关绘图技术一直在 DBSE 中应用，但通常仅限于特定类型的分析或系统设计的特定方面，包括功能流程图、行为图、原理框图、N2 图、性能仿真和可靠性模型等。但与 MBSE 相比，DBSE 中的局部建模活动尚未与构成系统工程过程的其他活动完全集成，仍然依靠文档实现。

从 DBSE 到 MBSE 转变的核心理念是从文档的控制转换为对系统模型的控制，这就提供了一种更严格的方法来捕获和集成系统需求、设计、分析和验证信息，并实现在系统生命周期内维护、评估、通信和交换这些信息，以更加连贯的方式解决系统各个方面的问题，而不是简单集成处理系统不同问题的单个模型。

相对于 DBSE，MBSE 的价值在于提升了规范和设计的质量，实现了系统规范和设计方案的复用，有效提升了开发团队之间的交互，避免了 DBSE 的诸多局限性。在没有使用 MBSE 之前，系统工程工作成果就是一堆"文档"，这些"文档"也是电子化的，只不过它们都是"非结构化"、不能称为"模型"的数据。INCOSE 出版的《系统工程手册》总结 MBSE 的具体优势包括：

(1) 改善了开发系统的利益相关者(客户、项目管理人员、系统工程师、软硬件工程师、测试人员和各专业工程学科的人员)之间的沟通。

MBSE 是基于标准建模语言建立的规范化说明，相当于大家交流的语言是统一的。同时，MBSE 的这个"模型化说明"在各类专业人员之间传递的时候可以通过计算机软件转换为各自专业的语言、数据，而自然语言是很难实现这一转换。但是，这要求大家新学习一门通用的"系统建模语言"。如果大家都不懂这门语言，只会产生和上面观点相反的结果。

(2) 基于系统模型多视角观察功能，以及变更影响分析功能，提高了管理复杂系统的能力。

也就是说，系统的同一套数据模型，可以从不同的专业角度进行浏览和分析。由于系统模型数据之间有相互关联关系，如果哪个地方更改，可以通过关系查询到所有受影响的地方。对于非结构化的文档来说，这个是做不到的，或者是很麻烦的。即使文档也能提供从各个专业角度的说明，但是这些文档数据之间没有关联，可以认为是基于各自多套数据来源的，而不是唯一的一套数据模型。这个观点也说明了"MBSE 提高了开发复杂系统的能力"。

(3) 通过提供可评估一致性、正确性和完善性的、无歧义的且精确的系统模型，提升了产品质量。

产品的质量问题有很多是设计问题，而这些设计问题并不简单是设计人员的水平问题、责任心问题，更多是复杂过程本身不可避免地会出现的质量问题。想让所有人不犯错是不可能的，只能通过技术手段使人少犯错。MBSE 是一种使人少犯错的技术手段，这是因为 MBSE 建立的模型可以通过计算机软件自动地检查错误。相比之下，传统的文档容易隐藏错误，如一个笔误可能造成严重损失。

(4) 以更加标准化的方式捕获信息并高效地利用模型驱动方法固有的内置抽象机制，可以增强知识捕获及信息的复用，这会缩短开发周期，带来更低的维护成本，以改进设计。

这个观点认为系统模型数据更容易复用，比文档手段的"复制、粘贴、替换"文本效率高。模型数据的复用，可以采取"引用"方式，而且可以建立共用的模型库，提高知识的复用率。

(5) 通过提供概念清晰且无歧义的表达，提升学习系统工程基本原理的能力。学会了MBSE，就掌握了系统工程的方法。

7.4.2.2　构建系统模型

MBSE 实施的关键和核心是构建系统模型(system model)。系统模型包括系统规范、设计、分析和验证等信息，由表示需求、设计、测试用例、设计原理及其相互关系的模型元素(model element)组成。一般而言，系统模型至少包括控制(功能行为)模型、接口(I/O)模型、物理体系结构(组件)模型。

系统模型使用建模工具创建，并存储在模型存储库中。图 7-25 为建模工具 SysML 中构建的系统模型示例，该示例显示为一组相互关联的模型元素，包括系统的结构、行为、参数和需求等关键方面。模型元素之间的多个交叉关系使得可以从许多不同的角度来查看系统模型。这些视图侧重于系统的不同方面，同时不同视图之间也能保持一致性。

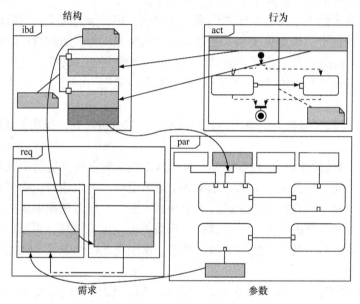

图 7-25　SysML 中构建的系统模型示例

系统模型的主要用途是表达满足其需求和总体目标的系统设计，作为系统规范和设计过程的输出。同时，系统模型也包含了涉及的软件和硬件模型，如图 7-26 所示系统模型和组件模型。在系统层次的模型包括组件互连方式和接口、组件交互逻辑、组件必须执行的相关功能，以及组件性能和物理特性。组件的开发需求也可以在系统模型中捕获，并可以跟踪追溯到系统需求。系统模型中关于组件规范的信息将作为采购和/或设计组件的输入。

组件模型可以用领域特定的建模语言表示，如用于软件设计或计算机辅助设计的 UML 模型和用于硬件设计的计算机辅助工程(CAD/CAE)模型。系统模型和组件模型之间的信息交换可以通过一定的交换机制来实现，保持系统和组件需求之间的可追溯性。

系统模型也为系统工程过程中集成其他工程学科创建的模型提供一种通用的系统描述，包括硬件、软件、测试和其他专业工程学科，如可靠性和安全性。系统模型中涉及的相关模型元素也可以是执行计算的相关工程分析仿真模型。如果配合使用相应的执行环境，则可以实现系统层级的分析和仿真。

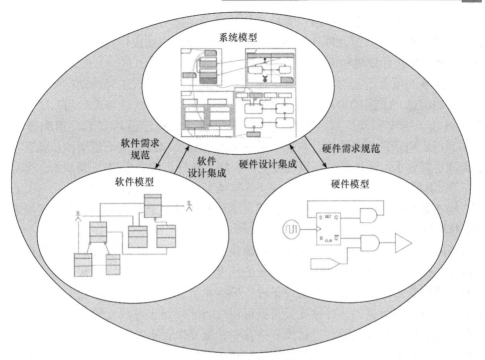

图 7-26　系统模型和组件模型

在如 SysML 的建模工具中，构成系统模型的模型元素可以采用图形、表格和其他形式存储在模型存储库中。系统建模人员能够在存储库中查看、创建、修改和删除单个模型元素及其关系，以编辑系统模型信息。先前在文档中捕获的系统规范、设计、分析和验证信息将作为系统模型的一部分捕获到存储库中。可以出于各种目的查询和分析各个模型，包括系统规范和设计的完整性检查。通过查询模型并以所需的形式呈现信息，可以在图表或图形、表格和文本报告的其他组合中查看系统模型。通过这些视图，可以深入理解和分析系统模型的不同方面。在建模工具中，与需求、设计、分析和验证信息相对应的模型元素可以通过它们的关系相互跟踪。

可以看出，与基于文档的方法相比，系统模型提供了更精细的信息控制，在 DBSE 中，这些信息可能分布在许多文档中，并且可能没有明确定义关系。基于模型的方法提高了规范、设计、分析和验证过程的严格性，并且显著提高了信息可追溯性及及时性。另外，建模工具还具有灵活的自动化文档生成功能，可以显著减少系统模型构建、系统规范和设计文档维护的时间与成本。

7.4.2.3　系统建模原则与验证

系统建模是一项复杂的工作，且带有一定的任意性。系统建模的质量将会影响系统工程实施的效果。系统建模必须根据不同利益相关者打算如何使用这些模型，明确为特定项目建模的目的。系统模型的涉众及其预期用途在系统开发全生命周期中不断变化，其建模的重点将有所不同。例如，在系统的早期概念设计阶段，模型的预期用途可能是对系统设计概念进行评估，此时的建模重点将放在系统规模、高级系统功能和关键系统属性上。在系统开发的后期阶段，系统模型的预期用途可能是指定系统的硬件和软件组件，建模的重点则是指定软件和硬件组件的行为。随着详细设计的进行，模型的预期用途则主要是支持组件集成和系统/子系统验证。

系统建模的预期用途与模型在全生命周期中拟支持的系统工程活动有关，可能包括以下方面的用途：①描述和评估现有系统；②指定和设计新的或修改后的系统，包括表达系统概念、指定和验证系统要求、综合系统设计、指定组件要求、追溯需求等；③评估系统，包括进行系统设计权衡、分析系统性能要求或其他质量属性、验证系统设计是否满足其要求、评估需求和设计变更的影响、估计系统成本(如开发成本、生命周期成本)；④培训用户如何操作或维护系统；⑤支持系统维护和/或诊断。

在构建系统模型后需要进行模型验证。模型验证是确定模型能准确表示感兴趣领域并满足模型预期用途程度的过程。

模型的准确性取决于用于生成模型的源信息的质量、关于源信息适用性假设的有效性，以及在模型中正确捕获源信息和假设的程度。对于分析模型，通常通过对模型的静态检查和领域专家对输入数据和假设条件、模型本身及分析结果的审查来完成。分析结果是通过执行模型生成的，并在此类数据可用时与实际结果进行比较。与分析模型的验证类似，系统模型的验证可以通过模型检查和领域专家评审的组合来执行。此外，系统模型可以用作其他可执行和验证的分析模型和仿真的输入，从而为验证系统模型提供了进一步的手段。

可以通过以下质量属性评估模型满足预期用途的程度。

(1) 模型的目的是否明确。

必须明确说明模型在不同阶段和不同活动的使用目的，包括识别具有代表性的利益相关者，如开发过程中涉及的不同学科，以及它们在整个系统生命周期中对模型的预期用途。

(2) 模型的范围是否足以满足其预期用途。

模型的范围主要涉及广度、深度和保真度三个方面。其中，模型广度必须足以满足预期用途，这是通过确定需要对系统的哪些部分进行建模来实现的。如果将新功能添加到现有系统中，则可以选择仅对支持新功能所需的部分进行建模。例如，在导弹设计中，如果重点关注射程方面的新要求，则模型可能关注与动力、气动相关的元素，而较少关注飞行控制子系统。当然，这并不意味着系统的其他部分不受更改的影响。

模型深度取决于模型必须包含的系统设计层次的级别。在概念设计阶段，导弹系统模型仅需处理高级别的系统设计，可以将发动机、飞控等子系统采用黑匣子模型替代；在初步设计和详细设计阶段，发动机模型则需要构建成更为细观的部组件甚至零件级别的模型。

模型保真度必须支持所需的详细程度。例如，用于建模接口的低保真度模型可能仅表示数据定义及流的源和目的地，而高保真度模型可能表示消息结构、通信协议和详细的通信路径。

模型的范围在开发不同阶段也是不断演变的，其具体的范围应与建模周期、成本预算、技能水平和其他资源相匹配。

(3) 模型是否完整。

判断模型在所定义的广度、深度和保真度是否具有完整性。此外，其他完整性标准可能与以下所述的其他质量属性(如是否正确应用命名约定)和设计完成标准(如是否所有设计元素都跟踪到某个需求)有关。

(4) 模型是否具有良好的形式。

格式良好的模型应符合建模语言的规则。例如，SysML 中的规则允许组件满足需求，但不允许需求满足组件。建模工具应强制执行建模语言规则施加的约束，并提供违规报告。

(5) 模型是否具有一致性。

模型一致性包括接口是否兼容，或者单元在不同属性之间是否一致等。可以通过在建模过程中施加额外的约束来保持整个模型的一致性。定义良好的模型约定和规范的建模过程可以降低不一致性。

(6) 模型是否可以理解。

系统模型应能由人和计算机进行解释。除了模型的基本语义外，信息的呈现方式对人的理解也很重要。通过控制信息在图表、报告上显示的内容和方式，增强可理解性。例如，通过使用工具功能来省略(隐藏)非重要信息。图的布局通常不包含语义信息，但会影响模型的理解程度；表示一系列动作的活动图可以以不同的方式布置。如果动作在图上的位置与动作序列对应，则布局通常更容易理解。对特定类型的组件使用图标，也有助于理解。此外，当向某些使用者呈现某些类型的信息时，表格视图可能优于图解视图。

(7) 建模约定是否有文档记录并一致使用。

建模约定和标准对于确保整个模型的一致表示和样式至关重要，包括为每种模型元素、图名称和图内容建立命名约定。

(8) 模型是否为自记录。

在整个模型中使用注释和描述有助于提供附加信息，包括捕获设计决策的基本原理、列出需要解决的问题或问题区域，以及为模型元素提供额外的文本描述等。这些信息可能包含在从模型自动生成的文档中。然而，这些信息也必须作为模型的一部分进行维护，因此应仔细考虑捕获哪些信息及如何捕获。

(9) 模型是否准确反映了感兴趣的领域。

模型是否准确反映了感兴趣的领域取决于源信息的质量、关于源信息适用性假设的有效性、在模型中正确捕获源信息和假设的程度，以及建模语言的固有能力和局限性。主要通过主题审查来评估源信息的质量和假设的有效性。通过评估上述其他质量属性及进一步的专家审查，确定对模型中正确捕获源信息和假设的程度的评估。

(10) 该模型是否与其他模型集成。

系统模型可能需要与电气、机械、软件、测试和工程分析模型集成，所需的集成取决于所使用的特定建模语言、工具和方法，必须确定要交换的建模信息、其表示和信息交换机制。例如，使用 SysML 将信息从系统模型传递到使用 UML 的软件模型时可能需要在 UML 模型中的软件设计元素和 SysML 模型中的软件规范元素之间建立关联。

验证模型是否足以满足其预期用途还需要考虑建模语言的固有能力和局限性，这取决于语言的表达力和准确性。例如，仅表示过程和/或功能流的建模语言可能无法表示系统性能和物理特性，以及控制它们的方程。

7.4.3　典型的 MBSE 方法论

MBSE 是系统工程实践的一种宽泛的概念，根据其所采用的过程(process)、方法(method)、工具(tool)的不同，形成了不同的方法论(methodology)。其中，过程是为实现特定目标而执行的任务逻辑序列，过程一般只定义要做什么，而没有指定每个环节的执行方式。例如，典型的系统工程过程包括罗伊斯提出的瀑布模型、博姆提出的螺旋模型及福斯伯格和穆格的"V"形模型。方法定义具体的执行方式，描述执行任务的技术原理。工具定义当采用特定方法时所选择的技术途径。

近年来，结合一些系统工程实践，发展了多种典型的 MBSE 方法论[31]，为 MBSE 的具体实践提供了参考，以下简要描述。

7.4.3.1　面向对象的系统工程方法

面向对象的系统工程方法(OOSEM)是从 20 世纪 90 年代中期 INCOSE 与洛克希德-马丁公司合作开始发展，部分应用于洛克希德-马丁公司的一个大型分布式信息系统开发。INCOSE 切萨皮克分会于 2000 年 11 月成立了 OOSEM 工作组，进一步推进了该方法论的发展。

OOSEM 采用了一种自上而下、场景驱动的建模过程，使用 SysML 作为建模语言，支持系统的需求、定义、分析、设计和验证活动。OOSEM 利用面向对象的概念、自上而下的系统工程方法，与建模技术相配合，用于辅助开发灵活的、可扩展的系统。

OOSEM 的实施过程如图 7-27 所示，主要包括以下活动。

(1) 定义利益相关者的需求。该活动主要用于确定任务需求，即使用产品的用户需求，包括用户最初始的想法是什么，想怎么用这个产品，需要产品有哪些功能。了解用户当前情况是什么，有什么局限，未来可以有哪些提升空间。该活动将获取当前系统局限性和潜在的改进领域。采用模型描述用户、相关方及待开发的系统(或修改的系统)之间的关系。使用因果分析技术分析用户现状确定其局限性，并推导任务需求。任务需求包括任务目标、有效性度量、场景用例等。

(2) 定义系统需求。此活动确定支撑任务需求的系统需求，即待开发系统应该提供哪些功能，以及用户是如何使用系统。在这个过程中要推导出产品的功能需求、接口需求、数据需求和性能需求。在该活动中，系统被建模为一个黑盒，与定义的外部系统和用户模型进行交互。系统级的用例和场景反映了如何使用系统来支持用户的操作概念。采用活动图构建用例的场景模型，用来获取系统的功能、接口、数据和性能要求。该活动的结果将构建或更新系统需求数据库，可以将每个系统需求追溯到任务需求。

(3) 定义逻辑架构。这项活动将系统分解为满足系统需求的相互作用的逻辑组件，这些逻辑组件定义为虚拟的一个部件，它能够满足系统的各项需求，但具体用什么硬件或软件的方案来实现它，则在下一步的物理架构设计中实现。OOSEM 提供了将系统分解为逻辑组件的准则。逻辑场景保留了系统黑盒与环境的交互。将系统方案分为逻辑架构和

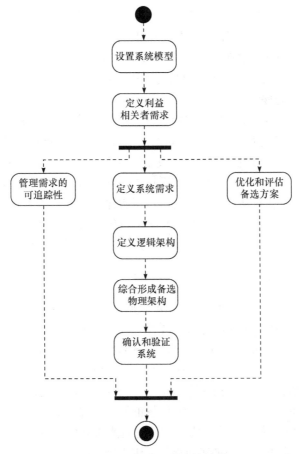

图 7-27　OOSEM 的实施过程

物理架构两个层级，有利于减少需求和技术变化对设计的影响。

(4) 综合形成备选物理架构。物理架构的元素是具体的软件、硬件组件，与逻辑架构中的逻辑组件对应。该活动将建立与逻辑架构对应的若干物理架构。首先，每个逻辑组件被映射到一个能实现一定功能的系统节点，以解决功能分配问题；其次，采用一定划分标准将性能、可靠性和安全性等要求分解至该节点；最后，通过一定的映射关系将该节点对应至物理组件。物理组件的组织关系将继承逻辑架构组件关系，并形成物理架构。每个组件的要求都将保存在需求管理数据库中，并可以被追溯到系统需求。

(5) 优化和评估备选方案。这项活动将优化以上备选的物理架构并进行权衡研究，以确定首选架构。该环节将建立各种用于分析物理方案特征的模型和数据，以性能、可靠性、安全性、成本、开发周期等为评价指标对备选方案的可变因素进行权衡分析和优化，用以确定最佳的备选方案；根据模型分析结果，对不同备选方案进行综合比较，以确定最终的方案。当然，在此过程中用来对不同评价指标进行权衡研究的标准和权重因素，可以追溯到系统需求和有效性的衡量标准。该项活动除了用到各种学科专业仿真模型，还需要采用 7.2 节描述效的多学科优化技术。

(6) 确认和验证系统。这项活动旨在验证系统设计是否满足其需求，并验证需求是否满足利益相关者的需求，包括制订验证计划、程序和方法(如检查、演示、分析、测试)。系统级用例场景和相关需求是开发测试用例和相关验证程序的主要依据。验证系统可以使用上述同样的活动和产品进行建模，在此活动期间会更新需求管理数据库，以建立系统需求与设计信息到系统验证方法、测试用例和结果的追溯。

在以上过程中，为保证需求、架构、设计、分析与验证元素之间的可追踪性，所建立的系统模型应该始终保持需求和相关元素的关系。设计过程就是一个不断填补空白需求的实现过程。当需求变动时，利用建立的需求实现关系，追踪和评估需求变更对系统设计、分析和验证元素的影响，并及时更改系统方案，使其和需求保持一致。

OOSEM 与"V"形系统工程实施过程基本一致，对于涉及多个层级的系统，可以在每一个层级上递归和迭代构建以上过程，以形成整体系统的模型化表达。OOSEM 并不限定专用的流程框架工具，但是，SysML 提供了一种较为适应 OOSEM 工作流程的建模和管理平台，配合需求管理工具、性能建模和验证工具，可以有效支撑复杂系统 MBSE 实施。

7.4.3.2　Harmony-SE

Harmony-SE 是 I-Logix 公司(已被 IBM 收购)开发的一种早期主要应用于嵌入式系统开发的 MBSE 方法。Harmony-SE 采用了基于"V"模式的系统开发流程，包括自上而下的设计流程和自下而上的从单元测试到最终系统验收测试的集成过程。Harmony-SE 开发的关键目标：①确认与导出所需的系统功能；②确认相关的系统模式和状态；③将已确认的系统功能和模式/状态分配到子系统结构。Harmony-SE 采用自上而下的高层抽象的建模方式，Harmony-SE 中主要的系统工程活动如图 7-28 所示。

(1) 需求分析：涉众需求被推导成系统的功能性需求和非功能性需求。通过定义需求建立可用需求库；当需求被充分理解后组合形成用例。

(2) 系统功能分析：将功能性需求转化为与其一致的系统功能，并将需求阶段产生的所有用例转化为一个可执行的模型，目的是通过模型的执行来确认、验证和理解需求。这一阶段输出系统级别的接口控制文档(interface control document，ICD)，其定义了系统和外界的接口，作为后期黑盒测试阶段的输入。该阶段包括定义用例上下文、定义黑盒活动图、生成黑盒时序图、定义接口和端口、绘制黑盒状态机、执行黑盒模型、扩展用例模型、连接功能点至需求、更新系统需求等具体的建模过程。

(3) 设计综合：设计出能满足需求的架构，并指导软件和硬件的开发。其主要工作流程包括估计与功能相匹配的架构、通过架构分解定义白盒结构、通过功能分配定义白盒活动图、将非功能需求分配至子系统；定义白盒顺序图、定义子系统接口和端口、定义描述子系统行为的状态机、通过执行架构模型验证架构等子过程。

完成系统工程后交付到后续系统开发的关键产品是可执行的基线模型，描述了硬件/软件需求规格、控制接口规格等信息的模型库，具体内容包括：①基线化的可执行配置项模型；②分配的配置项操作的定义(包括相关系统的功能与性能需求的链接)；③配置项端口和逻辑接口的定义；④状态图中表示的配置项行为的定义；⑤测试场景，源自系统级用例场景；⑥非功能性需求所分配的配置项。

Harmony-SE 和 Harmony 是作为工具中立和供应商中立的 MBSE 方法论而创建的，

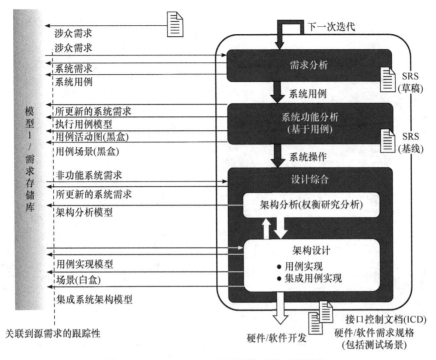

图 7-28 Harmony-SE 中主要的系统工程活动

目前支持工具是 IBM 的 Rhapsody 软件提供建模工具，采用 OMG 的 SysML 作为建模语言。Harmony-SE 使用"服务请求驱动"的建模方法，系统结构由 SysML 结构图来描述。

7.4.3.3 Vitech MBSE

Vitech 公司首席方法学家 Long 提出了一种 MBSE 方法论 Vitech 和支持工具集 CORE。该方法论基于源需求分析、功能行为分析、架构综合、设计验证和确认四个主要的并行活动，每个主要活动看作是一种称为特定过程域(process domain)的元素，在关联"域"进行关联。这些活动通过一个公共的系统设计库(system design repository)进行维护(图 7-29 表示出 Vitech MBSE 主要系统工程域)。

Vitech MBSE 方法论采用系统定义语言(system definition language，SDL)开发系统模型，意味着在描述系统的图表、实体中，需要统一的信息模型来管理模型产品的语法(结构)和语义(含义)。SDL 为需求分析师、系统设计师和开发人员在技术交流时提供一个结构化的、通用的、清晰的、适用于各种场景的语言，并且可以生成图形、报表进行一致性检查。

运用 Vitech MBSE 方法论需要注意以下几个核心原则：①通过建模语言对问题和解空间进行建模，采用语义上有含义的图形以确保清晰性和一致性；②利用 MBSE 系统设计库；③用工具来完成程序化的大量工作；④设计系统的方式先横向再纵向，即先关注系统完整性，进而集中在系统的不同层次。

Vitech MBSE 使用"洋葱模型"的递增式系统工程流程，如图 7-30 所示，即将系统的开发分为多个不断细化的层级。在"洋葱模型"中，每一个层次都进行基本的系统工程并行活动。当系统工程人员成功地完成了某个层次的系统设计后，相当于"剥离了一

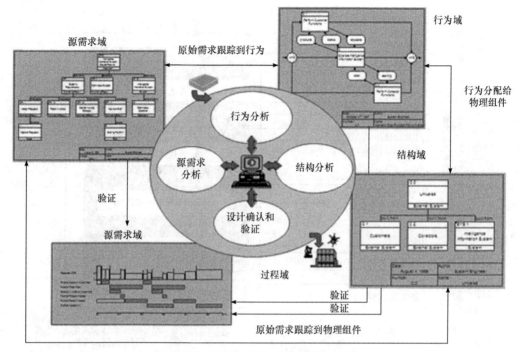

图 7-29　Vitech MBSE 主要系统工程域

层洋葱"，提出下一层次的需求并开始下一个层次的工作。在系统工程人员达到理想的设计层次后，整个设计过程就结束了。相比传统的系统工程"瀑布模型"，"洋葱模型"最主要的优点在于它能够在每一个层次都提供一个可供前期评审和验证的完整的解决方案，从而降低了设计的风险。

完整性和收敛性是"洋葱模型"的核心原则。这要求系统工程人员在进行下一层次的工作前必须完成上一层次的所有工作，并要求向后的迭代不能超过一层。如果未经验证，这些方案在任何一个层次都可以看到，当系统状态超过约束时，工作团队对其进行检查，并需要协调相应的修改，如上一个层次中设计方案的修改。在整个过程中应该尽早地发现这种约束，这是因为在迭代过程的后续层次进行系统的重新设计将会对费用和进度造成很大影响。

虽然 Vitech MBSE 方法论也是一种独立于工具的，但是其涉及内容与工具集 CORE 有非常强的联系。

7.4.3.4　状态分析

状态分析(state analysis，SA)是喷气推进实验室(Jet Propulsion Laboratory，JPL)开发的 MBSE 方法，其实现基础是基于模型和状态的系统工程控制框架(图 7-31)，其中状态被定义为"一个不断发展的系统的瞬间状态的表示"，模型则描述了状态如何演变。

SA 所定义的"状态"拓展了传统控制论中"状态"的定义(如飞行器的位置、高度及相应的速度)，将系统工程人员为了控制系统所感兴趣及为了评估系统所需要的所有方面都包括在内。例如，设备运转模型和健康程度、温度和压强、能源水平及其他为了达

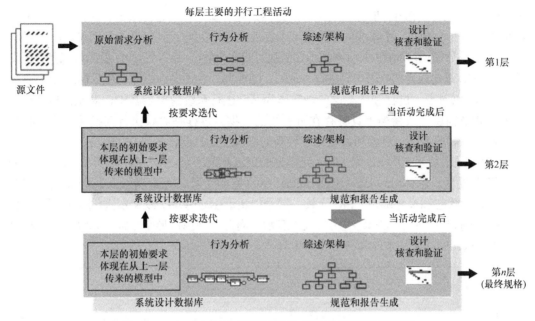

图 7-30 Vitech MBSE "洋葱模型" 的递增式系统工程流程

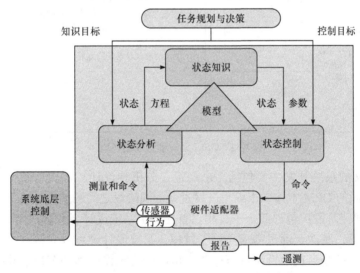

图 7-31 基于模型和状态的系统工程控制框架

到控制目的所关心的方面。

SA 的工具支持是由状态数据库提供的,它利用一个符合结构化查询语言(SQL)的关系数据库管理系统(RDBMS),如 Oracle,有一个前端用户界面。这个工具支持开发、管理、检查、验证系统和软件的需求捕获,作为 SA 过程的一部分。

7.4.3.5 对象过程方法

Dori 定义了对象过程方法(object process methodology,OPM)的正式模式,用于系统开发、生命周期支持和演化。OPM 将简单、正式的可视化模型对象过程示意图(object process diagram, OPD)与带有约束条件的自然语句对象过程语言(object process language, OPL)相结合,实现在一个集成的单个模型中表现系统的功能(设计的系统是用来做什么的)、结构(系统是如何构建的)和行为(系统是如何随时间变化的),每一个 OPD 的结构都是由语义等价的 OPL 语句或者部分语句等进行表示的。OPL 是一种面向人机的双重目标语言。

OPM 以对象、过程和状态这三种实体为基础进行系统建模。其中,对象包括已经存在的事物及物质上或精神上具有存在可能性的事物,过程是对象执行变换的模式,状态就是对象当前的情况。对象和过程处于更高的层次上,共同称为事物(thing)。

OPM 采用的系统图 SD 是 OPM 元模型的顶级规范(图 7-32),其规定了本体、符号和系统开发过程。本体(ontology)包括 OPM 中的基本元素、元素属性及其间关系,如对象、过程、状态和聚合都是 OPM 元素。符号以图形(通过 OPD)或文本(通过 OPL 句子)表示本体。例如,流程在 OPD 中用椭圆来表示,而对象则用矩形来象征。系统开发过程也用 SD 表示,同样采用本体和符号作为工具。

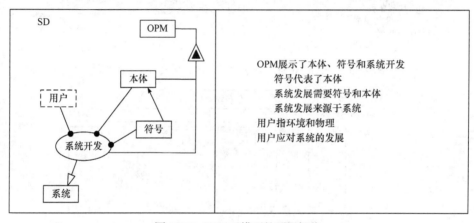

图 7-32 OPM 元模型的顶级规范

OPM 定义的系统开发主要包括需求规范、分析和设计、实现、使用和维护四个阶段,均采用相同的 OPM 本体,以缩小开发过程不同阶段之间的差异。

(1) 需求规范阶段:包含四个子过程。首先,由系统设计者和客户定义系统(或项目)所要解决的问题;其次,通过需求重用子过程,系统设计师可以对符合当前问题的需求进行重用,并对已经存在的系统进行修改;再次,系统设计师和客户共同根据需要进行需求增补,并对 OPM 本体进行更新;最后,确认是否要重新进行系统需求。需求规范过程结束,开始进行分析和设计阶段。

(2) 分析和设计阶段:主要包括分析和设计轮廓生成、分析和设计重用、分析和设计改进等子过程。系统设计师可以有选择性地重用之前系统的分析和设计结果,作为现有系统分析和设计的基础。然后,通过系统图的具体实现(图 7-33)分析和设计改进过程的迭代,系统设计师通过 OPL 更新、OPD 更新、系统驱动、一般信息更新或者分析和设计终止。OPM 实现了系统动态和控制结构的建模,如事件、条件、分支和环,系统的激活对 OPD 集合进行仿真,使系统设计者能够对开发的任何阶段进行动态检验。

(3) 实现阶段:通过定义实现轮廓来开始实现阶段,包括目标语言(如 Java、C++或者

SOL)产品的缺省清单。生成实现框架主要用到当前系统的 OPL 脚本和内部生成规则。生成规则中储存了大量的 OPL 语句形式对(模板)和各种目标语言相关的代码模板。

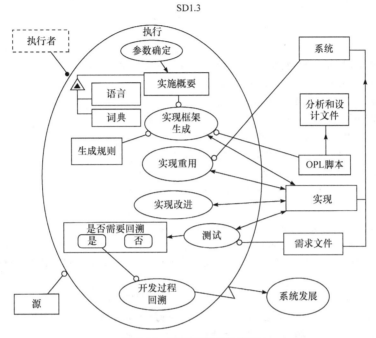

图 7-33 系统图的具体实现

初始实现框架包括系统的结构化和行为化方面，在实现重用和实现改进阶段由实现者进行修改。在测试和调试阶段，根据需求文档对得到的产品进行检测，验证它是否满足客户和系统设计师共同定义的系统需求。如果检测到任何矛盾或错误，系统开发阶段都要重新开始，如果没有就可以最终提交，接受和使用系统。

(4) 使用和维护阶段：当进行到使用和维护阶段时，客户会收集最终用到的新需求用于下一代系统开发的初始阶段。在使用系统时以 OPM 格式记载新需求这一机制有利于下一代系统的良好进化。

目前，支持 OPM 建模语言的软件是由 Dori 团队开发的 OPCAT 软件，该产品支持前述关于系统开发阶段 OPM 元模型描述的概念。OPCAT 能够进行动画仿真、需求管理和许多其他的重要工作。

思 考 题

1. 试结合第 5 章提出的导弹气动设计问题，列举优化设计三要素。
2. 相对传统优化设计，多学科设计优化问题的表达形式有何差异？
3. 多学科设计优化求解策略构建的主要内容及步骤是什么？
4. 实现系统工程过程模型化的价值体现在哪些方面？
5. 试分析优化设计与模型化系统工程有哪些关联性？

参 考 文 献

[1] 航天部导弹总体专业情报网. 世界导弹大全[M]. 北京: 军事科学出版社, 1987.

[2] 谷良贤, 龚春林.航天飞行器设计[M]. 西安: 西北工业大学出版社, 2015.

[3] 路史光, 曹柏桢, 杨宝奎, 等. 飞航导弹总体设计[M]. 北京: 宇航出版社, 1991.

[4] 金其明, 杨存富, 游雄. 防空导弹工程[M]. 北京: 中国宇航出版社, 2004.

[5] 赵瑞兴. 航天发射总体技术[M]. 北京: 北京理工大学出版社, 2015.

[6] 于本水, 杨存福, 张百忍, 等. 防空导弹总体设计[M]. 北京: 宇航出版社, 1995.

[7] 侯世明, 周木波. 导弹总体设计与试验[M]. 北京: 中国宇航出版社, 2009.

[8] 刘兴洲, 于守志, 李存杰, 等. 飞航导弹动力装置(下)[M]. 北京: 宇航出版社, 1992.

[9] 谷良贤, 温炳恒. 导弹总体设计原理[M]. 西安: 西北工业大学出版社, 2004.

[10] 过崇伟, 郑时镜, 郭振华.有翼导弹系统分析与设计[M]. 北京: 北京航空航天大学出版社, 2002.

[11] 刘兴洲, 于守志, 李存杰, 等. 飞航导弹动力装置(上)[M]. 北京: 宇航出版社, 1992.

[12] 〔英〕理查德·布洛克利, 〔美〕史维. 航空航天科技出版工程 2: 推进与动力[M]. 毛军逵, 韩启祥, 李世鹏, 等译. 北京: 北京理工大学出版社, 2016.

[13] 张望根, 郭长栋, 郁坤宝, 等. 寻的防空导弹总体设计[M]. 北京: 宇航出版社, 1991.

[14] 樊会涛, 吕长起, 林忠贤. 空空导弹系统总体设计[M]. 北京: 国防工业出版社, 2007.

[15] 姜春兰, 邢郁丽, 周明德, 等. 弹药学[M]. 北京: 兵器工业出版社, 2000.

[16] 曹柏桢, 凌玉崑, 蒋浩征, 等. 飞航导弹战斗部与引信[M]. 北京: 宇航出版社, 1995.

[17] 郑志伟, 白晓东, 胡功衔, 等. 空空导弹红外导引系统设计[M]. 北京: 国防工业出版社, 2007.

[18] 孟秀云. 导弹制导与控制系统原理[M]. 北京: 北京理工大学出版社, 2003.

[19] 梁晓庚, 王伯荣, 余志峰, 等. 空空导弹制导控制系统设计[M]. 北京: 国防工业出版社, 2007.

[20] 黄瑞松, 刘庆楣. 飞航导弹工程[M]. 北京: 中国宇航出版社, 2004.

[21] 刘庆楣, 符辛业. 飞航导弹结构设计[M]. 北京: 宇航出版社, 1995.

[22] United States Air Force. AGM-158JASSM[EB/OL]. [2022-11-28]. https://en.wikipedia.org/wiki/AGM-158_JASSM.

[23] RenderHub. SCALP EG 3D Model[EB/OL]. [2022-11-28]. https://en.wikipedia.org/wiki/Storm_Shadow.

[24] FREE3D. Apache Air-To-Ground Missile3D[EB/OL]. [2022-11-28]. https://free3d.com/3d-model/apache-air-to-ground-missile-3996.html.

[25] 张成. 布撒器薄壁金属气囊设计与动态抛撒特性研究[D]. 南京: 南京理工大学, 2017.

[26] Brian Dunbar.X-43A(Hyper-X)[EB/OL].(2017-08-07)[2022-11-28]. https://www.nasa.gov/centers/armstrong/history/experimental_aircraft/ X-43A.html.

[27] 叶尧卿, 汤伯炎, 杨安生, 等. 便携红外寻的防空导弹设计[M]. 北京: 宇航出版社, 1996.

[28] 龚春林. 重复使用运载器多学科设计优化技术[D]. 西安: 西北工业大学, 2007.

[29] MARTINS J R R A, LAMBE A B. Multidisciplinary design optimization: A survey of architectures[J]. AIAA Journal, 2013, 51(9): 2049-2075.

[30] FRIEDENTHAL S, MOORE A, STEINER R. A Practical Guide to SysML: The Systems Modeling Language[M]. 3rd ed. Waltham: Morgan Kaufmann, 2015.

[31] ESTEFAN J A. Initiative survey of model-based systems engineering methodologies[C]. Incose MBSE Focus Group 2008, San Diego, USA, 2008.